国家出版基金项目
NATIONAL PUBLICATION FOUNDATION

中国野生稻

庞汉华　陈成斌　著

广西科学技术出版社

图书在版编目（CIP）数据

中国野生稻 / 庞汉华，陈成斌著 . —南宁：广西科学技术
出版社，2020.12

ISBN 978-7-5551-1312-6

Ⅰ . ①中… Ⅱ . ①庞… ②陈… Ⅲ . ①野生稻—种质资源—
研究—中国 Ⅳ . ① S511.902.4

中国版本图书馆 CIP 数据核字（2020）第 167291 号

ZHONGGUO YESHENG DAO

中国野生稻

庞汉华　陈成斌　著

责任编辑：赖铭洪　何　芯　　　　　　助理编辑：罗　风

责任校对：陈剑平　　　　　　　　　　封面设计：刘柏就　梁　良

责任印制：韦文印　　　　　　　　　　版式设计：梁　良

出 版 人：卢培钊　　　　　　　　　　出版发行：广西科学技术出版社

社　　址：广西南宁市东葛路 66 号　　邮政编码：530023

网　　址：http://www.gxkjs.com　　　编 辑 部：0771-5864716

经　　销：全国各地新华书店

印　　刷：广西壮族自治区地质印刷厂

地　　址：南宁市建政东路 88 号　　　邮政编码：530023

开　　本：787 mm×1092 mm　1/16

字　　数：782 千字　　　　　　　　　印　　张：37

版　　次：2020 年 12 月第 1 版　　　 印　　次：2020 年 12 月第 1 次印刷

书　　号：ISBN 978-7-5551-1312-6

定　　价：198.00 元

审图号：GS（2020）4431 号

序

稻属（*Oryza* L.）一般认为有20个种，其中有2个栽培种，即非洲栽培稻（*O.glaberrima* Steud.）和亚洲栽培稻（*O.sativa* L.），其余均为野生稻。我国种植的是亚洲栽培稻。野生稻大多分布在亚洲和非洲，个别在中美洲、南美洲和大洋洲。我国仅有3种野生稻，它们分别是普通野生稻（*O.rufipogon* Griff.）、药用野生稻（*O.officinalis* Wall et Watt）和疣粒野生稻（*O.meyeriana* Baill.），其中普通野生稻是亚洲栽培稻的祖先，在我国分布较广，研究利用的成果最多。

中国稻作历史悠久，稻区分布广泛，种质资源类型丰富，已编入《中国稻种资源目录》的各类稻种资源共75 470份，其中野生稻7 324份。长期以来，中国政府十分重视作物种质资源研究，在"六五""七五""八五""九五"期间，野生稻种质资源研究均被列入国家科技攻关项目。在全国广大科技人员的共同努力下，已在考察、搜集、保存、鉴定、评价、利用等方面取得显著成绩，并在稻种分类、起源演化、分子生物学研究等方面做了大量工作。预计不久的将来，野生稻的研究定会对水稻育种和生产起到极大的促进作用。

庞汉华、陈成斌同志承担《中国野生稻》一书的写作任务，他们是长期从事野生稻资源研究的第一线专家。他们在完成极其繁重的科研任务的同时，能利用业余时间完成这部著作，实在难能可贵，这说明他们有着强烈的事业心、坚强的毅力和为科学献身的精神。他们博采众长，广泛搜集、阅读与引用国内有关野生稻研究的资料，在书中尽量全面系统地体现我国野生稻研究的全部成就与最新进展，从这个角度上也可以说，这部著作是我国野生稻资源研究者集体劳动与集体智慧的结晶。作者对全书的结构、用词等均反复推敲，再三斟酌，几易其稿，表现出在科学上一丝不苟的严谨态度和高度的责任感。这部著作的出版，确实是我国野生稻资源研究的又一重大成果，也是作者在学术上的一大奉献。

我相信这部著作的出版，必将加深国内外学者对我国野生稻资源的了解，促进野生稻资源在稻种起源演化、物种关系与分子生物技术等方面的研究及在水稻育种上的利用，同时也将受到植物遗传资源、水稻育种、生物技术、农业科研等方面的读者及教学工作者的欢迎。

中国工程院院士
中国工程院副院长

序一

中国稻种资源极其丰富，国家种质库保存水稻种质资源8万多份，国家野生稻圃保存野生稻种质资源1万多份，是世界上异位保存野生稻种质资源数量最多的国家，同时建立有30多个野生稻原生境保护点，保存着大量的野生稻优异种质，它们是我国水稻育种不可多得的宝贵基因源。

20世纪20年代，我国著名稻作学家丁颖院士成功利用广州郊区普通野生稻育成"中山1号"优良品种，该种质培育出了9个世代27个优良品种，在育种和生产上应用半个多世纪。20世纪60年代农作物育种和生产的"绿色革命"，以及70年代袁隆平院士成功利用野生稻"野败"不育种质育成首个野生稻种质不育系，开创了我国三系杂交水稻的辉煌事业。这证明了野生稻种质资源具有巨大的育种利用潜能，它们中保存有大量的高产、优质、抗水稻主要病虫害、抗逆性强的有益基因，是我国粮食安全保证的重要的战略性物质基础。野生稻种质资源的保护和可持续利用具有重大意义。

《中国野生稻》一书全面系统地阐述了我国野生稻种质资源研究与利用的主要成果和新进展，在野生稻资源的普查、考察、搜集、原生境保护、异位保存、鉴定评价、平台建设、创新、挖掘、利用等方面资料最全，在野生稻的地理分布、生态环境、多样性状况、濒危原因等方面论述最透彻，在野生稻种的形态、分类、细胞、生理生化、分子生物技术与基因组学研究等方面搜集了大量的资料。该书可作为我国农作物种质资源与水稻育种学科领域的重要参考书。

我相信这部著作的出版，必将引起国内外学者对我国野生稻种质资源研究与利用的高度关注及进一步了解，从而促进我国及世界野生稻种质资源研究快速发展，促进野生稻等农业生物种质资源的保护与可持续利用，促进我国生态文明建设和小康生活的高质量发展。

中国工程院院士
中国农业科学院副院长

　　"民以食为天"，粮食问题始终是关系着民族生存与发展和国家繁荣昌盛的头等大事。水稻是我国最重要的粮食作物之一。我国水稻播种面积居世界第二位，稻谷总产量居世界第一位。在当今全球范围内，可耕地资源逐渐减少，而人口数量却不断增加，因此，提高水稻产量，改善稻米品质，满足人民生活水平不断提高的需求，是我国政府与人民十分关心的重大经济问题，更是关系到社会进步和稳定的重大政治问题。为确保稻作持续稳定发展，除不断改进育种技术、提高育种效果外，最关键的是在现有基础上，加大力度深入研究与创新稻种资源，特别是野生稻优异种质资源。谁掌握了作物资源优势与基因优势，谁就掌握了未来农业的优势。

　　野生稻是栽培稻的祖先，野生稻资源是稻种资源的重要组成部分，也是生物多样性的重要组成部分，是人类生存发展过程中最直接利用与最重要的植物资源。我国是亚洲栽培稻的起源地与遗传分化中心之一，具有十分丰富的野生稻资源。中华民族是世界上最早认识与驯化野生稻资源的民族，稻作历史悠久，稻区分布广泛。河南省舞阳贾湖遗址、湖南省澧县彭头山遗址和梦溪八十垱遗址出土的炭化稻米、稻谷，经年代测定，距今至少8 000年。据报道，1999年12月，在广东省英德县出土了12 000年前的炭化稻样品。在漫长的历史中，我国古籍也记载有丰富的野生稻和栽培稻种类及地理分布情况，稻种资源类型十分丰富。我国又是现代科学史上最早利用野生稻与栽培稻进行杂交育种的国家之一。1926年丁颖教授就利用广东野生稻杂交培育出"中山1号"水稻新品种，其衍生品种直到20世纪70年代还在生产上应用。长期以来，我国政府十分重视野生稻资源的研究与利用，在国家发展的各阶段均将其列入国家重点科技攻关项目。经过全国广大农业科研人员的共同努力，我国在野生稻资源的普查、考察、搜集、评价、保存和利用等方面做了大量工作并取得了显著的成就。我国建有两个国家级野生稻保存圃（南宁、广州），保存野生稻种茎8 000多份，经农艺性状鉴定，整理编写出了全国统一编号的野生稻目录7 324份，经整理繁种进入北京国家种质库保存的种子5 599份。在野生稻优异种质利用上创造出了一批新的优异的中间材料，培育出一批含有野生稻基因的高产、优质、高抗的新品种和新组合，并在生产上应用，且先后获得20多项国家级与省部级科技进步奖。在"九五"期间，国家自然科学基金资助的重点项目"中国栽培稻起源与演化"的研究，已在普通野生稻的分类、籼粳分化和亚洲栽培稻起源地、祖先种的确认及稻种起源演化途径等方面均取得了显著成果，把野生稻资源研究与利用推进到了分子水平。为了全面系统地总结中华人民共和国成立以来野生稻资源的考察、搜集、保存、鉴定、评价、利用的新进展和新成果，根据许多从事野生稻资源和遗传育种等方面研究专家的建议，我们编写出版了《中国野生稻》一书。

本书是我国广大野生稻资源研究专家研究成果的集成，是集体智慧的结晶。本书野生稻优异种质资源目录部分搜集了其具体名称、产地及重要特征特性，它凝聚了许多研究人员的辛劳，在此谨向他们表示崇高的敬意与诚挚的感谢。本书在编写过程中，得到了中国工程院院士刘旭、万建民的热情指导和帮助，他们还为本书作序，特此向他们表示崇高的敬意与真诚的感谢。同时向对本书的编辑出版给予很大帮助的广西科学技术出版社、中国农业科学院作物品种资源研究所和广西农业科学院等单位的领导和有关人员致以衷心的感谢。

本书在野生稻资源研究上具有综合性、学科性、实用性与资料性的特点，可供科技、教育和农业生产部门的广大科技人员参考。本书工作量大、涉及面广，由于编者水平有限，在较短时间内，将分散在全国各地的研究资料及科研成果进行系统归纳总结与理论创新实属不易，书中难免有不当之处，敬请读者批评指正。

第二章　中国野生稻资源的种类、地理分布及特征特性

第三章　中国野生稻资源的考察、搜集、整理、编目与保存

第七章 中国野生稻种质资源的基础理论研究

第一章

中国野生稻保存与利用
研究的意义

中国野生稻种质资源是国家粮食安全的战略性物质保障，是国家战略性物质基础。目前我国对野生稻的研究整体处于国际先进水平，在原生境保存技术、种质资源平台共享利用、水稻优质育种利用、基因序列测序研究等领域处于世界领先地位。中国野生稻种质资源保存与利用的深入系统研究具有重大的意义。

第一节　野生稻在稻作理论研究中的重要作用

理论研究是一件随着科学技术发展而发展的持久性研究工作，它的研究成果是解答人们疑问、满足人们好奇心的唯一科学途径。因此，稻作理论研究对社会文明进步、科技发展具有十分重要的意义。

一、物种分类的实物依据

世界上有许多动植物、微生物种类，广西就有维管束植物9 000多种，还有不少的物种特别是微生物的种类没有被人们发现，因此物种分类学研究任重道远，但又必须有实物依据才能分出新的物种，不能凭空伪造一个新物种出来。野生稻是稻属分类不可缺的物种，没有实物依据就不能开展稻属物种的分类。目前世界上较公认的稻属野生稻种有21个，但是历史上和现在对部分野生稻种的分类还有争议。例如，在历史上对普通野生稻种的分类就有较长时间的争论，先后给野生稻的分类命名的名字就有85个之多。其中普通野生稻（*Oryza rufipogon* Griff.）就有19个不同的名字，亚洲栽培稻（*Oryza sativa* L.）有33个名字。学者们对我国疣粒野生稻（*Oryza meyeriana* Baill.）的分类命名也有不同看法，有6个名字，如吴万春教授提出把疣粒野生稻分为ssp. *tuberculater*、ssp. *granulata*、ssp. *meyeriana* 3个亚种。由此可见，野生稻的保存研究对稻属物种分类十分重要，有了它就能辨清真伪，确定物种的名称及在系统中的地位，起到实物依据的作用。

农作物分类既是分类学科的发展需要，也是为了更好地有针对性地利用。例如，普通野生稻种与亚洲栽培稻同属"AA"染色体组，血缘最近，有利于有性杂交利用；疣粒野生稻为"HHJJ"染色体组，与亚洲栽培稻有性杂交亲和性极差，不能用有性杂交的技术方法来利用。分类研究使利用者明白其中的道理，提醒人们想利用不同染色体组的稻种优异种质需要采用不同的方法。

二、稻种起源研究的决定性种质

栽培稻起源于野生稻，这是一般人的共识，然而，目前世界上栽培稻有2个稻种，即非洲栽培稻（*Oryza glaberrima* Steud.）和亚洲栽培稻。非洲栽培稻种植分布的面积小、范围窄，起源地和直接祖先种研究容易清楚。亚洲栽培稻种植分布在全球五大洲，由于栽培历史悠久，亚种、变种、生态群、生态型等种内分类纷繁复杂，品种数量有10万多个，野生稻种又有21个较为公认的种。因此，搜集、保存野生稻种质资源对稻种起源研究具有十分重大的意义。没有野生稻种质资源就无法进行稻种起源研究，没有野生稻分布的地方就没有依据说该地是栽培稻的起源中心（起源地）。保护好野生稻种质资源，特别是原生境野生稻种质资源对稻种起源等基础研究十分重要，无法替代。有了野生稻原生境就能确定起源地，进而研究其传播路线，并研究其传播的历史年代，解开历史的谜团，进而满足人们对历史、对稻种传播、对稻作文化发展等问题的好奇心，充实人类的精神世界。

野生稻种质资源在稻作文化研究上具有决定性的作用，既能让人们研究其本身的自然进化途径，研究其演变成栽培稻的途径，研究其基因突变及变化方向与产物，拓展人们知识的深度与广度，增强和提升人们对稻种生命基础理论知识和技术水平的认识；同时也能增强人们对稻种生命本质的了解，可以让人们开发出离开传统种植方式也能直接生产的粮食，进一步满足人们对高质量生活水平的需要。

三、稻种基因组学研究的对象

基因组学是现代生物学研究的热门领域，也是人们打开生命王国之门的重要金钥匙。要了解稻种生命本质，就要有野生稻和栽培稻种质资源作为研究对象，有了研究对象才有利用基因组学等高新技术开展研究的可能。基因组学研究是破解物种遗传变异物质基础的基础，是从遗传分子DNA（脱氧核糖核酸）、RNA（核糖核酸）的结构差异、功能差异上研究生命从上一代传递给下一代，使生命世代相传、生生不息的关键。然而，目前人们虽然已经掌握了DNA分子的部分基因的遗传表达，以及其结构与功能的关系，知道有结构功能基因，有启动子、终止子、操纵子、内显子、外显子、转座子等DNA分子的复杂结构与功能的小单位，但是还有许多DNA结构序列的功能不清楚，还需要不断地进行试验验证，以发掘新的基因功能，破解生命遗传的真谛。有了野生稻种质资源就能解开稻种生命之谜，并保存坚实的基因基础。因此，野生稻是基因组学研究必不可少的物质基础和研究对象。

四、稻种生理生化研究的对象

遗传变异和表达都离不开有机个体的生理生化反应，而研究生命本质也要从生理生化方面入手或结合起来一起研究。因此，野生稻种质资源也是研究稻种生理生化的物质基础和研究对象。生理生化反应主要是蛋白质的合成分解、能量的产生并支撑生命特征的表现。蛋白质的合成分解也严格受到遗传信息的控制，受到生长发育指令的控制。因此，研究其生理生化过程对了解生命有机体个体的生长、发育、成熟等生命机理同样具有十分重要的作用。例如，高光效种质在中国药用野生稻种中就有比亚洲栽培稻高出1.5倍的种质，如果把高光效生化机制研究清楚，就能在栽培稻甚至在主要农作物中"安装"高光效生物反应器，对全面提升农作物的产量、满足人类发展的需要具有十分重大的意义。再如，弄清楚蛋白组学的生化原理和技术过程，就可能利用人工智能技术，在实验室中创造出一套脱离植物有机体的高光效粮食农产品生产线，直接生产人们所需的农产品。从而实现智能化、工厂化、规模化的粮食或食品生产，不再受天气和不利环境因素的干扰、破坏，更可能为人类移居太空其他星球提供物质基础。对于优质营养保健等生理生化机理研究，同样能够解决许多目前尚未解开的生命之谜，为人类福祉服务。

五、种质资源学科教育的物质和文化基础

种质资源学是一门新学科，同时又是一门与育种一样甚至更加古老的学科。因此，需要开展专业学科教育。稻种种质资源学科教育更为重要，因为稻作是维持人类生存发展的主要食品，世界上60%以上的人每天都要食用。为了人类今后更好地发展，就要有种质资源学科教育，培养更多的专业人才，特别是稻作研究的专业人才，让子孙后代传承和弘扬优秀的稻作传统文化，生活越过越好。稻作文化的传承发展需要有稻种种质资源的实物和文化的学科教育。没有了野生稻种质资源就无法让子孙后代看到野生稻种的实物，无法感受到物质的真实感，无法得到完整的稻作文化感受，也就是没有牢固的物质和文化教育基础。因此，保护好野生稻种质资源，对种质资源学科特别是稻作种质资源学科文化教育具有不可替代的重要作用，对普及稻作文化，提升人类稻作文化素质、技术技能也具有不可替代的重要作用，对人类的生存发展更是具有不可替代的重要作用。保护野生稻种质资源、保护稻作文化就是保护人类自己，就是保护子孙后代的生存发展。

第二节　野生稻在稻种遗传改良中的重要作用

保护生物种质资源的目的是使其充分地可持续利用，野生稻种质资源的保护也是为了可持续的充分高效利用。目前我们对野生稻种质资源的利用主要是在稻种遗传改良上，将来可以通过基因组学等技术开展延伸至整个农作物遗传改良上。

一、优质育种的基础

在早期的研究中发现，野生稻种质资源中有许多外观米质优、内在营养物含量高的优质和优异种质，这些品质优良的种质有许多特征、特性超过现在种植的栽培稻品种。例如，药用野生稻的稻米蛋白质高含量的种质就超过现在栽培稻生产应用品种的2～3倍，是栽培稻遗传改良、优质育种不可替代的战略性重要物质基础。成功利用野生稻蛋白质高含量种质就能够培育出蛋白质高含量新品种，大幅度提升新品种稻米的营养价值。野生稻种还有许多外观米质非常优良的种质，利用它们就能培育出外观品质完全达到国标优质大米的新品种。早在20世纪80年代，广西农业科学院李丁民研究员团队就成功利用野生稻"野5"种质杂交，育成了强优恢复系"桂99"，米质优良，与"博A"不育系配组成"博优桂99"（"博优903"）组合，产量高，米质优，深受消费者喜爱。当时广西大米市场叫"903"的大米就代表着优质米，"903"成了当时群众心中优质米的品牌。"博优桂99"成为我国解决高产不优质技术问题的第一个籼型杂交水稻组合（品种）。"桂99"的野生稻血缘（基因）现在在育种上还在利用，也正是这些优质基因的作用，广西农业科学院水稻研究所利用野生稻种质育成的"桂99"强优恢复系配组的杂交水稻组合首次攻破杂交水稻高产不优质的技术难关，利用"桂99"配组的品种在"七五""八五""九五"期间都是米优质的杂交水稻。全国以"桂99"为主体亲本育成的恢复系有82个，配组育成并通过审定后推广应用的水稻优良品种有400个，是华南乃至全国水稻的主导品种。其中，育成的"桂1025"恢复系，配组的"秋优1025"品种是第一个国标优质米高产杂交稻品种，在生产上大面积应用。

广西大学利用广西田东野生稻等优异种质为主体亲本，育成了"测253""测258"等5个强优恢复系，配组成"博优253"等34个优良品种，在"十五""十一五""十二五"期间成为华南乃至全国和东盟国家的主导品种，在生产上大面积推广应用，至2014年底，累计推广面积达到2.17亿亩*。

目前，我国育成及通过品种审定的杂交水稻、常规水稻新品种全部达到国家优质米标准一级、二级米的水平，产量也大幅提高，水稻育种真正进入高产优质的新时代，野生稻优异

---

*亩是中国市制土地面积单位，1亩约等于666.67 m²。全书同。

种质的成功利用起到关键作用。

二、抗性育种的抗原

作物抗性育种主要有抗病虫害育种和抗逆性育种两大块。野生稻种质资源中存在有许多高抗水稻主要病虫害和强抗逆的优异种质，是水稻抗性育种十分重要的抗原。

1. 解决水稻抗病虫害育种缺乏抗原的难题

近十多年来，水稻育种与生产一直被稻瘟病、白叶枯病、南方黑条矮缩病、稻褐飞虱、白背飞虱等病虫害困扰，严重时整个田块失收，一般情况下减产20%～30%，给生产带来相当严重的损失。而在我们的研究中发现野生稻中有免疫南方黑条矮缩病的抗原和高抗的抗原，在其他病虫害抗性鉴定上也有许多新的抗原被发现。野生稻种质资源中有许多水稻抗病虫害育种急需的高抗、双抗、多抗的抗原，而且有不少是不可多得的唯一抗原。它们的成功利用对提高水稻新品种的抗性具有十分重要的意义。

2. 提升水稻新品种抗逆性的基因源

在水稻生产过程中，常常会遇到早春寒和寒露风的寒害问题，寒害是一种比较严重的自然灾害，常常造成严重的减产。最严重的寒露风能造成颗粒无收，一般情况也会造成20%～30%的损失。干旱也是常见的自然现象，虽然中华人民共和国成立以来建立了许多水库、水渠，对水稻增产丰收起到历史性的重要作用，但是就局部地方来说，干旱几乎年年发生。因此，提升水稻新品种的耐旱性对于水稻增产也是十分重要的。培育耐旱、耐寒性强的新品种，在遇干旱、寒冷等自然灾害时就能保证生产丰收。而强耐性品种需要通过杂交改良和基因转导来实现，最强的抗原就是野生稻种质资源中的抗原。野生稻种质资源中除耐旱、耐寒种质外，还含有许多耐盐碱、耐贫瘠、耐衰老的强抗逆性抗原。在我们后来的试验中也发现野生稻种质资源中有比水稻品种耐性更强的种质，它们是提升新品种抗逆性、丰产性、适应性的良好抗原。因此，搜集、保存、研究野生稻对水稻抗性育种具有不可替代的作用，对水稻生产发展具有重要意义。

三、功能稻育种的种质

功能稻是指具有一定特殊功能、用途或具有特色的栽培稻品种。例如，黑米品种、红米品种、香米品种，以及其他具有特殊功能、用途的品种都称为功能稻。随着小康社会的建成，将来很可能把具有保健功能的稻米品种也划归特种功能稻的范围。特种功能稻新品种选育需要用特种功能稻老品种作为亲本进行遗传改良才能获得，利用野生稻种类多，种内生态群、生态型复杂，品种型多样的特点，可以为特种稻育种提供优异的特色种质，促进特种稻育种发展。除了提供一般育种所需的高产、优质、高抗与广谱抗等优异种质，还可以提供含铁量、含硒量、含锶量高的种质基因给特种稻育种利用，进而提高特种稻品种的功能，甚至是保健功能。例如，利用含硒量高的野生稻种质可以培育出含硒量高的品种，利用含铁量高的野生稻基因可以培育出含铁量高的水稻品种，高铁、富硒、富锶品种对人体健康具有特殊的功效。含铁量高的品种能够起到补血的作用，对孕妇、产妇的产后健康起到特殊的作用，高铁含量的糯米品种更加有效；富硒、富锶品种能够提高人体免疫力，起到防癌抗癌、治疗多种疾病的作用。野生稻种富硒、富锶种质比栽培稻多，含量也比栽培稻高，是培育富硒、富锶特殊品种的宝贵种质。因此，野生稻是不可多得的宝贵种质，搜集保护、创新利用野生稻种质资源有利于特种稻育种事业的发展。

四、转基因育种的基因源

转基因技术是20世纪生命科学研究的重要成就，是打开生命奥秘之门的重要钥匙，也是21世纪生命科学研究最重要的技术。转基因技术能够人为自主地操纵生命有机体的遗传表达过程，因此我们必须充分掌握转基因技术，挖掘更多优异基因。我们一定要把转基因技术的主动权牢牢地掌握在自己的手中，造福子孙，造福中国，造福全人类。

野生稻是栽培稻的祖先种，它与栽培稻的血缘关系比其他物种近，特别是普通野生稻和短舌野生稻，我们的先祖就是直接利用它们驯化培育出栽培稻的。利用转基因技术把野生稻有利基因转到栽培稻上改良，改造栽培稻品种。

第三节　野生稻在科普教育中的重大意义

科普教育对提高全民族的科学技术知识水平具有十分重要的意义，对关心下一代、培养下一代健康成长具有不可替代的作用。

一、生态环境保护的科普教育

习近平总书记多年来一直强调生态文明建设的重要性，并做出许多重要的决策部署，在新时代更是要求有新作为、新气象。广西壮族自治区党委、人民政府提出"三个生态、两个建设"。野生稻是农作物近缘野生种，对农作物育种、遗传改良具有不可替代的作用，它们也是生态环境保护的重要物种，特别是南方湿地生态环境不可或缺的植物物种。在保护湿地生态环境时普及野生稻保护与利用的重要作用，把野生稻保护与生态环境保护结合起来进行科普教育具有重要意义。野生稻种中也有旱生的野生稻种，在中国南方不少地方，保护生态环境需要保护好野生稻旱生物种的生态环境，做好野生稻生态环境保护的科普宣传，也是广西"三个生态、两个建设"重要内容之一。通过科普教育，让社会大众都知道保护野生稻、利用野生稻的重要性，即能确保粮食安全，确保我国生态文明建设的稳步推进。

二、生物多样性保护的科普教育

稻属野生种具有丰富的生物多样性，目前，我国有3个野生稻种和1个栽培稻种，引进有国外的21个野生稻种，这些是开展科普教育的重要物质基础。有了野生稻种质资源，就可以在国家种质南宁或广州野生稻圃开展稻属种分类、考察、搜集、保存、创新利用、育种技术、生物技术、转基因技术等科学知识的普及教育活动。可是从野生稻种质资源中寻找优异基因，通过转基因技术整合到粮食作物中，提高产量、质量、抗性和适应性，能大幅度增加和提高粮食产量和质量。稻种资源的多样性也包含野生稻和栽培稻种质资源多样性，使全民都认识野生稻种质资源的保护离不开科普教育活动，有了野生稻种质资源多样性的知识和技术，便能增加科普教育内容的多样性和丰富度，同样，生物多样性的科普教育也离不开野生稻和栽培稻的多样性保护。

三、粮食安全知识的科普教育

21世纪谁来养活中国人？这是西方国家提出的问题。习近平总书记提出，中国人的饭碗时时刻刻都要端在自己的手里。粮食安全对国家发展、人民安居乐业、幸福生活极其重要。

野生稻在过去、现在和将来都是国家粮食安全不可缺少的战略物质基础。丁颖院士成功利用野生稻种质育成了"中山1号"良种，拉开了中国水稻高产育种的序幕，其后代衍生出优良品种29个，在生产和水稻育种上的应用延续了大半个世纪，是世界水稻杂交育种史上的一个奇迹。"中山1号"为作物矮化高产育种，为中国人吃饱肚子做出了历史性贡献。野生稻种质资源中"野败"雄性不育基因的成功利用，开辟了杂交水稻育种的辉煌事业，使中国人第一次握牢自己的饭碗。野生稻种质"野5"的成功利用，育成强优恢复系"桂99"，配制出"汕优桂99""博优桂99"（"博优903"），成为"七五""八五""九五"期间米质最优的恢复系，育成品种均是优质稻。全国利用"桂99"做主导亲本育成的恢复系有82个，培育出杂交水稻优良品种400多个，成为华南乃至全国的水稻生产主导品种，为国家粮食安全做出了杰出贡献。"桂99"恢复系及其品种先后多次获得广西和国家科技进步奖一等奖、特别贡献奖。"测253""测258"等5个强优恢复系也是利用野生稻亲本杂交育成的优质恢复系，配组育成34个优良品种，在"十五""十一五""十二五"期间它们都是杂交水稻优质米的代表品种，曾是东盟国家的主导品种。广西农业科学院水稻研究所育成的"桂1025"恢复系，配组的"秋优1025"品种是第一个国标优质米高产杂交稻品种，在生产上大面积应用。育成的"丰田553"恢复系及其品种"丰田优553"，米质达到国标优质米一级，是第一个单一区域转让使用权价格最高的超级杂交稻优质米品种。

野生稻优异种质的成功利用还有许多例子，它们在生产上的大面积规模化应用，确保了国家粮食安全。因此，进行野生稻资源的相关科普活动具有重要意义，有助于提高公众对野生稻种质资源保护与利用的意识，加大野生稻种质资源安全保存的力度。

四、稻作历史文化的科普教育

中国稻作文化历史悠久，早在甲骨文中就有稻的记载。然而中国是否为亚洲栽培稻的起源地，是否为稻种遗传多样性中心，栽培稻是怎样演变进化的，解答这些稻作理论最基础的问题都需要有野生稻种质资源的实物作为重要物证。目前，亚洲栽培稻起源演化问题已经取得重要进展，直接祖先种的确定、起源地的确定、演变进化途径等都有了比较清晰的解释。开展稻作历史文化科普教育，野生稻种质资源依然是十分重要的物证。有野生稻种质资源分布的地方才有资格可能成为栽培稻起源地，成为稻种资源遗传多样性中心，没有野生稻分布的地方绝对不可能是栽培稻起源地。野生稻种质资源是稻作基础理论研究的重要物质基础，也是稻作历史文化科普的重要物质证据。

五、提升国民科技水平的重要领域

野生稻种质资源是稻种资源的重要成分，直接关系国家粮食安全，关系每一个人的生活安康。野生稻种质资源保护与创新利用研究科技水平的高低也关系着国家农业科技水平，乃至国家整体科技水平的高低。因此，提升野生稻研究的科技水平与科普水平，也是全面提升全国科技水平的重要内容。

第四节　野生稻在湿地生态保护中的重大意义

2011年广西湿地资源调查结果显示，广西内陆能调查到的斑块面积在8 hm²以上的湖泊、沼泽、河流与人工湿地共492 799.33 hm²（不含水田湿地面积）。广西20 m水深内的浅海面积6 488 km²，滩涂面积1 005 km²。广西湿地生态资源丰富，保护湿地生态任重道远。野生稻种质资源中有8个野生稻种在水环境中生长发育繁衍，是湿地的重要物种。中国3个野生稻种中有2个需要在水环境中生长。野生稻可以作为湿地生态环境好坏的指标物种，对湿地生态保护具有重要意义。

一、湿地生物多样性的重要成分

野生稻种中如普通野生稻、短舌野生稻、长雄蕊野生稻等水生习性的野生稻种，都是湿地生物多样性的重要物种。在中国，普通野生稻是自然湿地环境中的主要物种，药用野生稻是山沟（山冲）有灌木遮阴的湿地环境中的重要物种。我们在野外考察中发现，沼泽地、河湾浅滩、水塘等湿地往往是普通野生稻集中高密度连片生长的地方。例如，20世纪80年代初在贵港市麻柳塘发现的总面积466.3亩野生稻，其中普通野生稻连片稠密覆盖的原生地面积为419.4亩，君子塘总面积80多亩，普通野生稻连片覆盖面积70多亩；桂平市的黄楞塘总面积300多亩，野生稻覆盖面积250多亩，罗荣荒塘总面积350多亩，野生稻覆盖面积300多亩。这些大面积沼泽湿地的生物多样性植物物种主要是野生稻，水下的植物是水草、藻类，动物则为水体生物，有鱼、虾、蛇、鳖、蛙等，昆虫类有蝗虫等，鸟类有白鹭、喜鹊、锦鸡、乌鸦、麻雀等。野生稻种质资源既为它们提供栖息的场所，又提供食物。被毁灭的野生稻原生地，由于野生稻种质资源的消失，随之造成湿地生物多样性物种的消失、灭绝，致使整个原生境消失殆尽。

旱生野生稻种质资源同样也是生物多样性的重要成分，如果生态环境改变，整个原有生态多样性物种结构就被打破，野生稻等物种就会消失。例如，贺州市五将的一处药用野生稻原生地，由于山上和周边的树木被砍伐掉，泉水断流，旱生优势物种茅草利用更强的地下短茎逐渐侵占药用野生稻生长的土地，药用野生稻的耐旱性比茅草差，地下茎不如茅草坚硬，在生存竞争中逐步被淘汰。

二、湿地生态环境保护的重要物种

从河南舞阳遗址发现的古稻谷粒来看，当时河南中部已有驯化野生稻的栽培。古稻是由野生稻栽培种植而来，因而古稻都是在野生稻生长的沼泽地和常年积水的低洼地栽培，两者同处在一个生态位置上。野生稻分布区最容易也最适合开垦种植人工选择的栽培稻，因此栽培稻的种植发展就意味着野生稻原生地被开垦为稻田，稻田面积越大，野生稻原生地的面积越小。随着野生稻的减少，自然湿地就变成了人工的水田湿地。

黄璜（1998）研究人口与栽培稻种植的关系时，认为人口密度由每平方千米5人变为25人、45人时，人均土地面积相应地由20 hm²变为4 hm²、2.2 hm²，人均耕地由3.1 hm²变为0.6 hm²、0.33 hm²。古代耕地中85%～93%用于种植粮食作物，当人均耕地为3.1 hm²时，粮食作物面积较大；当人均耕地约为0.6 hm²时，粮食作物面积已不足0.5 hm²，这时，开垦荒地为耕地作为发展农业的重要措施之一。

三、湿地景象多样性变化的重要因素

湿地景象多样性是生态环境多样性的一个组成部分，是生态环境多样性在不同时空的表型。例如，夏日晨光初照时，会出现满天朝霞，红日喷薄而出，湿地表面绿油油的野生稻苗壮成长，充满生机。而秋天则是湿地野生稻的抽穗期，在晨光的照耀下水面薄雾缭绕，稻穗的谷粒长芒火红一片，在雾纱飘动中时隐时现，景色美轮美奂。然而，如果没了野生稻的整片覆盖，生物多样性就会发生重大变化，美景不复。野生稻在湿地中生长优势明显，生物产量平均每亩达到4 000～4 500 kg，它们的茎秆、叶、谷粒能给虫鸟提供充足的食物和生长繁衍的家。野生稻落叶腐烂后也给水中的鱼、虾、龟、鳖等提供充足的食物与安全繁殖生存的栖息地，保证生物多样性的良性发展。因此，野生稻是体现湿地景象多样性变化的重要部分，保护好野生稻种质资源多样性就能保护好原生地的湿地生态环境多样性。

四、湿地食物链中不可或缺的环节

野生稻是栽培稻的祖先，是人类早期食物之一，同时也是湿地生物的食物之一。昆虫需要吃稻叶，鸟儿要吃昆虫，腐烂的稻叶和虫鸟粪便是水中浮游生物的食物，浮游生物又是鱼、虾、龟、鳖等的食物，它们一环扣一环形成湿地食物链。野生稻在整个湿地食物链中处于中间的位置或者说是根基性的地位。在大面积覆盖的野生稻原生地，如果野生稻缺失，许多昆虫、麻雀、白鹭、喜鹊等物种将不能生存，水里的小虾蟹和鱼类也难以生存繁育。这在野生稻原生地多年连续跟踪调查结果中就有明显的体现。

五、湿地水土的保护作用

野生稻种类繁多，水生习性的野生稻种大多具有随水面上涨而长高的特性，根系发达，根长超过1 m，大的植株有200～300条根，这使得它们具有一定的防治水土流失的作用。野生稻种含有高秆和长根的特性，使其能够在湿地中固根生长，对湿地的生态起到良好的保护作用；能够稳定一部分泥沙在其根系周边，起到一定程度的水土保护作用；能够稳定湿地生态环境和湿地生物多样性，进而起到保护生态环境的作用。

第二章

中国野生稻资源的种类、地理分布及特征特性

我国南方地处热带、亚热带，气候炎热，雨量充沛，野生稻种质资源十分丰富，类型多，分布广，面积大，为全世界所瞩目。野生稻种质资源是稻种资源的重要组成部分，是自然历史赋予的遗产，也是水稻常规育种、杂交稻育种、生物技术育种和稻种起源、演化及分类等基础理论研究的重要物质基础。因此，野生稻的考察、搜集、保存、评价与利用对促进稻作学基础理论研究和农业生产的发展都具有重要的意义。

第一节　中国野生稻的种类

一、中国古籍中关于野生稻的文字记载

中国是世界上野生稻种质资源最丰富的国家之一，而且自古以来就有关于野生稻的记载。战国时期的《山海经·海内经》记述："西南黑水之间，有都广之野，爰有膏菽、膏稻、膏黍、膏稷，百谷自生，冬夏播琴（殖）。"表明在2 000多年前华南地区有自生野稻。据游修龄考证指出，中国古书中最早的一个与野生稻有关的文字是"秜"，古书称野生稻为"秜"，收入东汉许慎的《说文解字》中，释义："秜，稻今年落，来年自生曰秜。"北魏贾思勰在《齐民要术》的"水稻篇"中引用《字林》的"秜"字，释义："秜，稻今年死，来年自生曰秜。"一个作"落"，一个作"死"，描述的角度和稻的形态不一致。"落"是指当年谷粒掉落田间来年自生；"死"则可以有今年死亡的植株来年借宿根茎再生的含意，这就有点像多年生野生稻。与野生稻有关的字还有"稆""穭""旅""离"。南北朝时期，宋朝范晔的《后汉书》载："稆，自生也。"南北朝时期，梁朝顾野王的《玉篇》载："穭，自生稻。"北宋欧阳修的《新唐书·玄宗本纪》载："开元十九年，是岁扬州，穭稻生。二百一十五顷。"五代徐锴的《说文解字系传通释》在"秜"字下注释："即今穭生稻也。"指出"秜"是口语所称的穭生稻（穭，音"吕"），也可写作"稆"或"旅"。这些是中国古书中关于南方野生稻的最初记载。

不种自生的稻不限于古书记载，现代仍有存在，如连云港地区不种自生的"穭稻"，安徽巢湖一带不种自生的"塘稻"，海南琼山的杂草稻、鬼禾，广东徐闻、阳江的落鹤稻，广

西东兴、合浦的野禾、飞禾，等等，都是不种自生的野生稻。这些野生稻属于哪个种类有待进一步研究。

二、中国野生稻的种类

世界上稻属（*Oryza* L.）植物的种类有多少，各说不一。各学者对稻属所含种数的意见不同，是因为各人掌握种的生物学标准不同。华南农业大学吴万春（1980）综合各学者的意见，将世界稻属植物常见的22个种分列如下。

高秆野生稻	*O.alta* Swallen
狭叶野生稻	*O.angustifolia* C.E.Hubb.
澳洲野生稻	*O.australiensis* Dam.
短花药野生稻	*O.brachyantha* A.Chev.et Roehr.
短叶舌野生稻	*O.breviligulata* A.Chev.et Roehr.（*O.barthii*）
密穗稻	*O.coarctata* Roxb.
紧穗野生稻	*O.eichingeri* A.Peter.
光稃稻（非洲栽培稻）	*O.glaberrima* Steud.
大颖野生稻	*O.grandiglumis* Prod.
宽叶野生稻	*O.latifolia* Desv.
长护颖野生稻	*O.longiglumis* P.Jansen
疣粒野生稻	*O.meyeriana* Baill.
小粒野生稻	*O.minuta* J.S.Presl et C.B.Presl
药用野生稻	*O.officinalis* Wall et Watt
多年生野生稻	*O.perennis* Moench
派尔氏野生稻	*O.perrieri* A.Camus
斑点野生稻	*O.punctata* Kotschy et Steud
马来野生稻	*O.ridleyi* Hook.f.
普通野生稻	*O.rufipogon* Griff.
稻	*O.sativa* L.
极短粒野生稻	*O.schlechteri* Pilger
提氏野生稻	*O.tisseranti* A.Chev.

吴万春（1991）又根据不同的研究结果对1980年列出的稻属22个种进行重新分类，把狭叶野生稻、密穗稻、派尔氏野生稻、提氏野生稻、多年生野生稻5个种去掉，增加了展颖野生稻、颗粒野生稻、长花药野生稻和*O.tuberculata*4个种。他去掉的5个种，后来的研究者多数

认为是李氏禾属的种，新增加的4个种，除*O.tuberculata*这个种外都得到大家的认可。

根据现有资料确定，我国稻属植物共有4个种，其中1种为栽培稻，其余3种为野生稻，即稻（亚洲栽培稻）、普通野生稻、药用野生稻和疣粒野生稻。

1917年，墨里尔（Merrill E.D.）在广东罗浮山麓至石龙平原一带发现普通野生稻；1926年，丁颖在广州市东郊犀牛尾的沼泽地也发现普通野生稻，随后又在广东的惠阳、增城、清远、三水、开平、阳江、吴川、雷州半岛和广西的钦州、合浦、西江沿岸等地及海南岛各县发现此种野生稻；1935年，台湾桃园、新竹两地也发现这种普通野生稻。1942年，台湾新竹陆续发现疣粒野生稻；1932～1933年，中山大学植物研究所在海南岛淋岭、豆岭等地发现疣粒野生稻，1935年又在海南岛崖县南山岭下发现这种野生稻；1936年，王启远在云南车里县橄榄坝发现疣粒野生稻，同时也发现药用野生稻；1956年，云南思茅县普洱大河沿岸发现疣粒野生稻。中华人民共和国成立前夕，云南景洪的车里河（即流沙河）曾发现药用野生稻；1954年，广东郁南、罗定与广西岑溪交界处，广西玉林和六万大山发现药用野生稻；1960年，广东英德也发现药用野生稻。1963～1964年，戚经文等在海南岛17个县搜集到普通野生稻、药用野生稻、疣粒野生稻，在广东湛江地区18个县搜集到普通野生稻，在广西玉林、北流等地搜集到普通野生稻、药用野生稻。1963～1965年，中国农业科学院水稻生态室在云南思茅、西双版纳、临沧等地区发现普通野生稻、疣粒野生稻和药用野生稻3种野生稻。

为了查清我国野生稻种类、地理分布和广泛搜集野生稻资源，中国农业科学院作物品种资源研究所于1978～1982年组织广东、广西、云南、江西、福建、湖南、湖北、贵州、安徽等省（自治区）的农业局、农业科学院及有关地县（市）的农业科技人员和广大群众参加野生稻的普查、考察与搜集，结果查清我国有3种野生稻，即普通野生稻、药用野生稻、疣粒野生稻。至于在广东雷州半岛早造田发现极易落粒的籼型野生稻，当地将它视作杂草、鬼禾等野生稻，海南岛琼山的群众称之为杂草稻，广西合浦、东兴等地群众称之为不种自生的野禾、飞禾等。江苏北部连云港地区的稆稻，安徽巢湖一带的塘稻等，都是属于粳型、极易落粒、不种自生的野生稻。还有一年完成其生育期的一年生野生稻，有些古书曾记载为野生稻，现在很难为其定名，尚需进一步研究。因此，根据历史资料、野生稻种检索表和1978～1982年全国大规模的普查、考察与搜集结果，确认我国只有普通野生稻、药用野生稻和疣粒野生稻3种野生稻种。

王象坤、陈成斌等（1997～1998）到广西南宁、柳州、来宾等普通野生稻分布地多个不耐寒的分布点考察，在亚热带野生稻原生地寻找不越冬的野生稻分布点。经过3年多寻找，发现中国普通野生稻有一年生类型和直立类型的普通野生稻。但是，没有独立的单一类型的一年生野生稻居群，也没有类似尼瓦拉野生稻（*O.vivara*）的单一类型的野生稻自然群落（居群）的原生地分布点。2002～2009年，陈成斌等在广西重新对野生稻种质资源遗传多样性本底进行调查考察，结果同样没有发现尼瓦拉野生稻；广东省农业科学院的潘大建、范芝兰等

（2004～2012）也对广东省野生稻种质资源遗传多样性进行调查考察，同样没有发现尼瓦拉野生稻；海南省农业科学院的云勇、王晓宁、唐清杰等对海南野生稻进行了多年考察搜集，也没有发现尼瓦拉野生稻。因此，到目前为止，中国仅存普通野生稻、药用野生稻、疣粒野生稻这3种野生稻种，存在有普通野生稻的一年生类型和直立类型。

第二节　中国野生稻的地理分布

一、古书记载的中国野生稻的地理分布

据游修龄（1987）有关古书文字的记载和不完全统计，共有16处出现野生稻的情况和分布地点，最早一次是在吴黄龙三年（231年），最晚一次在明代万历四十一年（1613年）（表2-1）。

表2-1　历代古书所载野生稻出现情况表（游修龄，1987）

公元	朝代及年号	内容
231年	吴·黄龙三年	"由拳野稻自生，改由拳为禾兴县。"（《宋书》卷29）
446年	南朝宋·元嘉二十三年	"吴郡嘉兴盐官县，野稻自生三十许种，扬州刺史兴始王浚以闻。"（《宋书》卷29）
537年	梁·大同三年	"九月，北徐州境内旅生稻稗二千许顷。"（《梁书》卷3）
537年	梁·大同三年	"秋，吴兴生野稻，饥者利焉。"（《文献通考》）
731年	唐·开元十九年	"四月，扬州麦、穞生稻二百一十顷，再熟稻一千八百顷，其粒与常稻无异。"（《唐会要》卷28）
852年	唐·大中六年	"九月，淮南节度使杜悰奏，海陵、高邮两县百姓于官河中漉得异米，煮食，呼为圣米。"（《文献通考》）
874年	唐·乾符元年	"沧州本鲁城……生野稻水谷十余顷，燕魏饥民就食之。"（《新唐书·地理志》卷39）
967年	宋·乾德五年	"四月，襄州襄阳县民田谷穞生成实。"（《古今图书集成》）
979年	宋·太平兴国四年	"八月，宿州符离县淠湖稻生稻，民采食之，味如面，谓之圣米。"（《文献通考》）
994年	宋·淳化五年	"温州静光院有稻穞生石罅，九穗皆实。"（《古今图书集成》）
1010年	宋·大中祥符三年	"江陵公安县民田获穞生稻四百斛。"（《文献通考》）
1013年	宋·大中祥符六年	"二月，泰州管内四县生圣米，大如芡实。"（《文献通考》）

续表

公元	朝代及年号	内容
1023年	宋·天圣元年	"六月，苏、秀二州，湖田生圣米，饥民取之以食。"（《文献通考》）
1047年	宋·庆历七年	"渠州言，石照等五县，野谷稔生，民饥之候也。"（《古今图书集成》）
1580年	明·万历八年	"九月，四乡生圣穗数百。"（《蒙城县志》《古今图书集成》）
1613年	明·万历四十一年	"秋七月，大水，野稻大获，有一亩收十二石者。"（《肥乡县志》《古今图书集成》）

注：表内材料主要从《文献通考》卷299《物异》及《古今图书集成》卷29《草木典》摘录，未一一核对出处。

从古书中记载的野生稻分布地点看，大约自长江上游的渠州（现四川境内），经中游的襄阳、江陵，至下游太湖地区的浙江、苏南，然后折向苏中、苏北和淮北，直至渤海湾的鲁城（现河北沧州），呈一条弧形的地带。其纬度为北纬30°～38°，经度为东经107°～122°，南北跨8°，东西跨15°（图2-1的A线）。根据1982～1987年全国野生稻普查、考察结果看，野生稻的分布范围南起海南省崖县（18°09′N），北至江西省东乡县（现抚州市东乡区）（28°14′N），西自云南盈江（97°56′E），东至台湾桃园（121°15′E），南北跨10°05′，东西跨23°19′（图2-1的B线）。从图2-1的A、B线可见，古代野生稻分布地域较现代狭小

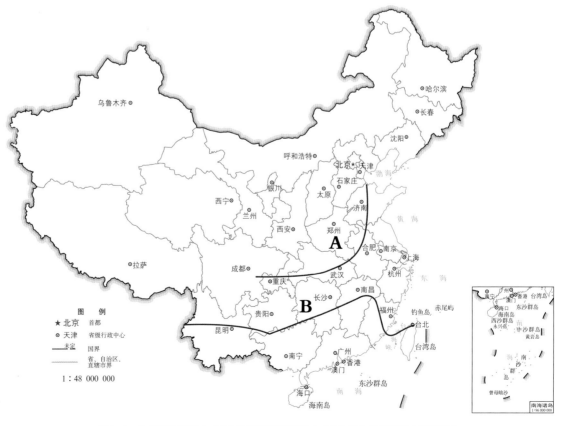

图2-1 古代野生稻分布（A）和现代野生稻分布（B）最北界示意图（游修龄）

且大大偏北；现代野生稻分布以华南为主，而古书记载的地点都偏于长江、淮河流域。古书《山海经·海内经》记述："西南黑水之间，有都广之野。"（相当于现在华南珠江流域）说明那里的作物有"膏菽、膏稻、膏黍、膏稷，百谷自生，冬夏播琴（殖）"，这是2 000多年前有关华南地区有自生野生稻分布的唯一记载。

华南为什么不见或少记载？不能据此认为古代华南没有野生稻，这是因为古代的史料记述偏于北方，南方没有记载，自然反映不出来，所以更不能与现代野生稻分布等同起来，原因很复杂，很可能与气候和人们的活动有关。在气候条件方面，宋代以后的气温明显下降，年平均温度较现在的低2 ℃左右；另一方面，自唐宋以后，北方人口不断南迁，经济重心南移至长江流域，粮食需求剧增，农业开发、复种指数增加，使野生稻的原生境不断受到破坏，分布范围缩小，野生稻生存受到抑制。因此，现在在北方地区没有发现关于野生稻的文字记载。造成这种现代野生稻分布范围和古书记载差异的原因尚需进一步研究。

二、20世纪80年代中国野生稻的地理分布

据1978～1982年进行的全国野生稻资源普查、考察与搜集的结果，并参考1963年中国农业科学院生态研究室的考察记录，以及历史上台湾发现野生稻的记载，现将中国3种野生稻地理分布概述如下。

1. 3种野生稻分布地区

中国3种野生稻分布十分广泛，据普查、考察结果，目前野生稻分布在广东、海南、广西、云南、江西、福建、湖南、台湾（历史上曾发现野生稻）等8个省（自治区）的143个县（市），其中广东53个县（市），广西47个县（市），云南19个县，海南18个县（市），湖南和台湾各2个县，江西和福建各1个县。

普通野生稻自然分布于广东、广西、海南、云南、江西、湖南、福建、台湾等8个省（自治区）的113个县（市），是我国野生稻种中分布最广、面积最大、资源最丰富的一种，大致可分为5个自然分布区。5个自然分布区之间，普通野生稻分布并不连续，如两广区和云南区之间，从广西百色往西、云南元江往东的一大片地方，过去和现在都进行过多次考察，始终未发现任何野生稻。又如，两广大陆区与湘赣区之间有南岭相隔，普通野生稻也未形成连续分布。这些问题有待进一步研究。

①海南岛区：该区气候炎热，雨量充沛，无霜期长，极有利于普通野生稻的生长与繁衍。18个县（市）就有14个县（市）分布普通野生稻，而且密度较大。

②两广大陆区：包括广东、广西和湖南的江永县及福建的漳浦县，为普通野生稻的主要分布区，但集中分布于珠江水系的西江、北江和东江流域，特别是在北回归线以南和两广沿

海地区分布最多，如广东惠阳县（现为惠州市惠阳区）17个乡、博罗县22个乡均分布有普通野生稻，博罗县石坝乡16个村，村村能找到普通野生稻。我国普通野生稻覆盖面积极大，集中连片33 hm²以上的有3处，7～33 hm²的有23处，如广西武宣县濠江及其支流两岸沿线断断续续约35 km长的地方分布有普通野生稻，广西贵港麻柳塘分布着稠密的普通野生稻约30 hm²。

③云南区：1965年起至20世纪末的考察，在西双版纳的景洪、勐罕坝、大勐笼坝等地区共发现26个分布点，1978～1982年又在景洪和元江两县发现2个普通野生稻分布点，这两个地方的普通野生稻呈零星分布，覆盖面积小。历年发现的分布点都集中在流沙河和澜沧江流域，而这两条河向南流入东南亚，注入南海。发现的野生稻分布点为研究云南普通野生稻与东南亚普通野生稻的相互关系提供了重要材料。

④湘赣区：包括湖南茶陵县及江西东乡县（现抚州市东乡区）的普通野生稻。东乡县的普通野生稻分布于28° 14′ N，是中国乃至全球普通野生稻分布的最北限。这两地处于长江中下游古老的稻作区域中，为研究中国野生稻的分布和中国乃至亚洲栽培稻的起源、演化及传播提供了极好的研究材料。

⑤台湾区：曾在桃园、新竹两地发现过普通野生稻，但据1978年报道已消失了。

药用野生稻分布于广东、海南、广西、云南4个省（自治区）的38个县（市），可分为3个自然分布区。

①海南岛区：主要分布在黎母山岭一带，集中分布在三亚、陵水、保亭、乐东、白沙、屯昌6个县（市）。

②两广大陆区：为主要分布区域，共有29个县（市），集中分布在桂东的中南部，包括梧州、藤县、北流、苍梧、岑溪、玉林、容县、贵港、武宣、横县、邕宁（现南宁市邕宁区）、灵山等县（市），广东有封开、郁南、德庆、罗定、英德等县（市）。

③云南区：主要分布于临沧市的耿马、永德县，思茅的普洱县（现思茅为普洱市的一个区）。

疣粒野生稻主要分布于海南、云南两省的27个县。在海南仅分布于中南部的9个县，在尖锋岭至雅加大山、鹦哥岭至黎母山、大本山至五指山、吊罗山至七指岭的许多分支山脉均有分布，常常生长在背北向南的山坡上。在云南分布于18个县，集中分布于哀牢山脉以西的滇西南，东至绿春、元江，而以澜沧江、怒江、红河、李仙江、南汀河等河流下游地段为主要分布区。台湾新竹在历史上曾发现有疣粒野生稻分布，目前情况不明。

全国有野生稻分布的143个县（市）中，仅有普通野生稻分布的有86个县（市），其中广东42个，广西31个，海南8个，湖南2个，江西、福建、台湾等地分别有1个；仅有药用野生稻分布的有11个县（市），其中广东4个、广西5个、云南和海南各1个；兼有普通、药用2种野生稻分布的有21个县（市），其中广东7个、海南3个、广西11个；兼有普通、疣粒2种野生稻分布的有5个县，其中海南3个、云南1个、台湾1个；兼有药用、疣粒2种野生稻分布的有5

个县，其中海南2个，云南3个；兼有普通、药用、疣粒3种野生稻分布的有4个县，即海南的陵水、保亭和乐东3个县，云南的元江县。

2. 3种野生稻分布的经纬度

中国3种野生稻分布的经纬度范围为东起台湾桃园市（121°15′E），西至云南盈江县（97°56′E），南起海南三亚市（18°09′N），北抵江西东乡县（28°14′N）（表2-2）。其中普通野生稻分布最广，跨经纬度较宽；其次是疣粒野生稻，但集中在海南、云南和台湾（过去发现）；药用野生稻则以在两广交界的肇庆和梧州较多（图2-2）。

表2-2　中国野生稻分布极限的经纬度

野生稻种名	跨越纬度	跨越经度
普通野生稻	18°09′N~28°14′N （海南三亚市至江西东乡县东源）	100°40′E~121°15′E （云南景洪县至台湾桃园市）
药用野生稻	18°18′N~24°17′N （海南三亚市荔枝沟至广东英德县浛光）	99°05′E~113°07′E （云南耿马县孟定至广东英德县浛光）
疣粒野生稻	18°15′N~24°35′N （海南三亚市南山岭至云南盈江县城关）	97°56′E~120°E （云南盈江县普马至台湾新竹市）

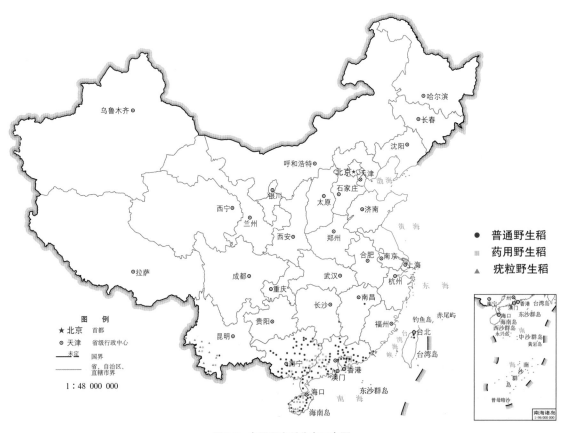

图2-2　中国野生稻分布示意图

3. 3种野生稻分布的海拔高度

我国的3种野生稻分布与海拔高度有一定的关系，不同种野生稻其分布海拔高度不同。①普通野生稻分布海拔较低，多数分布在海拔130 m以下，最低的是在广西合浦县公馆，海拔仅2.5 m；最高的是在云南元江县，海拔760 m。②药用野生稻分布海拔极限差异较大，广东、广西的药用野生稻大多分布在200 m以下，最低的是在广西藤县南安，海拔25 m；而云南的药用野生稻分布海拔跨度为520～1 000 m，最高的是在云南省永德县，海拔1 000 m。③疣粒野生稻分布海拔跨度为50～1 000 m，海南的疣粒野生稻分布最低海拔是50 m，最高海拔是800 m；云南的疣粒野生稻分布最低海拔是425 m，大多数是600～800 m，最高海拔是在永德县大雪山勐肯大队的紫根寨和盈江县城关勐展村，为1 000 m以上。

三、现代中国野生稻的地理分布

1978～1982年，全国野生稻考察协作组对南方9个省（自治区）进行了野生稻全面普查和搜集，共在7个省（自治区）140个县（市）发现了3种野生稻，明确了野生稻的分布范围。搜集野生稻种质资源3 238份，并把野生稻列为国家二级保护植物。此后野生稻种质资源的保护一直在国家政策下不断得到加强，特别是1992年中国加入《生物多样性公约》以后，保护生物多样性，保护生态环境，建设生态文明，逐步成为国家基本国策。党的十八大以来，建设生态文明的力度不断加强，执法力度也不断加强。党的十九大后，习近平总书记的系列讲话更加明确强调"绿水青山就是金山银山"的理念，促进绿色经济发展，加快美丽中国、美丽乡村事业发展。野生稻等农业野生植物种质资源的保护也得到不断加强，国务院出台了《中华人民共和国野生植物保护条例》，农业部（现为农业农村部）也出台了相应的保护办法，同时，还不断加强农业野生植物种质资源的原生境保护点的建设。目前全国已经建成116个农业野生植物种质资源原生境保护点（区），其中野生稻保护点（区）26个，初步建成包括野生稻在内的农业野生植物种质资源原生境保护体系，有效地保护了一批宝贵的种质资源。

（一）野生稻地理分布现状调查结果

20世纪80年代的野生稻调查搜集取得了丰硕的成果，由于当时资金、技术、人员、交通等条件限制，普查搜集主要由县级科技人员完成，样本采集随意性较大，数量较少，并以混合采集种子为主，且难以到达交通闭塞地区。80年代后，我国实行改革开放政策，社会经济快速发展，工业化、城镇化全面推进，许多野生稻生境遭到破坏，野生稻资源急剧减少。

国务院1996年颁布了《中华人民共和国野生植物保护条例》，将3种野生稻列入了《国家重点保护野生植物名录》；农业部于1997年开始设立课题，开展包括野生稻在内的农业野生植物资源调查；2001年国家开始实施农业野生植物原生境保护点建设（示范）；2002年又启动了"农业野生植物保护与可持续利用"专项，对野生稻等重要农业野生植物资源进行抢救性搜集和异位保存，并实施原生境保护技术研究；中国农业科学院作物科学研究所承担专项中农业野生植物资源抢救性搜集与初步鉴定评价、原生境保护技术研究与示范等工作。由此，在全国组织开展野生稻种质资源的调查、抢救性搜集、异位保存和原生境保护技术研究。

项目调查范围：已记载的7个省（自治区）140个县（市）2 696个分布点，即在北纬30°以南、海拔低于1 000 m、适合普通野生稻生长的区域，包括贵州安顺，浙江宁波、衢州、金华等地区。

项目采取国家级、省级、县级科技人员组成联合调查组联合调查的方式，对已记载的分布点逐一核查，对空缺区域实地调查；对所有分布点进行GPS定位和记录生态环境及野生稻种质资源的形态特征、生物学特性。随后把调查采集的数据信息、图像信息输入电脑，构建全国野生稻种质资源调查搜集数据库和图像信息库，并供国家野生稻种质资源保护决策、研究等。

根据中国南方各省（自治区）野生稻研究人员的野外调查研究结果发现，中国野生稻的地理分布区域仍然是东起福建省西至云南省，南起海南省北至江西省，大区域的分布格局没有大的变化。我国野生稻种仍为3个，原记载有野生稻自然居群2 696个，调查时仅存636个，占原记载数量的23.59%。其中，普通野生稻现存461个，占原记载数量的21.47%；药用野生稻123个，占原记载数量的27.21%；疣粒野生稻52个，占原记载数量的53.61%。新发现58个居群，其中普通野生稻28个，药用野生稻18个，疣粒野生稻12个。我国野生稻的分布特点：①福建、湖南、江西3省仅有普通野生稻分布，分布点分别为1个、2个、3个。②广西、广东两省（自治区）有普通野生稻和药用野生稻2种野生稻分布，其中，广西14个市59个县（市、区）245个乡镇有325个分布点，是国内野生稻分布点最多、覆盖面积最大的省（自治区）。广东野生稻原生地分布面积和分布点的数量减少显著，珠三角地区与沿海区域的野生稻已经消失，西部野生稻分布点也出现了消失严重的现象，原记录的87.33%的原生地分布点已经消失。③云南、海南两省有疣粒野生稻、药用野生稻、普通野生稻3种野生稻分布，其中，云南现存普通野生稻原生地分布点1个，药用野生稻原生地分布点2个，疣粒野生稻原生地分布点41个，是国内疣粒野生稻分布点最多、覆盖面积最大的省份，详见表2-3。

表2-3 中国野生稻现存分布点情况（杨庆文等，2015）

省份	原记载分布点（个）			现存分布点（个）			新发现分布点（个）		
	普通野生稻	药用野生稻	疣粒野生稻	普通野生稻	药用野生稻	疣粒野生稻	普通野生稻	药用野生稻	疣粒野生稻
福建	2	—	—	1	—	—	—	—	—
广东	943	28	—	101	6	—	15	1	—
广西	983	359	—	217	108	—	13	16	—
海南	182	53	30	136	7	11	—	—	—
湖南	2	—	—	2	—	—	—	—	—
江西	9	—	—	3	—	—	—	—	—
云南	26	12	67	1	2	41	—	1	12
小计	2 147	452	97	461	123	52	28	18	12
合计	2 696			636			58		

然而，由于工农业与第三产业的快速发展，高速公路、高铁网络化的全面铺开，城镇化的迅速扩展，以及外来物种的入侵，广东、广西与海南3省（自治区）很多野生稻分布点受到前所未有的冲击，野生稻分布点消失严重（图2-3）。这种现象目前还没有得到根本转变。

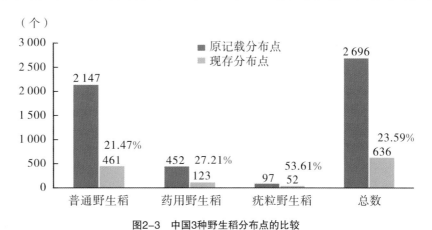

图2-3 中国3种野生稻分布点的比较

（二）造成野生稻濒危的主要原因

根据调查的结果发现，造成野生稻濒危的主要原因如下。

1. 工农业用地扩张

经济建设的快速发展，建设用地日益扩大，把城市周边的湿地开发成市区、道路、厂房、商店、住宅区，修建高速公路、高铁等，开采矿石，开垦农田、果林，开挖鱼塘虾池等，都是工农业、第三产业用地的主要表现。

（1）城镇扩大化占用野生稻原生地

1978年党的十一届三中全会确定了改革开放的伟大战略部署，把党的工作重心转向经济建设的发展道路上，从而从广东沿海地区开始了工业大发展的历史时期。经济开发区建设用地造成当地野生稻原生地彻底改变面貌，野生稻种质资源完全消失，最典型的例子就是珠三角地区的工业高速发展，大量的工厂、商贸市场、城镇扩大建设用地，把原来的荒地、田野变成了高楼大厦，野生稻原生地消失。广西工业化进展比广东慢，但是城镇扩大、开发区建设也给野生稻带来很大的破坏。例如，广西贵县原来有一片世界上野生稻种质资源连片覆盖面积最大的原生地——麻柳塘，总面积466.3亩（31.09 hm²），其中普通野生稻覆盖面积419.4亩（27.96 hm²）。由于贵县升格为地级市贵港，城市扩建需要，麻柳塘被列为港南区所在地的开发区，因此该处野生稻种质资源在1997年全部消失，并一去不复返。又如，广西百色市因其由地区改为地级市，原百色县3-2-1-1莲藕塘面积6.9亩（有2亩多野生稻）被列为商业开发区，2005年我们考察时发现该地点已经开发为利元商业中心步行区，又称广州街；百色市百3-2-2-1的门前荒塘也是因城市建设需要被开发为商业住宅区。因此，城镇扩大化建设是造成野生稻原生地消失的主要原因之一。

（2）交通路网占用野生稻原生地

在调查考察过程中，经常见到公路、高铁在野生稻原生地上修建从而造成野生稻消失。其中最典型的是海南三亚市的"杂交水稻之母"——"野败"种质故乡的消失。当年袁隆平院士的助手李必湖教授就是在那里做南繁研究工作时发现野败这个雄性不育种质，转育出第一个杂交水稻不育系，这个开创杂交水稻辉煌事业的关键种质，直到现在还在为水稻育种做着贡献。在海南建省不久后高速公路网建设时该地点就成了高速公路。在2006年作者带队与海南省农业科学院的云勇研究员的团队一起到三亚考察野生稻时，发现野生稻原生地已经被修建成高速公路，野生稻早已销声匿迹。我们在周边寻找了很久，并沿着高速公路两旁找将近1 km的范围，虽然高速公路旁边的旧铁路和旧水沟还在，但由于水沟无水，野生稻也消失殆尽。2010年，国家杂交水稻研究中心的科学家提议在"野败"原址立块碑来纪念发现"野败"的事情，后来一看高速公路的繁忙景象，念头全都烟消云散了。目前福建的野生稻原生境保护点也是因高速公路修建被破坏后才建立了原生境保护点，作者2017年去考察时，原来的老植株仅剩几株，扩繁居群还较大。广西北海市北8-1-1-1、北8-5-1-1两个村子的野生稻原生地也是因修建公路，野生稻消失；玉林市玉5-5-1-2的桥头水库下游河沟因林场修路，泥土下填把野生稻全部埋掉。在广东珠三角地区类似例子更多。公路、高铁路网的建设带动经济快速发展，也带来负面影响。

（3）农田开垦破坏野生稻原生地

开垦农田是野生稻原生地被占用的一个普遍原因。由于野生稻原生地的水位不是很深，水流也缓慢，适当填土就能开垦出稻田，因此普通野生稻原生地是最适合开垦农田的地方。

野生稻与农田之间是此消彼长的关系。水稻田与野生稻原生地的面积关系也正是负相关的关系，即水稻面积增加，野生稻的面积必然减少。我们在调查中发现，野生稻原生地被开垦成农田的为数不少。例如，广西北海市的金洞大水塘有400亩，煲坑洞中间水塘和下游水塘约500亩，原来周边有不少野生稻生长，但是后来浅水的地方都被开垦成稻田，野生稻被毁掉。另外，广西玉林市玉9-1-1-1西塘和玉9-1-1-2河沟浅滩、南宁市南10-2-1-4江边沼泽30多亩、贵港市贵7-3-1-2木糖400多亩和贵7-3-1-1棱境塘300多亩周边成片野生稻原生地也被开垦为稻田而消失。开垦稻田毁掉野生稻的现象在广西14个市都有不同程度的存在，这是造成野生稻消失的主要原因之一。

（4）开挖水塘毁灭野生稻

调查中发现，在广西有许多野生稻生长的水塘、荒塘或河沟浅滩被挖成水塘，用来养鱼、养虾、养鸭，毁掉了野生稻。例如，南宁市三渡桥又叫三洋渡，被挖成20多个水塘，面积200多亩，每个水塘都养有大量的鸭子，野生稻因此被毁掉；玉林市大平塘原有20多亩普通野生稻，后被挖为2个水塘养鱼，野生稻因此被毁掉；贵港市的君子塘原有70多亩普通野生稻连片生长，上青塘100多亩野生稻，以及百色市十里莲塘都是由于挖水塘养鱼和塘边养鸭而毁掉野生稻。在海南省和广东省也有类似情况发生。开挖水塘也是普通野生稻消失的主要原因之一。

（5）开采矿石毁掉野生稻

在调查考察过程中我们发现，开采矿石可以把整座山都挖掉，对原生态环境破坏极大。在广西梧州市梧7-4-1-1长冲原有药用野生稻沿着山沟小溪两岸浅滩湿地生长，约1.5 km，生长茂盛。但是在1994～1996年当地大规模开采大理石矿，大量的泥土、废矿渣从山上流下，填充山沟，把小溪全部填满，埋掉所有原生植物，药用野生稻也被掩埋从而消失。开矿对药用野生稻、疣粒野生稻等原生地破坏都是致命的。因而，开矿也是破坏野生稻原生地的主要原因之一。

2. 生态环境破坏

当今世界由于生态环境变化，每天都有数千物种消失，其中，野生稻也是受害物种之一。我国的工业化进程已经对珠三角地区的原生态带来了巨大的变化，野生稻已经消失殆尽。环境变化主要原因有3点。

其一是废水污染环境导致野生稻生长无望。我们在调查中发现，广西北海市从北8-7-7-1的原造纸厂至北8-7-6-1的原食品站约2 km的河流，原有普通野生稻5亩多，后来由于造纸厂污水的污染，整条河河水变黑发臭，野生稻难以生长，直至消失。南宁市的同江一带原有普通野生稻沿江分布，我们考察时发现，因上游有个食品厂不停地排放污水，把整条河河水污染至变黑发臭，野生稻消失，鱼虾等水生生物也消失了。南宁市南10-6-1-1村西边的河沟也由于缫丝厂的污水排放造成河水水质变差，野生稻等依赖水而生存的生物都被害死了。环境污染也是野生稻消失的原因之一。

其二是地质环境破坏造成野生稻无法生长。在广西的野生稻调查考察过程中发现，河中捞沙、河滩坍塌或河边堆放河沙破坏野生稻生长的地方，野生稻也无法生长。在广西贵港市贵3-5-1-1江边浅滩就有这种状况，原有野生稻成片生长，考察时见到20多个捞沙点，河滩环境被破坏得面目全非，野生稻也销声匿迹。

其三是废物堆积造成环境恶化。我们在贵港市调查发现，贵8-3-1-1瓦窑唐就是因为市环卫把野生稻原生地改变为生活垃圾堆放场，野生稻被填埋。20世纪80年代初该处有20余亩连片生长的普通野生稻，我们在2006年调查时发现该地全部覆盖满了垃圾，野生稻已经没了踪影。

生态环境的改变，野生稻生存的条件消失，野生稻种质也就失去了生存的环境而消失。因此，生态环境破坏是野生稻濒危消失的主要原因之一。

3. 牲畜过度放养

野生稻原生地的过度放养主要是鸭、牛放养数量过度。例如，广西来宾市的来4-12-1-1大水塘水面积100多亩，20世纪80年代初周边有成片的普通野生稻生长，柳州市的柳3-1-4-2满塘（荒水塘）水面积也是100多亩，四周野生稻密布。由于农户大量养鸭，还放牛，结果把野生稻全部毁掉。又如，南宁市的南9-7-1-1九冬浪水面积800多亩，20世纪80年代初野生稻面积有50多亩；南9-9.2-4-1白水塘水面积1 500多亩，普通野生稻面积也有70多亩。然而在20多年后的2006年，我们再度调查时一株野生稻都没有找到，见到的都是养鸭专业户，在水塘边各自围出一大片地方和水面养鸭子。作者认真地做了调查，最少的农户养了5 000多只，最多的接近15 000只。在鸭子成群休息的地方除了鸭屎，都是裸露的泥土，野草都无法生长。过度养鸭毁灭野生稻的情况在广西许多地方都可以见到，在海南、粤西地区也能见到。当然也在不少分布点见到因养牛、养鹅、养鸡等毁灭野生稻的现象。过度放养也是野生稻濒危和毁灭的主要原因之一。

4. 外来物种入侵

据调查结果，目前，广西有外来入侵物种200多种，对野生稻构成直接威胁的水葫芦（大漂）、福寿螺等和本地的生长优势物种野生茭白（菰）、野生莲藕、莲藕、野水生薏苡等入侵都能致使野生稻消失。我们在调查考察中发现，因水葫芦生长挤满了整个水域空间造成野生稻消失的典型地点有以下几个：北海市北8-7-7-1河段野生稻分布约4 km的河面与滩涂湿地、北8-1-6-1水坑，玉林市玉8-2-1-1河沟与西塘野生稻分布约2.5 km，面积约5亩，南宁市南9-2-3-3长其塘及河沟约2 km的野生稻，都是因为水域空间长满了水葫芦，野生稻没有竞争优势，没有生存空间而消失；玉林市玉7-2-1-1鸡母塘原水面积100多亩，有10多亩普通野生稻，后被开垦为稻田80多亩，剩下的空间被野生菱白占满了，野生稻也消失了；百色市的甘塘原有5亩多普通野生稻，后来被人们种植莲藕，翻地挖藕，以及福寿螺吃食而消失。外来物种入侵也是野生稻濒危和毁灭的主要原因之一。

（三）野生稻原生境保护现状

保护生态环境、保护生物多样性是我国的基本国策，自从加入世界《生物多样性公约》后我国每年均加大保护投入力度，不断加强自然保护区建设、农业野生植物种质资源保护点建设，以及异位保存基础设施建设。我国现阶段采用原生境保护与野生稻圃、种质库异位保存两种保存方式进行保护。

目前，全国建立了26个国家级野生稻原生境保护点（区），其中，广西建立了野生稻原生境保护点（区）共11个，包括普通野生稻保护区5个，药用野生稻保护点6个。广西是全国建立野生稻原生境保护点（区）最多、面积最大的省（自治区），其中玉林市野生稻原生境保护点的野生稻连片覆盖面积是世界上最大的原生境保护点，达到500多亩，核心区为302.4亩。玉林市野生稻原生境保护点保护普通野生稻和药用野生稻2种野生稻种质资源。云南省建立有野生稻原生境保护点5个，其中普通野生稻保护点2个，药用野生稻保护点1个，疣粒野生稻保护点2个。海南省建立有野生稻原生境保护点5个，其中普通野生稻保护点3个，药用野生稻保护点1个，疣粒野生稻保护点1个。湖南省建立有普通野生稻原生境保护点2个。广东、江西、福建3省各建立有普通野生稻原生境保护点1个。我国野生稻原生境保护点的地理分布特点明显，涵盖了野生稻自然分布区的每一个大区域，包括海岛生态区、两广大陆亚热带生态区、高原生态区、东部沿海生态区和温带生态区，具有代表各生态气候区域的遗传多样性的权威性、典型性和代表性。当然，由于我国南部丘陵起伏，沟横纵立，小生态千姿百态，还有许多小环境的特殊性有待完善、补齐，形成更加细致的原生境保护体系。

在野生稻种质资源异位保存上建有国家农作物种质资源长期库、长期复份库、专业中期库、地方种质库进行种子资源保存，建有种质圃开展活体种苗保存。目前，国家种质资源长期库保存有野生稻种质1万多份，专业中期库9 000多份，地方种质库1.2万份（含重复）。在南宁和广州建有2个野生稻保存圃，其中南宁圃保存有1.5万份，广州圃保存有5 000多份野生稻种质资源。广西从2010年开始还建立了野生稻试管脱毒克隆苗保存库，保存种质资源4 000多份。我国野生稻种质资源保存技术整体居世界先进水平，部分技术居领先水平。

第三节 中国野生稻的生态学特性与生态环境

野生稻是喜高温喜湿的植物，分布在我国南方，这是共性，但不同种的野生稻对各种生态环境的要求不同，各有其特性。

一、普通野生稻的生态学特性与生态环境分布特点

1. 喜高温植物

我国南方的广东、海南、广西、云南、江西、湖南、福建、台湾等8个省（自治区）都有普通野生稻分布，特别是海南、广东、广西3个省（自治区）分布最多，海南的乐东、三亚、陵水3地年平均气温为24～25 ℃，最低气温为6～8 ℃，无霜期为365天，两广大陆区的年平均气温也是在20 ℃以上。据分析，在广西分布有普通野生稻的42个县（市）的年平均气温都在20 ℃以上，最低气温为0.36～3.4 ℃，霜期仅0～4.5天，普通野生稻发育良好，生长繁茂；桂林有普通野生稻分布的地区，年平均气温为18.8～19.1 ℃，最低气温为-3.2～4.6 ℃，无霜期为344.3～350.6天，普通野生稻生长没有其他县（市）的繁茂，但在夏季生长还是很好的。江西东乡普通野生稻处于北纬28° 14′，年平均气温为17.7 ℃，最低气温为-8.5 ℃，无霜期为269天，冬季有时积雪，但普通野生稻能正常生长，在冬季植株地上部分枯死时，靠葡匐茎宿根在地下或水下越冬，翌年2～3月春暖后从地表部分的根节发蘖生长。

2. 喜光、感光性强、短日照的植物

各地发现的普通野生稻都生长在阳光充足、无遮蔽的地方，对光较敏感，感光性强。无论种子萌发还是宿根的植株，都要在8月下旬以后才能抽穗。抽穗期与所处的纬度有关，北纬25°以上的，如江西东乡、湖南茶陵的普通野生稻在8～9月抽穗，以9月初抽穗最多；两广大陆区的普通野生稻以9月下旬至10月中旬抽穗占多数；海南的普通野生稻是10月下旬至11月下旬抽穗；云南景洪的普通野生稻于10月中旬至11月上旬抽穗。在广东、广西有些地下蘖芽，在冬季前萌发，冬春时长成大苗，已达短日照的要求，在来年春夏间抽穗、开花、结实。也有极个别变异类型的植株在6～7月抽穗的，这可能是栽培稻与野生稻之间天然串粉杂交后代的植株。

3. 喜湿多年生植物

普通野生稻喜欢湿生，水生特性很强，对水的要求很严，大多数分布在山区、丘陵、平原的山塘、河流两岸、山涧、水沟、河滩、排水渠道、水库、沼泽地、荒田等地，这些地方

夏秋有浅水层，冬季土壤湿润，适宜普通野生稻的繁殖生长。凡是在深水或急流处则很少有普通野生稻的分布，在水深80 cm以上的就难以形成连片生长。如果生长在干湿交替的生境，有时因竞争不过适应该环境的杂草，普通野生稻会生长不良。因此，普通野生稻最适宜在静止的浅水层的生境中生长，生长特别繁茂，这是它生长繁殖的重要条件之一。

4. 对土壤的广谱适应性

普通野生稻对土质要求不严，一般生长在微酸（pH值6.0～7.0）的土壤中，但它具有广泛的适应性，既能在酸性土壤中生长，又能在碱性土壤中生长，在重土、壤土、砂壤土、烂泥田、鸭屎土中也能生长。据吴妙燊（1981）在广西考察142个普通野生稻分布点的结果表明，生长在黏土中的占29.6%，砂壤土中的占28.9%，壤土中的占22.5%，黏壤土中的占7%，沙土中的占7%，黑土中的占1.5%，沼泽土中的占3.5%。在肥沃土中生长很繁茂，在极为瘦瘠的黏土中也能繁殖生长，只是生长不太茂盛。

陈成斌、梁世春等（2002～2009）对广西全境的普通野生稻原生地分布点的土壤情况进行系统调查；潘大建、范芝兰等（2004～2012）对广东境内的普通野生稻原生地分布点的土壤情况也进行系统调查，结果与吴妙燊等（1978～1981）的调查结果相似，普通野生稻对土壤的适应性比较广泛。

5. 生态环境分布特点及伴生植物

普通野生稻是喜温、喜光、喜湿的植物，多分布于热带、亚热带地区，阳光充足，高温多湿。当处在深水中时，它具有随水涨而茎伸长的特点，但生长不好，只有在静止的浅水层的生态环境中才生长良好。因此，凡是适应浅水层生长的沼泽植物都能和普通野生稻混生。据考察，广东、广西普通野生稻的伴生植物有25种之多，主要有李氏禾（*Leersia hexandra* Swartz.）、莎草（*Cyperus rotundus* L.）、柳叶箬（*Isachne globosa*）、水禾（*Hygroryza aristata*）、水蓼（*Polygonum hydropiper* L.）、水马蹄（*Heleocharis equistina*）、碎米莎草（*Cyperus iria* L.）、金鱼藻（*Ceratophyllum demersum* L.）等。

二、药用野生稻的生态学特性与生态环境分布特点

1. 生态学特性

药用野生稻具有普通野生稻的喜温暖、短日照、宿根越冬多年生的特性，但也有不同的特性，表现为喜温但宜阴凉，喜湿但不宜深水，耐肥而宜微酸性等，它对生态环境要求比较严格，因而它是特异生态环境的植物（图2-4）。

图2-4　药用野生稻原生地

2. 生态环境分布特点及伴生植物

药用野生稻分布点的气温变幅为20～25 ℃，最低气温为0.6～6 ℃，年无霜期为335～365天，雨量充足，多分布于群山环抱的大山区，生长在两山峡谷的山坑中下段的小沟旁，这些山坑常有溪水流过，小气候温和湿润。凡在较大的河流、水渠边，向阳、有水层或过于干燥的地方，都不宜生长。栖生地四周一般有灌木、乔木、杂草等笼罩，所处的环境不易被太阳直射，日照时数少，细水长流，荫蔽潮湿，腐殖质丰富，土壤肥沃。据广西的考察结果，生长在砂壤土中的药用野生稻占51.2％，沙土中的占22％，壤土中的占20.7％，黏壤土中的占6.1％。较适宜生长在pH值5.5～6.5的红壤或砂壤土中，一般是零星生长在山冲水溪旁的积土深处，极少有连片密生形成一定面积的分布点。药用野生稻一般于9～10月抽穗，10月成熟，出穗成熟延续时间较长，这与纬度有关，高纬度抽穗偏早，低纬度抽穗偏迟。主要的伴生植物有水东哥（*Saurauia tristyla* DC.）、水虱草（*Fimbristylis miliacea* L.Vahl）、芒草（*Miscanthus sinensis* Anderss.）、川谷（野薏米）（*Coix lacryma-jobi* L.）、斑茅（*Saccharum arundinaceum* Retz.）、莎草、两耳草（*Paspalum conjugatum* Bergius）等。

三、疣粒野生稻的生态学特性与生态环境分布特点

1. 生态学特性

疣粒野生稻的生态学特性是旱生，耐旱性特强，但不适应阳光直射，是耐旱、耐阴的植物，要求生态环境较为严格。全国只有海南、云南与台湾有分布，在海南仅分布于中南部的尖峰岭至雅加大山、鹦哥岭至黎母山、大本山至五指山、吊罗山至七指岭等，云南集中分布在哀牢山脉以西的滇西南的澜沧江、怒江、红河、李仙江、南汀河等几条河流下游地段的山坡上。疣粒野生稻是一种感温性强、感光性弱的野生稻。在4～10月，如果得到适当的温度、光照条件，疣粒野生稻便能生长、抽穗、开花、结实；在温室内疣粒野生稻一年四季都能开花结实。

2. 生态环境分布特点及伴生植物

疣粒野生稻分布于高山或山坡的灌木、乔木、竹林下或其他树林边缘地带，有时分布在阳光散射、荫蔽的山坡上，背北向南的山坡分布较多，分布比较分散，与杂草共生，在同一环境内，变异类型不多。它要求较高的温度，海南有疣粒野生稻分布的县年平均气温为22～25 ℃，最低气温为6～8 ℃，无霜期365天；云南有疣粒野生稻分布的县日平均气温大于10 ℃，夏季日平均气温大于30 ℃，冬季最冷的月平均气温在7 ℃以上。它要求土壤pH值为6.0～7.0，喜有机质丰富、肥力较高的中性土。在有机质丰富、肥力高的地方，茎叶生长繁盛，穗长、粒多；相反在肥力低的条件下则矮小、穗短、粒少。主要伴生植物除周围乔木、灌木、竹林、橡胶树外，还有白茅草［*Imperata cylindrica*（L.）Beauv.］、芒穗鸭嘴草（*Ischaemum aristatum* L.）、铁芒箕［*Dicranopteris dichotoma*（Thunb.）Bemh］、两耳草、雀稗（*Paspalum thunbergii* Kunth ex Steud.）、芒草等。

第四节　中国野生稻的植物学特征

通过原生境的考察和野生稻圃种植观察的结果发现，我国3种野生稻在植物学特征方面有它们的共性和特性，共性是都属于多年生宿根越冬植物，特性是不同种野生稻都有它本身的特性。

一、普通野生稻的植物学特征

由于普通野生稻分布范围广，所处的生态环境复杂，不同类型形态特征各异，因此普通野生稻具有如下植物学特征。

根：具有强大的须根系，除地下部长根外，地上部接近地面或水中的节也能长出不定根，在原生地冬季能宿根并安全越冬。

茎：根据生长习性可分为匍匐（茎倾斜超过60°以至完全匍匐于地面）、倾斜（茎倾斜30°～60°）、半直立（茎倾斜15°～30°）和直立（茎倾斜不超过15°）4种类型。庞汉华（1992）对原产于广东（包括海南）、广西、云南、江西、福建、湖南6个省（自治区）的5 591份普通野生稻材料的统计结果分析见表2-4。

表2-4　6个省（自治区）普通野生稻生长习性类型调查（庞汉华，1992）

类型	省（自治区）							
	广东和海南（份）	广西（份）	云南（份）	江西（份）	福建（份）	湖南（份）	合计（份）	所占的比例（%）
匍匐	1 245	1 845	—	72	67	98	3 327	59.50
倾斜	731	596	—	69	3	167	1 566	28.01
半直立	288	140	14	26	19	30	517	9.25
直立	91	31	—	34	3	22	181	3.24
合计	2 355	2 612	14	201	92	317	5 591	100

上述4种类型分别占总数的59.50%、28.01%、9.25%和3.24%，匍匐型占的比例最高，表明这是基本的、典型的类型。普通野生稻茎的类型与生长环境、水流、混生物和风向等都有一定的关系，靠近水稻田的类型多且复杂。茎秆不具有明显的地下茎，有随水涨而伸长的特性，具有高位分枝，接近地面的茎节有须根。株高60～300 cm，多为100～250 cm。1996年陈成斌等在广西田东县祥周乡百渡村的绿角山沟分布点发现普通野生稻株比多数植株高约50 cm，而在田阳县那满镇治塘村的山沟里发现1株与杂草共生的普通野生稻，植株高达414 cm，穗长43 cm，穗谷粒数1 056粒，这是迄今搜集到的最高的类型。茎秆粗细不一，直径一般为0.3～0.5 cm。1996年在广西南宁市江西中学校门前的铁路边搜集到的普通野生稻茎秆特别粗，直径达0.5～0.8 cm，这是少见的。茎秆的地上部有6～12个节，一般为6～8个节，近水面的茎节间较长，在深水条件下茎秆具有浮生特性；茎基部节间坚硬，横切面呈椭圆形，常露节，茎基部受阳光及其他因素影响，其颜色深浅不一，有紫色、淡紫色、青绿色；分蘖力强，一般有30～50个蘖并集生为一丛。

叶：叶片狭长，披针状，一般长15～30 cm，宽0.6～1.0 cm。叶耳呈黄绿色或淡紫色，具有茸毛。叶舌膜质，顶尖二裂，无茸毛，有剑叶，叶舌长0.4～1.0 cm，下部叶舌长1.3～2.7 cm。叶枕无色或紫色。基部叶鞘为紫色、淡紫色或绿色，以淡紫色居多。剑叶角度较大（90°～135°），剑叶较短，长12～25 cm，宽0.3～0.5 cm。倒三叶较长（30～50 cm），最长的可达123 cm。在成熟后期，茎叶衰老较迟且慢。

穗：属圆锥花序，穗枝梗散生，穗颈较长（6～20 cm），枝梗较少，一般无第二枝梗。着粒疏，每穗20～60粒，多的达100粒以上（多见于直立型且具有第二枝梗）。外颖顶端紫红色，开花时内外颖淡绿色，成熟时为灰褐色或黑褐色。护颖披针状，顶端尖，一般长0.19～0.30 cm。花药较长，为5～7 mm，柱头紫色或无色，外露呈羽毛状。具有坚硬的红长芒（占90%以上），少量无芒。谷粒狭长，长7～9 mm，宽2.0～2.7 mm。结实率有高有低，育性有高度不育或半不育。极易落粒，边成熟边落粒。种皮多呈红色、红褐色或虾肉色。

繁殖方式：在自然条件下，大多数普通野生稻结实率在50%左右，可进行有性繁殖。宿根越冬，再生性和分蘖性强，无性繁殖占优势。因此，普通野生稻在原分布点，无性繁殖和有性繁殖并存，以无性繁殖为主。

还有其他一些较为复杂的类型，其中最明显的是半野生型，既有野生稻的特性也有栽培稻的特性，可分直立、半直立和匍匐等类型。有些植株高大，直立不倒，而有些则矮小，叶片较宽大，叶子展开角度有大有小。穗型有集、中、散之分。育性有高度不育或半不育。有无花粉型、花粉败育型，也有花粉正常、结实率高、穗大粒多、长芒、中芒、短芒或无芒等类型。谷粒有狭长、椭圆、阔卵、长大的。颖壳颜色更是多种多样，有黑褐色、黄色、斑褐色等。种皮有红色、白色、赤色等。米粒腹白有大有小，米质有优有劣。

二、药用野生稻的植物学特征

药用野生稻在中国的分布范围比普通野生稻的小，就集中在广东、广西，以及云南和海南。药用野生稻具有以下植物学基本特征。

根：具有发达的纤维根，能宿根越冬。

茎：具有明显的合轴或复轴地下茎，地上部有5～18个节，一般为12～15个节，有5～11个伸长节间，茎秆坚硬而散生，分蘖力弱，一般为10～30个，大多数无地上高位分枝，也有个别在茎的中部节长出1～2个分枝，也能成穗。植株高大，一般为200～380 cm，有的植株很高，广东发现有株高达480 cm的植株，广西发现有株高达467 cm的植株。陈成斌等（2009）在广西梧州市考察药用野生稻时发现株高520 cm，穗长62.4 cm，叶长130 cm、宽3.3 cm的植株；当然，也发现有矮秆的药用野生稻株高仅有26.4 cm。云南的药用野生稻，有的很高，有的很矮，如在耿马县孟定发现株高仅有93 cm、茎直径0.4～0.8 cm的植株。茎基部叶鞘为淡绿色，个别为淡紫色。

叶：叶片比较宽大、阔长，倒数第二、第三叶最长，可达123 cm，叶宽一般为2～4 cm，最宽的有4.6 cm。剑叶较短，一般为14～40 cm，宽1.2～2.5 cm，着生角度90°～135°。叶耳不发达，呈黄绿色。叶舌短，为0.1～0.5 cm，呈三角形或圆顶形。叶枕无色。基部叶鞘多数呈绿色，个别呈淡紫色。

穗：穗颈特长（21～70 cm），最长的可达142 cm，穗直立，穗子枝梗散生。主轴基部节的枝梗轮生，上部互生。一般只有第一次枝梗，穗大粒多，穗长一般为30～40 cm，每穗有10～16个枝梗，每穗200～300粒，多的可达1 000多粒。广西有记录每穗达1 181粒，广东的最多达2 000多粒。结实率中等，最高可达97%。穗上部小穗具有短芒或顶芒，芒长度0.4～1.2 cm，下部小穗一般无芒，谷粒短宽而小、略扁，长0.4～0.5 cm，宽0.20～0.26 cm。内外颖开花为青绿色或间有两条紫色条纹，颖壳外缘有茸毛。颖尖的颜色为紫色或淡紫色，柱头紫色外露，成熟后的颖壳颜色为灰褐色或灰黑色。易落粒，有边成熟边落粒的特性。种皮红色。米粒坚硬无腹白，米质优。总的来看，药用野生稻的植物学特征比普通野生稻较为单一，未发现药用野生稻与栽培稻天然杂交类型，这可能与药用野生稻生态环境远离稻田和其染色体组不同型有关。

繁殖方式：药用野生稻在自然条件下多数结实率高，种子易落粒，具备有性繁殖条件。发达的纤维根能宿根越冬，具备无性繁殖能力。因此，药用野生稻在原分布点，有性繁殖和无性繁殖并存，以无性繁殖为主。

三、疣粒野生稻的植物学特征

疣粒野生稻在我国的地理分布范围比普通野生稻和药用野生稻的分布范围更小，因此，该稻种的植物学特征更加明显。

根：须根，具有明显地下茎，根系一般，与其他野生稻种相比不算发达。

茎：纤细，呈圆形，近基部实心。基部节间粗密、平滑无毛，具有6～8个节，茎节似竹子。分蘖从地上茎基部和地下茎节长出，也能从地上茎节的叶鞘内长出。在地下茎节长出的分蘖顶部尖，基部特粗，如竹笋状。植株矮小，丛状散生，株高为40～110 cm，一般为50～60 cm，高矮与土壤和伴生植物有关，如果土壤肥沃、伴生植物多而密集，则植株较高，而在肥力低的土地上，伴生植物稀少时，则植株矮小。

叶：叶短呈披针形，叶长20～30 cm，宽约1.7 cm。叶色深绿，叶片光滑，无茸毛。叶鞘无色或微带紫色。剑叶短小，长约10 cm，宽1 cm。叶舌短而平，近半圆形。叶耳不明显，叶枕无色。

穗：穗轴和穗枝短，穗颈细长（3～12 cm），穗直无枝梗，小穗紧贴穗轴而生，形成简单的圆锥花序。穗长5～11 cm，着粒密，粒数少，一般每穗10粒左右，最多也只有20粒，自然群落中每穗6～12粒。花药与柱头呈白色，柱头外露。小穗呈倒卵形，护颖小，颖壳光滑，无茸毛，无芒，颖面有不规则的疣粒状突起，这是疣粒野生稻的典型特点。谷粒成熟前呈青绿色，成熟后呈黑褐色，易落粒，结实率高，谷粒长0.5～0.6 cm，宽0.2～0.3 cm。米粒多为红色，米质优。

　　繁殖方式：在实地考察中，发现很多新苗是实生苗，也有老根苗，说明在原生地种子和种茎繁殖并存。在异地种子萌发率较低，很难发芽，因此异地是以种茎繁殖为主。

第三章

中国野生稻资源的考察、
搜集、整理、编目与保存

中国野生稻资源考察、搜集、整理、编目与保存的现代科学研究自1917年墨里尔（Merrill E.D.）在广东罗浮山麓至石龙平原一带发现普通野生稻以来，目前已经有100多年的历史，可以分为3个历史时期：野生稻的发现与初期考察、搜集、利用和研究时期（1917～1977），全国大规模普查、考察和搜集（1978～1982）及整理、鉴定、编目时期（1978～2000），21世纪初期系统考察和搜集时期（2002～2010）。经过几代科学家的努力，特别是21世纪初深入系统的野生稻原生地考察搜集，初步弄清了中国野生稻种质资源的地理分布状况和遗传多样性，绘制了野生稻地理分布示意图及GPS/GIS系统；并在考察搜集过程中不断创新，完善了野生稻种质资源考察取样技术标准，创新了居群内性状差异搜集技术方法，搜集到大量的特色野生稻种质，开展了大规模的野生稻圃异位安全保存研究，全面提升了野生稻圃的种质异位保存技术水平和技术标准。同时对搜集到的野生稻种质进行整理、鉴定、编目，对繁殖和收获的种子进行种质库保存，还制定了野生稻整理、繁种、编目、入库保存技术规范，提升国家野生稻种质保存技术水平。特别是21世纪初在农业部的资助下，建立了野生稻原生境保护点（区）26个，研究和制定出野生稻原生境保护点建设技术和原生境保护监测预警技术标准，形成中国野生稻保护的特色技术体系，有效地保存了一大批野生稻种质资源。

第一节　中国野生稻资源的普查、考察与搜集

我国南方地处热带、亚热带，气候炎热，雨水充沛，夏长冬短，十分适宜野生稻的繁衍与生长，野生稻资源十分丰富。

一、野生稻的发现与初期考察（1917～1977）

早在20世纪20年代，我国就开始发现和注意搜集利用野生稻种质资源。墨里尔1917年在广东罗浮山麓至石龙平原一带考察发现并搜集到普通野生稻；丁颖1926年在广东广州市东郊犀牛尾的沼泽地考察发现并搜集到普通野生稻，随后又在惠阳、增城、清远、三水、开平、阳江、吴川、雷州半岛和广西的钦州、合浦、西江流域等地及海南发现此种普通野生稻；

1935年在台湾桃园、新竹两地也发现这种普通野生稻。中山大学植物研究所1932~1933年在海南岛淋岭、豆岭等地发现疣粒野生稻以后，王启远1935年在海南岛崖县南山岭、1936年在云南车里县橄榄坝、1942年在台湾新竹陆续发现了疣粒野生稻；1956年云南思茅县农业站在云南省思茅县普洱大河沿岸橄榄沟边也发现疣粒野生稻，1954年在广东郁南县、罗定县与广西岑溪县交界处发现药用野生稻；1954年广西玉林农业推广站、玉林师范学校在玉林境内的六万大山山谷中发现药用野生稻，1960年在广东英德县的西牛乡高坡大岭背山谷中也发现药用野生稻。1963年和1964年秋冬期间，戚经文等对海南岛17个县及湛江地区18个县和广西玉林、北流等地进行野生稻考察，搜集到普通野生稻、药用野生稻和疣粒野生稻；1963~1965年，中国农业科学院水稻生态室对云南的澜沧江流域、怒江流域、红河流域、思茅、临沧、西双版纳、德宏等地进行野生稻资源考察，搜集到上述的3种野生稻资源。从考察规模看，只是少数专家进行小范围的考察，搜集了为数较少的种质资源与标本。

二、全国大规模普查、考察和搜集（1978~1982）

为了全面摸清我国野生稻的种类及地理分布，广泛搜集野生稻资源，1978~1982年中国农业科学院作物品种资源研究所组织南方的广东、广西、云南、贵州、江西、湖南、湖北、福建、安徽等省（自治区）农业厅（局）、农业科学院、农业大学、农业学校、植物研究所以及有关地区（县、市）农业局、农业科学研究所、农业站的科技人员参加了全国大规模的普查和搜集工作，通过培训技术骨干，广泛发动群众，深入全面地进行详细的专业普查。在全面普查的基础上，组织多学科专业人员考察重点地区小生境野生稻的分布、植物学特征、生态特点等。通过普查、考察，基本上摸清了我国野生稻的地理分布、种类、植物学特征、生态环境和伴生植物，以及在自然状况下病虫害发生的情况等，并按基本类型、变异类型采集种茎、种子标本，完成了拍照片、制作幻灯片等工作，搜集到3种野生稻种质资源3 238份，获得了丰富的实地考察资料和数据。随后，广东、广西、海南、云南等省（自治区）和有关大专院校的科技人员，根据科研和利用的需要，经常组织小型考察队，有计划、有目的地进行考察，搜集到3种野生稻共计数千份野生稻种质资源。据不完全统计，到目前为止，全国已搜集到3种野生稻和国外引进的20多个野生稻种近万份，为农业科研和生产打下了雄厚的物质基础。

三、21世纪初期系统考察和搜集（2002~2010）

21世纪初期野生稻种质资源的野外考察搜集是20世纪全国大规模普查、考察和搜集的延续，特别是"九五"期间国家科技攻关专题调查后的工作延续。

1. "九五"国家科技攻关专题调查的结果

在经过约4年时间的野外考察后，到1981年全国大规模普查考察搜集活动基本结束，我国的改革开放不断推进，建设规模越来越大。然而，作为草本植物的野生稻原生地在建设大潮中加速消失。到了1996年国家三峡水库建设即将开展之际，由中国农业科学院作物品种资源研究所主持的特殊地区种质资源搜集与利用研究项目开展，它是"九五"国家科技攻关专题之一，下设3个子专题：三峡库区种质资源搜集与利用研究、赣南粤北山区种质资源搜集与利用研究、野生近缘及中国特有作物种质资源搜集与利用研究。野生稻种质资源搜集研究的主要任务就是南昆铁路沿线各县（市）的野生稻抢救性搜集、保护、研究，由中国农业科学院作物品种资源研究所主持，广西农业科学院作物品种资源研究所、云南农业科学院生物技术与资源研究所参与。经过5年的野外调查考察，结果发现，广西与云南的野生稻原生地面积大量减少，有许多原生地分布点已经消失；每个分布点都受到影响，面积和种质数量都处在减少的状态。保护野生稻种质资源这个国家战略资源已经到了十分紧迫的时候。

云南野生稻濒危状况极其严重，其中普通野生稻在1979～1982年的中国农业科学院作物品种资源研究所组织全国考察时有4个分布点，在本次项目考察时（庞汉华等，1998）仅有2个。药用野生稻在1979～1982年考察时有12个分布点，本项目考察时没有发现，后来在西双版纳发现1个分布点。疣粒野生稻在1981年前考察记录有66个分布点，本项目调查的分布点没有减少，但是受到极大破坏，有的分布点仅仅剩下几百平方米的少量疣粒野生稻种质，特别是橡胶林地的疣粒野生稻被破坏得十分严重，许多胶农把野生稻当成杂草铲除、消灭。由此看到，云南作为世界上知名的生物多样性中心，它的野生稻种质资源消失速度之快，损失之严重，令人震惊。野生稻种质资源的原生境保护已经迫在眉睫。

南昆铁路沿线地区野生稻的调查，经过考察队员的辛勤努力，取得了两方面新发现：第一是新类型的发现。在百色市发现株高4.1 m的普通野生稻，是当时国内外发现普通野生稻植株的最高纪录，其穗长43.4 cm，穗粒数达到846粒，结实率达87.6%。当然，也有40 cm的矮秆类型。还发现茎秆浮生在80～100 cm水域的匍匐型普通野生稻。第二是发现4处新的野生稻分布点。这是在野生稻原生地被严重破坏的情况下得到的一丁点安慰。

陈成斌、庞汉华（2002）对广西野生稻生态环境多样性进行了系统分析研究，把其分为三大生态系统七大生态类型。一是浅水生态系统，含有沼泽地生态型、浅水荒（山）塘生态型、山冲溪流生态型、稻田边水塘生态型。在山冲溪流生态型中又细分为山边小溪旁生态型和山边小荒塘生态型，在稻田边水塘生态型中可细分为田边水沟旁生态型、田间连藕塘生态型、田间村边鱼塘生态型。二是深水生态系统，含有深水荒（山）塘生态型、深水河湾生态型、深水沼泽生态型。三是水旱交替生态系统，即半干旱荒（山）塘生态型。同时，对土壤多样性进行了研究，以普通野生稻为例，它在多种土壤中均能生长，分布情况：在黏土中生长的占29.6%，在砂壤土的占28.9%，在壤土的占22.5%，在黏壤土的占12.0%，在沙土的占7.0%。土壤的pH值为6.0～7.0，极少数达到7.5。

然而，当时的调查结果表明，野生稻保护形势十分严峻。首先，野生稻原生地被破坏殆尽。如贵港市港南区的麻柳塘原有27.96 hm^{2}的普通野生稻被破坏而消失，君子塘连片茂密生长的4.0 hm^{2}普通野生稻被开发水塘养鱼而消失。其次，野生稻原生地普遍受到严重破坏，面积普遍减少，直至整个原生地分布点的野生稻消失。野生稻种质资源数量比20世纪80年代初期减少85.0%以上，整体消失的野生稻原生地分布点占75.0%，损失十分严重。

为此，陈成斌、庞汉华（2002）提出强化野生稻资源保护的建议：①加大保护野生稻资源的宣传力度，充分利用各种媒体宣传保护野生稻的重大意义，提高大众保护生物多样性的意识，使人们自觉采用有效措施保护野生稻，为子孙后代留下一份宝贵财富。②国家和地方政府采取更强有力的措施保护野生稻，通过立法、拨专款，建立野生稻自然保护区，进行有效保护。③加强现有农业科研机构中野生稻种质资源的搜集、保存、评价、利用研究。强调谁掌握作物种质资源优势，谁就掌握未来农业竞争的优势，尽力保证种质资源队伍的人力、物力、财力，加速野生稻种质资源的保存、评价、利用研究。这些建议后来逐渐被农业农村部采纳并立项实施，取得了很好的效果。

在此期间，陈成斌、庞汉华（2002）对广西普通野生稻多样性进行研究，提出将普通野生稻划分为三大生态群十大生态型。将普通野生稻分为多年生原始群、多年生普通群和一年生生态群共三大生态群，这是一级分类。二级分类共分为10个类型：①多年生原始群由2个类型组成。A是原始匍匐型，占参试材料的2.23%；B是原始深水倾斜型，占参试材料的5.87%。由此看到，多年生原始群占参试材料的8.10%。②多年生普通群可分为4个类型。A是普通匍匐型，占参试材料的45.11%，它是普通野生稻的主体；B是普通倾斜型，占参试材料的35.00%，它也是普通野生稻的主体之一；C是普通半直立型，占参试材料的9.78%；D是普通直立型，占参试材料的2.97%。由此看到，多年生普通群占参试材料的92.86%，是普通野生稻种的主体部分。③一年生生态群也分成4个类型。A是一年生倾斜型，占参试材料的1.12%；B是一年生半直立型，占参试材料的0.98%；C是一年生直立型，占参试材料的1.96%；D是一年生似栽型，占参试材料的0.70%。由此看到，一年生生态群占参试材料的4.76%，是普通野生稻种的少数生态群。作者认为这一生态群是物种进化过程中的产物，有一部分是自身基因变异进化的材料，也有一部分可能是亚洲栽培稻基因漂流杂交的结果。

在"九五"期间，陈成斌、庞汉华（2002）对我国野生稻的保存技术也进行了深刻的思考和富有成效的研究。首先，对原生境保存技术提出明确的思路。确定了原生地保存的选择原则：①代表性。选择原生境保护的原生地点一定要具有代表性，可以分不同生态区来保存。②最大量性。选择的原生境保护点应是野生稻种质资源最丰富的原生地，能够保护的野生稻类型最多。③充分考虑特殊性。包括小生态环境特殊性、野生稻形态类型特殊性、生物学特性的特殊性等。同时对构建原生境保护点（区）的具体做法也有了初步的构想。

其次，对种质苗圃、种质库、繁殖、提供利用的技术体系开始研究。提出新搜集的种子、种苗、种茎经过整理、种植、检疫，编制圃内保存号，建立保存档案，进圃保存，采用动态监测日常管理的方法，在圃内种苗保存2～5年，视生长健壮程度进行更新。在进入繁种圃繁种后才能提供种子和种苗，需要种茎数量极少时，可以直接在圃内挖取。

最后，对保存新技术也进行了初步研究。主要是对野生稻茎尖脱毒培养进行研究，构建野生稻脱毒苗库，保存生长弱势的、在热带地区搜集的野生稻，保证其在寒冷的冬季能够安全保存。经过"八五""九五"期间的研究，已经成功取得野生稻花药培养、幼穗培养、幼胚培养。只要进行一些技术上的改进，就能解决培养成苗和延缓生长的技术问题。随着生物技术的发展，DNA多态性保存技术的运用将会提升野生稻优异基因的保存技术水平，当年就提出应该把其列入国家科技攻关计划开展研究。但是，作为农业研究机构在项目竞争上有局限，作为基础研究的种质资源学科，就更不易拿到项目支持。当年为了加快经济建设，加快农业生产发展，农业科技研究重点放在育种学科上，野生稻种质资源的DNA多态性保存技术没有列入研究计划。然而，科学发展就是这样，经过"九五"期间南昆铁路沿线地区野生稻的调查考察，发现了野生稻原生地毁坏严重，它消失的速度是有史以来最快的，从20世纪80年代初结束全国野生稻普查搜集，到1996～1998年，相隔仅仅16～18年，野生稻原生地面积就减少超过了75%。因此，抢救野生稻种质资源已经成为十分紧急的任务，需要积极向农业部汇报和建议立项资助开展新一轮野生稻多样性本底调查考察和搜集，全面查清野生稻多样性本底，为野生稻原生境保护、异位保存提供科学依据。2002年农业部立项开始了新一轮野生稻种质资源调查工作、原生境保护工作。

2. 21世纪初期的野生稻再考察搜集结果

21世纪是科学技术突飞猛进的世纪，也是我国进入建设中国特色社会主义新时代，努力实现"两个一百年"奋斗目标，精准扶贫，全面建成小康社会，为中华民族伟大复兴的中国梦而不懈奋斗的世纪。在作物种质资源领域中全球的大搜集工作、深入鉴定评价工作，特别是优异基因的挖掘工作都在无声的激烈竞争中进行着。一粒种子创造一个产业，一个基因关系着一个民族的兴衰，谁掌握种质资源优势谁就掌握农业的未来，这种趋势表现得越来越明显。农业部在这一点上认识十分清楚，2002年立项资助中国农业科学院作物品种资源研究所主持全国野生稻的考察搜集项目。由于福建、湖南、江西3个省分别有普通野生稻分布点1个、2个、3个，本底信息已经很清楚，云南在南昆铁路沿线野生稻调查项目中已经查清楚了野生稻的地理分布状况，不需要重新调查，主要的野外调查搜集工作集中在广东、广西与海南。

海南在20世纪没有建立省级野生稻研究队伍和野生稻异位保存机构，需要全面查清野生稻多样性本底，构建野生稻研究技术队伍，建立野生稻保存圃和保护点。21世纪初在云勇研究员的带领下开始新的海南野生稻本底多样性的调查研究，并在农业部的项目资助下建立普通野生稻、药用野生稻、疣粒野生稻的原生境保护点共5个，搜集2 000多份野生稻种质资源并开展异位保存研究。2019年农业农村部立项建立海南热带野生稻种质资源圃、云南高原野生稻种质资源圃。至此，全国共拥有4个野生稻保存圃，异位保存野生稻种质资源数量将大幅度提升。

潘大建研究员带领开展了广东野生稻本底调查研究，结果表明，目前广东的野生稻主要分布在粤西北地区，有普通野生稻和药用野生稻2种。

广西桂西南地区是世界14个生物多样性中心之一，也是我国野生稻分布点最多的地区。自2002年起在陈成斌研究员的带领下，用时8年对广西普通野生稻和药用野生稻的全部分布点逐一考察。调查结果发现，广西原记录有14个市61个县（市、区）325个公社1 313个分布点，现仅有42个县（市、区）140个乡镇296个分布点存有野生稻，消失了77.46%的分布点。调查过程中发现野生稻新分布点29个，到2009年调查结束时广西共有野生稻分布点325个，野生稻种质资源处在极濒危状态。在调查过程中采用GPS技术对现存的分布点进行全面定位，采集地理分布数据、植物学特征信息数据、生态环境数据和图像。经整理后录入野生稻数据信息97万余条，建成了野生稻种质资源数据库、图像信息库，并与全国野生稻信息一起构成了GIS系统，为国家决策服务。在搜集过程中采用新的野生稻种质资源取样技术，搜集到466个居群的新种质样品12 810份。其中有世界上植株最高的药用野生稻种质，株高5.2 m，穗长51.8 cm，穗枝梗轮生，散开直径达29.4 cm，谷粒数达到1 812粒，结实率达75.39%，具有高大韧的优良基因。当然，在新搜集的种质中也有在原生地株高仅有46.5 cm的矮秆种质。另外，也搜集到1个茎秆高位分蘖抽穗结实3个穗子的多穗种质，以及每个茎节都有分蘖的多分蘖种质。还搜集到许多强耐旱、耐寒，广谱高抗稻瘟病、白叶枯病、纹枯病、细菌性条斑病、褐飞虱、白背飞虱、稻瘿蚊的抗原，特别是免疫、高抗南方黑条矮缩病的抗原。

同时，查清楚了造成野生稻濒危的主要原因：①工农业用地。②过度放养。③生态环境破坏。④外来物种入侵。

21世纪初野生稻考察取样采用的策略是，针对以往野生稻资源搜集随意性大、以混合采集种子为主导致遗传完整性较低等问题，利用SSR分子标记进行居群取样策略研究，结果表明，每个居群采集20～30株、株间距大于12 m时，其遗传多样性的代表性可以达到85%～95%。此次搜集要求每个居群采集种茎20株以上。按照这个取样策略，全国共搜集野生稻种质资源19 153份，其中普通野生稻16 417份，药用野生稻2 498份，疣粒野生稻238份，详见表3-1。

表3-1　21世纪初抢救性搜集野生稻种质资源结果（杨庆文等，2015）

省份	搜集的居群数（个）			搜集的种质数（份）		
	普通野生稻	药用野生稻	疣粒野生稻	普通野生稻	药用野生稻	疣粒野生稻
福建	2	—	—	98	—	—
湖南	6	—	—	343	—	—
江西	9	—	—	252	—	—
广东	118	7	—	1 356	31	—
广西	223	122	—	10 261	2 325	—
海南	102	3	4	4 071	122	133
云南	6	4	42	36	20	105
小计	466	136	46	16 417	2 498	238
合计	648			19 153		

　　21世纪初的野生稻系统深入调查符合种质资源学科的发展规律，苏联的种质资源学家瓦维洛夫曾提出每隔15～20年，会有新的种质类型出现，需要进行新的考察搜集。本次广西的野生稻调查就搜集到不少的新种质类型。例如，搜集到早造抽穗的普通野生稻种质，这对于想利用野生稻种质的水稻育种专家十分重要，为他们在早季利用野生稻与水稻杂交提供可能，很大程度上缩短了育种周期。另外，还发现了白芒类型、高位分蘖多穗类型、免疫南方黑条矮缩病类型等。调查全面查清了我国3种野生稻的地理分布，明确了我国3种野生稻的濒危状况，与20世纪80年代初相比，75%以上的野生稻分布点已完全消失，其中普通野生稻濒危程度达78.53%；通过系统调查，采集到每个野生稻原生境分布点的多样性信息、地理分布信息；在国际上率先研发了野生稻调查数据管理信息系统，构建了中国野生稻资源GPS/GIS信息系统（图3-1）。该系统不仅包括了所有野生稻居群的地理信息、生态环境、特征特性、典型特点等基本信息，还包括了每个居群的栖息地、野生稻单株和典型特征的图像信息，为野生稻长期跟踪监测、保护生物学研究和开发利用奠定了坚实的基础。

　　21世纪初的野生稻野外考察搜集进一步弄清了野生稻多样性本底，为国家开展野生稻种质资源原生境保护提供了精准的地理分布数据，保证原位保护计划的科学性。目前，广西是我国建设野生稻原生境保护点最多的省（自治区），而每一个保护点的选定都是21世纪初野生稻调查提供数据资料的结果。例如，玉林野生稻保护点，可以说没有2002年的玉林野生稻再次调查，就没有玉林野生稻原生境保护示范区，没有这个世界上野生稻连片覆盖面积最大的保护点。当时的原记录是整个玉林共有101亩野生稻分散在多个乡镇，但连野生稻面积500亩的县名中都没有玉林县，是2002年9月的调查重新发现这个沼泽荒塘的连片野生稻。当时就向农业部报告了调查结果，2003年农业部立项资助建立野生稻保护区，立项资助的时间非常

图3-1　中国野生稻种质资源GPS/GIS信息系统示意图

快、非常及时。该项目还得到国家相关领导人的批示，也引起国内众多媒体对野生稻保护与利用的关注。

21世纪初的野生稻考察搜集对国家野生稻保护与利用起到了十分重要的推动作用。首先，推动了国家野生稻原生境保护体系的建立。目前，共建立了26个野生稻原生境保护点（区），覆盖了野生稻所有的大生态区，形成了系统。在异位保存上充实了国家种质南宁、广州野生稻圃的遗传多样性，特别是南宁野生稻圃保存数量比20世纪增加了3倍多，为子孙后代留下了十分宝贵的财富。其次，推动了野生稻保护与利用技术体系构建和完善。自从1917年墨里尔在广州郊区发现野生稻以来，野生稻种质资源的异位保存就开始了。数以千计的野生稻种质资源集中建圃保存还是从1979年开始的，当时是在田间种植保存，到了1990年国家立项资助建立了国家种质南宁野生稻圃和广州野生稻圃，野生稻的异位保存正式纳入国家计划。然而，直到21世纪初野生稻种质资源的异位保存才算走上成熟及创新发展的道路。目前采用的是大规模集中小盆种植、抽穗期割苗、3～5年更新的长期安全保存技术，水肥管理采用一体化技术，提高了安全保存的技术水平和安全系数。南宁野生稻圃还采用了国家专利技术，把野生稻异位保存技术推向新的台阶。再次，推动了野生稻种质资源的国家行业标准体系的建立。21世纪的头19年，是野生稻保存和鉴定评价技术实现了国家行业标准技术体系化鉴定评价的新时代。例如，在陈成斌的牵头下，编制了《野生稻种质资源描述规范》《农作物种质资源鉴定技术规程 野生稻》《农作物优异种质资源评价规范 野生稻》3个国家行业标准，还编制了《野生稻种质资源描述规范和数据标准》等国家行业技术标准。同一时期，杨庆文也编制了《农业野生植物原生境保护点建设技术规范》和《农业野生植物原生境保护监测预警技术规程》，把野生稻等野生植物种质资源保护与鉴定评价技术标准推向新的历史高度。

四、野生稻种质资源考察取样技术标准

经过20多年的野生稻研究，发现原来随机取样技术方法的局限性，需要进行创新，提高取样技术的科学性。经过2002～2009年的野外调查、考察、搜集实践，陈成斌团队创建了更科学、更有效的采集样本技术体系，弥补了过去随机取样方法的不足，提高了取样方法的科学性和精准性。

（一）随机取样的缺陷

20世纪的野生稻野外调查搜集样本普遍采用随机取样的技术方法，国内早期是完全采用随机取样的方法，采集者可以随手收取，或进入野生稻群体内相隔一定距离随机收取。后来改进为在同一片野生稻地里采用梅花点式，相隔一定距离搜集穗子、稻谷或植株作种茎（种苗）。1978～1982年的全国野生稻普查搜集中有许多野生稻样本就是随机搜集而来的，由于当时技术设备落后，没有办法做到精准定位，也没有办法进行精细的性状鉴别。经过20多年的研究，国内野生稻研究队伍技术力量越来越雄厚，对野生稻的形态特征、生物特性认识越来越深入，对野生稻野外考察搜集取样的科学性也认识得更清楚，发现原来的随机取样技术方法的局限性，严重地影响了它的科学性，主要表现在以下4个方面。

1. 无法代表居群的遗传多样性

随机取样的方法在同一群完全相同的生物有机体个体中取样是有科学性的。例如，在相同的品种中随机抽取单株测量数量性状，最终取平均数代表这个品种的某一性状，这个数据是有科学性的，但是野生稻的自然群落里面往往含有许多形态特征和生物特性互不相同的单株个体。随机取样或梅花点等距离取样，所获得的样本都不能代表或者说完全代表该居群的遗传多样性，更不能说是该居群的全部遗传多样性。我们在大量的考察采样实践中发现，相邻的两个单株在性状上往往具有两个以上的性状差异。这种差异常常是水稻育种所必需的种质差异。随机取样方法往往是丢一个单株后走一定距离再丢一个单株，这样就丢掉了相邻的有差异的单株，遗传多样性就丢失了。

2. 难以避免居群样本的重复

在野外的野生稻自然群落中各种类型的数量分布是正态分布，相同特征特性的单株占多数，随机取样不观察单株形态特征，很难避免所取样本不出现重复。陈成斌等曾经做过小实验，发现在100 m²范围的普通野生稻居群中随机取样，相同特征的样本高达30.1%，特别是在性状纯合度高的群落中取样更明显。为了减少重复，最有效的方法就是按类型和性状差异来取样。

3. 很难进行居群内遗传结构分析及居群间的遗传多样性比较

早先的随机取样只记录到某个生产队，甚至只记录到生产大队或公社名称，没有自然群落的居群划分理念，很难开展不同居群遗传多样性研究，无法表达居群内外遗传多样性结构表和相互比较点。按照居群划分理念，在取样时记录好各居群的样本，就能够开展居群内遗传结构、遗传多样性研究，比较居群间多样性变化状况，找出变化规律，为原生境保护点的选择提供科学依据。过去的随机取样方法很难做到这一点。

4. 优异种质极易丢失

过去的随机取样或梅花点等距离取样都是在一定距离点上取一个单株，并没有考虑该单株是否具有好的性状与不良性状，也不考虑其与其他取样单株是否有差异。只要在某点上取了一个单株，边上的单株就不再取样，这样就会造成取样单株周边的优异种质极易丢失。这是随机取样或梅花点等距离取样方法的缺陷，极易导致优异种质的缺失、丢失。

综上所述，为了避免取样方法造成的损失，以及取样的重复，陈成斌等对野外考察搜集的取样方法进行全面改进，创建出新的采集技术规范体系。

（二）新的居群内性状差异采集技术体系

陈成斌等创建的采集技术体系包括野生稻种质资源样本采集技术规范、原生地野生稻种质资源信息采集技术规范、野生稻生态环境现状信息采集技术规范、野生稻共性与特性数据采集技术规范、野生稻原生境图像采集及图像库建设技术规范等5个技术规范。

1. 野生稻种质资源样本采集技术规范

野生稻种质资源样本采集技术规范由5个部分组成。

第一部分是野生稻居群划分标准。

它是针对野生稻大面积分布的原生地中野生稻自然群落分布状况而提出的。居群划分的标准是群落边沿植株相隔100 m的群落划分为2个居群，如果野生稻数量很多，特别是品种类型很多的原生地，可以将相隔50 m的群落划分为亚居群。科学依据是稻属各稻种的花粉空间飞行距离超过100 m，就基本上失去授粉能力，在遗传隔离上达到隔离基因漂移效果，可以作为另一个遗传独立的居群。

对于野生稻种质稀少的原生地居群，划分标准就是少于50个植株的原生地分布点，分布面积不是很大，在200 m²范围内的野生稻种质，可以作为一个居群来采集。如果零星分布过于分散也可以分作几个居群来采集。

确定居群后，就需要给出居群号。根据我国野生稻分布原生地的种质数量情况，自然居群内种质数量不会超过4位数，所以我们把居群号用JQ0001、JQ0002……来表述，并把居群号含入采集号中。

第二部分是样本采集。

由采集样本划分标准和采集样本的操作规程组成。样本划分标准是具有2个明显的遗传性状差异的植株划分为2份样本。在操作规程上有种子样本和种苗样本2种不同的样本。按该标准分别做出规范化采集技术要求，也给出样本采集号码的标准，它由采集年份数字加省份代码和4位顺序数字组成，并在其前面加上居群号。

第三部分是居群信息采集。

居群信息由地理分布信息、地理环境信息、水土信息和伴生植物信息4个部分组成。目前，地理分布信息采集还是以GPS定位仪的信息为准，包括面积信息和经纬度信息。作者认为，对于野生稻这样关系到国家粮食安全的战略性资源的分布信息还是利用国内北斗系统为好。

地理环境信息主要依据地理学标准对原生地状况进行记录，如沼泽地、水塘、荒塘、河沟边、小溪边、低洼地、潮湿地、林下地、荒坡地等，光照环境状况分为阳光直射、部分遮阴、全部遮阴等。水土信息含水质、pH值、水流量；土壤类型分为黏土、沙土、砂壤土、壤土，有机质含量分为高、中、低等。

第四部分是濒危信息采集。

首先，给出濒危状况评估标准，分为无危（LC），减少0%；近危（NT），减少5%；易危（VU），减少30%；濒危（EN），减少50%；极危（CR），减少80%；野外灭绝（EW），目标物种无。

其次，记录濒危原因，分为工农业用地信息采集、环境污染信息采集、畜禽过度放养信息采集、外来物种入侵信息采集4个小部分，每部分都列出记录级别内容。

工农业用地信息采集分为农业用地信息采集与工业城建用地信息采集2类。农业用地分为开垦农田、挖水塘（鱼塘）、开水渠、圈地养殖。工业城建用地分为工厂建设用地、开矿及矿渣占地、高速公路建设、铁路建设、城镇扩建用地、经济开发区用地、村舍建设用地、学校公共设施建设用地等。

环境污染信息采集分为工厂废水污染、工厂废气污染、村庄生活垃圾污染、村庄生活废水污染、水源枯竭、优势物种入侵等。

畜禽过度放养信息采集分为养殖种类（鸡、鸭、鹅、牛等）、养殖数量（只、头）、危害面积（公顷）、危害程度（灭绝、极危、濒危、易危、近危、无危）。

外来物种入侵信息采集分为入侵物种种类（名称、学名、原产国）、危害面积（公顷）、危害程度（灭绝、极危、濒危、易危、近危、无危）、危害时间、引入原因、天敌情况（种名、抑制方式、抑制程度、其他寄主情况）、发展状况。

最后，典型案例记录。在调查过程中记录野生稻原生地被毁灭的典型例子，特别是大面积原生地被毁坏的案例，采集到详细的数据信息。

第五部分是样本种质驯化保存。

这部分包含田间种植、种质整理和进圃保存。

田间种植：野外采集的活体样本，搜集回来后要尽快在田间种植，以保证存活。因此，标准给出田间准备、种植规格和田间管理的技术标准。

种质整理：该标准对新采集的野生稻种质整理目标就是查重去重，降低保存成本。标准规定从形态性状和分子标记聚类（分类）两方面进行整理。性状整理标准采用陈成斌等（2006）编制的《野生稻种质资源描述规范和数据标准》中的形态性状标准，进行种质材料的异同整理，把相似度高的同一居群材料合并为一份。分子标记聚类也是把遗传距离很近的同一居群种质合并为一份。

进圃保存：把经过整理归并重复材料后的种质资源，按卢新雄等（2008）的《农作物种质资源保存技术规范》移栽入圃保存。圃内保存技术要求按中国农业科学院作物品种资源研究所和茶叶研究所（2003）编制的《国家种质资源圃管理办法及管理细则》进行管理保存。

2. 原生地野生稻种质资源信息采集技术规范

该规范是由陈成斌等（2012）根据2008～2013年农业部和联合国开发计划署、全球环境基金的作物野生近缘植物保护与可持续利用项目在野生稻原生境保护研究实践中的创新技术而编制的，它一直指导各地野生稻原生境保护点的资源信息采集工作。该规范由5部分组成。

第一部分是原生地基础数据采集。

野生稻原生境保护点的原生地基础数据采集主要集中在两方面。一是面积数据采集。用两种方法进行，一种方法是采用全球定位系统测定面积，即GPS法，当然，作者建议今后尽快采用北斗系统；另一种方法是传统的人工丈量法采集面积数据，该方法可以弥补GPS法无法测量的地方而造成测量数据不精准的不足。二是地理分布数据采集。目前也是利用GPS仪进行经纬度、海拔高度的数据采集，既要采集整个保护点的经纬度数据，也要把每一个样方点的经纬度、海拔高度数据一起采集记录并建立档案资料和数据库。

第二部分是样方确定。

原生境保护点的样方确定包含样方大小的确定和样方点的布局方法两部分技术规范。根据多年的检测实践科学经验，目前，我国作物近缘野生植物原生境保护点的目标物种为草本植物的样方点面积都是1 m²大小。野生稻的样方也确定为1 m²。

样方点的布局方法，在标准里规定了两种方法。一种是十字布局法，在原生地中心点画个"十"字，沿十字线按每一个平方米划一个单位，每隔1～3个平方米就定一个样方。遇到没有野生稻的样方就是空样方。另一种是随机布局法。野生稻在南方许多山沟中生长，山沟是山环水抱的。样方可以沿着山沟走向随机分布，一个保护点需要设20～40个样方点。

第三部分是目标物种数据信息采集。

目标物种数据信息采集需要认真做好4个方面的工作。

第一，样方目标物种信息采集。规定了采用人工数数的方法逐一计算，确定一人记录，多人同时数数。记录的人一定要按目标物种种群密度采集表（表3–2）进行。对于空样方的信息主要采集伴生植物的种类、数量，记录在同一个表格上，统计时一起计算，求出目标物种种群密度。

表3–2　目标物种种群密度采集表

样方（地）编号	目标物种苗数	样方面积（m²）
1		1
2		1
3		1
4		1
5		1
		1
		1
平均		1
目标物种种群密度（株/公顷）		
赋值	120	

第二，伴生物种信息采集。在采集目标物种的信息时，也对同一样方内的伴生植物的信息进行采集，包括编号、物种名称、学名、数量、生长状况、对野生稻危害等信息。采集到的数据记录在表3–3上，物种名称不能用当地叫的土名（俗称），一定要用学名来表达，数数也要求精准。

第三，目标物种密度与丰富度统计。经过现场调查，把所有样方的数据全部记录在表3–2、表3–3，然后先计算出每平方米的平均密度和丰富度，再扩展计算到整个保护点的密度和丰富度。还要对生长状况信息进行采集，即按当地人们的一般感觉来判断野生稻的生长状况是好还是坏，特别是按技术人员或老农的判断标准，把生长状况分为良好、一般和差3个等级进行信息采集，并计入表3-4，最后按赋值得出生长状况结论。

表3-3　目标物种种群丰富度采集表

样方（地）编号	目标物种株数（株）	伴生物种株数（株）	目标物种丰富度（%）
1			
2			
3			
4			
5			
平均			
目标物种丰富度（%）			
赋值	70		

表3-4　目标物种生长状况监测表

样方（地）编号	生长状况			备注
	良好	一般	差	
1				
2				
3				
4				
5				
合计				
赋值				

第四，同时采集目标物种种类和基本特征。野生稻原生境保护点的目标物种就是野生稻，有普通野生稻、药用野生稻和疣粒野生稻，也有一些保护点有其他需要保护的目标物种，例如广西贵港市的保护点就有野生稻、野生莲、野水生薏苡这3种目标物种。需要对各目

标物种的基本特征进行观察记录，可按样方点的单株进行观察记录，把信息记录在表3-5。

表3-5　目标物种类型与特征表

序号	种名	类型	形态特征
样方1-1			多年生，匍匐……
样方1-2			
……			
样方2-1			
样方2-2			
……			

第五，检测结论与说明，包括目标物种参数变化情况、目标物种现状和变化因素分析。目标物种参数变化情况是通过分布面积、种群密度、丰富度、生长状况、种类等测定资源状况指数，比较出变化情况（表3-6）。目标物种现状和变化因素分析就是对目标物种现状、自然的和人为的各种因素导致各指标变化的原因进行详细分析，得出正确的结论。

第四部分是年度基线跟踪调查。

野生稻原生境保护点的种质资源信息调查采集的主要目的是及时不断了解该保护点的种质资源变化情况，从长远考虑可以研究野生稻种质资源变化的规律。因此，每年都需要进行基线跟踪调查，采集野生稻种质资源的有关信息，并分析目标物种现状与有关因素变化的状况及原因。这部分规定了跟踪调查时间和跟踪调查内容。

跟踪调查时间没有规定具体日期，主要是考虑到野生稻原生境保护点所处的经纬度、海拔高度的不同，其成熟期也完全不同。野生稻一年一度抽穗开花结实，在结实成熟期基因的生长发育信息全部表达出来。为此，在成熟期进行调查，能最好地获取野生稻的遗传性状表达结果。按原来农业部颁布的有关标准要求对原生境保护点的野生稻种质资源进行2次调查，广西的原生境保护点基本上是上半年在野生稻分蘖盛期时调查一次，下半年在野生稻成熟期时调查一次。

跟踪调查内容就是本规范的第三部分内容。技术方法和样方点也与上年调查的方法和样方点相同。

表3-6　目标物种监测参数与基线对照表

监测指标	权重 W_i	基线值			年度值			变化	
		测定值	赋值	参数值 y_i	测定值	赋值	参数值 y_i	测定值	参数值
分布面积（hm²）									

续表

监测指标	权重 W_i	基线值			年度值			变化	
		测定值	赋值	参数值 y_i	测定值	赋值	参数值 y_i	测定值	参数值
种群密度（株数/公顷）									
丰富度（%）									
生长状况									
种类									
类型									
资源状况指数（y）									

注：①测定值指各指标的实际测量值；②$y = \sum y_i$，$y_i =$ 权重（W_i）×赋值；③y 为资源状况指数，W_i 为指标权重，y_i 为指标参数值。

第五部分是年度报告格式。

根据国家有关要求，原生地野生稻种质资源信息采集技术规范需要有一个规范化的年度报告，一方面便于决策层很快掌握主要信息，另一方面也方便调查者书写。因此，本部分规定了年度报告由封面和其他三部分内容组成。

封面的题目直接写明"××市××县××原生地野生稻种质资源状况采集（监测）评估报告"。封面条目有"原生地（保护点）名称、采集（监测）机构、报告日期"等内容。

基本信息是报告的第一部分，包括采集（监测）时间、采集（监测）地点、负责人、联系电话、原生地（保护点）基线面积、原生地（保护点）基线目标物种（名称）。

监测参数是报告的第二部分，包括分布面积（公顷），赋值100；目标物种名称（中文、拉丁文）、种群密度、丰富度、生长状况、类型、特征特性等。

采集（监测）结论与分析说明是报告的第三部分，包括目标物种参数变化情况、目标物种现状与变化分析说明、审核评价意见。

原生地野生稻种质资源信息采集技术规范是国内首次提出的野生稻原生境保护点的种质资源信息采集技术规范，是野生稻种质资源野外信息采集技术的一部分，也是极其重要的一部分。只有把原生境保护点的野生稻种质资源监测好，才能有科学依据并采取科学措施保护好野生稻种质资源。因此，原生地野生稻种质资源信息采集技术规范极为重要。

3. 野生稻生态环境现状信息采集技术规范

野生稻种质资源也像其他生物资源一样，需要有一定的生态环境才能生存发展。因此，对原生境保护点的野生稻所处的生态环境现状必须进行信息采集，才能做好长期监测，保证野生稻长期保存的安全性。该技术规范由4部分组成。

第一部分是原生地生态环境调查范围。

野生稻原生地的生态环境调查主要是原生境周边的生态环境，包括原生境保护点（区）生态环境调查范围、原生地生态环境调查范围和其他情况三部分。保护区（点）的保护范围含核心区和缓冲区，其生态环境调查不是只调查保护点（区）原生地本身的生态环境，还要调查保护点（区）的缓冲区四周边缘向外延伸1 000 m的范围。野生稻原生地生态环境调查范围则以原生地（野生稻自然生长群落）四周为起点向外延伸1 000 m的范围。其他情况主要是建筑群或工矿区处在1 000 m的边界上或不远的地点，在调查时也需要查明情况。如果造成污染和危害时，应该把整个实际区域的生态环境全部调查清楚，以实际情况数据为准。

第二部分是生态环境调查内容。

这是关键部分、主要部分，包含7个方面的内容。

①工矿企业情况。调查工厂、矿场等企业，以及生产造成环境影响的情况，是调查的重点内容（表3-7）。

表3-7　工矿企业情况监测表

类型	名称	年生产能力	占地面积（hm²）	对原生地影响
工厂				
矿场				
赋值	15			

②建设情况。调查道路（公路、铁路等）、水利设施（水电站、电灌站、灌渠等）、房屋设施（农舍、学校、集体文体活动场所）等建设情况，具体情况见表3-8。

表3-8　影响环境的建设情况监测表

道路	类型	条数	里程（km）	宽度（m）		
房屋设施		类型	数量	面积（m²）		
	农舍					
	畜禽舍					
	公共设施：学校、办公楼、文化场所					
水利设施		数量	蓄水量（m³）	长度（m）	面积（m²）	高度（m）
	水库					
	人工河、水沟、水渠					
	堤坝					
赋值	55					

③农林牧渔生产情况。调查内容包括生产现状，新开垦造林、造田、造水塘情况，考虑其对野生稻生长的影响，需要采集详细相关信息。具体内容见表3-9。

④环境污染情况。调查对野生稻原生地有影响的污染源，主要污染物有工矿污水、废渣、废气，生活废水等。监测内容详见表3-10。

⑤外来物种侵害情况。目前广西已经发现有250余种外来有害物种对农业生产产生危害的现象。陈成斌等（2004、2012）调查结果发现，对野生稻危害最严重的是水葫芦（大漂）和福寿螺这两种物种。然而情况在不断变化，每次都要深入现场详细调查，监测实际发生的情况。调查内容见表3-11。

表3-9　农林牧渔生产情况监测表

	序号	种类	面积（hm²）	与保护地最近距离（m）	除草剂名称及类型	灌溉方式			分析对目标物种的危害（方式、面积、程度）	评价			赋值
						喷灌	滴灌	漫灌		友好型	中性	非友好	
种植业	1												
	2												100
	3												

续表

| 养殖业 | 序号 | 种类 | 圈养数量（头） | 放养 | | 分析对目标物种的危害（方式、面积、程度） | 评价 | | | 赋值 |
				数量	放养时间（天）		友好型	中性	非友好	
	1									
	2									100
	3									

表3-10　环境污染源监测表

| 序号 | 污染源名称 | 污染物 | | |
		类型	排放量	主要危害表现
1				
2				
3				
赋值		100		

表3-11　外来物种侵害情况监测表

序号	种类	成灾次数	破坏面积（m²）
1			
2			
3			
合计			
赋值		100	

⑥人为破坏情况。陈成斌等（2004、2012）调查结果发现，野生稻原生地的野生稻种质资源消失主要是人为因素造成的。人为破坏因素的详细内容见表3-12。

⑦自然因素变化信息采集。自然因素是形成野生稻原生地生态环境的主要因素，包括年降水量、积温、土壤类型、植被覆盖率等情况。在年终工作报告中要分析自然因素并与往年变化进行比较。变化信息采集内容详见表3-13。

表3-12 人为破坏因素监测表

破坏方式	次数	破坏面积（m²）
建设用地		
开垦		
火烧		
偷牧		
砍伐		
合计		
赋值		100

表3-13 自然因素变化信息监测表

年度	年降水量（mm）	积温（℃）	土壤类型	植被覆盖率（%）	受灾率（%）	成灾率（%）
基线年						
监测年						
变化值						
监测年						
变化值						

第三部分是生态环境调查信息平台建设。

生态环境对野生稻种质资源生长发育的影响是长期的，也是渐进的。为此，必须每年进行定期调查监测，对突发事故要及时监测记录，采集数据信息，并把每次采集的信息建档保存，建立数据信息库，搭建信息平台，与人共享。该部分由数据信息库建设和图像数据信息库建设两部分组成。

①数据信息库建设。把各个原生地，特别是原生境保护点（区）的生态环境数据信息分别录入电脑，按数据库格式构建生态环境数据库，并纳入国家信息平台，与人共享。

②图像数据信息库建设。采用500万像素以上的数码相机对每一个原生地特别是原生境保护点（区）的生态环境按调查内容采集图像信息，再用Jig软件建立图像信息库，有视频信息更好。

第四部分是环境因素评估。

这部分由环境因素状况指数和生态环境变化因素分析两部分组成。其中环境因素状况指数就是把每年的生态环境数据与基线数据对照，了解变化情况，对比的种质资源状况指数按以下公式计算：$X=\Sigma y_i$，y_i=权重（W_i）×赋值。

注：X为种质资源状况指数，W_i为指标权重，y_i为指标参数值。

监测参数与基线对照内容见表3-14。

表3-14　野生稻生态环境监测参数与基线对照表

监测指标	权重（W_i）	基线值		年度值		变化	
		赋值	参数值（y_i）	赋值	参数值（y_i）	赋值	参数值（y_i）
工矿企业	15						
建设情况	55						
生产方式	100						
污染	100						
外来物种	100						
人为破坏	50						
自然因素							
资源状况指数（X）							

生态环境变化因素分析要求对野生稻原生地，特别是原生境保护点（区）的生态环境现状，以及各项指标变化的原因进行仔细分析，获得引起生态环境变化的精准结果，为决策与变化规律研究提供参考。

4. 野生稻共性与特性数据采集技术规范

野生稻共性与特性数据采集技术规范是为了构建国家野生稻种质资源共享平台而制定的技术标准，目的是保证共享平台的数据具有可比性、精准性和科学权威性，保证国家野生稻种质资源共享平台的高质量和世界领先地位。为此，陈成斌等（2012）把该技术规范公开。

野生稻共性与特性数据采集技术规范包含4部分。

第一部分是野生稻共性数据信息。

野生稻共性数据信息采集含采集号、种质名称、学名、属名、种名、原产地、来源地、经纬度、海拔等22项。规范给出每项数据的分级和质量控制要求，见表3-15。

表3-15　野生稻共性数据信息采集

序号	信息项	信息项的性质	单位或代码
1	采集号	M	年份数字+省（自治区、直辖市）代码+居群号+4位顺序号
2	引种号	C	年份数字+省（自治区、直辖市）代码+4位顺序号
3	种质名称	M	
4	种质外文名	C	
5	学名	M	
6	属名	M	
7	种名	O	
8	原产国	C	

续表

序号	信息项	信息项的性质	单位或代码
9	原产省（自治区、直辖市）	C	
10	原产县	C	
11	来源地	M	
12	经度	M	
13	纬度	M	
14	海拔	M	
15	采集单位	M	
16	采集年份	M	
17	保存单位	M	
18	保存单位编号	M	省（自治区、直辖市）名（拼音第一个字母大写）+4位数
19	采集样本形态	O	1种子　2种苗
20	种质类型	M	1一年生　2多年生　3其他
21	生境水旱状况	M	1沼泽地　2水塘　3小溪、渠道　4熔岩水潭　5低洼地　6潮湿地　7林下地　8荒坡地
22	生境受光状况	M	

注：M为必须采集信息项，O为可选择信息项，C为国外种质项。

第二部分是野生稻特性数据信息。

陈成斌等从2006年《野生稻种质资源描述符规范》列出的93项信息内容扩展成为2017年的144项，几乎覆盖了野生稻所有的形态特征和生物特性。但是作为一定时期内的采集技术规范，需要考虑能否在短时间内采集到那么多特性数据，故需要选择主要信息项进行采集，其余信息留在鉴定评价时采集。该规范的特性数据信息项详见表3-16。

表3-16　野生稻种质资源特性信息采集表

序号	信息项	信息项性质	单位或代码
1	叶耳颜色	M	0无　1黄绿　2绿　3淡紫　4紫
2	生长习性	M	1直立　2半直立　3倾斜　4匍匐
3	茎基部硬度	O	1软　2中　3硬
4	茎基部叶鞘色	M	1绿　2紫条　3淡紫　4紫
5	茎基部鞘内色	O	0无　1淡绿　2绿　3淡紫
6	分蘖力	O	1特强　2强　3中　4弱
7	叶片茸毛	M	0无　1少　2中　3多　4很多
8	叶色	M	1黄绿　2绿　3叶缘紫　4紫斑　5紫尖　6紫
9	叶舌茸毛	O	0无　1局部有　2普遍有

续表

序号	信息项	信息项性质	单位或代码
10	叶舌形状	M	1尖至渐尖　2顶部二裂　3圆顶或平
11	见穗期	M	年　月　日
12	开花时间	O	h
13	剑叶角度	M	1直立　2倾斜　3水平　4下垂
14	剑叶长	M	cm
15	剑叶宽	M	mm
16	剑叶叶舌长	O	mm
17	倒数第二叶叶舌长	O	mm
18	叶舌颜色	O	0无　1紫条　2淡紫　3紫
19	叶枕颜色	O	0无　1淡绿　2绿　3紫　4褐斑
20	穗型	M	1集　2中　3散　4下垂
21	开花期内外颖颜色	O	1淡黄绿　2绿条秆黄　3绿　4浅紫　5紫斑　6褐斑　7黑褐条纹　8黑
22	开花期护颖颜色	O	1基部绿　2淡绿　3秆黄　4金黄　5红　6紫斑　7紫
23	芒性	M	0无芒　1部分短芒　2全短芒　3部分长芒　4全长芒
24	开花期芒颜色	M	1秆黄　2金黄　3红　4紫　5褐　6黑
25	开花期颖尖颜色	M	0无　1秆黄　2红　3紫　4褐
26	柱头颜色	M	1白　2淡绿　3黄　4淡紫　5紫　6褐
27	花药长度	M	mm
28	叶片衰老	O	1慢　2中　3快
29	地下茎	M	0无　1有
30	茎秆长度	M	cm
31	茎秆直径	M	mm
32	茎秆硬度	O	1特强　2强　3中　4弱
33	节间颜色	O	1黄绿　2秆黄　3紫条　4紫　5褐斑
34	最高节间长度	O	cm
35	高位分蘖	O	0无　1少　2中　3多
36	穗颈长短	M	1包颈　2短　3中　4长
37	穗落粒性	O	1低　2中　3高
38	穗分枝	M	1具一枝梗　2具二枝梗　3具三枝梗
39	穗长	M	cm
40	谷粒长	M	mm
41	谷粒宽	M	mm

续表

序号	信息项	信息项性质	单位或代码
42	护颖形状	O	0无 1线形（披针形） 2锥形无刺毛 3锥形有刺毛 4小三角形
43	内外颖表面	M	1无疣粒 2有疣粒
44	熟期内外颖颜色	M	1秆黄 2红 3紫 4斑点黑 5褐 6黑
45	种皮颜色	M	1白 2浅红 3红 4紫 5浅褐 6褐
46	苗期耐冷性	M	1极强 3强 5中 7弱 9极弱
47	花期耐冷性	M	1极强 3强 5中 7弱 9极弱
48	苗期耐旱性	M	1极强 3强 5中 7弱 9极弱
49	花期耐旱性	M	1极强 3强 5中 7弱 9极弱
50	耐涝性	O	1极强 3强 5中 7弱 9极弱
51	白叶枯病抗性	O	0免疫 1高抗 3抗 5中 7弱 9极弱
52	稻瘟病抗性	O	0免疫 1高抗 3抗 5中 7弱 9极弱
53	褐飞虱抗性	O	0免疫 1高抗 3抗 5中 7弱 9极弱
54	白背飞虱抗性	O	0免疫 1高抗 3抗 5中 7弱 9极弱

第三部分是数据质量控制。

野生稻种质资源共性与特性数据质量控制的重点在于特性数据质量控制。因为共性数据质量控制只要严格执行规范的技术要求，把生态环境水旱、光温状况查清，把国外种质的来源弄清，就能够获得高质量的数据。而特性数据有些需要经过多点、多年鉴定评价，甚至需要在严格的实验条件下经过初鉴、复鉴、多菌系、多基因位点重复比较试验，才能获得明确精准的科学数据。因此，本部分重点在特性数据的质量控制上，分为原生地调查和采集保存样本特性数据质量控制两小部分来提出质量控制标准。

①原生地调查的特性数据质量控制。原生地远离研究机构，地处边远山区或荒野，一次调查所用时间也非常有限，能够采集的性状数据就是表型特征性状与颜色有关的信息，以及数量性状信息。但是野外考察一次很不容易，重复观察也不太可能，为了保证数据信息质量，规定数据信息采集人员最好具有高级技术职称且多年从事野生稻种质资源鉴定评价的技术人员领衔采集，或几个技术人员共同观察后商定单位或代码。如果无法确定采集样本，可以回到试验田种植观察，进行数据补充，以达到数据质量控制的目的，并把校正数据录入电脑，建立数据库。

②采集保存样本特性数据质量控制。目前国内野生稻种质资源的异位保存主要在南宁、广州两个野生稻圃进行活体保存。国家野生稻种质资源平台数据采用的是《野生稻种质资源描述规范和数据标准》（陈成斌等，2006），规定每项特性数据必须经过3年以上重复鉴定或1年内多点重复鉴定，数量性状要求5～10个植株的数据平均值；以质量性状重复出现的等级

为代表，并注明多样性情况；抗性鉴定需要经过初鉴、复鉴和精准鉴定；品质鉴定必须经过国家认证机构重复鉴定才能确定其鉴定结果。应采用国家行业标准《野生稻种质资源描述符规范》（陈成斌等，2017）的技术标准，保证鉴定数据的精准性、可比性和权威性。

第四部分是数据库建立与完善。

按国家植物（农作物）种质资源共享平台的标准，分别建立共性数据信息库及特性数据信息库，把采集到的信息录入数据库。目前，国家野生稻种质资源平台已经建成好多年，只需要把新采集的数据不断地补充充实原来的数据库，完善原来的数据信息，就可以共享利用了。

5. 野生稻原生境图像采集及图像库建设技术规范

陈成斌等与中国农业科学院杨庆文团队合作10余年（2002～2013），对广西14个市61个县（区、市）245个乡镇530个村委1 342个野生稻原生地分布点逐一进行了实地调查、考察及图像采集，采集到1.281万份种质和3万多张图像，在此基础上，制定了野生稻原生境图像采集及图像库建设技术规范。该技术规范由5部分组成。

第一部分是野生稻图像采集原则。

该规范确定了5个原则。

①实地实物采集原则。野生稻原生地调查考察是一项非常艰苦的甚至具有危险的、极其专业的、非常重要的科学研究工作，图像采集仅仅是野外考察诸多工作中的一项。科考图像与艺术照要求完全不同。艺术照带有许多人为造型的主观臆造成分，科考图像与科研图像一样，都要强调对客观事物的真实反映，能够把文字不易表达的物体形态特征特性一目了然地表达出来，坚决杜绝主观臆造。野生稻原生地考察的图像必须坚持现场实地实物拍摄，反映野生稻原生境、植株特征特性以及伴生植物的客观真实性。

②色彩自然逼真的采集原则。野外野生稻原生地图像的采集必须充分体现原生境的全境形象，是自然色彩与自然生态环境的真实形象体现。既要有生态环境全境图像，又要有局部主题鲜明的图像。只有采集到色彩自然逼真的图像，才能达到采集真实景象的目的。

③典型性、代表性原则。对野生稻原生地环境景象的拍摄必须抓住景象的典型性，每张图像都应该具有该原生地的特点；对样本特征特性的拍摄，应从植株整体来考虑，能够反映出种、亚种、变种、类型等最具典型性、代表性的植株图像，以及部分特写镜头。真实地反映每一个野生稻原生地的环境特点和种质资源特点。

④表意鲜明、主题突出的原则。每一次在野外考察采集图像的时间都不可能很长，照片也不可能拍摄很多，这就要求我们采集时每张照片都要有突出的主题，表意清晰，一目了然。例如，野生稻的紫色叶鞘就要拍出紫色来，不能是其他颜色，有强烈对比的参照物也可以，主题要突出。要严格采用《野生稻种质资源描述规范和数据标准》（陈成斌等，

2006）、《野生稻种质资源描述符规范》（陈成斌等，2017）中的描述符项的单位或代码等级进行图像采集，突出主题。

⑤全面性、系统性表达的原则。对于每一个有野生稻分布的原生地都要进行全面、系统的采集，对该原生地的生态环境，伴生植物、动物，野生稻（目标物种）种质资源多样性做全面系统的采集。有无人机航拍更好，能够获取整个生态环境的全境照片、特写照片、野生稻与伴生植物生长环境照片、野生稻生长特殊环境照片、不同类型的野生稻照片、种类多样性照片、特异性状照片、特殊器官照片等，把整个原生地野生稻的多样性全面系统地表达出来，这样才具有研究与保存利用价值。

第二部分是图像采集内容。

这部分内容是该规范的核心部分，分为5个方面内容进行采集。

①原生境图像。野生稻原生境图像（图3-2至图3-11），包括野生稻原生地全境照片、无人机拍摄原生地的全景图像、手拍的俯视全景照片、原生地局部照片、特写照片，对沼泽地、水塘、小溪、渠道等不同环境的生态状况进行图像采集。

②自然群落图像。这类图像是反映每一个原生地中不同的自然群落（居群）的多样性生长状况的照片。要求反映每个自然群落的全景信息、群落中各类型植株的生长状况、伴生植物及外来植物的生长情况，还包括天然因素和人为因素对自然群落的影响状况、造成濒危因素的后果图像信息。

③种质植株（单株）图像。种质植株（单株）图像就是在每一个原生地中野生稻不同类型、亚种生态群、变种生态型、类型（单株差异）等反映种质个体性状多样性的图像信息。例如高大植株、高位分蘖多植株、大穗植株，以及单一性状特殊的植株图像的采集。

④形态性状多样性图像。主要采集植株的形态特征、抗性表型特征的图像。例如叶鞘颜色有绿色、紫条、淡紫、紫色等，芒性有无芒、部分短芒、全短芒、部分长芒、全长芒等。均按照《野生稻种质资源描述规范和数据标准》（陈成斌等，2006）和《野生稻种质资源描述符规范》（陈成斌等，2017）中的描述符等级标准进行。

野生稻种质资源的植株图像和性状、器官多样性图像都可以被选取进入野生稻多样性图谱（图3-12至图3-28）信息库，或配合共性数据、特性鉴定数据，编入野生稻种质资源编目图像数据库，也可单独编辑出版野生稻原生境图像专著。

⑤现场调查采集工作图像。它包括考察队员现场集体照、考察人员的个人工作照、采集野生稻样本的图像，使考察队员工作的精神面貌得到充分的表达，传递艰苦奋斗的正能量。由于它是直观反映历史工作的真实性照片，需要认真采集，突出主题（图3-29至图3-39）。

图3-2　桂林保护点秋季普通野生稻

图3-3　桂林保护点冬季普通野生稻

图3-4 玉林保护区春季普通野生稻

图3-5 玉林保护区春夏普通野生稻

图3-6 玉林保护区秋季普通野生稻（1）

图3-7 玉林保护区秋季普通野生稻（2）

图3-8　玉林保护区冬季普通野生稻

图3-9　广东省高州市野生稻原位保护区

图3-10　保护点内强耐旱匍匐普通野生稻

图3-11　药用野生稻原生境

图3-12　越冬耐寒倾斜普通野生稻

图3-13　溪流边匍匐型普通野生稻

图3-14　红鞘普通野生稻

图3-15　紫鞘普通野生稻

图3-16　干水塘极耐旱普通野生稻

图3-17　强耐旱普通野生稻

图3-18 展叶形药用野生稻

图3-19 半卷叶形药用野生稻

图3-20　极匍匐普通野生稻苗期

图3-21　匍匐绿鞘普通野生稻

图3-22 极长匍匐茎耐旱普通野生稻

图3-23 极强分蘖红芒普通野生稻

图3-24　紫色匍匐普通野生稻

图3-25　半直立普通野生稻（中间抽穗株）

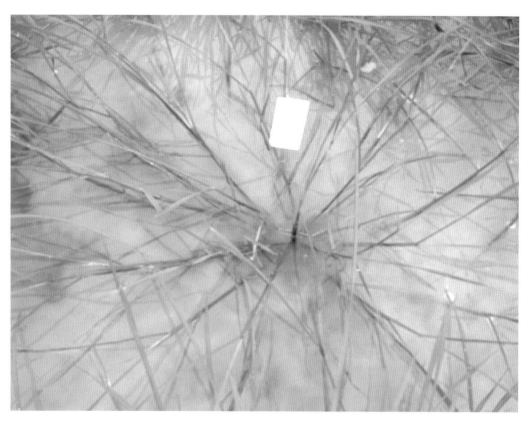

图3-26　匍匐紫鞘普通野生稻

图3-27　倾斜普通野生稻

图3-28　早季抽穗的红芒普通野生稻

图3-29　庞汉华在广西考察普通野生稻

图3-30　庞汉华（左一）等调查野生稻多样性

图3-31　陈家裘等在六万大山考察野生稻

图3-32　调查搜集的高秆粗壮药用野生稻

图3-33　陈成斌调查发现匍匐茎长1米多的普通野生稻

图3-34　长根系的普通野生稻

图3-35　桂西野生稻调查

图3-36 来宾野生稻调查发现的高秆普通野生稻

图3-37 桂东南药用野生稻调查

图3-38　调查发现的高秆药用野生稻

图3-39　搜集到的高位分蘖成穗多的药用野生稻

第三部分是图像采集方法。

野生稻原生地的图像采集是野生稻调查考察中一项必不可少的工作，与调查考察时样本采集、标本制作一起进行。因此，需要认真做好调查考察前的计划制订、考察准备，以及考察实施、采集操作等工作，做到有条不紊地开展，确保采集到高水平高质量的图像。

本规范在这部分要求做好以下3个方面的工作。

首先是准备工作。野生稻考察工作出发前一定要做好调查考察采集计划。以县（区、市）为调查实施区域，安排好考察时间、具体地点、人员、工作内容，以及与县（区、市）农业局联系并告知具体时间、地点与内容，请他们派人参加调查活动，具体行进路线要与他们商定。图像采集需要的工具较多，包括500万像素以上的数码相机，备好专用内存卡、专用电池、专用脚架、记录本、笔、底板或绒布、塑料牌、取样工具（镊子、剪刀、袋子、透明胶等），以及考察用的GPS、北斗定位仪、考察交通车、劳保用具用品、个人行李等。

其次是考察计划实施。到达县（区、市）的第一件事就是与基层农业局有关领导和工作人员一起商量，落实考察计划。把有野生稻的具体地点告诉他们，请他们就考察地点落实一个行动路线图和时间安排表。然后，每天按路线图，先直达考察路线最远地点，然后边考察边往回走，向驻地靠拢。如果有新的地点线索，就近进行考察，争取发现新的分布点。

最后是采集程序。按如下的工作内容程序进行图像采集：①原生地景象采集，含全境的景象照片、局部典型照片、特写照片，至少3～5张；②自然群落图像采集，含群落大小形态全景照片、居群分布、居群特点等照片；③植株图像采集，含生态群植株形态多样性照片，按生态群、生态型、类型植株的多样性照片分门别类采集拍照，拍摄若干张；④器官、性状多样性照片采集，可以是若干张，要求能够全面、完整、典型地反映某原生地野生稻种质资源的各种性状；⑤生态因素图像，包括伴生植物种类图像、土壤类型图像、水资源图像、各种植物濒危图像，以及外来物种、人为破坏的图像若干张；⑥调查考察人员的工作照片，包括集体照、工作人员的工作照、留影照、采集样本照等。

第四部分是质量控制。

野外考察图像采集需要掌握摄影技术知识，但是更重要的是每张图像都能够充分表达一个主题，整个分布点的图像要能够充分表达出该分布点的生态环境、伴生植物、野生稻种质资源多样性、考察人员工作状态等整体形象信息。这部分内容强调4点。

①图像采集优先。每到一个野生稻原生地分布点，首先考虑让图像采集者优先拍摄全生境的图像、居群图像、特殊植株的图像，当然有些植株可在采集后拍摄照片，但是，一般情况下是拍摄照片后采样，图像采集完成前应该采集其他信息，如地理分布信息，土壤、水质、形态特征信息、伴生植物信息等，图像采集完成后再采集样本。

②摄影技术精益求精。对摄影技术的要求应该精益求精，就是要对数码相机的各种性能、各种镜头配合使用，对光线、色彩平衡、色相饱和度等准确使用，力求拍摄出来的每张

照片达到高清的要求。同时要达到明确表达野生稻主题的要求，即野生稻研究人员要力争达到专业摄影师的技术水平，把野生稻的图像采集好。

③采集者应具有充分的野生稻知识。采集者应具有较深的野生稻种质资源的专业知识，拍摄过程要严格按照规范的技术标准（赖群珍，2007；陈成斌，2006）进行，对野生稻种类特点、性状描述的单位与代码都要熟记在心，力争每一张图像都要表达出描述的主题，并能鲜明地表达出来。

④采集者要具有吃苦耐劳的精神。野生稻的野外考察是十分艰苦的，现场实物拍摄者一定要能吃苦耐劳。对深水类型的野生稻种质，该下水拍摄就得下水拍摄，选取最好的角度和方位进行拍摄。否则很难获得好的镜头，也很难获得充分表达或精准表达野生稻特异性状的自然真实图像。

第五部分是图像信息库的建设。

采用Jig软件进行野生稻种质资源图像信息库建设。采用这样的技术路线需要对野外采集的图像进行分类、图像处理，再录入信息库（梁世春等，2012）。

本部分由三大部分组成：①图像分类；②图像质量提高；③图像信息库建立。

①图像分类。按野外采集时的居群号为基本单位进行图像分类整理：A.原生境图形信息资料；B.自然群落（居群）图像信息资料；C.种质植株（单株）图像信息资料；D.形态性状、生物特性图像信息资料；E.调查采集工作过程中的现场图像信息资料。

②图像质量提高。采用Photoshop软件技术对上述A～E共5类图像进行处理，提高图像质量。规定按照以下6个技术要求提高质量：A."修补"。选用数码修补工具，对有损坏的图像进行修补。首先选定图像的"目标"区域位置，再把"目标"图像拖到要填补的位置，修补选中的区域会修补完成（国家自然科技资源E平台，2007；中国农业科学院茶叶研究所，2008）。B.通道特效。利用图像处理的分离通道、合并通道及蒙板的特效功能进一步提高图像的"离合"效果。C.图像色阶调整。对亮度不足的图像进行色阶反差调整和亮度调整，使之更突出主题，也更能反映实物的本质。D.图像锐化。图像锐化可以把模糊的照片变得比原来更清晰，使图像内的物体看起来更清晰。没有图像锐化步骤，就会浪费稍有模糊的图像。E.抠图。把需要的局部图像进行切割抠出来，也可以把局部损坏的图像抠出来，选用修补工具填充抠出的区域，达到修补和抠出精华两方面的目的。F.图像色彩调整。对图像的饱和度进行色相的调整，进一步平衡色彩，使形象更逼真，色彩更自然。

③图像信息库建设。野生稻图像信息库建设采用Jig软件作为工作工具，把经过图像处理后的图片变成高质量的图像，选用主题突出、代表性和典型性显著、清晰度高的图像，按前面A～E分类内容中的不同类型分别按居群号顺序编入图像信息库名录，同时将配有文字表述的居群信息录入。

A.图像信息库目录建立。以野生稻考察采集的居群号名录顺序为库的目录，以图像目录内容排列为野生稻原生境居群编号+A或+B等各类型图像（照片）进行名录编写。例如，广西玉林市的野生稻原生地居群编号为2-1-1-1，建设图像信息库的编号就录入为2-1-1-1-A；如果是B类的编号，就是2-1-1-1-B；如果A以下还有1～3张图像，就成为2-1-1-1-A-1。以此类推。

B.图像信息网络平台建设。利用电脑网络技术与国家植物种质资源共享平台（杜占元，2007）构建野生稻图像信息可视网络平台。由于野生稻种质资源对国家粮食安全具有不可替代的战略重要性，因此涉及地理分布的图像信息需要符合国家安全管理要求，以达到保护国家战略安全的目的。

C.图像信息使用制度。在国家保密制度管理下建立野生稻种质资源图像信息、共性与特性数据信息、实物信息安全使用制度。目前我国采用国家、地方和基层三级保护保存野生稻种质资源的管理制度，并逐步制定相关惠益共享的法律法规政策体系，图像信息库的使用应与之对应，应能在种质资源惠益共享体系中运行和使用信息（赖群珍，2007；陈成斌，2007）。

D.档案管理。野生稻图像信息资料属于科研工作过程和特殊种质资源形象化表现的科研资料，是信息时代的科研资料的一种特殊表现形式。这些图像资料应及时移交给科研档案管理人员，按科技档案正常管理程序，实行制度化管理，不可丢失。档案管理既要保证档案的安全，又要方便科技人员、教学机构和决策管理部门的查询阅读，为国家与社会服务。

这5个野生稻种质资源采集技术规范，把野生稻种质资源的样本采集、图像采集、形态性状数据信息采集全部纳入技术标准化范围，提升了野生稻种质资源数据信息采集的质量，也提升了国家野生稻种质资源研究的技术水平，达到国际领先水平。

在第三次全国农作物种质资源普查（2016～2018）中，我国有野生稻的省份搜集到一批新的野生稻种质。例如，广西在普查了融水、金秀、乐业等58个县（区、市），搜集到1 334份作物种质资源，其中野生稻种质资源595份，并根据项目要求对野生稻种质的18项农艺性状进行鉴定，获得分蘖力极强种质1份（分蘖数超过30个）、极早熟种质6份（在9月13日前成熟），增加了国家野生稻种质资源的遗传多样性，也为育种提供了宝贵的种质资源。

第二节　中国野生稻种质资源的整理、编目与繁种

一、野生稻种质资源的整理与编目

野生稻在长期的自然选择过程中，形成了类型丰富的在水稻育种中极具潜力的特殊基因或尚未认识的有益基因，是改良水稻品种的重要基因来源，同时也是稻作学基础理论研究、稻种演化和起源研究的重要物质基础。为了减少野生稻种质资源研究和利用上的盲目性，对搜集到的野生稻种质资源进行整理、编目、保存是十分必要的。

自1980年以来，有野生稻分布的各省（自治区、直辖市）把搜集到的野生稻种质资源进行种植，建立了野生稻资源圃，对每份材料进行详细的观察、记载、整理和研究，开展了植物学特征和生物学特性的研究，如植株农艺性状、抗病虫性、对各种不良环境的抗逆性、品质、雄性不育性、核恢复性、广亲和性和其他特殊性状等的研究。

1986年5月，中国农业科学院作物品种资源研究所与中国水稻研究所在杭州共同主持召开了全国稻种资源研究会，会议确定了野生稻种质资源编目的项目、标准和要求，由各有关省（自治区）在鉴定的基础上进行统一编号。因此，由广东、广西、云南、江西、湖南、福建等省（自治区）和中国农业科学院作物品种资源研究所等单位的科技人员，在以往搜集、整理、研究的基础上，统一编写了《中国稻种资源目录（野生稻种）》，该目录由农业出版社于1991年出版。这是我国第一部野生稻资源目录。该书共编入野生稻资源4 655份，其中原产于中国的有4 447份（普通野生稻3 733份、药用野生稻670份、疣粒野生稻44份），国外引进的有20多个种的野生稻资源208份。"八五"期间，在"七五"期间所编的目录基础上进行续编，并于1996年出版《中国稻种资源目录（野生稻种）》。此目录由广东、广西、江西、湖南、福建、海南及中国水稻研究所和中国农业科学院作物品种资源研究所等地方和单位的科技人员编写。该目录共编入野生稻资源2 289份，其中国内野生稻1 939份（普通野生稻1 838份、药用野生稻1份、疣粒野生稻100份）、国外引进的20多个种的野生稻资源350份。"九五"期间又续编了《野生稻目录》，共编入380份野生稻，其中普通野生稻338份、药用野生稻42份。该目录由广东、广西的科技人员编写。截至1998年，编入目录的野生稻有7 324份（表3–17），其中国内3种野生稻种中，普通野生稻5 909份、药用野生稻713份、疣粒野生稻144份，国外引进20多个种的野生稻558份。

表3-17　全国统一编目的野生稻种质资源份数及产地（1997）

产地与省（自治区）代号	统一编号	份数	保存单位及地点
广东YD1	YD10001-2977	2 977	广东农业科学院水稻研究所，广州
广西YD2	YD20001-3027	3 027	广西农业科学院作物品种资源研究所，南宁
云南YD3	YD30001-51	51	云南农业科学院品种资源研究所，昆明
江西YD4	YD40001-201	201	江西农业科学院水稻研究所，南昌
福建YD5	YD50001-92	92	福建农业科学院稻麦研究所，福州
湖南YD6	YD60001-317	317	湖南农业科学院水稻研究所，长沙
海南YD7	YD70001-100	100	海南农业科学院，海口
台湾YD8	YD80001-1	1	中国水稻研究所，杭州
国外WYD	WYD0001-558	558	中国水稻研究所，杭州；中国农业科学院作物品种资源研究所，北京；广东农业科学院水稻研究所，广州；广西农业科学院作物品种资源研究所，南宁
合计		7 324	

野生稻种质资源目录编入的主要内容有学名、采集地、生长习性、始穗期、茎基部色、叶舌形状、芒性、柱头色、花药长度、有无地下茎、内外颖色、种皮色、外观品质、百粒重、谷粒长宽、生育周期、抗病虫性等20多个项目。

2004～2009年我国实施国家自然科技资源共享平台建设项目，制定了国家野生稻种质资源描述规范和数据质量标准，开展了较大规模的野生稻种质资源整理、录入编目、建立数据库的工作。全国共整理野生稻种质资源9 382份，其中广州野生稻圃4 376份，南宁野生稻圃5 006份。2010年"无性繁殖农作物种质资源整理编目保存"项目主持单位中国农业科学院茶叶研究所的江用文主编的《国家圃农作物种质资源保存名录》中，记录的野生稻种质资源也是9 382份。国家在"十一五""十二五"期间野生稻种质资源异位保存的研究项目所上报的野生稻种质资源数量基本上以此数目为主要依据。2010年后，两个国家野生稻圃每年都对新搜集的野生稻种质进行整理、鉴定及编目，同时根据国家种质长期库或中期库的需要繁殖种子，并送入国家库保存及分发利用。

二、野生稻种质资源的大规模繁种、繁殖研究

野生稻种质资源是水稻育种新基因的重要来源，是常规育种、杂交育种、生物技术育种的宝贵资源。对其进行繁殖、繁种、保存、鉴定与利用研究是造福社会、造福人类的一项基础事业，其科技效益、经济效益、社会效益难以估量。对野生稻种质资源的大规模繁种繁殖研究是水稻育种的重要基础工作之一。

1. 野生稻种质资源繁殖特性

自20世纪80年代以来，特别是"七五"以来，水稻育种工作者对野生稻繁殖繁种的研究做了大量的工作。研究表明，不同种或同一种不同类型野生稻的繁殖特性有很大的差异，多年生和一年生的野生稻、光周期敏感和光周期不敏感的野生稻、水生或水旱交替与旱生的野生稻及不同的繁种地点和生态环境有密切关系。如普通野生稻、药用野生稻与国外引进的澳洲野生稻、斑点野生稻、长花药野生稻（O.longistaminata A.Chev.）、高秆野生稻、宽叶野生稻、大颖野生稻等均属多年生、水生或水旱交替的野生稻，这些野生稻均适应水田、水盆种植繁殖。而疣粒野生稻与国外引进的小粒野生稻、紧穗野生稻等均属旱生型，只能在旱地或干湿交替的盆栽繁殖。普通野生稻、药用野生稻、疣粒野生稻与国外引进的长花药野生稻、阔叶野生稻、高秆野生稻都属多年生野生稻，既可用种茎进行无性繁殖，也可用种子进行有性繁殖。而部分直立型的普通野生稻（近栽类型）一年就能完成其生育期，种茎不能越冬。国外引进的尼瓦拉野生稻、紧穗野生稻属一年生野生稻，只能用种子进行有性繁殖。我国的3种野生稻（除少数直立型普通野生稻属一年生外）都属多年生类型，分蘖力强，在春季都可用种子或种茎繁殖，其分蘖的快慢、多少与土壤肥力等条件有关，土壤肥力高则分蘖多且速度快。但药用野生稻、疣粒野生稻对土壤和环境条件要求较严，在阳光不易直射，腐殖质、有机质丰富，pH值6.0～7.0的中性砂壤土上，茎叶生长茂盛。普通野生稻、药用野生稻和国外引进的野生稻多数对光周期反应敏感。在高纬度地区，如东北，一般不能正常抽穗开花，必须经暗处理后才能抽穗、开花、结实；种茎在野外大田（因气温过低，积温不够）不能越冬，繁殖种子较为困难。在南方，特别是在广东、广西、海南等省（自治区）气温较高，都能正常抽穗、开花、结实，种茎也能在野外越冬，繁殖种子等都较容易。疣粒野生稻对光周期反应不敏感，不管在原产地或其他地区，只要有适宜的温度、水肥等条件，一年四季都能抽穗、开花和结实。同一野生稻种来源于不同纬度，其繁殖特性也不同，如来源于纬度相对高的江西、湖南、广西桂林等地的普通野生稻，在南宁地区种植，一般在9月上旬就已抽穗，而广西东南部、海南岛等地的普通野生稻在10月中下旬至11月才抽穗。因此，在繁殖野生稻种时必须根据其特性满足其所需的条件，提高繁殖种子的效率。

2. 野生稻种质繁种技术研究

野生稻种质繁种是野生稻种质资源保存、鉴定、利用研究的基础工作。不同野生稻种或同一种不同类型的野生稻的生态环境和繁殖特性有很大差异，应根据其生态特性和对环境的要求，采取相应的技术措施，不能千篇一律。如野生稻对光温反应是很强的，繁种必须在南方，特别是在广东、广西、海南等气温比较高的地方，才能正常抽穗、开花、结实，种茎才能越冬。在北方要使其抽穗、开花、结实，必须进行暗处理；种茎繁殖必须有温室，不宜大规模繁种。野生稻种质繁种的技术关键有如下几点。

①选择繁种地。应选择有机质丰富、土壤肥沃的水田,因为这样的水田排灌方便,水源充足,随时都可按不同野生稻特性进行排水或灌溉。对那些喜光性强的野生稻,如普通野生稻,应选择阳光充足、直射的地块;对喜欢比较荫蔽的野生稻,如药用野生稻、疣粒野生稻,应选择或创造有一定荫蔽条件的地方。

②种植与田间管理:一般在5月上中旬插植。插后的田间管理按水稻或旱稻栽培方法进行管理,应特别注意清除杂草及防治病虫害、鼠害。

③由于野生稻具有边开花、边结实、边成熟、边落粒、柱头外露、异交率高的特性,必须在扬花前进行插支架套袋,使套袋稻穗固定在支架上,防止落粒和倒伏。

④分期分批及时收晒种子。

⑤防止机械混杂和错乱。在播种、插秧、收获和晒种时都要挂牌,在田间观察和考种时注意去杂、精选,确保繁种质量。

在陈成斌、梁云涛(2014)的《野生稻种质资源保护与创新利用技术体系》一书的第八章中,对野生稻种质资源大规模繁殖种子种苗技术给出了明确的工作内容与工艺流程,以及繁殖野生稻种质资源的质量控制规程和标准。

野生稻种子繁殖包括8个方面的工作:第一是参试材料(繁殖种子的材料)和繁殖种子的试验田(地)的准备,第二是繁种材料的栽培工作,第三是试验田的田间水肥管理及农艺性状鉴定和数据采集工作,第四是病虫害及自然灾害的防治,第五是套袋收种工作,第六是考种与数据采集,第七是繁殖种子的精选与分装,第八是编目与入库保存及分发。整体工艺流程:繁种计划的制订→繁殖材料准备(种子或种苗)→试验田的准备(田块选定、犁耙田、基肥施用)→材料移栽→田间水肥管理→病虫草鼠寒热灾害防治→插杆套袋→挂牌收种→晒种考种→脱粒→精选包装→编制种子清单→送种入库→登记保存→分发利用。

繁殖种子资源的质量控制标准包括以下10个方面。

第一是试验田的准备。繁殖田的选择原则方面,强调野生稻繁种需要达到的标准,再从试验田准备的犁耙田、基肥等方面提出质量要求。第二是种质样本的准备,强调种苗和种子的健康性、种植数量等。第三是田间种植。首先,强调根据野生稻种的植株高矮分田种植,高大植株的野生稻种和矮小植株的野生稻种要分开试验田种植,这样有利于阳光照射和植株发育生长。种植的规格也完全不同,高大植株的野生稻规定用90 cm×60 cm的插植规格,中等植株采用70 cm×50 cm的插植规格,矮小植株采用40 cm×30 cm或30 cm×20 cm的插植规格。其次,强调移栽时间,以保障获得饱满健康的种子。野生稻繁种按当地晚稻插秧时间来安排,并给出插植时间为参考值。第四是水肥管理。按旱生、水生及水旱交替生长习性的野生稻种,制订不同的标准种植模式和施用肥料标准。第五是病虫草鼠防治。制订病虫害、杂草防治、鼠害防治的标准方法,以及低毒农药的使用规范。第六是套袋保种。针对野生稻的结实成熟特性,做好套袋保种的材料准备,制订插杆套袋技术、性状表现记录等技术要求标准。第七是及时收晒种子。及时收晒种子是繁种的关键，作为野生稻种质繁殖种子，更要在及时收晒种子的基础上，做到材料不混乱、不错乱、不遗漏；做好挂牌、收割、核对牌号收种、晒种。每一步都需要技术人员亲力亲为。第八是种子精选。种子精选包括计算每穗谷粒数，计算结实率；清除秕谷，清除杂质，保证种子纯度；清点种子粒数，保证每份达到500粒，进入中期库每份300粒；装信封，规定编号在信封外和记号牌上一致，牌子放入信封内，折叠3下并用回形针别好，按顺序每10个为一扎，用橡皮筋扎好；接着编写种子清单，一式3份，一份随种子送库，一份交给主持单位，一份留底，入档案。第九是入库保存。将种子交给种质库后，繁殖种子的任务完成。种质库要有一套科学的处理方法。地方库有的需要野生稻保存单位协助工作，因此，入库需要与主持单位进行交接，种质库要对种子生命力进行验收，即做发芽力的试验，合格者入库保存，不合格的退还，重新繁种。第十是分发利用。野生稻种质分发利用既是国家种质库、地方库的事，也是野生稻圃的事。因此，国家和地方已经建立健全了一套运行机制，包括利用分发、利用信息反馈、利用单位签字盖章及国家和地方审批等规章制度。目前，我国的野生稻种质繁殖技术已十分成熟。

第三节　中国野生稻种质资源的保存

据普查、考察结果，我国有3种野生稻分布在8个省（自治区），即广东、海南、广西、云南、江西、湖南、福建、台湾的143个县（市），分布区域辽阔，东起台湾桃园（121°15′E），西至云南盈江（97°56′E），南起海南三亚（18°09′N），北至江西东乡（28°14′N）。野生稻种质资源十分丰富，在长期的自然选择下，形成了类型多、复杂、数量繁多的野生稻种质资源。这些资源在稻作学基础理论研究、水稻育种和生产上起到了重要的作用，推动了我国和世界稻作生产的发展。20世纪30年代，丁颖利用野生稻与栽培稻杂交育成高产、适应性广的"中山1号"和其衍生品种，曾在半个世纪中在两广地区推广成为当家品种。20世纪80年代以来，上海市青浦县（现青浦区）农业科学研究所利用野生稻与栽培稻杂交育成早熟、耐肥、矮秆、高产、抗病的"崖农早"；广东省增城县（现广州市增城区）宋东海利用野生稻作亲本杂交育成抗病虫、结实率高的"桂野占""澳野占"等系列高产、优质的水稻品种；广东农业科学院水稻研究所利用野生稻作亲本育成"竹野占""粤野占"等系列品种品系；广东湛江地区农业科学研究所利用野生稻育成"占今洋"品种；广西农业科学院水稻研究所育成的"西乡糯""桂青野"也是用野生稻作为亲本选育而成的；广西百色地区农业科学研究所选育的"小野团"也是用野生稻杂交育成的。这些品种都比亲本抗性强、优质、产量高。野生稻在改良我国水稻品种和生产方面起了很大作用。20世纪70年代，我国杂交稻配套技术就是利用普通野生稻的细胞质雄性不育基因，使水稻杂种优势的利用处于世界领先地位，对我国和世界粮食生产做出了重大的贡献。

我国自1978~2000年搜集了近万份野生稻种质资源，但是，若不加强保存，就很容易得而复失。特别是近年来经济发展对野生稻生态环境的破坏日益严重，加速了野生稻种质资源的消失。

据报道，台湾地区的野生稻在20世纪70年代就已消失，大陆几个省（自治区、直辖市）的野生稻也因生态环境遭受破坏，大部分减少，损失相当严重。任何物种的灭绝，任何生物遗传性、多样性的消失，都意味着失去更多有利用价值的有益基因，而这些又是当代和后代子孙赖以生存的物质基础。我国的3种野生稻虽然被列为二级保护濒危物种，但尚未引起人们的足够认识和重视。目前野生稻种质资源多样性的丧失速度非常快，按目前的消失速度，我国野生稻的灭绝已经不是遥远的事了。严峻的现实告诉我们，如果不加紧搜集野生稻种质资源并加以妥善保存，这些野生稻种质资源就将在地球上永远消失。

我国种质资源研究（包括野生稻种质资源）的工作方针概括为20个字：广泛搜集，妥善保存，深入研究，积极创新，充分利用。广泛搜集是基础，妥善保存是关键，深入研究是要求，积极创新是种质资源研究的希望，充分利用是目的。各个环节相互联系，缺一不可。如果保存工作脱节，搜集工作就没有保障，就会造成资源得而复失，国家不但损失大量资金和人力，同时资源的评价鉴定、深入研究、积极创新和利用也就无从谈起。妥善保存是保护种质资源的关键，保存为研究、创新、利用服务，不保存就会贻误时机，给研究、创新利用造成无法挽回的损失。作为亚洲栽培稻的重要野生近缘物种野生稻，蕴藏着水稻育种极具潜力的独特基因，对其保存具有极其重要和深远的意义。

一、野生稻的原生境保存

随着农业生产的发展和人口的急剧增加，为了满足人们的生活需要，促使农村经济建设快速发展，农民把野生稻赖以生存的沼泽地、池塘、水沟填平，开垦为稻田；或者建住房、工厂，修公路、铁路等，使野生稻生态环境受到严重或彻底的破坏，导致野生稻原生地环境恶化；或者是由于农事活动，使得干旱时间过长；或改为旱地，杂草丛生，致使伴生植物发生变化，野生稻在竞争中处于劣势，其结果是野生稻生存繁衍日渐困难，群落减少甚至灭绝。其中以育种利用价值最大的栽培稻祖先种普通野生稻濒危程度最高，其次是药用野生稻、疣粒野生稻，因此保护、保存我国野生稻种质资源已刻不容缓。

我国野生稻种质资源的保存有原生境保存（原地）和异地保存两种方法，后者又分以种子保存为主的种质库和以种茎保存为主的野生稻种质圃。这是一项有预见性的科学决策，但由于长期异地保存，使野生稻失去与自然环境的互相作用，不利于自然进化与遗传多样性的发展，也不利于生态研究与历史考证。长期保存在种质库中的冰冻种子，在再生过程中可能出现估计不到的或不希望出现的遗传漂移变化。集中到野生稻圃保存，野生稻多样性也会受到新的环境挑战，不同基因型对不同气候、土壤条件的反应，以及遭受新的病虫害袭击时出现的新变化，或发生天然杂交等出现新的基因重组，使得野生稻原来的多样性及特别有利用价值的特性受到破坏和损失。在有条件的情况下，最好选择有代表性的分布点在自然原生境中保存。这种方法不仅可以保护现有遗传的多样性，还可使其处于原生环境中，继续与其所处的环境相互作用，产生持续的、对种质有利的自然进化。多样性的发展不断进化产生新的种质，并保持遗传的多样性与完整性，同时还可进行生态研究并作为历史的考证。如1978～1982年，我国先后在江西省东乡县发现9个普通野生稻分布群落，它们所处的经纬度为116° 36′ E和28° 14′ N，这些普通野生稻类型非常丰富。但近年来农民把这个地方的多个野生稻分布点开垦为农田，种植水稻和其他作物，导致普通野生稻处于濒危状态。中国水稻研究所与江西农业科学院水稻所共同在这一地区设立有代表性的A、B两个分布点，每个点用石头砌成围墙，形成面积350 m²的保护区（点），并制定了相应的保护措施，保护了这两个点的普通野生稻。但在其余的7个分布点，野生稻已不复存在。这两个保护区（点）面积虽小，但这是我国也是世界上最北限的普通野生稻保护区（点），这对我国稻种起源、分类演化及利用性状的研究应用具有重要的科学价值和实用价值。

据近年有野生稻分布的省份报道，由于野生稻原生态环境遭到很大的破坏，因此野生稻消失的速度很快。1998年在云南考察时，发现云南的药用野生稻和普通野生稻生境受破坏最大，普通野生稻只在元江县分布点有极少量的可数的植株，这个点生态环境很特殊，分布点处于丘陵山顶的积水塘，离水稻田较远，类型典型，也有利于保护，若在此设立保护点，就能保持原生态环境，继续与它们所处的环境发生关系，保持遗传多样性的发展。另一方面，这也是云南省为稻种起源地之一的直接证据。如果再不设立保护区，采取适当的保护措施，云南的普通野生稻原生境就会永远消失。如何保护这块唯一的普通野生稻原生境，应引起科技人员和各级政府的高度重视。

1997年开始的南昆铁路沿线的野生稻种质资源现状调查结果，当时引起了中国农业科学院作物品种资源研究所和农业部的高度重视，很快农业部就制订出加强农业野生植物种质资源保护的计划。一方面加强野生稻圃等40多个农作物种质资源圃的改扩建和动态监测、正常维护，确保圃内种质资源安全，增加经费。另一方面加强包括野生稻在内的农业野生植物种质资源原生境保护工作。为此，2002年农业部就开始了实施野生稻等农业野生近缘植物种质资源的原生地保护区（点）的建设计划项目。广西玉林野生稻原生地保护示范区和江西东乡野生稻保护示范区等是当年原生地保护点建设计划启动最早的项目之一。经过多年的建设，到2015年，全国共建立了27个野生稻原生地保护点和116个其他农业野生植物的原生境保护点。同时，通过对示范点的保护效果跟踪调查和分析，制定了《农业野生植物原生境保护点建设技术规范》，用来指导农业野生植物保护点的建设。目前，我国野生稻原生境保护点已经全面覆盖了野生稻分布的各个大生态区，其大致分布见图3-40。

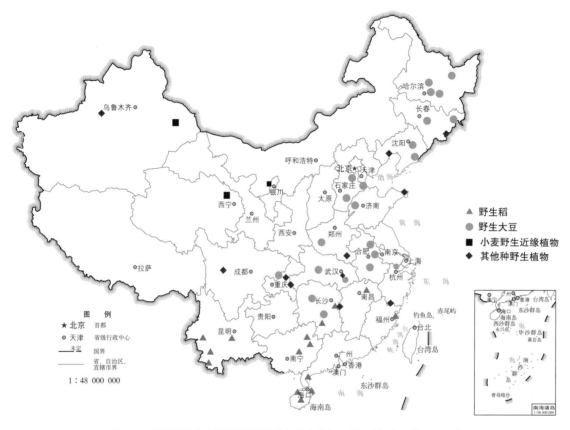

图3-40　野生稻等农业野生植物原生境保护点分布示意图（杨庆文等，2015）

我国野生稻原生地保护点采用了两种不同的保护方式进行保护。首先采用物理隔离式进行保护点的建设，最早采用这一方式的是江西野生稻保护点，该点于1985年采用石头起石墙围起来进行隔离保护。而在广西，陈成斌等在2007年考察野生稻时，发现广西河池农业科学研究所早在1980年就在罗城县建立了约半亩地的普通野生稻原生境保护点，当时他们采用水泥柱子和铁丝网隔离进行保护。可惜在后来调查时发现，该保护点已经被毁，野生稻原生地被人侵占，水泥柱被拿去做小桥梁，野生稻地被开垦种稻。由于当年他们没有把保护点建立的事上报广西农业科学院，因而保护中断导致该地点的野生稻消失。而广西农业科学院水稻研究所野生稻研究室在2002年的调查中重新确定玉林市的野生稻大面积的原生地后及时报告农业部，并得到农业部资助，在当地农业局的积极行动下建成了世界上首个连片面积最大的野生稻原生境保护示范区（点），核心区面积为36.9 hm²。此后，我国在不同的野生稻分布生态区相继建起物理隔离式的原生境保护点。

2008年，我国农业部与联合国开发计划署及全球环境基金实施"作物野生近缘植物保护与可持续利用"项目，对我国野生稻、野生大豆、野生小麦等野生近缘植物开展原生境保护与可持续利用研究，采用主流化方式进行原生境保护与利用的可持续性研究，建立以消除威胁因素及其产生根源为导向的激励机制，引导农民积极参与农业野生植物种质资源保护。同时，提高当地农民的生产与生活水平，实现野生植物保护与利用的可持续性。激励机制方案：①以政策法规为先导，通过约束人的行为减少对作物野生近缘植物及其栖息地的破坏；②以生计替代为核心，切实帮助农牧民解决生计问题，降低农牧民对作物野生近缘植物及其栖息地的依赖程度；③以资金激励为后盾，引导农牧民逐步适应市场经济发展模式，充分利用国家灵活的农村金融政策，持续发展家庭经济；④以增强保护意识为纽带，通过精神和物质奖励鼓励农牧民主动参与作物野生近缘植物的保护活动。该项目自2008年开始在8个省（自治区、直辖市）实施。首先，在8个原生地分布点建立保护示范点，其中有3个为野生稻分布点，见图3-41。在8个示范点建立成功后，再进行示范经验的推广，应用到29种农业野生植物物种的原生地分布点上，又建成了64个保护点，取得了显著成效。

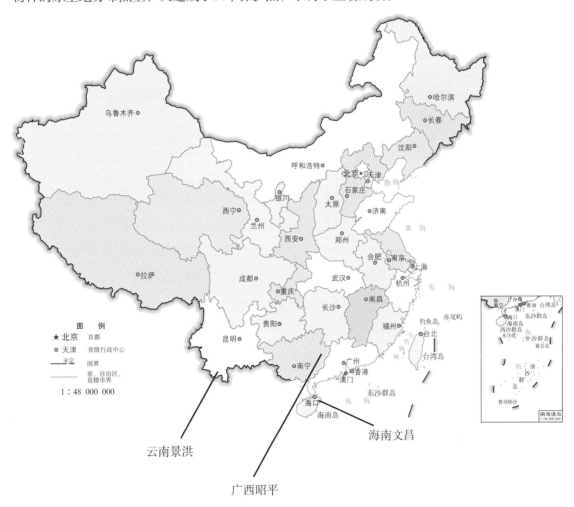

图3-41　"作物野生近缘植物保护与可持续利用"项目野生稻原生境保护点示意图（杨庆文等，2015）

项目在实施过程中，还根据实际需要创建了一套野生稻种质资源安全保护的监测预警技术体系。首先选5个野生稻保护点作为数据采集样本，利用野生稻原生境保护点的资源与生态环境基线调查和跟踪调查数据标准，按照目标物种的分布密度、丰富度、生态环境因子进行分析得出它们之间的相关性。制定出监测预警技术规程，定期监测各项指标值的变化，设定预警阈值，随时给出各个保护点的管理关键要点。通过监测预警网络终端，将在各个保护点采集的数据信息和网络传输、终端控制等相结合，建立起野生稻原生境保护点的监测预警网络化系统，见图3-42。

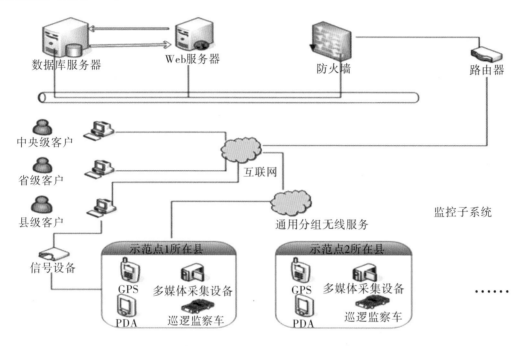

图3-42 野生稻原生境保护点监测预警网络化系统示意图（杨庆文等，2015）

到2013年该项目结束时，联合国开发计划署与全球环境基金组织的第三方国际专家组对其进行了验收、评估。专家组到广西、河南、新疆等省份进行现场实地考察、检查，并与村民、地方基层领导代表座谈，得出了满意与部分非常满意的评价结果。

在党中央、国务院的正确领导下，在国家农业农村部的直接领导和大力资助下，在中央和地方农业主管部门、农业科研机构的共同协作、共同努力下，我国野生稻原生境保护工作已经取得了显著的成绩。目前，我国已经建成了30个野生稻原生境保护点。从每年各保护点的跟踪监测结果来看，原生境保护点的野生稻种质资源生长良好，保护到位。

二、野生稻种质资源原生境保存技术标准

2002年，农业部正式设立野生稻原生境保护计划，2003年在广西、江西、云南开始实施。经过几年的实践，积累了大量科学数据，到2008年由中国农业科学院的杨庆文、郑殿升起草，并最终通过农业部的批准颁布施行，成为我国乃至世界上第一个农业野生植物原生境保护点建设技术规范（NY/T 1668—2008）。该规范的主要依据是来源于野生稻种质资源原生境保护点（示范区）建设的科学实践，以野生稻原生境保护点的建设内容为蓝本。

《农业野生植物原生境保护点建设技术规范》的内容由6个部分组成。

1. 前言

规定该标准由中华人民共和国农业部提出并归口。该标准主要起草单位：中国农业科学院作物科学研究所。该标准主要起草人：杨庆文、郑殿升。

2. 范围

该标准规定了农业野生植物原生境保护点建设的术语和定义，以及保护点的选择原则和保护点建设的要求。该标准使用于农业野生植物原生境保护点的建设。

3. 规范性引用文件

规定下列引用的文件中的条款通过本标准的引用而成为本标准的条款。凡是注明日期的引用文件，其随后所有的修改本（不包括勘误的内容）或修订版均不适用于本标准。然而，鼓励根据本标准达成协议的各方研究使用这些文件的最新版本。凡是不注明日期的引用文件，其最新版本适用于本标准。

GB 50011　建筑抗震设计规范

GB 50300　建筑工程施工质量验收统一标准

4. 术语和定义

本标准选用了6个术语并给出相应的定义：农业野生植物，定义为"与农业生产有关的栽培植物的野生种和野生近缘植物"。居群，定义为"在生物群落占据特定空间及其功能组成单位作用的某遗物中的个体群落"。原生境，定义为"保护农业野生植物群体生存繁殖原有的生态环境，使农业野生植物得以正常繁衍生息，防止因环境恶化或人为破坏造成灭绝"。保护点，定义为"依据国家相关法律法规建立的以保护农业野生植物为核心的自然区域"。核心区，定义为"在原生境保护点内未曾受到人为因素破坏的农业野生植物天然集中分布区域，也称隔离区"。缓冲区，定义为"原生境保护点核心区外围，对核心区起保护作用的区域"。

5. 保护点的选择原则

5项原则：①生态系统、气候类型、环境条件应具有代表性。②农业野生植物居群较大和/或形态类型丰富。③农业野生植物具有特殊的农艺性状。④农业野生植物濒危状况严重且危害加剧。⑤远离公路、矿区、工业设施、规模化养殖场、潜在淹没地、滑坡塌方地质区域或规划中的建设用地等。

6. 保护点的建设要求

①规划。分为甲、乙两项。甲，土地规划：对纳入保护点的土地进行征用或长期租用；核心区面积以被保护的野生植物集中分布面积而定，自花授粉植物的缓冲区应为核心区边界外围30～50 m的区域，异花授粉植物应为核心区边界外围50～150 m的区域。乙，设施布局：A.沿核心区和缓冲区外围分别设置隔离设施。B.标志牌、看护房和工作间设置于缓冲区大门旁。C.警示牌固定于缓冲区围栏上。D.瞭望塔设置于缓冲区外围地势最高处。E.工作道路沿缓冲区外围修建。

②建设。建设内容有6小项。

A.隔离设施。a.陆地围栏。用铁丝网做围栏，铁丝网为2.5～3.0 cm镀锌铁丝加ϕ2.0～2.5的刺。立柱为高2.3 m、宽20 cm的方形钢筋水泥柱，每根水泥立柱中至少包含有4根直径为ϕ12的麻花钢或普通钢筋，并在4根钢筋外加ϕ6的铁丝套固定，水泥保护层应为1.5～3.0 cm厚。立柱埋入地下深度大于50 cm，间距等于或小于3 m；铁丝网间距20～30 cm，基部铁丝网距地面小于20 cm，顶部铁丝网距立柱顶不超过10 cm，两立柱间呈交叉状斜拉2条铁丝网。b.水面围栏。视水面的大小和水深度而定，立柱可以是直径大于5 cm的钢管或直径大于10 cm的木（竹）桩，立柱高度为最高水位时水面深度值加1.5 m，埋入地下的深度不少于0.5 m。c.生物围栏。适用时，可利用当地带刺植物种植于围栏外围，用作辅助围栏。

B.标志牌和警示牌。a.标志牌为3.5 m×2.4 m×0.2 m的混凝土预制板牌面，底座为钢混结构，埋入地下深度不浅于0.5 m，高度不低于0.5 m。b.标志牌正面应有保护点的全称、面积和被保护的物种名称、责任单位、责任人等标识，标志牌背面应有保护点的管理细则等内容。c.警示牌为60 cm×40 cm规格的不锈钢板或铝合金板材，一般设置的间隔距离为50～100 m。

C.看护房和工作间。看护房和工作间为单层砖混结构，总建筑面积为80～100 m^2，看护房和工作间的设计按GB 50011标准执行。

D.瞭望塔。瞭望塔面积应为7～8 m^2、高8～10 m的塔形砖混结构或塔形钢结构。瞭望塔设计按GB 50011标准执行。

E.道路。道路的路面采用砂石覆盖，且不宽于1.8 m。

F.排灌设施。必要时，可在缓冲区外修建灌溉渠、拦水坝、排水沟等排灌设施；拦水坝蓄水高度应能保持核心区原有水面高度；排水沟采用水泥面U底梯形结构，上下底宽和高度视当地洪涝灾害严重程度而定。

野生稻种质资源的物理隔离式保护点建设标准，规范了我国的野生稻保护点建设技术，使野生稻种质资源保护点建设进入标准化时代，也全面提升了野生稻原生境保护点建设的技术水平，确保国家野生稻种质资源野外保护的安全性。2009年在农业部国际项目办公室直接领导主持下的中国农业部、联合国开发计划署与全球环境基金项目"作物野生近缘植物保护与可持续利用"在广西实施的野生稻、野生荔枝的原生境保护点建设则改用农民参与的开放式（也称主流式）保护点建设方式。目前，野生稻保护点采用农民参与式的，广西有4个，云南有3个，海南有2个。开放式的保护点必须给农民进行技术培训、生计替代和技术培训。提升当地农民的参与意识、保护意识和法律意识，以及保护的技术水平。两种不同的保护方式建立的保护点各有特点，从目前的保护效果看，差异不大。但是，我国的传统思想依然喜欢采用物理隔离式建立野生稻原生境保护点。

三、农业野生植物原生境保护点监测预警技术规程

随着我国农业野生植物种质资源原生境保护点建立初步形成体系，到2018年底，累计达120多个保护点。能否保证保护点的生态环境安全、保护点内目标物种的种质资源安全，是保护者、保护部门和决策机构十分关心的重大问题。因此，在技术上，必须研制出一个切合实际的监测预警技术规程，做长期的监测，保证保护点的生态环境和种质资源的安全。于是在中国农业部、联合国开发计划署与全球环境基金项目"作物野生近缘植物保护与可持续利用"的推动下，由中国农业科学院作物科学研究所牵头，编制了《农业野生植物原生境保护点监测预警技术规程》（NY/T 2216—2012）。该规程由8部分内容组成。

1. 前言

本标准按照GB/T 1.1—2009给出的规则起草。

本标准由中华人民共和国农业部科技教育司提出并归口。

本标准起草单位：中国农业科学院作物科学研究所、农业部农村社会事业发展中心、中国农业科学院环境与发展研究所。

本标准主要起草人：杨庆文、王桂玲、张国良、秦文斌、于寿娜、郭青。

2. 范围

本标准规定了对农业野生植物原生境保护点监测预警管理中监测和预警方案的设计、内容及方法、结果管理。

本标准适用于国家农业野生植物原生境保护点资源和环境监测及预警。

3. 规范性引用文件

下列文件对于本文件的应用是必不可少的。凡是注日期的引用文件，仅注日期的版本适用于本文件。凡是不注日期的引用文件，其最新版本（包括所有的修改单）适用于本文件。

GB 3095　环境空气质量标准

GB 3838　地表水环境质量标准

GB/T 16157　固体污染源排气中颗粒物测定与气态污染物采样方式

NY/T 397　农区环境空气质量监测技术规范

NY/T 1669　农业野生植物调查技术规范

NY/T 1668　农业野生植物原生境保护点建设技术规范

4. 术语和定义

NY/T 1669和NY/T 1668中界定的以及下列术语和定义适用于本文件。①资源监测：对农业野生植物原生境保护点内的目标物种、伴生植物进行跟踪调查和评价分析。②环境监测：对农业野生植物原生境保护点内及其周边影响目标物种生产的环境因素进行跟踪调查和评价分析。③目标物种：农业野生植物原生境保护点内确定被保护的农业野生植物物种。④伴生植物：农业野生植物原生境保护点内除目标物种外的其他植物物种。⑤样方：在农业野生植物原生境保护点内用来调查资源和生态环境信息的地块。

5. 监测和预警方案的设计

该部分由5个方面的内容组成。

（1）监测点设置

在农业野生植物原生境保护点内根据保护点面积，随机设置20～30个监测点。每个监测点的样方，根据目标物种和伴生植物的种类、生长习性与分布状况，划分为圆形或方形。圆形样方直径为1 m、2 m或5 m，正方形样方边长宜为1 m、2 m、5 m或10 m。

在农业野生植物原生境保护点外，不设置监测点，但是对其周边可能影响目标物种生长的环境因素和人为活动进行监测，如水体、林地、荒地、耕地、道路、村庄、厂（矿）企业、养殖场、污染物或污染源等。

（2）监测时间

每年定期进行两次监测，选择在目标物种生长盛期和成熟期进行。遇突发事件如地震、滑坡、泥石流、火灾等或极端天气情况如旱灾、冻灾、水灾、台风、暴雨等，应每天进行监测。

（3）基础调查跟踪监测

农业野生植物原生境保护点建成当年，对保护点内植物资源和环境状况进行调查，获得保护点资源和环境的基础数据信息。此后，每年相同时期按照相同方法，持续对保护点内资源和环境状况进行调查。

（4）监测数据和信息的整理与分析

每年对调查获得的数据和信息进行整理，并与保护点建成当年获得的数据和信息进行比较，对差异明显的监测项目进行重复监测，若确有差异，分析造成差异的原因及预测其是否对目标物种构成威胁。

（5）预警方案

野生植物原生境保护点的预警方案由3部分构成。

①预警级别划分。根据监测与评价结果，将预警划分为一般性预警和应急性预警两类。

②一般性预警。一般性预警为针对监测发现的问题，提出应对策略和采取措施的具体建议，并逐级上报。上级主管部门应及时对上报信息进行分析，提出处理意见和措施。

③应急性预警。应急性预警为遇突发事件，如地震、滑坡、泥石流、火灾等或极端天气情况如旱灾、冻灾、水灾、台风、暴雨等，应每天监测，并对数据和信息进行分析，直接上报至国家主管部门，国家主管部门应及时对上报的信息进行分析，提出处理意见和应急措施，并及时指导实施应急措施。

6. 监测内容及方法

农业野生植物原生境保护点监测内容及方法包括5个方面。

（1）资源监测

原生境保护点的资源监测包括7个方面的内容。

①目标物种分布面积。利用GPS仪（作者认为今后应该用我国的北斗系统来测定）沿保护点内目标物种的分布进行环走，得到的闭合轨迹面积为目标物种的分布面积，用"ha"表示。

②目标物种的种类数。采用植物分类学方法，统计保护点内列入《国家重点保护野生植物名录》的科、属和种及其数量。

③每个目标物种数量。统计每个样方的目标物种数量，计算所有样方的目标物种的平均数量，根据目标物种分布面积与样方面积的比例，获得目标物种在保护点内的数量（单位：株或苗）。

④伴生植物种类数。采用植物分类学方法，统计保护点内伴生植物的科、属和种及其数量。当保护点内目标物种为一个以上时，目标物种间互为伴生植物。

⑤伴生植物数量。按与③相同的统计方法，计算每个伴生植物的数量，再根据伴生植物种数计算所有伴生植物的总数（单位：株或苗）。

⑥目标物种丰富度。根据保护点内所有目标物种与伴生植物的数量，计算每个目标物种的数量占所有植物数量的百分比，即得到目标物种丰富度。

计算公式：$SA_i = N_i / \sum N_k \times 100\%$

注：SA_i为第i个目标物种的丰富度，N_i为第i个目标物种的数量，N_k为第k个物种的数量，$i \leqslant n$。

⑦目标物种生长状况。采用目测方法，对每个样地目标物种生长状况进行评价，用好、中、差描述。其中：

好：表示75%以上的目标物种生长发育良好。

中：表示50%～75%的目标物种生长发育良好。

差：表示50%的目标物种生长发育良好。

（2）环境监测

对保护点内及其周边的水体、林地、荒地、耕地、道路、村庄、厂（矿）企业、养殖场等进行调查，监测各项环境因素在规模和结构上是否有明显变化，如有明显变化，则评估其变化是否对保护点内的农业野生植物正常生长状况构成威胁及威胁程度。

（3）气候监测

通过当地气象部门（作者认为保护点内有气象监测设施的可以使用保护点内气象监测的信息），记录保护点所在地区域当年的降水量、活动积温、平均温度、最高和最低温度、自然灾害发生情况等信息。

对每年获得的气象记录和自然灾害发生情况等信息进行比较和分析，评估其对保护点内农业野生植物正常生长状况的影响。

（4）污染物监测

实地调查保护点内及其周边是否存在地表污染物，若存在持续性废水、废气、废渣，查清其污染源，并按照GB 3095、GB 3838、GB/T 16157及NY/T 397规定的监测方法、分析方法及采样方式进行检测，检测项目按照附录B执行。

（5）人为活动监测

随时掌握保护点内的人为活动状况，如出现采挖、过度放牧、砍伐、火烧等破坏农业野生植物正常生长情况时，应统计其破坏面积，分析其对该保护点农业野生植物的影响。

7. 结果管理

检测结果管理需要做5个方面的工作。

（1）监测数据库建立

根据监测所获得的数据和信息，按照附录A填写调查监测表，建立农业野生植物原生境保护点监测数据库。

（2）监测数据库与相关信息资料的保存

每次监测完成后，及时更新农业野生植物原生境保护点监测数据库，并将监测过程中获得的各种数据、信息、影像资料等进行整理，连同原始记录一起分别以电子版和纸质版按照国家有关保密规定进行保存。

（3）预警

预警分为一般性预警和应急性预警两部分。

①一般性预警。对每一个农业野生植物原生境保护点的定期监测结果进行整理和分析，形成监测报告，定期向上级管理机构上报。上级主管部门根据上报的信息和数据，提出应对措施，并指导实施。

②应急性预警。遇到紧急突发事件时，撰写预警监测报告，并上报至国家主管部门。国家主管部门根据分析结果，提出应对措施，并指导实施。

（4）年度报告

对每个农业野生植物原生境保护点资源及环境监测状况进行现状评价和趋势分析，同时对现有保护措施及其效果进行综合评价，并提出保护点的下一步管理计划，形成农业野生植物原生境保护点年度资源环境报告书，定期向上级主管部门提交，具体内容及格式参照附录C。

（5）保密措施

所有监测和预警的报告、数据、信息等均以纸质形式邮寄，上级管理机构规定必须以电子版上报的报告、数据、信息等均刻录成光盘后邮寄。农业野生植物原生境保护点监测信息由国家级管理机构统一依法对外发布，未经许可，任何单位和个人不得对外公布或者透露属于保密范围的监测数据、资料、成果等。

8. 附录（标准中的附录A至附录C）

附录A：（规范性资料）

表A.1为农业野生植物原生境保护点监测的内容（一）。

表A.1　农业野生植物原生境保护点监测表（一）

保护点名称				调查时间	年　　月　　日	
所在地						
分布面积（ha）		调查人		电话		
受灾率（%）		成灾率（%）				
≥10 ℃年积温（℃）		年平均降水量（mm）				
目标物种	中文学名	所属科、属名	数量（株或苗）	生长状况	备注	
目标物种1						
目标物种2						

续表

保护点名称				调查时间	年　　月　　日
伴生物种	科数	属数	种数		总株（或苗）数
目标物种丰富度	目标物种1				
	目标物种1				
评价和建议					

附录B：（规范性资料）

表B.1为农业野生植物原生境保护点监测的内容（二）。

表B.1　农业野生植物原生境保护点监测的内容（二）

保护点名称				调查时间		年　　月　　日	
所在地点			调查人			联系电话	
监测结果							
人为破坏	采挖		放牧	偷牧		砍伐	火烧
受损面积（ha）							
其他因素	废渣		道路	厂矿场		建筑物	水利设施
数量及描述	单位	测定结果				测定方法	备注
参数		测站1	测站2	测站3	测站4	测站5	
废水监测							
悬浮物							

续表

保护点名称				调查时间	年　　月　　日		
pH值							
盐度							
总氮							
总磷							
有机氯农药							
有机磷农药							
废气监测							
飘尘							
总悬浮颗粒数（Tsp）	mg/m³						

附录C：（资料性附录）

《农业野生植物原生境保护点年度报告》编写实例

A.1文本格式

A.1.1文本规格

报告文本外形尺寸为A4纸（210 mm×297 mm）。

A.1.2封面格式

1.保护点名称：按照农业部下达的保护点建设项目的全称书写，不能用简称。

2.编号：按年度编号，包含年号和序列号。

3.单位名称：报告单位的全称，且与盖单位业务专用章一致，不能用简称。

4.编制人及联系方式：通信地址（含邮政编码）、电子邮件地址、座机号、手机号、传真号等。

5.报告日期。

A.1.3报告内容

1.前言

1.1 保护点概况

1.1.1 地理位置

1.1.2 目标物种

1.1.3 主要影响因素

1.1.4 监测措施

1.1.5 评价方法

2.结果与评价

2.1 资源监测结果

2.1.1 目标物种分布面积

2.1.2 目标物种种类数及数量

2.1.3 伴生物种种类数及数量

2.1.4 生长状况

2.2 生态环境监测结果

2.2.1 植被类型及覆盖率

2.2.2 污染物和污染源

2.2.3 人为破坏影响

2.2.4 外来入侵物种情况

2.2.5 自然灾害

注：叙述各要素监测结果时要求阐明测定数值、现状评价、趋势分析等内容。

3.保护措施及建议

3.1 现有保护措施及其效果评价

3.1.1 保护效果

3.1.2 宣传工作

3.1.3 公众参与

3.2 规划及措施

3.2.1 管理计划

3.2.2 下一步保护措施

野生稻原生境保护点的保护工作，由国家农业农村部直接领导，地方农业农村厅直接监督，县（区、市）农业农村局具体管理，省级农业科学院负责技术指导工作。目前，采用的原生境保护技术标准就是参考NY/T 1668—2008和NY/T 2216—2012进行的。陈成斌、梁云涛（2014）的《野生稻种质资源保存与创新利用技术体系》一书中就原生境保护进行了技术总结，归纳为原生境保护点（小区）的选择、原生境保护工作程序、种质资源与环境监测预警等3大方面进行阐述。

四、野生稻的异地保存现状

野生稻的异地保存（异位保存），是防止已搜集到的野生稻宝贵种质资源丢失的一项重要措施。建立现代化种质库和田间种质圃，这种非原生境保存种质是国际上通用的基本方法。目前我国采用种子保存和种茎保存两种方法，种子在北京国家种质库长期保存，种茎在广东、广西两个国家野生稻圃保存。这是保存野生稻遗传多样性的辅助方法，应加强这方面的工作。

1. 国家种质库野生稻种质保存现状

野生稻种子要经过整理、鉴定、编目后才能进入国家种质库保存。自20世纪80年代以来，我国有野生稻分布的省（自治区）把搜集到的国内外野生稻资源进行种植，建立野生稻圃，对其开展植物学特征、生物学特性的研究，对每份材料进行详细的观察、记载、整理，对各种农艺性状、抗病虫性及不良环境抗逆性进行鉴定，对米品质、雄性不育和其他特殊性能等项目进行分析鉴定，然后把这些资料汇编成目录。将繁殖所得的一定数量种子晒干，挑选饱满的籽粒送国家种质库保存。经国家"六五""七五""八五""九五"期间的攻关研究、鉴定、繁种进库，截至1998年底，已进入北京中国农业科学院作物品种资源研究所内的国家作物种质库保存的各种野生稻种质5 599份，其中国内普通野生稻4 480份，药用野生稻705份，疣粒野生稻29份，国外各种野生稻种385份（表3-18）。在"八五"期间，从国家种质库分出了部分种子转移到青海省国家种质资源复份库（自然库）保存，这对于防止意外灾害的发生导致资源丧失是非常重要的。

表3-18　各种野生稻种子入库数（截至1998年底）

野生稻种	普通野生稻种	药用野生稻种	疣粒野生稻种	国外各种野生稻种	合计
份数	4 480	705	29	385	5 599

2. 野生稻资源圃保存现状

由于野生稻异质性很强，感光性和感温性很强，容易造成低育或全不育，从而无法收到种子入种质库保存。同时，为了使野生稻资源在一定的自然环境中演化，需要通过建立野生稻资源圃保存野生稻种。在种茎异地保存方面，截至1997年底，已在广东农业科学院水稻研究所（广州）和广西农业科学院作物品种资源研究所（南宁）的国家野生稻圃保存国内3种野生稻和国外引进的各种野生稻种质共8 933份，其中广州圃保存4 300份，广西圃保存4 633份。到2005年国家野生稻圃保存的种质资源共9 382份，其中广州圃保存4 376份，南宁圃保存5 006份。此外，各省（自治区、直辖市）为了研究利用，都在本省（自治区、直辖市）建立了野生稻圃，保存了一定数量的野生稻种质资源。如云南省农业科学院作物品种资源站与西双版纳州农业科学研究所所在的景洪（农业科学研究所生产基地）设立了云南省野生稻种质圃，保存省内搜集的3种野生稻种质资源数百份。海南省经过多年（2002～2009）的考察搜集，从全省15个市县154个野生稻自然居群搜集到87个居群2 900余份种质资源，保存在省农科院基地的野生稻圃，其中普通野生稻80个居群，疣粒野生稻4个居群，药用野生稻3个居群。经过几年的安全保存，效果良好。并且开展了农艺性状调查记载，包括株高、花时、花期、抽穗期、抗性等（唐清杰等，2012）。

2019年我国在云南建立高原野生稻圃，在海南建立热带野生稻圃，扩大南宁野生稻圃，进一步促进我国野生稻种质资源保存与创新利用研究。我国通过国家种质库、种茎野生稻资源异地圃保存的野生稻种质资源，不论种类、类型或数量在世界上都是最多的，而且技术也是较先进和成熟的。采取各种妥善保存的措施，为的是把已搜集到的野生稻资源持久地保存，充分研究和利用这些宝贵的资源是造福人类的一项伟大事业，其科研价值、经济效益和社会效益都是难以估量的。

根据杨庆文（2015）的成果报告，截至2015年底，我国异位保存野生稻种质资源数量达到9 030份，其中国家种质长期库保存850份，中期库保存4 830份，国家圃保存6 524份（与种质库保存有重叠），尚有7 094份在圃内临时保存。

五、野生稻种质资源异位保存技术标准

野生稻种质资源异位保存技术是一个庞大的技术体系，陈成斌、梁云涛（2014）的《野生稻种质资源保存与创新利用技术体系》一书中分为野生稻圃规划和建设技术、圃内种质保存技术、野生稻种质库规划设计和建设技术、基因库保存技术、试管苗库保存技术、繁种技术、鉴定描述技术等7大部分来描述。目前，国家还没有野生稻种质资源异位保存的单项技术标准。我国采用的异位保存技术标准是《农业野生植物异位保存技术规程（NY/T 2217.1—2012）》。该技术规程计划编制5大部分，与野生稻都有最紧密的关联，第一部分总则的指导意义更大。当然，种质圃保存技术因目标物种不同，其保存技术步骤和技术要求标准并不完全一致。作者认为还是需要按不同种类的种质圃分头编制、验证后形成国家或行业标准，这样更加切合实际。例如，果树种质圃再分为草本水果、藤本水果、木本水果等不同类型，按有分有合的技术标准来编制，这样才能处理好各圃的客观保存技术要求。

《农业野生植物异位保存技术规程（NY/T 2217.1—2012）》由9个部分组成。

1. 前言

《农业野生植物异位保存技术规程（NY/T 2217.1—2012）》分为以下几部分。第1部分：总则。第2部分：种质库保存技术规程。第3部分：种质圃保存技术规程。第4部分：试管苗保存技术规程。第5部分：超低温保存技术规程。

本部分为NY/T 2217.1—2012的第1部分。

本部分按照GB/T 1.1—2009 给出的规则起草。

本部分由中华人民共和国农业部科技教育司提出并归口。

本部分起草单位：中国农业科学院作物科学研究所。

本部分主要起草人：杨庆文、秦文斌、于寿娜、郭青。

2. 范围

NY/T 2217.1—2012的本部分规定了农业野生植物异位保存的原则、工作程序、资源监测与管理、资源与信息共享。

本部分适用于国家农业野生植物的异位保存。

3. 规范性引用文件

下列文件对于本文件的应用是必不可少的。凡是注明日期的引用文件，仅注明日期的版本适用于本文件。凡是不注明日期的引用文件，其最新版本（包括所有的修改单）适用于本文件。

NY/T 1669 农业野生植物调查技术规范

NY/T 1668 农业野生植物原生境保护点建设技术规范

4. 术语和定义

NY/T 1669和NY/T 1668中界定的，以及下列术语和定义适用于本文件。

（1）农业野生植物遗传资源

农业野生植物中可以将遗传物质从亲代传给子代的任何组成部分，包括植株、种子、根、茎、叶、芽、胚、花粉、细胞、DNA等。

（2）异位保存

异位保存也称异地保存、迁地保存或非原生境保存，是指将农业野生植物遗传资源迁出原生地进行保存。

（3）种质资源库

以种子形式保存农业野生植物遗传资源的设施设备，通常情况下指低温低湿或恒温恒湿的种子库。

（4）种质圃

通过植株方式保存无性繁殖或多年生野生植物遗传资源的田间保护设施。

（5）离体保存

离开野生植物母体保存其幼胚、花粉、根、茎、芽等繁殖材料的方式。离体保存一般有试管苗保存和超低温保存两种方式。

（6）试管苗保存

采用组织培养技术，在试管（或其他器皿）中保存无性繁殖的农业野生植物遗传资源的方式。

（7）超低温保存

在–196 ℃液氮或–150 ℃液氮中对农业野生植物遗传资源进行长期保存的方式。

5. 异位保存的原则

异位保存的原则主要是根据农业野生植物遗传资源的作用，以及濒危程度来确定的，由以下3种特性来选定。

（1）可用性

具有直接、间接或潜在利用价值的农业野生植物遗传资源。

（2）优先性

珍贵、稀有、中国特有或濒临灭绝的农业野生植物遗传资源。

（3）针对性

根据其生长发育特点或繁殖方式采取相应的保存方式。

6. 工作程序

异位保存技术的工作程序分5部分进行。

（1）资源调查方法

按照NY/T 1669 的规定执行。

（2）样本采集申请

按照附录A执行。

（3）样本采集方法

按照NY/T 1669 的规定执行。

（4）保存方式的确定

种质资源库保存：通过种子繁殖能够保持其遗传特性且其种子属于耐低温和耐干燥类型的农业野生植物遗传资源。

种质资源圃保存：通过无性繁殖的农业野生植物遗传资源，通过种子繁殖但不能保持其遗传特性的多年生农业野生植物遗传资源。

试管苗保存：无性繁殖的块根、块茎类农业野生植物遗传资源。

超低温保存：种子不耐低温，不耐干燥的农业野生植物遗传资源，能够以腋芽、茎尖等分生组织进行超低温保存的农业野生植物遗传资源，农业野生植物的花粉、DNA等。

（5）信息采集和管理

农业野生植物异位保存的信息采集和管理分2步进行。

①信息采集：农业野生植物异位保存的信息采集，其基本信息采集参见附录B；管理信息采

集依据保存方式分别按照NY/T 2217.1、NY/T 2217.2、NY/T 2217.3、NY/T 2217.4和NY/T 2217.5的有关规定执行。

②信息管理：将所有异位保存农业野生植物遗传资源的基本信息和管理信息录入计算机，建立"农业野生植物异位保存数据库"，将保存过程中相关的原始纸质记载表按统一编号顺序装订成册，建立原始记录纸质档案。根据国家保密法规定，确定"农业野生植物异位保存数据库"的密级，并按密级对"农业野生植物异位保存数据库"的电子存储设备和纸质档案实行严格管理。

7. 资源监测与管理

异位保存的农业野生植物遗传资源的监测和管理根据保存方式分别按NY/T 2217.2、NY/T 2217.3、NY/T 2217.4和NY/T 2217.5的有关规定执行。

8. 资源与信息共享

鼓励按照有关申请和审批程序共享异位保存的农业野生植物遗传资源及其信息，并及时反馈利用信息。

（1）资源与信息的获取

申请获取异位保存的农业野生植物遗传资源应按照附录C的规定申请。

（2）利用信息的反馈

资源与信息的获取者应每年向提供其农业野生植物遗传资源与信息的异位保存单位反馈利用信息，异位保存单位对反馈的信息经整理后统一归档保存。利用信息的反馈应按照附录D的规定填写。

9. 附录

本标准有4个附录，其中3个是规范性附录，1个是资料性附录。

附录A：（规范性附录）

表A.1规定了农业野生植物遗传资源采集申请的内容。

表A.1 农业野生植物遗传资源采集申请表

申请单位（章）		法定代表人	
地址		电子邮箱	
邮政编码		电话号码	
经办人			
申请采集的农业野生植物遗传资源清单			
科名	属名	种名	重量（g）或株数
省级主管部门意见： 年　月　日（盖章）		经办人： 年　月　日（盖章）	
国家主管部门意见： 年　月　日（盖章）		经办人： 年　月　日（盖章）	
注：详细清单以附件形式递交。			

附录B：（资料性附录）

表B.1规定了农业野生植物遗传资源保存信息采集的内容。

表B.1　农业野生植物遗传资源保存信息采集表

接收日期（1）		提供者（2）	
采集号（3）		引种号（4）	
全国统一编号（5）		科名（6）	
属名（7）		种名（8）	
原产国（9）		原产省（10）	
原产地（11）		来源地（12）	
原保存单位（13）		原保存单位编号（14）	
资源类型（15）		图像（16）	
经度（17）		纬度（18）	
海拔（19）		土壤类型（20）	

　　接收日期：异位保存单位接收农业野生植物遗传资源的日期。以"年　月　日"表示，格式"YYYYMMDD"。

　　提供者：提供农业野生植物遗传资源的单位或个人姓名。

　　采集号：在野外采集时赋予的编号。

　　引种号：从国外引入时赋予的标号。

　　全国统一编号：按照异位保存规范要求，对拟进行异位保存的农业野生植物遗传资源每份给予一个唯一标识号。

　　科名：农业野生植物在分类学上的科名，以中文名加括号内的拉丁文组成。

　　属名：农业野生植物在分类学上的属名，以中文名加括号内的拉丁文组成。

　　种名：农业野生植物在分类学上的物种名，以中文名加括号内的拉丁文组成。

　　原产国：农业野生植物原产国家名称或国际组织名称。

　　原产省：农业野生植物在国内的原产的省份名称，如从国外引进则指原产国家一级行政区的名称。

　　原产地：农业野生植物在国内的原产县、乡、村名称，如从国外引进则指原产国家一级行政区的名称。

　　来源地：从国外引进农业野生植物种质的来源国家名称或国际组织名称，国内种质的来源省、县名称。

　　原保存单位：提供农业野生植物种质的原保存单位名称。

　　原保存单位编号：种质在原保存单位赋予的种质编号。

　　资源类型：果实、种子、植株、接穗、枝条、块根、块茎、吸芽、胚（胚轴）、休眠冬芽和其他。

　　图像：农业野生植物资源主要特征特性的图像文件名，图像格式为jpg。

　　经度：农业野生植物资源原产地的经度。单位为（°）和（′）。格式为DDFF，其中DD为度，FF为分。

　　纬度：农业野生植物资源原产地的纬度。单位为（°）和（′）。格式为DDFF，其中DD为度，FF为分。

　　海拔：农业野生植物资源原产地的海拔。单位为"m"。

　　土壤类型：土壤类型分为红壤、黄壤、棕壤、褐土、黑土、黑钙土、栗钙土、盐碱土、漠土、沼泽土等。

附录C：（规范性附录）

表C.1规定了农业野生植物遗传资源获取的申请内容。

表C.1　农业野生植物遗传资源获取申请表

申请日期：　　年　　月　　日

申请单位（章）		法定代表人	
		联系人	
地址		邮政编码	
电子邮箱		电话号码	
利用目的			
申请获取的农业野生植物遗传资源清单						
科名	属名	种名	统一编号	类别	数量（克/株/粒）	备注

异位保存单位意见 负责人： 经办人： 　　　　　　年　月　日（章）	异位保存单位主管部门意见 审批人： 经办人： 　　　年　月　日（审批专用章）
	国家主管部门意见 审批人： 经办人： 　　　年　月　日（审批专用章）

附录D：（规范性附录）

表D.1规定了农业野生植物遗传资源利用信息反馈的内容。

表D.1　农业野生植物遗传资源利用信息反馈表

填表日期：　　　年　　月　　日

利用单位（章）		法定代表人	
		联系人	
地址		邮政编码	
电子邮箱		电话号码	
资源统一编号		科名	
属名		种名	
利用情况			

农业野生植物遗传资源利用信息统计

1. 申请专利

序号	专利名称	专利号	专利授予单位	是否披露资源来源	备注

2. 品种审定

序号	品种名称	审定年份	审定单位	是否披露资源来源	备注

3. 新品种保护

序号	品种名称	品种权号	授予单位	是否披露资源来源	备注

4. 发表论文、著作

序号	论文、著作名称	刊物名称	影响因子	是否披露资源来源	备注

农业野生植物种质资源保护技术、采集技术、跟踪监测预警技术规程的编制，极大地提升了我国农业野生植物种质资源（遗传资源）研究技术水平，也保证野生稻种质资源研究进入了国家标准化水平，保证了数据质量可比性、可操作性和权威性，并且数据全部录入电脑，形成数据库网络平台，在国家法律规范下实现野生稻种质资源的信息和实物共享，有效地促进野生稻利用并转变成现实生产力，为提升国家综合竞争力贡献力量。

六、21世纪前的野生稻异位保存技术

（一）种质库保存技术

1. 古老简易的保存

古农书《氾胜之书》写道："取麦种，候熟可获，择穗大强者，斩，束之场中之高燥处，曝使极燥，无令有白鱼（白鱼是一种小虫），辄杨治之，取艾杂藏之，麦一石，艾一把，藏以瓦器或竹器。""种，伤湿郁热，则生虫也。"可见早在古代西汉（公元前1世纪末）就有人著书总结了当时贮藏种子的经验。后来逐渐摸索出在酒坛、瓦罐等容器底部垫铺山石灰，上铺一层纸，把晒干的种子放在其上，盖上盖密封保存，待石灰粉化后，换新石灰的保存方法。这种在干燥器底部放硅胶或氯化钙、生石灰等干燥剂，上面放种子，密封保存的方法优点是简便易行，就地取材，价格便宜，经济实用，可经常频繁地使用。其缺点是保存时间较短，保存份数和种子量较少，保存的成本大，在繁种过程中还可能产生混杂，使种子逐渐发生遗传变异，降低种子的保存质量。野生稻种子的保存可参照上述保存方法进行短期保存。

2. 现代低温干燥长期保存

为了妥善保存，确保搜集到的资源不损失，既要避免遗漏，又要防止过多的重复保存；既要保持资源的良好生活力，又要保持种子固有的遗传特性，必须统筹安排，全面规划，建立一个符合我国实际情况的农作物种质资源保存体系。自20世纪70年代末期以来，我国加强了种质的搜集和保存，先后在中国农业科学院建成了两座国家低温种质资源库，已保存野生稻种子5 599份，有条件的省（自治区、直辖市）也相应建成了一定规模的低温库。根据保存需要和任务，低温库分为长期库和中期库。长期库保存种质时间在50年以上，库温为-18 ℃左右，相对湿度小于57％；中期库保存种质时间为10～15年，库温为-10～0 ℃。种质资源贮存特性研究包括生理、生化研究和遗传变异研究。低温干燥保存要求在保存期尽可能将种子的呼吸强度控制在最低限度，以免种子在长期保存的过程中呼吸消耗过多，种子变劣，保证

种子高活力和种子的固有遗传特性。为保证种子能长期安全贮存，种子入库必须做好下面几项工作。

①种子接收登记。进行质量和数量的验收和基础资料的登记，对种子的纯度、净度、健康状况（有无病虫害）、数量等是否符合种质库所制定的标准进行检验。基础资料包括全国统一编号、保存单位号、名称、学名（拉丁文）、产地、来源地、供种单位和繁种年代等。

②查重去重。避免种质库重复保存相同的种质样品，增加不必要的工作量。查重包括两方面内容：检查新接收种质材料本身是否有重复，与原进库贮存材料是否有重复。重复种子材料应取出退回原供种单位，并把查重的结果做好记录并存入管理档案。

③种子的清选和熏蒸。在种质材料接纳登记之后，必须对种子进行清选，剔除那些受病虫害感染或没有生活力的种子及混杂材料，使入库贮存材料能高质量保存。

④种子初始生活力检测。入库种子初始质量的优劣对种子耐贮性影响很大，特别是种子的生活力。因此，去重后的种子必须进行初始发芽率检测，达不到入库最低标准的材料就不能入库。

⑤编库号。经去重、清选和初始发芽率检测合格的入库种子，在入库前进行编号，即每一份材料给一个库号。

⑥种子干燥。在植物种质资源的保存中，低温和种子低含水量是延长种子贮藏寿命的主要因素。因此，对入库种子进行干燥是处理及保存种子的关键。种子干燥就是在不损害种子生活力的情况下把种子的含水量降到适于贮藏的程度。种子干燥方法主要有4种：空气或太阳干燥法、冷冻干燥法、吸收类型干燥法和热空气干燥法。目前种质库普遍采用热空气干燥箱进行种子干燥，在采用此方法时，首先要确定干燥温度和时间，可通过试验和经验确定。技术人员应随时观察干燥箱的温度及湿度，有问题应及时处理。种子干燥之后，应把干燥温度、含水量测量记录存入管理档案。

⑦含水量的测定。种子含水量的微小变化对种子贮藏寿命有很大影响，因此，应对每份种子可能达到的贮藏寿命做相应的预测，掌握其含水量是相当重要的。含水量测定主要应用于种子的干燥过程，其测定方法是采用《中华人民共和国标准——农作物种子检验规程》的含水量测定方法。

⑧种子包装。将干燥之后含水量符合贮藏标准的种子放入容器中，如种子盒、铝箔袋和玻璃瓶等，进行种子包装。在种子包装前，必须逐个检查包装容器的质量，如种子盒密封性能的好坏、铝箔袋是否漏气等，对不符合标准的容器不能使用。然后取合格的容器进行种子包装，并立即密封，贴上种质库号标签，并核对种质库号与种子盒（袋、瓶）上的库号是否一致，不能有差错。同时，包装间的温度应保持在23～25 ℃，相对湿度在40%以下，并在3小时内包装完毕。种子包装后应对每份种子材料称重并记录。

⑨入库定位。种子包装称重之后，应及时把种子放入低温库房贮藏，在种子入库定位之

前，管理人员应预先对低温库房的种子架、排架、筐的顺序进行编号，所编号码即称之为库位号，把种子放在规定的库位号上，并记录入库存放的时间、份数和库位号。

⑩贮存材料的监测。当种子放入低温库房贮藏后，随着贮藏时间的延长，种子生活力会缓慢下降，每份种子的贮存数量因生活力监测和分发也将会减少。因此，在种子长期贮藏过程中，种子的生活力和数量都必须监测，准确地掌握贮藏中每份材料的种子生活力和数量，为适时进行繁殖更新做出准确的判断。

⑪繁殖更新种质材料。随着贮存时间的延长，种子生活力会下降，种子就会发生遗传变化，从而改变种质材料的遗传特性。因此，种质库必须根据不同材料的遗传特点，制定繁殖更新标准。当贮存材料的生活力和数量下降到更新标准时，就应取出进行繁殖。有关繁殖地点、株数、种植间距、是否要隔离等因素都要记入档案。

随着我国改革开放的深入，经济的发展，国家对农作物种质资源保存工作越来越重视，在中国农业科学院作物品种资源研究所建立了国家种质中期库和长期库的基础上，又在青海西宁建立了国家种质长期库的复份库。首先，把长期库的种子资源分出一部分材料转移至复份库保存，作为国家战略储备物质妥善保存。21世纪初，国家进一步完善复份库的工作，把高原的天然条件作为自然保存库并进行改建，建成了现代化的国家种质长期复份库。其次，在中国水稻研究所建立了专门保存水稻种质资源的水稻种质库；在各省级科研机构，分别建立了地方种质库。例如，广东农业科学院水稻研究所建立了水稻种质库，湖南农业科学院水稻研究所也建立了水稻种质库，海南农业科学院也建立了作物种质资源库，广西农业科学院在2007年重建了作物种质库新库，进一步改进、提高、完善种质库的保存条件，提高技术水平，提高安全系数。

自从2004年国家科学技术部建立国家自然科技资源共享平台项目实施以来，国家种质库的数据库与国家科技资源共享平台数据库进行联网，形成国家农作物种质资源平台，实现了农作物种质资源利用的信息与实物共享。进一步促进了国家农作物种质资源的利用，也提高了我国野生稻种质资源的保护与利用技术水平。2014年陈成斌、梁云涛的《野生稻种质资源保存与创新利用技术体系》一书对野生稻种质资源种质库保存技术进行了规范的表述，总结了我国多年来的野生稻种质资源种子资源的保存技术。今后新建或改造的种质库将进一步加强自动化技术的应用，进一步减少人为送种子、取种子进入冷库的时间和次数，减轻劳动强度，自动化程度更高。

（二）野生稻圃种茎保存技术

我国异位保存野生稻种质资源，除现代低温干燥保存种子的方法外，野生稻圃保存种茎也是重要的保存方法，特别是那些育性低或感光性强、无法收获种子的材料，种茎保存显得更为重要。"七五"期间，我国在广州、南宁建立了两个国家种质野生稻圃，至2000年两个圃分别保存了野生稻种茎4 300多份和4 600多份。影响野生稻种苗安全保存的主要因素有低温、土壤干旱和病虫为害。为妥善安全保存种茎，保持野生稻资源遗传的稳定性，必须对野生稻圃的种苗实行科学的管理（图3-43）。

①根据不同野生稻种对光、温、水的要求，采取相应的技术措施。如药用野生稻喜阴凉、喜湿，不宜深水，在夏季不宜烈日晒，在圃内应种些小灌木或搭棚遮住强光，实行湿润灌溉，以有利其生长；疣粒野生稻也是忌高温烈日和水淹，只有种在弱光、潮湿、排水良好的旱地才能生长良好；普通野生稻喜温、喜光、喜湿，应种在阳光充足、灌溉方便、浅水湿润的水池或盆中（图3-44、图3-45）。

②将各种野生稻分类排队。对耐冷性弱的材料，在入冬前就应移到温室。在冬季温度低时可直接盖上塑料薄膜或灌水，以水保温，也会收到良好效果（图3-46）。

③保持土壤良好的理化性状。水泥池或盆内的土应2～4年换一次，施一些有机肥，增加土壤有机质，提高植株素质，增加植株的抵抗力（图3-47）。

④每年检查野生稻保存圃是否缺苗，如果缺苗要立即补上。入冬前要适时割去老种茎，留茬高10 cm，让其早发壮苗，增强植株的耐冷性（图3-48）。

⑤种植及田间管理。扦插规格为75 cm×67 cm或75 cm×75 cm，每份种茎插10～15苗。施肥以施有机肥为主，氮、磷、钾和微量元素适当搭配，合理排灌。

⑥防止机械混杂和错乱。充分做好插植前的准备工作，种茎要挂好塑料牌，田间也要插

图3-43　陈成斌检查野生稻新圃

图3-44　南宁圃野生稻种质陶缸保存

图3-45　南宁圃野生稻种质水池保存

图3-46　南宁圃越冬保存

图3-47　南宁圃内换泥更新

图3-48 南宁圃内种质更新

好木牌。种茎生长过于茂盛时，割去四周过多的种茎，同时及时割稻茎，防止种子掉到盆里或水泥池中，互相混杂。

⑦病虫害防治。特别注意防治叶蝉、褐稻虱和其他病虫害及病毒病，发现病株要及时拔除，避免病虫害或病毒病继续蔓延传播，并及时喷药防治。

⑧建立完整的资源保存档案。对每份种植材料的农艺性状、主要病虫害抗性、耐寒性、宿根越冬性、资源丢失、补种和管理情况等，都要记录清楚或输入管理数据库。

自从"七五"期间我国建立了南宁、广州两个国家级野生稻种质资源圃后，我国的野生稻种质资源种苗活体无性繁殖保存技术，一直在不断地完善和提高。到2015年底我国入圃保存的野生稻种质资源为9 030份，还有7 094份临时保存，与建圃初期相比数量已经翻了几番。野生稻的遗传多样性更加丰富，安全保存任务更重。目前，我国的野生稻圃保存技术已经得到很好的发展，两个国家圃均采用集约化种植的方式进行保存。对普通野生稻种质采用小盆集中种植，3～5年更换盆中的泥土，种植新的种苗（种茎）保证水中生长环境，基本上做到水肥一体化栽培。对于药用野生稻种质，广州采用水旱滴灌技术，南宁采用水环境栽培。经过多年的实践，这两种方法能使药用野生稻种质正常生长，但是，要了解其基因的遗传变异情况，仍需要做基因测序的工作。对疣粒野生稻的保存，目前我国采用小盆旱栽的方法。只要保持一定的水分与养分，酸碱度，遮阴散光照，就能够使其正常地生长，实现安全保存。然而，整体说来，保存技术还有进一步提高的空间，特别是自动化割苗、除杂等工作需要加强。

2019年，国家农业农村部下决心扩大南宁圃的规模与技术升级改造建设，新建云南高原野生稻圃、海南热带野生稻圃。国家对野生稻圃的建设规模也提出了明确的要求，要求建成野生稻种质资源保存、繁殖、鉴定评价、创新、利用一体化和科研、教育、科普、示范的高新技术基地。这将进一步提升我国野生稻种质资源的整体技术水平，促进野生稻种质资源的利用。

（三）离体培养的微型库保存技术

对那些高不育的野生稻种质，难以用种子保存，而种苗（茎）材料又容易死亡丢失，可采用试管苗（分生组织方式）保存，其方法是将植株的茎尖（分生组织）取下接种在含有分化培养基的试管中，让其在适当温度和光照下生根、长茎，然后将其转入含生长培养基的试管中，待苗长到10 cm左右时，即可置于低温（12～15 ℃）下保存，待半年或一年后，取下试管苗的茎尖，放入新试管，按上述方法继续保存。目前中国农业科学院作物品种资源研究所已建立两个试管苗保存库，保存了一定数量的马铃薯、甘薯等作物种苗，效果很好。另一种是把原生质、细胞、组织、器官，按一定速率放入液氮中保存，需使用时，将材料取出，经一定程度解冻，使原生质、细胞或组织通过培养诱导分化和植株再生，中国农业科学院作物品种资源研究所已于"七五"期间将该课题列入国家攻关项目。用液氮保存作物的原生质体、细胞，在玉米、人参等少数作物上获得一定成果，目前这种方式正在试验中，尚未大量进行，野生稻资源尚未采用这种保存方式。

2008年冬季我国遭受几十年一遇的严寒，我国搜集的一些热带野生稻种质资源受到较大的损失。为此，陈成斌团队在原来野生稻花药培养技术基础上，开展野生稻试管苗库技术研究，并取得很好的进展。于2010年建成了野生稻试管苗库，保存热带野生稻和一年生的近栽型普通野生稻4 000多份，初步解决了热带野生稻在南宁圃的越冬问题。当然，在温室内保存也能够安全越冬，但成本较高。

野生稻试管苗库的长期安全保存技术，还有很大的发展空间，还需要后来的研究者继续深入系统地研究才能取得更大的成就。

（四）加强野生稻优异基因保存技术研究

野生稻具有许多栽培稻品种在人工改良、选育过程中丢失的优异基因，同时在大自然变化莫测的环境条件下物种为了自身的生存发展，也带有许多适应生存的基因，而这些基因并不一定是生产需要的优异基因。因此，需要野生稻研究者从数千个种质资源中鉴定评价出含有优异基因的种质，再经育种改良加以利用。如果采用优异基因的测序、克隆、分离，再构建具有载体的优异基因系，在植物种质转化为载体基因系进行微生物化的基因库里保存，更有利于集中大规模优异基因保存，也更有利于优异基因的转基因利用，提高利用的技术水平和利用效率。

目前，我国在这方面的研究尚在初级阶段，需要进一步加强和深入研究。特别是原生质体、愈生组织或胚状体的超低温保存技术、试管苗的延缓生长技术、适度低温保存的关键技术等都还有提高技术水平的空间。提高脱分化、再分化的百分率，仍是今后研究中急需突破的目标。

第四章

中国野生稻资源的鉴定与评价

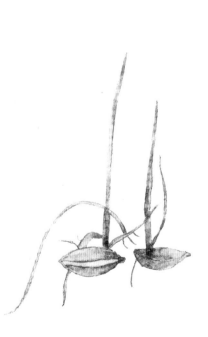

　　我国野生稻种质资源大规模鉴定评价起步较晚，20世纪80年代我国使用的稻属野生种（野生稻）调查观察方法参考的是国际水稻研究所制定的《稻属野生种质资源基本情况与主要形态农艺性状调查项目及记载标准》。他们使用的标准原来有90多项调查项目，后来我国专家经过多次协商研究，于1986年5月21～25日，由中国农业科学院作物品种资源研究所和中国水稻研究所在杭州共同主持召开了全国稻种资源研究计划会，由与会代表共同讨论后制定出《稻种资源基本情况与主要形态、农艺性状观察调查项目及记载标准》。该调查项目及记载标准分两大部分：一是水稻品种资源基本情况与主要形态、农艺性状观察调查项目及记载标准，针对水稻品种资源，观察记载项目43项；二是稻属野生种质资源基本情况与主要形态、农艺性状调查项目及记载标准，针对野生稻种质资源，观察记载项目45项。比国际水稻研究所制定的记载项目减少了约50%。其主要原因是，当年急于繁殖种子进入国家种质库保存并编写出稻种资源目录；性状观察过多，很难完成任务；有不少性状是植物学形态表述，与水稻育种关联不太大，短期内可以省略。

　　然而，进入21世纪，野生稻等种质资源的鉴定评价急需标准化应用。特别是建立国家自然科技资源共享平台，更需要对所有描述符及每个描述符的质量控制制定国家统一标准。野生稻种质资源鉴定评价的标准也就应运而生。在全国野生稻种质资源研究专家的共同努力下，由陈成斌、杨庆文等的牵头，制定了一系列国家野生稻种质资源鉴定评价标准。

第一节　中国野生稻种质资源鉴定评价的国家行业技术标准

　　对于生物多样性鉴定评价需要有国家统一的行业技术标准，特别是农业野生植物种质资源的鉴定评价的结果是给育种者和其他研究者利用的，更加需要有国家统一技术标准，以获得精准的鉴定评价数据，这样才有利于农作物育种与生物基础研究利用。因此，在农业农村部、科学技术部的立项支持和推动下，目前，已经建立了一整套标准化的野生稻异位保存鉴定评价技术体系和原生境保护、资源和环境调查监测技术体系。

一、野生稻种质资源描述规范

　　野生稻种质资源的描述符急需统一，这样才能使国内有野生稻种质资源的8个省（自治区）的鉴定评价工作有一个统一的描述标准，特别是广东、广西和海南这些野生稻种质资源保存数量较大的省（自治区），如果描述符不统一，各行其是，得到的鉴定数据是不可比的，育种者也很难利用，造成人力物力和时间浪费。为此，在中国农业科学院的主持下，2014年，由陈成斌牵头组织撰写《野生稻种质资源描述规范》，经过征求意见稿、评议稿、送审稿、报批稿的程序，最后呈报农业部批准作为行业标准发布施行。在陈成斌执笔写成征求意见初稿后，向23位资源与育种的专家征求意见，专家们共提出修改建议196条，采纳191条；修改后，形成征求意见稿。随后按国家级主持单位要求，又请20名全国各地的同行专家对征求意见稿进行评议，专家们共提出80条意见，采纳64条，部分采纳2条，不采纳14条，修改形成评议稿。按要求再请5位知名同行专家进行审议，提出修改建议51条，采纳42条，不采纳9条，修改形成送审稿。送交国家主持单位后，由国家主持单位邀请全国知名专家对送审稿进行会审，7位专家审阅后共提出5条意见，修改时全部采纳。然后再由作者修改，最终形成报批稿，报请农业部批准。报批稿2016年获农业部颁布施行。这样，我国首部野生稻种质资源描述符规范正式出台，指导野生稻种质资源鉴定评价的规范化标准化的描述。

本次编制的《野生稻种质资源描述规范》是我国第一个关于野生稻种质资源描述符的国家行业标准，也是世界上第一个全面描述野生稻种质资源鉴定评价描述符的技术规范，在研究中取得重要进展。

1. 建立了描述符的选择原则及方法

编制鉴定评价描述符技术规范，首先要确定描述符的选择原则及方法，有了科学的原则与方法才能编制出科学的、先进的鉴定技术规程。

（1）选择原则

《野生稻种质资源描述规范》的编制采用以下原则。

首先，要确保描述性状的完整性。根据野生稻种质资源基础研究的学科发展和水稻育种需要来选择鉴定规程的描述符，这套描述符能充分反映野生稻生长发育的主要性状，所有入选描述性状都能综合地完整体现每份资源在该描述性状上的优异程度及缺点所在。例如形态特征特性的描述，过去不注意野生稻种质的生长发育过程的描述，本描述符规范把每份种质分成苗期、成株期和成熟期3个发育生长时段来选择描述符，保证性状描述符项目覆盖该份种质的全生育期，描述符项目的完整无缺，切合野生稻种质资源的总体实际情况。描述性状的描述符项目较全面地概括该种质的所有性状，同时每项描述符描述的技术指标能够把该性状的全部特征特性表现出来。

其次，要确保全面精准描述野生稻种质资源的遗传特征。目前全球共有21个公认的野生稻种，本描述规范选用的描述符能全面描述这21个种的种质资源的遗传特性，能精准表达每一描述符的全面技术指标。例如，野生稻芒的性状描述，我们分为成株期和成熟期2个生长期的表现来描述，由过去的2项增加至4项，包括花期芒性、芒色、芒质地和成熟期芒长。野生稻花期芒的性状变化最多的情况出现在抽穗扬花期，而成熟期的表现较简单，所以选择能充分表达遗传特性的扬花期，对芒性的表现状态，分为无芒、部分有短芒（长≤2 cm）、全短芒、部分长芒（长＞2 cm）、全长芒，共5个技术指标。在芒色上，花期芒色分6个技术指标，即秆黄色、金黄色、红色、褐色、紫色、黑色。由于近年来发现有白芒类型的变异，因此，在本次编制的描述符芒色技术指标中增加了白色和其他的指标。又如成株期花药的特征过去没有详细描述，本次分出花药形状、花药颜色、花药开裂度等系列花药特征的描述符，表达更明细；花药开裂度对杂交水稻育种很重要，特别是恢复系的选育很需要花药开裂好的种质。在数量性状上根据实际情况取数值，精确到0.1 mm或0.1 cm。它们都能全面描述野生稻种质资源的遗传特性。

最后，要满足当前及未来一段时期内我国科研与育种的需要。任何技术规范和规程既要首先考虑当前的需求，还要考虑将来一定时期内的需求。本描述规范充分体现了这一点。本描述规范在原有120项的基础上新增加57项，取消原有的7项，共有170项描述符，特别是增加了与超级稻育种有关的开花特性的描述符、花粉育性的描述符、广亲和特性的描述符、品质评价的描述符等，在今后一段时间内完全能满足目前我国育种对野生稻优异种质的需求；同时，也增加了如主茎叶片数等植物学分类方面的描述符，在一定时期内完全满足我国乃至世界野生稻种质资源编写目录、名录，以及特性编目数据库的需求，完全符合国家种质库入库野生稻种质资源的鉴定需求；在未来一段时间也能满足国家植物种质资源共享平台运行的数据库鉴定数据采集的需求。这是我国野生稻种质资源描述符表达最全面、最高水平的描述符技术规范。

（2）鉴定技术方法

在鉴定技术方法上，本规范也做了重大的创新。

①抗逆性描述技术方法创新。本规范对抗逆性鉴定技术方法描述进行了较全面的规范，包括耐冷性、耐涝性、耐旱性、耐盐碱性，过去对耐涝性、耐盐碱性不重视，也没有完善的针对野生稻种质资源鉴定评价描述符的技术规范。本规范对耐涝性、耐盐碱性做出了规范性的描述符技术规范；对耐冷性、耐旱性也做出了极为细致的描述符技术规范。例如增加了萌芽期耐冷性、芽期耐冷性等鉴定评价描述符技术规范，发芽期耐盐性、发芽期耐碱性、苗期耐碱性等新的鉴定评价描述技术方法。这些都是本规范在技术方法上的创新。

②抗病虫性鉴定描述符技术方法创新。抗病虫害种质资源是野生稻对育种有无作用的重要指标，是育种专家首先提到和想到的问题，特别是目前我国水稻生产长期受到稻瘟病、稻飞虱等病虫的严重危害，因此，病虫害抗性鉴定是很重要的。特别是这几年来，原来对水稻危害不太严重的病虫害有加重的趋势，因此，在本规范制定的过程中对过去不够细化的稻瘟病抗性鉴定技术方法进行细化完善，新增加了叶瘟、穗节瘟抗性鉴定描述符技术方法，为稻瘟病的深

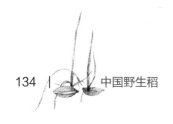

入研究和抗性育种提供了更细致的描述信息，具有较大的创新性。

③品质鉴定描述符技术方法创新。在稻米品质鉴定描述技术方法上，过去只有11项，本次编制的规范增加到27项，新增加了16项。鉴定技术方法和描述符的创新有效提高了野生稻种质资源品质鉴定技术水平、描述水平，以及种质资源品质鉴定评价的客观性、科学性和准确性。

2. 描述符的科学统一分类

本次编制的野生稻种质资源描述符规范使用的描述符较多，共170项。在过去的观察记载方法上没有严格的分类，在叫法上有质量性状、数量性状等性状分类的称谓。本规范为了使应用者有更加明确的技术标准及技术术语，更加符合现代信息技术标准的要求，我们对本规程的描述符及整个农作物种质资源规范的描述符进行了科学、系统的分类。我们把全部描述符进行科学分类，共分为6大类，见表4-1。其中基本信息25项、形态特征和生物学特性91项、稻米品质性状27项、抗逆性12项、抗病虫性13项、染色体2项等。这种描述符的分类切合种质资源信息化技术的要求，也符合种质资源鉴定评价，以及育种、植保、分子生物学等学科的要求。

表4-1　野生稻种质资源鉴定描述符分类

描述符类别	描述符
基本信息（25项）	全国统一编号、国家种质库编号、引种号、采集号、种质名称、种质外文名称、科名、属名、学名、原产地、海拔、经度、纬度、来源地、提供单位、提供单位编号、采集单位、采集个人、采集时间、种质生长类型、采集样本形态、图像、观测地点、生境水旱状况、生境受光状况
形态特征和生物学特性（91项）	芽鞘色、叶耳、叶耳颜色、叶耳茸毛、生长习性、茎秆基部硬度、茎秆基叶鞘色、鞘内色、分蘖力、叶片茸毛、叶色、叶质地、叶片卷展度、叶舌茸毛、叶舌形状、剑叶叶舌长度、倒二叶叶舌长度、叶舌颜色、叶枕颜色、叶节颜色、剑叶长度、剑叶宽度、剑叶角度、倒二叶长度、倒二叶宽度、倒二叶角度、主茎叶片数、茎节包露、见穗期、穗型、颖花数、始花日期、始花时间、开颖角度、开颖时间、花时范围、花时高峰、开花期内外颖色、开花期护颖颜色、芒性、开花期芒色、开花期芒质地、开花期颖尖色、柱头颜色、柱头单外露率、柱头双外露率、柱头总外露率、花药形状、花药颜色、花药长度、花药开裂度、花粉育性、不育类型、花粉败育类型、异质性、育性恢复力、不育性保持力、亲和性、亲和谱、地下茎、茎秆长度、茎秆直径、最高节间长度、茎秆强度、茎秆节间色、茎节颜色、节隔膜质地、节隔膜颜色、高位分蘖、叶片衰老、穗基部茸毛、穗颈长短、穗长、穗分枝、小穗柄长度、谷粒长度、谷粒宽度、谷粒长宽比、谷粒厚度、谷粒形状、护颖形状、护颖颖尖、成熟期护颖颜色、护颖长度、内外颖表面、内外颖茸毛、成熟期内外颖颜色、成熟期颖尖色、芒长度、落粒性、百粒重

续表

描述符类别	描述符
稻米品质特性 （27项）	糙米长度、糙米宽度、糙米厚度、糙米长宽比、糙米形状、糙米率、种皮颜色、胚乳类型、胚大小、精米率、整精米率、精米粒长度、精米粒宽度、精米长宽比、垩白粒率、垩白大小、垩白度、外观品质、透明度、香味、糊化温度、胶稠度、粗淀粉含量、直链淀粉含量、支链淀粉含量、粗蛋白含量、赖氨酸含量
抗逆性 （12项）	萌芽期耐冷性、芽期耐冷性、苗期耐冷性、开花期耐冷性、耐热性、苗期耐旱性、开花期耐旱性、耐涝性、发芽期耐盐性、苗期耐盐性、发芽期耐碱性、苗期耐碱性
抗病虫性 （13项）	白叶枯病抗性、苗期稻瘟病抗性、叶瘟抗性、穗颈瘟抗性、穗节瘟抗性、细菌性条斑病抗性、纹枯病抗性、褐飞虱抗性、白背飞虱抗性、稻瘿蚊抗性、稻纵卷叶螟抗性、二化螟抗性、三化螟抗性
染色体 （2项）	染色体组、染色体数目

3. 引进新的描述符

本规范与过去的野生稻编目观察记载标准相比，引入了57项新描述符，见表4-2。

4. 提出一批新的性状描述符技术指标

本描述符技术规范引进的新描述符的技术指标，共提出性状描述符59项，技术指标193项。其中形态特征与生物学特性技术指标30项，技术指标105项；品质性状16项，技术指标42项；抗逆性6项，技术指标28项；抗病性2项，技术指标18项；染色体1项，技术指标1项。同期，修改完善过去的描述符共7项，新增加技术指标7项。例如，增加技术指标的有涉及色素的描述符，如原叶色增加深绿色指标、原开花期芒色增加白色指标，这是近几年来发现的变异类型，原种皮颜色增加黑色指标。修改的描述符：把原来小花育性改为花粉育性，花粉育性可以通过染色显微检测出来，比小花育性更精确；把原节间颜色改为茎秆节间色，表达更明细准确，因为有叶节颜色，节间颜色很容易与其混淆；把原耐盐性改为苗期耐盐性，这在苗期鉴定评价中更精准。这些都是本描述符规范更先进的地方。

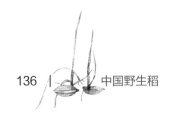

表4-2　本规范创新与引进的新描述符

描述符类别	描述符
基本信息（2项）	提供单位、提供单位编号
形态特征和生物学特性（30项）	芽鞘色、叶片卷展度、叶节颜色、倒二叶长度、倒二叶宽度、倒二叶角度、主茎叶片数、茎节包露、颖花数、始花日期、始花时间、开颖角度、柱头单外露率、柱头双外露率、柱头总外露率、花药形状、花药颜色、花药开裂度、不育类型、花粉败育类型、茎节颜色、谷粒厚度、谷粒形状、开颖时间、花时范围、花时高峰、育性恢复力、育性保持力、亲和性、亲和谱
品质性状（17项）	糙米厚度、糙米形状、糙米率、精米率、整精米率、精米粒长度、精米粒宽度、精米长宽比、垩白粒率、垩白度、透明度、香味、糊化温度、胶稠度、粗淀粉含量、支链淀粉含量、粗脂肪含量
抗逆性（6项）	萌芽期耐冷性、芽期耐冷性、耐热性、发芽期耐盐性、发芽期耐碱性、苗期耐碱性
抗病虫性（2项）	叶瘟抗性、穗节瘟抗性
染色体（1项）	染色体组

5. 技术经济论证和预期的经济效果

本标准发布实施后，可规范我国野生稻种质资源的搜集、保存和鉴定评价工作，使野生稻种质资源的鉴定内容得以统一，同时使用鉴定数据更易交流和共享，进而加快种质资源鉴定步伐，促进我国优良和特异野生稻种质资源的高效利用，可为我国水稻育种研究及产业发展提供优异资源。

6. 其他先进标准的程度

本标准在起草过程中，紧密结合我国水稻生产实际，采用了国内科研、教学和生产单位在种质资源研究工作取得的技术成果，同时也采用了国际水稻所（IRRI）与国际植物遗传资源研究所（IBPGR）制定的有关水稻种质资源部分性状和分类标准，做到了先进性、科学性、可操作性和实用性的协调与统一，达到了国内先进水平。

7. 本标准与有关现行法律、法规和标准的关系

本标准与我国1997年正式颁布的《中华人民共和国植物新品种保护条例》及现行其他法律、法规和标准相协调，与现行法律、法规一致，有利于进一步贯彻落实《中华人民共和国种子法》等有关法律法规。

二、野生稻种质资源鉴定技术规程

野生稻种质资源描述符规范是对野生稻种质资源鉴定评价描述符的标准要求，是制定野生稻种质资源鉴定评价技术规程的基础，先制定描述符规范，之后再制定野生稻种质资源鉴定评价技术规程。但是，在项目的安排上最先制定的则是野生稻种质资源鉴定评价技术规程。我们在2005年开始承担农业部的行业标准制定任务，项目由中国农业科学院茶叶研究所主持，由陈成斌牵头组织两广的有关专家进行编制。同样经过征求意见初稿、征求意见稿、评议稿、送审稿和报批稿这5个阶段不同专家的查阅、评议、审稿。征求意见初稿共邀请了24位来自资源、育种、植保及栽培等不同学科的专家，分别征求他们对初稿的修改意见。其中两广野生稻研究专家先后集中讨论研究了6次，还有多次电话沟通与文字修改，形成了征求意见稿。后来邀请中国农业科学院作物品种资源研究所的标准制定专家、野生稻与栽培稻种质资源专家及广西的水稻育种、植保专家7人对征求意见稿进行评议和再修改。采纳了部分评议意见，形成正式的评议稿，并写出评议稿编制说明。然后再邀请5位专家，对评议稿进行再次审议，撰写者在修改时采纳部分审议意见，形成送审稿及送审稿编制说明，送主持单位中国农业科学院茶叶研究所。随后由主持单位组织同行专家7人进行评审，提出修改意见。我们采纳了绝大部分的建议，对稿件进行再次修改，形成报批稿。由中国农业科学院茶叶研究所主持单位统一将多个农作物的鉴定技术规程一起报送农业部审批。《农作物种质资源鉴定技术规程　野生稻》由农业部在2007年5月5日颁布，2007年9月2日正式实施。

《农作物种质资源鉴定技术规程　野生稻》（简称《野生稻鉴定规程》，下同）除题目外共有8部分组成，即前言、范围、规范性引用文件、术语和定义、技术要求、鉴定内容、鉴定方法和附录。

1. 《野生稻鉴定规程》的前言

说明本标准由农业部提出并归口管理，起草单位、主要起草人、附录性质，以及首次颁布。

2. 《野生稻鉴定规程》的范围

说明本标准规定稻属野生稻种鉴定的技术要求和方法，以及适用于植物学特征、生物学特性、品质性状和抗逆性的鉴定。

3. 《野生稻鉴定规程》的规范性引用文件

共引用了9份国家颁布施行的技术方法、规范，其中粗蛋白质、水分、千粒重、氨基酸、直链淀粉测定各一份文件，纹枯病、稻瘟病、二化螟、稻飞虱测报调查规范各一份。

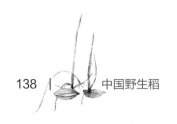

4. 《野生稻鉴定规程》的术语和定义

给出了5个专业术语的定义，包含野生稻、野生稻种质资源、生长习性、胚乳类型、生活周期。

5. 《野生稻鉴定规程》的技术要求

从鉴定时间和鉴定地点上做出明确规定，在时间上规定从春季种植至收获进行鉴定。对植物学特征、生物学特性、品质等进行2～3年的重复鉴定；抗逆性根据不同生育期需要进行初鉴、复鉴，每份种质应重复3次。鉴定地点的要求是环境条件应该满足野生稻正常生长发育和性状表达的需要。

6. 野生稻鉴定规程的鉴定内容

野生稻种质鉴定内容见表4-3。其中，植物学特征鉴定30项；生物学特性鉴定5项；品质性状鉴定9项；抗逆性鉴定17项，其中耐自然灾害特性6项、抗病性5项、抗虫性6项。

表4-3　野生稻种质鉴定内容

性状	鉴定项目
植物学特征（30项）	叶耳颜色、基部叶鞘色、叶片颜色、叶片茸毛、叶枕颜色、叶舌颜色、叶舌形状、倒二叶叶舌长度、穗型、芒、花期芒色、柱头颜色、花药长度、剑叶角度、剑叶长度、剑叶宽度、地下茎、茎秆长度、茎秆直径、穗颈长短、穗分枝类型、穗长、谷粒长、谷粒宽、护颖形状、内外颖表面疣粒、内外颖茸毛、内外颖颜色、千粒重、种皮颜色
生物学特性（5项）	生长习性、见穗期、花粉育性、穗落粒性、生活周期
品质性状（9项）	糙米长、糙米宽、胚大小、胚乳类型、垩白大小、外观品质、粗蛋白含量、直链淀粉含量、赖氨酸含量
抗逆性（17项）	苗期耐冷性、抽穗期耐冷性、苗期耐旱性、抽穗期耐旱性、耐涝性、耐盐性、苗期稻瘟病抗性、穗颈瘟抗性、白叶枯病抗性、细菌性条斑病抗性、纹枯病抗性、褐飞虱抗性、白背飞虱抗性、稻瘿蚊抗性、稻纵卷叶螟抗性、三化螟抗性、二化螟抗性

7.鉴定方法

就是对需要鉴定的每一个项目做出明确的鉴定技术规范性要求，分出不同级别和类型。对植物学特征中难区分的性状项目给出直观的图形，如叶舌形状、穗型、剑叶角度、穗颈长短、穗分枝类型、护颖形状、内外颖表面疣粒、内外颖茸毛、生长习性等，表明不同性状的描述标准。对部分品质性状和抗逆性也给出执行标准的引用文件和附录资料性技术标准。这些资料性技术标准均集中了国内外实验技术的精髓，也都经过编制者试验证明是可行的、科学的，才成为本规程的一部分。

鉴定方法是保障每份种质资源鉴定数据质量的关键技术部分，本技术规程对每一描述符的数据均做出明确的技术要求规范，并有良好的实验鉴定结果验证。

《农作物种质资源鉴定技术规程　野生稻》的研制、编写和农业部的颁布施行，结束了我国长期使用国外稻种资源鉴定技术标准的历史，形成既切合我国实际又具有指导世界野生稻种质资源鉴定评价的技术标准。

8. 附录

该标准共有10个附录鉴定技术规程，其中附录A为耐冷性鉴定，附录B为耐旱性鉴定，附录C为耐涝性鉴定，附录D为耐盐碱性鉴定，附录E为白叶枯病抗性鉴定，附录F为细菌性条斑病抗性鉴定，附录G为白背飞虱抗性鉴定，附录H为稻瘿蚊抗性鉴定，附录I为稻纵卷叶螟抗性鉴定，附录J为三化螟抗性鉴定。而在抗水稻主要病虫害的技术标准中，稻瘟病抗性鉴定按GB/T 15790—1995行业标准执行，纹枯病抗性鉴定按GB/T 15791—1995行业标准执行，褐飞虱抗性鉴定按GB/T 15794—1995行业标准执行，二化螟抗性鉴定按GB/T 15792—1995行业标准执行，没有编制新的标准。

野生稻鉴定规程自2007年9月2日实施以来，经过国内各省份的多次试验使用表明，技术步骤、描述数据标准、数据质量控制要求都是切实可行的，具有很强的可操作性、数据可比性和权威性。该规程的实施极大地提升了我国野生稻种质资源鉴定评价技术水平及其在国际上的综合竞争能力。

三、野生稻优异种质资源评价规范

《农作物优异种质资源评价规范　野生稻（NY/T 2175—2012）》（以下简称《评价规范》）2012年6月6日发布，2007年9月2日施行。该评价规范由7个部分组成。

1. 前言

前言给出了本标准的规则，提出并归口了本标准的内容等。本标准按照GB/T 1.1—2009给出的规则起草。

本标准由中华人民共和国农业部种植业管理司提出并归口。

本标准起草单位：中国农业科学院茶叶研究所、广西壮族自治区农业科学院水稻研究所、广东省农业科学院水稻研究所。

本标准主要起草人：陈成斌、江用文、潘大建、梁世春、范芝兰等共14人。

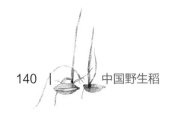

2. 范围（《评价规范》中的"1"）

本标准的使用范围规定了野生稻优异种质资源评价的术语和定义、技术要求、鉴定方法和判定。

本标准适用于野生稻优异种质资源评价。

3. 规范性引用文件（《评价规范》中的"2"）

该部分除采用其他标准的说法对注明和不注明日期的引用文件新版本做出规定外，重点列出3个标准文件，作为野生稻优异种质的评价基础，特别是NY/T 1316 更是野生稻优异种质资源鉴定的必须执行的国家行业标准。以该标准鉴定得来的数据信息作为优异种质评价的基础数据。

《GB/T 2905 谷类、豆类作物种子粗蛋白测定法》

《GB/T 19557.7 植物新品种特异性、一致性和稳定性测试指南 水稻》

《NY/T 1316 农作物种质资源鉴定技术规程 野生稻》

4. 术语和定义（《评价规范》中的"3"）

评价规范认可NY/T 1316中界定的内容，下列术语和定义适用于本文件。

①优良种质资源：主要农艺或经济性状表现好且具有重要价值的种质资源。

②特异种质资源：性状表现特殊、稀有的种质资源。

③优异种质资源：优良种质资源和特异种质资源的总称。

5. 技术要求（《评价规范》中的"4"）

《评价规范》的技术要求有3个方面。

（1）样本采集

要求按NY/T 1316的规定执行。

（2）鉴定数据

每个性状应至少在同一地点和同一生长期重复鉴定3年，鉴定结果的有效数据按NY/T 1316的规定执行。

（3）指标

评价指标分为优良种质资源指标和特异种质资源的评价指标。

①优良种质资源指标。野生稻优良种质资源的性状指标规定了20项描述符的标准，见表4-4。

表4-4 野生稻优良种质资源性状指标

序号	性状	指标
1	茎基部硬度	硬
2	茎秆中部直径	疣粒野生稻≥2 mm； 普通野生稻、尼瓦拉野生稻≥4 mm； 其他野生稻种≥6 mm
3	剑叶角度	直立
4	穗籽粒数	≥200粒
5	见穗期	9月20日前（早熟种质，如广西，普通野生稻）
6	外观品质	优
7	耐冷性（苗期或开花期）	极强（HT）
8	耐旱性（苗期或开花期）	极强（HT）
9	耐涝性	极强（HT）
10	耐盐碱性	极强（HT）
11	稻瘟病抗性（叶稻瘟或穗稻瘟）	高抗（HR）或抗（R）
12	白叶枯病抗性	免疫（IM）或高抗（HR）
13	细菌性条斑病抗性	高抗（HR）或抗（R）
14	纹枯病抗性	高抗（HR）或抗（R）
15	褐飞虱抗性	免疫（IM）或高抗（HR）
16	白背飞虱抗性	免疫（IM）或高抗（HR）
17	稻瘿蚊抗性	抗（R）或中抗（MR）
18	稻纵卷叶螟抗性	高抗（HR）或抗（R）
19	三化螟抗性	高抗（HR）或抗（R）
20	二化螟抗性	高抗（HR）或抗（R）

②特异种质资源。野生稻特异种质资源的性状指标见表4-5。

表4-5 野生稻特异种质资源性状指标

序号	性状	指标
1	分蘖力	≥50个或≤2个
2	茎秆长度	≤80.0 cm或≥130.0 cm（普通野生稻）
3	花药长度	>6.0 mm（普通野生稻）
4	花粉育性	>0.5%或>99.5%
5	亲和性	>85%
6	地下茎长度	长雄蕊野生稻≥30.0 cm 药用野生稻≥15.0 cm 其他野生稻种：有地下茎
7	穗长	普通野生稻≤13.0 cm或≥35.0 cm 药用野生稻≥45.0 cm 疣粒野生稻≥20.0 cm 其他野生稻种≤10.0 cm或≥50.0 cm
8	谷粒长	<4.5 mm或>9.0 mm（普通野生稻）

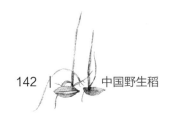
续表

序号	性状	指标
9	谷粒宽	≤2.0 mm或≥3.0 mm（普通野生稻）
10	糙米蛋白质含量	>17.0%（普通野生稻）
11	种皮颜色	紫黑色

6. 鉴定方法（《评价规范》中的"5"）

本标准是在NY/T 1316的鉴定结果上进一步评价出优异种质资源，因此，鉴定技术标准以NY/T 1316为标准，选定其中31项性状作为主要依据。

7. 判定（《评价规范》中的"6"）

本评价规范给出了优良、特异种质资源和其他优异种质资源的判定标准。

①优良种质资源。优良种质资源除了要符合表4-4中第1至第6项中任意一项指标，还应同时符合表4-4中第7至第20项中任意一项指标。

②特异种质资源。特异种质资源应符合表4-5中任意一项指标。

③其他优异种质资源。具有表4-4、表4-5规定以外的其他抗（耐）生物或非生物胁迫优异性状的种质资源。

作者认为我国野生稻种质资源主要是普通野生稻种质资源，在优异种质资源的评价上也侧重普通野生稻，对疣粒野生稻和药用野生稻的表达不够。例如，茎秆长度、花药长度、谷粒长、谷粒宽、糙米蛋白质含量都只是给出普通野生稻的特异标准，而没有其他稻种的标准。当时主要考虑我国在"十二五"期间搜集的大量资源主要是普通野生稻种质资源。工作重点也是普通野生稻，它已经为国家粮食安全做出了重大贡献，还将继续做出更大的贡献。标准的制定和执行是一定时期的产物，是随着历史时期变化而不断修订的。

第二节　中国野生稻的农艺性状鉴定与评价

形态特征和农艺性状鉴定是稻种资源性状评价的最基础性工作，又是其他特性评价的基础。在此基础上，对我国丰富的野生稻种质资源进行分类，并按一定的形态特性标准分类，这对遗传育种、稻种起源演变等研究均有重要的学术价值。

一、中国野生稻种质资源农艺性状鉴定的内容与标准

我国南方地处热带、亚热带，气候炎热，雨量充沛，野生稻资源十分丰富，类型多、分布广。南起海南三亚（18°09′N），北至江西东乡（28°14′N），东起台湾桃园（121°15′E），西至云南盈江（97°56′E），南北纬度的跨度约10°，东西经度的跨度约23°。由于野生稻长期处在不同地带自然繁殖，经过漫长岁月的自然选择，自生不息，形成了丰富的类型，具有抗各种病虫害、抗不良环境和米质优的优良基因。这些是改良和发展稻作育种的重要物质基础，是国家的宝贵种质资源。为了深入挖掘和充分利用这些具有优良性状的野生稻种质，自20世纪80年代初至2002年期间，我国有关省（自治区、直辖市）的农业科学院（所），把各自搜集保存的各种野生稻资源分期分批地进行整理，按照全国稻属野生种质资源观察记载标准45项，对野生稻的农艺性状和特征、特性进行鉴定与评价。2003年以后，国家开始编制新的野生稻种质资源鉴定技术标准，逐步改用新标准进行鉴定评价。科学技术部策划了国家自然科技条件资源共享平台大项目，2004年国家农作物种质资源共享平台项目实施，两广国家野生稻圃就开始一边制定新标准，一边进行平台描述符项目鉴定，实行新的野生稻种质资源鉴定新标准，采用《野生稻种质资源描述规范和数据标准》（陈成斌、潘大建等，2006）。在建设国家野生稻种质资源共享平台的同时进行《农作物种质资源鉴定技术规程 野生稻（NY/T1316—2007）》的制定，以取代旧的鉴定标准。到2007年农业部公布实施NY/T 1316鉴定标准后，我国的野生稻种质资源鉴定在各省（自治区、直辖市）全面实行新标准，接着又制定了《农作物优异种质资源评价规范 野生稻（NY/T 2175—2012）》，全面提升了我国野生稻种质资源的技术标准，并在全国野生稻种质资源鉴定评价中取得了许多新的进展。

二、中国野生稻农艺性状鉴定与评价结果

我国栽培稻种质资源的形态特征、农艺性状鉴定内容包括叶色浓淡、叶毛疏密、茎叶色泽、剑叶长短与宽窄、叶片角度大小、叶片披垂或挺直、茎秆集散、穗颈长短、穗型和枝梗集散、小穗单粒或复粒、芒的有无与长短、护颖正常或长、颖毛的疏密与集散、柱头色、柱头外露与不外露、颖尖色、护颖色、颖色等；特性方面包括成熟期、株高、茎秆粗细、茎节数目、分蘖多少、穗长、穗重、每穗粒数、实粒数与结实率、脱粒性、谷粒形态与大小、谷粒长短、糙米色等。野生稻种质资源的形态特性、农艺性状鉴定内容与栽培稻有部分相同，但野生稻有它的特异性，有很多性状与栽培稻是不同的，其主要农艺性状包括生长习性、植株的形状、生境受光性、茎基部叶鞘色、叶耳色、叶片茸毛、剑叶角度、叶舌形状、第二叶舌长度、始穗期、穗形、芒的有无、芒的长短、芒的颜色、柱头颜色、花药长度、高位分

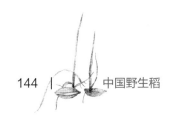

蘖、穗颈长短、穗落粒性、小穗育性、穗分枝有无第二和第三枝梗、穗长、谷粒长度、护颖形状、内外颖茸毛、内外颖颜色、种皮色等40多项。

自1980年以来，广东、广西、海南、云南、江西、湖南、福建等省（自治区）的农业科学院、中国农业科学院作物品种资源研究所、中国水稻研究所等单位，把各自搜集保存的国内外各种野生稻，按全国稻属野生种观察记载的标准对45项农艺性状进行鉴定（图4-1至图4-6）。到目前为止，据不完全统计，在野生稻中已鉴定出的优良性状达30多种，如胞质雄性不育和核质恢复广谱、花药长而大、长柱头外露、直立、秆矮、功能叶耐衰老、宿根再生能力强、高光效、穗大、粒多等。对这些特性的鉴定、研究、评价、利用已经取得可喜的成果，并已把鉴定的成果编写成目录。编入目录的野生稻7 324份，其中普通野生稻5 909份、药用野生稻713份、疣粒野生稻144份、国外野生稻20个种558份。通过性状鉴定发现一批对水稻常规育种、杂交稻育种及生物技术育种极其有用的优异种质，如穗大粒多性状。陈成斌（1997）在广西发现在药用野生稻中有穗长58 cm、穗粒达1 181粒的稻穗；戚经文（1963）报道广东药用野生稻一个穗的谷粒数最多达2 000多粒。普通野生稻中有些分蘖数达50多个，有些成穗率达80％以上，有些结实率高达97％以上，有些具有45～60 cm的矮源。疣粒野生稻株高在50～80 cm，存在大量的矮源。茎节坚硬不倒、功能叶耐衰老的特性，在普通野生稻资源中存在较多，如李道远、陈成斌（1991）对1 550份普通野生稻功能叶耐衰老性性状进行鉴定，发现抽穗后3个月叶片耐衰老达二级以上的材料有19.68％，抽穗4个月后还有7.67％。我国3种野生稻多数材料具有很好的再生能力，广西农业科学院鉴定1 550多份宿根的越冬性，发现普通野生稻占84.2％，药用野生稻占85.6％，这对于种一季有余、两季又不足的地方种植再生力强的水稻，提高水稻复种指数，从而提高粮食产量是很有效的。野生稻胞质雄性不育和核质恢复谱广，有些不育率高达100％，也有育性高的恢复力强种质、广亲和种质等。这些优异性状是水稻育种的宝贵资源，是改良和发展稻作育种的重要物质基础。只要充分开发利用这些优良的种质资源，我国水稻育种事业必有新的突破。

根据中国农业科学院作物科学研究所的统计，自2002年至2015年底，全国各省（自治区、直辖市）农业科学院的野生稻研究课题组对野生稻种质资源10 656份的32项农艺性状进行了鉴定。结果发现野生稻农艺性状多样性极为丰富，特别在株高、茎粗、茎干柔韧性、分蘖率等方面相差较大。经过认真的鉴定评价，已经筛选出了一批植株高大、茎秆坚硬、穗粒数和分蘖数多的野生稻优异种质资源。例如，对南宁圃的普通野生稻1 870份、药用野生稻340份进行茎基部硬度观测，发现普通野生稻有34份达到坚硬级别，药用野生稻有6份达到坚硬级别，分别占1.82％和1.76％；穗粒数最少的是疣粒野生稻只有10～15粒/穗，在原生地中有的仅仅5～6粒，最多的是药用野生稻，达到1 346粒/穗，广东发现有每穗2 000多粒穗粒的药用野生稻种质。对3 170份野生稻的考种结果统计，发现超过200粒/穗的种质，占考种材料的4.20％。花粉育性对水稻育种特别是超级稻育种是至关重要的性状。促使我国杂交水稻育种成功，"野败"种质的花粉育性为0％。在对1 442份种质的花粉育性的检测中发现，高度可育的材料（1级）仅占0.28％，比较少见。水稻的分蘖力对产量影响较大，但是栽培稻分蘖力比野生稻的分蘖力弱，栽培稻分蘖数在20个以下，野生稻分蘖数最多达120个。对3 670份材料进行观测，发现超过50个分蘖数的栽培稻有106份，占观测材料的2.89％。花药长度对水稻育种具有特殊意义，特别是杂交水稻恢复系育种，花药长度长表示该品种产生的花药量多，对制种提高产量有保障。我们对国内4 292份野生稻种质的花药进行测量发现，其花药长度范围是1.60～7.80 mm，其中大于6.0 mm的材料为190份，仅占4.43％；对国外24个野生稻种的208份种质进行测量，发现花药长度范围在1.00～6.40 mm之间，其中大于6.0 mm的种质仅有3份，占测量种质的1.44％。花药最长的种质来自长花药野生稻，最短的种质来自尼瓦拉野生稻和紧穗野生稻，仅有1.00 mm。谷粒长度和宽度分别与米粒的长度和宽度有正相关性，它们对籼稻优质育种的外观极其重要，我们对野生稻的谷粒长宽度进行了认真的观测，其中来自国外的24个野生稻种208份种质的观测结果谷粒长度范围是4.46～11.55 mm，谷粒宽度范围在1.26～3.51 mm；有15份种质的谷粒长度大于9.0 mm，占7.21％，小于4.5 mm的仅有1份种质，占0.48％；谷粒宽度小于等于2.0 mm的种质有13份，占观测材料的6.25％，大于等于3.0 mm的有21份，占10.10％。

图4-1　强分蘖红芒普通野生稻

图4-2　野生稻穗期农艺性状鉴定

图4-3　野生稻套袋繁种

图4-4　野生稻套袋收种

图4-5　野生稻取样分析

图4-6　野生稻繁殖

对来自国内的野生稻种质的4 447份种质观察结果发现，它们的谷粒长度范围为4.20～10.20 mm，谷粒宽度范围为1.50～3.60 mm。谷粒长度大于9.0 mm的种质有670份，占15.07%；谷粒长度小于4.5 mm的仅有5份种质，占0.11%。谷粒宽度小于等于2.0 mm的种质有122份，占观测材料的2.74%；谷粒宽度大于等于3.0 mm的有36份，占0.81%。由此可见，野生稻种质资源中有一批优异种质，它们对水稻超高产、优质、广适育种具有重要作用。

东乡野生稻是我国普通野生稻分布最北的野生稻，是普遍受到研究学者关注的野生稻种质。徐丰华（2012）报道了东乡野生稻的基本情况和特征特性。它具有普通野生稻的基本形态特征特性：根系发达，宿根多年生，株高190～223 cm，叶片狭长，叶面有茸毛，全生育期约216天，每年9月下旬至10月底陆续抽穗扬花，花期较长，柱头外露。其生长习性有匍匐、倾斜、半直立、直立型，叶耳有白、黄绿、浅紫、绿、紫5种颜色，叶鞘有绿、紫条、淡紫、紫4种颜色，叶片茸毛分有毛与多毛2种，叶舌毛分局部有毛和无毛2种，叶舌有白、淡绿、绿、紫4种颜色，叶节有黑、紫黑、淡绿、绿紫4种颜色，叶枕有白、淡黄、淡绿、浅紫、紫5种颜色，柱头有白、淡绿、紫、黑4种颜色，芒有秆黄、红、紫、黑、淡绿5种颜色，芒性分为长、中、短3种，成熟期内外颖有秆黄、紫红、紫褐、紫黑、褐斑、黑、褐7种颜色，护颖形状分披针锥形、线型2种，熟期种皮色有白、淡褐、浅红、红、虾肉色（新的国家行业标准取消了虾肉色的分级）5种颜色。东乡野生稻的数量性状表现：分蘖数32～162个，平均为73.61个，剑叶长12.6～35.7 mm、宽5.8～10.5 mm，基部秆直径1.7～3.7 mm，花药长度

3.3～6.2 mm，谷粒长7.8～9.4 mm、宽2.1～2.7 mm，谷粒长宽比3～4.27，属细长型；百粒重1.4～2.1 g，淀粉含量24.65％，米胶长度35 mm，糊化温度4.9级，蛋白质含量12.2％。

　　我国海南野生稻属于热带野生稻，因野败种质的转育成功，并在杂交水稻育种与生产上的广泛应用，因此受到广泛关注。唐清杰等（2012）综合报道了海南野生稻的农艺性状调查情况，如董轶博等（2008）对海南万宁普通野生稻居群开花习性和生殖特性的研究结果发现，该居群内东部与西部群体花期相差15天，东部群体单株平均结实率为8.67％，西部群体单株平均结实率为62.1％，两者比较差异极显著。王晓玲等（2008）对海南儋州普通野生稻居群也进行了开花习性、花粉育性和结实率的研究。贺晃等（2007）对海南三亚、儋州、万宁3个居群的花粉育性及花粉萌发生长过程进行研究，结果发现，不同居群的野生稻花粉可育性在1％水平上差异极显著，发现三亚居群中花粉管进入胚珠的数目比儋州与万宁居群的多，说明三亚居群与转基因水稻的杂交亲和性更高。

　　阿新祥、冯运程、徐福荣等（2012）报道他们对来自云南30个自然居群的疣粒野生稻种质进行了主要农艺性状的观测鉴定，并对10个差异较大的性状进行了多样性分析，结果表明云南疣粒野生稻遗传变异丰富。对10个主要农艺性状的聚类分析，可以把30个居群分为3大组群，见表4-6。

表4-6　各组群的主要农艺性状表现（阿新祥等，2012）

农艺性状	第一组	第二组	第三组	平均值	F	Sig（P值）
株高（cm）	70.95±6.99	83.62±6.28	53.82±8.14	61.67±12.06	58.727	0
剑叶长（cm）	8.65±1.28	7.88±0.62	9.22±2.25	8.94±1.90	1.317	0.274
剑叶宽（cm）	1.08±0.14	1.09±0.12	1.02±0.15	1.05±0.15	2.029	0.138
穗长（cm）	9.40±0.86	11.35±1.05	8.06±1.15	9.71±1.33	25.076	0
穗颈长（cm）	13.82±3.37	17.84±2.74	8.78±2.47	11.1±3.97	36.965	0
每穗粒数	14.58±2.09	14.54±2.30	12.06±2.22	13.14±2.48	13.031	0
剑叶角度（cm）	6.87±1.02	6.33±1.15	6.73±0.81	6.77±0.91	0.572	0.567
茎散集	分散型	集中型	中间型	中间型		
节间色	紫条或紫色	紫条	多数紫条，少数绿色	紫条或紫色		
高位分蘖	多或中等	中等	多	中等		

　　Shannon多样性信息指数平均值为1.57，其中穗长的多样性指数最高为2.04，每穗粒数与剑叶宽均为2.03，穗颈长为2.02，株高为2.01，剑叶长为1.78。对6项数量性状的变异分析，变异系数为15.24％～35.78％，平均变异系数20.83％，见表4-7。

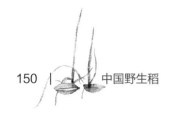

表4-7　云南疣粒野生稻6个数量性状的遗传多样性分析（阿新祥等，2012）

性状	最大值（cm）	最小值（cm）	平均值（cm）	标准差（cm）	极差（cm）	方差（m²）	变异系数（%）	多样性指数
株高	90.46	25.33	61.67	12.06	65.13	145.42	19.55	2.01
剑叶长	19.20	5.94	8.94	1.90	13.26	3.62	21.28	1.78
剑叶宽	1.38	0.70	1.05	0.15	0.68	0.02	14.25	2.03
穗长	12.56	4.13	8.71	1.33	8.43	1.76	15.24	2.04
穗颈长	24.20	1.87	11.10	3.97	22.23	15.78	35.78	2.02
每穗粒数	18.80	7.00	13.14	2.48	11.80	6.17	18.90	2.03

　　朱高倩、徐津、谭学林等（2012）报道了源于野生稻的一次枝梗角度大的分叉穗型水稻材料YRRIWP-1与一次枝梗角度较小的密集穗型品种合系41，以及它们杂交后代F$_2$群体为材料的10个穗部性状进行逐步判别，选出一次枝梗角度作为判别因子建立简单判别函数，并利用该函数将F$_2$代群体划分一次枝梗分叉穗型和密集穗型两类，在此基础上进行该性状的遗传分析，同时对一次枝梗角度与其他穗部性状的相关性进行研究。结果表明，一次枝梗角度由一对显性基因控制，见表4-8；它与结实率、一次枝梗数、二次枝梗数和一次枝梗总长度极显著相关，与穗长和穗粒数显著相关，与顶端最长一次枝梗长、一次枝梗数和一次枝梗平均长度和着粒密度不相关；一次枝梗角度增大对其他相关的6个穗部性状的影响不完全是直线正相关，当一次枝梗角度为70°、-110°时，这6个穗部性状均呈直线上升趋势，见表4-9。

表4-8　F$_2$代群体的穗型性状分离（朱高倩等，2012）

分离群体	调查株数（株）	一次枝梗密集穗型株数（株）	一次枝梗分叉穗型株数（株）	Xc²	P值
F$_2$	260	65	195	0（1:3）	>0.01

表4-9　F$_2$代植株一次枝梗角度对其他穗部性状的影响（朱高倩等，2012）

一次枝梗角度（°）	穗长（cm）	一次枝梗数	二次枝梗数	一次枝梗总长度（cm）	主穗穗粒数	主穗结实率（%）
0~10	21.52 abc	11.08 ab	24.56 ab	76.74 abc	132.56 ab	0.68 abc
10~20	21.37 abc	10.45 ab	23.15 ab	73.51 abc	124.85 a	0.65 abc
20~30	18.76 a	9.78 ab	17.00 a	63.02 a	102.78 a	0.49 a
30~40	19.80 ab	9.00 a	20.50 ab	65.48 ab	106.25 a	0.49 a
40~50	20.47 ab	9.00 a	20.45 ab	64.75 ab	102.45 a	0.50 ab
50~60	20.57 ab	10.53 ab	18.67 ab	68.71 abc	106.00 a	0.70 bc
60~70	21.42 abc	11.21 ab	23.34 ab	76.60 abc	125.07 a	0.69 bc
70~80	21.35 abc	11.38 bc	25.40 ab	79.40 abcd	129.31 ab	0.74 c

续表

一次枝梗角度（°）	穗长（cm）	一次枝梗数	二次枝梗数	一次枝梗总长度（cm）	主穗穗粒数	主穗结实率（%）
80～90	22.05 bc	11.96 bc	28.00 b	84.02 bcd	137.24 ab	0.78 c
90～100	22.05 bc	11.44 bc	27.60 b	82.48 abcd	139.84 ab	0.76 c
100～110	23.79 c	11.43 bc	27.00 b	87.39 cd	143.71 ab	0.80 c
>110	23.45 c	13.50 c	37.00 c	97.10 d	167.00 b	0.60 abc

注：表中同列内不同小写字母表示在0.05水平下差异显著。

从表4-9中看到，当穗长、一次枝梗数、二次枝梗数、一次枝梗总长度、主穗穗粒数和结实率处于最低水平时，一次枝梗角度分别为20°～30°、30°～50°、20°～30°、20°～30°、10°～70°、20°～40°。而当一次枝梗角度为0°～10°及70°～110°时，这6个穗部性状均处于较高水平。一次枝梗角度对这6个穗部性状并不完全呈直线相关，当一次枝梗角度为10°～70°时，这6个穗部性状均呈不同程度的下降趋势，当一次枝梗角度为80°～110°时6个穗部性状的值均呈上升趋势，它们的平均值大于一次枝梗角度为0°～10°时的平均值。

蔡得田、宋兆建（2012）从他们的研究实践中提出了基于整体基因组转移的栽培稻/野生稻杂交选育学术观点：①丰富的野生稻资源中多倍体现象值得注意；②利用野生稻资源的难度；③二倍体条件下杂交利用野生稻的局限性；④基因渐渗转移野生稻优良基因策略的利弊；⑤整体基因组转移的优势与困难；⑥远缘杂交多倍体化实现整体基因组转移的关键技术；⑦栽培稻/野生稻种间杂种多倍体的回交和复交选育；⑧栽培稻与非A基因组野生稻形成基因组间杂种及多倍体；⑨栽培稻/野生稻基因组间杂种多倍体的回交再加倍形成同源异源多倍体；⑩对栽培稻/野生稻杂种多倍体化选育超级稻的前景值得展望。远缘多倍体具有更强大的杂种优势，达到了亩产1 000 kg的目标，对缓解世界粮食危机具有良好前景。

第三节　野生稻资源的稻米品质鉴定与评价

一、野生稻资源的稻米外观品质鉴定与评价

1. 碾磨品质鉴定与评价

野生稻稻米碾磨品质鉴定主要用小型的碾米机将稻米碾磨成精米，测定其精米和整粒精米率。广西农业科学院作物品种资源研究所秦学毅等（1987）测定普通野生稻稻米的精米率

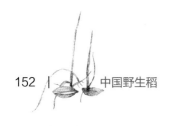

和整精米率多数为60%～65%，少数为50%～60%，达到二级米的标准。

2. 烹调品质鉴定与评价

烹调品质包括多方面的内容，如米饭疏松度、柔软度、膨胀度、香味及适口性等。这些品质主要由直链淀粉含量及其固有的特性决定。鉴定时通过直链淀粉含量、碱消值、胶稠度、糊化温度、米粒延伸率及品尝口感等理化特性综合反映其烹调的品质。广西农业科学院作物品种资源研究所秦学毅（1987）测定普通野生稻30份，结果只有直链淀粉含量高和适中两类，没有低含量类型。直链淀粉含量在24%以上的占73%，含量在20%～24%的占26.67%。含量适中的类型，其胶稠度表现为软，米饭质地也软，冷却后仍然疏松柔软。米饭品尝口感评比中，人们都喜欢直链淀粉含量适中的，认为这类米饭松软可口。这种试验取材太少，很难代表数千份材料，只能作为参考。万常炤等（1993）对来自我国台湾、海南、广东、广西、云南、湖南、江西等省（自治区）的野生稻稻米蒸煮后进行品质测定，结果显示：湖南茶陵野生稻的直链淀粉含量最低，为14.37%，江西东乡野生稻最高，为22.24%；碱消值最低的是广东湛江野生稻，为3.0，最高的是从化野生稻，为4.5；胶稠度以湖南茶陵野生稻最高，为43 mm，广东湛江及广西隆安野生稻最低，均为27 mm。在药用野生稻参试的广东新兴、云南耿马的材料中，两者的直链淀粉含量相近，碱消值、胶稠度有所差异。疣粒野生稻中，海南省乐东、云南省思茅景洪野生稻直链淀粉含量差异不大，碱消值、胶稠度也较接近。12个籼稻品种直链淀粉含量平均为21.47%，变幅为16.28%～23.9%；而10个粳稻品种的含量范围为16.26%～23.97%。籼稻糊化温度、碱消值变幅为3.0～7.0，平均为4.7；粳稻的变幅为3.5～7.0，平均为6.5。籼稻胶稠度变幅为23～39 mm，平均为30 mm；粳稻变幅为33～59 mm，平均为38.2 mm。从3个蒸煮品质平均值看，普通野生稻与粳稻较为接近。

3. 直观品质鉴定与评价

稻米的外观在我国商品稻米市场和国际市场上都是重要的品质因素。稻米的外观品质主要取决于米粒的长度、形状、胚乳透明度、垩白的大小。可用游标卡尺来测定米粒的长度、宽度和垩白的大小。在测定米粒的透明度及垩白的大小时，可把米粒放在玻璃板上，通过玻璃下灯光的映照，用肉眼观察测定。如广东农业科学院刘雪贞等人（1999）对1 842份普通野生稻测定，米粒长度在5.51～6.6 mm的有1 466份，占测定样品的79.59%；米粒长度在6.61～7.5 mm的有35份，占1.90%；米粒长宽比大于3的有1 009份，占54.78%，米粒长宽比在2.1～3的有830份，占45.06%；胚乳透明无垩白的有1 063份，占57.71%。与栽培稻相比，野生稻稻米大部分为优质是无疑的，可供育种利用的编号有S3040、S3281、S3374、S6070、S6130、S6177、S6183、S6199、S7095、S7302、S7303、S7402、S7429、S7433、S7438、S7462、S7469、S7498、S7536、S7544、S7588、S7612、S8008、S8028、S8048等。按全国稻属野生种质观察记载标准和国家出口优质米评价标准，对野生稻米外观品质划分为优、中、差3个等级标准。"七五"期间，庞汉华（1992）统计全国3 277份普通野生稻，其中外观品质优的有2 021份，占61.67%；中等的有1 057份，占32.26%。江西省分析173份，外观品质优的有168份，占97.11%；湖南省分析100份，外观品质优的有75份，占75%；广东省分析1 851份，外观品质优的有1 074份，占58.02%，外观品质中等的有640份，占34.58%；广西分析1 153份，外观品质优的有704份，占61.06%，外观品质中等的有417份，占36.17%。以上分析结果表明，野生稻稻米的外观品质为优的占60%以上。陈成斌（1995）统计"七五""八五"期间编录的6 954份野生稻中有34.35%外观品质优，普通野生稻中的38.5%为优质。这对于改良栽培稻稻米的外观品质具有很高的利用价值。

二、野生稻资源的稻米蛋白质含量测定

1. 普通野生稻的蛋白质含量分析

"七五"期间，各省（自治区、直辖市）都把搜集到的野生稻进行蛋白质含量分析研究。分析方法是采用凯氏自动定氮仪测定。梁能、吴惟瑞（1993）在广东农业科学院测定528份普通野生稻稻米的蛋白质含量，蛋白质含量变幅为8.53%～17.42%，平均为11.99%，其中含量为10.1%～13.0%的有399份，占75.57%；含量为13.1%～15.0%的有78份，占14.77%；含量在10%以下的有46份，占8.71%；含量在15%以上的有5份，占0.95%。蛋白质含量在14%以上、综合农艺性状好的编号有S1067、S3022、S3356等，共23份，占4.36%。吴妙燊（1993）在广西农业科学院测定1 256份普通野生稻，结果显示，蛋白质含量变幅为8.05%～17.08%，其中蛋白质含量为11.1%～13.0%的有747份，占总测定数的59.47%；蛋白质含量为13.1%～15.0%的有294份，占23.41%；蛋白质含量为9.1%～11.0%的有182份，占14.49%。综合农艺性状好、蛋白质含量在15%以上的有YD2-0391、YD2-0127、YD2-0683、YD2-1021等编号。江西省东乡普通野生稻测定100 g稻米干物质的蛋白质含量为12.2%，其他氨基酸总含量为11.23%～11.28%。据甄海、黄炽林报道，"七五""八五"期间，广东农业科学院承担了全国野生稻蛋白质含量测定评价，测定普通野生稻1 752份、国外野生稻172份，测定结果表明，普通野生稻蛋白质含量在8.5%～17.9%，蛋白质含量大于15%的有99份，占5.65%，没有发现蛋白质含量低于8%的样品。172份国外野生稻材料中蛋白质含量在15%以上的有47份，占27.33%，其中WYD-460、WYD-466、WYD-453、WYD-440蛋白质含量分别为21.2%、19.4%、19.4%、19.4%。陈成斌（1991）报道，测定的广西普通野生稻1 119份，蛋白质含量为7.75%～17.37%，其中蛋白质含量在15%以上的占1.79%。从几个省（自治区）测定的栽培稻的蛋白质含量来看，变幅为7%～12%，极少数含量达10%～12%。

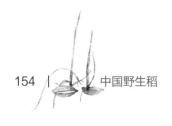

从普通野生稻测定结果看，其蛋白质含量都高于栽培稻蛋白质含量，有些编号甚至是栽培稻蛋白质含量的2倍多。这些优质基因源是水稻优质育种难得的种质资源。

2. 药用野生稻蛋白质含量分析

测定普通野生稻蛋白质含量的方法与测定药用野生稻蛋白质含量的方法是相同的。从分析结果看，药用野生稻的蛋白质含量相当高。如吴妙燊（1993）报道，广西测定190份药用野生稻的蛋白质含量，其变幅为11.81％～18.42％，其中以含量为13％～15％的所占的比例最大，有100份，占总测定数的52.63％；其次是含量为15.1％～17.0％的，有70份，占36.84％。广东农业科学院甄海（1997）测定104份药用野生稻材料，蛋白质含量的变幅为12.8％～22.3％，蛋白质含量大于20％的有7份，占6.73％；蛋白质含量在15％以上的有87份，占83.65％。可见药用野生稻蛋白质含量比普通野生稻还高。

野生稻蛋白质含量的总趋势是，药用野生稻>普通野生稻>栽培稻。疣粒野生稻因搜集种子较难，未进行蛋白质含量分析，所以不能与其他野生稻进行比较。在不同年份、不同栽培条件（如土质、施肥、宿根年限、灌水等）下蛋白质含量的变异系数较大，但蛋白质含量总的趋势是药用野生稻蛋白质含量高于普通野生稻，普通野生稻蛋白质含量高于栽培稻。

21世纪以来，我国野生稻保存与利用研究重点在保存和利用两方面，鉴定评价的主要工作是以抗病虫害和抗逆性鉴定为主，品质方面以以前的数据资料整理为主。杨庆文等（2015）申报"中国野生稻种质资源保护与创新利用"科技成果时，仅给出31份普通野生稻种质的糙米蛋白质含量测定与评价结果，其平均含量超过12.61％，达到优异种质的水平；对12份普通野生稻种质进行了17种氨基酸含量的测定，12份参试种质的各种氨基酸含量均高于参试的栽培稻种质，也达优异种质的水平。根据2个国家野生稻圃的研究结果表明，测定的3 346份国内外的野生稻种质的糙米蛋白质含量是7.75％～22.30％，15％以上含量的种质有337份，占10.07％，含量达到17％以上的种质极少。陈成斌报道的测定结果，在1 309份野生稻种质中蛋白质含量超过17％的种质仅有13份，占参试种质的0.99％，不足1％。这种结果说明我国野生稻种质资源中蛋白质含量高的种质较少，但还是有一批优质的稻米基因源，是进一步改良我国栽培稻品质的宝贵种质。

第四节　野生稻资源的抗病虫性鉴定与评价

一、野生稻资源的抗病性鉴定与评价

我国3种野生稻能长期处于自然生境中，经过漫长岁月严酷的自然选择，生生不息，这表明我国野生稻资源蕴藏着丰富的抗病虫基因，对各种病虫害和不良的逆境有较强的抵抗能力。

通过鉴定筛选抗病性强的野生稻资源，可进一步对野生稻进行鉴定与评价，为有关水稻育种单位有效地利用野生稻资源提供可靠的亲本材料，也为国家种质库提供有用的数据。为此，我国十分重视野生稻的抗性鉴定，在"七五""八五"期间从科技攻关项目中列单项抗性鉴定课题，对野生稻进行抗性鉴定与评价。

1. 野生稻资源抗白叶枯病的鉴定与评价

"七五"期间，我国组织有关专业科研院所协作，采用国内外先进、可靠易行的技术对野生稻资源进行抗白叶枯病鉴定，即用致病力最强的菌种，菌液浓度为每升3亿~6亿个菌落，在分蘖盛期至孕穗期用人工剪叶法接种病菌。接种后20~25天，按全国统一的分级标准进行病情调查、记录。调查记载标准：0级，无病斑，剪口处仅有干枯剪痕，属免疫；1级，剪口处有少量病斑，占总叶面积的0.1%~1.0%，属高抗（HR）；3级，剪口处病斑占叶面积的1.1%~2.0%，属抗病（R）；5级，剪口处病斑占叶面积的2.1%~3.0%，属中抗（MR）；7级，剪口处病斑占叶面积的3.1%~4.0%，属感病（S）；9级，剪口处病斑占叶面积的4.1%~5.0%，属高感（HS）。对1~5级的抗原重复鉴定2~3次，确定为抗性。梁能、吴惟瑞等（1993）报道，广东农业科学院在"七五"期间鉴定2 237份野生稻材料，其中普通野生稻2 064份，结果属1级（高抗）抗原的有4份，占0.19%，如YDl-0059、YDl-0057、YDl-0585等编号；3级（抗病）抗原有58份，占2.81%；5级（中抗）抗原有332份，占16.09%。鉴定药用野生稻155份，属1级（高抗）抗原的有2份，占1.29%；3级（抗病）抗原有10份，占6.45%；5级（中抗）抗原有66份，占42.58%，共有抗原78份，占总鉴定数的50.32%。吴妙燊（1993）报道，广西农业科学院对1 752份普通野生稻进行抗白叶枯病鉴定，结果属1级（高抗）抗原的有2份，占0.11%；3级（抗病）抗原有55份，占3.14%；5级（中抗）抗原有426份，占24.32%。RBB16抗原与栽培稻的Xal-7抗性基因为非等位性，被定名为Xa23抗性基因，在栽培稻中不具有这种广谱、高抗基因，是水稻育种的新抗原。高抗白叶枯病的种质源有YD2-0480、YD2-1443等86份。鉴定药用野生稻99份，结果属1级（高抗）抗原的有5份，占参试材料的2.51%，绝大部分属2级和3级（抗病或中抗）抗原，人工接种病菌后剪接口均无明显病斑，仅呈褐变反应。从抗白叶枯病鉴定结果看，药用野生稻比普通野生稻抗性强，抗原多，值得进一步研究。姜文正（1987）报道，江西农业科学院鉴定270份普通野生稻，结果有10份抗白叶枯病，占4.98%。又据江西农业科学院植物保护研究所黄瑞荣、曾小萍等（1990）报道，对203份东乡野生稻鉴定白叶枯病抗性，结果高抗的有7份，占3.45%，抗病的有74份，占36.5%，且多数材料表现为高抗白叶枯病，它们是东野庵家山-4、东野庵家山-44、东源林场-1、东源林场-11、东塘上-8、东塘上-33、东源樟塘-5。

"八五"期间，广东农业科学院水稻研究所承担全国野生稻鉴定，在"七五"鉴定的基础上再次集中、全面、系统地对全国普通野生稻进行白叶枯病抗性鉴定，通过鉴定选出野生稻抗白叶枯病的抗原，进而把其抗病基因导入栽培稻中。鉴定材料来自广东、广西、江西、湖南、福建5个省（自治区）共1 588份，鉴定结果见表4-10。

表4-10　五省（自治区）普通野生稻抗白叶枯病鉴定结果（连兆铨、潘大建等，1999）

材料来源	鉴定份数	高抗		抗病		中抗		中抗以上样品		中感		感病		高感	
		份数	占比（%）	份数	占比（%）	份数	占比（%）	份数	占比（%）	份数	占比（%）	份数	占比（%）	份数	占比（%）
广东	500	9	1.8	24	4.8	212	42.4	245	49.0	202	40.4	41	8.2	12	2.4
广西	493	6	1.2	84	17.0	257	52.1	345	70.0	129	26.2	15	3.0	2	0.4
江西	189	3	1.6	15	7.9	90	47.6	103	54.5	70	37.0	8	4.2	3	1.6
湖南	306	5	1.6	39	12.7	139	45.4	183	59.8	91	29.7	27	8.8	5	1.6
福建	100	1	1.0	17	17.0	44	44.0	62	62.0	29	29.0	8	8.0	1	1.0
合计	1 588	24	1.5	179	11.3	742	46.7	938	59.1	521	32.8	99	6.2	23	1.5

表中数据为1992年早造和晚造、1993年早造，两年三造重复3次接种鉴定的结果。高抗的24份材料表现出抗性稳定，可推荐作为研究利用的抗原。广东有S92100、S92123、S92158、S92167、S92174、S92188、S92278、S92303等8份，广西有YD2-0009、YD2-0013、YD2-0048、YD2-0055、YD2-0075、YD2-0093等6份，江西有4-2、3-2、2-1等3份，湖南有C077、C115、C117、C120、C047等5份，福建有M2028 1份。

此外，还有中国农业科学院作物品种资源研究所与作物栽培研究所共同鉴定的国内外各种野生稻502份，筛选出高抗白叶枯病材料21份，占4.18%，如CYD-0736、CYD-0354；抗病的材料40份，占7.97%。从以上的鉴定结果看，野生稻资源中确实存在有不少抗白叶枯病的材料，只要充分地开发利用，在水稻育种中必有新的突破。

阿新祥、冯云程、徐福荣等（2012）报道了云南疣粒野生稻对云南高原粳稻白叶枯病菌强毒性菌株2001-28的抗性鉴定结果，首次发现云南疣粒野生稻高度感染白叶枯病菌的种质现象。在参试的88份疣粒野生稻种质中有高抗（HR）种质7份，占7.95%；抗病（R）的种质

10份，占11.36%；中抗（MR）种质35份，占39.77%；感病（S）种质27份，占30.68%；高感（HS）种质9份，占10.23%。试验结果还发现，不同来源的疣粒野生稻抗感频率及多样性指数不同，见表4-11。

表4-11　云南不同地区的疣粒野生稻对白叶枯病菌株2001-28的抗性分布及多样性指数（阿新祥等，2012）

来源地	参试材料数（份）	抗感频率分布					多样性指数（H'）
		HR	R	MR	S	HS	
保山	12	0	0	0.083 3	0.166 7	0.750 0	0.721 5
德宏	14	0.071 4	0.214 3	0.428 6	0.285 7	0	1.239 7
临沧	14	0	0	0.500 0	0.500 0	0	0.693 2
普洱	36	0.083 3	0.055 6	0.472 2	0.388 9	0	1.089 3
西双版纳	9	0.333 3	0.333 3	0.333 3	0	0	1.098 6
玉溪	3	0	0.666 7	0.333 3	0	0	0.635 1

2. 野生稻资源抗稻瘟病的鉴定与评价

我国在"七五"期间组织有关专业所开展了野生稻的稻瘟病抗性鉴定。鉴定方法采用当前致病力最强的稻瘟病菌混合液，浓度为100倍显微镜下每个视野有30～40个以上的菌株孢子。用空气压缩机接喉头喷雾器，将病菌均匀地喷到野生稻苗上，恒温应为25 ℃±1 ℃，相对湿度85%以上，接种24小时后将稻苗移到荫棚，喷水保湿2～3天，在接种后10～15天按国内统一的分级标准进行调查记载。调查记载标准如下。

①苗瘟及叶瘟抗病等级分为9级：0级，无病斑，属高抗（HR）；1级，仅有针尖大小的褐斑点，属抗病（R）；2级，病斑比针尖稍大的褐点，属抗病（R）；3级，病斑呈圆形稍长的灰色，边缘褐色，病斑直径1～2 mm，属中抗（MR）；4级，典型纺锤形病斑，长1～2 cm，通常局限于两条主脉之间，为害面积在2%以下，属中感（MS）；5级，典型病斑，为害面积为3%～10%；6级，典型病斑，为害面积为11%～25%；7级，典型病斑，为害面积为26%～50%；8级，典型病斑，为害面积为51%～75%；9级，全部叶片枯死。5～7级均属感病（S），8～9级均属高感（HS）。

②穗颈瘟与节瘟抗病等级分为9级：0级，无病，属高抗（HR）；1级，发病率低于1%，属抗病（R）；3级，发病率1.0%～5.0%，属中抗（MR）；5级，发病率5.1%～25.0%，属中感（MS）；7级，发病率25.1%～50.0%，属感病（S）；9级，发病率50.1%～100%，属高感（HS）。

梁能、吴惟瑞（1993）报道，广东农业科学院鉴定普通野生稻1 626份，筛选出高抗（0～3级）的27份抗原，占鉴定样本数的1.66%，其中0级的有17份，1级的有5份，2级的有1份，3级的有4份，可作为高抗稻瘟抗原的有S1013、S1157、S1068等。吴妙燊（1993）报道，"七五"期间，广西农业科学院鉴定普通野生稻1 679份，结果选出0～3级抗原30份，占鉴定

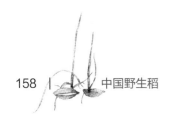

材料的1.79%。有些编号除抗病菌优势小种G1及B、C优势菌群外，还有抗致病力最强的小种A1和新兴小种A47、B7等（表4-12）。在鉴定的199份药用野生稻资源中，选出0~3级抗原19份，占参加鉴定样本的9.55%，从结果可见药用野生稻抗稻瘟病较普通野生稻材料多，而且抗性较强。可作为稻瘟病育种抗原的有YD2-0435、YD2-1263、YD2-1005、YD2-1627、YD2-1685等（表4-13）。

表4-12　广西普通野生稻推荐抗稻瘟病抗原（赖星华、吴妙燊等，1992）

全国编号	广西编号	采集地点	生长习性	多年多点次病区自然诱病结果						对稻瘟病菌主要生理小种的抗性
				叶瘟			穗瘟			
				次数	RM（%）	定级	次数	RM（%）	定级	
YD2-0435	81ST348	贵港	倾斜	19	94.7	1	16	87.5	1	抗病B1、B7、B41、B15、C15、G，中抗A1、A47
	82ST487	贵港	倾斜	19	95.6	1	16	87.6	1	抗病B1、B7、B41、B15、C15、G，中抗A1、A2、A47
	81ST221	扶绥	倾斜	18	83.8	3	18	83.3	3	中抗A1、B1、B7、D11、B15、C、G
YD2-1263	81ST445	来宾	倾斜	15	93.3	1	14	78.6	3	抗病B1、B7、B11、B15，中抗G1
YD2-1005	81ST385	田东	半直立	17	88.2	2	19	89.5	1	
YD2-0408	81ST627	来宾	倾斜	7	100	1	7	85.7	1	
YD2-1372	81ST148	来宾	匍匐	9	35.7	2	7	85.7	1	
特特普（抗病对照）				19	90.5	1	19	90.0	1	
团结1号（感病对照）				19	0	9	19	0	1	

表4-13　广西药用野生稻推荐抗原（赖星华、吴妙燊等，1992）

全国编号	广西编号	采集地点	生长习性	多年多点次病区自然诱病结果						对稻瘟病菌主要生理小种的抗性
				叶瘟			穗瘟			
				次数	MR（%）	定级	次数	MR（%）	定级	
YD2-1647	82OT58	桂平	倾斜	9	100	1	3	100	1	抗病C1、C13、F1、G1
YD2-1685	82OT46	北流	倾斜	11	100	1	2	100	1	抗病或中抗C1、C13、F1、G1
YD2-1627	82OT38	玉林	倾斜	10	100	1	2	100	1	抗病或中抗C、C13、F1、G1

续表

全国编号	广西编号	采集地点	生长习性	多年多点次病区自然诱病结果						对稻瘟病菌主要生理小种的抗性
				叶瘟			穗瘟			
				次数	MR（%）	定级	次数	MR（%）	定级	
YD2-1764	82OT177	梧州	倾斜	6	100	1	3	100	1	抗病或中抗C、C13、F1、G1
YD2-1645	82OT56	桂平	倾斜	12	91.7	1	6	83.3	3	抗病F1、G1
YD2-1698	82OT110	藤县	倾斜	6	100	1	4	100	1	抗病F1、G1
YD2-1674	82OT86	岑溪	倾斜	15	93.3	1	6	100	1	抗病C1、中抗F1
YD2-1624	82OT35	玉林	倾斜	10	100	1	5	100	1	抗病G1
YD2-1648	82OT59	桂平	倾斜	10	100	1	6	83.3	3	抗病G1
"特特普"（抗病对照）				19	90.5	1	19	90.0	1	
"团结1号"（感病对照）				19	0	9	19	0	9	

　　江西农业科学院鉴定207份普通野生稻样本，选出抗稻瘟病5份，占总数的2.4%，可作为稻瘟病抗原的编号有东塘上-1、坎下垄-2、水桃树下-1等；黄瑞荣等报道对东乡野生稻抗稻瘟病进行鉴定，没有表现抗性和高抗的材料，中抗的有7份，有水桃树下-5、东野樟塘-24、东塘樟塘-2、林场庵家山-1、东塘-6等。中国农业科学院作物品种资源研究所鉴定502份，选出高抗稻瘟病的有16份，占鉴定材料的3.19%，如CYD-0761、CYD-0256、CYD-0739。对白叶枯病和稻瘟病都表现抗性的有CYD-0297、CYD-056、CYD-0806，占鉴定材料的8.17%。以上所列的稻瘟病抗原已被有关育种单位应用并取得良好效果。

　　陈成斌等（2010～2014）承担中国农业大学孙传清教授主持的农业部公益性行业（农业）科技专项中的广西野生稻抗稻瘟病、黑条矮缩病新抗原鉴定的项目任务，经过在广西东兴市河州村、金秀县桐木镇、罗香乡等不同地点的重稻瘟病发病区，进行多点多年重复鉴定评价，共鉴定了新搜集的野生稻种质11 500多份的稻叶瘟病与穗瘟病抗性，结果分别见表4-14与表4-15。

表4-14　野生稻抗叶瘟病鉴定（2010～2014）结果统计表（陈成斌等，2015）

年份	稻种名称	参试材料数量（份）	高抗		抗病		中抗	
			数量（份）	占比（%）	数量（份）	占比（%）	数量（份）	占比（%）
2010	野生稻	2 110	27	1.28	18	0.85	80	3.79
2011	野生稻	4 110	27	0.66	18	0.44	89	2.17
2012	野生稻	2 001	0	0	9	0.45	140	7.00

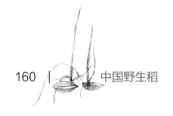
续表

年份	稻种名称	参试材料数量（份）	高抗		抗病		中抗	
			数量（份）	占比（%）	数量（份）	占比（%）	数量（份）	占比（%）
2013	野生稻	2 103	0	0	6	0.29	39	1.85
2014	野生稻	1 220	3	0.25	10	0.82	25	2.05
累计	普通野生稻	9 003	53	4.27	53	4.27	346	3.70
	药用野生稻	2 541	4	0.16	8	0.31	27	1.06
合计		11 544	57	0.48	61	0.51	373	3.14

表4-15 野生稻抗穗瘟病鉴定（2010～2014）结果统计表（陈成斌等，2015）

年份	稻种名称	参试材料数量（份）	高抗		抗病		中抗	
			数量（份）	占比（%）	数量（份）	占比（%）	数量（份）	占比（%）
2010	野生稻	2 058	18	0.87	7	0.34	29	14.09
2011	野生稻	4 058	18	0.44	8	0.20	34	0.84
2012	野生稻	2 001	0	0	4	0.20	28	1.69
2013	野生稻	2 000	0	0	9	0.45	25	1.25
2014	野生稻	1 220	0	0	3	0.25	14	1.15
累计	普通野生稻	8 956	32	0.36	25	0.28	105	1.17
	药用野生稻	2 381	4	0.17	6	0.25	25	1.05
合计		11 337	36	0.32	31	0.27	130	1.15

从表4-14和表4-15可以看到，普通野生稻种质高抗叶瘟病的有53份、高抗穗瘟的有32份，分别占参试材料的4.27%和0.36%；药用野生稻种质高抗叶瘟病的有4份、高抗穗瘟病的有4份，分别占参试材料的0.16%和0.17%。它们都是新搜集鉴定出来的新抗原种质（图4-7至图4-9）。

为了进一步确定野生稻对稻瘟病的抗性，我们进行了多点与多次重复鉴定，获得高抗种质8份、抗病种质53份、中抗种质110份，其中普通野生稻高抗种质8份、抗病种质53份、中抗种质109份；药用野生稻中抗种质1份，见表4-16。这些野生稻种质为栽培稻种质创新、育种提供了坚实基础。

图4-7 高抗穗瘟的普通野生稻

图4-8　高抗穗颈瘟的药用野生稻

图4-9　抗叶瘟3级种质材料

表4-16　野生稻抗稻瘟病重复鉴定（2010～2014）结果统计表（陈成斌等，2015）

年份	稻种名称	鉴定项目	复鉴的材料数（份）	高抗		抗病		中抗	
				数量（份）	占比（%）	数量（份）	占比（%）	数量（份）	占比（%）
2011	野生稻	叶瘟	49	6	12.24	15	30.61	17	34.69
		穗瘟	49	2	4.08	6	12.24	12	24.49
2012	野生稻	叶瘟	44	0	0	3	6.82	14	31.82
		穗瘟	44	0	0	2	4.55	13	29.55
2013	野生稻	叶瘟	50	0	0	11	22.00	11	22.00
		穗瘟	50	0	0	4	8.00	19	38.00
2014	野生稻	叶瘟	44	0	0	8	18.18	10	22.73
		穗瘟	44	0	0	4	9.09	14	31.83
累计	普通野生稻	叶瘟	180	6	3.33	37	20.56	51	28.33
		穗瘟	180	2	1.11	16	8.89	58	32.22
	药用野生稻	叶瘟	7	0	0	0	0	1	14.29
		穗瘟	7	0	0	0	0	0	0
合计		叶瘟	187	6	3.21	37	19.79	52	17.81
		穗瘟	187	2	1.07	16	8.56	58	31.02

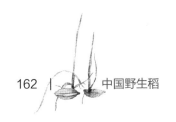

唐清杰、陈健晓、王晓宁等（2012年）报道了海南普通野生稻苗期、抽穗期稻瘟病抗性鉴定的结果。应用自然诱发的方法鉴定了41个居群410份材料的苗期叶瘟病抗性，在抽穗期利用稻瘟病菌（YC25）人工接种法对121份材料进行穗颈瘟抗性鉴定。经过初鉴和复鉴后发现，海南普通野生稻中苗期有21份种质表现为高抗叶瘟，占5.1%，有117份表现为抗病，占28.5%；对穗颈瘟免疫抗性鉴定8份，占6.61%，1级高抗8份，占6.61%，3级抗性21份，占17.36%，见表4-17、表4-18。在410份材料中有30份抽穗，鉴定其穗颈瘟抗性结果，有2份继续表现高抗，5份表现抗病。

表4-17 海南普通野生稻苗期稻瘟病抗性鉴定结果统计（唐清杰等，2012）

供试材料名称	初鉴					复鉴					
	参试材料	高抗	抗病	中抗	感病	高感	参试材料	高抗	抗病	中抗	感病	高感
普通野生稻	410	88	178	120	7	17	386	21	117	152	5	91
琼香-IS（CK）	20	0	3	15	2	0	20	0	4	15	0	1
II优128（CK）	20	0	17	3	0	0	20	0	16	1	0	3

表4-18 海南普通野生稻穗颈瘟抗性鉴定结果统计（唐清杰等，2012）

	材料数量	免疫	高抗	抗病	中抗	感病	高感
普通野生稻	121	8	8	21	21	52	11
琼香-1S（CK）	20	0	0	0	3	12	5

3. 野生稻资源抗细菌性条斑病鉴定与评价

关于细菌性条斑病的研究报道不多，它是20世纪80年代以来在华南地区随着杂交稻感病组合的推广而在生产上蔓延的，极大地影响了水稻生产，是全国十大检疫性病害之一。在现有的栽培稻中未发现有理想抗原，因而通过野生稻资源抗性鉴定，筛选出抗细菌性条斑病的抗原就显得尤为重要。梁能、吴惟瑞等（1993）报道，广东农业科学院在"七五"期间开展普通野生稻抗细菌性条斑病的抗原鉴定，他们的鉴定方法是，从发病区采集发病植株分离纯化菌种，在水稻秧苗期用喷雾法进行接种鉴定，以选择致病力强的菌株作为鉴定的代表菌株；菌龄72小时，菌液浓度为每毫升6×10^8个病菌，通过人工喷雾法均匀地喷在幼苗上；接种病菌后用塑料薄膜覆盖保温24小时，揭膜后经常喷雾保湿。20天后按下列分级标准调查记载：0级（高抗），叶片无病斑；1级（抗病），叶片仅有透明水渍状病斑，占叶片面积的1%以下；3级（中抗），叶片有零星的短条斑，占叶面积的1%～5%；5级（中感）叶片病斑较多，连接在一块，占叶面积的6%～25%；7级（感病）叶片病斑密布，占叶面积的

25%～50%；9级（高感），病斑占叶面积的50%以上，叶片变黄，卷曲枯死。经初选0～3级的抗原，再重复鉴定2～3次，最后确定其抗病等级。广东农业科学院共鉴定2 017份普通野生稻，选出抗细菌性条斑病种质共30份，其中1级抗原2份，占参加鉴定种质的0.10%；3级抗原28份，占1.39%，可作为抗原的种质有S3163、S7609、S3418等。江西农业科学院姜文正（1987）对207份东乡普通野生稻进行抗细菌性条斑病鉴定，获抗病种质12份，占5.8%，同时还发现对黄矮病达到抗病性乃至免疫的材料4份，占1.93%。对黄矮病免疫的编号有坎下垅、水桃树下、东塘下-1、樟塘-1等，抗细菌性条斑病的编号有樟塘-5、东源水沟-1、东源水桃树下-3等，都可作为抗原种质。黄瑞荣、曾小萍（1990）报道，对206份东乡野生稻进行抗细菌性条斑病抗性鉴定，未发现高抗材料，获抗病的种质106份，占52.22%，中抗的有57份，占27.6%。抗细菌性条斑病的编号有东塘上-6、东塘上-24、东源水桃树下-1、庵家山-1、庵家山-2、东源坝下垄-1等。

岑贞陆等（2007）报道了对广西野生稻种质977份材料鉴定细菌性条斑病抗性结果，获得9份抗性级别材料、37份中抗级别材料。

4. 野生稻资源抗纹枯病鉴定与评价

纹枯病在水稻生产中普遍存在，发生面积广，特别在高肥、密植的高产地区，危害更为严重，极大地影响了水稻产量，是水稻主要病害之一。在栽培稻中至今未找到理想的抗原，也没有很好的特效农药防治。开展普通野生稻抗纹枯病鉴定，筛选纹枯病抗原具有深远意义和应用价值。

鉴定方法：首先从水稻田采集发病植株，从中分离提纯菌株，配成溶液，再接种到田间水稻植株的基部、叶鞘中，选择致病力强的植株，再分离提纯菌株，保存于冰箱内。在野生稻苗期或生长盛期，取出菌株并制成液体，菌液浓度为每毫升6×10^8个病菌。采用人工喷雾的方法将病菌接种在野生稻植株的茎基部，然后用塑料薄膜覆盖保湿24小时，揭膜后采用喷雾保湿。接种20天后，按下列标准调查记载病级：0级（高抗），叶鞘或叶片无病斑；1级（抗病），叶鞘有1～2个病斑，占叶鞘1/4以下面积发病；3级（中抗），叶鞘有2～3个病斑，占叶鞘1/2以下面积发病；5级（中感），叶鞘有3～5个病斑，超过叶鞘1/2的面积发病；7级（感病），超过叶鞘3/4的面积发病；9级（高感），顶部多数叶片发病或植株枯死。初选0～3级的抗病抗原，再经2～3次重复鉴定，最后确定抗病等级。"七五"期间，广东农业科学院梁能、吴惟瑞等（1993）鉴定普通野生稻2 021份，结果选出23份3级（中抗）的抗原，占参加鉴定总数的1.14%。抗纹枯病的种质有YD1-0136、YD1-1636、YD1-1620等。从鉴定结果看，抗纹枯病的抗原不多，且没有高抗和抗病的抗原。

徐羡明、曾列先等（1991）经3年重复鉴定2 021份普通野生稻抗纹枯病，结果发现23份中抗的材料中来源于广州地区的有5份，占抗原材料的21.74%，其中花县北兴3份，编号为

S6070、S6074、S6075；增城县2份，编号为S6191、S6230；惠阳地区的河源县和紫金县各2份，编号分别为S7578、S7576和S7613、S7630；海南省乐东县2份，编号为S1031、S1040；海口市1份，编号为S1211；三亚市1份，编号为S1001；汕头地区揭阳县3份，编号为S8150、S8158、S8153；江门地区台山县、开平县、高鹤县各1份，编号为S3192、S3304、S3353；佛山地区2份，编号为S3413、S3434。从以上结果可看出，纹枯病抗原与野生稻分布地区有一定的关系。

5.野生稻对南方黑条矮缩病抗性的评价

水稻南方黑条矮缩病是21世纪以来发病严重的水稻病害，发病稻株颗粒无收，病害严重的稻田也是颗粒无收，南方黑条矮缩病可以称为水稻的癌症。因此寻找新抗原十分急迫。广西壮族自治区农业科学院水稻研究所水稻资源研究室在1999～2010年对3 000多份栽培稻品种进行了鉴定，未能找到抗南方黑条矮缩病的材料。陈成斌课题组从2011～2014年对野生稻种质资源抗南方黑条矮缩病的抗性进行鉴定评价，经多点多年自然鉴定发现结果不理想。由于南方黑条矮缩病病毒是白背飞虱携带的，第一代白背飞虱虫源于东南亚国家，主要是越南等国，一群白背飞虱降落田块，栽培稻禾苗就会受到毁灭性的危害，而隔离田块没有白背飞虱入侵就不会发病。因此，野生稻的自然病区鉴定也就会发生同样的情况，结果见表4-19。

表4-19　野生稻南方黑条矮缩病抗性鉴定结果统计表（2011～2014）（陈成斌等，2015）

年份	稻种名称	参试材料数（份）	发病材料数（份）	未发病材料数（份）
2011	野生稻	2 000	124	1 876
2012	野生稻	2 001	659	1 342
2013	野生稻	2 000	517	1 483
2014	野生稻	1 220	134	1 086
累计	普通野生稻	5 976	1 152	4 824
	药用野生稻	1 245	282	963
合计		7 221	1 434	5 787

从表4-19可以看到，自然鉴定的结果是发病率较低，而且发病情况不稳定，鉴定结果不理想，发病材料肯定不是抗原，但不发病的材料还不能肯定说是抗原。然而，人工接种鉴定工作量很大，需要很大的人力物力，还需要很长的时间。但是，工作总是需要一步一个脚印地脚踏实地地做。陈成斌研究室积极与植物保护研究所的蔡建和团队合作，共同鉴定了野生稻种质资源的南方黑条矮缩病抗性，结果见表4-20。

表4-20　野生稻与渗入系南方黑条矮缩病抗性鉴定（2011～2014）结果统计表（陈成斌等，2015）

年份	材料名称	参试材料数（份）	免疫		高抗		抗病	
			数量（份）	占比（％）	数量（份）	占比（％）	数量（份）	占比（％）
2011	野生稻	21	0	0	3	14.29	5	23.81
2012	野生稻	100	2	2.00	4	4.00	5	5.00
2013	野生稻	100	0	0	0	0	8	8.00
	野生稻渗入系	80	0	0	2	2.50	7	8.75
2014	野生稻	100	0	0	4	4.00	14	14.00
	野生稻渗入系	94	0	0	4	4.26	9	9.57
累计	普通野生稻	237	2	0.84	13	5.49	21	8.86
	药用野生稻	84	0	0	7	8.33	11	13.10
	野生稻渗入系	174	0	0	6	3.45	16	9.20
合计		495	2	0.40	26	5.25	48	9.70

从表4-20可以看到，野生稻中存在有免疫或高抗南方黑条矮缩病的种质，特别是在普通野生稻中存在免疫的种质较多。由于普通野生稻是栽培稻的近缘种，都是AA染色体组，具有很大的亲和性，可以直接杂交转移高抗基因，在参试的野生稻渗入系中有3.45％的高抗品系，转移率还是较高的。它们是今后水稻抗南方黑条矮缩病的重要基因源。

杨庆文等（2015）统计了2002～2015年全国野生稻种质资源的抗病性研究情况，结果表明，我国3种野生稻种质资源中均有高抗或免疫的优异种质资源，见表4-21。

表4-21　野生稻抗病性鉴定评价优异种质统计表（杨庆文等，2015）

评价性状	普通野生稻			药用野生稻			疣粒野生稻		
	鉴定数（份）	优异数（份）	特点	鉴定数（份）	优异数（份）	特点	鉴定数（份）	优异数（份）	特点
白叶枯病	8 330	617	高抗、抗病	559	16	高抗	105	65	高抗
稻瘟病	9 252	58	高抗、抗病	2 269	9	抗病	25	7	抗病
南方黑条矮缩病	3 058	4	高抗、免疫	1 001	2	高抗、免疫	—	—	—
合计	20 640	679	高抗、抗病	3 929	27	高抗、抗	130	72	高抗、抗病

从表4-21可以看到，在中国野生稻种质资源中存在着对水稻主要病害具有抗病或高抗甚至免疫的抗原材料。它们是我国水稻抗病性育种的宝贵基因源，值得我们进一步做好保存、鉴定评价和利用研究工作。

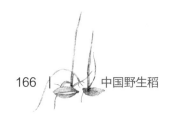

二、野生稻资源的抗虫性鉴定与评价

1. 野生稻抗褐稻虱鉴定与评价

褐稻虱抗性鉴定方法：虫源为褐稻虱生物型Ⅰ，以Mudgo为抗虫对照种，TN1为感虫对照种，鉴定的材料为每份30株，分3次重复种在盆中，等待实生苗长到3～5片叶时，按苗数接虫，每苗接2～3龄若虫5头，然后罩上纱网。TN1受害植株全部死亡时，按国际水稻研究所的分级标准进行调查记载，分0～9级，其中0～1.7级为高抗，1.8～3级为抗虫，3.1～5级为中抗，5.1～9级为感虫。初选抗虫种质，再进行嗜食性、存活率观察，接虫以后，每天或每3天观察一次，调查虫存活数情况，共观察15天。同时，还可按上述方法，接种刚羽化的成虫1对，观察其成虫寿命长短，每盆接种刚羽化的成虫5对，每天观察成虫死亡数并解剖检查死亡的雌虫的卵巢发育情况，每3天检查各材料上的褐稻虱的卵粒数。吴妙燊报道，在"七五"期间，广西农业科学院鉴定1 412份普通野生稻，结果属0级（免疫）的有3份，占总数的0.2%；1级（高抗）有83份，占5.9%；3级（抗虫）有96份，占6.8%；5级（中抗）有43份，占3.0%；7级（感虫）有142份，占10.1%；9级（高感）有1 045份，占74.0%。鉴定药用野生稻198份，免疫有3份，占1.5%；高抗有83份，占41.9%；中抗有15份，占7.6%。而在1 214份普通野生稻中没有免疫和高抗的，抗虫和中抗的有30份，占2.5%；感虫和高感的有1 184份，占97.5%。

在嗜食性试验中，接虫后，药用野生稻植株的虫数均明显少于感虫的TN1，对照种也少于抗虫对照种Mudgo，这表明药用野生稻对褐稻虱具有明显的非嗜食性。存活率的试验表明，在76份药用野生稻上所饲养的若虫，有64份上的若虫陆续死亡，不能羽化为成虫，最短存活时间为4天，最长的为22天。繁殖率和成虫寿命的观察结果表明，在76份药用野生稻上饲养的初羽化成虫，只有6份上有少数雌虫的卵巢能发育至3级，产卵6～129粒，其余80%以上材料上的雌虫与抗虫对照种Mudgo上的雌虫一样，卵巢都不发育，不能产卵，免疫的占1.52%，如YD2-1593。

这些结果表明药用野生稻抗褐稻虱强，且比普通野生稻强。抗褐稻虱的抗原种质有YD2-1668。陈峰、谭玉娟等（1989）报道，他们测定了1 463份广东普通野生稻，在苗期初选中获高抗1份，为来自恩平县的材料S3026；来自博罗县的S7535、S7536属抗虫，占0.21%；中抗25份，占1.71%。在成株期复测，其结果是一致的，抗虫的材料不论在什么情况下都没有大的变化。从结果看，普通野生稻高抗材料极少，因而对S3026抗性十分珍惜，应作为抗原与栽培稻杂交，以期获得抗虫品种。同时鉴定529份非AA型野生稻（药用野生稻、高秆野生稻、澳洲野生稻、大颖野生稻、颗粒野生稻、小粒野生稻、阔叶野生稻、斑点野生稻、短花药野生稻等）的褐稻虱抗性，鉴定结果表明，抗性属高抗的占72.4%，抗虫的占15.7%，中抗的占

8.3%，感虫的仅占3.8%，其中高秆野生稻、澳洲野生稻、大颖野生稻、颗粒野生稻、小粒野生稻等100%表现为高抗，同样比普通野生稻抗虫性强。因此，开拓非AA型野生稻的抗褐稻虱抗原有重要的生产意义。韦素美等（1993）测定广西普通野生稻1 030份，抗褐稻虱初选仅有2份属3级（抗虫），占0.19%；5级（中抗）有28份，占2.72%。而继代复测时，抗性表现不稳定，重复之间或同一重复不同植株抗性级别差异较大，有些初步鉴定时为1级和3级抗性，复测时表现为7级和9级抗性。同一株不同个体抗性也表现各异，初测为5级抗性，复测表现为7级和9级抗性。造成这种抗性不稳定的原因，可能是普通野生稻杂合或是其他原因，有待进一步研究。总的来说，普通野生稻抗褐稻虱材料不多。纯合的普通野生稻材料抗性表现是较为一致的（表4-22）。

表4-22 普通野生稻抗褐稻虱纯合材料（韦素美等，1991~1993）

纯合材料编号	广西保存编号	全国统一编号	类型	苗期抗性		成株期抗性
				田间种群	室内生物型Ⅱ	
2158	ST314	YD2-0769	倾斜	MR	MR	—
2165	ST344	YD2-0836	匍匐	R	R	R
2167	ST344	YD2-0836	倾斜	MR	MR	—
2172	ST543	—	倾斜	MR	MR	R
2173	ST543	—	匍匐	R	R	R
2174	ST543	—	匍匐	R	R	R
2175	ST815	YD2-0843	匍匐	R	R	R
2176	ST815	YD2-0843	匍匐	R	R	R
2180	ST815	YD2-0843	匍匐	R	MR	R
2182	ST815	YD2-0843	倾斜	R	R	R
2183	ST815	YD2-0843	匍匐	R	R	R
2184	ST819	YD2-0817	匍匐	R	R	R
2188	ST889	YD2-1465	匍匐	MR	MR	—
2190	ST889	YD2-1465	倾斜	MR	MR	—
2194	SS21	YD2-0770	匍匐	MR	MR	—
2195	SS30	YD2-0678	倾斜	R	R	R
2196	SS30	YD2-0678	匍匐	MR	MR	—
2200	SS34	—	半直立	R	R	R
2205	SS160	YD2-0218	匍匐	MR	MR	—
ST543	ST543	—	半直立	R	R	R

注：苗期抗性根据多次重复测定结果综合评定。HR为高抗，R为抗虫，MR为中抗，S为感虫。

在全国采用新的鉴定评价标准后，我国有些野生稻研究课题组开展野生稻抗水稻主要虫害褐飞虱的抗原筛选研究，并取得良好的成绩，其中杨庆文等（2015）对新搜集野生稻种质

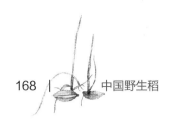

资源的抗褐飞虱性进行鉴定评价，结果表明，野生稻种质资源中具有抗褐飞虱的新种质，见表4-23。

表4-23　新搜集野生稻抗褐飞虱鉴定结果统计（杨庆文等，2015）

稻种名称	鉴定份数	优异种质		特点
		份数	占比（%）	
普通野生稻	257	15	5.84	抗
药用野生稻	20	18	90	高抗

2. 野生稻抗白背飞虱鉴定与评价

抗白背飞虱鉴定方法：首先采集抗虫源，在当地田间采集白背飞虱，经扩繁备用，并确定抗虫对照种和感虫对照种。初步鉴定采用苗期群体接虫鉴定筛选方法，初选出抗虫植株并移植到大田，于分蘖期采用高龄若虫生存率鉴定法进行鉴定，分级评定参照国际水稻研究所的标准进行。梁能、吴惟瑞等（1993）报道，广东农业科学院鉴定普通野生稻1 537份材料，结果3级（抗虫）有9份，占0.59%；5级（中抗）有468份，占30.45%。另外对9份抗虫的材料做抗性机制分析，测定在抗虫种质上的若虫生存率、种群增长数量和泌露斑面积的相对值，结果表明抗白背飞虱种质具有抗生性和耐为害性，选出抗白背飞虱的抗原有S3023、S9004等。吴妙燊、李青、黄辉晔（1988）报道，广西农业科学院鉴定197份药用野生稻对白背飞虱抗性的结果，没有感虫或高感虫的材料。初次鉴定和重复鉴定的结果证实药用野生稻对白背飞虱的抗性稳定，免疫的有47份，占总数的23.9%；高抗和抗虫的有137份，占69.5%；中抗的有13份，占6.6%。鉴定普通野生稻1 236份对白背飞虱的抗性，结果与药用野生稻恰恰相反，没有免疫高抗和抗虫的材料，只有中抗27份，占2.2%；感虫和高感虫共1 209份，占总数的97.8%。这表明药用野生稻对白背飞虱的抗性很强，将药用野生稻对褐稻虱、白背飞虱的抗虫性特异基因导入栽培稻中在水稻育种中具有重要意义。抗白背飞虱的抗原编号有YD2-1593等。杨士杰（2007）报道，药用野生稻Pc及其与黑选A的杂交（黑选A/药用野生稻）后代Ac-1、Ac-3在苗期、分蘖期和成株期都对白背飞虱具有较高的抗性。

3. 野生稻抗稻瘿蚊鉴定与评价

抗稻瘿蚊鉴定方法：首先确定抗虫和感虫的对照种，初步鉴定采用苗期群体接虫筛选法。于秧苗2~2.5叶龄期接入成虫（雌、雄虫比约为1：1），让其自然交尾、产卵并危害水稻。在接虫后第25天，当感虫对照种受害秧苗标葱充分表现时调查标葱率，评定等级。采用国际水稻研究所制定的分级标准，根据标葱率划分抗性等级，标葱率1%以下的为1级（高抗），1%~5%为3级（抗虫），5%~15%为5级（中抗），15%~50%为7级（感虫），50%以上为9级（高感）。将经初步鉴定为1~5级的抗性种质移栽大田，分蘖期间重复鉴定。

梁能、吴惟瑞（1993）报道，广东农业科学院鉴定普通野生稻1 425份，其中1级（高抗）种质有7份，占0.49％；5级（中抗）种质有37份，占2.6％。鉴定药用野生稻29份，全部感病和高感稻瘿蚊。对7份1级抗原进行抗性机制分析，从稻瘿蚊产卵选择性、幼虫入侵选择性和植株受害、反应等分析结果看，野生稻抗性机制主要是抗生性，稻瘿蚊对个别抗原有一定的非嗜食性及幼虫入侵障碍性。抗稻瘿蚊种质有S1112、S1192、S1166等编号。

谭玉娟、潘英（1998）对广东、海南普通野生稻资源对稻瘿蚊的抗性进行鉴定，共鉴定普通野生稻1 425份，鉴定结果属1级高抗材料的有7份，主要来自海南省及湛江地区，编号S1166、S1192、S1112、S1163属于海南省的材料，湛江地区有S2170、S2104，惠阳地区有S7553，似乎抗性有地区性。7个重点抗原抗性机制分析结果见表4-24。

表4-24 重点抗原的原产地及抗性表现（谭玉娟、潘英，1998）

代号或品种	原产地	产卵选择性		幼虫入侵选择性		植株受害反应		
		每100叶总卵粒数	有卵叶*（％）	每100株入侵虫数	有虫株率*（％）	苗期抗性等级	分蘖期抗性等级	分蘖期标葱率（％）
S7553	中国（惠阳地区）	50	23.3abc	90	56.7abc	1	1	0
S1163	中国（海南）	17	10.0c	10	10.01	1	1	0
S1192	中国（海南）	27	13.3bc	17	13.3de	1	1	0.61
S1112	中国（海南）	70	43.3a	47	36.7cd	1	1	0
S1166	中国（海南）	57	33.3ab	43	26.7cde	1	1	0.68
S2104	中国（湛江地区）	50	20.0abc	77	50.0abc	1	1	0
S2170	中国（湛江地区）	73	36.7ab	43	36.7bcd	1	1	0
大秋其（RCK）	中国（海南）	60	40.0ab	47	40.0abcd	1	1	0
W1263（RCK）	泰国	73	40.0ab	67	46.7abc	1	1	0.38
TN1（SCK）	中国（台湾）	113	43.3ab	137	63.3ab	9	7	21.73
二白矮（SCK）	中国（广州）	—	—	100	70.0a	9	7	36.94

注：*表示试验结果用DMRT法分析，表中数字旁有相同英文字母的表示在0.05水平下差异不显著。

成虫产卵选择性：除在S1163材料上成虫产卵数量较少，优于抗性对照种之外，其余材料及抗性对照种的总卵量与有卵叶片率都比较高，与感性对照种差异不明显。在幼虫入侵方面，S1163表现优于抗性对照种，而S1192、S1112、S1166等与感性对照种有显著差异。标葱率表明，幼虫入侵取食后，在没有破坏生长点之前已死去，因而标葱率仅为0％～0.68％，全部达到高抗水平，与抗性对照种差异不显著。室内苗期与田间分蘖期鉴定结果是一致的。对S1112抗原曾做了3年7次（3次苗期、4次分蘖期）反复接虫鉴定，均未发现标葱，说明抗性十

分稳定。

吴妙燊（1993）报道，广西农业科学院对部分野生稻资源初步筛选和重复筛选，稻瘿蚊抗性鉴定1 387份普通野生稻资源的抗性等级，选出抗稻瘿蚊1份，占0.1％；中抗有8份，占0.6％；感虫和高感稻瘿蚊的共1 378份，占99.3％。

从广西、广东稻瘿蚊抗性鉴定结果看，两种野生稻资源虽然形态特征不同，但两者对稻瘿蚊的抗性无多大差异，抗稻瘿蚊资源种质不多，绝大部分为不抗虫，因此这少数的抗原很值得进一步挖掘和利用。

4. 野生稻抗三化螟鉴定与评价

三化螟对我国水稻特别对南方稻作区危害严重，是水稻三大害虫之一，防治难，目前没有找到理想的高抗种质资源，因此，如何进一步从野生稻资源筛选抗原具有重要意义。

鉴定方法：首先确定敏感对照栽培稻和采集三化螟卵，初步鉴定于分蘖期，每个样本接种即将孵化的三化螟虫卵3块，让其孵化出幼虫后自由选择入侵稻茎。接虫后20天，幼虫进入高龄期，枯心苗基本稳定时，取中部禾苗调查枯心率，每样本取30苗以上，对初步鉴定的抗虫样本进行重复鉴定，重复鉴定的样本插无虫分蘖苗，每5苗1行，每隔10行设置1行敏感对照种，接虫和调查方法与初步鉴定一样。分级评定按国际水稻研究所制定的方法，以敏感对照种平均枯心率超过25％为鉴定的标准。按下列公式计算并分级：

$$相对枯心率（\%）= \frac{待鉴定样本枯心率（\%）}{敏感对照种平均枯心率（\%）} \times 100\%$$

1级（高抗）的相对枯心率为1％～20％，3级（抗虫）的相对枯心率为20％～40％，5级（中抗）的相对枯心率为40％～60％，7级（感虫）的相对枯心率为60％～80％，9级（高感）的相对枯心率为81％以上。谭玉娟等（1991）对广东农业科学院普通野生稻2 023份进行鉴定，获5级（中抗）的有501份，占24.77％，未发现1～3级抗虫种质。采集地点不同，生物学特性不同，抽穗期不同，其抗性表现差异并不大，抗三化螟虫种质的编号有S3023、S3356、S7003等。

此外，江西农业科学院对东乡野生稻的抗二化螟、三化螟、稻纵卷叶虫、大螟等害虫的抗性进行了鉴定，湖南、福建、云南也进行了同样的鉴定，获得了一批抗虫野生稻种质资源。王金英、江川、李书柯（2012）综述了野生稻抗性基因的发掘定位与利用研究进展，集中表述了野稻种质的抗病虫性和抗逆性鉴定评价及抗性基因的挖掘与利用情况，其中，杨士杰（2005）经多次接虫试验和自然鉴定，发现药用野生稻及其与栽培稻的（栽培稻/野生稻）杂交后代对稻纵卷叶螟表现出较高抗性，黑选A/药用野生稻杂交后代的植物学形态结构不利于稻纵卷叶螟的危害。杨士杰（2008）经过鉴定还发现药用野生稻Pc及其栽培稻/野生稻杂交后代Ac-1和Ac-3在苗期、分蘖期、成株期都对黑尾叶婵具有较高的抗性。冯国忠、万树青、潘大建（2006）报道了斑点野生稻拒食活性组分的分离及其对斜纹夜蛾消化酶活性的影响，认为斑点野生稻的氯仿萃取物比石油醚、乙酸乙酯、正丁醇和水4种萃取物对斜纹夜蛾的3龄幼虫具有更高的拒食活性。对斜纹夜蛾幼虫的肠中脂肪酶、淀粉酶的活性都具有一定的抑制活性，处理时间延长，抑制率逐步提高。万树青、刘祥法、冯国忠等（2006）报道了药用野生稻、阔叶野生稻、小粒野生稻、颗粒野生稻、大颖野生稻和斑点野生稻的甲醇提取物对柑橘全爪螨和绣线菊蚜具有一定的忌避活性，其中药用野生稻的甲醇抽提物效果更加显著。从以上多种鉴定结果看，野生稻种质资源中确实存在有不少抗虫原。它们是水稻乃至作物抗性育种不可多得的宝贵的抗虫原，我们应进一步加强野生稻种质资源的抗性鉴定和新基因挖掘。

三、野生稻双抗和多抗种质资源的鉴定与评价

1. 普通野生稻双抗和多抗种质资源的鉴定与评价

10多年来，中国农业科学院组织有关单位对普通野生稻开展了8个项目的抗病虫性鉴定，其中抗病性4种，即抗白叶枯病、抗稻瘟病、抗纹枯病、抗细菌性条斑病；抗虫性4种，即抗褐稻虱、抗白背飞虱、抗稻瘿蚊、抗三化螟。共鉴定出22 668份（次）材料，其中广东14 118份（次）、广西7 836份（次）、江西207份（次）、中国农业科学院507份（次）。经核对统计，很多材料具有双抗性和多抗性。如广西农业科学院进行"两病三虫"抗性鉴定统计，获抗性的有1 548份，其中抗两种病虫的有180份，占11.63%；双抗的有27份，占1.74%。又如广东农业科学院开展"四病四虫"抗性鉴定，共获1 388份抗性材料，具有双抗的有412份，占总数的29.68%；多抗的有120份，占8.65%；四抗的有19份，占1.37%；五抗的有2份，占0.14%。中国农业科学院作物品种资源研究所进行"两病"抗性材料鉴定，获118份抗性材料，其中双抗的有43份，占36.44%。江西农业科学院进行"四病四虫"抗性鉴定获得抗性材料48份，其中双抗的有12份，占25%；三抗的有7份，占14.58%。

从上述鉴定结果看，兼有两种或多种抗性的普通野生稻是十分宝贵的种质，在水稻育种中把这些抗性基因导入栽培稻中将会在水稻生产中发挥重要的作用。

2. 药用野生稻双抗和多抗种质资源的鉴定与评价

在野生稻"四病四虫"的抗性鉴定中，药用野生稻的抗性表现更为突出。广西农业科学院鉴定199份药用野生稻，双抗的有9份，占4.52%；3抗的有166份，占83.42%；4抗的有23份，占11.56%。广东农业科学院鉴定155份药用野生稻也获得同样的结果，多数材料具有双抗和多抗的表现。从以上结果可以看出，药用野生稻具有双抗和多抗的种质，占总数的95%以上，是多种抗原的基因库。因此，对药用野生稻种质资源不能忽视，虽然它的染色体与栽

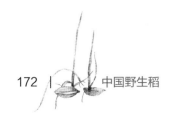

培稻有许多不同，常规杂交比较困难，但不久的将来应用生物工程育种与基因工程育种，定会将药用野生稻的多抗基因导入栽培稻，取得在水稻育种上突破性的进展。

3. 疣粒野生稻抗原的评价

疣粒野生稻的生态学和生物学特性比较特殊，因分布于海南和云南的半山腰中，与灌木及乔木共生，生态环境特殊，在异地繁殖研究较为困难，因此，目前对疣粒野生稻抗性鉴定较少。据湖南农业科学院彭绍裘等人对云南的疣粒野生稻进行抗白叶枯病抗性鉴定，从1978～1981年，他们从温室到田间、从田间到温室多次接种病菌，进行抗白叶枯病鉴定，结果均表现出高抗至免疫，是至今发现的对白叶枯病抗性最强的抗原。

21世纪以来，我国野生稻种质资源研究的主要目标是野生稻种质资源的抢救性搜集与保护，特别是原生境保护点和野生稻种质资源圃的建设，还有野生稻种质资源共享平台建设，以及加强育种材料创新利用。

第五节　野生稻资源的抗逆性鉴定与评价

一、野生稻资源的耐冷性鉴定与评价

我国水稻产区不论南方还是北方，都会遇到早春低温致使水稻苗期烂秧，抽穗、扬花时遇到寒露风致使水稻结实率低等情况，严重地影响了水稻生产的发展。从野生稻中寻找耐冷种质，对耐冷育种工作十分有益，既可促使栽培稻稳产和高产，又可大大拓宽水稻品种种植的时间和空间，是十分有价值的。

1. 自然宿根越冬耐冷性鉴定与评价

野生稻能长期处于野外而不消失，除具有较强的抗病、抗虫性外，对野外的不良环境的抵抗力也很强。从几个省（自治区、直辖市）野生稻抗逆性鉴定结果看，野生稻的耐冷性极强，如江西省东乡普通野生稻，位于北纬28° 14′，1月平均气温5.2 ℃，极端最低气温-8.5 ℃，每年在野外原生境中能宿根安全越冬。陈大洲、肖叶青等（1996）对江西东乡野生稻苗期、抽穗期进行耐寒性鉴定，在苗期1叶1心时经6 ℃处理，结果成苗率达100％，而对照种粳稻6298成苗率为97.06％；抽穗期在自然低温（16.9 ℃、14.9 ℃、16 ℃）下连续3天平均结实率达78.71％以上，而对照粳稻品种0298平均结实率为72.37％，可见东乡野生稻比栽培

种耐冷。

广西农业科学院吴妙燊（1993）把1 789份野生稻种植在广西的高寒山区，海拔1 500 m，1月气温0 ℃以下天气连续22天，霜冻15次，冰冻4次，降雪7次，而且田土干旱，极端低温-5 ℃，进行连续6个周期的宿根自然环境越冬性鉴定，同时确定了各个生育期的耐冷分级标准，主要通过统计老茎的存活率、再生苗数及生长势强弱来评价野生稻的越冬性。鉴定结果：普通野生稻有453份（占25.3%）和药用野生稻有737份（占41.2%）的材料能自然安全宿根越冬；老根和再生苗数量多、长势好的有43份，占2.4%，其中有部分编号耐冷性相当稳定。经多年多点的试验，当地耐冷性特强的栽培稻品种全部死亡，不能越冬，而野生稻能自然越冬，可见野生稻的越冬耐冷性极强。耐冷性强的抗原编号有YD2-0091、YD2-1089、YD2-0945、YD2-1508等。

2. 人工气候箱耐冷性鉴定与评价

（1）苗期耐冷性鉴定

根据水稻苗期烂秧、抽穗期受寒露风危害的问题和野生稻宿根越冬的特点，开展对野生稻3个不同生育期耐冷性的鉴定。广西农业科学院在人工气候箱内对1 080份秧苗三叶期进行耐冷性鉴定，秧苗放到人工气候箱内6 ℃处理6天，选出耐冷性达极强的21份，占1.9%；耐冷性强的有177份，占16.4%；耐冷性较强的有275份，占25.5%；成活率达90%以上的占20%，甚至有些编号成活率达100%，如YD2-0091、YD2-1089、YD2-0945、YD2-1508。这些都是耐冷优质源。刘雪贞、吴惟瑞等（1993）报道，对广东省普通野生稻苗期进行耐冷性鉴定，在人工气候箱中，温度白天为7 ℃±0.5 ℃、晚上为5 ℃±0.5 ℃，处理3天后，把温度降至白天温度为5 ℃±0.5 ℃、晚上为4 ℃±0.5 ℃，相对湿度保持在90%左右，持续2天。出箱后第10天调查植株成活率。分级标准：1级，耐冷性最强，成活率91%～100%；2级，耐冷性强，成活率达71%～90%；3级，耐冷性较强，成活率为41%～70%；4级，耐冷性较弱，成活率为21%～40%；5级，耐冷性弱，成活率为0%～20%。鉴定普通野生稻1 643份，结果属1级，耐冷性最强的有56份，占3.41%；2级，耐冷性强的种质94份，占5.72%；3级，耐冷性较强的种质476份，占28.97%。耐冷的种质资源有S3276、S3374、S6105、S6134、S7552、S7346等。

（2）抽穗期耐冷性鉴定

此项试验在人工气候箱内进行，将种茎插入装有土的小盆中，每份材料插5盆，每盆插2株，在野生稻将抽穗时，把2盆放在自然条件下正常开花结实，作为对照，3盆移入人工气候箱内，在低温15 ℃处理6～9天后，移出待开花结实，计算其结实率。吴妙燊（1993年）鉴定66份种质，结果为1级（空壳率小于5%）有5份，占总数的7.6%；3级（空壳率5%～10%）和5级（空壳率11%～20%）的各有23份，各占34.8%；7级和9级（空壳率分别大于20%和

30％）的共有15份，占22.7％。选出了编号YD2-0091、YD2-1089、YD2-0944、YD2-1504等耐冷抗原。对照种包选2号的空壳率为46.4％，该品种是最耐冷的当家品种，可见野生稻耐冷性都比"包选2号"强。野生稻种质存在较多的耐冷基因，如把这些基因导入栽培稻，对解决早造烂秧、晚造抽穗扬花时遇到寒露风危害等问题有很大的实用价值。

21世纪以来，我国在野生稻种质资源的抗逆性研究中十分重视野生稻种质的耐冷性的鉴定评价，全国各省（自治区、直辖市）的研究人员做了大量的鉴定评价工作，取得了显著的成绩，筛选出一批强耐冷的抗原，见表4-25。从表4-25可以看到，自2002年以来，全国根据水稻育种的需要对野生稻种质资源进行了较大规模的耐冷性鉴定，并获得一批新的耐冷性强的野生稻种质资源。为水稻耐冷性育种筛选出新的种质，打下了坚实的物质基础。

表4-25 新搜集野生稻耐冷性鉴定结果统计（杨庆文等，2015）

稻种名称	鉴定份数	优异种质		特点
		份数	占比（％）	
普通野生稻	10 656	1 253	11.76	强
药用野生稻	2 325	257	11.05	强

二、野生稻资源的耐旱性鉴定与评价

我国是一个缺水的国家，人均水资源只有世界平均水资源的1/4，培育耐旱水稻或旱稻显得尤为重要，因此从野生稻中寻找耐旱抗原很有必要。野生稻耐旱性鉴定方法：将要鉴定的野生稻种子播种在盆中，当出苗后35天就停止浇水，同时栽种含羞草作为指示植物，即用手触动含羞草茎叶没有运动反应，也就是当含羞草受刺激反应消失的时候，就恢复供水。供水后第14天调查野生稻的存活率。分级评定标准：1级耐旱种质的存活率为80％以上，2级的存活率为60％～80％，3级的存活率为40％～59％，4级的存活率为40％以下。初选1级、2级种质再重复鉴定1～2次，方法同初步鉴定一样。广东农业科学院耐旱性鉴定1 555份普通野生稻在实生苗出苗后35天停止供水，供水后第14天做调查，其中1级耐旱种质有40份，占总鉴定数的2.57％；2级耐旱种质有112份，占7.20％。其中S1050等4份材料表现耐旱性特强，存活率达100％，从中可选出一批耐旱性强的材料，如编号S1058、S3122、S3254、S4004等。疣粒野生稻是旱生植物，耐旱性特强，分布于高山或半山坡上；药用野生稻不分布在高山上，而是多分布在群山环抱的大山区的峡谷之中，也不生长在水中。说明这两种野生稻比普通野生稻更耐旱。从鉴定结果看，我国3种野生稻具有丰富的耐旱基因，把这些耐旱基因导入栽培稻中，就可以解决我国特别是北方稻作区的缺水问题。

21世纪初全国采用新的国家行业标准NY/T 1316和NY/T 2175对野生稻种质资源进行鉴定评价，获得了一批新的耐旱性强、耐盐性强和耐热性强的种质资源，为作物耐旱、耐盐、耐热育种提供了新的抗原，见表4-26。

表4-26 新搜集野生稻耐旱性、耐盐性、耐热性鉴定结果统计（杨庆文等，2015）

评价性状	普通野生稻			药用野生稻		
	鉴定份数	优异种质	抗性特点	鉴定份数	优异种质	抗性特点
耐旱性	15 160	1 677	强	2 325	246	强
耐盐性	490	86	极强、强	—	—	—
耐热性	—	—	—	8	2	强

三、野生稻资源的耐涝性鉴定与评价

野生稻耐涝性鉴定采用模拟洪水淹没直接鉴定法：把野生稻播种在盆内，当实生苗长至7～8叶龄时，移至水泥池，灌水至没顶。在初步鉴定中，每天撒一些黄泥粉并将池水搅浑，模拟下大雨之后的洪水。在淹后的第14天排干池里的水，再经14天记载其存活率。初选出的1～2级耐涝种质重复鉴定2～3次，方法与初步鉴定一样。分级评定标准：1级（耐涝性强）种质平均存活率75.1%～100%，2级（耐涝性中等）种质存活率50.1%～75%，3级（耐涝性弱）种质存活率为25.1%～50%，4级（不耐涝）种质存活率为0%～25%。广东农业科学院梁能、吴惟瑞等（1993）鉴定1 315份普通野生稻，在水池里分别淹水14天、20天、25天，排干水14天后调查结果，选出1级耐涝种质39份，占总鉴定数的2.97%；2级耐涝种质有112份，占8.52%。表现特别耐涝即植株存活率达100%的有S6012等5份材料，综合各性状较好的有S3028、S7043、S7179、S7101等25份材料。

四、野生稻资源的泌氧性鉴定与评价

水稻植株根系变黑色，主要是在嫌气的条件下产生的硫化氢引起根中毒，使根变黑腐烂，称之为根腐病。其致病原理是附于根表皮的赤锈色氧化铁遇到硫化氢后还原成为硫化亚铁（$Fe_2O_3+H_2S \rightarrow FeS+H_2O$），使根表皮变黑色。如果根系活力强，则根表皮不断分泌氧气，硫化亚铁随之被逐渐氧化，形成氧化铁，根的黑色渐褪，逐渐恢复为赤褐色（$FeS+O_2 \rightarrow Fe_2O_3+SO_2$）。水稻泌氧性鉴定方法：将鉴定种子播在装有泥土的盆中，3～4叶龄时，在表土撒施面粉，形成土壤嫌气状态；7～8叶龄时，将植株连根拔起、洗净，然后将根系插入试管中，迅速、等量地向每条试管加入新制备的饱和硫化氢溶液的20倍稀释液，用棉塞塞住试管口，使植株固定，根系在溶液中保持自然伸展状态。根系会很快全部变黑，随后逐渐恢复赤锈色，记载每样本从黑色复原为铁锈色所需的时间。分级评定：1级（根系泌氧力强）复原时间小于5小时；2级（较强）复原时间5～7小时；3级（中等）复原时间7～11小

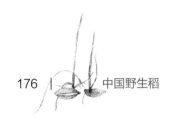

时；4级（较弱）复原时间11～19小时；5级（弱）复原时间大于19小时。初步鉴定的1～2级样本重复鉴定2～3次，方法与初步鉴定相同。对照种选用根系活力较强的栽培品种"广陆矮4号"。广东省的黄巧云等（1988）测定普通野生稻1 518份，根系泌氧力强的1级种质有55份，占测定总数的3.62%；2级（较强）种质106份，占6.98%；3级（中等）种质148份，占9.75%；对照种评定为3级。从结果可见野生稻具有泌氧性强的种质资源。此外，普通野生稻对土壤酸碱性要求不严，如广西合浦有些普通野生稻分布点就在海水倒灌的盐碱地上，其耐盐碱性很强。这些都是改良栽培稻耐冷、耐旱、耐淹和耐盐碱性的优良种质。

五、野生稻资源的耐低磷性研究

傅军如、陈明、陈小荣等（2012）报道了"协青早"//"协青早"/东乡野生稻BC1F9群体低磷耐性遗传分析。以东乡野生稻东塘下居群、"协青早B"，以及"协青早"//"协青早"/东乡野生稻的219个BC1F9株系为材料，采用Yoshida的苗期营养液配方，以含磷浓度0.5 mg/L为低磷耐性鉴定浓度，选取叶龄差异率、黄叶率作为简易指标，利用混合模型理论的Akaike信息准则（AIC）在BC1F9鉴定影响低磷耐性数量性状的主基因存在与否，主基因存在时通过分离分析估计主基因和微效基因的遗传效应及其所占总变异的分量，结果表明低磷胁迫条件下叶龄差异率、黄叶数差异率两项指标均属于1对加性主基因+多基因的遗传模式，叶龄差异率指标主基因遗传率为80%，多基因遗传率为13.39%，见表4-27；黄叶数差异率指标主基因遗传率为79.17%，多基因遗传率为15.32%，见表4-28。

表4-27 BC1F9群体叶龄差异率遗传参数的遗传参数估计（傅军如等，2012）

	一阶参数		二阶参数					
	平均数 m	加性效应 d	表型方差 δ_p	误差方差 δ_e	主基因遗传方差 δ_{mg}^2	多基因遗传方差 δ_{pg}^2	主基因遗传率 H_{mg}^2 %	多基因遗传率 H_{pg}^2 %
估计值	5.00	0.04	0.15	0.02	0.12	0.02	80.00	13.39

表4-28 BC1F9群体黄叶数差异率遗传参数的遗传参数估计（傅军如等，2012）

	一阶参数		二阶参数					
	平均数 m	加性效应 d	表型方差 δ_p	误差方差 δ_e	主基因遗传方差 δ_{mg}^2	多基因遗传方差 δ_{pg}^2	主基因遗传率 H_{mg}^2 %	多基因遗传率 H_{pg}^2 %
估计值	3.29	0.50	0.24	0.02	0.19	0.04	79.17	15.32

研究者认为，本研究结果与前人的研究结果有一定出入，导致差异的原因：一是研究对象不同，本试验用的是野生稻与常规稻回交重组后代，先前报道的多为常规稻；二是研究时期不

同，本实验选取苗期性状，前人则多选成熟期性状。这说明了水稻低磷耐性或磷高效遗传研究的复杂性。

第六节　野生稻资源的育性及其他特性的鉴定与评价

一、雄性不育性的鉴定与评价

雄性不育是植物界普遍存在的现象，在普通野生稻中广泛地存在雄性不育。我国实现杂交稻三系配套成功，就是李必湖等（1972）在海南岛发现败育型的普通野生稻，然后袁隆平利用它培育成野败型水稻雄性不育系，并相继在广东、广西、江西、福建、湖南、湖北、上海、安徽、云南等省（自治区、直辖市）通过利用普通野生稻胞质雄性不育基因，转育出一批不育系和恢复系，进而配制出一批新的杂交稻组合，在生产中发挥了巨大作用。

普通野生稻雄性不育性鉴定方法：采用野生稻花粉染色镜检法，把野生稻将开小穗的花药置于玻片上，用碘-碘化钾溶液染色，捣烂、压片，然后用显微镜观察花粉染色状况和形状。观察结果分4级记载：典败、圆败、染败、可育。前3级均为不育花粉。其具体做法：每份野生稻取5穗，每穗取3个小穗，每小穗取1枚花药，同一穗3枚花药混合压片，取1个显微镜视野，观察5穗5个视野所得的花粉不育度平均值，即为该野生稻样本的不育度。

梁能、吴惟瑞（1993）报道，广东农业科学院鉴定普通野生稻1 050份，从中筛选出一批雄性不育的普通野生稻种质，其中完全败育（100%不育）的编号有S1167、S2050等，共24份，占总鉴定数的2.29%；接近完全败育，即99%～99.9%不育的有S1179、S2049等12份，占1.14%；高不育，即90%～98.9%不育的有S1039、S1112等35份，占3.33%；80%～89.9%不育的有40份，占3.81%；70%～79.9%不育的有39份，占3.71%；60%～69.9%不育的有56份，占5.33%；50%～59.9%不育的有89份，占8.48%。以上各项不育共294份，占总鉴定数的28.0%。性状优良而又完全败育的种质有S1167、S2050等18份，高不育的优异种质有S1041、S1112等17份，这些都是培育杂交稻不育系的种质资源。广东农业科学院水稻研究所、湛江市杂交水稻研究中心与湛江市农业专科学校等单位育成的S8045-珍汕97A、S1102-莲塘旱A、S9028-东A、S7002-梅春A等不育系都是不育的普通野生稻与栽培稻杂交选育而成的，它们的共同特点是早生快发、分蘖多、抗病虫性强、雄性不育恢复谱广、成穗率高、经济性状好、丰产潜力大、米质优。利用这些不育源配组杂交的"东优64""东优1051""东优桂33""东优49""梅优桂44""梅优1051""梅优64"等强优组合均为早熟、抗病虫性

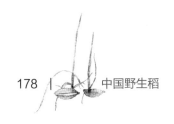

强、米质优的杂交稻。广西农业科学院、广西农业学校等单位利用柳州、田东、合浦、横县、隆安等地的普通野生稻不育源杂交育成一批胞质不同的不育系，其中较为突出的有隆泰竹A、隆泰竹汕A、隆泰竹IR24A、柳红野珍汕97A、合浦野广选早A、田东野28A等不育系。江西农业科学院陈大洲等（1995）报道，利用东乡野生稻的不育源杂交育成国际油粘A，用这个不育系测交2 000多个组合，获得了大批恢复系和保持系，实现了东乡野生稻的三系配套。陈大洲（1995）认为，目前我国杂交稻假定不育系的恢复系有4种类型，即RF1Rf2、RF1Rf3、Rf2、Rf3，而东野型不育系的恢复系可能是第五种类型。这些不育系对杂交稻生产和水稻分类、遗传机理研究具有重要意义。

李必湖等（1972）在海南发现败育型的普通野生稻，然后袁隆平利用该野生稻育成野败型水稻雄性不育系，通过广泛的测交转育，实现杂交稻三系配套成功，并配制出一批优良杂交组合，使我国在水稻杂种优势利用上居世界领先水平，杂交稻种植面积和产量居世界首位。1981年这项研究成果荣获我国第一个国家特等发明奖。自1973年实现我国杂交稻三系配套至今，生产上推广种植的95％以上的杂交稻的雄性不育源均来自普通野生稻败育型的质源，可见普通野生稻资源在杂交稻的研究中有着多么重要的地位。

二、普通野生稻功能叶耐衰老性的鉴定与评价

水稻抽穗期至成熟期功能叶生理功能的强弱是影响水稻产量的重要因素之一，因此对普通野生稻功能叶进行鉴定与评价是十分必要的。

鉴定方法：选择不同来源、不同类型的普通野生稻，分别在网室和大田种植，然后按照稻属野生种观察记载的标准分级进行观察记载。1级具有3片功能叶，2级具有2片功能叶，3级有1片功能叶或全部枯萎。

鉴定结果：广西农业科学院李道远、陈成斌（1991）鉴定盆栽1 550份普通野生稻，结果抽穗3个月后还保存2～3片功能叶的有305份，占19.68％；抽穗4个月后还有2～3片功能叶的有61份，占3.94％；抽穗5个月后还有2～3片功能叶的有11份，占0.71％。大田种植的1 076份普通野生稻，抽穗3个月后还有2～3片功能叶的有79份，占7.34％；抽穗4个月后只有2份具有2～3片功能叶，占0.19％；抽穗5个月后所有鉴定材料的功能叶全部干枯。从结果可看出，盆栽的野生稻比田间种植的野生稻功能叶较耐衰老。不同类型的普通野生稻功能叶耐衰老性不同。鉴定匍匐型普通野生稻782份，抽穗3个月后还有2～3片功能叶的有175份，占22.38％；抽穗4个月后还有2～3片功能叶的有50份，占6.39％；抽穗5个月后还有功能叶的有8份，占1.02％。鉴定倾斜型普通野生稻591份，抽穗3个月后还有2～3片功能叶的有111份，占18.78％；抽穗4个月后还有2～3片功能叶的有10份，占1.69％；抽穗5个月后还有2～3片功能叶的有3份，占0.51％。鉴定半直立型普通野生稻150份，抽穗3个月后还有2～3片功能叶的有

19份，占12.67％；抽穗4个月后还有2～3片功能叶的有1份，占0.67％；抽穗5个月后，鉴定材料的功能叶片全部枯死。半立型普通野生稻3个月后没有功能叶存在，全枯干。以上结果说明不同类型的普通野生稻功能叶耐衰老性差异很大。

我国普通野生稻具有丰富的功能叶耐衰老的种质资源，对水稻耐早衰育种和培育后期青枝蜡秆、结实率高、籽粒饱满的品种具有重要意义。

三、普通野生稻花器官的鉴定与评价

普通野生稻具有长而大的花药、花粉数量多、开花时间长、柱头羽毛状外露的特性。据庞汉华（1992）从野生稻目录的统计，"七五"期间，广东、广西、海南、云南、江西、福建、湖南等省（自治区）对普通野生稻3 718份的花药长度进行测定，花药长在3 mm以下或7 mm以上的较少，多数在5 mm左右。花药长3.1～3.5 mm的有196份，占总鉴定花药数的5.27％；3.6～4 mm的有384份，占10.33％；4.1～4.5 mm的有591份，占15.90％；4.6～5 mm的有792份，占21.30％；5.1～5.5 mm的有1 049份，占28.21％；5.6～6 mm的有440份，占11.83％；6.1～6.5 mm的有164份，占4.41％；6.6～7 mm的有33份，占0.89％；7 mm以上的有11份，占0.30％。栽培稻花药长一般在2 mm以下。从测定结果看，普通野生稻花药长度比栽培稻的长2～4倍。据庞汉华等（1983）在北京地区的观察，普通野生稻每天开花时间从上午8：30至下午4：30，集中在上午10：00至11：30。每个颖花张开时间为30～40分钟。总的来说，普通野生稻花药长而大，花粉含量多，开花时间长，加上柱头羽毛状外露的特性，极易串粉，易于杂交，杂交后代会出现大量的变异，为育种提供大量可供选择的植株。

综上所述，我国优异野生稻资源极其丰富，是水稻育种极其珍贵的抗原、优质原、雄性不育原。近年来，我国科技人员不仅搜集保存了原产于我国的普通野生稻、药用野生稻、疣粒野生稻3种野生稻种质资源数千份，还搜集了国外22个种数百份野生稻种质资源，这些国外非AA型野生稻种质也含有多种抗原和优质原。在研究利用方面，广大科技人员做了大量工作，取得了可喜的成果和丰富的经验。特别是"七五""八五"和"九五"期间国家科技协作攻关，经过整理、鉴定，筛选出大批的抗病虫原、抗逆原、雄性不育原和稻米优质原，这些优质原蕴藏着极大的开发利用潜力。随着我国科学事业的发展和人们对野生稻优质原的认识加深，野生稻在利用上得到进一步的重视，通过常规育种、生物技术、花药培养、DNA重组和细胞杂交、原生质体融合等方法，把野生稻中的有益基因导入栽培稻中，实现了高产、优质、多抗的水稻育种目标。

第五章

中国野生稻资源优异
种质的利用

野生稻资源优异种质是在许多农学专家与其他科技工作者经过野外考察搜集、在进行农艺性状鉴定的基础上，确定含有优异农艺性状、高抗病虫害、强抗逆性等的野生稻资源。野生稻优异种质在水稻育种和稻作学基础理论研究上的应用，能加深人们对稻作基础理论的认识，使育种家培育出含有野生稻优异种质的新品种。

第一节　中国野生稻资源优异种质的概况

中国野生稻优异种质资源十分丰富，特别是亚洲栽培稻祖先种——普通野生稻的种类繁多，优异种质类型多种多样。但是对野生稻资源优异种质如何划定，我国一直没有形成十分明确的、一致的理论。在应存山等（1997）主编的《中国优异稻种资源》一书中，把栽培稻的优异种质资源分为以下六大类。

①矮秆、大穗、大粒资源。矮秆：多数在80～120 cm的范围，也有53 cm的特矮秆。大穗：多数穗长在20～30 cm的范围，但也有达42.5 cm特长穗的材料，每穗粒数在69～404粒的范围，多数材料为200粒以上，结实率为70％～98.6％。大粒：千粒重多数在25 g以上。

②单抗、双抗或多抗主要病虫性的资源。对水稻主要病虫害具有抗病、高抗或免疫的资源，即一份材料兼抗一种或多种病虫害的抗原。

③单抗、双抗、多抗逆性的资源。主要是对水稻田间常见的恶劣环境条件的适应能力，包括对干旱、寒冷、洪涝、盐碱的耐性（抗性）。

④优质米资源。糙米率为76.4％～86.7％，精米率为62.9％～77.2％，蛋白质含量为6.8％～16.0％。直链淀粉含量黏米为14.2％～27.8％，糯米为0.3％～1.0％。

⑤特种稻资源。主要是指种皮紫色、稻米黑色和带有香味等特殊的稻米品种资源。

⑥综合性状优的稻种资源。

野生稻资源优异种质的标准应根据栽培稻生产与育种目标要求来定，因为野生稻资源的利用主要是在栽培稻育种与稻作基础理论研究上的利用。因此，野生稻资源优异种质的定义是，在野生稻资源中具有栽培稻育种或生产上急需的、栽培稻种质资源中所没有的或比栽培稻更优良的农艺性状（包括强抗逆性、抗病虫性、优质、广亲和等）的优异种质。具体体现在以下几方面。

①单一或多种优异农艺性状的资源，包括矮秆、大穗、粒大、粒多、分蘖强、大花药、

大柱头、雄性不育、恢复性强、广亲和、高光效等性状与特性。

②比栽培稻的抗性更强的单抗、双抗、多抗水稻主要病虫害的资源。

③比栽培稻的抗逆性更强的环境适应性的单抗、双抗、多抗的抗逆性资源。

④稻米品质比栽培稻更优的资源，包括碾磨品质、外观品质和烹调品质优与直链淀粉含量适中、蛋白质含量高（普通野生稻在15%以上、药用野生稻在17%以上）的资源。

⑤含有特殊生物活性物质的资源，如特异DNA片段（重复顺序、启动子、顺反子、转座子等）、特异恢复基因、广亲和与不育基因的资源。

野生稻资源优异种质分散地分布在整个野生稻资源中。为适应自然环境，野生稻存在着优异种质的同时，也存在着不利于农业生产的种质。优异种质资源必须经过多学科大量的协作鉴定、反复筛选才能鉴定出来，然后供育种者利用。我国自"六五"计划以来，已开展了大量的农艺性状、抗病虫性、抗逆性鉴定研究，取得了很好的进展与多项成果，对我国3种野生稻资源的优异种质有了较多的了解。

一、构成理想株型的优异农艺性状种质

在20世纪60年代第一次绿色革命中，我国的"矮脚南特""矮脚占"等品种的矮秆基因起了关键作用。而与栽培稻矮秆基因相似的种质在野生稻中有大量的存在，如疣粒野生稻的株高为50～80 cm，普遍存在矮秆种质；普通野生稻的株高变幅为34.0～187.7 cm，110 cm以下的矮秆资源占48.9%（潘大建等，1998）。李道远、陈成斌（1991）报道，普通野生稻匍匐生态型在田间种植条件下100 cm以下的材料占49.7%，其中80 cm以下的占9.5%；在倾斜生态型中，株高100 cm以下的材料占11.7%。可见我国普通野生稻资源中存在着丰富的矮秆基因源。在药用野生稻中株高变幅为100～200 cm，在稻属野生种中是植株高大的野生稻种之一，但120 cm以下的较矮秆种质也有19.0%左右的占比。随着超级水稻育种研究工作的开展，以理想株型为目标的水稻育种对株高种质要求又有新的标准。改良老品种秆细、植株高的株型，主要目的是克服老品种易倒伏的缺点，因为高秆直接影响产量的稳定和提高，品种矮化改良可克服倒伏的缺点，从而达到提高产量的目的。因此在超级稻育种中只要植株茎秆坚硬、不倒伏，适当提高植株高度是完全可行的，也只有适当提高植株高度才能提高穗粒数，从而达到提高产量的目的。因而，在野生稻资源中抗倒伏的高大植株类型也将进一步受到育种者的重视。我国野生稻资源中穗大粒多、植株高大的类型多分布在普通野生稻和药用野生稻资源中。陈成斌、庞汉华（1997）报道，1996年在南昆铁路沿线考察野生稻资源时，首次在田阳县发现株高410 cm、穗长40 cm以上的普通野生稻高大类型。20世纪80年代初期，广西野生稻普查考察搜集协作组（1980）在藤县发现株高430 cm、穗长58 cm、穗粒数1 181粒的高大药用野生稻类型。这些高大类型种质的充分利用，对实现"杂交水稻之父"袁隆平

先生曾说过的"梦想未来的水稻像高粱一样高大"是有一定根据的。广西大学莫永生教授也提出"高大韧"育种的理论和实践，这些与栽培稻的超级稻育种理想株型相关的优异农艺性状种质在野生稻种质资源中是普遍存在的。

1. 直立型普通野生稻种质资源

这一类型的资源，虽然在分类学上难以公认是标准的普通野生稻种的资源，但在水稻育种中有重要的作用。野生稻直立类型，植株直立，茎秆粗壮，与栽培稻杂交后代多为直立型，较易选出符合生产要求的株系。与其他类型的普通野生稻相比，能缩短育种周期，如丁颖教授选育的"中山1号"就是利用了这一类型的普通野生稻资源种质。此外，这一类型一般穗大粒多，是培养大穗型品种的好亲本，含有比其他类型更多的栽培稻血缘，杂交后更容易选出接近育种目标要求的品系，如野败不育系的选育就是利用了直立型普通野生稻种质。

2. 野生稻的宿根再生性及越冬性

稻属野生种中除尼瓦拉野生稻种外，多数属多年生的稻种，具有较强的再生性与宿根越冬性。我国的3种野生稻多数材料具有很好的再生性，分蘖数达50多个、成穗率达80％以上的普通野生稻资源占40.6％，药用野生稻占56.7％，疣粒野生稻占20％。据广西农业科学院作物品种资源研究所做的宿根越冬试验发现，在普通野生稻中宿根越冬性强的材料占84.2％，在药用野生稻中占85.6％。在种一季水稻的气候条件有余、种两季的时间又不足的地区，可以种植再生性强的杂交稻组合或常规品种，以提高这些地区的复种指数，从而提高粮食产量。在我国种一季水稻时间有余、种两季水稻时间又不足的地区很多，这种再生力强的新组合或新品种需求量较大。即使在种两季稻有足够时间的地区，种植再生力强的新组合新品种，也能减少一季育秧、插植的时间及人力与物力，有利于提高经济效益。因此野生稻宿根再生性、越冬性的优异种质的利用具有广阔的前景与重要的经济价值。

3. 功能叶耐衰老及高光效特性

在野生稻资源中存在着较多的功能叶耐衰老的资源。李道远、陈成斌（1991）对1 550份普通野生稻进行盆栽鉴定，发现抽穗3个月后达到耐衰老2级以上的材料有19.68％，抽穗4个月后还有7.67％（表5-1）。

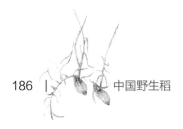

表5-1　普通野生稻功能叶耐衰老性鉴定结果统计（李道远、陈成斌，1991）

参试材料		抽穗3个月后				抽穗4个月后				抽穗5个月后	
		盆栽鉴定		田间鉴定		盆栽鉴定		田间鉴定		盆栽鉴定	
类型	总数	1级（%）	2级（%）	1级（%）	2级（%）	1级（%）	2级（%）	1级（%）	2级（%）	1级（%）	2级（%）
匍匐型	782	4.86	17.52	0.26	8.57	0.13	6.27	0	0	0	1.02
倾斜型	591	2.54	16.24	0	6.60	0	1.69	0	0.34	0	0.51
半直立型	150	1.33	11.33	0.67	6.67	0	0.67	0	0	0	0
直立型	27	0	0	0	0	0	0	0	0	0	0
合计	1 550	3.55	16.13	0.19	7.48	0.06	3.87	0	0.13	0	0.71

注：叶片耐衰老的观察记载标准为，1级具有3片功能叶，2级具有2片功能叶，3级具有1片功能叶，4级叶片全部干枯。

从以上鉴定结果看，中国普通野生稻功能叶片耐衰老性与原自然分布地的气候生态条件相关，分布在两广大陆区的普通野生稻功能叶耐衰老性较强，最北的江西区与最南的海南区的野生稻耐衰老性较弱。从两大生态型的表现来看，匍匐型比倾斜型的功能叶更耐衰老。普通野生稻耐衰老种质对水稻耐早衰育种或抗逆性育种很有价值。

4. 野生稻的高光效种质

药用野生稻、疣粒野生稻生长在荫蔽生态环境下，因而低光效种质材料在自然选择下很容易被淘汰，自然地提高了这两种野生稻群体的光合效率。陈成斌等（1997）在进行分子育种研究过程中发现药用野生稻存在高光效种质。如用药用野生稻GX1686的DNA导入栽培稻品种"中铁31"以后，对这些材料进行光合强度测定，发现GX1686的光合强度为33 mg/（dm²·h），比大家公认的栽培稻高产品种"桂朝2号"［11 mg/（dm²·h）］高出2倍，而一般栽培稻品种只有10～20 mg/（dm²·h）。因此，加强野生稻高光效种质的研究与利用，对提高水稻光合作用强度，进而提高水稻产量具有诱人的前景。

5. 用于杂交稻育种的优异种质资源

我国杂交稻三系配套最主要的种质——雄性不育基因种质就来自海南的普通野生稻。按保持系与恢复系的关系不同可分为野败型、红莲不育型、直野型、东野型、隆野型等许多不同类型的雄性不育种质。普通野生稻除含有丰富的雄性不育基因外，还有许多雄性不育的恢复基因，如广西农业科学院杂交水稻研究中心育成的优质米恢复系"桂99"（图5-1），就含有野生稻血缘，用其配组的组合具有强恢复能力，米质也较优。以"博优桂99（903）"组合为起点，使华南籼型杂交稻米质上了一个新的台阶。在野生稻中还存在着丰富的广亲和基因。陈成斌等（1997）多年来的研究发现，在普通野生稻中具有广亲和基因的材料较多，普通野生稻与籼稻、粳稻杂交的后代F₁结实率在80%以上。卢诚等（1993）经测交筛选认为，江西东乡野生稻具有广亲和性，东乡野生稻与籼型测验种"南京11""IR36""测49"测交，F₁结实率分别为92.7%、77.1%和60.3%；与粳型测验品种"巴利拉"和"秋光"测交，F₁结实率分别为88.1%和81.8%。以上结果说明，东乡野生稻属偏粳型的广亲和资源。这种具有广亲和特性的材料对亚种间的杂种优势利用具有重要意义。野生稻是否存在光敏不育基因值得研究。野生稻中存在着长花药、大柱头、柱头外露等有利于杂种优势利用的特殊性状。在长雄蕊野生稻中，长花药、大柱头的种质普遍存在；在普通野生稻中，匍匐生态型的花药长度达5.1～7.5 mm的材料占72.8%，普通野生稻的柱头全部外露。野生稻优异种质在水稻杂种优势利用中有着广阔的前景。

图5-1　第一个野生稻种质育成的优质恢复系"桂99"的田间表现

二、高抗病虫害的优异种质资源的利用

广西农业科学院作物品种资源研究所等于1979～1990年系统筛选鉴定了1 878份、于1992～1995年鉴定了1 700多份野生稻资源对稻瘟病的抗性，其中存在广谱抗原的占0.799%，例如普通野生稻编号YD2-0435、YD2-1263、YD2-1005、YD2-0408、YD2-1372等，药用野生稻编号YD2-1627、YD2-1685等。1981～1995年，鉴定了4 115份野生稻资

源对水稻白叶枯病的抗性，获广谱高抗材料130多份，占3.16%，如编号YD2-0480、YD2-1443等。广西农业科学院作物品种资源研究所与中国农业科学院作物品种资源研究所合作（1993）对广西普通野生稻资源RBB16进行遗传研究，发现其与栽培稻中Xal-7的7个抗白叶枯病的抗性基因非等位，在栽培稻中不具有这种广谱高抗显性新抗原。广西农业科学院作物品种资源研究所与植物保护研究所用苗期、成株期接虫测定方法，鉴定了1 412份广西野生稻资源对褐稻虱、白背飞虱的抗性，发现广西药用野生稻对褐稻虱免疫的材料占1.52%，高抗的材料占41.92%，如编号YD2-1668等；鉴定1 433份野生稻对白背飞虱的抗性，发现药用野生稻中有23.85%的免疫材料、35.53%的高抗材料，如编号YD2-1593等。在广西药用野生稻中双抗、3抗、4抗的材料分别有9份（占4.50%）、16份（占8.00%）、23份（占11.50%）；在广西普通野生稻中兼抗病虫的有18个编号，占0.45%左右。

广东农业科学院水稻研究所对保存的野生稻资源进行各种抗病虫性鉴定，筛选出一批高抗的优异种质。如鉴定了2 064份普通野生稻、484份药用野生稻对白叶枯病的抗性，其中单抗的抗原分别占13.57%和12.40%，如编号S1115、S1153、S2165等；鉴定了1 676份普通野生稻对稻瘟病的抗性，获单抗的抗原占0.62%，其中有编号S1013、S1068、S1157等；鉴定了2 017份普通野生稻对水稻细菌性条斑病的抗性，筛选出1.49%的单抗抗原，其中有编号S7164、S7609、S7004、S1001、S3163、S3418等；鉴定了2 021份普通野生稻对水稻纹枯病的抗性，获23份抗原，占1.14%，其中有编号S1040、S7613、S8153等；对1 463份普通野生稻进行褐稻虱、白背飞虱的抗性鉴定，发现高抗和抗褐稻虱的抗原占0.27%，如编号S3026、S7535、S7536等，抗白背飞虱的有编号S7449、S7550、S9004等；鉴定了1 425份普通野生稻和29份药用野生稻对稻瘿蚊的抗性，1级抗性的普通野生稻只有7份，占0.48%，药用野生稻抗1级、3级、5级的材料有编号S1166、S1192、S1112等；还鉴定了2 033份普通野生稻对三化螟的抗性，其中5级（中抗）的材料有507份，占24.94%，如编号S3023、S3356、S7003等，未发现1级、3级的材料。广东农业科学院还发现一批具有双抗、3抗、4抗的宝贵资源，它们的应用对水稻抗性育种有重要的实用价值。

江西农业科学院对206份东乡野生稻进行了稻瘟病、白叶枯病、细菌性条斑病的抗性鉴定，发现对稻瘟病中抗的材料占3.51%，有编号东塘-6、坎下垅-2、水桃树下-5等；对白叶枯病高抗和抗病的材料占39.90%，有编号庵家山-4、庵家山-44、东塘上-8、水桃树下-1等；对细菌性条斑病抗病的材料有106份，占51.46%，其中有编号庵家山-1、庵家山-2、东源坝下垄-1等；发现东乡坎下垄、水桃树下、东塘下-1、樟塘-1等野生稻资源对黄矮病免疫。经过研究鉴定还发现江西、湖南、广西、广东、云南的野生稻资源存在高抗稻纵卷叶螟、二化螟、三化螟和大螟的优异种质。

湖南农业科学院对其搜集保存的野生稻开展抗病虫鉴定，选出抗白叶枯病的优良种质有编号C077、C115、C117、C120、C047等。"八五"期间，湖南农业科学院水稻研究所承担对各省（自治区、直辖市）提供的1 026份野生稻资源进行抗褐稻虱鉴定，选出0～3级抗性的资源13份，其中WYD-170、WYD-33、CNW-033、CNW-0585、CNW-0651等均表现高抗，CNW003还兼抗稻瘟病、白叶枯病，是多抗的材料。福建农业科学院稻麦研究所的M2028野生稻也是抗白叶枯病与综合性状好的资源。云南省的疣粒野生稻具有抗稻瘟病、对白叶枯病免疫和高抗的性能（彭沼袭等，1981）。中国农业科学院作物品种资源研究所对502份野生稻进行稻瘟病、白叶枯病的抗性鉴定，选出抗稻瘟病的资源CYD0761、CYD0256、CYD0739等，高抗白叶枯病的CYD0736、CYD0354、CYD0035等，兼抗两种病的CYD0297、CYD0056、CYD0806、CYD0741等，特别是CYD0741小粒野生稻对白叶枯病接近免疫。多年来我国农学家特别是稻种资源学家做了大量野生稻抗病虫性的鉴定工作，基本上掌握了我国野生稻资源中抗水稻主要病虫害的抗原分布，发掘出一批优异的抗病虫的新种质。

三、抗逆性强的优异种质资源

野生稻除对病虫害有较强的抗性外，对不良环境因素的抵御能力也很强。我国野生稻北缘分布地的江西省东乡野生稻长期生长在28° 14′ N地区，1月平均气温5.2 ℃，在极端最低气温-8.5 ℃的条件下能安全越冬，有很强的耐冷性。陈大洲（1996）报道，在苗期一叶一心时，在6 ℃气温下处理6天，东乡野生稻比粳稻0289的耐冷性还强，达1级；抽穗期用14.9～16 ℃处理3天，结实率达70％以上，与粳稻相似。广西农业科学院作物品种资源研究所在广西高寒山区进行野生稻自然耐冷性试验，在气温≤4 ℃的情况下连续22天，极端最低气温达-5 ℃，前后出现霜冻15次、冰冻4次、降雪7次，在被鉴定的普通野生稻中有2.9％耐冷性强的材料；药用野生稻宿根越冬耐冷性不明显，未发现1级材料，5级和7级的占99％。在苗期5 ℃和抽穗期15 ℃的人工气候箱中连续处理6天的条件下，普通野生稻达1级和3级的占总数的17.2％，药用野生稻达1级和3级的占总数的29.6％，选出了一批耐冷性强的材料，如编号YD2-0091、YD2-1089、YD2-0945、YD2-1508等。广东农业科学院水稻研究所对1 644份普通野生稻进行苗期耐冷性鉴定，获得5.4％的抗原材料，其中有编号S3276、S3374、S6105、S6134、S7552、S7346等。利用含羞草间接鉴定法对1 555份普通野生稻进行耐旱性鉴定，在实生苗出苗后35天后停止供水14天，选出6.37％的强耐旱材料，其中成活率达100％的材料有编号S1058、S3122、S3254、S4024等。同时，还对1 315份普通野生稻进行了耐涝性鉴定，选出编号S6012、S3028、S7043、S7123、S7179等一批耐涝性强的种质资源。对1 518份普通野生稻进行根系泌氧力鉴定，获得9.82％泌氧力强的抗原。根据鉴定结果，他们共获得含双抗的材料142份，3抗的17份和4抗的材料。在栽培稻中不具有以上种质资源。

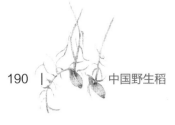

四、优质稻米资源

随着我国人民小康生活的实现与发展，人们对稻米品质、营养成分、口感等的要求越来越高，经济发展对稻米的要求也越来越趋向专业化，如酒米、糕米等。为适应市场的需求，在改良水稻大米品质上也对资源提出更高的要求。我国有丰富的优质野生稻资源，"七五""八五"期间广东农业科学院承担了全国野生稻资源的蛋白质含量测定评价，共测定评价了普通野生稻1 752份、药用野生稻104份、国外野生稻172份，结果发现普通野生稻的蛋白质含量在8.5%～17.9%之间，蛋白质含量大于15%的有99份，占5.7%，没有发现蛋白质含量低于8%的样品。在药用野生稻中蛋白质含量在12.8%～22.3%之间，蛋白质含量大于20%的有7份，占6.7%，其中有YD1-2033（22.3%）、YD1-1936（20.7%）、YD1-2 302（20.5%）等；蛋白质含量在15%以上的材料有87份，占83.7%。在172份国外野生稻种的材料中，蛋白质含量在15%以上的有47份，占27.3%，其中有尼瓦拉野生稻WYD-0460（21.2%）、WYD-0466（19.4%）、WYD-0453（19.4%）、WYD-0440（19.4%）、阔叶野生稻WYD-0302（15.1%）、短叶舌野生稻WYD-0227（17.6%）、WYD-0018（16.3%）、澳洲野生稻WYD-0211（16.3%）。由此可见，野生稻资源中蛋白质含量普遍高于栽培稻（8%～10%），甚至是栽培稻的2倍以上。广西农业科学院作物品种资源研究所（1991）测定了广西普通野生稻资源1 119份、药用野生稻资源199份的蛋白质含量，普通野生稻的蛋白质含量范围为7.75%～17.37%，药用野生稻的范围为11.81%～20.08%。蛋白质含量在15%以上的优质源在普通野生稻中占1.79%，在药用野生稻中占42.21%，是栽培稻对照品种蛋白质含量的2倍多，其中有编号YD2-0391、YD2-0127、YD2-1500、YD2-0683、YD2-1021、YD2-1811、YD2-1893、YD2-1691、YD2-1862等。

我国早籼品种外观米质一般比较差，市场竞争力较弱。随着市场经济发展的要求，优质大米越来越受欢迎，改良早籼稻米品质已显得尤为重要。我国野生稻资源中有较多外观品质优的资源。陈成斌（1991）报道广西野生稻外观米质鉴定的结果，在1 591份普通野生稻中有127份外观米质优的资源，占7.98%；在药用野生稻中有13份，占6.53%。在江西、福建等省的野生稻资源中有更多的外观米质优的资源（表5-2）。我国"七五""八五"期间已编写目录的6 954份野生稻资源中有34.35%外观米质优的优质源，特别是在栽培稻的祖先种的普通野生稻中有38.58%的优质源，这为解决我国稻米品质特别是早籼品种米质问题提供了十分宝贵的优质源。

表5-2　野生稻资源外观米质鉴定结果统计（陈成斌，1999）

原产地	种名	鉴定总份数	优质		中等		差	
			份数	占比（%）	份数	占比（%）	份数	占比（%）
广东	普通野生稻	2 355	1 299	55.15	900	38.22	156	6.62
	药用野生稻	479	0	0	182	38.00	297	62.00
广西	普通野生稻	2 591	359	13.86	2 097	80.93	135	5.21
	药用野生稻	199	13	6. 53	167	83.92	19	9.55
云南	普通野生稻	14	14	100.00	0	0	0	0
	药用野生稻	2	2	100.00	0	0	0	0
	疣粒野生稻	35	35	100.00	0	0	0	0
江西	普通野生稻	201	196	97.51	4	1.99	1	0.50
福建	普通野生稻	92	89	96.74	3	3.26	0	0
湖南	普通野生稻	317	196	61.83	119	37.54	2	0.63
海南	疣粒野生稻	100	29	29.00	71	71.00	0	0
台湾	普通野生稻	1	0	0	1	100.00	0	0
国外	20个品种野生稻	510	157	30.78	283	55.49	70	13.73
国内产地合计	普通野生稻	5 571	2 153	38.65	3 124	56.08	294	5.28
	药用野生稻	680	15	2.21	349	51.32	316	46.47
	疣粒野生稻	135	64	47.41	71	52.59	0	0
总计		6 896	2 389	34.64	3 827	55.50	680	9.86

在碾磨与蒸煮米质上，我国野生稻也有较多的优质源。例如，秦学毅等（1990）对广西30份普通野生稻进行品质鉴定，用广西出口优质米品种"特眉""民科占"做对照，结果发现，在野生稻碾磨品质方面，整精米率达1级的有26份，占参试材料的86.67%，达2级的有4份，占13.33%；在直链淀粉含量上，含量在24%以上的有22份，占参试材料的73.33%，含量在20%以上的有8份，占26.67%。直链淀粉含量高，则米饭质地硬，含量适中的胶稠度表现为软，米饭质地也软。由表5-3可以看出，广西普通野生稻种质资源的优质源较丰富，特别是适合国际市场需要的优质源更具有开发利用价值。万常熠等（1993）对来自我国台湾、海南、广东、广西、云南、湖南、江西等省（自治区）的野生稻稻米的蒸煮品质进行测定，结果显示8份普通野生稻中茶陵野生稻的直链淀粉含量最低，为14.37%，东乡野生稻R4含量最高，为22.24%；碱消值最小的是湛江野生稻，为3.0，最大的是从化野生稻，为4.5；胶稠度以茶陵野生稻最大，为43 mm，湛江、隆安野生稻最小，均为27 mm。在药用野生稻中，参试的广东新兴、广西百色、云南耿马的材料的直链淀粉含量相近，碱消值、胶稠度有所差异。在疣粒野生稻中，海南乐东和云南思茅、景洪的材料直链淀粉含量差异甚微，碱消值、胶稠度也较接近（表5-4）。把野生稻的蒸煮品质与栽培稻的籼粳亚种进行比较，发现参试的12个籼稻品种直链淀粉含量平均为21.47%，含量范围在16.26%～23.97%之间；10个粳稻

品种的直链淀粉含量范围在12.01%～21.12%之间，平均含量为13.17%。籼稻的糊化温度的碱消值变幅为3.0～7.0，平均为4.7；粳稻的变幅为3.5～7.0，平均为6.5。籼稻的胶稠度范围为23～39 mm，平均为30 mm；粳稻的范围为33～59 mm，平均为38.2 mm。从3个蒸煮品质的平均值看，普通野生稻与籼稻亚种更接近，这可能与稻种进化有关。

表5-3　普通野生稻部分材料稻米品质（秦学毅等，1990）

参试材料	形态类型	糙米率（%）	精米率（%）	整粒精米率（%）	级别	直链淀粉含量（%）	胶稠度（mm）	糊化温度	米饭质地	米粒延伸率（%）
82SS14	直立	77.2	64.1	56.2	2	23.65	76.5	5 ℃	柔软	82.0
82SS850	直立	74.5	67.1	61.0	1	30.24	32.0	5 ℃	硬	73.0
82ST372	半直立	78.2	68.4	62.3	1	23.10	88.0	4 ℃	柔软	76.3
82ST573	半直立	75.3	66.2	60.1	1	30.50	39.0	5 ℃	硬	53.3
82ST368	倾斜	76.1	67.0	61.1	1	20.16	87.0	5 ℃	柔软	89.7
82ST642	倾斜	74.1	65.2	60.2	1	27.36	45.0	4 ℃	硬	89.2
82ST324	匍匐	75.2	66.5	54.7	2	23.50	90.0	4 ℃	柔软	78.5
82ST280	匍匐	76.5	67.3	62.5	1	28.10	36.0	5 ℃	硬	69.4
民科占	直立	79.1	63.4	56.3	2	24.50	50.0	4 ℃	硬	72.0
特眉	直立	79.2	64.3	55.0	2	23.20	28.0	4 ℃	—	41.0

表5-4　野生稻的蒸煮品质（万常熠等，1993）

类型	编号	直链淀粉含量（%）	碱消值	胶稠度（mm）
普通野生稻	R₁从化	21.29	3.8	30
	R₂从化	20.98	4.5	28
	R₃湛江	16.57	3.0	27
	R₄东乡	22.24　平均19.07±2.83	4.2　平均3.9±0.45	30　平均31.9±6.1
	R₅东乡	21.45	4.0	40
	R₆隆安	17.83	3.5	27
	R₇茶陵	14.37	4.0	43
	R₈景洪	17.83	3.8	30
药用野生稻	O₁新兴	18.62	2.2	24
	O₂百色	18.30　平均18.46±0.16	2.8　平均2.8±0.55	30　平均25.7±3.8
	O₃耿马	18.46	3.3	23
疣粒野生稻	M₁乐东	17.52	2.8	27
	M₂思茅	17.36　平均17.41±0.09	2.5　平均2.5±0.30	25　平均27.7±3.1
	M₃景洪	17.36	2.2	31
籼稻		16.26～23.97　平均21.47±2.36	3.0～7.0　平均4.7±1.8	23～39　平均30.0±4.6
粳稻		12.01～14.05　平均13.17±2.68	3.5～7.0　平均6.5±1.1	33～59　平均38.2±8.3

我国野生稻资源中存在着很丰富的优质源，特别是普通野生稻资源中的优质源，为我国早籼品种米质改良，特别是杂交稻早籼组合米质改良提供了宝贵的优质源，应加强对这方面的应用研究，使我国华南稻区早籼米品质更上新台阶。

五、野生稻的优异种质

野生稻资源优异种质的鉴定利用一直是农学家们十分关注的事情，国内外许多专家从不同的方面开展工作，目前对野生稻资源中优异种质的分布已有初步了解，主要优异种质分布情况见表5-5。从表中可以看到，野生稻资源有许多水稻育种中所需要的优异种质，是十分宝贵的育种材料。

表5-5　野生稻的优良种质与地理分布（李道远、陈成斌，1990）

种名	染色体数（2n）	基因组型	优良种质	地理分布
普通野生稻（*O.rufipogon*）	24	AA	耐旱、耐涝、耐寒、耐盐碱、耐酸性硫酸土，抗白叶枯病、稻瘟病、纹枯病、细菌性条斑病、齿叶矮缩病、草丛矮缩病、秆腐病、南方黑条矮缩病，抗褐飞虱、白背飞虱、稻瘿蚊、黑尾叶蝉，分蘖强，节间伸长力强，雄性不育细胞质源，广亲和基因源，优质，高蛋白含量等	中国南部、南亚、东南亚、南美洲、古巴等
药用野生稻（*O.officinalis*）	24	CC	耐旱、耐寒，免疫、高抗褐飞虱、白背飞虱、黑尾叶蝉，抗稻蓟马、二化螟、大螟，抗稻瘟病、白叶枯病、齿叶矮缩病和鞘腐病，大穗粒多，优质，高蛋白质含量，高光效等	中国南部、南亚、东南亚、巴布亚新几内亚
疣粒野生稻（*O.meyeriana*）	24		高抗白叶枯病、稻瘟病，耐旱，矮秆，优质，耐荫蔽等	中国南部、东南亚
高秆野生稻（*O.alta*）	48	CCDD	耐旱，抗齿叶矮缩病，籽粒大，茎秆粗壮	澳大利亚、西非、南美洲、中美洲
澳洲野生稻（*O.australiensis*）	24	EE	耐旱，抗白叶枯病、稻东格鲁病、齿叶矮缩病，抗褐飞虱、黑尾叶蝉，蛋白质含量高等	
短叶舌野生稻（*O.barthii*）	24	A^gA^g	抗齿叶矮缩病，抗褐飞虱、白背飞虱、电光叶蝉、黑尾叶蝉，籽粒大，矮秆，早熟，蛋白质含量高等	

续表

种名	染色体数（2n）	基因组型	优良种质	地理分布
短花药野生稻（*O.brachyantha*）	24	FF	抗菲岛稻水蝇、褐飞虱、螟虫、叶蝉、齿叶矮缩病、细菌性条斑病，耐旱等	中非、西非
紧穗野生稻（*O.eichingeri*）	24 48	CC BBCC	抗褐飞虱、白背飞虱、黑尾叶蝉、电光叶蝉、稻蓟马、三化螟、二化螟、白叶枯病，耐旱，耐荫蔽等	东非、中非
非洲栽培稻（光稃稻）（*O.glaberrima*）	24	A^gA^g	抗黑尾叶蝉、稻蓟马，耐荫蔽等	西非
展颖野生稻（*O.glumaepatula*）	24	$A^{Cu}A^{Cu}$	抗细菌性条斑病等	南美洲、西印度群岛
大颖野生稻（*O.grandiglumis*）	48	CCDD	抗白叶枯病，耐荫蔽，茎秆粗，大粒等	西印度群岛、南亚、东南亚、中美洲、南美洲
颗粒野生稻（*O.granulata*）	24		抗褐飞虱、白背飞虱、黑尾叶蝉、白叶枯病、齿叶矮缩病，耐旱，耐荫蔽等	西印度群岛、南亚、东南亚、中美洲、南美洲
阔叶野生稻（*O.latifolia*）	48	CCDD	抗褐飞虱、白背飞虱、黑尾叶蝉、白叶枯病、齿叶矮缩病，抗倒伏，大穗，大粒，优质，蛋白质含量高等	
长护颖野生稻（*O.longiglumis*）	48	CCDD	抗稻瘟病、白叶枯病，耐旱、耐荫蔽等	巴布亚新几内亚、东南亚
长花药野生稻（*O.longistaminata*）	24	A^bA^b	抗白叶枯病、螟虫，强异花授粉特性，耐旱等	非洲
小粒野生稻（*O.minuta*）	48	BBCC	抗稻瘟病、白叶枯病、纹枯病、细菌性条斑病，抗褐飞虱、白背飞虱、黑尾叶蝉、电光叶蝉、稻蓟马，耐旱，耐荫蔽，优质等	东南亚、巴布亚新几内亚
尼瓦拉野生稻（*O.nivara*）	24	AA	抗草丛矮缩病、稻瘟病、细菌性条斑病、鞘腐病，抗褐飞虱、稻蓟马、稻纵卷叶螟，优质，蛋白质含量高，耐旱等	南亚、东南亚
斑点野生稻（*O.punctata*）	24 48	BB BBCC	抗白叶枯病、细菌性条斑病，抗褐飞虱、白背飞虱、黑尾叶蝉，耐旱等	非洲
马来野生稻（*O.ridleyi*）	48		抗菲岛稻水蝇、螟虫、白背飞虱、电光叶蝉、黑尾叶蝉，抗细菌性条斑病、齿叶矮缩病，耐旱等	东南亚、巴布亚新几内亚

续表

种名	染色体数（2n）	基因组型	优良种质	地理分布
普通栽培稻（*O.sativa*）	24	AA	矮秆，大穗，大粒，抗白叶枯病、稻瘟病，抗褐飞虱，耐旱，耐寒，优质，特种稻等	全球五大洲
极短粒野生稻（*O.schlechteri*）			耐旱等	巴布亚新几内亚

在中国野生稻种质资源鉴定与评价出来的各种抗病虫性的抗级在抗（3级）以上、抗逆性强、米质优等方面达到国家农业行业标准《农作物优异种质资源评价规范　野生稻》的种质都是野生稻优异种质。

第二节　中国野生稻优异种质应用的主要成就

野生稻资源在我国民间与科学研究上都有许多用途。在民间主要用作薪草、饲料与中草药。1980年陈成斌等考察广西贵县麻柳塘的野生稻时曾了解到，30 hm²茂密生长的野生稻是当时当地农民的主要薪柴来源。这片荒塘在当时生产队的统一管理下，每年在塘里储水养鱼，春季来临时宿根稻桩开始发芽或落粒种子萌芽，野生稻苗迅速生长。以后随着雨季到来，水位不断涨高，野生稻也随水长高，部分稻苗为草鱼等鱼种提供食料，但由于野生稻群体大，生长繁盛，年终放水抓鱼后，可收稻秆$3 \times 10^4 \sim 4 \times 10^4$ kg/hm²。当地农民既可收获约5 000 kg鱼，又可收割大量的薪草，所以他们对这片野生稻生长地也认真管理。收完稻秆后，采取不许在此地放牧、不许铲草皮等措施，以免破坏野生稻生长的环境。利用野生稻秆做薪草在广西其他地方也有类似的例子。在考察中还发现野生稻嫩茎叶被用作青饲料养草鱼、牛、羊、鹅等。广西藤县一带的农民利用药用野生稻的根茎治疗胃痛、腹泻与痢疾等疾病。当然，野生稻资源在我国的应用研究成就主要还是在栽培稻的育种应用上。

一、野生稻优异种质在水稻常规育种中应用的主要成就

现代水稻科学育种最早是20世纪初（1906）在日本开始的，我国则是最早利用野生稻资源进行水稻杂交育种的国家。1926年我国著名的水稻专家丁颖教授利用普通野生稻与栽培稻的自然杂交，经过4年多的选育试验，获得犀牛尾的普通野生稻与栽培稻农家品种"竹占"杂

交而育成的第一个具有野生稻血缘的栽培稻新品种——晚季稻"中山1号"。这是当时世界上首次把野生稻抗恶劣环境的种质成功转移到栽培稻上的例子。当时因处在战乱时期，故未得到推广。随后经广西的农业科技工作者和农民育种家的栽培与不断的系统选育，使该品种得以繁衍，并从中选育出"中山占""中山白""中山红""包胎矮"。广西玉林地区农业科学研究所选育出衍生品种"包选2号"，由于其具有野生稻的优异种质，表现出抗病虫性强、抗逆性强和适应性广、优质、高产稳产的特性，使它在20世纪60～70年代成为我国南方稻区晚籼稻的当家品种之一。如广东1967年从广西引进"包胎矮"大面积推广，到1987年全省栽培面积达561.6万多公顷，每公顷产量4 500～6 000 kg。"包选2号"一直到20世纪80年代还在种植，给华南稻区带来了巨大的经济效益和社会效益。"中山1号"及其衍生体系在水稻育种与生产上的利用长达半个多世纪之久，这在世界育种史上是十分罕见的。丁颖教授1936年还利用华南水稻品种"早银占"与印度野生稻进行人工杂交，在后代中选育出每穗几百粒至1 000多粒的系列杂交品系，俗称"千粒穗"，是野生稻与栽培稻杂交育成的新品种。另外还有"暹黑7号""印2东7"等千粒穗新杂交品系。由于丁颖教授的杂交品系粒数特多，引起了国内外的关注，一些外国水稻专家也多方索要他所用的野生稻种质资源和杂交材料。可见野生稻资源在栽培稻育种中应用的潜力还远未发挥出来，在以培育超级稻为育种目标的今天更应吸取前人的经验，加大野生稻优异种质资源的利用。

20世纪70年代，上海市青浦县农业科学研究所（1973）利用海南岛崖县的白芒普通野生稻与"农垦6号"杂交，选育出早熟、矮秆、抗倒、耐肥的新品种"崖农早"，其全生育期为90天，每公顷产量达6 000 kg。

20世纪80年代初，广西百色地区农业科学研究所利用田东普通野生稻与"团结1号"杂交，育成带有田东普通野生稻血缘的晚籼品种"小野团"，其比对照品种"包选2号"增产12.48%，并早熟4～7天。广西柳州地区农业科学研究所（1980）把普通野生稻种子进行辐射处理后，从中选出80～85 cm高的直立紧凑株型、分蘖力强、结实率高的单株作为亲本材料，于1985年育成比"团结1号"增产10.7%的株系。

20世纪90年代中期，广西农业科学院水稻研究所利用广西普通野生稻81-377作为母本与晚籼"青华矮6号"杂交，再用早籼"双桂1号""双桂36号"作为父本连续杂交，经7年11代，育成高产、高抗优良新品种"桂青野"，并在生产上大面积应用。广西农业科学院作物品种资源研究所在"七五"期间利用高抗白叶枯病的普通野生稻RBB16与"中花8号""辽粳5号""垦系3号""桂朝2号""特青2号"等一批籼粳品种杂交，在研究普通野生稻抗性遗传的同时对其杂交后代进行花药培养，选出5个高抗优良稳定品系，其中157、14-5、209-1等比亲本增产13.1%以上。"八五"期间利用杂交后花药培养的方法把普通野生稻抗稻瘟病基因转移到栽培稻中，选出033-1优良的花培品系，为野生稻优异资源的应用打下了良好基础。1987～1990年，广西农业科学院作物品种资源研究所与上海生物化学研究所合作，把广西药用野生稻GX1686的DNA导入栽培稻"中铁31"中，经过5代选育，育成高产、优质、高光效的糯稻新品种"桂D1号"。该品种株型紧凑，茎秆粗壮，叶片半卷筒状，厚而挺直，叶色深绿，耐肥，抗倒伏，耐旱，耐寒，耐衰老性强，再生性强，适应性广，具有高光效特性，光合作用强度为44.5 mg/（dm^2·h），是对照品种"桂朝2号"［11.0 mg/（dm^2·h）］的4倍，是受体亲本"中铁31"［17.0 mg/（dm^2·h）］的2.6倍，产量达7 500～9 750 kg/hm^2，比亲本增产25.8％，是广西为数极少的每公顷产量超过7 500 kg的籼糯品种，深受广大农民的欢迎，被称为"糯谷王"。"八五"期间该所又育成"桂D2号"籼稻品种，其水田产量达7 500～9 900 kg/hm^2，旱田产量达6 000～7 800 kg/hm^2，取得野生稻优异种质利用的重要突破。

广东省湛江市农业科学研究所（1979～1982）利用普通野生稻抗病性强的种质，育成高产、抗稻瘟病、抗白叶枯病、适应性广的"古今洋"新品种。广东省增城县农业局（1980～1985）用普通野生稻做父本，用高产品种"桂朝2号"做母本，杂交后经过6代选育，育成高产新品种"桂野占2号"，其平均产量达6 757.5 kg/hm^2，最高产量达8 578.5 kg/hm^2，生育期120～121天，抗白叶枯病，矮秆优质。广东省增城县农业局还进一步利用"桂野占2号"与澳大利亚"袋鼠丝苗"杂交，育成高产、优质、早晚造兼用的水稻优质米品种"野澳丝苗"，其平均产量达6 658.5 kg/hm^2，比优质谷"713"增产24.1％。1980年广东省利用普通野生稻育成了一系列高产、优质、抗水稻主要病虫害（稻瘟病、白叶枯病）的品种（品系），它们是"桂野占""中竹野""竹野""野澳丝苗""六生糯""早占野""晚占野""铁野"等。倪丕冲等（1986）报道，以云南疣粒野生稻为母本，用抗稻瘟病的北方粳稻"南65"为父本进行杂交，经胚挽救技术，获得6个符合育种目标的优良品系，为我国疣粒野生稻优异资源的利用做了很好的探索。

二、野生稻优异种质在杂交稻育种中应用的主要成就

我国水稻杂种优势利用成就举世瞩目，这是众所周知的事，但真正了解其中起关键作用因素的人并不多。我国野生稻优异资源利用是我国水稻杂种优势利用——杂交稻三系配套成功的关键。我国水稻杂种优势利用研究始于20世纪60年代袁隆平水稻杂种优势利用研究组，但取得突破性进展则是在1970年，当时李必湖等人在海南岛崖县首次发现普通野生稻的雄性不育株，随后在湖南、江西等地把雄性不育基因转育到栽培稻上，获得第一批野败型不育系和保持系，从而打开了水稻杂种优势三系利用的大门。广西最先发现具有强优势的恢复系，在1973年籼型杂交稻三系配套成功，从而使我国水稻生产进入了一个崭新的阶段。在杂交稻研究过程中有许多单位和个人做出了卓越的贡献。

武汉大学用华南普通红芒野生稻（图5-2）与"莲塘早"杂交选出红莲籼型不育系。湖

北农业科学院用红芒野生稻与"红晓"杂交，用海南岛崖县藤桥野生稻和"龟治1号"杂交，分别育成"红晓""藤龟"这两个粳型不育系。中国农业科学院作物品种资源研究所用海南红芒野生稻与"京育1号""反修1号"杂交，育成"粳型野败"不育系。广西农业科学院用海南红芒野生稻和"广选3号"杂交，育成"广选3号"不育系和保持系；用合浦野生稻、柳州白芒野生稻与"金南特43号"杂交，育成"合野金南特43"不育系、"柳白野金南特43"不育系。

按恢复系与保持系的关系，上述海南"红野""藤野""柳野"和"合野"育成的不育系均属野败型不育系。在使用一段时间后，野败型杂交稻存在抗性不

图5-2 红芒直立型普通野生稻

强的缺点，需要培育出新的不育系以提高抗性，如江西萍乡、福建龙溪等野败不育系。戴国荣（1986）报道，直野型水稻三系选育，其恢保关系不同于野败型。陈大洲等（1995）报道，自1981年起利用江西东乡野生稻与栽培稻杂交，到1985年选育成东野型新质源雄性不育系"国际油粘A"。从1985～1993年测交了2 000多个组合，野败型恢复系有"IR24""明恢63""测64-7"等，直野型恢复系有"早爱333""早爱335"等，红莲型恢复系有"特青""珍汕97""红梅早"等，矮败型、D型、印水型的恢复系和保持系均是东野型"国际油粘A"的保持系。能恢复各种质源型的恢复系"300号""75D12"也是东野型不育系的保持系，有广亲和性的"CPSLO17""培C311""T984""粳恢73"糯恢复系等都是东野型不育系的保持系。东野型不育系的保持系广泛但恢复系较窄。用"龙革18"等栽培稻作为母本，东野与湖南茶陵野生稻作为父本杂交后经系谱选择，经历8代，于1993年育成东野型不育系的恢复系"3913222"，F_1育性恢复达74.75%～83.66%，实现了东野不育系三系配套。因此，陈大洲（1995）认为，我国杂交稻不育的恢复系有4种类型，其恢复基因假定为RF1Rf2、RE1Rf3、Rf2、Rf3。而东野型不育系的恢复系可能是第5种类型。广西农业学校利

用广西隆安野生稻分别与"泰竹"杂交，经回交选育17代，育成隆野型不育系，其恢保关系与野败型等原有的不育系类型完全不同，至20世纪90年代末期仍在被用于强优组合的选育、试种。李勤修等（1981）利用具有长花药、大柱头、宿根性强、强抗旱、强抗寒等优异性状的长花药野生稻为亲本，选育出宿根性强、杂种优势强的F_1代，通过宿根性以达到固定杂种优势的目的。由于长花药野生稻与栽培稻是稻属中不同的远缘种，两者间很难杂交成功，利用栽培稻"光粳A"与柳州野生稻的F_1和"2878×柳野"的F_1同长花药野生稻进行正反交，获得9株长花药野生稻与栽培稻杂交的F_1植株，其自交或杂交结实率达68%～90.9%，地下茎在正反交中均为显性或部分显性。经过进一步研究，育成了长花药、大柱头、抗寒力强的不育系。广东农业科学院水稻研究所和湛江市杂交水稻研究中心、湛江市农业专科学校利用普通野生稻雄性不育源，培育出具有早生快发、分蘖多、抗病虫性强、恢复谱广、成穗率高、经济性状好、增产潜力大、米质优的新不育系4个，即"S8045-珍汕97A""S1102-莲塘早A""S9028-东A""S7002-梅青A"。1992～1993年，湛江市农业专科学校利用这些不育系配组育成"东优64""东优1051""东优桂33""东优49"等新组合；湛江市杂交水稻研究中心配组育成"梅优桂44""梅优80选""梅优1051""梅优64"等早熟高抗、米质优的杂交稻新组合，深受当地农民的欢迎。我国的水稻杂种优势应用研究离不开野生稻的优异种质利用，随着水稻育种科学研究的深入，野生稻的优异种质将得到进一步利用，水稻育种与生产将取得更大的成就。

水稻的三系、二系的品种间和亚种间杂种优势的利用，给水稻生产带来了突破性的发展。但是杂交稻的亲本繁殖、F_1杂交种子的制种比较复杂，能否使杂种优势相对稳定地在生产上连续多年利用，这是许多科学家与农民共同关心的问题。20世纪30年代，国外植物育种家就提出了固定杂种优势的设想，20世纪40年代H.K.海斯等指出："在植物育种学家看来，无融合生殖阻碍了基因的重新组合与分离，然而如果无融合生殖的后代发生的比重大，那么优良基因型一旦被选拔出来以后，就可保持相对的稳定性。"Murty U.R.（1981）等提出固定高粱杂种优势的新概念和筛选出具有理想农艺性状的杂种，为研究固定杂种优势育种提供了借鉴。20世纪80年代筛选出固定杂种优势的遗传资源有玉米的鸭茅摩擦禾、小麦的冰草、高粱的R473、牧草的巴费尔草、西非的黍子等。陈建三、尹林等（1995）报道，从1977年开始研究固定水稻杂种优势，于1984年从非洲长花药野生稻（80-0001）×栽培稻（80-6195）杂种第三代中选育出遗传稳定的粳稻（84-15）；用（84-15）×黑谷，F_2、F_3代株高分别为78.2 cm、78.0 cm，变异系数均为4.6%，穗长分别为19.9 cm、20.7 cm，变异系数均为4.3%，差异不显著，即表现杂种优势已固定，符合"$F_1 \neq F_2 = F_3 = F_n$"模式。而用常规稻（80-6195）×黑谷杂种的后代发生分离，F_3代株高变异系数为15.2%，穗长变异系数为11.2%，符合"$F_1 \neq F_2 \neq F_3 \neq F_n$"模式，从而证明野生稻（80-0001）的杂种后代有固定第二代杂种优势的功能。

野生稻（80-0001）与栽培稻杂交的组合，虽有不同的变异系数表现，但调查其杂种F_2

代的10个组合，固定组合频率为80%，固定穗系频率为83.3%；以野生稻（80-0001）作为亲本选育的品系90-3027（籼）作为亲本的杂种F_2代固定组合频率为80.0%，固定穗系频率为62.8%；以野生稻（80-0001）作为亲本选育的品系84-15（粳）作为亲本的杂种F_2代固定组合频率为61.5%，固定穗系频率为38%；以野生稻（80-0001）作为亲本的杂种F_3代固定组合频率为79.2%，固定穗系频率为70%；以90-3027作为亲本的杂种F_3代固定组合频率为73.3%，固定穗系频率为60.9%；以84-15作为亲本的F_3代固定组合频率为58.5%，固定穗系频率为29.8%。以上资料说明野生稻及其杂种后代是固定杂种优势的有效材料，其固定组合频率为70.3%～73.8%，固定穗系频率为53.6%～61.4%。因此可以说野生稻含有固定杂种优势的种质（基因）。

梁云涛、陈达庆、陈成斌等（2015）的"北海野生稻优异种质创新及应用"项目，2016年获广西科学技术进步奖二等奖。他们在北海普通野生稻种中鉴定筛选出68份优异种质，并利用这些种质创新出水稻新种质159份（表5-6）、两系不育系1个，挖掘优异基因/QTL位点共28个（表5-7），开发出分子标记11个（表5-8），选择准确率为70%～90%，为水稻突破性育种和可持续发展提供了物质基础。

表5-6　利用北海野生稻创新的优异种质统计表（梁云涛等，2015）

单位：份

项目	优异种质	项目	优异种质	项目	优异种质
抗稻瘟病	37	抗白叶枯病	35	抗褐飞虱	1
芽（苗）期耐冷	30	抗南方黑条矮缩病	8	长穗型	6
特软米型	8	特殊米色	15	特长穗型	9
粉用型	8	幼穗发育终止	1	核基因互作不育	1

从表5-6可以看到，广西北海野生稻种质资源的创新，获得了许多有特色的水稻新种质，而且这些种质都可以直接用在水稻育种上，为缩短育种周期提供了坚实的亲本基础。

表5-7　挖掘出的28个优异基因/QTL位点（梁云涛等，2015）

性状	名称	染色体	标记区间	LOD值	贡献率（%）
稻瘟病抗性	Piw1-1	1	RM499-RM462	2.50	3.5
	Piw1-2	1	RM284-RM447	3.10	6.7
	Piw7	7	RM429-RM1335	2.56	5.4
	Piw8	8	RM52-RM5068	3.60	4.6
	Piw9-1	9	RM41-RM1328	5.30	7.6
	Piw9-2	9	RM524-RM409	4.20	4.8
	Piw11-1	11	RM332-RM4504	4.10	9.8
	Piw11-2	11	RM4504-RM3133	3.40	7.6

续表

性状	名称	染色体	标记区间	LOD值	贡献率（%）
白叶枯病抗性	qxa1-1	1	RM448-RM168	2.51	5.4
	qxa1-2	1	RM259-RM452	4.64	6.8
	qxa1-3	1	RM226=RM265	3.21	4.5
	qxa3-1	3	RM523-RM569	4.20	7.9
	qxa3-2	3	RM7-RM6691	3.41	8.4
	qxa3-3	3	RM243-RM35	2.60	6.8
	qxa11-1	11	RM457-RM21	2.80	6.3
	qxa11-2	11	RM229-RM2110	4.50	5.8
	qxa12-1	12	RM309-RM463	2.90	7.5
	qxa12-2	12	RM3331-RM235	3.30	8.3
	qxa12-3	12	RM511-RM537	4.10	7.4
结实率	SR2-1	2	RM341-RM475	4.20	6.4
	SR2-2	2	RM318-RM6	4.40	9.6
	SR3	3	RM523-RM22	3.50	7.2
	SR4	4	RM252-RM119	3.00	5.3
穗粒数	qssp2	2	RM599-RM497	2.50	5.6
	qssp3-1	3	RM22-RM175	3.00	6.0
	qssp3-2	3	RM114-RM570	3.10	5.7
	qssp7-1	7	RM180-RM320	3.20	6.7
	qssp7-2	7	RM4584-RM2006	3.40	7.1

表5-8 可用于分子育种的11个分子标记（梁云涛等，2015）

目标性状	分子标记	染色体	上游引物	下游引物
稻瘟病抗性	RM41	9	aagtctagtttgcctccc	aatttacgtcgtcgggc
	RM332	11	gcgaaggcgaaggtgaag	catgagtatctcactcaccc
	RM4504	11	taattgatgagcttgatgta	agagagatttttatgaaacca
白叶枯病抗性	RM259	1	tggagtttgagaggaggg	cttgttgcatggtgccatgt
	RM523	3	aaggcattgcagctagaagc	gcacttggggaggtttgctag
	RM7	3	ttcgcatgaagtctctcg	cctcccatcatttcgttgtt
	RM309	12	gtagatcacctttctgg	agaaggcctccggtgaag
	RM3331	12	cctcctccatgagctaatgc	aggaggagcggatttctctc
	RM511	12	cttcgatccggtgacgac	aacgaaagcgaagctgtctc
结实率	RM318	2	gtacggaaaacataggaag	tcgagggaaggatctggtc
	RM523	3	aaggcattgcagctagaagc	gcacttggggaggtttgctag

　　该项目利用北海野生稻优异种质创新育成"两系"核不育系1个,育成三系杂交水稻恢复系3个,即测679、测680、R682,配组育成"特优679"等6个高产优良新品种,其中"特优679"在广西陆川县米场镇100亩连片测产中平均亩产649.61 kg,达到了当时国家超级稻的水平。"中优679""博优679""优I679"等6个品种长期在生产上大面积应用,截至2015年底,在广西14个市累计推广种植2 838.51万亩,取得野生稻优异种质利用的重大突破,成果鉴定评估组专家一致认为该成果达到国际先进水平。

　　邓国富(2018)报道,自20世纪80年代广西农业科学院水稻研究所成功利用野生稻杂交育成强优恢复系"桂99",配组成"汕优桂99"杂交水稻(图5-3)组合在生产上大面积推广以来,广西农业科学院水稻研究所利用"桂99"恢复系的衍生品系育成的优质高产超级稻品种,全面突破过去水稻品种高产不优质、优质不高产的技术难关,育成了亩产超过750 kg的全部指标达到国家一级优质米的系列品种,并在生产上大面积应用。广西农业科学院水稻研究所育成优质杂交水稻品种24个(其中"桂两优2号"见图5-4,"桂育7号"见图5-5,"桂禾丰"见图5-6),累计推广面积超过1.5亿亩,产生经济效益超过40亿元。杂交水稻优质化育种研究成果获得2010年国家科技进步奖二等奖;参与主持研究完成的中国野生稻种质资源保护与创新利用2017年获国家科技进步奖二等奖,广西农业科学院水稻研究所为第二完成单位。广西农业科学院水稻研究所利用野生稻优异种质杂交育成的高产优质常规稻品种"桂野丰",平均亩产超过600 kg,米质达到国家优质米二级标准,已经在生产上大面积应用。利用野生稻优异种质杂交育成高抗稻褐飞虱的优质恢复系"R262",配组育成了"创优262"高抗褐飞虱的杂交水稻新品种,已经通过省级品种审定,正在大面积推广应用。它的育成将开创高产优质高抗褐飞虱育种的新领域。

图5-3　1989年我国第一个用野生稻种质育成的恢复系配组杂交稻组合"汕优桂99"的田间表现

图5-4　2008年超级稻"桂两优2号"的田间表现

图5-5　2011年"桂育7号"的植株和米粒

图5-6 2015年"桂禾丰"的田间表现

三、国外野生稻资源利用的主要成就

在我国不断加强野生稻资源优异种质利用的同时，国际上也十分重视对野生稻资源的研究与利用。国际上对野生稻资源的研究主要集中在稻种分类、搜集保存、优异种质资源的鉴定评价与遗传规律、抗性基因定位等研究上。1967年菲律宾发生严重的水稻草状矮缩病，国际水稻研究所（IRRI）的植物病理学家为鉴定筛选水稻对草状矮缩病的抗性种质，鉴定了7 000多份水稻资源，但未找到抗原。而后转向野生稻种质资源筛选，结果找到来自印度北方邦的尼瓦拉野生稻，它是唯一对草状矮缩病有抗性的抗原（Ling.et al，1970）。国际水稻研究所利用这一抗原先后育成和推广了一系列品种，包括"IR32""IR34""IR36""IR38""IR40""IR42""IR45""IR48""IR50""IR54""IR56""IR60""IR64"等，这些品种都含有野生稻血缘，对草状矮缩病有较高的抗性。1980年国际水稻研究所明确提出当时的育种目标就是要通过远缘杂交，采用裂式交配法来结合野生稻的抗性，寄希望于通过野生稻的优异种质的利用来达到育种的目标。1962年印度学者Richaria和Govindaswami建议利用野生稻种质资源来改造栽培稻的特殊性状。其建议有以下几点。

①利用多年生野生稻、多年生野生稻亚种（*O.perenis subsp.Cubensis*）、野生稻变种（*O.sativa var.spontanea*）来改良水稻在倒伏条件下的耐性。②利用药用野生稻和栽培稻与多年生野生稻的杂种来改良深水稻在洪水下的耐性。③利用长花药野生稻和栽培稻野生变种来改良栽培稻的抗旱性。④利用野生稻来改良栽培稻品种的抗病性。

国际水稻研究所1976年测试了4份尼瓦拉野生稻对干旱的耐性，田间反应介于中感和中抗之间。国际上对野生稻的研究，特别是国际水稻研究所的科学家们从育种需要出发，在野生稻鉴定上做了许多工作，如从长花药野生稻鉴定出抗白叶枯病的Xa21基因，20世纪90年代末中国科学家从广西普通野生稻鉴定出全生育期广谱高抗白叶枯病的Xa23基因。此外，有一批学者在稻作基础研究工作上利用野生稻资源进行研究，取得了许多进展。如日本的冈（Oka）、馆冈（T.Tatbaka），印度的萨帕斯（Sampath）、纳亚（Nayar），美国的亨特逊（Henderson）及张德慈等都利用野生稻做了大量的基础性理论研究工作，在稻属种的分类研究、野生种与栽培种的杂种后代农艺性状变异和染色体行为研究、野生稻复合种内杂种的细胞学研究、水稻遗传基因和基因图谱的研究、栽培稻起源研究等稻作基础理论研究上有许多论文和著作。野生稻资源的研究与利用一直是国内外农学研究的热门课题，国外研究已进入到分子水平。我国拥有丰富的资源，应加大研究的力度，把我国丰富的野生稻资源充分利用起来。

第三节　野生稻种质资源在育种中利用的主要技术

随着科学技术的发展，野生稻资源在育种中应用的途径也越来越多，但归纳起来主要有以下几种。

一、远缘杂交育种技术

远缘杂交育种技术就是在种间、属间、科间开展有性杂交的育种技术。它是一种较古老但又很有效的方法。根据稻属种的分类、种间亲缘关系及稻种起源演变关系的大量研究结果，栽培稻与野生稻中的普通野生稻、短叶舌野生稻、长花药野生稻、尼瓦拉野生稻的亲缘比其他稻种更近，同属AA染色体组。在这些野生稻种的优异种质资源利用上，栽培稻与野生稻远缘杂交技术是有效的利用途径之一。AA染色体组以外的稻属野生种与栽培稻的亲缘关系较远，相互之间存在生殖隔离障碍，远缘杂交很难获得杂种或杂种后代自交，杂交育性极低，很难在生产上应用。

远缘杂交技术在育种上应用具有较多的优点。首先，能扩大杂种亲本种质基因的来源与遗传基础。从目前水稻育种的现状看，我国各地均存在不同程度的杂种亲本选用较窄、血缘相近、改造选育的新品种特色不大、产量提高幅度小的现象。AA型染色体组的几个野生稻种有着广泛的遗传基础，特别是普通野生稻、尼瓦拉野生稻、长花药野生稻等类型丰富、优异种质广泛存在，并有许多利用成功的例子。其次，栽培稻和野生稻的远缘杂交后代类型异常丰富，超亲材料也多，野生稻中高抗病虫基因、优质、抗逆性强的特性多呈显性遗传。因此，国际水稻研究所提出20世纪80年代的育种目标就是通过远缘杂交，用裂式交配法来结合野生稻的抗性基因。国际水稻研究所利用AA染色体组的野生稻种质成功地育成了一系列新品种。野生稻与栽培稻远缘杂交能选育出更理想的新品种，能给水稻育种带来新的突破性进展。最后，远缘杂交技术和方法简便易行，种间、属间有性远缘杂交育种技术是目前所有育种技术中最简便易行的技术方法之一，也是其他育种技术方法的基础之一，特别是后代选育技术更是其他育种技术所必须选用的。因此，远缘杂交也是目前应用广泛的技术。

野生稻与栽培稻远缘杂交技术操作流程如下。

①优良亲本的选择。由于野生稻优异种质随机分散地分布在每个野生稻资源种群的植株个体中，虽然有兼抗、多抗或兼有各种优异性状、特性的个体（编号），但毕竟是种群中的少数。在栽培稻资源中也一样，优异种质是分散的。所以根据育种目标选择优良亲本十分重要，这关系到育种的成败。

②有性杂交。如何使野生稻优异种质在育种中得到应用，是广大育种者一直致力研究的问题。在远缘杂交技术方法中，一般采用先杂交后回交的方法，这是较为迅速有效的育种方法。通过不同类型的普通野生稻与栽培稻单一杂交，创造出一批具有高产、优质、单抗特性的中间桥梁品系，再经过有目的地选择与栽培稻复合回交，从而使符合育种目标要求的多种优异种质性状（特性）重组在一起。

③稳定品系的选择。野生稻与栽培稻远缘杂交后代分离"疯狂"，分离的代数多、时间长，这是这一技术方法的最大缺点之一。因此，后代稳定品系的选择是野生稻优异种质能否在育种或生产中应用的关键所在。后代选择可以用混合选择或单株（穗）选择两种方式，也可以用低世代混合选择与高世代单株选择相结合的方式，这些选择方式各有优点。选择的目的就是要选育出符合育种目标要求的稳定的新品系（种）。

普通野生稻及其亚洲地理生态型尼瓦拉野生稻与亚洲普通栽培稻的亲缘关系相对较近，野生稻与栽培稻远缘杂交育种在育性上不存在任何生殖障碍，所以我国与国际水稻研究所均能利用其优异种质育成一系列野生稻与栽培稻杂交的新品种（包括杂交稻新组合）。根据部分学者研究，如Mitra和Gamguly（1932）、Nayar（1956、1966）等进行的籼稻、粳稻与亚洲普通野生稻的性状遗传研究，证明杂种F_1代野生性状为显性遗传。普通野生稻及其美洲地理生态型与非洲栽培稻（光稃稻）的亲缘种短叶舌野生稻、长花药野生稻存在地理远缘生殖障碍，野生稻与栽培稻杂交的杂种育性低，减数分裂时染色体异常现象明显。非洲栽培稻与短叶舌野生稻杂交的杂种结实率高，但与长花药野生稻及亚洲栽培稻的杂种的育性很低。改进野生稻与栽培稻的杂种育性，仍是值得今后深入探讨的问题。

为了扩大育种血缘，加速野生稻优异种质的利用，争取栽培稻育种的新突破，许多研究者进行了栽培稻与AA染色体组以外的野生稻种的亲缘关系的研究，并获得栽培稻与野生稻的杂种，但杂种细胞减数分裂时多产生高频率的单倍体，只有极少数的二倍体（表5-9），表明亲缘关系较远。关于A、B、C、D、E、F染色体组之间的关系，一般认为A和C是稻属种的基本染色体组，B、D和C染色体组有某种程度的亲缘关系，E、F与其他染色体组的关系有待研究。至于A和C之间的关系，目前研究者的意见有分歧，片山（1956、1966、1967）和Sharsty（1960、1961、1964）认为A和C有部分同源，李先闻（1961、1962、1963、1964）和盛永（1940、1943、1964）认为A和C没有任何配对，木原等认为A和B也有部分同源。国际上对野生稻与栽培稻杂交后产生的异源多倍体已做了较多的研究，已获得栽培稻与野生稻（CC、CCDD、BBCC）的异源三倍体、四倍体、六倍体，其中对药用野生稻、阔叶野生稻的野生稻与栽培稻杂种异源多倍体的研究做得较多。但这些异源多倍体在减数分裂时，均存在染色体二倍体配对问题，育性极低，较难利用。

表5-9 普通栽培稻与非AA染色体组野生稻杂种细胞减数分裂时的表现（李道远、陈成斌，1991）

野生稻种	染色体组	与普通栽培稻（AA）的杂种		研究者
		染色体组	二倍体的数目	
澳洲野生稻（O.australiensis）	EE	AE	0，1，2，8	Gopala Krishnan（1959），Nezu等（1960），Sharsty和Rao（1961），李先闻
短花药野生稻（O.brachyantha）	FF	AF	接近于0	李先闻
药用野生稻（O.officinalis）	CC	AC	偶尔1~4，1~5，0	Sharsty（1960、1961），片山（1965），李先闻（1964）
阔叶野生稻（O.latifolia）	CCDD	ACD	1~6	盛永，Nezu（1960），片山（1966）
小粒野生稻（O.minuta）	BBCC	ABC	偶尔1~3，5，4~5	盛永（1940、1943、1964），Nezu（1960），木原
斑点野生稻（O.punctata）	BBBBCC	ABC	偶尔1~3	胡兆华（1970）

二、细胞工程育种技术

细胞工程育种技术包括多项技术及单项技术，它们能解决远缘杂交育种技术中某些难以

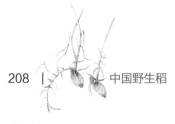

克服的问题。

1. 离体授粉（试管授精）技术

在无菌条件下，进行母本（受体亲本）的未受精子房或胚珠和父本花粉的离体培养，促使花粉萌发产生萌发管进入胚珠，从而完成受精过程。这一技术可以解决远缘杂交中花粉不能在受体柱头上萌发，或花粉管不能进入子房，或进入到花柱内受到抑制等受精前产生生殖障碍的问题。这一育种技术在具有不同染色体组的野生稻和栽培稻种之间进行优异种质的利用是很有效的，较容易获得真正的杂种。广西农业科学院作物品种资源研究所（1988）曾获得药用野生稻与栽培稻杂交的较理想的杂种。黄庆榴和唐锡华（1991）以"珍汕97A"作为母本，以药用野生稻作为父本，获得了离体受精杂种绿苗。国际水稻研究所和英国诺丁汉大学也在从事这项研究。

2. 胚拯救（胚挽救）技术

在野生稻与栽培稻远缘杂交中常见到胚乳发育不良，致使种胚败育或胚发育不全而得不到杂交种子。针对这一问题，采用授粉后5～14天的幼胚，经消毒无菌后接种到人工合成的培养基上进行无菌培养，帮助幼胚发育成熟并萌发长苗。经一定时间在三叶期练苗后，移栽于土壤中即获得杂种后代。赖来展等（1991）报道，他们于1979年首次将水稻原胚（受精后4天胚龄的幼胚）培养成植株。利用这一技术对水稻与玉米杂交后4～10天胚龄的31个材料接入培养基，平均培养成苗率达80.6％，而在培养皿中成熟种子的发芽率只有46％，胚拯救技术成功率提高近1倍。在胚拯救研究方面，国外的Jena、Nelson、Shin、Ryasur、KaziA.M.等人做了大量的工作。

3. 花药培养或孤雌生殖的单倍体育种技术

我国水稻花药培养的单倍体育种已取得了举世瞩目的成就。经过多年的研究，我国在普通野生稻花药培养上也形成了自己的独特技术。陈成斌（1989）报道了不同生态类型的普通野生稻花药培养的结果，其平均诱导率为2.31％，最高诱导率为15.31％；并创造普通野生稻花药培养一次成苗技术，其平均诱导率达2.05％，最高诱导率达11.81％。陈成斌等（1993）还报道了普通野生稻花药培养诱导率最高的YD培养基，使我国普通野生稻花药培养技术日趋成熟。此外，中国农业科学院作物品种资源研究所和武汉大学也开展了普通野生稻的花药培养研究及栽培稻和野生稻杂种后代的花药培养研究。陈成斌（1998）报道，栽培稻和野生稻杂种后代花药培养诱导率达5.58％，最高诱导率为33.33％；平均绿苗分化率达25.11％，最高绿苗分化率达91.67％。陈成斌（1993）又报道，野生稻和栽培稻杂交后代花药一次培养成苗技术取得成功，把花药培养技术提高到了一个新的水平，为野生稻优异种质的利用提供了快速实用的技术。

孤雌生殖（子房培养）技术，实质上是诱导雌性细胞（未受精卵）单性生殖发育成单倍体或纯二倍体植株从而选育出新品种。赖来展等报道，用此法育成了早造中迟熟品种"单生19号"和"单生25号"。1982年在肇庆地区农业科学研究所试验发现，"单生19号"比"青二矮"增产9.3%，"单生25号"比"桂朝2号"增产10%。1983年在肇庆地区水稻研究所试点发现，"单生19号"比"青二矮"增产10.3%，"单生25号"比"桂朝2号"增产2.9%。这些例子说明子房培养技术在水稻育种中的应用是成功的，在野生稻优异种质的应用上很值得探讨。

4. 原生质体融合（体细胞杂交）技术

将植物的根、茎、叶等营养器官及其愈伤组织或悬浮细胞的原生质进行融合，称为体细胞杂交。体细胞杂交技术最诱人的前景是克服远缘杂交中的不亲和性障碍，能实现种间、属间、科间的种质交流，不受有性过程的限制。目前促进体细胞（原生质体）融合的方法有诱导融合法、聚乙二醇法（PEG）、电刺激诱导融合法、自发融合法等。原生质体融合技术的工艺流程如下。

①选择优异种质的材料制备原生质体。

②经过诱导产生融合体（或称核体），并培养再生细胞壁，在同步分裂中进行核融合，产生杂种细胞（愈伤组织）。

③经过鉴定选择后，诱导杂种细胞（愈伤组织）分化，培养成杂种植株（体细胞杂种）。

④对杂种植株进行田间种植鉴定选育，育成优良新品系（种）。

Terada等（1987）、Yang Z.G.（1988）、Hayashi等均在水稻体细胞杂交方面有所报道。只要进一步完善原生质体培养及原生质体融合后再生植株等关键技术，就会加速野生稻优异种质利用，扩大稻属种间遗传物质的交流，为水稻基因工程的研究打下坚实基础。

在细胞工程技术中还有配合采用物理、化学方法进行各种组织、细胞培养的综合育种技术方法，如对杂种胚进行辐射诱变或化学试剂诱变，对诱变后代进行选择；对花药愈伤组织或子房培养物进行辐射诱变，然后对再生植株进行选育等。

三、植物分子育种技术

作者认为广义的植物分子育种技术包含外源DNA直接导入的DNA片段杂交（插入）产生遗传的表型变异选择育种、分子标记辅助选择育种和转基因育种技术。狭义的植物分子育种则专指外源DNA导入的育种技术。

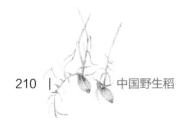

1. 外源DNA导入的分子育种

我国著名的分子生物学家周光宇先生用分子遗传学理论来解释育种实践中育成的玉米稻、高粱稻等远缘杂交育成的新株系，提出DNA片段杂交的假说。并根据这一理论，设计外源DNA通过花粉管通道直接进入受体受精卵的分子育种技术，该技术首先在棉花、水稻上取得成功。经过25年的研究实践，先后在棉花、水稻、小麦、大豆、花生等多种作物和杨树等林木上培育出一些新品系（种）。目前，分子育种技术除花粉管通道法外，还发展到外源DNA浸泡种子法、幼苗法、孕穗茎注射法等多种操作技术。在野生稻DNA导入水稻的分子育种研究上，广西农业科学院作物品种资源研究所与上海生物化学研究所合作，成功地把药用野生稻DNA导入栽培稻，育成了具有药用野生稻抗性好、高光效性优点的高产优质糯稻新品种"桂D1号"与籼稻新品种"桂D2号"，达到平均产量超7 500kg/hm²的水平，成功地利用了非AA染色体组的野生稻优异种质。野生稻DNA转导的分子育种是野生稻优异种质利用十分有效的途径。

2. 分子标记辅助育种

分子标记辅助育种技术是继国内植物分子育种技术取得显著的作物育种成果后，由国外提出引入国内的分子水平的育种技术。在国家立项支持下，以水稻育种、小麦育种为主攻目标的分子标记育种在中央直属研究机构开展起来。经过育种专家的努力很快就取得了良好进展。例如，在万建民编著的《水稻分子标记辅助育种》一书中就把当年水稻分子标记辅助育种的理论与技术问题、取得的成果等做了详细的描述，其中就列出了采用分子标记辅助育种技术培育出的水稻优良品种共36个。

分子标记育种技术主要是利用植物DNA分子上与性状有关联的DNA的分子片段标记，在杂交后代中检测出亲本中带有目标性状的分子标记，提高杂交后代选择精准度，提速育种进程，缩短育种周期，进而提高育种效果。能够精准监测出杂交后代中含有亲本分子标记的植株，提高后代选择效果是分子标记育种的最大优点，然而，对于没有关联分子标记或目前尚未掌握分子标记的优良性状是无法检测的。另外，需要建立一个DNA分子提取检测实验室，检测过程也存在时间与成本的问题。因此，"十五""十一五"乃至"十二五"期间许多地方和基层农业科研单位依然无法开展分子标记育种研究。

四、植物转基因育种技术

20世纪70年代出现了基因工程这一现代生物技术的核心技术。植物转基因技术大致可分为两大类：一类是直接导入，另一类是通过经遗传改造的土壤农杆菌Ti质粒及病毒载体来实现对植物细胞的转化。最常用的主要有聚乙二醇化学法、电穿孔法、微注射法、粒子轰击操作法、激光导入法、重组载体转化法等。截至1998年，在我国已获批准进入大田种植的转基因植物有马铃薯、水稻、棉花、玉米、大豆、小麦、番茄、甜椒、辣椒、烟草、番木瓜、广藿香、矮牵牛、杨树等47种，分别在抗病、抗虫、抗逆、抗除草剂、耐贮存、提高营养品质等领域进行转基因研究。我国在作物抗旱、耐盐碱、抗病、抗蛋白酶抑制剂等转基因技术领域形成了自己的特色。在水稻基因组研究上，遗传基因图谱已绘制成功。植物基因工程的难点在于对农业有益基因的识别与分离。目前分离的可用于农业的基因主要来源于微生物，真正来自植物的还是极少数。野生稻优异种质在基因工程水平上的应用，重点也应放在有益基因的识别与分离上，只有充分识别与分离到有益的基因，筛选出高效转化的载体，才能使野生稻资源得到更有效的利用。因此，只有根据我国国情，建立野生稻及其他作物近缘野生种质资源的分子生物学和基因工程支撑实验室，稳定一支作物品种资源研究队伍，才能把我国野生稻种质资源的研究提高到分子水平的利用上来。

总的来说，野生稻种质资源的利用，不能只限于一种技术、一种野生稻类型，应利用多种类型的野生稻种，利用其遗传的多样性，在广泛开展种间、属间远缘杂交的基础上，采用常规育种法与现代生物技术、农业技术及数学、物理、化学等学科结合，特别是与现代电子信息技术等相结合的综合技术，把野生稻的有利种质基因转移到栽培稻主栽品种上去，育成有突破性的优质超级稻新品种、新组合。

第四节　野生稻优异种质利用的发展趋势

农业及粮食问题是关系到人类文明和社会进步的头等大事，野生稻优异种质基因的利用对解决粮食问题有特殊的作用与潜力。随着社会进步与科学技术的发展，将有越来越多的科学家、政治家及广大人民群众认识到并重视这一问题。就目前的利用研究情况看，野生稻优异种质利用的主要发展方向有以下几方面。

一、在超高产育种中的利用

水稻超高产育种目前还没有一个统一的标准与严格的定义。日本1980年制订的超高产育种计划，表示在15年内育成比原品种增产50％的超高产品种，即到1995年要在每公顷原产量5.00～6.50 t糙米的基础上提高到7.50～9.75 t，折合稻谷9.38～12.19 t。1989年国际水稻研究所提出培育超级稻，后改称新株型育种计划，计划到2005年育成单产潜力比现有纯系品种高20%～25%的超级稻，即生育期120天，产量潜力达12 t/hm²的新株型超级稻。我国农业部1996年制定了中国超级稻育种计划产量指标，见表5-10，表中所列产量指标是连续2年在生态区内2个试点、每点6.67 hm²面积上的表现。超高产水稻的指标是随着年代、生态区和种植季节不同而异的。根据当前我国杂交水稻的产量情况与育种水平，"九五"期间我国超高产杂交稻育种的指标是每公顷每日的稻谷产量为100 kg。这个指标与国际水稻研究所提出的相同。我国两系法亚种间组合比国际水稻研究所培育出的水稻品种或组合至少提前5年在较大面积（6.67～66.67 hm²）上实现这一超高产指标。

野生稻具有超高产的基因，普通野生稻与栽培稻的杂种一代具有很大潜力的种间杂种优势，只要找出一种切合这种种间杂种优势发挥的方式，就能进一步大幅提高水稻产量。

表5-10　中国超级稻品种组合产量（t/hm²）指标

类型阶段	常规品种				杂交稻组合			增产幅度
	早籼	早、中、晚兼用籼	南方单季粳	北方粳	早籼	单季籼粳	晚籼	
1996年以前	6.75	7.50	7.50	8.25	7.50	8.25	7.50	0
1996～2000年	9.00	9.75	9.75	10.50	9.75	10.50	9.75	15%以上
2001～2005年	10.50	11.25	11.25	12.00	11.25	12.00	11.25	30%以上

二、在优质育种中的利用

优质与高产这对矛盾在水稻等作物育种中是一个难以解决的问题。在常规稻品种中，优质米品种的产量通常比高产品种的产量低30%左右，在杂交稻组合中也存在同样的问题。高产品种普遍表现米质较差，严重影响市场竞争力，特别是国际市场的竞争力。提高我国稻米品质一直是我国水稻生产十分紧迫的任务。

野生稻资源中有许多外观优质及蛋白质含量高的资源。由于普通野生稻是亚洲栽培稻的祖先，具有特殊的种间广亲和基因，利用野生稻的优质米种质资源来扩大水稻育种中优质高产的遗传基础，把优质基因导入高产常规稻品种或高产杂交稻组合中，或把野生稻高产基因导入栽培稻优质品种中，提高栽培稻的品质与产量，具有重要意义。利用野生稻优异种质育成常规稻品种"野澳丝苗"、杂交稻组合"博优桂99（903）"等，促进了水稻优质育种的发展，使杂交稻的米质上了一个新台阶。野生稻优异种质在水稻优质高产育种中的应用是今后野生稻种质资源创新利用的重要发展方向。

三、在抗性育种中的应用

野生稻资源的优异种质最重要的组成部分就是水稻对主要病虫害的免疫或高抗种质基因。在我国野生稻资源中，药用野生稻具有栽培稻中没有的免疫褐稻虱、白背飞虱、叶蝉等主要害虫的优异种质；普通野生稻中有广谱高抗白叶枯病、稻瘟病的种质。这两种野生稻种质资源也具有比栽培稻品种更加耐旱、耐冷的种质。在疣粒野生稻中更有免疫白叶枯病的种质。这些优异资源是人们提高水稻育种抗性水平，取得水稻育种突破的宝贵物质基础。在大面积栽培和品种遗传基础较单一的情况下，高抗甚至免疫抗原种质的利用就更显得尤为重要。要保证主栽品种的长久抗性，就需要把多种广谱抗原基因集合到一个品种上去，这种抗性育种是人类对付农作物主要病虫害最经济、最有效的手段，也是减少农业生产环境污染、保护人体健康的有效措施。因此，在今后的野生稻优异种质利用研究中，高抗、免疫或多抗几种病虫害的野生稻种质基因的利用是一个重要的内容。

四、在杂交稻育种中的应用

利用野生稻雄性不育种质及恢复基因，使我国的水稻杂种优势利用获得成功，为我国水稻粮食生产带来了巨大效益。目前杂交稻的选育推广已是水稻生产国的发展主流，特别是我国两系杂交水稻选育应用的成功，进一步扩大了水稻杂种优势利用的遗传基础。在野生稻中具有许多杂交稻育种应用的优异种质基因，如雄性不育种质、恢复基因、广亲和基因，特别是种间广亲和基因，可以充分利用籼粳亚种间的杂种优势。此外，具有大花药、大柱头、大穗、粒多、大粒、优质等特性的种质可以提高杂交稻不育系、保持系、恢复系的繁殖产量与杂种一代的制种产量，有利于种子产业化发展。野生稻资源中还有具有地下茎耐旱、耐冷、再生力强等特性的种质，为固定杂种优势或提高杂交稻抗逆性及发挥再生稻生产的潜力提供了可靠的遗传基础。随着水稻优质、多抗、超高产育种的发展，野生稻优异种质在水稻杂种优势利用育种中将进一步发挥重要作用。

五、在特种稻育种中的利用

随着人民生活越来越好，人们对农产品的多样化消费要求将越来越明显。因此，特种稻育种和特种稻的市场需求将进一步扩大。野生稻资源中具有较多特种稻育种所需的材料，如将具有红色或紫色米的野生稻与栽培稻杂交，能选出一大批黑米或红米品系。人们在生活水平提高的过程中，对香米、优质米、黑米、红米等保健米的需求量将不断增大，而野生稻中的再生性、强耐旱性、耐冷性、高抗病虫性、品质优等种质基因都是特种稻育种、生产所必

需的新种质。

六、在生物技术研究与稻作基础理论研究中的应用

生物技术将是21世纪主要发展的技术，它将在植物基因结构功能、转基因表达及遗传调控上发挥作用。因此，野生稻优异种质资源通过生物技术的研究应用，将进一步将对野生稻优异种质进行分子标记，进而进行分离提取纯化，转化到受体上，创造出新的种质。从稻作理论上进一步明确基因的结构功能、转导后的表达调控与农业生产的关系，使人类利用野生稻种质的目的性、选择性更准确，从而促进水稻优质、超高产、多抗育种的新突破。目前，在野生稻优异种质利用上较成熟的现代生物技术有细胞工程技术（包括花药培养技术、胚挽救技术、原生质体融合培养技术等）、分子育种技术、分子标记辅助育种技术、转基因技术等。生物技术在野生稻优异种质利用研究上的应用将是今后野生稻资源研究的主要发展方向。

野生稻是栽培稻的祖先种，栽培稻的起源演化途径、稻种亲缘关系、起源地、遗传变异中心、核心种质、稻种生理和生物化学基础理论研究均需要以野生稻资源作为基础材料。因此，在稻作基础研究中野生稻资源的应用前景十分广阔，这也是野生稻资源利用的重点领域和主要发展方向。

第六章

野生稻种质资源平台的
建设与运行

野生稻种质资源平台是国家农作物种质资源共享平台的重要部分。国家自然科技资源共享平台项目首先由国家科学技术部提出并和财政部共同立项，各行业的资源领域主管部门积极参与，科学技术部农村与社会发展司精心组织实施，农业农村部科技教育司具体指导，并得到中国农业科学院的全力支持及全国有关科研单位、高等院校与生产部门的大力协助，从而全面完成国家自然科技资源共享平台建设任务。南宁和广州野生稻圃也分别完成了各自的野生稻种质资源平台建设任务（2004～2009）。国家野生稻种质资源平台表明国家十分重视自然科技资源的保护与可持续利用，是在新的历史时期利用高新技术做出的大数据、大平台，是推动经济、文化、科技、军事，以及整个社会富强、文明可持续快速发展的决策体现。国家野生稻种质资源平台（含广州子平台和南宁子平台）2010年通过了国家项目验收，当含有野生稻种质资源9 382份的各种数据信息，随后进入平台运行阶段。经过10年的运行和数据信息的补充，我国的野生稻种质资源平台的种质资源达1.08万份，已经成为世界上数据量最多的野生稻种质资源平台，为育种、教学、基础研究提供了种质资源利用，是效果最显著的野生稻种质资源平台。

第一节　野生稻种质资源描述规范与数据质量控制

国家野生稻种质资源共享平台建设是随着国家农作物种质资源共享平台建设计划而进行的，也同样面临着平台数据整理整合的问题。特别是要求对全国野生稻种质资源描述数据有一个规范化的整理整合，需要有一个标准化的鉴定技术规程和评价标准。为此，在中国农业科学院作物科学研究所的主持下，在董玉琛院士、刘旭院士的带领下对我国农作物种质资源的描述术语、数据质量、技术标准进行了全面制定，同时采纳前人及国际有关研究的经验和技术，又经过我国有关种质资源研究单位的检验和修正，制定出我国第一个野生稻种质资源描述规范与数据种质控制标准，并在国家野生稻种质资源平台建设中应用。

一、制定概况

2003年开始，科学技术部策划国家自然科技资源共享平台建设大项目，该项目是包括动物、植物、微生物、人类、病原寄生物、矿物、标本、标准物等8大类自然科技资源在内的资源共享大平台。2004年科学技术部和财政部共同立项，实施国家自然科技资源共享平台建设项目。该项目利用电子网络技术把国内所有动物、植物、微生物、人类、病原寄生物、矿物、标本、标准物等自然科技资源构建全国统一的自然科技资源平台，为国家决策管理提供实时科学依据，也为全国有关的国家与地方科研、教学、生产有关人员提供信息和实物服务。并在植物种质资源层面分出农作物种质资源平台并首先开始试点。野生稻种质资源是农作物种质资源的重要部分，也是国家重要的战略性物质资源，长期以来，在中国农业科学院作物科学研究所的主持下保存和提供利用，因此也是最先参与国家科技资源共享平台建设的种质资源之一。

构建国家野生稻种质资源平台的目的就是要加强国家野生稻种质资源的保护、鉴定评价和提供（分发）利用，特别是在信息时代，采用电子信息网络技术，加快为经济建设服务的进程。

野生稻种质资源平台是植物种质资源平台下的农作物种质资源平台的一个组成部分，独立称为野生稻种质资源平台，由广州和南宁两个子平台构成。平台构建初期，首先需要编制全国统一的野生稻平台数据库信息描述的技术标准。在主持单位的安排下由陈成斌牵头撰写编制《野生稻种质资源描述规范和数据标准》，经过反复多次与广东潘大建研究员团队共同研究选定描述符及描述等级。再经过撰写初稿分发给20多位农业专家征求意见，搜集修改意见40多条后，对初稿进行修改，形成征求意见稿和征求意见稿编制说明，上交给主持单位；经过主持单位审阅后，再由主持单位邀请9位同行专家进行审阅，提出20多条修改意见和审定意见，牵头人员再次修改后形成送审稿和送审稿的编制说明，再送主持单位。经过主持单位项目负责人审阅后，再邀请7名专家对送审稿进行会议审查，提出修改意见9条和给出审定意见。编制者再次根据专家意见进行修改，形成报批稿，并写出编制说明，上交主持单位提请国家主管部门审查，然后统一安排出版、施行。《野生稻种质资源描述规范和数据标准》成为国家自然科技资源共享平台的野生稻种质资源描述技术标准，也成为我国野生稻种质资源鉴定描述的第一个国家公认的平台技术标准。

二、规范使用检验

《野生稻种质资源描述规范和数据标准》是2004年开始编制的，于2006年12月出版。该规范在平台建设过程中边制定边检验和使用。

首先采用规范的技术标准对原来编目的种质材料进行整合，广西对2 671份普通野生稻种质的编目材料进行更新繁种入库，同时核定鉴定评价性状，准确率为98.99%；对194份入库（地方库）材料进行性状对比，结果精确率达99.48%。广州野生稻圃的验证试验结果精确率达99.45%～99.67%，精准度也是很高的。一方面证明本规范的描述等级和描述符符合野生稻的客观存在，另一方面也表明过去的鉴定是认真负责的。经过使用检验，在整个野生稻种质资源共享平台建设过程中均使用该标准，保证了国家野生稻共享平台建设的数据质量。

三、平台数据质量的权威性

《野生稻种质资源描述规范和数据标准》把野生稻种质资源鉴定描述的性状符号分为共性描述符和特性描述符，并给出描述数据的质量控制标准。

共性描述符就是用来表达种质的基本信息。在该规范中把野生稻种质资源的种质基本信息定为27项，见表6-1。

表6-1　野生稻种质资源共性描述符简表（陈成斌、潘大建等，2006）

序号	代号	描述符	描述符性质	代码和意义
1	101	全国统一编号	M	
2	102	种质库编号	M	
3	103	种质圃编号	M	
4	104	引种号	C	
5	105	采集号	O	
6	106	种质名称	M	
7	107	种质外文名	M	
8	108	科名	M	
9	109	属名	M	
10	110	学名	M	
11	111	原产国	M	
12	112	原产省（自治区、直辖市）	M	
13	113	原产县	M	
14	114	海拔	O	
15	115	经度	O	
16	116	纬度	O	
17	117	来源地	M	
18	118	保存单位	M	
19	119	保存单位编号	M	
20	120	采集单位	M	
21	121	采集年份	M	
22	122	种质类型	M	1一年生　2多年生　3其他

续表

序号	代号	描述符	描述符性质	代码和意义
23	123	搜集样本形态	O	1种子　2种茎
24	124	图像	O	
25	125	观测地点	M	
26	126	生境水旱状况	O	1沼泽地　2水塘　3小河溪渠道旁　4岩石区水潭　5低洼地　6潮湿地　7林下地　8荒坡地
27	127	生境受光状况	O	1阳光直射　2部分遮阴　3全遮阴

注：M为必选描述符，O为可选描述符，C为国外种质描述符。

从表6-1可以看到，这个共性描述既是野生稻种质资源的基本信息，也是其他农作物种质资源的基本信息，它体现了农作物种质资源具有共同特性。但是，经过多年的实践后发现，18、19两项描述表达得不够精准，应改为"原保存单位""原保存单位编号"，这样更能表达出这两项描述符的本意，即为了表明该份种质原来保存单位的名称和编号。但是，当时少写一个"原"字使利用者感到困惑，这是该标准在共性描述符中表达不到位的地方。同时也创新了不少的描述符。例如，"种质圃编号""图像"过去是没有的；搜集样本形态也有一定的创新，即把种茎写进代码。生境水旱状况、受光状况的表达也比过去更加精准。

特性描述符就是对野生稻的形态特征和生物学特性，也就是对各项农艺性状进行描述。该描述规范对每一项性状都给出了描述级别代码和单位。共有项描述符见表6-2。

表6-2　野生稻种质资源形态特征和生物学特性描述符表（陈成斌、潘大建等，2006）

项目	描述符及其性质
形态特征（62项）	叶耳、叶耳颜色M、叶耳茸毛、生长习性M、茎基部硬度、茎基部叶鞘色M、鞘内色、分蘖力、见穗期M、开花时间、叶片茸毛M、叶色、叶质地、剑叶角度、叶舌茸毛、叶舌形状M、剑叶叶舌长、倒二叶叶舌长、叶舌颜色、叶枕颜色、穗型、开花期内外颖色、开花期护颖颜色、芒M、开花期芒色M、开花期芒质地、开花期颖尖色、柱头颜色M、花药长度M、异质性、剑叶长、剑叶宽、叶片衰老、小花育性、地下茎M、茎秆长度、茎秆直径、茎秆硬度、节间颜色、最高节间长度、高位分蘖、节隔膜质地、节隔膜颜色、穗基部茸毛、穗颈长短、穗落粒性、穗分枝、小穗柄长度、穗长、谷粒长M、谷粒宽M、谷粒长宽比、护颖形状、护颖颖尖、成熟期护颖颜色、护颖长、内外颖表面M、内外颖茸毛、成熟期内外颖颜色M、成熟期颖尖颜色、芒长、百粒重M
品质特性（11项）	种皮颜色M、胚大小、垩白大小、胚乳类型、糙米长、糙米宽、糙米长宽比、外观品质M、蛋白质含量、赖氨酸含量、直链淀粉含量
抗逆性（6项）	苗期耐冷性、开花期耐冷性、苗期耐旱性、开花期耐旱性、耐涝性、耐盐性
抗病虫性（11项）	白叶枯病抗性、苗期稻瘟病抗性、穗颈瘟抗性、细菌性条斑病抗性、纹枯病抗性、褐飞虱抗性、白背飞虱抗性、稻瘿蚊抗性、稻纵卷叶螟抗性、三化螟抗性、二化螟抗性
其他特征特性（3项）	核型、指纹图谱与分子标记、备注

注：凡是带有M的描述符为必选描述符，其余为可选描述符。

从表6-2可以看到，必选描述符不多。当时考虑到项目时间紧、任务重，一方面之前已经鉴定评价出不少优异种质，可以继续为利用者提供服务。另外，过多的必选描述符会影响项目进度。而早日建成野生稻种质资源共享平台，就能加快信息与实物共享，促进优异种质资源利用。

数据质量控制规范就是对每一项描述进行规范化的技术规定，说明技术操作的要求和行为的技术标准。对于基本信息的共性数据信息给出明确的文字规定，例如，对"全国统一编号"描述明确规定，全国野生稻种质资源的全国统一编号为YD（取野生稻词组中首尾两字汉语拼音首个字母的大写）加顺序号编排，由省（自治区、直辖市）代号和该省（自治区、直辖市）的资源编号两部分组成，为8位字符串。如"YD2-0777"前两位"YD"为野（yě）稻（dào）的汉语拼音首个字母的大写，"2"为省的代号，后4位为顺序码，从0001至9999（可根据实际需要增加顺序码的位数）。国外引进的野生稻种质的统一编号为"WYD"（取外国野生稻的"外""野""稻"3字汉语拼音首个字母的大写）加顺序号编排，为7位字符串。如"WYD0567"前3位为"WYD"，后4位为顺序码，从0001至9999。省、自治区代码规定："1"代表广东省，"2"代表广西壮族自治区，"3"代表云南省，"4"代表江西省，"5"代表福建省，"6"代表湖南省，"7"代表海南省，"8"代表台湾地区，"9"代表其他。还规定了全国统一编号须具有唯一性。

对于质量性状的描述也给出观察的技术步骤和标准规范。例如，"开花期内外颖色"规定，植株抽穗期在试验田中，以小花为观察对象，采用目测法观察开花时的内外颖颜色，每份种质观察至少5个穗子。在开花时观察内外颖颜色，观察时期过早，花色偏浅淡，过迟变浓，会造成数据重复性差。根据观察结果和标准卡上相对应的代码，确定该种质开花期内外颖颜色：1代表淡黄绿，2代表绿条秆黄，3代表绿，4代表浅紫，5代表紫斑，6代表褐斑，7代表黑褐条纹，8代表黑。

对于数量性状的描述给出观察测量的技术步骤和数据标准。例如，"芒"的质量控制要求，在齐穗后以观察"开花期内外颖色"的植株为观察对象，在田间随机取样至少10个穗子，观察每个小花顶端是否有芒。并随机测量各穗中的1个芒的长度，单位为"cm"，精确到0.1 cm，取观察数据的平均值代表该种质。据此观察和测量结果及下列说明，确定种质芒的有无和长短：0代表无芒（全部无芒），1代表部分短芒（部分有短芒，芒长 ≤2 cm），2代表全短芒（全部短芒，芒长 ≤2 cm），3代表部分长芒（部分有长芒，芒长 >2 cm），4代表全长芒（全部有长芒，芒长 > 2 cm）。

对于抗逆性和抗病虫性描述也给出了每一项描述符抗性鉴定评价的技术步骤的规范和采集数据的技术标准。例如，"苗期耐冷性"鉴定评价要求选取种子催芽后，置于盛满稻田泥的托盘内，每份参试种质设3次重复，每重复播种10～20粒，每播50份加设"IR8"和"藤坂5号"为对照品种。在三叶期置于生物人工气候箱内，用温度6 ℃处理6天后，取出置于室内有散光照的地方，经过常温恢复生长7～10天，调查死苗率，评定抗性级别。

参试种质为种茎苗时，可用6～8叶，株高、长势基本一致的种茎苗，移植于盛满稻田泥的托盘内。每份种质重复3次，每重复移植5～10苗，每50份参试种质设"IR8"和"藤坂5号"为对照品种。移栽后15天进行人工气候箱冷冻处理，温度为4℃，处理6天。随后置于室内有散光照的地方恢复生产7～10天后，调查死苗率，评定抗性级别。根据死苗率，按表6-3的标准确定种质苗期耐冷性。初鉴5级（中耐）以上的种质必须进行重复鉴定，重复2～3次，鉴定方法与初鉴相同。

表6-3 野生稻种质苗期耐冷性鉴定评价标准（陈成斌、潘大建等，2006）

级别	种子苗受害状况	种茎苗受害状况	耐冷性评价
1级	死苗率≤5.0%	死苗率≤10.0%	1 极强（VT）
3级	5.0%＜死苗率≤25.0%	10.0%＜死苗率≤30.0%	3 强（T）
5级	25.0%＜死苗率≤50.0%	30.0%＜死苗率≤50.0%	5 中（M）
7级	50.0%＜死苗率≤75.0%	50.0%＜死苗率≤75.0%	7 弱（W）
9级	死苗率＞75%	死苗率＞75%	9 极弱（VW）

又例如，"苗期稻瘟病抗性"鉴定评级采用人工接种法。鉴定材料准备：取野生稻种茎苗（3～5叶龄）50苗以上，按顺序移栽在鉴定圃（试验田）或网室内。设有感病的籼稻、粳稻各一个品种作为对照，在接种前3～5天适当追施氮肥以利于发病。

鉴定方法：用当地优势多孢菌株或多个生理小种混合接种，接种菌液浓度为每毫升$2×10^4$～$5×10^4$个孢子悬浮液喷雾接种，每100株苗约用20 mL菌液。接种后在26～28℃下遮光保湿14～16小时，再在20～30℃和高湿（经常喷水）环境下培育，防止过早死苗，以利于发病。

病情调查与分级标准：接种20～30天内调查，以感病对照品种为参照，感病对照品种发病充分时即可调查。根据调查结果，按表6-4的标准确定种质的苗期稻瘟病抗性。凡是初鉴表现中抗以上的种质应选入复鉴，重复3次，鉴定方法与初鉴相同。

表6-4 野生稻种质苗期稻瘟病抗性评价标准（陈成斌、潘大建等，2006）

受害级别	病害状况	苗期稻瘟病抗性
0级	无病	0 免疫（IM）
1级	仅有针尖大小的褐点	1 高抗（HR）
2级	稍大的褐点	3 抗（R）
3级	稍大的褐点，圆形稍长的灰色小病斑，边缘褐色，病斑直径为1～2 mm	

续表

受害级别	病害状况	苗期稻瘟病抗性
4级	典型纺锤形病斑，长1~2mm，通常局限于两条主脉之间，危害叶面积 ≤ 2.0%	5 中抗（MR）
5级	典型病斑，危害叶面积2.0%~10.0%	
6级	典型病斑，危害叶面积10.0%~25.0%	7 感（S）
7级	典型病斑，危害叶面积25.0%~50.0%	
8级	典型病斑，危害叶面积 > 50.0%	9 高感（HS）
9级	全部叶片枯死	

注意事项：病害发生程度与当年湿度状况有很大关系，需要重复3次。

对于品质特性描述该标准也给出了准确的规范。例如，"蛋白质含量"的鉴定要求按标准方法操作。随机选取成熟饱满的野生稻种质干谷粒，采用稻米品质分析的凯氏定氮法，即国家行业标准方法——GB 2905方法，进行粗蛋白质含量测定。定氮法测定蛋白质含量受栽培管理条件影响很大，氮肥施用量大，则测出的蛋白质含量偏高，肥水栽培条件应保持中等水平可得具有代表性的数据。重复测定2~3年，取其平均值为代表，以百分比（%）表示。

《野生稻种质资源描述规范和数据标准》还给出了野生稻种质资源数据采集表的格式，以及野生稻种质资源利用情况登记表和野生稻种质资源利用情况报告格式，经过10多年的使用实践，证明它的描述符和标准是很好的。

当然，不可避免地出现了一些的问题，需要改进。例如，野生稻种质资源利用情况登记表应该改为野生稻种质资源利用申请表，在内容上应增加利用者反馈义务、保证种质安全义务的说明，以及利用者的联系方式。同时，随着野生稻种质资源鉴定研究不断发展，必选描述符的数量应根据实际需要不断增加，才能满足社会发展的需要。

第二节 野生稻种质资源平台的建设

国家野生稻种质资源共享平台建设的具体实施者是两个国家野生稻圃的科研团队，一是广州野生稻圃团队，一是南宁野生稻圃团队。统一在中国农业科学院农作物种质资源共享平台建设项目指导下，以《野生稻种质资源描述规范和数据标准》为技术标准，分为种质资源整理整合、繁殖种子入库、目录编写、农艺性状描述数据采集、共性与特性数据库构建、图像数据信息采集、图像数据库构建；数据库并入国家自然科技资源共享平台，构建国家自然科学技术资源网，实现网络管理和信息与实物共享，加强优异种质资源的分发利用。平台

建成后由科学技术部和财政部验收，然后转入平台运行管理，对种质资源数据信息不断充实，繁殖种质，分发利用。

一、数据库构建

全国野生稻种质资源数据库分为3部分，即共性数据库、特性数据库、图像数据库。国家种质库的编目数据库的数据经过繁种更新，对特性数据重新整理整合，更正了一部分与新规范不相符合的描述代码，形成共享平台的组成部分，结合入库、入圃保护进行系统编目，建立编目数据库，通过中国种质资源信息网实现共享。截至2010年底，国家种质库编目数据库共有5 885份野生稻种质，每份种质录入21项描述符，信息量达123 585条。

另外，各省份把2002年以来野生稻考察、搜集到的野生稻地理分布信息、野生稻生态环境信息、特性数据信息、图像信息整合在一起建立了GPS/GIS信息系统。在.NET和ArcEngine环境下，以C++为编程语言，研发了野生稻调查数据管理信息系统，实现了调查数据的有效管理、可视化和信息查询等功能，建成了全国野生稻种质资源GPS/GIS信息系统，为国家生态文明建设服务。

两个国家野生稻圃保存的野生稻种质资源数量随着野生稻种质资源的考察搜集而不断增加，所以编目数据信息量每年都在增加。其中国家种质南宁野生稻圃的编目就由共享平台开始建设时的4 562份种质，发展到2009年建成共享平台时的5 546份。2013年底广西建有5个数据库，包括了整理整合数据后的目录数据库、名录数据库、共性数据库、特性数据库和图像信息数据库，共录入野生稻种质资源数据信息95.85万条。配合名录数据库，还把国家种质南宁野生稻圃野生稻种质名录印刷成书，免费提供给各地市农业主管部门和农业科研育种单位、教学院校有关人员，促进了野生稻种质资源的利用。

国家种质广州野生稻种质资源共享平台也从平台开始建设时的4 376份种质，发展到2009年底平台野生稻种质资源的4 776份。同样构建有共性数据库、特性数据库、图像信息数据库和目录数据库，录入野生稻种质资源数据信息超过75万条，促进了野生稻优异种质信息与实物的利用。

二、网络管理

在国家自然科技资源共享平台项目的统一安排和精心组织下，把包括野生稻种质资源在内的农作物种质资源信息数据库构建成网络管理体系，进入国家信息中心统一管理。经过2010年的运行验收，野生稻种质资源信息实现了网络化管理，经网上申请、批准后，种质实物可实现共享。

三、平台验收

2010年，平台项目验收时国家种质资源保存目录数量达到36.51万余份，水稻种质资源68 289份，野生稻种质资源入库保存为5 885份，建立了平台管理、种质利用申请、审批获取的运行机制，推动了野生稻研究利用。在共享平台建设项目、调查搜集项目和野生稻种质资源保存利用项目的推动下，各省份野生稻种质资源研究团队加大了野生稻种质资源的利用研究，特别是更加积极主动地与育种机构、大专院校、种业（子）公司联系，一起推进野生稻优异种质在育种上的利用。例如，陈成斌团队积极参与广西大学支农中心莫永生团队的"高大韧"育种活动，积极向他们推荐优异野生稻种质资源，推动他们的杂交水稻高产育种工作（图6-1）。莫永生团队利用广西田东野生稻、田林野生稻做亲本杂交育成了"测25""测781""测253""测1012""测258"等5个优良恢复系，它们的配合力高、分蘖力强、长势旺、抗性强，花粉量大、制种产量高，与"博A""金A""枝A"等多个不同类型的优良不育系配组育成了17个通过省级或国家级审定的杂交水稻优良新品种（组合），它们是"博优25""枝优25""博优253""金优253""中优253""优I 253""汕优253""枝优253""特优253""香二优253""博优781""中优781""香二优781""博优258""中优258""特优258""特优1012"，这些品种表现出高产、优质、抗性好、耐寒力强、广适性好等特点，在水稻区域试验中均显著优于对照品种。其中"博优253"品种从2001年起连续10多年都是广西及国家水稻区域试验优质组的对照品种。"博优253"和"金优253"这2个品种还成为全国水稻主导品种，"博优253""博优781""博优258""金优253""中优253""中优781"等6个品种成为广西主推品种，在我国华南稻作区、越南等东盟国家大面积推广，至2008年底累计推广面积1.77亿亩，新增产值129.61亿元。其中在广西累计推广面积1.06亿亩，在2000～2002年广西市场占有率为23.5%，在2003～2008年广西市场占有率达37.4%。2001～2008年在越南累计种植面积0.50亿亩，新增产值39.11亿元，市场占有率为15.5%。2009年莫永生教授的"杂交水稻野栽型恢复系系列与组合的选育及其推广应用"项目获农业部中华科技成果奖一等奖。截至2013年底，广西大学利用南宁野生稻圃提供的野生稻优异种质，先后育成30多个杂交水稻组合，累计推广面积2.4亿多亩，产生了巨大的社会经济效益和社会效益。

图6-1 广西大学原支农中心利用野生稻种质育成的新品种

在广东、海南、云南、江西、湖南等省的野生稻种质资源研究者也积极配合水稻育种家们积极利用野生稻优异种质资源，并取得显著成绩。21世纪初，我国的野生稻全面系统调查搜集保存和国家野生稻种质资源平台的建设与运行，有力地推动了野生稻优异种质的信息与实物在育种上的利用，全面提升国家野生稻种质资源研究的科技实力和综合竞争力。我国野生稻种质资源研究整体实力处于国际先进水平，野生稻种质资源原生境保护、异位保存及平台运行处于领先地位。

第三节　野生稻种质资源平台的运行

自2010年起国家野生稻种质资源平台进入运行时期。在国家财政资助下，野生稻种质资源研究得到了长足发展。国家野生稻种质资源平台（南宁）2011年录入5 660份野生稻种质共性数据269 354条，特性数据256 184条；录入1 260份野生稻种质的图像信息3 300张；共更新弱势野生稻种质3 140份；共向国内45家单位提供2 100份优异种质，技术培训510人次，供专家、学生参观野生稻圃710人次，同时为一些国家和地方重大项目提供专题服务，促进野生稻种质资源有效利用。在这期间，各省（自治区、直辖市）都把各自的野生稻研究成果进行成果评估和报奖，共有4个野生稻种质资源保护与分发利用获得省级科技进步奖，见表6-5。

表6-5　国家野生稻种质资源平台建设及运行期间各地获奖成果（杨庆文等，2015）

获奖成果名称	获奖时间	奖项名称	奖励等级	主要获奖人	授奖单位
东乡野生稻的发现、遗传多样性保护与初步利用研究	2008年	江西省科技进步奖	一等奖	陈大洲、姜文正、邬柏梁、谢建坤、余丽琴、肖叶青、潘熙淦、熊玉珍、饶开喜、沈月新、陈武等	江西省人民政府
云南野生稻种质资源保护研究	2006年	云南省科技进步奖	二等奖	戴陆园、杨庆文、徐富荣、王琳、李军、余腾琼、汤翠凤、吴丽华、叶昌荣	云南省人民政府
海南野生稻遗传多样性保护及种质创新研究	2014年	海南省科技进步奖	二等奖	王效宁、杨庆文、云勇、张吉贞、唐清杰、邝继云、徐靖、齐兰、张万霞、符策强	海南省人民政府
广西野生稻全面调查搜集与保存技术研究及应用	2014年	广西壮族自治区科技进步奖	二等奖	陈成斌、杨庆文、何金富、梁世春、梁云涛、李克敌、黄娟、徐志健、杨天锦、乔卫华	广西壮族自治区人民政府
北海野生稻优异种质创新利用	2016年	广西壮族自治区科技进步奖	二等奖	梁云涛、陈达庆、陈成斌、杨培忠、卢升安、徐志健、蔡忠全	广西壮族自治区人民政府

从表6–5可以看到，野生稻种质资源平台运行促进了野生稻优异种质的信息和实物共享利用，加快了农业产业化发展，保证了国家粮食安全，完全达到平台建设的预期目标，既有效保护了野生稻种质资源的安全，又加快了野生稻优异种质资源的利用，促进了野生稻种质资源研究事业的快速发展。

一、野生稻种质资源平台运行规程

野生稻种质资源平台运行包括5个方面的内容。国家规定野生稻种质资源的国内利用实行共享的机制。利用者可以通过网上申请，办好申请审批手续后，国家野生稻种质资源平台通过国家野生稻圃进行繁种后提供申请者利用，当需要种质量少时可以直接取种苗以供研究利用。国际交流的情况需要经过国家外交途径进行交流发出。

1. 野生稻种质资源的安全保存

野生稻种质资源安全保存是野生稻种质资源平台存在并发挥作用的必不可缺的基础。没有这个基础，这个平台就没有存在的可能性，始终保证野生稻种质资源的安全是平台工作的首要任务。而国家野生稻圃是平台保存野生稻种质、种质鉴定评价描述符信息数据源泉，以及利用种质繁种分发的大本营。野生稻圃既是平台的基础，也是国家野生稻种质资源安全保存的基地，更是野生稻异位保存技术创新的摇篮，长期安全保存野生稻种质资源是国家赋予野生稻圃的战略性、战术性和历史性任务，容不得半点懈怠。广州圃和南宁圃经过了将近30年的异位保存工作实践，在技术上已经获得多项发明专利，取得丰硕的成果。广州圃把3种野生稻分区栽培管理，药用野生稻和疣粒野生稻采用半干旱滴灌栽培。南宁圃采用普通野生稻和药用野生稻小盆栽大水池栽培，疣粒野生稻采用盆栽滴灌技术保存。两个圃的保存技术各有所长，均能安全保存我国的野生稻种质资源及世界野生稻种质资源。但是，随着工业科技的进步，还有许多先进技术可以应用于野生稻种质资源异位保存领域，可以在现在的基础上改进完善。

国家种质南宁野生稻圃在野生稻异位保存技术方面进行了许多改进和创新。首先对原来保存的野生稻大陶瓷缸（50 cm×80 cm）改为小盆，更便于大数量和大规模集中安全保存。该野生稻种质资源保存陶盆设计独特，2015年获得国家实用专利证书，推进了我国野生稻异位保存技术走向成熟。此外，国家种质南宁野生稻圃为了更好地保存热带野生稻种质资源，在野生稻花药培养的基础上创新了野生稻茎尖培养和延缓生长便于保存的新培养技术，建立了野生稻种质资源试管苗库，经过课题组的努力建立了4 021份野生稻离体保存库，基本解决了热带地区国家野生稻种质在南宁越冬难、繁种难的技术问题。因此，目前南宁野生稻圃共获得5项野生稻组织培养方面的发明专利，有效提升了野生稻异位保存技术水平。

野生稻原生境保护也是野生稻种质资源平台需要去原生境保护点做技术指导的任务，许多原生境保护技术关键也是来源于异位保存技术，有了良好的保存技术才能够保证平台运行良好。

2. 野生稻种质资源的鉴定评价数据采集

野生稻种质资源平台的数据库信息来源于野生稻种质资源在田间鉴定评价过程中采集的数据。目前，数据信息采集按《野生稻种质资源描述规范和数据标准》进行。课题组采集的性状特征特性项以国家野生稻种质资源目录数据项21项为基本项，其中有稻瘟病抗性和白叶枯病抗性，还需要增加其他基本信息（共性数据）。

数据采集必须严格按照数据标准的规定执行，首先按照标准规定，每项描述的分级记录要准确规范；其次按照数据质量控制标准，采用多点多年多次鉴定的数据。数量性状描述采用平均数为该项描述的数值代表。生物胁迫的和非生物胁迫的抗性数据采集，需要严格按照描述规范的数据质量控制方法进行3次重复的初鉴，然后，将具有中抗级别以上种质再进行复鉴。复鉴的试验必须进行人工接种鉴定，同样重复3次，获得的免疫、高抗、抗病（虫）的结果，才能录入平台数据库。品质数据采集也需要重复3次，稻米成分含量测定应由被国家认可的有资质的实验室进行，并出具鉴定评价证明，然后才能录入平台数据库。

野生稻种质资源图像数据采集规程规定，每份种质需要采集整体植株图像（图6-2至图6-5）、穗子图像（图6-6至图6-8）和谷粒、米粒图像。至少每份种质有3张图片，每张图片中都要有标尺，能够在图片上看得出株高、穗长、谷粒长、谷粒宽、米粒长、米粒宽，以及米粒外观品质等基本信息。

野生稻种质资源目录数据库的构建必须依赖野生稻种质鉴定评价的数据信息采集，数据质量控制必须严格执行平台的《野生稻种质资源描述规范和数据标准》。

3. 数据库信息的充实

2009年野生稻种质资源平台建成后，经过科学技术部和财政部的验收，从2010年起野生稻种质资源平台进入运行时代。此后，每年都有新的种质资源鉴定评价数据信息充实原有的数据库，近10年来，两个国家野生稻圃先后补充鉴定评价了2 546份野生稻种质资源性状特征特性数据信息。

每年根据实际情况，把新鉴定评价采集的种质数据补充录入数据库，增加数据库种质数据信息量，这已经成为野生稻种质资源平台运行的重要工作规程。新补充的数据信息的采集标准同样为《野生稻种质资源描述规范和数据标准》，按数据质量控制标准要求，在田间对新的野生稻种质资源进行鉴定评价而获取新数据信息并补充数据库。

图6-2　强分蘖白芒普通野生稻

图6-3　强分蘖直立普通野生稻

图6-4　野生稻植株（1）

图6-5　野生稻植株（2）

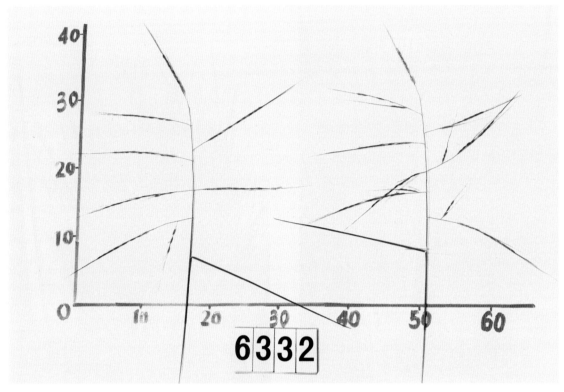

图6-6 野生稻下垂穗梗形（单位：cm）

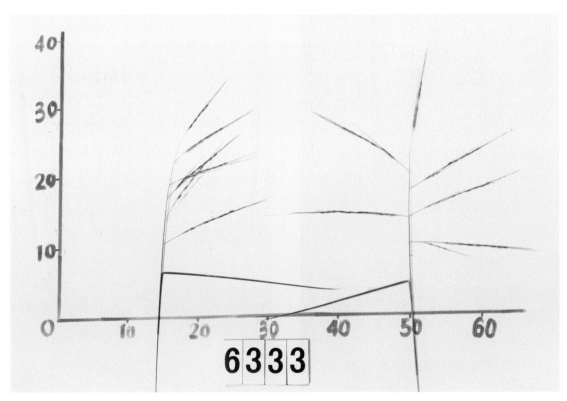

图6-7 野生稻平穗梗形（单位：cm）

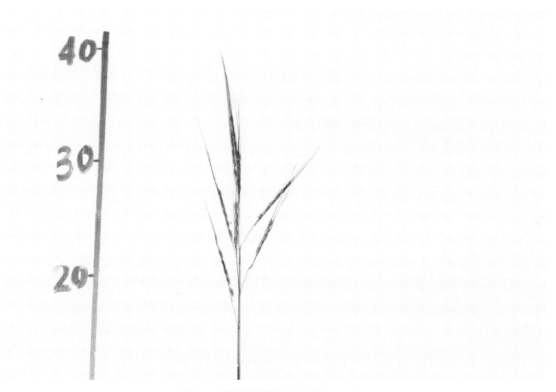

图6-8　野生稻散穗梗形（单位：cm）

4. 繁种分发利用

繁种分发给利用者也是平台运行的重要工作之一，由于野生稻种质资源平台的实物保存在国家野生稻圃，每当利用者在网上或线下向平台提出需种的申请后，相关的野生稻圃会立即响应申请者的需求，根据实际情况进行所需种质资源繁殖，在获得足额数量的种子或种苗后向利用者发放。

二、野生稻种质获取与信息反馈

根据国家管理规定，野生稻种质资源获取需要办理申请手续，在平台运行之初需要签订一份利用野生稻种质的合同并填写申请表。但是，在实行了一段时间后发现，手续比较麻烦。后来，为了方便利用者，加快野生稻优异种质在育种上的利用，简化了程序，取消了合同的签订，改进了申请表内容，增加了利用者的义务和责任。利用者只要在承诺履行申请表上的义务和责任后，填写申请表并签字盖章即可。

1. 野生稻种质的获取

使用者在填写申请表签字后，如果是需要野外采集的，应向省级农业生态与资源管理总站提出申请，经过审批后到批准的野生稻原生地，按批准文件规定采集，种类、数量和时间均要符合规定。如果是向国家野生稻圃获取鉴定评价后的种质，可以直接向南宁或广州野生稻圃申请，获得批准后，少量种苗材料可以很快获取。如果需要的种子或种苗数量较大，则需要等待野生稻圃繁种扩大后才能获取。如果需要带出境外，则需要向国家主管部门提出申请，获得国家批准后才可以获取野生稻种质资源。

使用者在获取野生稻种质资源后，需要按国家的有关法律法规和管理办法进行使用，必须严格执行以下规定。

①获取的野生稻种质不能转给第三方。所有向国家有关部门申请获取野生稻的使用者必须遵守这一规定，申请获取的野生稻种质，不能流向第三方，只能在自己单位内使用，还必须保证种质的安全。

②尊重提供者的权益。使用者必须在发表的论文和著作中表明野生稻种质资源的来源，即在论文和著作的适当位置注明野生稻种质资源，如来自国家种质南宁野生稻圃或来自广州野生稻圃。

③使用者在使用期达到一年时，应向野生稻种质的提供者反馈利用进展情况，此后，每年汇报一次。

④违反规定者将被列入黑名单，之后至少10年内不得再申请获取野生稻种质资源。

2. 利用信息反馈

野生稻种质资源利用信息反馈是国家自然科技资源平台运行的基本要求，也是各个作物种质资源平台的控制要求，是野生稻种质资源平台规程的重要组成部分。与国家遗传资源（种质资源）有关的法律法规也将有明确的规定。使用者反馈利用信息也是对自己工作的一种总结，对提供者的一种尊重。可是，在平台运行这么多年来主动反馈者很少，目前主要依靠提供者的主动查询和主动联系获得相应信息。

三、使用效果

2017年度"中国野生稻种质资源保护与创新利用"项目获国家科学技术奖二等奖，根据统计，该项目向全国100多个单位提供野生稻种质资源14 000多份次，用于水稻品种改良、基因定位、优异基因发掘、申请国家及省部级项目等，取得了巨大的社会效益和经济效益。

例如，在新基因挖掘上，从广西野生稻遗传资源中鉴定挖掘出的Xa23广谱高抗白叶枯病基因是至今国际上实用性很强的基因，挖掘出的来自广西普通野生稻的高抗稻瘟病的bph14和bph15是水稻育种应用主流的基因，高抗水稻细菌性条斑病的bls1已经定位。近5年来，广西就从新搜集野生稻种质资源中鉴定出抗稻瘟病的野生稻抗原393份，其中高抗173份；用10个菌株对97份材料进行鉴定，获得7份代换系，在4号、8号、11号、12号染色体上鉴定出5个抗稻瘟病基因；对32份野生稻鉴定，获南方黑条矮缩病免疫材料5份、高抗12份、中抗15份；挖掘出高抗南方黑条矮缩病的首个主效QTL基因并定位在第9号染色体上，是国际上发现的首个抗性基因；在4号染色体检测出隐性抗褐飞虱基因bph34（t），其LOD值为35.77；在GXM001抗原检测出抗稻瘿蚊基因，定在Chr12上，分子标记在M12-6和M12-11间；在野生稻中检测出抗细菌性条斑病基因OsMPK6；在芽期，在强耐冷材料中克隆出耐冷基因WRCT-1，该基因在5号染色体上；在1～7号染色体上检测出控制产量相关的QTL29个。

近5年来，国家野生稻种质资源平台依托单位之一的国家种质南宁野生稻圃向国内59家育种单位提供优异种质资源800余份，有力地促进了稻作基础研究和水稻育种与生产行业的发展。

广西农业科学院水稻研究所在原利用野生稻种质杂交育成的"桂99"强优恢复系配组的杂交水稻组合首次突破杂交水稻高产不优质的技术难关，利用"桂99"配组的品种在"七五""八五""九五"期间都是优质米中的优良杂交水稻品种。到目前为止，全国以"桂99"为主体亲本育成的恢复系82个，配组育成并通过审定及推广应用的水稻优良品种400个，是华南乃至全国水稻的主导品种。其中，育成的"桂1025"恢复系，配组育成的"秋优1025"品种是第一个国标优质米高产杂交稻品种并在生产上大面积应用。利用野生稻做亲本育成的"桂99"恢复系及其配组的品种并在全国范围累计种植面积超过2.5亿亩，并且在越南等东盟国家推广种植，新增产值240多亿元。

近5年来，广西农业科学院水稻研究所利用野生稻做主导亲本，育成如下新品种：优质恢复系"桂826"，配组育成"龙丰优826"品种，抗稻瘟病，抗性综合指数为3.0～5.8，米质达部颁优质米2级标准。优质恢复系"3158"，配组育成"利优3158"品种，抗稻瘟病，抗性综合指数为5.3，米质达部颁优质米2级标准。配组育成"万太优3158"品种，比对照品种增产8.53%；抗稻瘟病，抗性综合指数为4.8，米质达部颁优质米2级标准。育成恢复系"R262"，配组育成"创优262"品种，抗褐飞虱。常规籼稻优质超级稻品种"桂野丰"，米质达部颁优质米2级标准，长宽比3.4，透明度1级，碱消值6.6，胶稠度83 mm，直链淀粉14.5%。"桂553"恢复系配组育成的"丰田优553"品种是米质好的弱感光型超级稻，该品种以1 050万元转让，成为单一区域转让最高价格的超级稻品种。利用野生稻优异种质培育的这批新品种聚合了高产、超高产、优质、高抗稻瘟病、稻飞虱基因，突破传统高产、优质、高抗聚合难的技术难关，取得野生稻优异基因利用的突破性新进展。例如，邓国富主持的"杂交水稻优质化育种创新及新品种选育"项目获2017年度广西科学技术特别贡献奖；韦善富等主持的"水稻强优恢复系'桂99'多样性衍生系的选育和应用"项目获2017年度广西科学技术进步奖二等奖；郭斌主持的"创建全基因组导入系挖掘小粒野生稻有利基因的关键技术与应用"项目获2017年度广西科学技术进步奖三等奖。它们都是野生稻优异种质在水稻育种上

利用的典型案例。2017年，广西农科院水稻研究所还有2个新品种"桂恢1561""秀A"获得国家植物新品种权证书，有7个新品种通过广西农作物新品种审定，这些成果都是育种专家们利用野生稻优异种质的结果，也是野生稻种质资源平台信息与实物共享的成果。

又如，广西大学利用广西田东野生稻等优异种质为主体亲本杂交，育成了"测253""测258"等5个强优恢复系，配组育成了"博优253"等34个优良品种，这些品种在"十五""十一五""十二五"期间成为华南乃至全国及东盟国家主导品种，其中"博优253"是华南水稻新品种区域试验的优质稻品种试验组的长期对照品种，连续当了10多年的对照品种，在生产上获得大面积推广应用。到2009年累计推广面积超过1.77亿亩，新增产值129.61亿元。到2013年底，广西大学利用野生稻种质杂交育成的优良新品种，在华南乃至全国及东盟国家累计种植面积2.4亿亩，新增产值180多亿元。在国家野生稻种质资源平台的助力下，野生稻优异种质利用取得新的辉煌成果。

第七章

中国野生稻种质资源的基础理论研究

野生稻是栽培稻的近缘祖先种，含有丰富的优异种质，是稻作基础理论研究中必不可少的物质基础。只有加强对野生稻资源的基础理论研究，才能促进稻作理论与技术的新突破，使育种与水稻生产迅速稳定地发展。

第一节　中国野生稻分类学研究

植物分类学研究是人们系统地认识植物的基础工作，只有通过系统分类学研究才能使人们全面、系统地认识千姿百态的植物世界。野生稻的分类也是稻作基础理论研究涉及的基本问题。关于稻属内存在多少种稻种的问题，长期以来存在着不同的学术见解。本节只能简单地论述稻作界比较公认的分类学观点和理论。

一、野生稻分类学研究的历史概述

现代科学对稻种分类定名最早始于1753年，由Linneaus把稻属定名为*Oryza* L.，其栽培种定名为*Oryza sativa* L.。到后来发现非洲栽培种，因其与亚洲栽培稻有所不同，由Steudel（1854）将其定名为*O.glaberrima* Steud.。之后稻属种名和数目屡经变更，但所有分类学者都承认这两个种名，因此，这两个栽培稻的种名自始至终从未改变。

1. 稻属分类探讨阶段

最先发表稻属分类专著的是Prodoehl（1922），当时他描述了17个稻种。Roschevicz（1931）较全面地研究了稻属的分类，在其分类检索表中提出19个种、2个变型（*sativa* f. *spontanea*和*sativa* f. *aquatica*）和1个未经描述的种（*dewildemanii*）。他把19个种分成4个组，即Sativa Roschev组（包括12个种）、Granulata Roschev组（包括2个种）、Coarctata Roschev组（包括4个种）和Rhynchoryza Roschev组（只有1个种），他认为有2个变型与栽培稻有关，但后来稻属分类学者均未提到*aquatica*这一变型。Nayar（1973）认为，这可能是在英文摘要中没有提到这个种的缘故。因丁颖教授采用其中的一个变型种*O.sativa* L. f. *spontanea* Roschev，长久以来在我国沿用了普通野生稻的学名，直到20世纪80年代以后才改用*O.rufipogon* Griff.作为我国

普通野生稻种的学名。Roschevicz的研究成就成为此后稻属分类的基础，在稻属分类上有很大的影响力（表7-1）。

表7-1　Roschevicz（1931）的稻属分类

Sativa Roschev组	*O.sativa* L.
	O.longistaminata A.Chev.et Roehr.
	O.grandiglumis Prod.
	O.punctata Kotschy
	O.stapfii Roschev.
	O.breviligulata A.Chev.et Roehr.
	O.australiensis Dam.
	O.glaberrima Steud.
	O.latifolia Desv.
	O.schweinfurthiana Prod.
	O.officinalis Wall.
	O.minuta Presl.
Granulata Roschev组	*O.granulata* Nees
	O.abrameitiana Prod.
Coarctata Roschev组	*O.schlechteriana* Pilgor.
	O.ridleyi Hook.f.
	O.coarctata Roxb.
	O.brachyantha A.Chev.et Roehr.
Rhynchoryza Roschev组	*O.subulata* Nees

　　Chevailier（1932）把稻属分成23个种，4个组，即Euaryza、Padia、Scherophyllum和Rhynchoryza。Chose等（1956）将稻属的种分成Sativa、Officinalis和Granulata 3个组，共21个种。Chatterjee（1948）及Sampath（1962）也将稻属种分为23个种。Morishima和Oka（1960）用Sokal法就稻属16个种计算了42个性状的相关系数后，把Roscheviez分类中的Sativa组分为Sativa、Officinalis和Austialionsis 3个组，并进一步把Sativa分为2个群。

　　Tateoka（1963）根据稻种主要性状把稻属分为Oryzae、Schlechterianae、Granulatae、Ridleyanae、Angustifoliae和Coarctatae 6个组，共22个种。其中Oryzae组包括2个栽培稻种和10个可与之杂交的野生稻种。1963年国际水稻研究所（IRRl）召开了水稻遗传学和细胞遗传学会议，大会提出了有明确根据的19个种。Tateoka修订了以前的分类，并在日本国立遗传研究所组织的几次采集旅行中考察了许多活标本，参照许多重要的稻属分类的蜡叶标本，把Roschevicz（1931）划分的Rhynchoryza组中的*O.subulata*删去，分成独立属，定为Rhynchoryza Subulata（Nees）Baill，补充了1953年描述的一个新种，引用了两个未经证实的新种，将稻属定为22个种（Tateoka，1964）。随后Tateoka（1964）又利用胚结构研究结果把Coarctatae组唯一的种*O.coarctata*从稻属中去掉，独立成一属，定为Schleerophllum coarctata（Roxb）Griff（现称其为Porleresia coarctata Roxb）。Tateoka又把Angustifoliae组的*angustifolia*、*perrieri*和*tisseranti*这3个种从稻属中删去，划归李氏禾属，把该组剩下的*brachyantha*合并到Ridleyanae组中，最终把稻属分为4个组，见表7-2。

表7-2　Tateoka（1964）的稻属分类

Oryza稻属	
Oryza组	*O.sativa* L.
	O.rufipogon Griff.
	O.barthii A. Chev.
	O.glaberrima Steud.
	O.breviligulata A. Chev.et Roebr.
	O.australiensis Domin
	O.eichingeri A. Peter.
	O.punctata Kotschy.
	O.officinalis Wall.
	O.minuta Presl.
	O.latifolia Desv.
	O.alta Swallen.
	O.grandiglumis Prod.
Ridleyanae组	*O.ridleyi* Hook
	O.longiglumis Jansen.
	O.brachyantha A. chev.et Roehr.
Granulatae组	*O.meyeriana* Baill.
Schlechterianae组	*O.schlechteri* Piker.

2. 稻属分类争鸣阶段

Launert（1965）把原来划在稻属的3个种*O.angustifolia*、*O.perrieri*和*O.tisseranti*划到李氏禾属，分别命名为L.*nenatostachya*、L.*perrieri*和L.*tisseranti*。Claytan（1968）根据国际植物命名法规，建议把*breviligulata*改称为*barthii* A.Chev.，而一般称为*barthii*（即Roschevicz的*longistaminata*，或被称为*madagascarensis*等，Nayar，1973）的应改称为*longistaminata*。Sharma和Shastry（1971、1973）把稻属分为Padia、Angustifolia和Oryza 3个组，各组内设2～3个系，共列出28个种名。Naryar（1973）综合前人的研究，采用Tateoka（1964）和Launert（1965）的观点，把*O.angustifolia*、*O.perrieri*和*O.tisseranti*划归李氏禾属，把稻属分为25个种。刘东旭等（1996）把主要种名变迁的情况列成表（表7-3），试图澄清稻属分类中的混乱现象，这也确实起到了积极作用。

表7-3　稻属种名变迁录（刘东旭等，1996）

Prodoehl（1922）	Roschevicz（1931）	Chevailier（1932）	Chatterjee（1948）	Sampath（1962）	Tateoka（1963）
sativa	*sativa*	*sativa*	*sativa*	*sativa*	*sativa*
	sativa	*fatua*	*sativa*	*rufipogon*	*rufipogon*
	f.*spontanex2*		var.*fatua*		
			perennis	*perennis*	*rufipogon*
			perennis	*perennis*	*rufipogon*
	sativa				
	f.*aquatica*				
	longistaminata	*barthii*=*perennis*	*perennis*	*barthii*	*barthii*
		ssp.*longistaminata*			
	dewildemanii	*barthii*	*perennis*		*barthii*
grandiglumis	*grandiglumis*	*latifoliavarr*	*grandiglumis*	*latifolia*	*grandiglumis*
		grandiglumis			
punctata	*punctata*	*officinalis*=*minuta*	*punctata*	*punctata*	*punctata*
		ssp.*punctata*	*eichingeri*	*eichingeri*	*eichingeri*
	stapfii	*glaberrirna*	*stapfii*	*breviligulata*	*breviligulata*
		ssp.*stapfii*			
mezii	*breviligulata*	*breviligulata*	*breviligulata*	*breviligulata*	*breviligulata*
	australiensis	*australiensis*	*australiensis*	*australiensis*	*australiensis*

续表

Prodoehl (1922)	Roschevicz (1931)	Chevailier (1932)	Chatterjee (1948)	Sampath (1962)	Tateoka (1963)
glaberrima	*glaberrima*	*glaberrima*	*glaberrima*	*glaberrima*	*glaberrima*
latifolia	*latifolia*	*latifolia*	*latifolia*	*latifolia*	*latifolia*
			alta	*latifolia*	*alta*
schweinfurthiana	*schweinfurthiana*	*minuta* ssp. *punctata*	*punctata*	*eichingeri*	*punctata*
officinalis	*officinalis*	*punctata* =*minuta*	*officinalis*	*officinalis*	*officinalis* ssp.
		ssp. *officinalis*			*officinalis*
				malampuzhensis	*officinalis* ssp.
					malampuzhensis
minuta	*minuta*	*minuta*	*minuta*	*minuta*	*minuta*
				ubhangensis	*nomina nuda*
					（无拉丁文描述）
					jeyporensis
					nomina nuda
granulata	*granulata*	*granulata*	*granulata*	*granulata*	*meyeriana* ssp.
					granulata
meyeriana	*granulata*	*granulata*			*meyeriana* ssp.
	abromeitiana				*granulata*
abromeitiana	*abromeitiana*	*meyeriana*	*meyeriana*	*meyeriana*	*meyeriana* ssp.
					granulata
schlechteri	*schlechteri*	*schlechteri*	*schlechteri*	*schlechteri*	*schlechteri*
					longiglumis
ridleyi	*ridleyi*	*ridleyi*	*ridleyi*	*ridleyi*	*ridleyi*
coarctata	*coarctata*	*coarctata*	*coarctata*	*coarctata*	*coarctata*
	brachyantha	*brachyantha*	*brachyantha*	*brachyantha*	*brachyantha*
				angustifolia	*angustifolia*
subulata	*subulata*	*subulata*	*subulata*	*subulata*	*rhyncAoryza*
					subualta
		perrieri	*perrieri*	*perrieri*	*perrieri*
		tisseranti	*tisseranti*	*tisseranti*	*tisseranti*
sativa	*sativa*	*sativa*	*sativa*	*sativa*	*sativa*

续表

Prodoehl (1922)	Roschevicz (1931)	Chevailier (1932)	Chatterjee (1948)	Sampath (1962)	Tateoka (1963)
rufipogon （一年生）	*nivara*	*nivara*	*nivara*	*nivara*	*nivara*
		meridionalis	*meridionalis*	*meridionalis*	
rufipogon （多年生）	*perennis* ssp. *balunga*	*rufipogon*	*rufipogon*	*rufipogon*	*rufipogon*
rufipogon （多年生）	*perennis* ssp. *cubensis*	*rufipogon*	*glumaepatula*	*glumaepatula*	*glumaepatula*
ruffpogon （多年生）					
longistaminata	*perennis* ssp. *barthii*	*longistaminata*	*longistaminata*	*longistaminata*	*longistaminata*
longistaminata					
grandiglumis	*grandiglumis*	*grandiglumis*	*grandiglumis*	*grandiglumis*	*grandiglumis*
punctata	*punctata*	*punctata*	*punctata*	*punctata*	*punctata*
eichingeri	*eichingeri*	*eichingeri*	*eichingeri*	*eichingeri*	*eichingeri*
stapfii					
barthii	*breviligulata*	*barthii*	*barthii*	*barthii*	*barthii*
australienisis	*australienisis*	*australienisis*	*australienisis*	*australienisis*	*australienisis*
glaberrima	*glaberrima*	*glaberrima*	*glaberrima*	*glaberrima*	*glaberrima*
latifolia	*latifolia*	*latifolia*	*latifolia*	*latifolia*	*latifolia*
alta	*alta*	*alta*	*alta*	*alta*	*alta*
schweinfurthiana					
officinalis	*officinalis*	*officinalis*	*officinalis*	*officinalis*	*officinalis*
malampuzhensis				*rhizomatis*	
minuta	*minuta*	*minuta*	*minuta*	*minuta*	*minuta*
ubhangensis					
jeyporensis					
granulata	*granulata*	*granulata*	*granulata*	*granulata*	*meyeriana* ssp. *granulata*
meyeriana	*meyeriana*	*meyeriana*	*meyeriana*	*meyeriana*	*meyeriana* ssp.
abromeitiana					

续表

Prodoehl（1922）	Roschevicz（1931）	Chevailier（1932）	Chatterjee（1948）	Sampath（1962）	Tateoka（1963）
					tuberculata
schlechteri	*schlechteri*	*schlechteri*	*schlechteri*	*schlechteri*	*schlechteri*
longiglumis	*longiglumis*	*longiglumis*	*longiglumis*	*longiglumis*	*longiglumis*
ridleyi	*ridleyi*	*ridleyi*	*ridleyi*	*ridleyi*	*ridleyi*
sclerophyllum				*porteresia*	
coarctata				*coarctata*	
brachyantha	*brachyantha*	*brachyantha*	*brachyantha*	*brachyantha*	*brachyantha*
leersia	*angustifolia*			*leersia*	
angustifolia				*angustifolia*	
rhynchoryza				*rhynchoryza*	
subulata				*subulata*	
leersia	*perrieri*			*leersia*	
perrieri				*perrieri*	
leersia	*tisseranti*			*leersia*	
tisseranti				*tisseranti*	

Khush（1973）把稻属分为23个种、3个亚种和2个变种，他采纳了其他研究者的结论：Oka（1963）把*O.perennis*分成亚洲、美洲和非洲3个类型，把亚洲*perennis*分为多年生深水沼泽的*perennis*型（*balunga*）和一年生临时性湿地的*spontanea*型（*fatua*）2个种，并把亚洲*perennis*中的*perennis*型、美洲*perennis*和非洲*perennis*分别称为*O.perennis* ssp. *balunga*、*O.perennis* ssp. *cubensis*（曾被称为*paraguaiensis*）和*O.perennis* ssp. *barthii*，有时这3个种也分别称为*O.balunga*、*O.cubensis*和*O.barthii*。Sharma和Shastry（1965）认为亚洲*perennis*中一年生类型是一个独立的种，命名为*O.nivara* Sharma et Shastry。Khush把Tateoka（1962、1963）根据小穗长度把*O.meyeriana*分成的*meyeriana*（小穗长7.2～8.0 mm）、*granulata*（小穗长4.8～7.2 mm）和*abromeitiana*（小穗长9～10.5 mm）3个亚种，归为*O.meyeriana*和*O.granulata* 2个种，他还把分布在中国台湾省的*O.sativa* var. *formosana*和分布在南亚和东南亚的*O.sativa* var. *fatua*（或*O.sativa* var. *spontanea*）划分为2个亚种。同时Khush还把Launert（1965）和Nayar（1973）已划归李氏禾属的3个种保留在稻属中，并把Tateoka（1964）划归Scherophllum属的*coarctata*也划到稻属中。他没有采用Clayton（1968）的建议，又把非洲一年生野生稻称为*O.breviligulata*。Khush（1973）的稻属分类实际上进一步加剧了原本就已存在的稻属分类混乱状态。

3. 稻属分类趋向统一阶段

T.T.Chang（1976）的工作相比Khush有较大进步，他参考前人的研究，提出20个种。他把亚洲*perennis*中的多年生稻种命名为*O.rufipogon* Griff.，把一年生的命名为*O.nivara* Sharma et Shastry（Sharma and Shastry，1965）。Nayar（1973）则把这2个种都称为*O.rufipogon*。Sampath（1962）的*rufipogon*是指*O.sativa* f. *spontanea*或*O.fatua*或*O.sativa* var. *fatua*。Chang（1985）再次对稻属分类和种的命名进行修订，提出22个种（表7-4），比原来的（1976）增加了Ng等（1981）在澳大利亚北部发现的一个新种*O.meridionalis* N.Q.Ng，该新种曾被称为*O.perennis*、*O.rufipogon*、*O.nivara*及*O.sativa* f. *spontanea*（Ng，1981；渡边好郎，1982）。Chang还采纳了Clayton（1968）的建议，把美洲*perennis*改名为*O.glumaepatula* Steud.。这个种以前曾被称为*O.paraguaiesis* Steud.、*O.cubensis*或*O.perennis* ssp. *cubensis* Tateoka等（Oka，1963；Vaughan，1989）。国际水稻研究所（1985）在总结前人研究的基础上，提出稻属22个种的分类检索表。在表中删去了那些真实性存疑或名称不准确的材料，如*O.abromeitiana*、*O.collina*、*O.fatua*、*O.perennis*、*O.perennis* subsp. *cubensis*、*O.malampuzhaensis*、*O.stapfii*等，检索表中列出的22个种名与Chang（1985）提出的完全一样。

表7-4　稻属22个种分类检索表（Chang，1988；Vaughan，1989、1990；吴万春，1991）

1	a小穗长通常不超过2 mm	极短粒野生稻*O.schlechteri*
	b小穗长超过3 mm	2
2	a不育外稃线形或线状披针形	3
	b不育外稃锥状或刚毛状	20
3	a下部叶的叶舌长14~45 mm，顶端急尖	4
	b下部叶的叶舌短于13 mm，顶端圆或平截	9
4	a通常一年生；圆锥花序较密；花药长超过2.5 mm	5
	b多年生；圆锥花序通常疏散；花药长超过2.5 mm	7
5	a谷粒在成熟时不易脱落；栽培种；原产于亚洲	亚洲栽培稻*O.sativa*
	b谷粒在成熟时易脱落；野生种	6
6	a圆锥花序的第一次分枝较开展而斜生；秆半直立至倾斜生长；原产于亚洲	尼瓦拉野生稻*O.nivara*
	b圆锥花序的第一次分枝紧缩而直立上伸；秆直立或半直立生长；原产于澳大利亚（偶尔有多年生）	南方野生稻*O.meridionalis*
7	a秆直立；具分枝的伸展根茎	长花药野生稻*O.longistaminata*
	b秆匍匐或半直立；通常不具或具发育不良的根茎	8
8	a有浮水生茎；不具或具发育不良的根茎；原产于亚洲	普通野生稻*O.rufipogon*
	b无浮水生茎；不具根茎；原产于美洲	展颖野生稻*O.glumaepatula*

续表

9	a圆锥花序主轴向顶端渐增粗糙毛；具根茎	10
	b圆锥花序主轴无毛或分枝腋间有毛；通常无根茎	11
10	a叶舌顶端半圆形；穗基节常有2个以上分枝；小穗较大，具齿状细长芒（>1.5 mm）；原产于大洋洲	澳洲野生稻O.australiensis
	b叶舌顶端平截；穗基节最多有2个分枝；小穗较小，常无芒或具短芒（<1.5 mm）；原产于斯里兰卡	根茎野生稻O.rhizomatis
11	a小穗长超过7 mm；有芒或无芒，若有芒则近刚直	12
	b小穗长不及7 mm，若超过7 mm，则叶舌具毛，且背面常丛生毛；通常有芒，芒不刚直	13
12	a成熟时谷粒不脱落或部分脱落；内、外稃通常无粗糙硬毛；小穗常无芒或具短芒；栽培种；原产于非洲	非洲栽培稻O.glaberrima
	b成熟时谷粒脱落；内、外稃被粗糙硬毛；小穗有芒（长10 mm或更长）；野生种	巴蒂野生稻O.barthii
13	a叶舌顶缘不具短柔毛；叶宽不及2 cm	14
	b叶舌顶缘具短柔毛，叶宽超过2 cm	17
14	a小穗宽超过2 mm	15
	b小穗宽不及2 mm	16
15	a小穗长超过6 mm；芒长超过2 cm；无根茎；叶舌长3~4 mm；原产于非洲	斑点野生稻O.punctata
	b小穗长不及5.5 mm；芒长不及2 cm或无芒；偶尔有根茎；叶舌长2~3 mm；原产于亚洲	药用野生稻O.officinalis
16	a圆锥花序分枝较紧缩；小穗长4.5~6.0 mm；芒长可达3 cm；有叶耳；叶舌长可达3.5 mm；二倍体；原产于非洲	紧穗野生稻O.eichingeri
	b圆锥花序分枝开展；小穗长3.7~4.7 mm；有芒（不超过2 cm）或无芒；无叶耳；叶舌长达1.5 mm；四倍体；原产于亚洲	小粒野生稻O.minuta
17	a不育外稃与孕花外稃的长度和质地均相似	重颖野生稻O.grandiglumis
	b不育外稃短于孕花外稃且质地不同	18
18	a叶宽不及5 cm；小穗长不及7 mm	阔叶野生稻O.latifolia
	b叶宽超过5 cm；小穗长超过7 mm	高秆野生稻O.alta
19	a内、外稃表面有疣粒；小穗有芒	20
	b内、外稃表面无疣粒；小穗有芒	21
20	a小穗呈方椭圆形，短于7 mm	颗粒野生稻O.granulata
	b小穗呈长圆形或披针形，长于7 mm	疣粒野生稻O.meyeriana
21	a多年生；外稃沿脊有纤毛；四倍体	22
	b一年生；外稃仅顶端有纤毛；二倍体	短花药野生稻O.brachyantha
22	a不育外稃短于孕花外稃；芒长6~15 mm	马来野生稻O.ridleyi
	b不育外稃与孕花外稃等长或较长；芒长16~36 mm	长护颖野生稻O.longiglumis

Vaughan（1989、1990）在斯里兰卡鉴定出一新种*O.rhizomatis* Vaughan，该种以前曾被定为*O.latifolia*和*officinalis*，它最明显的特征是具有根茎，染色体2*n*=2*x*=24，是CC染色体组（Jona和Khush，1985）。*O.rhizomatis*和*O.officinalis*在遗传上有分化，它们的杂种是不育的。该种在形态和地理以及生态上均与稻属其他种相隔离，分布在斯里兰卡的季节性干旱草地或灌木丛边的半阴地，同*O.officinalis*复合体的其他种关系密切，但其小穗和花序结构均不同；同*O.eichingeri*相比，它的植株和小穗较大，花序较大，分枝伸展，有根茎；同*O.officinalis*相比，它的穗较大，内稃顶端呈长形，小穗内伸，更靠近穗轴，穗基节无轮生分枝；同*O.punctata*相比，它的花较短，无轮生分枝，有根茎；同*O.alta*、*O.grandiglumis*和*O.latifolia* 3个四倍体种相比，它无轮生分枝，叶片较窄，有根茎；同有根茎的*O.australiensis*相比，它的穗较小，无齿状芒，穗基节的分枝较小。这个新种后来得到认同。

吴万春（1991）认为Chang（1985）提出的鉴定稻属22个种的"分类检索表"和Vaughan（1989）提出的"稻属分种检表"不符合二歧检索表的对比检索的原则，他重新编制了"稻属植物分种和亚种检索表"，表中包括20个种和3个亚种。吴万春把*O.meyeriana*分为ssp. *tuberculater*、ssp. *granulata*、ssp. *meyeriana*3个亚种。第一亚种是吴万春等（1990）根据内、外稃电镜扫描的特征与中国的*meyeriana*不同（王国昌和卢永根，1991）而建立的一个新亚种，全名定为*O.meyeriana*（Zoll.et Mor）Baill.ssp. *tuberculata* W.C.Wu et Y.G.Lu，G.V.Wang。中国的*meyeriana*曾用*O.meyeriana* Baill（丁颖，1949；耿以礼等，1953；广东农学院农学系，1975；广东植物研究所等，1977；闵绍楷和熊振民，1983；Chang，1976、1985；俞履析和钱咏文，1986）、*O.meyeriana*（Zoll et Mor.）Baill.ssp. *granulata*（Nees et Arn）Tateoka（广东植物研究所，1973；中国科学院北京植物研究所等，1976；吴万春，1980、1990）和*O.granulata* Nees et Arn.ex Watt（Vaughan，1989）等名。

稻属种的命名和数目一度相当混乱，至今对一些种名还有争议，有些种属同一稻种曾被命名30多个。普通野生稻也曾有19个种名之多（刘东旭等，1996），但目前基本上建立了稻属的分类系统。Chang（1985）提出的22个稻种已被普遍接受，如果包括Vaughan（1989、1990）鉴定的一个新种，那么稻属目前总共有23个种。刘东旭等（1996）把当时较公认的有效的种及其曾用名列在一起（表7-5）。

表7-5 稻属种名及其异名速查表（按字母顺序排列23个种名及其异名）（刘东旭、李子先，1996）

A有效和公认的种
1　*Oryza alta* Swallen，Publ.Carnegie lnst.Wash.461：156（1936）
同名　*O.latifolia* Desv.var.*grandispiculis* A.Chev.（1932）
O.latifolia Desv.ssp.*longispiculus* Gopal.et Sampath（1967）

续表

A有效和公认的种

2　*Oryza australiensis* Domin，Biblioth.Bot.20，Heft.85：333（1915）

同名　*O.caduca* Muell.（1867）

　　　O.sativa Muell.（1873）

3　*Oryza barthii* A.Chev.，Bull.Mus.Hist.Nat.Paris 16：405（1911）

同名　*O.breviligulata* A.Chev.et Roehr.（1914）

　　　O.glaberrima ssp.*barthii*（A.Chev.）J.M.J.de Wet（1981）

　　　O.mezii Prod.（1922）

　　　O.perennis Moench ssp.*barthii*（A.Chev.）A.Chev.（1932）

　　　O.silvestris var.*barthii* Stap f ex A.Chev.（1913）

　　　O.stapfii Roschev.（1931）

4　*Oryza abrachyantha* A.Chev.et Roehr.，Compt.Rend.Acad.Sci.159：561（1914）

同名　*O.guineensis* A.Chev.（1932）

　　　O.mezii Prod.（1922）

5　*Oryza eichingeri* A.Peter，Fedde Rep.Sp.Nov.，Beih 40：47（1930）

同名　*O.collina*（Trimen）Sharma et Shastry（1965）

　　　O.glauca Robyns（1936）nomen nudum

　　　O.latifolia Hook.f.var.*collina*（Trimen）Hook.f.（1896）

　　　O.sativa f.var.*collina* Trimen（1889）

6　*Oryza glaberrima* Steud.Syn.Pl.G lum.1：3（1854）

7　*Oryza glumaepatula* Steud.，Syn，P 1.Glum.1：3（1854）

同名　*O.cubensis* Ekman nomen nudum

　　　O.paraguayensis Wedd.ex Franch.（1895）

　　　O.perennis Moench pro parte（1794）

　　　O.perennis Moench ssp.*cubensis* Tateoka et al.（1964）

　　　O.perennis Moenchvar.*cubensis* Sampath（1961）

　　　O.sativa Hoclst.ex Steud.（1985）

8　*Oryza grandiglumis*（Doell）Prod.Bot.Archiv.1：233（1922）

同名　*O.latifolia* Desv.var.*grandiglumis*（Doell）A.Chev.（1932）

　　　O.latifolia Desv.ssp.*grandiglumis* Gopal.et Sampath（1967）

　　　O.sativa L.var.*grandinglumis* Doell（1870）

续表

A有效和公认的种

9　*Oryza granulata* Nees et Arn.ex Watt，Dict.Econ.Prod.Ind.5：500（1891）

同名　*O.filiformis* Buch-Ham.ex Steud.（1855）nomen nudum

　　　O.indandamanica Ellis（1985，发表于1987）

　　　O.meyeriana ssp.*granulata*（Nees et Arn.ex Watt）Tateoka（1962）

　　　O.meyeriana var.*granulata*（Watt）Duistermaat（1987）

　　　O.triandra Heyneex Steud.（1854）nomen nudum

　　　Padia meyeriana Zoll.et Mor.（1845）

10　*Oryza latifolia* Desv.，Jour.de Bot.1：77（1813）

同名　*O.brucheri* Sharma（1983）nomen nudum

　　　O.latifolia Desv.ssp.*latifolia* Gopal.et Sampath（1967）

　　　O.officinalis Watt（1891）

　　　O.platyphylla Schult.f.（1830）

　　　sativa L.var.*latifolia*（Desv.）Doell（1871）

11　*Oryza longiglumis* Jansen，Reinwardtia 2：312（1953）

12　*Oryza longistaminata* A.Chev.et Roehr.，Compt.Rend Acad.Sci.159：561（1914）

同名　*O.barthii sensu* Hutch.et Dalz.（1936）

　　　O.dewildemanii Vanderyst（1920）

　　　O.madagascariensis（A.Chev.）Roschev.（1937）

　　　O.perennis Moench（1794）nomen dubium

　　　O.perennis Moench ssp.*barthii* Taeoka et al.（1964）

　　　O.perenms Moench ssp.*madagascariensis* A.Chev.（1932）

　　　O.silvestris Stapf ex A.Chev.（1910）nomen nudum

　　　O.silvestris Stapf var. *punctata* Stapf *forma longiligulata*

　　　Stapf ex A.Chev.（1913）

13　*Oryza meridionalis* Ng（1981）

同名　*O.perennis* Moench（1794）pro parte

　　　O.rufipogon Griff.（1851）pro parte

　　　O.sativa auct.non L.（1878）

14　*Oryza meyeriana*（Zoll.et Mor.ex Strud.）Baill.，Hist Pl.12：166（1894）

同名　*O.abromeitiana* Prod.（1922）

续表

A有效和公认的种

O.meyeriana ssp.*abromeitiana*（Prod.）Tateoka（1963）

O.meyeriana ssp.*meyeriana* Tateoka（1962）

O.meyeriana ssp.*tuberculata* Wu et Lu et Wang（1990）

O.meyeriana var.*meyeriana*（Tateoka）Duistermaat（1987）

Padia meyeriana Zoll.et Mor.（1845）

15　*Oryza minuta* J.S.Prest.ex C.B.Presl.，Rel.Haeck，1：208（1830）

同名　*O.fatua* Ridey non Keen.（1925）

O.latifolia F.Vill.non Desv.（1882）

O.manilensis Merrill（1908）

O.officinalis Wall ex Watt（1891）pro parte

16　*Oryza nivara* Sharma et Shastry，Ind.J.Genet.Plant Breed.25：161（1965）

同名　*O.fatua* Koenig ex A.Chev.（1932）pro parte

O.rufipogon Senartna non Griff.（1956）

O.sativa auct.non L.（1832）pro parte

O.sativa ssp.*fatua*（Prain）J.M.J.de Wet（1981）

O.sativa var.*fatua* Prain（1903）pro parte

O.sativa f.*spontanea* Roschev.（1931）pro parte

17　*Oryza officinalis* Wall ex Watt，Dict.Econ.Prod.Ind.5：501（1891）

同名　*O.latifolia* Hook.（1897）

O.latifolia Deesv.var.*silvatica* Camus（1921）987

O.montana Buch-Ham.（1948）nomen nudum

O.officinalis ssp.*malampuzhaensis*（Krish.et Chand.）Tateoka（1963）

O.officinalis ssp.*officinalis*（Wall ex Watt）Tateoka（1963）

O.malabarensis nomen nudum

O.malampuzhaensis Krish.et Chand（1958）

18　*Oryza punctata* Kotschy ex Steud，Syn.Pl.Glum.1：3（1854）

同名　*O.sativa* Hochst.ex Steud.（1854）

O.sativa L.var.*punctata*（Kotschy ex Steud.）Kotschy（1962）

O.schweinfurthiana Prod.（1922）

O.ubanghensis A.Chev.（1951）

续表

A有效和公认的种

19　*Oryza* Rhizomatis Vaughan（1990）

同名　*O.latifolia* Desv.（1813）pro parte

　　O.officinalis Wall ex Watt（1891）pro parte

20　*Oryza ridleyi* Hook.f.，Fl.Br.Ind.7：93（1897）

同名　*O.stenothyrsus* K.Schum.（1905）

21　*Oryza rufipogon* Driff.，Notul.Pl.Asia 3：5（1851）

同名　*O.aquatica* Roschev.（1931）

　　O.balunga（Sampath et Govind.）Yeh et Henderson（1961）nomen nudum

　　O.fatua Koenig ex Trin.（1893）nomen nudum

　　O.fatua Trin.var.*longe-aristata*，Ridley（1925）

　　O.formosana Masamune et Suauki（1935）

　　O.perennis Moench（1794）nomen nudum

　　O.perennis Moench emend.Sampath（1964）

　　O.perennis Moench ssp.*balunga* Tateoka et al.（1964）

　　O.perennis var.*balunga* Sampath et Govind.（1958）nomen nudum

　　O.sativa Hochst.ex Steud.（1854）

　　O.sativa var.*abuensis* Watt（1891）

　　O.sativa f.*aquatica* Roschev.（1931）

　　O.sativa var.*bengalensis* Watt（1891）

　　O.sativa var.*coarctata* Watt（1891）

　　O.sativa var.*fatua* Prain（1903）

　　O.sativa var.*rufipogon*（Griff）Watt（1891）pro parte

　　O.sativa f.*spontanea* Backer（1928）

　　O.sativa f.*spontanea* Roschev.（1931）pro parte

　　O.sativa ssp.*rufipogon*（Griff.）J.M.J.de Wet（1981）

22　*Oryza sativa* L.Sp.Pl.333（1753）

同名　*O.aristata* Blanco（1837）

　　O.aristata Bosc.（1803）

　　O.caudata Trin.（1871）

　　O.communissima Lour.（1793）

续表

A有效和公认的种

O.deenudata Desv.ex Steud.（1821）

O.elongata Desv.ex Steud.（1821）

O.emarginata Steud.（1841）

O.fatua Koenig ex Trin.（1893）nomen nudum

O.formosana Masamune et Suzuki（1935）

O.glutinosa Lour.（1793）

O.jeyporensis Govindasww.et Krishnasm.（1958）nomen nudum

O.latifolia P.Beauv.non Desv.（1812）

O.marginata Desv.ex Steud.（1821）

O.montana Lour.（1793）

O.mutica Lour.ex Steud.（1821）

O.nepalensis G.Don.ex Steud.（1854）

O.palustris Salisbury（1796）

O.parviflora Beauv.（1812）

O.perennis Moench（1794）

O.plena（Prain）Chowdhury（1949）

O.praecox Lour.（1793）

O.pubescens Desv.ex Steud.（1821）931

O.punmila Hort.ex Steud.（1841）1

O.repens Buch-Ham.ex Steud.（1854）

O.rubribarbis Desv.ex Steud.（1821）z1931

O.sativa Muell.（1873）

O.sativa var.*formosana* Yeh et Henderson（1961）

O.sativa var.*plena* Prain（1903）

O.sativa f.*spontanea* Roschev.（1931）pro parte

O.segetalis Russ.ex Steud.（1854）

O.sorghoides Desv.ex Steud.（1821）

O.sorghoides Desv.ex Steud.（1821）

O.triandra Heyne ex Steud.（1854）

23　*Oryza schlechteri* Pilger，Wngl.Bot.Jahrb.52：168（1914）

续表

B曾经属于稻属、现已划入其他属的种

Oryza angustifolia Hubb.（1950）=*Leersia angustifolia* Munro ex Prodoehl（1922）

Oryza australis A.Braun ex Schweinfurth=*Leersia hexandra* Swartz（1788）

Oryza caudata Nees=*Rhynchoryza subulata*（Nees）Baill.（1892）

Oryza ciliata Buch-Ham.=*Leersia hexandra* Swartz（1788）

Oryza clandestina A.Braunex Aschers=*Leersia oryzoides*（L.）Swatrz（1788）

Oryza coarctata Roxb.=*Sclerophllum coarctatum* Griff（1851）

    =*Porteresia coarctata*（Roxb.）Tateoka（1965）

Oryza hexandra Doell=*Leersia hexandra* Swartz（1788）

Oryza leersioides Baill.=*Maltebrunia Leersioides* Kth.（1830）

Oryza leersioides Steud.=*Potamophila leersioides* Benth.

    =*Maltebrunia leersioides* Kth.（1830）

Oryza mexicana Doell=*Leersia hexandra* Swartz（1788）

Oryza monandra Doell=*Leersia Oryzoides*，（L.）Swartz（1788）

Oryza oryzoides Dalla Torreet Sarnth=*Leersia oryzoides*（L.）Swartz（1788）

Oryza parviflora（R.Br.）Baill.=*Potamophila parviflora* B.Br.（1810）

Oryza perrieri Camus=*Leersia perrieri*（Camus）Launert（1965）

Oryza prehensilis Steud.=*Potamophila prehpnsilis* Benth.（1881）

Oryza prehensilis Baill.=*Maltebrumia Nees*

Oryza rubra Hort.=*Panicum colonum* L.=*Echinochloa colona*（L.）Link

    Chatterjee 1948，Michael 1983

Oryza subulata Nees=*Rhynchoryza subulata*（Nees）Baill.（1892）

Oryza tisseranti A.Chev.=*Leersia tisseranti*（Chev.）Launert（1965）

随着科学技术的发展及稻种分类研究的进一步深入，稻属种的分类一定能逐步达到统一。以前稻种分类混乱的主要原因是分类者所掌握的材料资源不全，有些学者只看到部分分类的蜡叶标本，没有（当时也不可能）考察搜集全球稻种。随着现代科技的发展，如全球遥感技术的应用，可以把稻种分布情况进一步弄清楚。通过互联网能把全球有关稻种资源搜集在一起进行研究，这就能得出更正确的分类结果，避免出现因各人掌握材料不同、所用分类方法不同而得出许多不同的结论，以及同一稻种采用不同名称的混乱现象。未来，只要采用更加科学的分类方法，就一定能使稻属种的分类逐步达成统一。

二、稻属分类检索性状探讨

稻属种名分类一直以来较混乱，给初学者带来许多不便，主要原因是各学者对稻属所含种数意见不同，各人掌握种的生物学标准不同，各人所搜集观察到的材料不同，以及各家发表的年限不同等。为了便于对分类所用的依据和植物学性状特征进行探讨，现将稻属分类在近年来用得最多的性状归纳如下。

（1）穗部性状：①穗形状即圆锥花序；②穗轴有无茸毛；③穗主轴顶部有无粗糙毛或粗刺；④穗分枝表现是松散（开展）还是集束（紧缩），特别是第一枝梗开展斜生还是紧缩直立向上伸；⑤花药长短。

（2）小穗性状：①小穗的长宽及其形状（如卵圆形、窄卵形或阔卵形等）；②小穗在枝梗上着生的状态（如斜生在小枝梗上）；③护颖形状及大小（如线形、线状披针形、锥状、刚毛状，内护颖小于外护颖或内、外护颖等长）；④内、外颖表面有无疣粒，颖壳上有无茸毛和茸毛着生位置（部位）；⑤芒的有无，芒的长短，芒的质地（软或硬），芒表面光滑或有硬毛、硬刺；⑥小穗坚固或易脱落。

（3）叶耳与叶舌性状：①叶舌长短与形状；②叶舌光洁与否，即有毛与否；③有无叶耳；④叶耳及叶舌的颜色。

（4）叶部性状：①叶片质地（革质或草质）；②叶片大小，即长度和宽度；③叶片形状。

（5）茎秆性状：①茎秆习性，包括匍匐、倾斜、半直立、直立；②有无浮水生茎；③有无根茎（地下茎发达与否）。

（6）生活周期：主要区分一年生和多年生。

稻属分类与其他植物分类有一些不同的特点，特别是种间分类要考虑种内分类的关系，而种内分类又直接与生产有关。因此，各家分类常因所掌握的材料不同、所用的分类标准不同、发表论文时间的不同而表现出极大的差异。所幸的是20世纪90年代末以来，分类者一般都能注意协调自己分类的标准与别人的标准的一致性，因而对分类性状也逐步趋向一致。国际水稻研究所及中国农业科学院作物品种资源研究所曾对稻属野生稻种质资源农艺性状记载标准进行规范，列出90多项农艺性状，后减为45项。

三、中国野生稻资源分类学研究的主要进展

1. 中国野生稻种的命名

在世界上中国是很早就开展野生稻研究的国家之一。1926年丁颖教授就开始研究，把中国普通野生稻命名为 *O.sativa* L.f. *spontanea*，这名称一直沿用到20世纪80年代中期。这是因为

一方面丁颖教授在中国稻作界有崇高威望；另一方面，当时从事野生稻资源分类学研究的人较少，而且20世纪上半叶是中华民族对外争取民族独立的时期，百废待兴，人们的注意力都集中在更重大的政治事件上。因此，20世纪80年代之前对野生稻资源的分类研究多集中在国内有几个种的问题上。

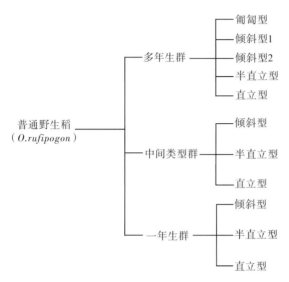

图7-1　中国普通野生稻种内分类示意图（李道远、陈成斌，1986、1993）

（1）对普通野生稻的命名。

李道远、陈成斌（1986、1993）对我国普通野生稻进行了形态特征特性、生态特征及同工酶分析后认为，匍匐生态型、倾斜生态型代表着该种的种地位，而普通野生稻中存在着11种不同的形态类型（图7-1），建议采用*Oryza rufipogon* Griff.（1851）这一名字，更符合普通野生稻的形态特征特性。而原来采用的*O.sativa* f. *spontanea* Rosher（1931）名称，把普通野生稻作为栽培稻的变型（forma）或变种（varietas）来命名是不合理的。国际上把*spontanea*看作杂草稻。吴万春（1980）对我国3种野生稻的定名也提出了明确意见，也认为采用*Oryza rufipogon* Griff.更合理。在1963年国际水稻遗传和细胞遗传讨论会上，与会专家对与栽培稻起源有关的野生稻种推荐了3种命名方式，建议以第一种命名为试用或临时性的，推荐的第一种和第二种都是*Oryza sativa* var. *fatua*，第三种是*Oryza rufipogon* ssp. *rufipogon*，而没有推荐*Oryza sativa* f. *spontanea*。因此，吴万春（1980）认为用*Oryza rufipogon*是科学合理的，理由如下。

①普通野生稻的形态特征与栽培稻*O.sativa*有比较显著的区别：为多年生草本，具匍匐茎；地上具有分枝，开花、成熟不一致；谷粒边成熟边脱落；小穗较长；芒亦较长；花药较长（有的长达54 mm）。因此应当独立成为一个种而不应为变种*O.sativa* var. *fatua*，更不应为*O.sativa* f. *spontanea*。

②栽培稻中根据其特征特性及地理分布已分为两个亚种，即粳稻*O.sativa* ssp. *Keng* Ting（日本型*O.sativa* ssp. *Japonica* Kato）和籼稻*O.sativa* ssp. *Hsein* Ting（印度型*O.sativa* ssp.

Indica Kato），而普通野生稻与栽培稻的区别较之粳稻与籼稻的区别更显著，将普通野生稻作为其中一个变型（forma）或变种（varietas）来命名是非常不合理的。

③从发表年限来看，*O.rufipogon*（1851）要比*O.sativa* f. *spontanea*（1931）早，故不应用*O.sativa* f.spontanea。*O.fatua*为裸名也不适用。

④国际上许多禾本科植物分类学家都对普通野生稻的学名采用*O.rufipogon*，特别是较有威望的人都采用这一命名，如Chase（1962）、Tateoka（1964）、T.T.Chang（1976）等。因此我国普通野生稻采用*O.rufipogon*更符合国际习惯。随着时间的推移，在20世纪90年代的中后期，我国稻作界已基本上同意把我国普通野生稻定名为*Oryza rufipogon* Griff.。

（2）对药用野生稻的命名。

药用野生稻在国际上有两种意见，一种意见认为，药用野生稻与小粒野生稻的特征特性很相似，不能区分为两个种，其拉丁学名用*O.minuta*，而将*O.officinalis*作其异名，如Backer C.A.（1964）、Ceylon（1960）、广东植物研究所（1977）等。另一种意见认为这两者虽有相似的地方，但仍然有许多差别。

①*O.minuta*的小穗宽度小于2 mm，而*O.officinalis*的小穗宽度超过2 mm。

②*O.minuta*的圆锥花序较小（达17 cm），下部节生1～2个分枝，而*O.officinalis*的圆锥花序较大（达40 cm），下部节生2～4个分枝。

③*O.minuta*株高在1 m以下，而典型的*O.officinalis*株高超过1.2 m，在广西考察还发现达4.1 m的高大植株。

④*O.minuta*与*O.officinalis*的染色体数目不同，*O.minuta*的染色体数目为$2n=48$，*O.officinalis*的染色体数目为$2n=24$。因此吴万春（1980）认为我国药用野生稻的形态、特征、特性，染色体数目等都与*O.officinalis*相符，属于药用野生稻，应定名为*O.officinalis*，我国稻作界绝大多数的学者均持相同观点。

（3）对疣粒野生稻的命名。

对疣粒野生稻的命名，我国多数学者都用*Oryza meyeriana*这一拉丁学名。但也有不同的看法，Tateoka（1962）将其分为3个亚种，主要的依据是小穗的长度：ssp. *granulata*的小穗长度为4.8～7.2 mm，ssp. *meyeriana*的小穗长度为7.2～8.0 mm，ssp. *abromeitiana*的小穗长度为9.0～10.5 mm。吴万春认为我国产的疣粒野生稻小穗长度为4.5～7.0 mm，故应属于ssp. *granulata*，但这一意见在我国稻作界没有得到普遍的认可。

综上所述，在稻属中我国现有4个稻种，即栽培稻*Oryza sativa* L.、普通野生稻*O.rufipogon* Griff.、药用野生稻*O.officinalis* Wall et Watt和疣粒野生稻*O.meyeriana* Baill.。

2. 我国稻种的种内分类研究

我国的药用野生稻、疣粒野生稻的形态特征相对比较一致，因此对它们的种内分类研究

不多。我国对栽培稻和普通野生稻进行种内分类研究做得较多。

我国普通栽培稻也称亚洲栽培稻*O.sativa* L.。丁颖教授按5级分类法将其分为籼、粳亚种：*O.sativa* L. ssp. *Hsien* Ting和*O.sativa* L. ssp.*Keng* Ting，在国内基本上是统一的，与国际上的*O.sativa* L. ssp. *Indica* Kato（印度型）和*O.sativa* L. ssp. *Japonica* Karo（日本型）相对应，然后再分为早晚季稻、水陆稻、粘糯稻等不同品种。

随着对稻种起源与演化研究的深入开展，特别是在20世纪90年代末期我国考古发现8 000年前的贾湖古稻、彭头山古稻、八十垱古稻，这些均说明中国是栽培稻的起源地。丁颖教授的稻种分类法得到大多数分类学家的认可，亚洲栽培稻分为籼、粳亚种也基本上是公认的事实。程侃声（1993）把亚洲稻籼、粳亚种鉴定标准进一步确定（表7-6），应用在冈氏（1958）所说的大陆型（又称温带型）品种上，其准确率可达95%左右，对岛屿型（又称热带型）也可达85%左右，与采用同工酶或RFLP分类的结果也有高度的吻合，其主要特点是快速简便，是许多方法无法相比的。

表7-6 亚洲稻籼、粳鉴别性状的级别及评分（程侃声，1993）

性状	等级与评分				
	0	1	2	3	4
稃毛	短、齐、硬、直、匀	硬、稍齐、稍长	中或较长、不太齐、略软或仅有疣状突起	长、稍软、欠齐或不齐	长、乱、软
酚反应	黑色	灰黑或褐黑色	灰色	边及棱染色浅	不染色
1～2穗节长	≤2 cm	2.1～2.5 cm	2.6～3 cm	3.1～3.5 cm	≥3.5 cm
抽穗时壳色	绿白	白绿	黄绿	浅绿	绿
叶毛	甚多	多	中	少	无
谷粒长宽比	≥3.5	3.5～3.1	3.0～2.6	2.5～2.1	≤2

注：各项目的分数加起来后，0～8分为籼（H）型，9～13分为偏籼（H'）型，14～17分为偏粳（K'）型，18～24分为粳（K）型。

程侃声认为在分类上应注意一些生态种的生态特点。正是对这些特点与共性的处理不同而导致分类上的分歧，如Aus型品种，在盛永等（1955、1960）的分类里被列为一个生态种，但有人认为它是粳稻的原始种，综合多种性状来看，它们仍只是籼亚种下的一个特殊的生态群（程侃声等，1988）。在粳稻上，印度尼西亚的芒稻和爪哇型的Gundil在形态上只与中国海南及东南亚国家和地区的一些陆稻相近，其粳稻的特征虽然明显，但与多数粳稻大不相同，达不到一个亚种的水平，也只能与光壳稻一样作为一个生态群看。南亚的小粒种在过去称为雨季稻的Aman生态稻，实际上是很特殊的低纬度、低海拔的较原始的粳稻。西亚

（以伊朗为主）的镰刀谷常被视为籼稻，但从形态与同工酶谱来看则被列入粳稻。喜马拉雅山脉、尼泊尔、印度锡金邦、不丹等地的稻种，有些品种仍不好分，属于尚未彻底分化的类型。孟加拉国的Rayada是个很古老的类型，属生长期约一周年的深水稻，偏粳（K′）型。孟加拉国的深水稻，如Matia Amah、Dhaln Aman、Lalaman等都是具有野生稻酯酶同工酶带的品种，比Rayada有进一步分化，它们和中国广西、浙江、江西一些有野生稻酯酶同工酶带特征的品种是否属于最初分化出来的粳稻，这需进一步研究（Cheng et al.，1991）。光壳稻从分类上说几乎全部是粳稻（包括美洲、非洲的改良种）（程侃声，1993），大多数是陆稻或旱直播稻（王象坤等，1984），曾被设想是由野生稻在旱生条件下驯化得来的。栽培稻主要朝两个类型分化，即籼型和粳型，也是演化的结果。全世界的水稻资源近10万份，水平分布可达北纬52°，垂直分布接近3 000 m的海拔高度，在如此广袤的范围内其类型之多不难想象。因此栽培稻种内分类还有许多问题值得进一步研究。

李道远、陈成斌（1986，1993）把普通野生稻分为11个类型（图7-1），提出代表普通野生稻种（species）的两大生态型是多年生匍匐生态型与多年生倾斜生态型。王象坤等（1994）根据形态学及酯酶同工酶研究结果，把中国普通野生稻分为多年生群与一年生群，多年生群又分为4种类型，一年生群又分为3种类型（图7-2）。王象坤等还提出普通野生稻存在籼粳分化的观点，这与陈成斌等（1996）的结论一致。陈成斌等采用程侃声（1993）的6项形态鉴定指标对普通野生稻2 000多份材料进行观察，发现普通野生稻存在籼、偏籼、偏粳的类型，但普通野生稻的籼粳形态分化是较原始的。

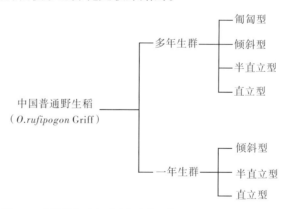

图7-2 中国普通野生稻种内分类示意图（王象坤等，1994）

庞汉华等对普通野生稻的10个形态性状进行聚类分析，把中国普通野生稻分为两个大群7个类型（图7-3）。

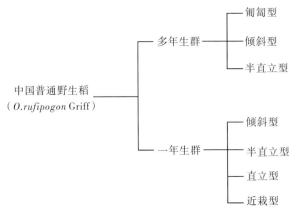

图7-3　普通野生稻性状聚类分析的分类示意图（庞汉华，1995）

比较上述几种分类，它们的共同点：①都采用*O.rufipogon* Griff.的拉丁学名；②都以匍匐、倾斜、半直立、直立型的生长习性作为分类型的基本单位；③都注意到一年生、多年生的问题。不同点：王象坤、庞汉华突出一年生、多年生的问题，李道远等侧重在*O.rufipogon* Griff.这个多年生的种。在中国存在一年生的普通野生稻类型，而不存在一年生野生稻的自然独立群体，因而认为多年生匍匐型、多年生倾斜型代表普通野生稻的生态群。陈成斌等（1992～1997）在广西、湖南35个县市的许多生态点进行过普通野生稻一年生自然群体的考察，结果未发现一年生的普通野生稻自然独立群体，并根据耐冷鉴定及在南宁宿根越冬的表现，对一年生编号材料的原生地逐个进行原生地野生稻群体的考察，结果同样未发现有一年生普通野生稻的自然独立生存的群体，而原始匍匐型、深水倾斜型均有独立生存的自然群体。中国普通野生稻群体是个多型性的群体。综合我国20多年的大量研究结果，中国普通野生稻可分为两个大群9个类型（图7-4）。

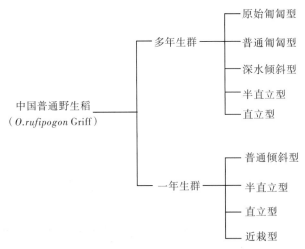

图7-4　中国普通野生稻资源种内分类示意图

①原始匍匐型：多年生，匍匐状，基部鞘紫色或深紫色，剑叶较细短，穗小无第二分枝；花药长度大于5 mm，柱头紫黑色外露，红长芒，极易落粒；谷粒细长（L/W>3.5），

成熟期颖壳黑或褐色，种皮红色，酯酶同工酶位点Est-104，核DNA为原始群（孙传清等，1996），有纯合独立的自然群体。

②普通匍匐型：基本保持原始匍匐型的农艺性状的特征特性，只是在某些性状上产生变异，如基部鞘色变为淡紫或绿色，穗子偶尔有第二分枝，酯酶同工酶Est-10可能有1、2、4并存或单个位点偏籼偏粳的表现，核DNA上也出现偏籼或偏粳的差异等。

③多年生深水倾斜型：多年生，倾斜状，在深水的原生地有纯合的独立自然群体，其余性状表现与原始匍匐型一样。

④多年生半直立型：属多年生半直立型野生稻，茎秆已形成半直立状，在部分农艺性状上已出现近似栽培稻的性状，如穗子出现第二分枝，穗型由散开逐步变集中，部分材料有白芒、白柱头，成熟期的颖壳颜色在黑或褐色的基础上有黄颖壳的变异类型出现等。

⑤多年生直立型：生长习性接近栽培稻，或与栽培稻一样，茎秆形成直立型，穗子普遍存在第二分枝，穗粒数较多，穗型集中，种子生产量明显增多，其他性状也与典型野生稻相似。

⑥一年生普通倾斜型：生长习性为倾斜，一般不能越冬和植株再生，具有倾斜型的许多形态特征特性，也有与栽培稻相似的特性。

⑦一年生半直立型：生长习性为半直立，一般不能越冬和植株再生，其他性状与多年生半直立型相似，但也有更多与栽培稻相似的性状。

⑧一年生直立型：生长习性为直立，一般不能越冬和植株再生，存在更多与栽培稻相似的性状。

⑨一年生近栽型：直立紧凑，大多数农艺性状发生了变异，是近似栽培稻的普通野生稻，在同工酶分析上多含栽培稻的同工酶酶带，几乎没有普通野生稻的特征同工酶酶带，多为野生稻与栽培稻的杂种后代。

一般把原始匍匐型与普通匍匐型合并为一个大的类型，把多年生半直立型、直立型、近栽型和一年生倾斜型统称为中间型。把多年生匍匐型、多年生深水倾斜型作为代表普通野生稻的两大类型，这是从稻种的角度考虑的结果。

中国普通野生稻分布范围广泛，搜集保存的份数众多，种内分类还有许多问题值得研究，特别是在分子水平的遗传指数图、DNA特异片段多态性的分类上更值得重视。

对于中国野生稻的种内分类，今后更应重视药用野生稻与疣粒野生稻的研究，它们在亲缘上与栽培稻更远些，因此含有更多亚洲栽培稻种中没有的特异优良种质，是水稻育种所不可缺少的物质基础，是稻种遗传多样性的重要组成部分。

第二节　中国野生稻与栽培稻分布演变的关系研究

一、中国野生稻分布概况

根据历代古籍记载和丁颖、游修龄、闵宗殿、黄璜等人的考证研究，我国古书记载野生稻的有20多处。

①东汉许慎的《说文解字》有"秜"字，释义是"秜稻今年落，来年自生，谓之秜"，"秜"指在田野间自生的稻，这是我国最早的一个与野生稻有关的字。

②张揖的《埤苍》有"穋"字，也是指田野上自生的稻。

③吕忱的《字林》有"秜"字，也是指田野上自生的稻。

④战国时期《山海经》中的《海内经》记载："西南黑水之间，有都广之野，爰有膏菽、膏稻、膏黍、膏稷，百谷自生，冬夏播琴（殖）。"记载了2 300多年前，现今华南一带已有冬夏播植的早季稻和晚季稻。

⑤《三国志·吴书》记载："黄龙三年……由拳野稻自生，改由拳为禾兴县……十二月丁卯，大赦，改明年为嘉禾元年。"说明公元231年在江南嘉兴有野生稻分布。

⑥《宋书·符瑞志》记载："吴郡嘉兴盐官县，野稻自生三十许种，扬州刺史始兴王浚以闻。"说明江南嘉兴在公元440年有野生稻分布。

⑦《梁书》卷3记载："九月，北徐州境内旅生稻稗二千许顷。"说明现今苏北在公元537年有野生稻分布。

⑧《文献通考·物异考》记载："秋，吴兴生野稻，饥者利焉。"表明公元537年江南吴兴有野生稻生长。

⑨《唐会要》记载："四月，扬州麦、穋生稻二百一十顷，再熟稻一千八百顷，其粒与常稻无异。"说明公元731年扬州有野生稻。

⑩《文献通考·物异考》记载："九月，淮南节度使杜惊奏，海陵、高邮两县百姓于官河中漉得异米，煮食，呼为圣米。"说明现今苏北的海陵、高邮公元852年有野生稻分布。

⑪《新唐书·地理志》记载："沧州本鲁城……生野稻水谷十余顷，燕魏饥民就食之。"表明现河北沧州公元874年有野生稻分布。

⑫《古今图书集成》记载："四月，襄州襄阳县民田谷穋生成实。"说明公元967年，

在现今湖北襄阳有野生稻分布。

⑬《文献通考·物异考》记载："八月，宿州符离县㴲湖稻生稻，民采食之，味如面，谓之圣米。"说明淮北在公元979年尚分布有野生稻。

⑭《古今图书集成》记载："温州静光院有稻穭生石罅，九穗皆实。"这一记载与野生稻联系在一起，难使人信服。一是稻谷落进石罅以后再发芽生长的现象与自然界野生稻不一样；二是"九穗皆实"显然非野生稻也，如果是穭，则表现为野生稻的边成熟边落粒的特性，一般观察难以见到九穗同时皆实的现象。

⑮《文献通考·物异考》记载："江陵公安县民田获穭生稻四百斛。"表明公元1010年湖北公安县分布有野生稻。

⑯《文献通考·物异考》记载："二月，泰州管内四县生圣米，大如芡实。"说明公元1013年泰州有野生稻分布。

⑰《文献通考·物异考》记载："六月，苏、秀二州，湖田生圣米，饥民取之以食。"表明公元1023年江苏苏州、浙江嘉兴一带有野生稻生长。

⑱《古今图书集成》记载："渠州言，石照等五县，野谷穭生，民饥之候也。"说明公元1047年四川渠州有野生稻分布。

⑲《古今图书集成》记载："九月，四乡生圣穗数百。"说明公元1580年安徽蒙城有野生稻。

⑳《古今图书集成》记载："秋七月，大水，野稻大获，有一亩收十二石者。"表明公元1613年安徽合肥有野生稻分布。

从公元前3世纪至1613年的2 000年间我国古籍记载的野生稻发生地点来看，大约西起长江上游江汉平原的四川渠州，经中游的襄阳、江陵至下游的太湖地区的浙北、苏南，北上经扬州、徐州、宿州等苏中、苏北、淮北地区，再向东北至渤海沿岸的鲁城（今沧州）为止的一条弧形地带都有野生稻分布；在南界，根据《山海经·海内经》记载，距今2 300年前华南地区就有自然生长的豆和稻谷，而且在冬、夏都可以播种繁殖，华南广泛分布野生稻不容置疑。因此其纬度从18° 09′ N～38° 03′ N，最南界为18° 09′ N，在今海南省三亚市一带；最北界为38° 03′ N，在今河北省沧州一带。经度从107° E～122° E，即古籍记载的最西界在今四川省渠州一带（107° E），最东界在今浙江东部沿海一带（122° E）。古代野生稻分布区的南北跨度约20°，东西跨15°（图2-1）。对比我国现在普通野生稻（O.rufipogon Griff.）的分布范围，南起海南三亚（18° 09′ N），北至江西东乡（28° 14′ N），西自云南盈江（97° 56′ E），东至台湾桃园（121° 15′ E），南北跨10° 05′，东西跨23° 19′（图2-2），可见古代野生稻的分布地较现代大大偏北。古代的穭生稻地点都偏于长江、淮河流域，而现代的野生稻分布以华南地区为主。

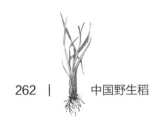

二、中国栽培稻分布概述

我国古代栽培稻的分布，从已有文史资料分析，最早在公元前6 000年，我国黄淮平原已有水稻栽培。《舞阳贾湖新石器时代遗址炭化稻米的发现、形态学研究及意义》中记载："从舞阳贾湖新石器时代遗址样品中，发现了大量炭化稻米。经形态学研究表明，贾湖古稻多为偏粳稻米（L/W为1.88～2.48），少部分为籼稻、偏籼稻米（L/W为2.50～3.00）和偏野生稻稻米（L/W为3.53）。该遗址文化层[14]C测年校正值为8 942～7 868aBP，这是我国迄今发现最早的炭化稻米。"王象坤等（1995）对贾湖遗址炭化稻米研究[14]C测年原始值与校正值见表7-7。由此认为"贾湖古稻"的最可信校正值为7 800～8 800aBP，它比浙江的河姆渡与罗家角的古稻要早1 000年，与湖南澧县彭头山古稻年代相近。

张文绪等（1996）报道，在湖南澧县梦溪八十垱T43（18）层发掘中，出土了大量的8 000～9 000年前的古栽培稻谷，对其中373粒（稻谷133粒、稻米240粒）进行了观察研究。这些稻谷的数量之多与年代之久远都是引人注目的。粒长处在粳稻变域的达57.1%，高于籼稻的21.1%和普通野生稻的9.0%；粒宽则大多数分布在普通野生稻的变域内，达72.9%，处于籼稻变域的为36.8%。没有一粒在粳稻的变域内，但长宽比却绝大多数在籼稻的变域内，占91.7%，其次是在普通野生稻的变域内达6.4%，而在粳稻变域内的仅1.5%。作者认为八十垱出土的稻谷是兼有籼稻、粳稻和野生稻特征的偏籼小粒形原始古栽培稻。

表7-7 贾湖遗址[14]C测年原始值与校正值（王象坤等，1995）

文化期	层位与位置	材料	原始测年数据aBP	最可信校正插入值aBP	最小变化范围aBP	最大变化范围aBP	测定实验室
贾湖三期	T18内H55开口3A层下	黑色含炭屑粉砂质黏土	7 017±131	7 801 7 868 7 870	7 927～7 655	8 069～7 547	国家地震局[14]C室
贾湖二期	T11内H29开口3B层下	黑色含炭屑粉砂质黏土	7 105±122	7 907	7 989～7 755	8 127～7 637	国家地震局[14]C室
贾湖一期	T11内H39开口3B层下	黑色含炭屑粉砂质黏土	7 137±128	7 919	8 062～7 793	8 138～7 649	国家地震局[14]C室
	T104内H82开口3C层下	黑色含炭屑粉砂质黏土	7 561±125	8 338	8 415～8 168	8 553～8 011	国家地震局[14]C室
	T104内H1开口3C层下	木炭	7 920±150	8 655 8 698 8 700	8 985～8 495	9 212～8 317	国家文物局[14]C室
	T104内H82开口3C层下	炭化果核	7 960±150	8 720 8 795 8 810 8 912 8 942	8 991～9 545	9 250～8 405	北京大学[14]C室

汤陵华等（1996）报道，在1993～1994年间，南京博物院考古研究所等单位对高邮龙虬庄遗址进行考古发掘，在探方T3830中属新石器时期的5个文化层中有4个文化层淘洗出炭化稻4 000多粒，经^{14}C测定第八层到第七层的年代距今7 000～6 300年，第六层到第四层为距今6 300～5 500年，是江淮地区首次出土6 000～7 000年前的炭化稻。

以上所述的考古证明，长江中游、淮河上游广大地区早在8 000多年前就开始水稻种植，这些地区是我国栽培稻起源地的可能性最大。

从古籍记载上看，我国水稻栽培的历史悠久。《管子·轻重戊篇》记载："神农作，树五谷淇山之阳，九州之民乃知谷食。"公元前2世纪的《淮南子·修务训》记载："古者民茹草饮水，采树木之实，食蠃蛖之肉，神农相土地宜燥湿肥硗高下，因天之时，分地之利，教民播种五谷。"由此可见我国神农时代就开始播种五谷。《诗经·唐风·鸨羽》记载："王事靡监，不能艺稻粱，父母何尝。"《诗经·鲁领閟宫》记载："有稷有黍，有稻有秬丕。"说明距今2 700年的西周时代水稻已传入山东和山西，在公元前后数百年间在黄河流域传播，种植区域不断扩大。《说文解字》中记载，当时水稻已有"黏与不黏"两大类型，黏即粳稻，不黏即籼稻，还记载了水稻在黄河流域栽培的情况。公元前后几十年间，我国汉代农学家氾胜著的《氾胜之书》总结了北方种植水稻的经验，尤其是水田灌溉技术。

公元前后我国西南水稻分布情况尚无考古学证明与古籍记载，只能间接推测。日本稻作学者中川原等认为，缅甸北部、老挝、中国云南省及印度阿萨姆毗邻地区可能是水稻起源地。T.T Chang认为："喜马拉雅山麓到湄公河区长达3 200 km的地带，多年生普通野生稻（*O.rufipogon*）、一年生野生稻（*O.nivara*）和亚洲栽培稻（*O.sativa*）的*spontanea*型呈连续分布。这些说明栽培稻的起源地是弥散（扩散）的，中国南部、印度东北部、孟加拉国北部以及缅甸、老挝、泰国毗邻的三角地带可能是栽培稻的驯化中心。""栽培稻来自印度最早的考古学证据为公元前2500年，而中国属于新石器时代的稻粒其年代为公元前3280～公元前2750年。"近年考古发现中国最早的稻作有8 000年以上。从以上可以推论，公元前后我国西南部的云南一带有栽培稻分布。根据考古学成果和古籍记载，可以确定在公元前后我国栽培稻的分布区域（图7-5），北界定在今陕西的关中平原，纬度为40° N一带，因为大量古籍记载，在公元前后陕西关中平原就有种稻。古籍记载，在今河北沧州有野生稻的分布，由于栽培稻与其祖先种在同一区域能够共存，因此在这一地区有栽培稻种植的可能性极大。根据华南是水稻重要起源地的学说，古代栽培稻分布的南界应定在18° 15′ N的今海南岛南端即三亚市羊栏一带，西至云南思茅一带（101° E），东至浙江东部沿海一带（122° E）。按我国现代行政区域，古代水稻分布在除东北三省、内蒙古自治区、北京市、天津市、新疆维吾尔自治区、青海省、西藏自治区及甘肃省的武威、金昌、酒泉、玉门以外的区域，面积达4 081 860 km^2，与现代栽培稻分布面积相比相差4 518 140 km^2。现代栽培稻的种植几乎遍布

全国，南起海南三亚和西沙群岛18°09′N，北至黑龙江的漠河53°29′N，东起台湾东部，西至新疆维吾尔自治区的西部。

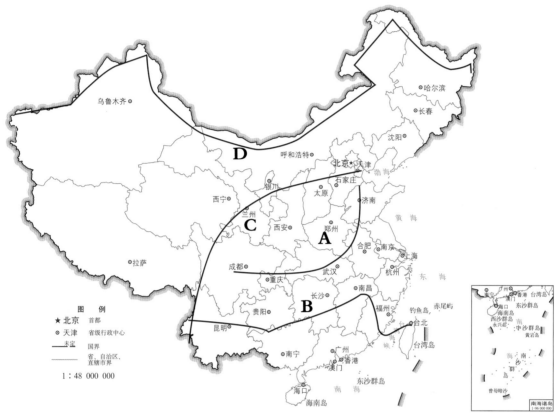

图7-5　公元前后至今约2 000年间野生稻和栽培稻分布区的变化（黄璜等，1998）

A.古代野生稻分布北界　B.现代野生稻分布北界　C.古代栽培稻分布北界　D.现代栽培稻分布北界

三、中国人口变化对野生稻分布的影响

在西汉前后，我国人口主要分布在黄河上游的平原地区，其次是与淮河以北毗邻的黄河流域，人口密集区的人口密度超过200人/km²。长江以南地区则是地广人稀，特别在广东南部与广西，人口密度小于1人/km²，不足黄河下游密集区的1/200。当时的人口密集区粮食需求量增加，主要靠扩大粟麦生产，与水稻的关系不大，但人口密集区居民的生活、农作及其他活动则对野生稻生存环境产生不利影响。

750年前后，我国人口主要分布在黄河下游北岸的平原，其次是南岸，同时在今四川成都一带形成一个密集区。人口分布与西汉比较发生了很大变化的是长江下游以南人口增加，在今苏南和太湖区域已经形成黄河流域人口南移长江流域的雏形。当时黄河下游平原的局部区域和四川盆地的成都已超过200人/km²，苏南一带已超过150人/km²。而长江以南的大部分地区为1～10人/km²，即在今湖北西部、陕西南部、四川东部、贵州北部、湖南北部以

32° N、109° E为中心的区域，黄河中下游流域仍是我国主要人口分布区域。人口压力的影响也在长江流域下游的南岸出现，人们的生活与生产对长江流域下游地区野生稻的生存产生不利的影响。

经过唐代400年历史发展到宋代前后（1105年前后），我国人口发生了重大变化，南方人口已超过北方，人口重心也由黄河流域转移到长江流域。长江流域下游的杭州一带和长江上游的成都一带人口密度超过200人/km²，高密度人口区对该地区野生稻的分布产生严重的破坏。而广西、广东及云南省一带当时的人口密度为1～10人/km²，在湖北西部、陕西南部、四川东部、贵州北部和湖南北部仍为1～10人/km²。由于广东、广西、云南野生稻的生存在古代时受影响相对较小，形成了当代野生稻的主要分布地域。

到明代（1545年前后），我国人口分布的均匀程度增加，但仍然在黄河中下游南北两岸的平原、长江下游南岸、赣江流域和东海海岸沿线形成4个明显的密集区，而在东海海岸沿线、赣江流域、太湖区域组成的椭圆形区域内，人口密度较大，太湖东岸区域超过200人/km²，江西、浙江大部分区域当时为100～150人/km²，而华南地区人口密度仍低于5人/km²。因而人口密度大的地区人们的生产和生活对当地野生稻的生存构成严重的威胁。

清代至今，我国人口分布在黄河流域和长江流域变化剧烈。1649年前后，长江中下游沿岸的江苏、安徽、浙江人口密度大，黄河流域和华南地区人口密度相对较小。1851年前后，长江下游沿岸人口增加显著，其中江苏省人口密度达到448.32人/km²，是我国人口分布的密集区，黄河流域和华南地区人口增加明显，但不及长江下游沿岸。1950年前后，长江下游沿岸仍保持较高的人口密度，其中江苏最多，达362.5人/km²。这时期江苏、浙江、安徽等长江下游省份人口密度大，对该区域的野生稻生存产生了毁灭性的破坏。而长江流域、黄河流域中下游保持了较大的人口密度，促进了水稻种植的发展。

四、中国野生稻与栽培稻分布区逆向发展的主要原因

1. 人为干扰对野生稻分布区的影响

人类活动造成的干扰对野生稻的生存影响十分重大，其主要方式有开垦、建房、筑路、开矿、疏通河道、修建水库和电站等。在20世纪80年代初全国野生稻普查时，在我国野生稻分布北缘的江西东乡县东南的东源乡境内，发现的两处野生稻地块位于东乡、临沂、金溪3县的交界处，距东乡县城15 km，人为干扰少。一处位于饶家新村，该村地处东源乡边缘，是1958年建成的移民新村，其他村庄距离该村至少5 km以上；另一处位于马岗林场的段溪村，由于开垦成稻田，破坏了原来的群落，仅在水塘、沟溪、沼泽地零星分布。据调查，这两地1949年以前一直荒无人烟，20世纪50年代才逐步被开垦利用。由于地理位置偏僻，开

发较迟，某些地段仍保持处女地状态，野生稻得以繁衍。湖南省的江永和茶陵两处野生稻分布地也有相同之处。湖南茶陵的野生稻生长在罗霄山脉五功山东南麓的山间沼泽，位于26°50′N、113°40′E，四周为山丘，海拔250～300 m，沼泽地海拔为150 m，面积约33 hm²，1972年以来大部分被开垦为耕地，20世纪80年代考察时发现只有3.3 hm²左右未开垦的沼泽地生长有野生稻，到90年代中期因人为干扰，此处野生稻已濒临灭绝。湖南江永县的野生稻生长在距都庞岭东麓约20 km、四面环山、面积约5 333.33 hm²的桃川山间盆地低丘上的10多个自然荒塘中，位于25°05′N、111°02′E，海拔为230 m。荒塘附近多是马尾松林与荒丘，有新开垦的少量稻田零星分布，当时由于人为活动破坏较少，野生稻得以保存下来。1993～1996年陈成斌、李道远、庞汉华等人对广西部分野生稻原分布地进行考察，发现从1980～1993年野生稻减少速度惊人。广西百色、南宁两地的普通野生稻原生地已有70%左右被开垦改为他用，如1979～1981年考察田东十里莲塘时，有连片普通野生稻生长，到1996年再次考察时，原野生稻生长的地方已被开垦为鱼塘，野生稻消失。在1979年考察时发现广西贵县麻柳塘普通野生稻覆盖面积达27.96 hm²，生长极为稠密茂盛，是当时国内外发现的最大的野生稻原生地，形态类型较多，种质丰富。1990年以来此地因城建扩大，成为经济开发旅游区，在此塘四周浅水区填土建房，在深水区四周砌石墙，使其终年储深水，严重破坏了野生稻的原有生境。1993年，此地的普通野生稻濒临灭绝。在我国，由于人类活动使野生稻原产地受到严重破坏，野生稻种消失的情况日趋严重。在云南，原有26个普通野生稻的原生地，到1997年只剩2个分布地，普通野生稻群体数量也极少，现存只有100多丛。由于普通野生稻原生地是沼泽地或荒塘，很适合人们开发为农业用地（造田、挖鱼塘等），所以受到破坏的速度也很快。因此，人为干扰是野生稻分布区缩小、栽培稻分布区扩大的主要影响因素。

2. 气候因素对野生稻分布区的影响

生物的气候生态适应性是决定生物种群分布的主要因素，在漫长的历史进程中，地球气候的变化直接影响生物种群分布区和变迁。在北半球的一般规律是，热带区系的物种群因气候变冷，分布区由北向南推移，气候变暖则向北推移；寒温带区系的物种群在气候变冷时，其分布区向南移动，气候变暖则向北或向高海拔地区移动。根据有关记载，我国近3 000年间气温平均下降2～9℃，由此造成大象、犀牛等生物种群向南移动约3 000 km。普通野生稻与栽培稻均为喜温喜光植物，在气温变化的过程中，它们的分布区均应向南移动，但实际上普通野生稻分布区向南移，而栽培稻分布区向北、向东扩展。因此，可以认为气温降低2～3℃一般不易造成野生稻直接减少和消失，栽培稻品种在人工选择和特殊栽培条件下，能向北向东扩展到一定的地域。所以，从目前我国普通野生稻的分布情况来看，海南岛区、"两广"大陆区（含湖南江永、福建漳浦）、云南区这三区的普通野生稻受气温变化而减少和消失的可能性很小，在湘赣区（湖南茶陵、江西东乡）及其以北地区受气温影响相对较大。但从1982年到近十多年的变化来看，影响普通野生稻生存的最直接因素是人为干扰因素，气候因素只是间接因素。

3. 生物种间竞争力对野生稻分布区的影响

我国现存的普通野生稻、药用野生稻、疣粒野生稻3种野生稻都属多年生野生稻，能宿根越冬。除疣粒野生稻外，一般对土壤要求不严，可提高抵御低温危害的能力，适应能力强。野生稻开花结实的时间较长，花期一个多月，在有的原生地花期达2个多月，边开花边结实，边成熟边落粒，落粒性较强，野生稻种子还能随水流向下游或低洼地，并以这种形式传播。我国的野生稻都具有无性繁殖宿根再生与有性繁殖的特性，从繁殖角度分析，野生稻具有极强的竞争力，早春至深秋期间是野生稻的生长期，这时的野生稻长势旺、分蘖强、茎叶繁茂、根系发达、茎秆强韧，能抵御轻度的人为或非人为破坏。20世纪80年代全国野生稻考察时发现，分布在北缘地区的江西东乡、湖南茶陵和江永的野生稻均成片生长，江西东乡野生稻在稻田边的水沟边上都能生长。在广西也有很多这种小生境，只要没有人为的耕翻土地、铲草坡、挖深沟或鱼塘、填土埋没，普通野生稻一般均有很强的竞争力，能与杂草共生，在长年积水的地方还能形成优势群落，茂密生长。药用野生稻的原生地一般远离稻田，在山冲及山沟小溪边生长，有时也能在水旱交替的环境中生长，有灌木遮阳也能繁茂生长。疣粒野生稻在原产地的林荫下生长，耐阴性较强，在湿润的土地上生长茂盛，疣粒野生稻很怕长期积水。在没有人为破坏其原产地生态环境的情况下，我国这三种野生稻均能与其他物种竞争并成为优势种群。野生稻分布区特别是普通野生稻分布区的缩小，主要原因不是野生稻种群自身竞争力不足。

4. 农业发展对野生稻与栽培稻分布区的影响

人类为了生存和提高自身生活水平，大力发展农业、建筑业、交通运输业与其他工业，在这个过程中不注意保护生态环境而对野生稻及栽培稻分布区造成直接影响，其中农业发展对野生稻分布与栽培的影响最大。我国最早的农业古稻作遗址距今8 000年左右，如浙江余姚河姆渡遗址、河南舞阳贾湖遗址、河南新郑裴李岗遗址、河北武安磁山遗址。从河南舞阳遗址中发现的古稻谷粒来看，当时河南中部已有驯化野生稻的栽培。古稻是由野生稻种植而来的，因而，当时古稻栽培就在野生稻生长的沼泽地和常年积水的低洼地，两者同处在一个生态位上。而野生稻分布区最适于开垦种植人工选择的栽培稻，因此栽培稻种植的发展就意味着野生稻分布区减少。这一时期的野生稻分布面积与栽培稻分布面积的关系可表示为：

$$A\omega\,(t) = A\omega\,(t0) - (Ac)\,rt$$

上式中，$A\omega\,(t)$ 表示某一时期野生稻面积，$A\omega\,(t0)$ 表示初始状态野生稻面积，

（Ac）表示某一时期栽培稻面积，r表示栽培稻面积增长速度，t表示时间。

根据黄璜等（1998）的研究，在我国人口由黄河流域向长江流域扩散的过程中，黄河中下游北岸、淮河流域、长江中下游北岸及南岸都经历过50人/km²的时期，且维持了较长时间。后来由于人口密度大于或等于50人/km²，人们为维持生活而发展农业，野生稻被破坏直至灭绝。根据湖南、江西、黄河流域和淮河流域古代人口变迁及农业发展过程分析，当人口密度由每平方千米5人变为25人、45人时，人均土地面积相应地由20 hm²变为4 hm²、2.2 hm²，人均耕地相应由约3.1 hm²变为约0.6 hm²、0.33 hm²。在古代耕地中85%～93%用于粮食作物栽培。当人均耕地为3.1 hm²时，粮食作物面积较大；当人均耕地约为0.6 hm²时，粮食作物面积已不足0.5 hm²，这时开垦荒地为稻田作为发展农业的重要措施就成了当权者的政策之一。水稻是我国主要粮食作物，其变量关系为：

$$Sr（t）=22.5+1.5Pd（t）$$

上式中，$Sr（t）$为因粮食缺乏，发展栽培稻的迫切性，如果为100，表示非常紧迫；$Pd（t）$为人口密度，当$Pd（t）$趋向45时，$Sr（t）$趋向90，即接近发展水稻非常迫切的阈值。

应用人口密度大于或等于45人/km²这一阈值来分析2 000年间栽培稻扩展的情况，在黄河中下游、淮河流域及长江中下游大部分地区都先后经历过这种大力发展水稻的阶段，应用于1949年以来我国发展水稻的实践也切合实际。1950年我国人口约5.52亿人，陆地面积约为960万km²，人口密度为57.5人/km²，略超过"必须发展栽培稻"的阈值。当时农业部号召南方稻作区提高复种指数，提出改单季稻为双季稻、改间作稻为连作稻、改籼稻为粳稻的"三改"方针，同时对北方各地要求加强水利建设，改旱地为水田。历时6年，全国水稻播种面积由1949年的2 570.86万hm²增加至1956年的3 331.20万hm²，单产由1 890 kg/hm²增加到2 475 kg/hm²，总产由486.45亿kg增至824.8亿kg，年增长率分别达3.77%、3.92%和7.84%，成为我国水稻生产发展最快的时期之一。当出现人口密度大于或等于50人/km²，且维持一定时期的条件时，野生稻趋于消亡，这是由于栽培稻种植区逐步取代野生稻分布区所致。随着人类文明与社会进步的发展，在一定时期内，野生稻还因人类的其他活动而消失，如在发展渔业过程中开挖鱼塘，为发展交通，建公路、铁路、机场等，为生产生活建市场、加工厂、住宅等。这些非农业用地的不断扩大，对野生稻栖生地破坏越来越大。因此，野生稻和栽培稻分布区逆向变化的根本动力是人口增加和人口扩散，这两个因素促进农业及其他行业发展，使野生稻和栽培稻分布区逆向分离。在气候因素与生态变化为非主要因素的前提下，野生稻生态位缩小的部分，几乎就是栽培稻生态位扩大的那一部分，即野生稻缩小的部分被栽培稻的扩种所取代。

第三节 野生稻种质资源的遗传多样性研究

野生稻种质资源的遗传多样性是稻种资源多样性的重要组成部分，稻种资源多样性又是作物种质资源多样性的重要组成部分。董玉琛（1996）指出，生物多样性的含义很广，概括地说，生物多样性是地球上全部陆地、海洋及其他水域等存在的形形色色的动物、植物、微生物等生物体所拥有的遗传物质和它们所构成的生态系统。作物种质资源是植物中提供人类衣食的最直接部分，是对人类作用最直接、最重要的资源。生物多样性涉及的范围可分为多种水平，最主要的是生态系统多样性、物种多样性和种内遗传多样性三种水平。对作物种质资源研究来说，主要是遗传多样性与物种的多样性。野生稻资源多样性研究主要集中在种内遗传多样性，兼顾生态系统多样性与物种多样性的保存技术研究。

一、野生稻种质资源的物种与生态系统多样性

目前，世界上存在的稻属物种有23个，其中栽培稻种2个、野生稻种21个（表7-8）。由表7-8可看出，稻属物种的多样性是较丰富的，在这23个种中，有些种具有多型性。自Linneaus 1753年确立普通栽培稻（亚洲栽培稻）学名为O.sativa L.以来，有许多学者做了很多稻属植物分类研究工作。由于稻属野生稻种分布地域广泛和生态系统的多样性，造成物种形态多样性，致使许多分类学家自最早发表稻属分类专著的A.prodoem（1922）到现在，将近100年的时间里，在稻属分类上一直争论不休，目前仍有争议。就分类学名来讲，先后用过85个不同的野生稻学名，可见野生稻资源十分丰富。它们的生态系统也表现出多样性，有水生、旱生、阴生，也有水旱交替生长的，受光性也有不同要求（表7-9）。我国现有4个稻种，其中1个为栽培稻种即亚洲栽培稻，3个为野生稻种，即普通野生稻、药用野生稻、疣粒野生稻。它们的生态要求各异：疣粒野生稻要求旱生；药用野生稻要求水旱交替或旱生，部分要求遮阴；普通野生稻要求水生或水旱交替，阳光直射；普通野生稻长期生长在深水环境下，形成深水倾斜生态型。这些都说明野生稻资源存在生态系统多样性，值得我们重视与深入研究。

表7-8 世界上的稻属种名、染色体组与地理分布

序号	学名	中文名	染色体数（2n）	染色体组	分布
1	*O.alta*	高秆野生稻	48	CCDD	中美洲、南美洲（与*latifolia*相同，范围较窄）
2	*O.australiensis*	澳洲野生稻	24	EE	澳大利亚北部
3	*O.barthii*	短叶舌野生稻	24	A^{g}A^g	热带西非
4	*O.brachyantha*	短花药野生稻	24	FF	西非、中非：几内亚、苏丹
5	*O.eichingeri*	紧穗野生稻	24、48	CC.BBCC	东非、中非等
6	*O.glaberrima*	非洲栽培稻	24	A^{g}A^g	西非
7	*O.glumaepatula*	展颖野生稻	24	A^{cu}A^{cu}	南美、西印度群岛
8	*O.grandiglumis*	重颖野生稻	48	CCDD	南美洲：哥伦比亚、圭亚那、秘鲁、巴西
9	*O.granulata*	颗粒野生稻	24	GG	南亚、东南亚：印度、缅甸、泰国、越南、老挝、柬埔寨、印度尼西亚、斯里兰卡
10	*O.latifolia*	阔叶野生稻	48	CCDD	中美洲、南美洲：墨西哥、巴西、阿根廷、西印度群岛
11	*O.longiglumis*	长护颖野生稻	48	HHJJ	巴布亚新几内亚
12	*O.longistaminata*	长花药野生稻	24	A^{l}A^l	热带非洲
13	*O.meridionalis*	南方野生稻	24	AA	澳大利亚
14	*O.meyeriana*	疣粒野生稻	24	GG	中国南部、菲律宾、印度尼西亚
15	*O.minuta*	小粒野生稻	48	BBCC	印度、菲律宾、新几内亚
16	*O.nivara*	尼瓦拉野生稻	24	AA	南亚及东南亚：印度等
17	*O.officinalis*	药用野生稻	24	CC	中国南部、南亚、东南亚、新几内亚
18	*O.punctata*	斑点野生稻	48、24	BBCC.BB	非洲：加纳、科特迪瓦、尼日利亚、安哥拉、刚果、苏丹、埃塞俄比亚、肯尼亚
19	*O.rhizomatis*	根茎野生稻	48、24	CCDD.CC	斯里兰卡
20	*O.ridleyi*	马来野生稻	48	HHJJ	东南亚：缅甸、泰国、越南、老挝、柬埔寨、马来西亚、印度尼西亚、新几内亚
21	*O.rufipogon*	普通野生稻	24	AA	中国南部；南亚及东南亚：印度、巴基斯坦、孟加拉国、泰国、老挝、缅甸、马来西亚、菲律宾、印度尼西亚；南美：古巴等
22	*O.sativa*	亚洲栽培稻	24	AA	亚洲及其余各大洲
23	*O.schlechteri*	极短粒野生稻	48	HHKK	新几内亚

表7-9　野生稻资源的生态环境（李道远、陈成斌，1990）

学名	中文名	生育周期	生态环境	受光性
O.alta	高秆野生稻	多年生	水生：沼泽、湖、沟边、河边	阳光直射
O.australiensis	澳洲野生稻	多年生	旱生	
O.barthii	短叶舌野生稻	一年生	水旱交替：河溪、池塘、沼泽、稻田边	阳光直射
O.brachyantha	短花药野生稻	一年生	旱生	阳光直射
O.eichingeri	紧穗野生稻	多年生	旱生：森林及空地	部分遮阴
O.glumaepatula	展颖野生稻	多年生	水旱交替：沼泽、水塘、河边	阳光直射
O.grandiglumis	重颖野生稻	多年生	水生：沼泽、湖、沟边、河边	阳光直射
O.granulata	颗粒野生稻	多年生	旱生：丘陵、山区林间	部分遮阴
O.latifolia	阔叶野生稻	多年生	水生：沼泽、湖、沟边、河边	阳光直射
O.longiglumis	长护颖野生稻	多年生	旱生或水旱交替	部分遮阴或阳光直射
O.longistaminata	长花药野生稻	多年生	水旱交替，与*O.brathii*相似	阳光直射
O.meridionalis	南方野生稻	一年生（多年生）	水旱交替	阳光直射
O.meyeriana	疣粒野生稻	多年生	旱生：丘陵、山区林间	部分遮阴
O.minuta	小粒野生稻	多年生	旱生：丘陵、山区林间	部分遮阴
O.nivara	尼瓦拉野生稻	一年生	水旱交替或旱生，与*O.rufipogon*相似	阳光直射
O.officinalis	药用野生稻	多年生	旱生或水旱交替	部分遮阴或阳光直射
O.punctata	斑点野生稻	多年生（一年生）	旱生或水旱交替：空地、溪边、稻田边	阳光直射
O.rhizomatis	根茎野生稻	多年生	水生或水旱交替	阳光直射或部分遮阴
O.ridleyi	马来野生稻	多年生	旱生	部分遮阴
O.rufipogon	普通野生稻	多年生（一年生）	水旱交替：沼泽、水塘、河溪及稻田边	阳光直射
O.schlechteri	极短粒野生稻	多年生	旱生	部分遮阴

二、野生稻种内遗传基因多样性

遗传多样性研究方法已从形态学、细胞学逐步发展到分子生物学方面的技术方法。在制定搜集和原位保存策略时要考虑到等位基因的丰富程度，保持群体内的杂合性。一个物种的居群间的遗传多样度GST值高，说明其遗传多样性主要存在于各居群之间，就需要取样于较多居群才能呈现其多样性；反之，说明其遗传多样性主要存在于居群之内，每个居群内都具有大多数遗传多样性，只需保护较少的居群就能达到同样的目的。我国在野生稻遗传多样性研究上取得了较大的进展。

1. 普通野生稻数量性状多样性

潘大建、梁能等（1998）报道了广东、海南普通野生稻遗传多样性研究结果，对2 232份野生稻样本进行田间观察，分析了21个性状的变幅、平均值、标准差和变异系数，阐述其性状遗传多样性，并提出对其遗传多样性持续妥善保存与利用的建议。他们统计分析发现20个数量性状的变异系数在6.13%～39.71%之间，平均值为17.6%，其中米粒长变异程度最小，变异系数只有6.13%；小穗育性变异程度最大，变异系数达39.71%；变异系数大于平均值的有8个性状，占观察数量性状的40%（表7-10）。

表7-10 广东普通野生稻数量性状的样本统计参数（潘大建、梁能等，1998）

性状	变幅	$\bar{x}$	s	CV（%）
茎秆长（cm）	34.0～187.7	103.40	18.51	17.89
最上节间长（cm）	5.4～85.0	41.39	8.12	19.62
剑叶长（cm）	8.0～48.5	22.70	5.69	25.07
剑叶宽（cm）	4.9～19.6	8.90	1.77	19.86
剑叶叶舌长（cm）	0.8～29.0	9.57	3.58	37.35
倒二叶叶舌长（cm）	4.0～55.4	21.76	6.74	30.99
花药长（mm）	1.8～6.9	4.59	0.78	17.05
穗长（cm）	8.6～42.8	21.90	3.79	17.31
芒长（cm）	0～13.3	65.90	15.28	23.18
小穗育性（%）	0～100.0	68.20	27.06	39.71
谷粒长（mm）	6.3～10.1	8.25	0.54	6.56
谷粒宽（mm）	1.6～3.4	2.32	0.21	9.07
谷粒长/宽（L/W）	2.5～5.3	2.58	0.40	11.31
百粒重（g）	1.3～3.0	1.71	0.23	13.63
米粒长（mm）	4.2～7.5	5.86	0.36	6.13
米粒宽（mm）	1.3～2.9	1.90	0.19	9.89

续表

性状	变幅	$\bar{x}$	s	CV（%）
米粒长/宽（L/W）	1.9～4.5	3.11	0.36	11.41
移植至始穗天数（天）	108.0～244.0	162.90	15.11	9.28
蛋白质含量（%）	8.5～16.6	11.62	1.32	11.35
护颖长（mm）	1.5～6.6	2.65	0.41	15.40

广东普通野生稻数量性状值在不同范围内样本出现频率的研究结果表明，各性状间有差异，表7-11是17个数量性状在3个范围值的样本出现的频率结果。从表7-11可看出，除花药长、谷粒长、百粒重和米粒宽4个性状外，其他性状均在±s的性状值范围内，样本频率在68%～75%之间，近似正态分布，说明对于这些性状大部分样品（约70%）之间没有很显著的差异。从≤-2s和≥+2s两值的样本出现频率来看，频率在2.5%左右的较平衡近似正态分布，而频率一侧在3%的偏离正态分布，说明这些样品间差异较大，存在明显的多样性。

表7-11 普通野生稻17个数量性状3个范围值的样本出现频率（潘大建、梁能等，1998）

性状	样本数（份）	$\bar{x}\pm s$（%）	$\leq\bar{x}-2s$（%）	$\geq\bar{x}+2s$（%）
茎秆长	1 978	70.63	2.17	2.07
最上节间长	1 980	71.61	2.98	1.72
剑叶长	1 980	71.62	0.50	4.49
剑叶宽	1 980	73.64	0.35	4.44
剑叶叶舌长	1 979	73.88	0.20	3.59
倒二叶叶舌长	1 980	69.65	0.35	3.79
花药长	2 230	60.48	3.76	0.63
穗长	1 980	68.43	2.12	2.12
芒长	1 980	71.87	3.18	1.57
谷粒长	2 230	66.19	2.29	2.47
谷粒宽	2 230	68.92	1.21	3.95
谷粒长/宽	2 230	70.40	1.97	2.15
百粒重	2 095	66.68	0	2.29
米粒长	1 842	74.70	2.28	2.77
米粒宽	1 842	60.31	2.50	3.26
米粒长/宽	1 842	70.36	2.98	2.71
护颖长	1 979	70.95	0.71	3.28

2. 普通野生稻始穗期的多样性

潘大建、梁能等（1998）报道，广东、海南普通野生稻在广州自然种植条件下，始穗期先后相差四个半月，大部分样本在9月21日至10月10日始穗，约占总数的76.2%，9月21日前始穗的占5.6%，10月10日后始穗的占18.2%。陈成斌（1999）观察和统计5 618份普通野生稻的始穗期，时间跨度很大，从8月7日至12月25日均有始穗，多数材料集中在9月21日至10月10日抽穗（表7-12）。广西还发现极少编号不抽穗。从原产地来看，江西普通野生稻始穗期最早，海南的始穗期较晚。匍匐型普通野生稻短日照特性更强、更原始。从遗传多样性来看，始穗期随着普通野生稻原产地的纬度变化而出现遗传多样性，而不同原产地来源的居群遗传多样性表现不同，有的居群始穗期遗传多样性较一致，有的遗传多样性较广泛（表7-13）。

表7-12　普通野生稻始穗期的观察记录（陈成斌，1999）

原产地	观察份数	最早始穗期	最迟始穗期	备注
广西	2 591	9月5日	11月25日	极少数编号不抽穗
广东	2 142	9月7日	11月28日	
海南	214	8月11日	12月25日	
云南	13	—	—	
湖南	317	9月2日	10月25日	
江西	201	8月7日	10月7日	
福建	92	9月24日	11月12日	
台湾	1	10月20日	—	
国外	47	8月19日	11月2日	
合计	5 618	8月7日	12月25日	极少数编号不抽穗

表7-13　不同自然居群始穗期特性的遗传多样性表现

原产地	观察份数	早季始穗		晚季始穗	始穗期遗传多样性
		份数	%		
桂林雁山	17	1	5.08	9月27日～10月12日	多样性较低
临桂会仙	22	5	22.73	9月29日～10月19日	多样性较低
永福罗锦	22	2	9.09	9月25日～10月22日	多样性较低
象州寺村	22	13	59.09	9月24日～10月6日	多样性高
来宾青岭	18	11	61.11	9月26日～10月10日	多样性高
贵港麻柳塘	37	19	51.35	9月19日～10月6日	多样性高
横县云表	6	5	83.33	9月20日～10月7日	多样性高
罗城龙岸	16	0	0	10月14日～10月20日	基本一致
来宾桥巩	5	0	0	10月1日～10月8日	基本一致

续表

| 原产地 | 观察份数 | 早季始穗 | | 晚季始穗 | 始穗期遗传多样性 |
		份数	%		
崇左江州	15	0	0	10月2日～10月7日	基本一致
玉林南江	9	0	0	10月1日～10月8日	基本一致
合浦公馆	9	0	0	10月8日～10月14日	基本一致

注：崇左的材料为倾斜型，其余为匍匐型。

3. 普通野生稻质量性状多样性

潘大建、梁能等（1998）报道，广东普通野生稻质量性状共28项，每项分为3级～12级不等。统计各性状每一个级别的样本频率，各性状的频率为35.99%～94.65%，其中频率达50%以上的有22个性状，如生长习性以第4级（匍匐）的频率最大，达54.77%；其次为第3级（倾斜），频率为29.99%；第2级（半直立）频率为10.3%；最小频率为第1级（直立），只有5.11%。又如穗颈长短，第1级（长，10 cm以上）的频率为64.04%，第2级（中，3～10 cm）的为29.39%，第3级（短，3 cm以下）的为4.54%，第4级（包颈）的为2.02%。普通野生稻的质量性状有不同级别，各级别又有不同的频率，从而组成各居群的遗传多样性。

三、中国野生稻种质资源优异种质的遗传多样性

庞汉华（1996）综合报道，我国野生稻种质资源的遗传多样性可归纳为4点。

1. 生态环境系统多样性

我国3种野生稻种质资源对生态条件要求完全不同。普通野生稻喜光，感光性强，分布地多在山塘、荒塘、水沟、河滩、水渠、沼泽地、荒田等阳光充足、无遮蔽的地方。药用野生稻喜气候湿润的环境，一般分布在两山峡谷的山涧中下段的溪流沟边或冲积沼泽地上，太阳不易直射，日照时数少。疣粒野生稻喜干怕涝，爱荫蔽，常分布在山坡灌木和乔木林下，是耐旱耐阴植物。

根据它们的生长特性，普通野生稻可以用于水稻、陆稻的多种育种目的；药用野生稻与疣粒野生稻可用于提高水稻耐旱性、提高光合作用等育种目的，培养光合作用强或高光效优良新品种。

2. 植物学性状多样性

我国3种野生稻均为多年生宿根及越冬强的植物，能为培育多年生水稻、多年生旱稻

（陆稻）提供优异种质。在其他植物学性状上各野生稻种又有各自特有的性状，普通野生稻植物学性状最为复杂多样，茎秆习性有匍匐、倾斜、半直立、直立；茎基部鞘色有深紫、紫、淡紫、绿色；分蘖有低位分蘖和高位分蘖；株高矮的有50～60 cm，高的有410 cm，一般为60～300 cm；穗长10～30 cm，最长的有40 cm长的大穗型；一般穗粒数10～60粒，最多600多粒；结实率30%～80%，最高结实率95%以上。药用野生稻茎秆粗壮、高大、坚硬而散生，均为倾斜型，最高有467 cm，一般为110～400 cm，多数在200～300 cm之间；穗长30～58 cm，一般为30～40 cm；每穗10～16枝梗，一般穗粒数200～300粒，最多达1 181粒，结实率高达97%；叶片阔长，光合作用强。疣粒野生稻有地下茎，基部粗节密，木质化，坚硬；植株矮小，一般株高为50～60 cm，最高达110 cm；叶片光滑似有蜡质膜；穗直无分枝；谷粒紧贴穗轴而生；颖壳有疣粒突起；较耐旱，是培育耐旱型水稻或多年生旱稻（陆稻）的优良亲本；长年开花，从4月起到10月均可抽穗开花结实；能一年多熟，是提高收获指数的好亲本种质资源。由此可见，我国野生稻植物学性状具有丰富的遗传多样性。

3. 抗病虫性及抗逆性的遗传多样性

在"七五""八五"和"九五"的15年期间，全国各地科研机构对野生稻进行多种病虫害抗性鉴定，主要有抗白叶枯病、稻瘟病、黄矮病、纹枯病、细菌性条斑病，抗褐飞虱、白背飞虱、黑尾叶蝉、螟虫、稻纵卷叶螟等20多种病虫害。经过耐寒冷、干旱、淹涝、盐碱等不良环境的抗性鉴定，从中筛选出一批广谱高抗的单抗、双抗、多抗的抗病虫害和抗逆性强的抗原。如江西东乡野生稻在-8.5℃的低温下能安全越冬；广东普通野生稻在深水中淹没25天后排干水后14天，成活率100%的材料占2.97%，成活率85%的材料占8.5%。由此可见，在抗逆性与抗病虫性上，我国野生稻具有栽培稻所没有的优异种质基因及更广泛的遗传多样性。

4. 其他特性的遗传多样性

野生稻种质资源中有许多蛋白质含量比栽培稻更高的材料，栽培稻的蛋白质含量一般在7%～10%之间，而野生稻中蛋白质含量在15%以上的材料很多，有的蛋白质含量达20.8%，是栽培稻的2倍多。野生稻材料中功能叶耐衰老的材料也很多，稻谷成熟1～2个月还能保持叶片青绿。野生稻的再生能力很强，是培育再生稻或多年生水稻早稻的优异种质。野生稻中还存在着大量的雄性不育基因和核恢复基因，是杂交水稻的不育源与恢复源。目前生产上应用的雄性不育源95%以上来自普通野生稻资源。野生稻中还有许多广亲和基因，是今后种间和亚种间杂种优势利用的宝贵种质。

我们应采用更有效的方法进行野生稻种质资源遗传多样性的保存研究，把保存野生稻资源的遗传多样性看作是全球环境保护行动的重要组成部分，可以说，保存包括野生稻资源在内的作物资源遗传多样性就是保护人类自己。野生稻资源遗传多样性与其他作物资源一样，检测起来较复杂，但要保存其遗传多样性就得先做好其遗传多样性的检测工作，应采用现代生物技术与传统技术相结合的方法，解决传统技术难以解决的问题，在群体、个体、细胞、分子各个不同层次上配套使用，做好遗传多样性检测，为确保遗传多样性的妥善保存做出正确的预测，从而保证野生稻资源遗传多样性长期安全保存与合理利用。

第四节　中国野生稻的染色体研究

染色体是生物体遗传信息的主要载体，对染色体的研究有助于提高人们对生物体的生命本质及遗传规律的认识，也有助于人们改良品种，提高生物资源特别是主要粮食作物资源的利用效益，为人们的物质生活提供更广泛的种质基础。中国有丰富的野生稻资源，在不同层次上开展稻作基础理论研究有重大的意义。染色体工程是遗传工程的重要组成部分，DNA多态性研究、基因的分子标记、优异的野生稻种质利用等都与染色体有紧密关系，因此开展野生稻资源的染色体研究具有重大的学术价值与实用价值。我国在这方面的研究报道不多，应加强这方面的研究。

一、疣粒野生稻的染色体研究

疣粒野生稻的染色体组在20世纪80年代没能确定属哪一个染色体组，现在有关染色体组研究的报道极少。陈瑞阳等（1982）报道了疣粒野生稻根尖体细胞核型与Giemsa染色区模式，染色体数目为$2n=24$，染色体的长度是中国3种野生稻中最长的，相对长为13.45%～5.15%（5.085～2.165 μm）。在第5对染色体上有随体，在臂比率上，疣粒野生稻有1对染色体具次缢痕，另1对有随体，共有3对中部着丝点染色体，8对次中部着丝点染色体，即K（$2n$）=24=6Am+16Bsm+2tCsm。它们的染色体相对长度、臂比率的测量平均值见表7-14。

表7-14　中国3种野生稻染色体的相对长度、臂比率和类型（陈瑞阳等，1982）

染色体编号	相对长度（%）			臂比率			类型		
	普通野生稻	药用野生稻	疣粒野生稻	普通野生稻	药用野生稻	疣粒野生稻	普通野生稻	药用野生稻	疣粒野生稻
1	12.20	12.90	13.10	0.60	0.70	0.63	SM	SM	SM
2	11.30	11.34	11.60	0.62	0.66	0.80	SM	SM	M
3	10.24	10.56	10.47	0.68	0.68	0.57	SM	SM	SM

续表

染色体编号	相对长度（%）			臂比率			类型		
	普通野生稻	药用野生稻	疣粒野生稻	普通野生稻	药用野生稻	疣粒野生稻	普通野生稻	药用野生稻	疣粒野生稻
4	8.34	8.28	9.40	0.41	0.60	0.53	SAT	SAT	SM
5	8.28	8.60	7.50	0.52	0.62	0.47	SM	SM	SAT
6	8.23	8.28	8.30	0.62	0.69	0.58	SM	SM	SM
7	7.60	7.84	8.00	0.65	0.68	0.55	SM	SM	SM
8	7.44	7.42	7.30	0.63	0.69	0.57	SM	SM	SM
9	7.18	6.86	7.00	0.70	0.62	0.68	SM	SM	SM
10	6.85	6.52	6.47	0.71	0.72	0.76	SM	SM	M
11	6.42	6.12	5.60	0.68	0.83	0.74	SM	M	SM
12	5.90	5.20	4.70	0.81	0.80	0.77	M	M	M

疣粒野生稻的染色区主要分布在着丝点附近和大部分短臂上。疣粒野生稻染色体组型和Giemsa染色区模式见图7-6。

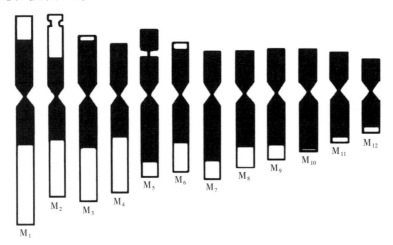

图7-6　疣粒野生稻染色体组型和Giemsa染色区模式图（陈瑞阳等，1982）

卢永根等（1990）报道了中国3种野生稻种粗线期核型研究结果，认为疣粒野生稻的染色体组2n=24，1号染色体的相对长度为13.02%，染色体12为3.93%，臂比率由1.19（染色体8）至2.48（染色体3），核型为7M+5.5M。染色体1、2、4、5、8、9和11为中部着丝点染色体，染色体3、6、7、10和12为亚中部着丝点染色体（表7-15）。观察的110个粗线基因细胞中几乎全部是单核仁，核仁较大且染色体较浅，染色体10与核仁相连，未发现超数核仁现象。疣粒野生稻染色粒大，染色浓，特别是着丝点两侧染色粒很大且染色相当浓（图7-7）。

表7-15　疣粒野生稻与栽培稻的染色体绝对长度、相对长度、臂比率及类型（卢永根等，1990）

染色体编号	疣粒野生稻				栽培稻			
	绝对长度（μm）	相对长度（%）	臂比率	类型	绝对长度（μm）	相对长度（%）	臂比率	类型
1	66.75±11.57	13.02±0.42	1.29±0.11	M	59.12±10.80	13.17±1.08	1.84±0.11	SM
2	64.20±11.45	12.51±0.50	1.29±0.17	M	53.00±8.24	11.84±0.49	1.21±0.21	M
3	59.44±9.33	11.63±0.55	2.98±0.26	SM	50.08±8.98	11.15±0.25	1.23±0.14	M
4	54.71±9.80	10.67±0.52	1.36±0.30	M	44.32±10.99	9.79±0.68	2.57±0.16	SM
5	48.29±5.78	9.48±0.48	1.48±0.11	M	38.93±10.17	8.62±1.02	1.22±0.16	M
6	42.47±6.13	8.35±0.73	2.35±0.25	SM	35.47±7.67	7.88±0.56	2.06±0.22	SM
7	38.12±4.58	7.51±0.15	2.35±0.37	SM	34.68±7.43	7.71±0.61	1.63±0.18	M
8	32.90±4.77	6.45±0.46	1.19±0.12	M	33.45±7.38	7.44±0.67	1.47±0.21	M
9	30.62±4.66	6.00±0.48	1.43±0.08	M	20.78±5.11	6.48±0.23	2.35±0.24	SM
10	29.46±4.77	5.77±0.40	1.94±0.23	SM*	27.61±4.57	5.81±0.36	2.24±0.53	SM*
11	23.79±2.97	4.67±0.15	1.32±0.23	M	23.23±3.88	5.20±0.57	2.72±0.36	SM
12	20.01±3.21	3.93±0.42	2.20±0.21	SM	22.33±3.89	5.00±0.55	1.22±0.23	M

注：*表示核仁染色体（随体长度未计算在内）。

　　疣粒野生稻染色体的相对长度等数据在不同实验室所得的结果会有一些差异，由于相对长度、臂比率等实验数据不同，得出的类型也会不同。陈瑞阳用根尖体细胞检测的核型为3M+9SM，核仁染色体为染色体5。而卢永根报道的疣粒野生稻的核型为7M+5SM，核仁与染色体10相连，未发现核仁超数现象。哪种结果更准确还有待进一步研究。但疣粒野生稻有24染色体，大家的结果是一致的，存在核仁也是一致的，由中部着丝点与亚中部着丝点染色体组成也是可以肯定的。染色体研究结果将会随着实验条件的改善而逐步趋于一致。

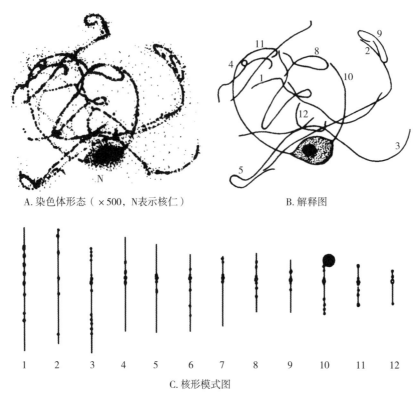

A. 染色体形态（×500，N表示核仁）　　　　B. 解释图

C. 核形模式图

图7-7　疣粒野生稻粗线期染色体组及染色区模式图（卢永根等，1990）

二、药用野生稻的染色体研究

国际上把药用野生稻染色体组型定为CC染色体组。陈瑞阳等（1982）研究结果表明，药用野生稻染色体2n=24，有1对染色体具有次缢痕，另1对有随体，随体在第4染色体上。其中2对具有中部着丝点染色体，9对具有次中部着丝点染色体，即K（2n）=24=4Am+18Bsm+2tCsm。药用野生稻染色体的相对长度、臂比率和类型见表7-14。药用野生稻aiemsa的深染色区主要分布在着丝点附近和大部分短臂上，见图7-8。

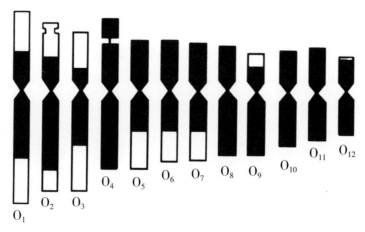

图7-8　药用野生稻染色体组与Giemsa染色区示意图（陈瑞阳等，1982）

　　卢永根等（1990）对药用野生稻粗线期核型进行研究，结果表明药用野生稻染色体2*n*=24，12个染色体的相对长度为14.08%～4.65%，臂比率为1.19（染色体2和3）～3.64（染色体9）（表7-16）。药用野生稻染色体核型为6M+5SM+1ST。染色体1、2、3、10、11和12为中部着丝点染色体；染色体9为亚端部着丝点染色体，其余为亚中部着丝点染色体。在124个观察细胞中，约95%的细胞仅有1个核仁，极少见到多于1个核仁的，染色体9为核仁染色体（图7-9）。也常见到超数核仁现象，超数核仁一般为8～10个不等，它们的体积较小，染色较核仁淡，似无规则分布在核内（图7-10）。药用野生稻染色体在着丝点两侧有浓染色点出现，如染色体2着丝点两侧的染色粒染色非常浓。染色体3着丝点两侧的浓染色粒较大。

表7-16　普通野生稻、药用野生稻的染色体绝对长度、相对长度、臂比率及类型（卢永根等，1990）

染色体编号	普通野生稻				药用野生稻			
	绝对长度（μm）	相对长度（%）	臂比率	类型	绝对长度（μm）	相对长度（%）	臂比率	类型
1	40.47±6.40	12.48±0.79	1.44±0.15	M	48.45±6.04	14.80±0.54	1.32±0.16	M
2	37.21±5.84	11.46±0.56	1.48±0.19	M	38.99±6.12	11.91±0.75	1.19±0.21	M
3	33.67±5.90	10.36±0.27	1.54±0.67	M	24.33±5.51	10.46±0.76	1.19±0.25	M
4	30.69±5.39	9.43±0.43	2.25±0.31	SM	29.27±2.64	8.98±0.69	1.91±0.19	SM
5	29.09±5.49	8.96±0.25	2.40±0.39	SM	27.56±2.01	8.46±0.49	2.30±0.41	SM
6	27.02±4.58	8.44±0.37	2.62±0.20	SM	25.44±2.41	7.71±0.26	2.00±0.23	SM
7	24.90±4.57	7.67±0.39	1.33±0.17	M	24.16±1.03	7.48±0.47	1.84±0.09	SM
8	22.80±3.87	7.11±0.56	2.10±0.32	SM	22.90±1.32	7.12±0.33	2.77±0.19	SM
9	21.89±4.31	6.73±0.49	1.44±0.35	M	22.33±1.30	6.85±0.34	3.64±0.75	ST*
10	20.40±3.17	6.21±0.41	1.74±0.11	SM*	20.33±2.22	6.22±0.34	1.39±0.16	M
11	19.63±2.53	6.00±0.22	1.40±0.18	M	18.04±2.15	5.51±0.28	1.42±0.21	M
12	17.22±2.96	5.33±0.64	1.59±0.19	M	15.16±1.32	4.65±0.25	1.46±0.28	M

注：表内*表示核仁染色体（随体长度未计算在内）。

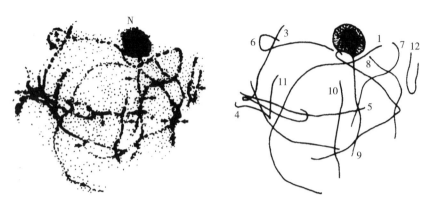

A.染色体形态（×500，箭头指示着丝点位置，N表示核仁） B.解释图

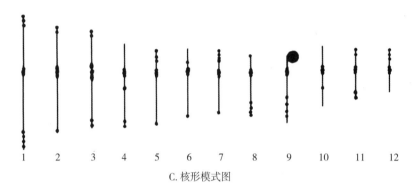

C.核形模式图

图7-9 药用野生稻粗线期染色体组与染色区模式图（卢永根等，1990）

箭头指示超数核仁，N表示核仁（×1 250）

图7-10 药用野生稻的超数核仁现象（卢永根等，1990）

三、普通野生稻染色体的研究

对普通野生稻染色体的研究比对其他两个野生稻染色体的研究要多些。陈瑞阳（1982）报道，普通野生稻的染色体有24条，它的染色体最小的绝对长度为2.014～4.028 μm，相对长度为5.9%～12.2%（表7-14）。有1对染色体具次缢痕和1对随体染色体，随体在染色体4上。普通野生稻有1对染色体具有中部着丝点，10对具次中部着丝点，即K（2n）=24=2AM+10Bsm+2tCsm。普通野生稻Giemsa深染色区主要分布在着丝点附近和在部分短臂上，在P2、P3短臂末端和P4、P7、P8长臂末端均有明显的端部深染色区，这与在其他作物上观察到的Giemsa端带很相似（图7-11）。

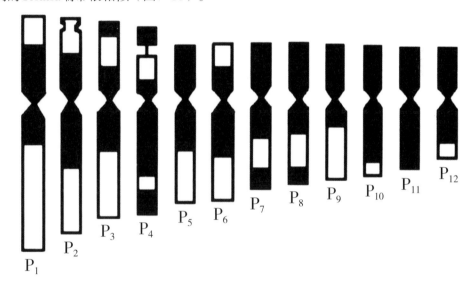

图7-11 普通野生稻染色体组与Giemsa染色示意图（陈瑞阳，1982）

陈瑞阳等还提出，中国普通野生稻存在染色体多样性的问题。他发现云南景洪地区的普通野生稻A350染色体核型与A289核型完全不相同，前者不具有中部着丝点染色体，全部为次中部着丝点染色体，另外在A350的一个细胞中发现有1对染色体整个长臂均为Giemsa淡染色区，其余全部为深染色区。这些发现证明中国普通野生稻存在着核型的多样性，这与外部形态类型的多样性有直接关系。

卢永根等（1990）报道，普通野生稻染色体2n=24染色体的平均相对长度为5.33%～12.48%。12个染色体中以染色体6的臂比率最大，为2.62；染色体7的臂比率最小，为1.33。核型为7M+5SM。染色体1、2、3、7、9、11和12为中部着丝点染色体，其余为亚中部着丝点染色体。核仁染色体为染色体10（表7-16）。卢永根等在普通野生稻中观察到1～4个超数核仁，但位置不固定（图7-12）。普通野生稻粗线期染色体核型模式见图7-13。

箭头指示超数核仁，N指示核仁（×1 250）

图7-12　普通野生稻超数核仁现象（卢永根，1990）

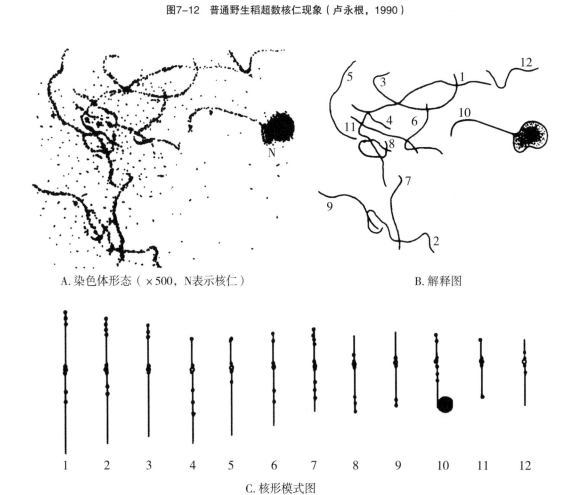

A. 染色体形态（×500，N表示核仁）　　　　　　　　B. 解释图

C. 核形模式图

图7-13　普通野生稻粗线期染色体核型模式图（卢永根，1990）

褚启人等（1984）报道，东乡野生稻根尖细胞有丝分裂中期的染色体$2n=24$，染色体绝对长度的范围为18.7～64.4 μm。绝对长度最长者是染色体1，为64.4 μm；最短者是染色体12，为18.7 μm。典型的粗线期染色体的绝对长度、相对长度等见表7-17。东乡野生稻染色体类型分为3个中部着丝点染色体（M），8个次中部着丝点染色体（SM），1个亚端部着丝点染色体（ST）。褚启人等还报道东乡野生稻与栽培稻的亲和性很高，花粉育性均在80%以上，它们作为花粉供体或受体F1杂种育性均正常。

表7-17　东乡野生稻染色体的绝对长度、相对长度、臂比率与类型（褚启人等，1984）

染色体编号	绝对长度（μm）	相对长度（%）	臂比率	类型
1	64.4±0.7	13.8	0.79	M
2	59.3±0.3	12.7	0.81	M
3	53.7±0.2	11.5	0.58	SM
4	49.4±0.4	10.6	0.63	SM
5	44.7±0.7	9.6	0.77	M
6	39.3±0.3	8.4	0.61	SM
7	35.2±0.7	7.5	0.47	SM
8	31.4±0.5	6.7	0.19	ST
9	27.2±0.1	5.8	0.39	SM
10	22.6±0.4	4.8	0.42	SM
11	21.3±0.5	4.6	0.44	SM
12	18.7±0.3	4.0	0.60	SM

普通野生稻种内染色体核型常因研究者采用的材料不同而导致结果不相同（表7-18）。陈瑞阳认为普通野生稻种内在核型上存在多样性，这种多样性在不同形态类型材料的体细胞核型间、粗线期核型间，以及体细胞核型与粗线期核型之间均存在明显差异。

表7-18　普通野生稻染色体类型的差异

观察材料或时期	核型	核仁染色体	实验者
体细胞	2M+20SM+2SAT	4	陈瑞阳等，1982
体细胞	8M+10Sm+6ST	8、10	陈尤佳等，1982
体细胞	10M+10SM+4ST	10	Kurata等，1982
粗线期	14M+10SM（2SAT）	10	卢永根等，1990
粗线期	6M+16SM+2ST	—	褚启人等，1984

陈锦华等（1993）对不同原生地的普通野生稻的有丝分裂期染色体G带进行研究，4个不同来源地的普通野生稻的根尖细胞染色体数目均为$2n=24$，染色体的各项参数见表7-19。根据核型分析，这4种来源地不同的材料染色体的共同特征：①组成核型的不同类型的染色体数目相同，核型公式均为K（$2n$）=24=14M+6SM+4ST（2SAT）；②第4及第7～12对染色体着

表7-19 不同原生地普通野生稻的染色体参数（陈锦华等，1993）

染色体编号	相对长度（%）				相对长臂长度（%）				相对短臂长度（%）				臂比率				着丝点位置			
	A	B	C	D	A	B	C	D	A	B	C	D	A	B	C	D	A	B	C	D
1	13.09	12.77	13.51	13.75	7.60	7.98	7.89	8.38	5.17	4.50	5.26	5.07	1.47	1.77	1.52	1.65	M	SM	M	M
2	11.87	11.59	11.69	11.79	6.81	6.86	6.31	7.31	4.79	4.47	4.89	3.90	1.42	1.53	1.27	1.87	M	M	M	SM
3	10.50	10.45	10.58	10.49	6.69	6.20	6.61	6.13	3.56	4.13	3.62	4.09	1.88	1.50	1.83	1.50	SM	M	SM	M
4	8.96	9.01	9.19	9.66	6.75	6.78	7.17	7.50	1.71	1.17	1.56	1.84	3.95	3.96	4.60	4.08	ST	ST	ST	ST
5	8.79	8.60	8.62	8.59	4.48	4.62	5.44	4.64	3.92	3.71	2.75	3.63	1.14	1.25	1.98	1.28	M	M	SM	M
6	8.02	8.17	8.09	7.93	5.08	5.17	4.41	5.04	2.63	2.78	3.37	2.73	1.93	1.86	1.31	1.85	SM	SM	M	SM
7	7.46	7.72	7.46	7.20	3.96	4.40	4.16	3.94	3.19	3.02	2.87	2.93	1.24	1.46	1.45	13.4	M	M	M	M
8	7.02	7.12	6.95	6.68	3.90	3.88	3.69	3.89	2.83	2.94	2.92	2.43	1.38	1.32	1.26	1.60	M	M	M	M
9	6.63	6.64	6.40	6.39	3.55	3.54	3.49	3.41	2.73	2.76	2.65	2.57	1.30	1.28	1.32	1.33	M	M	M	M
10	6.17	6.05	6.01	6.00	4.79	4.24	4.46	4.40	1.16	1.29	1.24	1.26	4.13	3.29	3.60	3.49	ST	ST	ST	ST
11	5.85	5.94	5.97	5.90	3.05	3.03	3.26	3.40	2.44	2.59	2.37	2.21	1.25	1.17	1.38	1.54	M	M	M	M
12	5.60	5.85	5.53	5.60	3.48	3.85	3.58	3.72	1.78	1.75	1.66	1.68	1.96	2.20	2.16	2.21	SM	SM	SM	SM

丝点类型相同；③第10对染色体的短臂上均有随体。

不同原生地的材料染色体之间的差异，主要表现在第1、第2、第3、第5、第6对染色体的相对长臂长度、相对短臂长度、臂比率以及M和SM染色体在核型中的顺序位置上，这种差异既反映了不同来源地野生稻的遗传结构差异，又表现了普通野生稻核型有明显的多态性，这与陈瑞阳（1982）报道的结果一样。

不同原生地普通野生稻在有丝分裂的晚前期染色体G-显带带纹上也有丰富的表现。普通野生稻染色体G带大致可分为两种类型：一类为深粗带，主要分布在近着丝点区和少数臂间或端部；另一类为浅细带，分布在远着丝粒区至端部。4个不同原生地的普通野生稻G-显带带型的共同特征是着丝点区全为深粗带区（图7-14）。它们的主要差异表现在位于臂间和端部深粗带的带数及分布上。茶陵普通野生稻的第6染色体短臂具有2条特异深粗带；江永普通野生稻的第9染色体长臂上的3条带均为深粗带；东乡普通野生稻的第7染色体长臂上中间带为深染色带，第8染色体短臂有2条深粗带；印度普通野生稻第6染色体长臂有1条明显的深粗带。这些差异表明普通野生稻具有种内之间遗传结构的差异与遗传多样性。这些不同来源的材料所特有的带纹，可作为一种遗传标记在育种上和资源鉴定上加以利用。

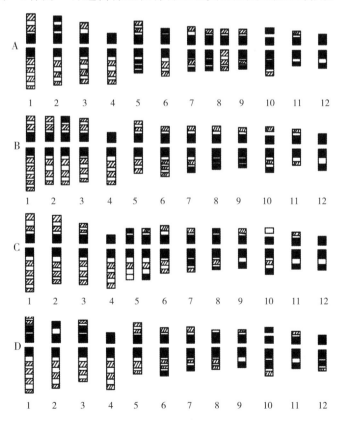

A. 茶陵普通野生稻　　B. 江永普通野生稻　　C. 东乡普通野生稻　　D. 印度普通野生稻

■ 表示深粗带　　▨ 表示浅细带

图7-14　不同原生地普通野生稻G-显带晚前期染色体模式图（陈锦华等，1993）

普通野生稻是中国分布最广的野生稻种，在18°09′N～28°14′N，121°15′E～97°56′E的广大地域均有分布，其中又有许多特殊的小生境，相互之间长期隔绝，遗传基因漂移较少，形成许多独立进化的自然小居群，在形态上有多样性存在，因此在染色体结构上也有多样性、多态性的表现，这是符合客观事实的。陈瑞阳等（1982）、陈锦华等（1993）均指出普通野生稻染色体上存在这种多样性的状况。普通野生稻染色体2n=24，有随体染色体；核仁染色体为染色体10，有超数核仁1～4个的现象；Giemsa染色体的G带显示，着丝点区全部为深染色区。由于染色体的长臂、短臂长度变异和实验过程实验误差的存在，因此，核型类型存在差异，只能作为参考。

四、野生稻种质资源染色体研究的前景

中国有3种野生稻种，种类虽不多，但野生稻种内的类型十分丰富，特别是普通野生稻这一亚洲栽培稻的祖先种，具有比栽培稻种更丰富的遗传多样性，这在形态特征表现上已得到证实。中国科学家在野生稻的形态性状鉴定（包括抗病虫性、抗逆性鉴定）上已做了许多工作，取得许多成果。但相比之下，在染色体上做的研究就少得多。虽然生物学研究已发展到分子水平，但染色体作为遗传信息的主要载体，在野生稻染色体研究上还有许多空白点，应加大研究力度，结合分子生物学技术开展染色体工程的研究仍大有前途。

1. 染色体标记

染色体结构上的差异体现了野生稻形态性状的多样性，我们可以利用这种特异的染色体G带差异作为野生稻和栽培稻杂交育种的遗传标记，提高野生稻与栽培稻杂交育种选择的准确性，提高育种效率，克服在杂交育种过程中出现目的性状转移、选育的随机性等难题，加速野生稻种质资源的利用。

2. 染色体标记在种质保存上的应用

在保存过程中很容易出现混杂，致使优异种质丢失。利用染色体分带技术对不同材料进行染色体分析研究，确定其核型及染色体的有关参数，就可以对保存资源进行鉴定，确保野生稻种质资源的遗传多样性与遗传完整性得到妥善保存。

3. 野生稻种质应用的染色体工程育种

野生稻种中有AA、BB、BBCC、CC、CCDD、FF、EE等不同的染色体组区别，开展染色体工程研究很有必要，具有以下意义：①进一步了解染色体组之间的关系；②促进不同染色体组间优异种质在栽培稻中的应用；③进一步探讨不同染色体的作用，特别是单一染色体的作用；④创造多倍体稻种的新种质或新物种。染色体工程育种在小麦、马铃薯等作物上已取得很大的进展，开展野生稻

种质资源染色体工程育种研究也将有美好的前途。

4. 在染色体技术与分子生物学技术相结合上的应用

进一步弄清野生稻种质资源的基因组组成、结构与功能。把染色体作图与分子标记作图技术结合起来，弄清楚各野生稻种的遗传物理图谱，进而弄清其遗传基因图，这对今后开展分子标记辅助育种与基因工程研究具有重大意义。

第五节　中国野生稻种质资源的同工酶研究

同工酶是分子结构不同而催化同一生化反应的酶。同工酶是基因的直接或修饰产物，同工酶的变异直接反映基因结构或表达的差异，是最直接的遗传标记之一。自20世纪50年代初在动物中发现乳酸脱氢酶（LDH）同工酶的存在后，目前同工酶分析技术已在遗传育种、物种分类、预测杂种优势以及病理研究等方面得到应用。

一、野生稻种质资源同工酶的前期研究

中国野生稻种质资源的同工酶研究已有不少的报道。吴妙燊、陈成斌（1986）报道了广西野生稻酯酶同工酶研究结果，共分析了848份广西稻种干种胚的酯酶同工酶，其中广西普通野生稻355份，出现9条同工酶酶带，分为29个酶谱类型；广西药用野生稻87份，共出现3条酶带，分为2个酶谱类型；广西栽培稻406份，出现9条酶带，分为18个酶谱类型。广西稻种资源干种胚酯酶同工酶酶带参数见表7-20。根据酶带参数确定各参试材料的酶谱类型，从而研究其种内亲缘关系、遗传多样性等问题。

表7-20　广西稻种资源干种胚酯酶同工酶酶带参数

干种胚出现酶带	1A	2A	3A	4A	5A	6A	6′A	7A	8A	9A
Rf值	0.05	0.34	0.38	0.42	0.45	0.53	0.55	0.61	0.64	0.82
国内使用C值	11.8	80.0	89.8	100	113.4	132.7	134.7	143.3	163.3	187.95

注：C值为各酶带相对于标准酶带的值，计算公式为C=B/A×100；A为负极始点到标准酶带的迁移距离值；B为负极始点到所测酶带的迁移距离值。

广西稻种间干种胚酯酶同工酶酶带出现频率完全不同，其中同工酶酶带1A、7A是所有参试材料均出现的酶带，可以认为是广西稻种的共同的基本酶带。广西普通野生稻与栽培稻中有761份参试材料均出现1A、4A、7A三条酶带，这是它们与药用野生稻不同的特点。广西普通野生稻中除1A、4A、7A外，大多数材料还存在2A酶带，特别是典型野生稻出现频率为100%，而在广西栽培稻中出现2A的材料极少，2A可作为广西普通野生稻区别于其他稻种的特有酶带。广西栽培稻籼稻中3A、6A出现的比例很大，普通野生稻中非典型野生稻（半野）出现的比例也较大。10A为红色种皮材料的特有酶带（表7-21）。

表7-21　广西稻种资源干种胚酯酶同工酶酶带的分布频率（吴妙燊、陈成斌，1986）

稻种	类型	总份数	酶带										
			1A	2A	3A	4A	5A	6A	6′A	7A	8A	9A	10A
普通野生稻	典型野生稻	184	184份	184份	18份	184份	11份	20份	4份	184份	4份		184份
			100%	100%	9.8%	100%	6.0%	10.9%	2.2%	100%	2.2%		100%
	非典型野生稻	171	171份	142份	81份	171份	28份	120份	17份	171份	28份		152份
			100%	83.0%	47.4%	100%	16.4%	70.2%	9.9%	100%	16.4%		88.9%
	合计	355	355份	326份	99份	355份	39份	140份	21份	355份	32份		336份
			100%	91.8%	27.9%	100%	11.0%	39.4%	5.9%	100%	9.0%		94.6%
药用野生稻		87	87份				69份			87份			87份
			100%				79.3%			100%			100%
栽培稻	籼稻	260	260份	1份	254份	260份	67份	202份		260份	149份	1份	104份
			100%	0.4%	97.7%	100%	25.8%	77.7%		100%	57.3%	0.4%	40.0%
	粳稻	146	146份	9份	48份	146份	40份	5份		146份	25份	1份	23份
			100%	6.2%	32.9%	100%	27.4%	3.4%		100%	17.1%	0.7%	15.8%
	合计	406	406份	10份	302份	406份	107份	207份		406份	174份	2份	127份
			100%	2.5%	74.4%	100%	26.4%	51.0%		100%	42.9%	0.5%	31.3%

参试的848份广西稻种资源共出现41种酶谱类型（表7-22）。其中广西普通野生稻出现29个酶谱类型，以1A、2A、4A、7A的类型最多，占总数的54.1%，参试材料的地理分布最广，分布在30个县。特别是远离稻田的典型的匍匐型和倾斜型野生稻，整个居群都是这个酶谱类型，如桂林雁山、永福罗锦、临桂会仙、罗城龙岸、崇左江州等地的普通野生稻，由此可以认为这是普通野生稻的基本酶类型。而其他自然居群除了1A、2A、4A、7A这一酶谱类型外，还有许多其他酶谱类型，这是普通野生稻因柱头外露、异花受粉率高而造成群体内基因漂移与进化演变的缘故。1A、2A、4A、7A酶谱在普通野生稻不同类型中的占比：典型野生稻类型占86.7%，非典型野生稻类型占38.7%，接近栽培稻类型占12.5%，有明显的逐步递减的趋势。而1A、2A、3A、4A、6A、7A的占比表现为逐步递增，典型野生稻类型为0.8%，非典型野生稻类型为8.1%，接近栽培稻类型为34.9%。广西药用野生稻出现2个酶谱类型，以具有1A、5A、7A的类型最多，占参试总数的79.3%，分布在13个县（市）。广西药用野生稻的2个酶谱类型与广西普通野生稻及栽培稻的类型完全不同，说明药用野生稻与它们的亲缘关系较远。

表7-22 广西稻种酯酶谱带类型与所占比例（吴妙燊、陈成斌，1986）

酶谱类型编号	酶带（A）	普通野生稻			药用野生稻		栽培稻	
		占本稻种总份数的比率（%）	分布县数（个）	其中典型野生稻占本类型的比率（%）	占本稻种总份数的比率（%）	分布县数（个）	占本稻种总份数的比率（%）	分布县数（个）
1	1 247	54.1	30	74.5			1.2	4
2	12 347	2.0	6	57.1				
3	12 457	4.4	11	56.3			1.2	4
4	12 467	6.3	13	34.8				
5	123 457	0.9	3	33.3				
6	123 467	10.1	19	32.7				
7	123 478	0.3	1	100.0				
8	12 478	0.9	2	66.7				
9	124 578	0.3	1	100.0				
10	1 246′ 7	1.7	6	50.0				
11	123 466′ 7	0.6	2	50.0				
12	124 678	0.9	3					
13	134 678	1.4	3				22.3	34
14	1 234 567	1.7	5					
15	1 234 678	2.7	7					
16	1 345 678	0.3	1					
17	12 345 678	1.1	2					

续表

酶谱类型编号	酶带（A）	普通野生稻			药用野生稻		栽培稻	
		占本稻种总份数的比率（%）	分布县数（个）	其中典型野生稻占本类型的比率（%）	占本稻种总份数的比率（%）	分布县数（个）	占本稻种总份数的比率（%）	分布县数（个）
18	13 467	3.6	10				20.8	48
19	124 567	0.6	2					
20	1 234 578	0.3	1					
21	12 466′ 7	2.5	1					
22	1 234 566′ 78	0.3	1					
23	13 466′ 7	0.3	1					
24	1 346′ 78	0.3	1					
25	3 466′ 78	0.3	1					
26	17				20.7	10		
27	157				79.3	13		
28	147						18.0	23
29	1 347	0.6	2				3.5	12
30	1 457						1.2	5
31	1 478						3.0	11
32	13 457	0.3	1				6.9	18
33	13 478						3.9	11
34	14 578						0.5	2
35	14 678						0.3	1
36	134 567	0.9	3				3.5	12
37	134 578						9.1	17
38	1 345 678						3.7	10
39	1 467	0.3	1				0.3	1
40	13 479						0.3	1
41	134 579						0.3	1
合计		100.0	39	51.8	100.0	16	100.0	75
酶谱类型数		29			2		18	

根据同工酶研究结果，吴妙燊、陈成斌等（1986）认为广西普通野生稻与栽培稻既有各自不同的酶带与酶谱类型，又有相同的酶谱类型及共同的酶带，可以认为普通野生稻是栽培稻的近缘祖先种，广西普通野生稻酯酶同工酶类型异常丰富，地理分布极为广泛，生境特殊，在原生地遭严重破坏的情况下，仍有大量自然保存。广西普通野生稻在稻种起源研究中的地位应受到重视。

药用野生稻酶谱类型较简单，与栽培稻的类型完全不同，酶带也很少，只有3条，染色体组也不同，形态特征差异也较大。因此，很难认为它是栽培稻的近缘祖先种。

同工酶是基因的产物，一般不受自然环境影响，各稻种又有明显的特殊酶带，因此，同工酶是稻种分类整理鉴定的有效生化指标与遗传标记。

二、野生稻分类及籼粳分化上的同工酶研究

1. 广西野生稻种质资源的分类研究

李道远、陈成斌（1986）利用广西野生稻进行酯酶同工酶研究，发现我国匍匐型和倾斜型普通野生稻的纯合群体，为普通野生稻分类找到代表普通野生稻种的多年生匍匐生态型、倾斜生态型提供了科学依据（表7-23），而其他类型未发现独立的自然纯合群体，也未发现一年生的野生稻自然纯合群体。酯酶同工酶可作为普通野生稻种内分类的有效生化指标。

陈成斌（1992）根据酯酶同工酶与普通野生稻籼粳稻均有相同的酶带及部分籼粳有相同酶谱类型，在粳稻中出现2A的比例比籼稻中出现的更大等结果，结合普通野生稻性状存在籼粳分化现象以及生态环境考察等研究结果，提出栽培稻籼粳亚种同期起源于普通野生稻的新观点，并进一步提出稻种起源演化新途径的假说（陈成斌，1992、1997）。

表7-23 来源于较纯自然群体的普通野生稻的特征特性

材料来源	观察总数	生活周期	生长习性	第2叶舌长度（mm）	花药长度（mm）	谷粒长度（mm）	谷粒宽度（mm）	谷粒长宽比	酶谱类型
广西桂林市	9	多年生	匍匐	10.5	6.2	9.5	2.4	4.0	1A2A4A7A
广西罗城县	15	多年生	匍匐	12.4	5.8	8.3	2.2	3.8	1A2A4A7A
广西贵港市	28	多年生	匍匐	13.4	6.1	9.0	2.4	3.8	1A2A4A7A
江西东乡县	9	多年生	匍匐	12.4	6.1	9.1	2.2	4.1	1A2A4A7A
湖南江永县	10	多年生	匍匐	13.2	5.6	9.3	2.6	3.6	1A2A4A7A
广西崇左市	10	多年生	倾斜	26.5	6.2	8.6	2.1	4.1	1A2A4A7A
湖南茶陵县	28	多年生	倾斜	22.2	5.9	9.5	2.6	3.7	1A2A4A7A

2. 酯酶同工酶酶带基因位点研究

张尧忠、程侃声等（1994）采用聚丙烯酰胺凝胶电泳（分离胶浓度为8.5%，浓缩胶为4%，凝胶缓冲液为pH值8.9的Tris-柠檬酸，电极缓冲液为pH值9.2的Tris-甘氨酸）方法对1 270份稻种（其中普通野生稻112份、栽培稻1 158份）浸种12小时后单粒种子进行酯酶同工酶分析，酶带由正极向负极编号。各酶带在稻种样品上出现的频率见表7-24。

表7-24　籼粳稻品种及普通野生稻中酯酶酶带频率（张尧忠、程侃声等，1994）

稻种		酶带													
		1A	2A	3A	4A	5A	6A	7A	8A	9A	10A	11A	12A	13A	14A
栽培稻三次随机取样平均数	粳	99.57	31.58	14.06	46.33	1.37	50.58	25.67	96.29	1.00	82.49	1.00	1.00	2.92	2.77
	籼	96.66	9.94	14.98	11.83	40.55	7.65	52.87	99.27	10.45	0.35	80.19	0.99	10.63	0
普通野生稻	带粳酶带	97.30	32.43	35.14	35.54	0	48.65	10.81	91.89	2.70	13.51	0	2.70	0	75.68
	带籼酶带	96.30	54.32	6.17	6.17	20.99	8.65	56.79	97.53	6.17	0	59.26	0	7.44	40.74
	无籼粳带	95.24	19.05	0	0	9.52	9.52	19.05	92.86	4.76	0	0	14.29	11.90	76.19

（1）普通野生稻的特征酶带

参试普通野生稻材料中1A～13A各酶带均有或多或少的相近数值存在，只有14A在普通野生稻中频率大大超过籼粳稻，很明显14A是普通野生稻与栽培稻相区别的酶带。14A在中国普通野生稻中出现的频率为76.20%，在国外野生稻中为43.40%，表明中国普通野生稻比外国野生稻更原始。结合田间观察结果：①国内野生稻套袋结实率为20.24%，比国外野生稻的54.81%低。②国内野生稻大多数为黑壳红米，显示了其原始性；国外多为黄壳白米，比例已达33.33%。③国内野生稻株型比国外散。对14A酶带的认识还包括形态与农艺性状上的认可。张尧中等认为14A趋向减少至消失，是野生稻向栽培稻演化或栽培稻基因向野生稻渗透的结果。

（2）区别亚洲栽培稻中籼粳亚种的酶带

对酯酶同工酶的研究，由于不同学者使用的凝胶、浓度、缓冲系统不同，在取材上取种子、幼苗等不同，造成酶带比较相对困难。张尧忠等用中川原用过的18个品种进行研究（表7-25）。由表7-25可见，13B与11A、12B与10A有较好的对应关系，7B与5A也有点近似。这种对应在于品种的内在籼粳本质，说明中川原和张尧忠所用的酶带在区别籼粳上是一致的。在形态上利用程氏形态分类难分籼粳的品种，如Aus、Rayada、JC.等，中川原的12B、13B带并不是完全和10A、11A相对应。用54个参试品种进行比较，发现上述酶带的对应率为89%，说明这两种酶带并不完全相同。

表7-25　18个品种不同研究者的结果比较（张尧忠等，1994）

品种名称	中川原的酶带	张尧忠的酶带	程氏形态分类
Kasalath	1B6B11B13B	1A7A8A	Hsien
AgaiKuming	1B6B11B13B	1A4A7A8A11A	Hsien
Relly	1B6B11B13B	1A2A7A8A11A	Hsien
Dao ren qiao	1B7B11B13B	1A5A8A11A	Hsien
Sontral	1B7B11B13B	1A5A8A11A	Hsien
Morebrehan	6B11B13B	1A4A7A8A11A	Hsien
IR28	7B11B13B	1A5A8A11A	Hsien
Mack Kheua	1B6B11B12B	1A7A8A10A	Keng
Kelang putin	1B6B11B12B	1A8A10A	Keng
Dehi Empat Bulan	1B6B11B12B	1A4A6A8A10A	Keng
Sinaba	1B11B12B	1A2A6A8A10A	Keng
Kemandi Pance	1B11B12B	1A4A8A	Keng
Deng Mak Tek	6B11B12B	1A4A6A7A8A10A	Keng
Bodal Moyang	11B12B	1A8A10A	Keng
Kelung patih	11B12B	1A8A10A	Keng
Katan Merah	11B12B	1A6A8A10A	Keng
Conggaiperah	11B12B	1A8A10A	Keng
Padi Abanggogo	11B12B	1A8A10A	Keng

注：在中川原的酶带中酶带6B位点为Est2s，7B为Est2F，12B为Est3s（粳），13B为Est3F（籼）。

中川原的12B、13B在琼脂胶的快区，张尧忠的10A、11A在聚丙烯酰胺胶的慢区，基因位点的异同有待研究。作为识别籼粳的标记带，10A是识别粳稻的主要酶带，2A、4A、6A为辅助粳带；11A为识别籼稻的主要酶带，5A、7A为辅助籼带。把酯酶同工酶的酶带与基因位点联系在一起分析，有利于同工酶研究的深入开展，也有利于在野生稻等稻属各种间亲缘关系、稻种分类、品种鉴定等研究中使用这一遗传标记。

3. 元江普通野生稻的同工酶研究

袁平荣等（1995）报道，对云南元江普通野生稻的形态与酯酶、过氧化氢酶同工酶分析结果如下：

①元江普通野生稻的形态分析。袁平荣等认为，元江普通野生稻分布于距元江县城17 km、海拔780 m的山坡上，沿水塘及沟边匍匐生长，周围种植甘蔗与少数灌木，与水稻种植区自然隔离极好，虽受到一些人为干扰，但其群体总体还是较纯的，其形态特征见表7-26。Marishima等（1992）考察时也认为元江普通野生稻是较纯的原始普通野生稻之一。由表可见，穗子有二枝梗，穗长范围较大，为16.3～31.1 cm，粒形偏籼稻，但长宽比明显大于籼稻，在3.5～4.4 cm的范围内，属典型野生稻的正态分布。袁平荣等认为除1～2穗节偏粳外，未见形态上有明显的籼粳分化。

表7-26　元江普通野生稻的部分形态特征（袁平荣等，1995）

类别	株（穗）数	穗长（cm）	1～2穗节长（cm）	一次枝梗数	二次枝梗数	穗粒数	实粒数	结实率（%）平均值	结实率（%）变幅	粒长（mm）	粒宽（mm）	谷粒长、宽比
A塘	8	23.6	2.90	10.0	4.7	76.3	7.0	9.2	5.0～13.0	8.33	2.03	4.10
B塘	5	31.1	5.35	11.0	23.0	136.5	23.8	16.9	2.9～22.7	8.76	2.26	3.88
C塘	13	16.3	2.48	6.4	2.8	40.4	23.5	58.2	25.0～78.2	8.68	2.28	3.81
D沟里	3	21.2	4.37	6.7	3.0	46.7	15.7	33.3	22.6～48.3	8.73	2.30	3.80
E栽	10	23.9	3.61	8.8	5.3	66.9	21.8	32.7	4.3～63.6	8.40	2.10	4.00
F播	12	24.8	3.29	8.7	11.9	85.9	17.8	20.8	9.8～35.7	8.15	2.14	3.81
平均值		23.5	3.67	8.6	8.5	75.5	18.3	24.2	2.9～78.2	8.51	2.19	3.89

②酯酶同工酶分析。采用中国农业大学才宏伟等的试验分析方法，把10A、11A作为籼粳稻特征带，13A为Aus及部分南亚籼稻的特征带，14A为野生稻特征带。10A、11A、13A、14A皆属于Est-X位点上的等位基因，基因符号为Est-X10、Est-X11、Est-X13、Est-X14；2A、4A、6A多数为粳稻辅助带，5A、7A为籼稻辅助带。对45份元江普通野生稻进行酯酶同工酶分析，共得4种酶谱类型：1A、7A、8A、14A，1A、7A、8A、11A、14A，1A、6A、7A、8A、14A，1A、4A、6A、7A、8A、14A，它们所占比例分别为75.6%、21.2%、2.2%、1.1%，出现与Est-X11共存的有20%，出现粳型辅助带4A、6A的占6.7%。在酯酶同工酶表现上有7A籼型特征辅助酶带，说明元江普通野生稻有偏籼稻的表现。

③过氧化氢酶同工酶分析。过氧化氢酶同工酶在元江普通野生稻中出现2条酶带，即Cat-1和Cat-2。粳型特征带为Cat-2，籼型特征带为Cat-1。在45份材料中，仅有粳型酶带Cat-2的材料有35份，占77.8%；有Cat-1、Cat-2共存酶带的有10份材料，占22.2%。这说明在过氧化氢酶同工酶类型上，元江普通野生稻与其他大多数中国普通野生稻一样为偏粳型，这与酯酶同工酶的分析结果相反。在19份具有Est-X14基因位点的地方粳稻品种中，有16份出现

Cat-1、Cat-2共存的酶谱类型，占84.2%。元江普通野生稻出现相似的酶谱类型，可能暗示它们之间有某种联系，或有Est-X14基因位点的粳稻是从野生稻分化而来的。袁平荣等认为，隔离较好的元江普通野生稻出现酯酶与过氧化氢酶的籼粳不一致性，能否看作元江普通野生稻已有初步籼粳分化的迹象和遗传潜在可能性，有待进一步研究。

4. 普通野生稻籼粳分化的同工酶研究

才宏伟、王象坤等（1996）报道，由于前人未能鉴别供试材料是纯合型普通野生稻，还是与栽培稻有过杂交的杂合型普通野生稻，这样分析的结果可能就会得出错误的结论。为避免这一现象的出现，他们采用酯酶同工酶Est-10位点分析，将参试的132份中国普通野生稻和27份国外普通野生稻鉴别为杂合型、纯合型和栽培型三类普通野生稻。然后用纯合型普通野生稻进行Est、Acp、Amp、Cat等同工酶分析，探讨中国普通野生稻是否存在籼粳分化。结果表明：92份纯合型中国普通野生稻在4种同工酶分析中虽然没有像栽培稻那样明显地分化为籼粳两大群，而表现为连续分布状况，但也分化为偏粳型占47.82%，偏籼型占14.13%，中间型占25.00%，这3种普通野生稻类型，共占总数的86.95%。而在同工酶上明显分化为粳型的占9.78%，籼型的占3.26%，这两者占参试材料的13.04%。在中间型普通野生稻中也存在籼粳分化，在同工酶上表现有二籼、二粳的类型。参试的13份纯合的国外普通野生稻也存在籼粳分化。

才宏伟等还发现参试的92份中国普通野生稻中，分布在高纬度的江西东乡野生稻，湖南江永、茶陵的野生稻主要为同工酶的偏粳型；来自广西的52份普通野生稻则籼、粳型都有，但偏粳型和粳型的较多，占55.6%。国外普通野生稻在同工酶上以籼型和偏籼型占多数，这与Second的研究结果一致。在中国普通野生稻中同工酶籼型的材料占17.4%，主要分布在纬度较低的广西、广东、海南、福建等省（自治区）。

黄燕红、王象坤（1996）采用垂直板状聚丙烯酰胺凝胶电泳方法对来自江西东乡、广西桂林两个隔离条件较好的普通野生稻群体，一个隔离条件较差的广西扶绥普通野生稻自然群体以及40份地方栽培稻品种进行研究。在区分籼粳较好的7个同工酶位点（即酯酶Est-3，过氧化氢酶Cat-1，氨肽酶Amp-2，酸性磷酸酶Acp-1、Acp-2，苹果酸酶Mal-1、Mal-2），在区分野生稻和栽培稻较好的一个酯酶同工酶位点Est-10上表现籼稻、粳稻、栽培稻、野生稻的分化趋势，研究结果见表7-27。由表7-27看出，在Est-10位点上，东乡野生稻全部表现为单一的普通野生稻的特征酶带，即为纯合的群体。桂林野生稻出现1份籼野并存的个体，其余都为普通野生稻特征酶带。桂林野生稻群体远离栽培稻，形态表现为典型的普通野生稻类型，表现出Est-10位点上的特征带的变异是自身基因突变进化的结果。扶绥野生稻群体以表现野生稻特征带为主，籼野、粳野并存也有出现。在Est-3位点上，东乡野生稻除1份表现为籼型特征带外，其余全部为粳型特征带；桂林野生稻群体出现约1/3的籼粳并存个体；在扶绥

野生稻群体中则以粳型特征带为主，兼有籼与籼粳并存现象。在Cat-1、Amp-2、Mal-1同工酶位点上，3个群体均表现以粳型为主，特别是在Amp-2和Mal-1上东乡野生稻群体、桂林野生稻群体均为粳型。在Mal-2位点上，东乡野生稻群体、扶绥野生稻群体全部表现为籼型，桂林野生稻群体则以粳型为主。在Acp-1、Acp-2位点上，3个野生稻群体均以籼型为主，但也存在粳型的分布。

表7-27　三个普通野生稻群体在各同工酶部分位点的籼粳分化（黄燕红、王象坤等，1996）

基因位点	等位基因	酶带属性	东乡群体（41份）	桂林群体（43份）	扶绥群体（40份）
Est-10	1, 4	粳野并存	0	0	2
	2, 4	籼野并存	0	1	5
	4	野	41	42	33
Est-3	1	粳	40	27	27
	2	籼	1	0	4
	1, 2	籼粳并存	0	16	9
Cat-1	1	籼	2	0	9
	2	粳	39	43	31
Amp-2	1	粳	41	42	37
	2	籼	0	0	2
	4	稀有基因	0	1	1
Acp-1	1	籼	31	31	35
	2	粳	10	12	5
Acp-2	0	粳	12	16	7
	1	籼	29	27	33
Mal-1	1	籼	0	0	3
	2	粳	41	43	37
Mal-2	1	粳	0	36	0
	2	籼	41	7	40

黄燕红、王象坤等根据上述结果，选用7个区分籼粳较好的同工酶位点（即Est-3、Cat-1、Amp-2、Acp-1、Acp-2、Mal-1、Mal-2）将92份参试材料分成4种同工酶类型：籼型（H，7个位点均表现为籼带）、偏籼型（H′，6籼1粳或5籼2粳或4籼3粳）、偏粳型（K′，3籼4粳或2籼5粳或1籼6粳）和粳型（K，7个位点均表现为粳带），分类结果见表7-28。纯合普通野生稻出现偏籼型占13.04%，偏粳型占81.52%，粳型占5.43%。从7个同工酶位点的组合来看，92份纯合材料中有14种酶基因位点组合类型，其中Est-10[14]、Est-3[1]、Cat-1[2]、Amp-2[1]、Acp-1[1]、Acp-2[1]、Mal-1[2]、Mal-2[2]组合类型占供试材料的48%，他们认为这些是中国普通野生稻的基本类型。从参试材料的形态看，表现为典型的普通野

生稻，多年生、匍匐、红长芒、紫鞘、长花药、黑壳、红米等性状全部为Est-10[14]，所以认为东乡野生稻、桂林野生稻是原始的中国普通野生稻类型，是栽培稻的原始祖先种类型。

表7-28　92份纯合普通野生稻同工酶籼粳类型的分类（黄燕红等，1996）

原生地	份数	H		H′		K′		K	
		份数	%	份数	%	份数	%	份数	%
江西东乡	41	0	0	1	2.44	40	97.56	0	0
广西桂林	21	0	0	0	0	16	76.19	5	23.81
广西扶绥	30	0	0	11	36.67	19	63.33	0	0

三、栽培稻分散起源的研究

黄燕红、才宏伟、王象坤（1996）报道，对中国栽培稻700份、普通野生稻14份，东南亚栽培稻90份、普通野生稻41份，南亚栽培稻95份、普通野生稻41份，采用聚丙烯酰胺凝胶电泳分析6种同工酶12个基因位点，探讨中国栽培稻、普通野生稻在同工酶基因位点上和南亚、东南亚栽培稻与野生稻的差异（表7-29）。

1. 普通野生稻的同工酶比较

①酯酶同工酶酶带频率上的表现。中国与南亚普通野生稻在酯酶酶带上明显存在着复等位基因频率分布的差异。

从表7-29可看出，在Est-1位点上，中国、东南亚、南亚普通野生稻均以Est-1[1]基因出现频率最高；中国普通野生稻未出现Est-1[0]、Est-1[S]基因，南亚普通野生稻未出现Est-1[F]基因，东南亚普通野生稻在4个复等位基因上均有出现，表明中国与南亚普通野生稻群体在复等位基因位点上发生了地理分化。

在Est-2位点上，中国普通野生稻以Est-2[0]为主，Est-2[1]极少；东南亚普通野生稻以Est-2[1]位点为主，Est-2[0]次之；南亚普通野生稻以Est-2[1]与Est-2[0]两个位点为主。这表明在这个基因位点上，东南亚、南亚普通野生稻籼粳分化明显，中国普通野生稻以粳型为主，籼型少。

在Est-5位点上有4个复等位基因存在，中国普通野生稻以Est-5[1]为主，占98.7%，其余3个稀有基因极少出现；东南亚、南亚普通野生稻也以Est-5[1]为主，相应地Est-5[2]、Est-5[3]增加到约20%；在南亚与东南亚的直播Aman深水稻也出现较大比例的Est-5[2]、Est-5[3]，可见南亚的Amam深水稻类型是接近普通野生稻的原始型栽培稻。在这一位点上，这3个地理群体普通野生稻主要差异体现在稀有基因的地理分布上。

表7-29　中国、东南亚、南亚普通野生稻稻酯酶同工酶酶带频率比较（黄燕红、才宏伟、王象坤等，1996）

地理群		Est-1				Est-2			Est-5				Est-10						其他酶带		
		1^F	1	1^s	0	0	2	1	0	1	2	3	0	1	2	3	4	5	2A	4A	6A
中国 607份	个体数	4	603	0	0	458	112	37	1	599	2	5	22	115	11	15	442	2	316	227	64
	频率	0.007	0.993	0	0	0.755	0.185	0.061	0.002	0.987	0.003	0.008	0.036	0.189	0.018	0.025	0.728	0.003	0.521	0.374	0.105
东南亚 60份	个体数	3	54	2	1	19	11	30	5	47	6	2	17	12	0	6	25	0	19	1	3
	频率	0.050	0.900	0.033	0.017	0.317	0.183	0.500	0.083	0.783	0.100	0.033	0.283	0.200	0	0.100	0.417	0	0.317	0.017	0.050
南亚 79份	个体数	0	75	1	3	33	13	33	4	56	4	15	29	14	2	7	27	0	3	0	3
	频率	0	0.949	0.013	0.038	0.418	0.165	0.418	0.051	0.709	0.051	0.190	0.367	0.177	0.025	0.089	0.342	0	0.038	0	0.038

注：Est-2位点中，Est-2^{0}为粳辅助带，Est-2^1、Est-2^{2}为籼特征带。Est-10位点中，Est-10^{1}为籼特征带，Est-10^{2}为粳特征带。其他位点中，2A、4A、6A均为粳特征带。

Est-10^{0}在南亚栽培稻中较普遍，Est-10^{1}为南亚和东南亚稻的特征带，Est-10^{2}为粳特征带，Est-10^{3}为南亚和东南亚Aus稻的特征带，Est-10^{4}为普通野生稻特征带，Est-10^{5}均为粳特征辅助带。

在Est-10位点上有6个复等位基因。中国与东南亚地理群体的普通野生稻均以Est-10⁴的频率最高。南亚普通野生稻以Est-10⁰为主，南亚、东南亚栽培稻Est-10⁰出现的频率较大。南亚和东南亚稻种在Est-10位点上差异较大，能区分不同的稻作系统。从Est-10¹与Est-10²的频率看，普通野生稻的3个地理群体均表现籼型大于粳型。

②6种易区分籼粳的同工酶10个基因位点的比较。在96份国内外普通野生稻中，Amp-1、Pgd-1、Pgd-2三个位点上各地理群体的基因频率分布相差不大，均以Amp-1¹、Pgd-1¹、Pgd-2¹基因为主。Acp-1、Acp-2、Amp-2、Cat-1、Mal-1五个籼粳区分位点，在普通野生稻3个地理群中除Acp-2位点以Acp-2⁰酶带（粳型）为主外，其余四个位点的基因频率分布与籼粳分化略有差异（表7-30）。从同工酶基因型上看，三个地理普通野生稻群体的表现有较大差异。中国普通野生稻以Acp-1²、Acp-2⁰、Amp-2²、Est-2⁰、Cat-1²、Mal-1¹基因型为主，为5粳1籼的类型，在10个同工酶位点上是偏粳型。东南亚普通野生稻以Acp-1¹、Acp-2⁰、Amp-2¹、Est-2⁰/Est-2¹、Cat-1²、Mal-1²基因型为主，为4粳2籼或3粳3籼的类型，在10个同工酶位点上主要为偏粳型和籼粳中间型。南亚普通野生稻以Acp-1²、Acp-2⁰、Amp-2²、Est-2¹/Est-2⁰、Cat-1¹、Mal-1²基因型为主，是4籼2粳或3粳3籼的类型，在10个同工酶位点上主要以籼粳中间型和偏籼型为主。可见中国与南亚的普通野生稻分化趋势不同，在10个位点同工酶分化上，中国普通野生稻以偏粳型为主，南亚普通野生稻以偏籼型为主。

表7-30　中国、东南亚、南亚普通野生稻10个同工酶位点的基因频率比较（黄燕红等，1996）

原产地 酶群		中国（14）		东南亚（41）		南亚（41）	
		个体数	频率	个体数	频率	个体数	频率
Acp-1	1	6	0.429	23	0.561	17	0.415
	1	8	0.571	14	0.341	23	0.561
	1，2	0	0	4	0.098	1	0.024
Acp-2	1	3	0.214	12	0.293	11	0.268
	0	11	0.786	29	0.707	30	0.732
Amp-2	1	5	0.357	22	0.537	10	0.244
	2	9	0.643	19	0.463	31	0.756
Amp-1	1	6	0.429	28	0.683	26	0.634
	2	6	0.429	12	0.293	3	0.073
	3	2	0.143	1	0.024	12	0.293
Est-2	0	10	0.714	18	0.439	14	0.341
	1	0	0	17	0.415	19	0.463
	2	4	0.286	6	0.146	8	0.195

续表

原产地 酶群		中国（14）		东南亚（41）		南亚（41）	
		个体数	频率	个体数	频率	个体数	频率
Est-10	0	1	0.071	17	0.415	20	0.488
	1	5	0.357	7	0.171	7	0.171
	2	0	0	0	0	0	0
	3	1	0.071	5	0.122	5	0.122
	4	7	0.500	12	0.293	9	0.220
	5	0	0	0	0	0	0
Cat-1	1	3	0.214	15	0.366	28	0.683
	2	11	0.786	26	0.634	13	0.317
Mal-1	1	13	0.929	16	0.390	16	0.390
	2	1	0.071	25	0.610	25	0.610
Pgd-1	1	7	0.500	29	0.707	32	0.781
	2	2	0.143	2	0.049	1	0.024
	3	5	0.357	9	0.220	7	0.171
	1，3	0	0	1	0.024	1	0.024
Pgd-2	1	14	1.00	38	0.927	34	0.829
	2	0	0	3	0.073	5	0.122
	1，2	0	0	0	0	2	0.049

2. 栽培稻的同工酶比较研究

黄燕红等（1996）报道，对885份国内外古老栽培稻进行5种同工酶8个基因位点分析，结果见表7-31。中国籼稻和粳稻的同工酶平均基因多样性在3个地理群体中最小；东南亚的籼稻平均基因多样性（H）为0.430 5，在3个地理群体的籼稻中最大；南亚的粳稻平均基因多样性（H）为0.351 4，在3个地理群体的粳稻中最大。这表明东南亚和南亚存在籼粳分化不彻底的栽培稻多于中国。

表7-31 中国、东南亚、南亚栽培稻基因频率与遗传多样性比较（黄燕红等，1996）

同工酶 位点	等位基因	中国（700）		东南亚（90）		南亚（95）	
		籼（367）	粳（333）	籼（58）	粳（32）	籼（64）	粳（31）
Cat-1	1	0.980 9	0.042 0	0.758 6	0.125 0	0.843 8	0.580 6
	2	0.019 0	0.957 9	0.241 4	0.875 0	0.156 2	0.419 4
	H	0.037 4	0.080 0	0.366 2	0.218 8	0.263 7	0.487 0

续表

同工酶位点	等位基因	中国（700）		东南亚（90）		南亚（95）	
		籼（367）	粳（333）	籼（58）	粳（32）	籼（64）	粳（31）
Acp-1	1	0.975 5	0.030 0	0.741 4	0.031 3	0.703 1	0.129 0
	2	0.024 5	0.969 9	0.258 6	0.968 7	0.296 9	0.870 9
	H	0.047 8	0.058 4	0.383 4	0.060 4	0.417 6	0.228 9
Acp-2	0	0.130 8	0.978 9	0.310 3	0.875 0	0.187 5	0.838 7
	1	0.869 2	0.021 0	0.689 7	0.125 0	0.812 5	0.161 3
	H	0.227 4	0.041 4	0.428 0	0.218 8	0.304 6	0.215 5
Est-2	0	0.239 8	0.861 9	0.258 6	0.468 8	0.125 0	0.709 7
	1	0.111 7	0.111 1	0.344 8	0.406 3	0.828 1	0.290 3
	2	0.648 5	0.027 0	0.396 6	0.125 0	0.046 8	0.000 0
	H	0.509 4	0.244 1	0.657 0	0.599 5	0.296 5	0.412 0
Est-10	0	0.029 9	0.033 0	0.103 4	0.062 5	0.000 0	0.032 2
	1	0.940 0	0.018 0	0.724 1	0.187 5	0.437 5	0.000 0
	2	0.019 0	0.897 9	0.172 4	0.750 0	0.000 0	0.967 7
	3	0.000 0	0.000 0	0.000 0	0.000 0	0.562 5	0.000 0
	4	0.010 9	0.063 0	0.000 0	0.000 0	0.000 0	0.000 0
	H	0.115 1	0.096 8	0.435 3	0.398 4	0.492 2	0.062 6
Mal-1	1	0.024 5	0.882 9	0.327 6	0.875 0	0.031 3	0.709 7
	2	0.975 5	0.117 1	0.672 4	0.125 0	0.968 8	0.290 3
	H	0.047 8	0.206 8	0.440 6	0.218 8	0.060 4	0.412 0
Mal-2	1	0.956 4	0.111 1	0.637 9	0.125 0	0.875 0	0.290 3
	2	0.043 6	0.888 9	0.362 1	0.875 0	0.125 0	0.709 7
	H	0.083 4	0.197 6	0.462 0	0.218 8	0.218 8	0.412 0
Amp-1	1	0.997 3	0.969 9	0.913 8	0.937 5	0.640 6	0.548 4
	2	0.002 7	0.030 1	0.086 2	0.062 5	0.359 4	0.451 6
	H	0.004 0	0.058 4	0.157 6	0.117 2	0.460 4	0.495 4
Amp-2	1	0.092 6	0.906 9	0.327 6	0.812 5	0.312 5	0.677 4
	2	0.904 6	0.066 0	0.586 2	0.125 0	0.609 4	0.322 6
	1，3	0.000 0	0.000 0	0.017 0	0.000 0	0.031 3	0.000 0
	2，3	0.000 0	0.000 0	0.068 9	0.000 0	0.031 3	0.000 0
	3	0.002 7	0.027 0	0.000 0	0.062 5	0.015 6	0.000 0
	H	0.173 1	0.172 4	0.544 1	0.320 3	0.528 9	0.437 0
平均	H	0.126 8	0.128 4	0.430 5	0.263 4	0.338 1	0.351 4

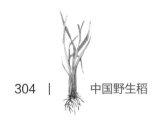

中国籼粳稻仅有Acp-2、Est-2位点的基因多样性（分别为0.227 4和0.509 4）略大于南亚或东南亚籼稻，东南亚籼稻除Amp-1位点基因多样性（0.157 6）外，其余位点均在0.366 2~0.657 0之间，而南亚籼稻除Mal-1位点基因多样性（0.060 4）外，其余位点均在0.20以上，由此可见中国籼稻在各同工酶位点的基因多样性小于东南亚和南亚籼稻。东南亚籼稻除Amp-1、Est-10、Acp-1位点外，基因多样性均大于南亚籼稻。从各同工酶位点的基因频率分布看，中国籼稻与南亚籼稻和东南亚籼稻在8个同工酶位点上基因频率分布存在显著差异，尤其在Est-2、Est-10、Amp-1位点上表现出复等位基因的地理分化。

中国粳稻除Est-2、Mal-1、Mal-2、Amp-2位点基因多样性（H）在0.17~0.25之间，其余位点均在0.10以下。在Mal-1、Mal-2、Amp-1位点中国粳稻基因多样性大于中国籼稻。东南亚粳稻除Acp-1、Amp-1位点基因多样性在0.12以下，其余位点均在0.20以上。南亚粳稻除Est-10位点基因多样性为0.006，略少于中国粳稻外，其余均在0.21以上。在8个同工酶位点上，南亚和东南亚粳稻基因多样性均大于中国粳稻。

南亚粳稻在Cat-1、Est-2、Mal-1、Mal-2、Amp-1、Amp-2等6个同工酶基因位点上均出现较高频率的籼型特征酶带，在Est-2位点上南亚和东南亚粳稻出现Est-2^{1}的频率高于中国粳稻。中国粳稻中有21个品种具有Est-10^{4}普通野生稻特征带的基因，东南亚和南亚粳稻均未出现，表明中国粳稻部分品种还存在普通野生稻的某些属性。在Amp-1位点上中国粳稻极少出现Amp-1^{2}酶带。南亚粳稻出现Amp-1^1、Amp-1^{2}的频率相近，约各占一半。表明中国粳稻与南亚和东南亚粳稻在同工酶位点上基因频率有显著差异。黄燕红、王象坤等（1996）因此认为，东亚的中国与南亚的印度等可能是两个独立稻作起源演化系统，这与Oka（1988）总结稻作起源研究成果时认为印度和中国最有资格成为亚洲栽培稻的起源地的结论相一致。认为中国与南亚普通野生稻原始种分别进化为偏粳型与偏籼型，再驯化为粳稻、籼稻。从而根据同工酶分析结果，提出二元分散起源观点。

四、同工酶技术在野生稻种质资源研究上的意义

利用同工酶分析技术开展野生稻资源研究，能在蛋白质分子水平上进一步了解野生稻基因遗传多样性的表现。结合形态分类、地理分布、遗传分析、多种同工酶的不同基因位点分析，对研究野生稻与栽培稻的亲缘关系，特别是对籼粳稻的分化、遗传多样性中心、稻种起源演化等稻作基础理论问题有很大的帮助，但就一个或几个酶的同工酶来说也是一鳞半爪，有时往往出现不同同工酶之间相互矛盾的结果，即在某个酶是以籼为主，而另一个酶则表现为粳，据此进行定性分析难免有不正确的地方。野生稻特别是普通野生稻与栽培稻之间在形态上虽有明显的籼粳分化，但那是历史进化的产物。在原始的栽培稻种中，特别是原始的普通野生稻中不一定是籼粳分化明显的状态，籼粳分化来源于产生分化的原始野生稻。所以，研究同工酶表现出来的现象时，

一定要把分别对各基因位点的分析与综合地系统地从整体上研究联系起来，才能得出正确的结论。普通野生稻是栽培稻的近缘祖先种，目前普通野生稻已产生籼粳特征的基因分化，在同工酶上也有实验结果证明。但中国普通野生稻是粳型或偏粳型为主、南亚普通野生稻是籼型或偏籼型的说法是有待商榷的，从形态与其他研究结果综合来看，都不是真正的籼粳类型，只能说明普通野生稻存在基因结构或基因表达、基因产物（同工酶）的籼粳分化而已，这种分化与形态典型的籼稻粳稻在本质上是两码事。普通野生稻有向籼粳两大类型分化进化演变的可能性。

同工酶基因位点的多样性表现在一定程度上说明该物种在一定地理区域内的遗传多样性情况。由于受自然环境制约与自然进化规律影响，物种在分布上有一定的地理分化差异，利用同工酶来研究其地理遗传多样性是有很大好处的。既能在一定程度上正确反映物种的遗传多样性的真实情况，进一步研究其演变过程，又能了解其变化规律，为稻种起源提供真实的科学依据。

同工酶技术在野生稻资源研究上应用的意义：

①可以直接反映基因结构与表达上的遗传特性，确定稻种间的亲缘关系。

②可以在蛋白质水平上研究野生稻籼粳分化进化演变的规律。

③可以研究野生稻生长发育各生化反应过程中的变化规律。

④可以比较各稻种间同工酶的遗传多样性。

⑤可以了解有机体内的生化反应差异与稻种特性。

⑥可以把同工酶作为遗传标记，开展野生稻优异种质利用研究。同工酶技术在野生稻种质资源研究上有广阔的利用前景，加强这方面的研究具有十分重大的意义。

中国野生稻种质资源的同工酶研究已与国际相关研究接轨。中国有丰富的野生稻种质资源，目前的研究还只是集中在普通野生稻上，今后应扩展到其他稻种上去。就研究领域而言，也只集中在普通野生稻的籼粳分化与栽培稻的关系，以及起源中心、遗传多样性上，今后应在其生化反应领域、分子反应过程与遗传信息传递表达过程等领域开展基础性理论研究，以求有更大的突破性进展。

第八章

野生稻在稻种起源演化
中的作用

野生稻是栽培稻的祖先，这一观点已被生物物种进化论基本原理所证实，同时也是人们普遍认同的科学理论。但在稻属20多个稻种中，哪一种是亚洲（普通）栽培稻的近缘祖先种，稻种是怎样演变为栽培稻籼稻和粳稻亚种的，即演化途径如何，稻种起源地在哪里？在讨论这些涉及稻种起源演化的重大问题时，野生稻活的标本、分布地生态环境、考古中野生稻的出土样品都是最有力的物证。因此，野生稻在稻种起源研究中有着不可替代的作用。

第一节　亚洲栽培稻的近缘祖先种

亚洲栽培稻近缘祖先种的确定关系到稻种起源、演化途径、起源地等重大问题，在研究过程中对近缘祖先种有过不同的学术观点。

一、近缘祖先种的条件及确认

目前世界上公认的稻属种有23个，其中有2个是栽培稻种。这2个栽培稻中，一个是非洲栽培稻，也称光稃稻。由于此稻种仅种于非洲西部，对其起源演化问题的看法较为统一。一般认为，它起源于西非的野生稻种*O.breviligulata*和*O.stapfii*。*O.stapfii*是Roschevicz于1931年进行稻种分类时定的名称，Sampath（1962）、Tateoko（1963）把它归为*breviligulata*，Nayar（1973）坚持用*O.stapfii*。但后来Khush（1974）、T.T.Chang（1976）、Chang（1985、1988）、Vaughan（1989、1990）、吴万春（1991）均不用*O.stapfii*这一种名，而逐步用*O.barthii*代替它，*O.barthii*中文名称为短叶舌野生稻。因此，非洲栽培稻的近缘祖先种是短叶舌野生稻。另一个是亚洲栽培稻，即普通栽培稻，由于这一稻种具有类型繁多、适应性广的特点，目前种植已遍及世界五大洲。对它的起源演化问题，学术界虽有许多研究，但历史上一直存在诸多看法。在众多野生稻种中，谁是普通栽培稻的近缘祖先种呢？Sampath和Rao（1951）、Sampath和Govindaswami（1968）认为多年生野生稻的多年生类型是普通栽培稻的近缘祖先种，Oka（1964，1974）也有相同的看法。Chatterjee（1951）接受Roschevicz（1931）的学术观点，认为一年生的野生稻（*O.sativa* L.f.*spontanea*）是亚洲栽培稻的近缘祖先种。T.T.Chang（1976）和中川原（1977）认为栽培稻的染色体组为AA，其祖先也应是具有相同染色体组的野生稻，因此认为*O.nivara*有栽培稻的较高种子生产能力和其他相似特性，因而是普通栽培稻的近缘祖先，而*spontanea*是野生稻与栽培稻杂种类型。我国著名稻作学家丁颖教授对稻种的起源演化有较深入的研究，他把我国普通野生稻称为*O.sativa* L.f.*spontanea* Rosehevicz，并认为它是我国栽培稻*O.sativa* L.之祖先。20世纪80年代以来，我国一些学者认为我国普通野生稻应采用

O.rufipogon Griff.这一学名更合理，也认为它是我国栽培稻的近缘祖先种（李道远、陈成斌，1986；王象坤，1996）。近年来诸多学者对中国普通野生稻进行了大量的研究，从普通野生稻的种内分类、籼粳分化、一年生野生稻的考察与性状研究，长江中下游杂草稻的研究以及普通野生稻的同工酶标记，DNA多态性研究，等等，进一步证明普通野生稻是普通栽培稻的近缘祖先种。从研究结果来看，作为亚洲栽培稻，即普通栽培稻的祖先种应具备以下条件：①植物学形态特征基本相同；②染色体组型相同，在杂种中染色体完全配对，野生种与栽培种不存在特异的生殖障碍；③在栽培种起源演化初级阶段，野生稻种与栽培稻种分布在同一起源地区，具有相同的生态条件，栽培种的等位基因存在于野生种之中；④野生稻种比栽培稻种具有更多相同的DNA多态性位点；⑤野生稻种应具有足够多的形态类型，供人们在驯化时进行人工选择与自然选择。

根据以上标准进行亚洲栽培稻的近缘祖先种的考察，稻属不同种可以分为三大群（T.T.Chang，1976）：

①sativa群：包括2个栽培种和4个野生种，均具有相同的AA染色体组。

②officinalis群：包括7个野生种，均具有染色体组C。

③混杂群：包含染色体组为EE、FF或未知组型，包括7个野生种，实际上应包括其余各野生种。根据近20年来对中国的野生稻与引进的国外野生稻进行研究、鉴定和评价，发现中国的药用野生稻具有CC染色体组，疣粒野生稻具有染色体未知组型。这两个种各自种内形态特征比较一致，在形态特征与生态条件要求上与亚洲栽培稻有较大的差异，不可能是近缘祖先种。国外引进的野生种除sativa群外，其他野生种均与亚洲栽培稻在形态特征、生态条件、染色体组型上有较大的差异，也不可能是近缘祖先种。因此，亚洲栽培稻的近缘祖先种只能存在于sativa群的野生稻种中。sativa种群中除两个栽培稻种外，共含4个野生种：*O.rufipogon*、*O.nivara*、*O.longistaminata*、*O.barthii*。*O.barthii*被认为是非洲栽培稻的祖先，它和*O.longistaminata*与亚洲栽培稻的杂交亲和性不如前两个种（*O.rufipogon*，*O.nivara*），*O.nivara*是Sharma等于1965年根据南亚与东南亚存在一年生普通野生稻，从多年生普通野生稻复合体中划出并专门命名的一种，Oka等虽不同意*O.nivara*的专门命名，但也承认南亚、东南亚普遍存在普通野生稻一年生类型。不管学者如何争论，*O.nivara*不像*O.rufipogon*那样具有多种多样的形态类型是事实。

但要确定*O.rufipogon*普通野生稻是野生栽培稻的近缘原始祖先种，特别是中国普通野生稻是栽培稻的祖先种，必须解决以下几个问题：

①在中国保存的普通野生稻数千份编号中哪些是原始型，哪些是次生型，它们是怎样演变为丰富多彩的形态类型的，其中很重要的一个问题是普通野生稻是靠什么使植株直立起来的。

②部分学者提出，稻种演变是由多年生→一年生→栽培稻，南亚、东南亚普遍存在一年

生普通野生稻，中国是否也有一年生普通野生稻？

③Second（1982）首次提出普通野生稻在驯化成栽培稻前已发生籼粳分化，并根据同工酶分析，认为中国普通野生稻偏粳，南亚普通野生稻偏籼。Sano等（1989）的DNA研究也认为中国普通野生稻是偏粳的，中国普通野生稻是否存在着籼粳分化？

李道远、陈成斌（1986、1993）对中国普通野生稻进行分类学研究，通过搜集广西、江西、湖南3省（自治区）共44个县、市的普通野生稻，按国际水稻研究所的稻属野生种观察记载标准进行分类学特征特性的观察，重点把生活周期、生长习性、第二叶舌长度、穗型、穗枝梗、花药长度、谷粒长度与宽度、长宽比等作为分类学的依据（表8-1）。结合对广西31个县、市和江西东乡县典型野生稻类型的普通野生稻，广西27个县、市的栽培稻农家种406个编号（籼稻260份、粳稻146份），以及从国外引进AA型染色体组的4个野生稻种5个编号的干种胚酯酶同工酶研究结果，探讨普通野生稻的分类学生化指标以及野生稻变异类型与栽培稻种的亲缘关系，并对有代表种（species）的材料进行套袋收种后代观察，研究其纯合、杂合的情况。根据这些情况进一步对其原分布地进行生态环境、群体结构的考察，以此作为生态类型划分的重要依据。研究结果表明，按生长习性、生活周期的不同可把供试材料分为11种类型。类型1与类型2有独立的原生地自然群体，它们的大部分编号材料表现为长花药、无第二枝梗、谷粒狭长、落粒性强，与其他类型有较大区别。类型1基本类型的主要特征、特性：多年生，匍匐生长习性，第二叶舌长度为7.0～20.0 mm，穗子无第二枝梗，花药长度为5.1～7.5 mm，谷粒长度为8.0～10.2 mm，谷粒宽度为1.8～2.6 mm，谷粒长宽比为3.4～4.7。在类型1中存在穗子有第二枝梗、花药较短或中等（2.8～5.0 mm）、第二叶舌较长、谷粒长宽比较小的变异类型。类型2与类型1的区别在于生长习性为倾斜型，第二叶舌较长，花药长度也较长。类型3～11的形态特征、特性或多或少更近似于栽培稻的形态特征、特性，与典型的代表种的野生稻类型有较大的形态变异，是野生稻中的次生变异类型。

表8-1　普通野生稻主要分类特征出现的频率（%）（李道远、陈成斌，1986、1993）

序号	参试类型	观察总数	叶舌长度			花药长度			第二枝梗		谷粒长度			谷粒宽度			谷粒长宽比		
			7.0~15.0 mm	15.1~20.0 mm	20.1~42.2 mm	2.8~4.0 mm	4.1~5.0 mm	5.1~7.5 mm	无	有	7.2~8.0 mm	8.1~9.0 mm	9.1~10.2 mm	1.8~2.4 mm	2.5~2.6 mm	2.7~3.1 mm	2.6~3.0	3.1~3.5	3.6~4.7
1	多年生匍匐型	323	57.3	30.3	12.4	7.1	20.1	72.8	92.3	7.7	17.6	24.5	57.9	65.9	28.5	5.6	2.2	28.8	69.0
2	多年生倾斜型1	42	0	0	100	0	0	100	85.7	14.3	0	47.6	52.4	50.0	42.9	7.1	0	7.1	92.9
3	多年生倾斜型2	186	18.3	33.3	48.4	38.2	47.8	14.0	20.8	79.2	27.4	35.5	37.1	41.9	39.2	18.8	17.2	57.5	25.3
4	多年生半直立型	33	24.2	24.2	51.5	51.5	36.4	12.0	12.1	87.9	27.3	33.3	39.4	12.1	57.6	30.3	30.3	48.5	21.1
5	多年生直立型	5	0	20.0	80.0	80.0	20.0	0	0	100	20.0	20.0	60.0	0	20.0	80.0	20.0	80.0	0
6	中间型的倾斜型	65	26.2	33.8	40.0	49.2	40.0	10.8	18.5	81.5	26.2	46.2	27.7	24.6	44.6	30.8	12.3	80.0	7.7
7	中间型的半直立型	37	27.0	35.1	37.8	62.2	35.1	2.7	13.5	86.5	32.4	37.8	29.7	24.3	62.2	13.5	27.0	54.1	18.9
8	中间型的直立型	15	13.3	26.7	60.0	46.0	40.0	13.3	6.7	93.3	33.3	40.0	26.7	13.3	20.0	66.7	40.0	53.3	6.7
9	一年生倾斜型	8	37.5	25.0	37.5	50.0	37.5	12.5	25.0	75.0	25.0	62.5	12.5	0	100	0	0	87.5	12.5
10	一年生半直立型	7	28.6	14.3	51.1	71.4	14.3	14.3	0	100	42.9	28.6	28.5	14,3	57.1	14.3	14.3	71.4	14.3
11	一年生直立型	19	15.8	31.6	52.6	78.9	15.8	5.3	5.3	94.7	42.1	42.1	15.8	15.8	26.3	57.9	42.0	52.6	5.3

从干种胚酯酶同工酶分析结果上看，来自广西31个县、市及江西东乡县的典型野生稻与非典型野生稻类型共364个编号，以及引自国外AA型染色体组的4个野生稻种5个编号，与对照的广西栽培稻农家品种406个编号相比较（籼稻260份，粳稻146份），共出现9条酶带及39个酶谱类型。其中1A、4A、7A酶带是所有参试材料均出现的酶带，是稻属种中AA染色体组稻种的共有酶带。2A是普通野生稻特有的酶带，在参试材料中出现的频率：典型野生稻类型为100％，非典型野生稻类型为79.7％，栽培稻中籼稻为0.4％，粳稻为6.2％；*O.nivara*与*O.breviligulata*没有2A酶带。3A、5A、6A、8A、9A是栽培稻特有的酶带。1A、2A、4A、7A是普通野生稻特有的酶谱类型，在典型野生稻材料中的频率为80.7％，非典型野生稻材料为14.7％，粳稻农家种为3.4％。因此，这是普通野生稻与其他稻种区别的重要生化指标之一。来源于广西罗城县、广西崇左江州、广西桂林雁山、江西东乡县等地的参试材料，同工酶酶谱类型单一，均属1A、2A、4A、7A酶谱类型，与群体形态较一致，有明显相关性。形态类型3～11以及类型1、2部分形态变异型酶谱类型较多，在这些酶谱类型中常出现1～3条在栽培稻中出现频率高的酶带，如6A，3A，6A，3A，6A，8A等。这表明普通野生稻与栽培稻有相近的亲缘关系，也表明非典型野生稻材料与部分典型野生稻材料有栽培稻基因漂移进来的可能性。从参试材料自交后代分离情况试验中可看到，大部分材料在一些形态性状上出现分离，如生长习性、基部叶鞘色、节间颜色、抽穗期、穗型等性状。仅有少数典型野生稻材料属于纯合体，如广西桂林雁山、广西崇左江州、江西东乡县的野生稻。

植物种的分类除了要有2～3个区别于其他物种的遗传性状能稳定遗传的条件外，还要求有独立存在的自然群体。经过各学者多年来（1980～1995）的考察，发现在广西罗城、桂林、永福等地有多年生匍匐生态型的独立自然群体，它代表着普通野生稻较原始的生态类型，有以下明显特点：

①生长习性为匍匐型，常有地上分枝，多年生。

②全株各分蘖间或一穗中各小穗间开花、成熟期极不一致。

③每穗粒数少、着粒疏，一般没有第二枝梗。

④花药较长，颖尖具有长芒，熟时颖壳黑褐色。

⑤谷粒极易落粒，边熟边落。

⑥种子休眠期长，发芽极不一致。

⑦干种胚酯酶同工酶具有正极2A酶带。

此外还存在多年生倾斜生态型，这是一种特殊的生态类型。在广西崇左市、湖南茶陵县有独立自然群体存在。这种类型的原产地终年保持水层，夏季水层加深，野生稻上部节间有随水位升高而伸长的能力。这种类型在原产地生长在水层中表现为半直立或浮生习性，在浅水田间种植表现为倾斜生长习性，其纯合性群体均在远离栽培稻田的分布地。经过形态性状及同工酶分析均可证明，这些原产地的供试材料属于纯合型。由于多年生倾斜生态型在习性上与匍匐型

有区别，而其他性状极相似，又是在终年有水层的地方生长，可以推论为普通野生稻原始匍匐型在深水作用下演化为倾斜型。这为匍匐野生稻向直立栽培稻进化提供了一个自然选择促进其演化的有力证据。因此，可以认为多年生倾斜生态型是由匍匐生态型演化而来的，是匍匐型的进化类型，更接近栽培稻，是栽培稻的近缘祖先类型，而匍匐生态型是原始祖先类型。

庞汉华、王象坤（1994）选择中国大陆的普通野生稻571份，国外27份，根据10个能较好区分野生稻和栽培稻的形态性状的等级，进行最长距离聚类分析，并结合普通野生稻的生态考察与同工酶分析，对中国普通野生稻进行分类。10个形态性状分别是生长习性、茎基部鞘色、剑叶长宽、花药长度、柱头颜色、芒色、落粒性、颖色、谷粒长宽比与种皮色。他们将中国普通野生稻按主要繁殖方式划分为多年生与一年生两大群，按生长习性再细分为7个类型（图7-2）。

多数稻作学者已认定*O.rufipogon*为*O.sativa*的祖先种，然而亚洲的*O.rufipogon*是一个类型十分复杂的复合体，有多年生，又有一年生，还有一年至多年生的中间型，形态与生态类型更复杂多样。它们与栽培稻同为AA染色体组，相互没有杂交障碍。在普通野生稻中难以区分原始型、野生稻与栽培稻天然杂种及其"次生""多次生产物"的形态特征，虽有多数学者（Tateka，1963；Nayar，1971；Morishima，1984；Oka，1988）认为，包括多年生、一年生与一年生至多年生中间型的复合体的亚洲普通野生稻应属于一个种，即*O.rufipogon* Griff.，但Sharma等将普通野生稻中一年生类型单独划为*O.nivara*种与*O.rufipogon*并列。Oka主张多年生普通野生稻为栽培稻的祖先种，T.T.Chang主张一年生普通野生稻*O.nivara*为栽培稻的直接祖先种，Sano等认为栽培稻是从一年生至多年生中间型直接演化而来的。这三种观点都有一定道理，但它们也存在相同问题，即研究材料是纯合型还是杂合型，是否与栽培稻发生过基因的漂移掺杂不清楚。王象坤等认为中国栽培稻的原始型祖先种的主要特征如下：

①它们是栽培稻性状极少的典型普通野生稻，其主要特征为植株呈匍匐状、紫色叶鞘、剑叶较细短、花药长（>5 mm）、紫色柱头外露、红长芒、极易落粒、谷粒细长（L/W>3.5）、黑（或褐）色颖壳、红米。

②它们的栖生地多数与栽培稻隔离好，从而避免了野生稻与栽培稻杂交的现象。自然群体一般较大，但形态类型比较单一，酯酶同工酶谱类型比较简单，套袋自交也基本不分离，表明该类型是纯合的典型普通野生稻。

③它们的栖生地多为常年积水的沼泽地、山塘、河流和山涧小溪两岸等水分条件比较稳定的环境。它们以植株或宿根越冬，以无性繁殖方式繁衍群体为主，异花授粉率高，并能以种子繁殖，但单株种子生产力较低，是典型的多年生普通野生稻。

二、普通野生稻存在籼粳性状分化的潜能性

普通栽培稻存在着籼粳两大亚种，形态生态类型十分复杂，作为其祖先种必须存在相

似或大于它的基因信息库及表达性状的遗传特性。普通野生稻是否存在籼粳分化，对其作为祖先种也有重要意义。Second（1982、1985）明确提出普通野生稻存在籼粳分化，并认为中国普通野生稻偏粳，南亚普通野生稻偏籼。Oka和Morishima在过去的研究中认为，普通野生稻不存在籼粳分化，只是潜伏着籼粳分化的可能性，然而Morishima（1987）与Sano（1989、1991）的研究又倾向于普通野生稻存在籼粳分化。

　　陈成斌等（1994）对普通野生稻进行籼粳性状分化探讨，发现在观察的2 057份材料中，剑叶的100%为无毛的粳型表现；在倒三叶及以下的叶片上，很多叶毛的籼型材料占7.73%，多毛的偏籼的占2.38%，中等的占1.90%，少毛的偏粳型占15.31%，无毛的粳型占72.68%，有明显籼粳分化现象，并且叶片茸毛在不同生态型中籼粳性状表现也不一致。在匍匐型中，粳与偏粳的占绝大多数，分别为77.33%和14.85%；籼与偏籼的占少数，分别为4.93%与1.52%；中间型状态极少，占1.55%。在倾斜型中，籼与偏籼的材料比例明显比匍匐生态型有所增加，分别为27.18%和6.80%；而粳与偏粳的明显下降，分别占39.81%和20.38%；中间型材料只占5.83%，表明在这一生态型中籼粳分化已明显趋向两极（籼和粳）。在半直立型中，籼与偏籼的材料进一步增加，分别为35.21%和17.76%；粳与偏粳的进一步减少，分别为22.94%与19.12%；中间型材料与倾斜生态型相近，占5.12%，籼粳分化进一步明显，籼性开始大于粳性。在直立型中，籼、偏籼材料分别为39.02%与14.63%，粳与偏粳材料分别为29.27%与17.08%，中间型材料为0，性状明显向籼粳两极分化，偏籼、偏粳的材料比例均比半直立型有所下降。叶片茸毛性状的籼粳分化是很明显的，表现为粳性向籼性分化的趋势（图8-1）。

　　观察了2 017份普通野生稻的穗1～2节间长，发现在群体内有连续变化的情况，最短的为0.9 cm，最长的为6.25 cm。其中大于3.5 cm的（K、粳）占多数，2.1～2.5cm的（H′、偏籼）次之，再次是3.1～3.5 cm（K′、偏粳）的，最少的是小于2cm的（H、籼）材料（表8-2）。

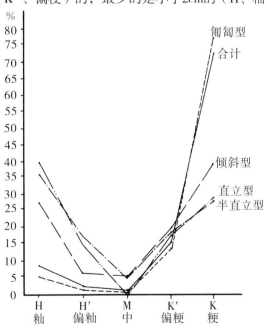

图8-1　普通野生稻叶毛分化比较图

表8-2　普通野生稻穗1~2节间长的籼粳分化比较（陈成斌等，1993）

类型	观察总数	H<2 cm		H' 2.1~2.5 cm		M 2.6~3.0 cm		K' 3.1~3.5 cm		K>3.5 cm	
		份数	%	份数	%	份数	%	份数	%	份数	%
匍匐	1 808	104	5.75	460	25.44	354	19.58	375	20.74	515	28.48
倾斜	105	7	6.67	18	17.14	28	26.67	24	22.86	28	26.67
半直立	62	4	6.45	18	29.03	14	22.58	10	16.13	16	25.81
直立	42	3	7.14	16	38.10	5	11.90	8	19.05	10	23.81
合计	2 017	118	5.85	512	25.38	401	19.88	417	20.67	569	28.21

在普通野生稻中，不同类型的材料在穗1~2节间长的籼粳分化上，表现为普通野生稻习性逐步由匍匐向直立演化，粳性材料不断减少，籼与偏籼材料比例不断增加，中间型材料不断减少，籼粳分化不明朗。

对2 035份普通野生稻抽穗期颖壳颜色的观察记载结果表明，这一性状基本上表现为籼或偏籼性，偏粳与粳性材料较少（表8-3）。各个类型的籼粳分化也表现出趋粳性分化较慢，但可看到籼粳分化潜在可能性，值得进一步探讨。

表8-3　普通野生稻抽穗期颖壳颜色的籼粳分化比较（陈成斌，1993）

类型	观察总数	H绿白色		H'白绿色		M黄绿色		K'浅绿色		K绿色	
		份数	%	份数	%	份数	%	份数	%	份数	%
匍匐	1 828	53	2.90	1 637	89.55	18	0.98	119	6.51	1	0.05
倾斜	103	34	33.01	69	66.99	0	0	0	0	0	0
半直立	62	31	50.00	30	48.39	0	0	1	1.61	0	0
直立	42	14	33.33	28	66.67	0	0	0	0	0	0
合计	2 035	132	6.49	1 764	86.68	18	0.88	120	5.90	1	0.05

观察2 037份普通野生稻稃毛的表现，发现接近籼性和偏籼的材料所占比例最多，中间型与偏粳的材料很少，没有粳性材料（表8-4）。

表8-4　普通野生稻稃毛的籼粳分化比较（陈成斌，1993）

类型	观察总数	H		H'		M		K'		K	
		份数	%	份数	%	份数	%	份数	%	份数	%
匍匐	1 831	886	48.39	925	50.52	11	0.60	9	0.49	0	0
倾斜	103	75	72.82	28	27.18	0	0	0	0	0	0
半直立	61	50	81.97	8	13.11	1	1.64	2	3.28	0	0
直立	42	35	83.33	7	16.67	0	0	0	0	0	0
合计	2 037	1 046	51.35	968	47.52	12	0.59	11	0.54	0	0

普通野生稻谷粒形状一般呈狭长形。观察2 230份材料统计结果，发现在普通野生稻谷粒长宽比上，匍匐型与倾斜型存在籼粳分化表现，但总的表现为以偏籼与中间型材料为主，

典型的粳性材料较少，在半直立与直立型中主要表现为由中间材料向偏籼、偏粳分化的趋势（表8-5）。

表8-5　普通野生稻谷粒长宽比籼粳分化统计（陈成斌等，1993）

类型	观察总数	H > 4.0		H′ 3.6～4.0		M 3.1～3.5		K′ 2.6～3.0		K < 2.5	
		份数	%	份数	%	份数	%	份数	%	份数	%
匍匐	1 447	127	8.78	810	55.98	481	33.24	28	1.94	1	0.07
倾斜	613	29	4.73	183	29.85	359	58.56	41	6.69	1	0.16
半直立	138	0	0	27	19.57	85	61.59	26	18.84	0	0
直立	32	0	0	6	18.75	17	53.13	7	21.88	2	6.25
合计	2 230	156	7.00	1 026	46.01	942	42.24	102	4.57	4	0.18

另外，统计来自全国6个省（自治区）4 372份普通野生稻的谷粒长宽比，最大的为5.46，最小的为1.86。表现为偏籼的最多，占44.63％；中间的与籼性的次之，分别为37.36％与12.31％；偏粳的较少，占4.73％；粳性的最少，占0.97％。但在半直立型与直立型的材料中，偏粳与粳性的比例逐渐增加，偏粳的分别占14.95％与15.38％，粳性的分别占1.23％和2.31％，表明籼粳分化随生长习性的逐渐直立而明朗化。

酚反应也是区分籼粳的生化指标之一。在818份普通野生稻种子的酚反应试验中，普通野生稻绝大多数表现籼性反应，粳性分化不太明显（表8-6）。

表8-6　普通野生稻种子酚反应试验结果（陈成斌等，1993）

类型	观察总数	H黑色		H′ 浅黑色		M稍黑		K′ 微黑		K无反应	
		份数	%	份数	%	份数	%	份数	%	份数	%
匍匐	727	687	94.50	33	4.54	3	0.41	0	0	4	0.55
倾斜	67	63	94.03	4	5.97	0	0	0	0	0	0
半直立	14	13	92.86	1	7.14	0	0	0	0	0	0
直立	10	10	100.00	0	0	0	0	0	0	0	0
合计	818	773	94.50	38	4.65	3	0.37	0	0	4	0.49

以上6项性状综合评分鉴定结果表明，普通野生稻属籼与偏籼的占绝大多数，分别占13.64％与83.44％；也存在偏粳的材料，占2.92％；未发现典型粳型材料，这与前人研究结果一致。但各种性状中均出现籼粳性状分化现象。在1 845份匍匐型材料中，表现下部叶片的叶茸毛比剑叶茸毛多的现象比较明显，这种有差异的材料占22.38％；在103份倾斜型材料中，有差异的占57.28％；在半直立与直立型材料中，有差异的分别占66.18％与63.41％。参试材料中有93.05％的材料剑叶无叶毛，普通野生稻中叶毛的表现是下部叶的叶毛比上部的多，图8-1就是倒三叶的表现结果。在酚反应中，参试种子增到50粒以上就会出现同一材料中着色分离的现象，级差可以在H（黑色）到K′（微黑）的范围，在匍匐型材料中有着色分离的占54.75％，倾斜型中有74.63％，半直立与直立型中各有71.43％和50.00％。这些都说明普通野

生稻群体性状是多样性的，出现籼粳性状分化是客观存在的，但这种分化是极原始与较微小的，普通栽培稻籼粳亚种同期起源于普通野生稻的观点是成立的。在近年出土的古稻中也得到证实，如"贾湖古稻"每层次的样品几乎都存在偏粳、偏籼、籼粳中间型及偏野型炭化稻米，可见在"贾湖古稻"群体内变异很大，是稻种起源初期的混合体，它既与现代野生稻有很大差异，也与现代籼粳彻底分化的品种有明显的不同，即它既不同于野生稻又不同于现代栽培稻品种。由于偏籼、偏粳、偏野及中间型的存在，也说明籼粳稻亚种同期起源于普通野生稻的观点是客观存在的事实。"彭头山古稻""八十垱古稻"都存在这种情况，在同工酶分析、DNA分析中也得到证实。

三、普通野生稻资源分类

庞汉华等（1995）对国内571份及国外27份共598份普通野生稻进行了研究，根据10个鉴别普通野生稻与栽培稻的形态性状（表8-7），将观察测定的数据在微机上进行最长距离法聚类，结果598份材料可以分为130种形态类型，按欧氏距离3.7处分类，参试材料可分为两类群：第一类群以匍匐型与倾斜型为主要特征，第二类群以直立型与半直立型为主要特征。在欧氏距离2.8处分类：第一类群可再划分为1、2、3、4四个亚群，第二类群可再分为5、6、7、8四个亚群。

表8-7　普通野生稻与栽培稻鉴别的形态性状与级别标准（庞汉华，1995）

性状	级别			
	1	2	3	4
生长习性	匍匐	倾斜	半直立	直立
基部鞘色	紫色	淡紫或紫条斑色	淡绿色	绿色
剑叶长/宽（cm）	15～20/0.3～0.5	18～25/0.4～0.6	18～35/0.6～1.0	
花药长（mm）	≥5.0	4.0～5.0	3.0～3.9	≤3.0
柱头色	紫色	白色		
芒性	红或紫红色、长	黄或白色、长	无芒	
落粒性	易落	不易落		
颖色	黑或褐色	褐斑或花色		
谷粒长宽比	≥3.5	2.5～3.5	≤2.5	
米色	红或浅红色	白或浅绿色		

第1亚群包括43种类型，除3个半直立型外，其余全部为匍匐型与倾斜型，具有野生稻的典型形态特征。如4001型的茎贴地面生长，向四方伸展，抽穗前再拔节向上生长，不论在南方或北方温室内都能以宿根越冬，春季气温转暖时形成新的再生苗，再生能力强，主要以无性繁殖方式兼有性繁殖方式繁殖后代，多年生特性较明显。在其他形态上表现为基部茎紫

色，叶鞘、剑叶窄而稍短，花药长（＞5 mm），柱头外露紫色，红色长芒，黑色颖壳，谷粒细长（长宽比＞3.5），种皮红色，具有典型野生稻的特征。又如4051型，除生长习性为倾斜型（半匍匐）外，其他性状均与4001型相似。可认为倾斜型是偏离典型野生稻向栽培稻直立方向发展的普通野生稻类型。

第2亚群只有1种类型，即4044型，植株呈匍匐型，叶鞘淡绿色，花药较短（4.0～4.9 mm），柱头白色，其余性状与典型普通野生稻相类似。

第3亚群有2种类型，即4053型与4010型，它们分别为匍匐型与倾斜型，只是芒变为白色长芒，颖壳分别变为花壳与黄壳，其余性状与典型普通野生稻相类似。

第4亚群包括16种形态类型，除2个半直立型外，其余均为匍匐型或倾斜型，与第1至第3亚群基本相似，其他性状有一半发生了变异。

第5至第8亚群属于第2类群，与第1至第4亚群的最大差异是直立型与半直立型，明显接近栽培稻，其余9个测试性状大多数发生与典型普通野生稻不同的变异，有更多的性状倾向于栽培稻。但在个别性状上如落粒性、柱头紫色外露，仍保留着普通野生稻的特征。直立型与半直立型的材料在越冬性与再生性上明显比匍匐型、倾斜型严重减弱，种子生产量明显提高，种子成熟后茎叶片逐渐枯黄，一年生的特性明显。部分材料转为依靠种子进行有性繁殖，后代接近栽培稻的生长繁殖方式。第二枝梗出现与增多，着粒密度增加，谷粒长宽比小于3.5，剑叶明显变宽，长度增加，落粒难，其中第6亚群最明显。在30种形态类型中除3个半直立型外，其余均为直立型，如4198型与4193型，10个性状全部与典型的4001型有明显的差别。

根据10个形态性状的聚类分析和主要繁殖方式，庞汉华等（1995）把中国野生稻分成7个类型（图7-3）。

研究认为有20％以上的参试材料为一年生普通野生稻，同时认为第1亚群中的4001型多年生普通野生稻是中国栽培稻的原生型祖先种，其理由有三点：

①4001型是典型的普通野生稻，其主要特征是匍匐状，紫色叶鞘，叶较细短，花药长（＞5 mm），紫色柱头外露，红色长芒，落粒性强，谷粒细长（长宽比＞3.5），熟期颖壳黑或褐色，种皮红色。

②4001型普通野生稻的分布点多数与栽培稻隔离较好，从而避免了野生稻与栽培稻天然杂交的干扰，此类普通野生稻群体较大，类型比较单一，套袋自交也不分离，表明该类型是纯合的典型普通野生稻。

③4001型普通野生稻的栖生地多为常年积水的沼泽地、山塘、河流和山涧小溪两岸缓流处等，水分条件相对稳定，它们以植株或宿根越冬，并以无性繁殖为主，兼有种子繁殖，但种子生产力较低。

庞汉华等认为多年生倾斜型普通野生稻，如4051型，可能是更接近栽培稻的近缘祖先种。这些结论与李道远、陈成斌等（1986、1993）的研究结果一致。

四、普通野生稻核DNA多样性

孙传清等（1996）对来自亚洲10个国家与地区的122份普通野生稻和亚洲栽培稻的核DNA进行RFLP分析，探讨中国普通野生稻与南亚、东南亚普通野生稻及栽培稻籼、粳之间的遗传分化关系。结果表明，籼粳分化是栽培稻的核DNA遗传分化的主流，在核DNA分化上，中国普通野生稻可分为原始普通野生稻型和偏籼型、偏粳型；南亚普通野生稻只有原始普通野生稻型和偏籼型，没有偏粳型；东南亚普通野生稻有原始普通野生稻型和偏籼型，还可能有偏粳型。中国普通野生稻因地理分布不同，其遗传分化表现出多态性。江西东乡、湖南茶陵和云南元江的部分普通野生稻不与籼粳聚在一起，独聚一类，其形态上也较原始，属于普通野生稻的原始类型和栽培稻的原始祖先型。广东、广西的普通野生稻表现为偏籼、偏粳型。据生态考察，云南元江县的普通野生稻是一个周围没有栽培稻、隔离条件好的群体，但除有原始类型外，还有偏粳类型，因此该群体可能是一个正在分化的群体，其偏粳类型可能由原始类型演化而来。亚洲普通野生稻的籼粳分化核基因分析结果见表8-8。

表8-8　亚洲各国普通野生稻的核基因RFLP聚类分析结果（孙传清等，1996）

来源	系统数				
	总数	第一群	第二群	第三群	第四群
中国	39	12	19	8	
印度	27	19			8
斯里兰卡	7	3			4
孟加拉国	6	6			
泰国	17	17			
缅甸	12	7	1		4
柬埔寨	5	4	1		
马来西亚	6	4			2
菲律宾	1				1
印度尼西亚	2	2			
总计	122	74	21	8	19

注：第一、第二、第三、第四群分别是籼稻和偏籼群、粳稻和偏粳群、中国原始普通野生稻群、南亚和东南亚原始普通野生稻群。

普通野生稻的核DNA多样性包含亚洲栽培稻的多样性，存在稻种起源进化、籼稻与粳稻分化的潜能性；同时，普通野生稻是稻属种在形态、生态、同工酶、核DNA的RFLP表现、杂交亲和力等方面最接近普通栽培稻的稻种，是栽培稻的近缘祖先种。在普通野生稻中，中国普通野生稻存在原始型、偏籼型、偏粳型的分化，中国栽培稻种植史是世界最长久的，有

8 000多年历史。在古稻出土样品中表现为偏籼型、偏粳型、偏野类型的复合体。在普通野生稻生态形态研究上，匍匐生态群比倾斜生态群更原始。因此，普通野生稻中匍匐生态群是栽培稻的原始祖先类型，倾斜生态群是栽培稻的近缘祖先类型。

五、根据稻种资源核DNA测序结果确认近缘祖先种

近20年国际上利用核基因组DNA测序技术对人类、动植物进行DNA测序研究。我国参与了人类和水稻DNA测序的国际合作项目，经过科学家的努力均取得显著成果。世界上有2个栽培稻种，其中，亚洲栽培稻的种植面积遍及世界各地，种类繁多，谁是它的直接祖先种问题，稻作理论科学家已经花费了一个多世纪的时间进行许多研究，但是结论一直存在争议。比较权威的假说中，有的认为亚洲栽培稻的直接祖先种是多年生野生稻种，有的认为是普通野生稻种，还有的认为是尼瓦拉野生稻种。20世纪后期中国农业大学王象坤教授主持的国家自然科学基金重大项目"中国栽培稻起源与演化"的研究成果，再加上考古研究的新进展——在湖南彭头山、河南舞阳出土的碳化稻样品的年限超过9 000年，是世界上出土时间最长久的炭化稻样品——证明中国先民早在9 000年前就开始种植栽培稻了。笔者也是当年项目的参与者，曾见过那里出土的炭化稻样品，它是籼稻、普通野生稻、粳稻混合样品。当年在普通野生稻分布的北限，由于该地域的人群每年均遇到季节性粮食缺乏的问题，为了保证族群的生存和发展而采集普通野生稻加工食用，为了获得更多的稻谷，把头年吃剩的稻谷播种或扩种，并在不断种植过程中加以选择穗大粒多者。从样品来看，普通野生稻的谷、米粒比现在的普通野生稻略小些。由于出土稻谷、米粒是多类型的，估计当年（约9 000年前）的先民还没有分类选择的需要。然而，自然进化与人工选择变异的进化相比要慢得多，栽培种与直接祖先野生种在DNA序列上的相似度肯定比血缘远的高，这是普遍的规律，通过核DNA的测序比较它们之间的结构相似性来确定其直接进化祖先就是这种相似性的应用，结果是完全可能的。黄学辉、韩斌院士团队对1 000多份野生稻和栽培稻种质的DNA测序结果比较，确定普通野生稻就是亚洲栽培稻的直接祖先种。他们的论文于2012年10月3日在《自然》杂志在线发表，虽在文中没有直言之，但是提出广西可能是亚洲栽培稻起源地的结论，就是对普通野生稻是亚洲栽培稻直接祖先种的一种肯定。

魏鑫、杨庆文等于2012年9月18日在Molecular Ecology上在线发表论文，报道了利用我国两广地区、海南北部普通野生稻的核心种和栽培稻地方品种的核基因、叶绿体和线粒体基因组有关进化基因测序的全国合作结果。他们对118份野生稻材料和92份栽培稻（50份籼稻、42份粳稻）进行cox3、trnC-ycf6、ITS和Hd1等4个基因的测序，研究亚洲栽培稻和普通野生稻之间亲缘关系的远近。cox3是线粒体内的功能基因，其产物是细胞色素C氧化酶亚基3。trnC-ycf6区域位于叶绿体中，是一种植物DNA条码，已经广泛地用于生物多样性研究中（Kress，

2005）。ITS是核糖体内转录间隔区，包括ITS1、ITS2和5S rDNA。Hd1是水稻重要的感光基因，其与拟南芥中的控制开花时间的基因CO同源（Yano，2000）；Hd1蛋白是一种重要的控制Hd3a表达的蛋白，在水稻开花调控中起到主要作用（Takahashi，2009）。他们研究的Hd1基因包含启动子、外显子1、内含子和外显子2与3'UTR区。整个研究包括2个核基因和2个细胞质基因、2个功能基因和2个无功能基因。在经过PCR扩增、克隆后测序，再进行DNA序列分析。

cox3、trnC-ycf6、ITS和Hd1的分子长度分别为843 bp、411~477 bp、585~592 bp和2 625~3 785 bp。在cox3中发现有4个多态性位点，在trnC-ycf6中发现有3个多态性位点，在ITS中发现有14个突变位点，在Hd1中发现有84个突变位点，见表8-9。由此知道，叶绿体和线粒体基因发生突变的概率远远小于核DNA，也说明细胞质DNA的进化速率远远小于核DNA，由于细胞质DNA属于母性遗传为主，在其进化中栽培种必然与其祖先种具有极高的相似度。

表8-9　稻种核酸多态性以及中性检验值（魏鑫、杨庆文等，2012）

Gene	Species	n	S	h	Hd	$\pi \times 10^3$	$\theta_w \times 10^3$	D	D*	F*
cox3	O.sativa	92a	3	2	0.497	1.77	0.70	2.789c	0.834	1.697
	O.rufipogon	118a	4	3	0.521	1.84	0.89	2.057	0.927	1.524
trnC-ycf6	O.sativa	92a	2	2	0.500	2.42	0.95	2.412d	0.692	1.426
	O.rufipogon	118a	3	3	0.585	2.84	1.36	1.895	0.813	1.360
ITS	O.sativa	100b	9	12	0.759	4.92	2.97	1.635	1.318	1.693
	O.rufipogon	170b	14	23	0.862	3.60	4.30	-0.417	-2.197	-1.832
Hd1	O.sativa	104b	30	27	0.862	2.78	2.19	0.816	-1.743	-0.888
	O.rufipogon	146b	84	71	0.971	2.45	5.28	-1.690	-2.763d	-2.746d

注：θ_w，突变位点的多态性；a，直接测序；b，直接和克隆测序；c，$P<0.01$；d，$P<0.05$。

cox3是线粒体中一个功能基因，不含内含子，其表现很保守，大部分的突变都对其有害。实验材料中仅发现3种单倍型，以H-1和H-2两种单倍型为主。H-1存在于大部分粳稻中，占79%；H-2主要存在于籼稻中，占98%。普通野生稻中存在有H-1、H-2、H-3单倍型，H-1与粳稻近缘些，H-2、H-3与籼稻近缘些。这个基因位点说明亚洲栽培稻的籼稻和粳稻两个亚种都是由普通野生稻直接驯化而来的，而不是粳稻由籼稻驯化而来的。

trnC-ycf6是存在于叶绿体DNA中的分子标记，介于trnC基因和ycf6基因之间，是目前常用的用于区分水稻种的分子标记。在这个基因位置上仅仅发现3个单倍型，H-1和H-2是主要单倍型。含H-1的栽培稻中粳稻占80%，含H-2的栽培稻中籼稻占98%；在普通野生稻中含有H-1、H-2和H-3，H-1和H-3与粳稻近缘些，H-2与籼稻近缘些。这个基因位置也说明亚洲栽培稻两个亚种都是直接来源于普通野生稻，即普通野生稻是亚洲栽培稻的直系祖先种。

对trnC-ycf6的H-1、H-3和cox3的H-1进行比较，结果发现99%的普通野生稻和98%的栽培稻是相同的。这说明叶绿体和线粒体基因可以被用于区分籼稻、粳稻，以及证明栽培稻进化过程中的基因交流。

核基因组中的ITS是基因间序列，是常被用来构造系统树的核糖体重复序列。在普通野生稻中该ITS基因位置发现有26个单倍型；在粳稻中单倍型H-1占粳稻的94%、H-2占粳稻的100%，而在籼稻中发现H-3的籼稻占93%；在普通野生稻参试材料中大部分材料保存有H-1～H-3和H-12～H-14；存在H-1～H-3的普通野生稻其祖先与中国栽培稻（亚洲栽培稻）祖先同源。

核基因Hd1也是稻种核基因组的基因，它携带有丰富的多态性，并成为栽培稻开花时间变化的一个主要决定因子。Hd1基因在所有参试材料中存在93个单倍型，其中亚洲栽培稻仅有27个单体型，其余均存在于普通野生稻中。在籼稻中存在的Hd1单倍型，H-7占参试材料的100%，H-48占90%，H-50占92%；在粳稻中H-1占参试材料的92%，H-52占59%，H-52基因不是粳稻所独有，但紧挨着它的单倍型都是粳稻；在普通野生稻中含有大量的H-1和H-48，而H-5和H-17是普通野生稻控制的。单倍型H-50和H-52不在野生稻中，但这两个单倍型与H-5和H-17具有最密切的关系。上述主要单倍型都不是纯的，籼稻、粳稻之间或多或少含有交叉存在的单倍型，说明它们都是从普通野生稻驯化来的，普通野生稻是它们的直接祖先种。中国普通野生稻群体及其单倍型分布见图8-2。

图8-2 中国普通野生稻群体及其单倍型分布示意图（杨庆文等，2015）

曹立荣、魏鑫、黄娟等（2012）在杨庆文的指导下，选用184份亚洲栽培稻和203份普通野生稻，进行线粒体基因cox3、cox1、orf224、ssv-39/178以及rps2-trnfM的多样性的亚洲栽培稻起源研究。研究结果显示387份参试材料共发现36个单倍型，其多样性指数Hd为0.780，核苷酸多样性指数π为0.001 92，其中单倍型频率最高的是单倍型33（hap33），有128份材料。针对普通野生稻、亚洲栽培稻的各类型分析单倍型多样性指数值计算结果见表8-10。

表8-10 供试稻种材料不同分组方式的序列分析结果（曹立荣、杨庆文等，2012）

参试材料类型Group	所含材料份数No.of accessions	Hd	π	Tajinma'D
粳稻 Japonica	64	0.233	0.000 92	-1.032 41
籼稻 Indica	120	0.550	0.001 71	2.091 13*
亚洲栽培稻 O.sativa	184	0.596	0.002 12	1.759 66
国内野生稻 Domestic wild rice	130	0.709	0.000 75	-1.383 33
国外野生稻 Foreign wild rice	73	0.749	0.001 52	-2.774 48***
野生稻材料 Wild rice	203	0.774	0.001 05	-2.705 78***
全部材料 All test materials	387	0.780	0.001 92	-2.155 71**

注：NS，Not significance，不显著，$0.05<P$；显著，*，$0.01<P<0.05$；极显著，**，$P<0.01$；特显著，***，$P<0.05$。

研究者认为，该研究验证了粳稻起源于中国，籼稻起源于中国和国外；亚洲栽培稻的起源为二次起源，即普通野生稻存在偏籼和偏粳类型，亚洲栽培稻籼、粳亚种分别来源于普通野生稻的偏籼、偏粳类型。陈成斌认为，他们的实验再次证明中国普通野生稻是亚洲栽培稻的直接祖先种；亚洲栽培稻籼粳亚种同时起源于中国普通野生稻但不一定为二次起源，虽然普通野生稻存在籼稻或粳稻的主要基因，也存在某些材料主要出现籼稻或粳稻的基因材料群等情况，但在农艺性状表达上，到目前为止也没有出现截然分开像籼稻或粳稻的性状类型，也就是说普通野生稻保存的基因存在籼粳分化的趋势，还远远没有完成所谓的籼粳分化。更不用说1.2万年前的栽培稻驯化初始时期的普通野生稻祖先，即亚洲栽培稻的祖先了。

综上所述，近代基因组学测序研究结果表明，普通野生稻就是亚洲栽培稻的直接祖先种。亚洲栽培稻就是人类从普通野生稻种栽培驯化而来的。

第二节 亚洲栽培稻起源地的研究

一、栽培稻起源地学说概述

有关栽培稻起源地的研究及学术观点，由于实验材料、地点及诸多原因产生了许多不同的学术见解。稻种起源地确认、起源学说的提出是很复杂的问题，它涉及许多学科，如生物学、考古学、古气候学、古生态学、古环境学以及人类学、民族学、语言学、历史学、古地理学等，要解决这一问题需要多学科的密切合作，也需要有更多突破性的考古发现与学科研究上的发现。为方便研究者研讨，现把目前较有影响的稻种起源地学说归纳如下。

1. 阿萨姆—云南起源说

这一学说有几种看法：其一，日本学者渡部忠世认为，稻作起源地是从印度阿萨姆起经缅甸克钦州等地到中国云南这一椭圆形丘陵地带。其二，张德慈认为稻作起源于尼泊尔—阿萨姆—云南地区，并推论稻作经云南引进黄河流域，经由越南以海路引入长江流域。其三，部分中国学者如柳子明、游修龄、李昆声等认为亚洲栽培稻起源于中国云贵高原。其依据是云南地势与气候复杂，从海拔40～2 695 m都有栽培稻种分布，不仅数量多，而且种类复杂，有籼、粳、水、陆、黏、糯等各种类型。同工酶酶谱还显示云南的部分普通野生稻与栽培稻类型相似。这一学说的考古学材料，渡部忠世依据的是距今1 500年的材料，云南发现的几处稻作遗址，年代最早的是3 800 aBp，这与近年考古最新发现相比其稻作年代相对较晚。以最新的野生稻调查的资料来看，云南野生稻种类多数为疣粒野生稻与药用野生稻，而与栽培稻起源有关的普通野生稻只在景洪、元江两县有零星分布，这对阿萨姆—云南起源说不利。

2. 中国华南起源说

中国栽培稻起源于华南地区是著名稻作学家丁颖先生1957年提出来的，丁颖先生在做了大量的稻作生态学、农艺学、育种学、考古学、气候学、历史学、语言学、民族学、地理学等多学科的研究后，提出中国栽培稻分为籼粳亚种等五级分类，坚持中国栽培稻起源于中国，而不是从国外传入的观点，在当时具有十分重要的意义。中国华南稻作起源说的主要依据是，迄今为止这一广大地区有公认的栽培稻祖先种——普通野生稻的分布。即南起海南崖县（今三亚市）羊栏乡（18° 09′ N），北至江西东乡县（28° 14′ N），东起台湾桃园县（121° 15′ E），西至云南景洪县（100° 40′ E），是我国普通野生稻的主要分布区，这里气候温暖，河塘湖沼广布，适合稻类作物生长。在考古上，这里发现了人类万年以前的新石器时代早期文化遗存，可惜至今发现的早期稻作遗存材料不够充分。

3. 黄河流域起源说

李江淅（1986）认为，水稻是秦人祖先大费在冀、鲁、豫、苏交界地区首先培育而成的，因而中国栽培稻起源于黄河流域。这一观点主要依靠文字训诂的考证，但对考古学和年代学资料引用不当，未能引起同行学者的重视。

4. 长江中下游—华南起源说

严文明先生（1990）提出长江中下游—华南起源说，该观点在考古学材料上有河姆渡、彭头山稻作遗址中古稻样品的支持，又有普通野生稻分布区及邻近现今野生稻分布区作证据。这实际上是中国华南起源地学说的扩大区域，实物证据较充分，是目前众多学者支持的一种学说。

5. 南中国栽培稻起源大中心说

张居中（1993）报道，1991年在整理河南舞阳贾湖遗址发掘资料时，在一些土块上发现了十余例稻壳印痕，当即引起重视。1992年经中国科学院植物研究所孔昭宸先生研究鉴定，被确定为栽培稻。为了进一步研究贾湖稻作文化的类型及其在当时经济生活中所占比重，即稻作经济的发展水平，1993年底徐州师范学院陈报章先生在所提供的9个样品中均发现了丰富的水稻扇形、哑铃形和双峰形硅酸体。1994年春又在提供的H82、H229和H174几个样品中发现炭化稻籽实（大米）约100粒。1994年9月，张居中、孙昭宸先生一起称取H174灰坑填土标本500克，经水冲洗，选出完整炭化稻239粒和碎米、断米228粒。这是我国继发现河姆渡稻作文化之后稻作农业考古中又一重要发现，它把古稻作纬度向北推进到33°37′N，年代比河姆渡提早1 000多年。虽然与贾湖遗址同时或稍早的湖南彭头山遗址也发现有8 000年前的稻作遗存，但只在陶片中发现夹有大量稻壳和个别籽实碎粒，而未见炭化稻籽实。经王象坤先生对贾湖遗址先前出土的较完整的43粒炭化米的粒形观察，认为贾湖古稻米比现代稻米明显要小些，籽粒表面多有1～2条明显隆起的脊（维管束），L/W（长／宽）测量的平均值为2.38，变幅为1.83～3.53，除1粒可能为野生稻（L/W为3.53）外，绝大多数可以认定为栽培稻，而且其中32粒可能为粳型与偏粳型，占总数的74.4％；有10粒为籼型或偏籼型，占总数的23.3％，这与孔昭宸对稻壳印痕的观察、陈报章对硅酸体的分析结果基本一致。在贾湖发现炭化米的3个遗迹单位分别代表贾湖遗址的早、中、晚三期文化，这三个时期的炭化米发现量从早期到晚期呈增加趋势，这虽有偶然因素，但似乎说明贾湖古稻的种植规模是逐渐扩大的。经鉴定认为，这3个时期古稻米变异幅度不大，总变异系数为13.3％，而同一时期的古稻米变异系数小于10％，说明贾湖古稻米不仅比较原始，而且从米粒形态上看，籼粳分化程度也较低。贾湖遗址古稻，经碳–14年代测定，有6个数据均在7 000年以前。利用华盛顿大学第四纪中心同位素实验室提供的校正程序（Stuiver and Pearson，1993）对其进行数轮校正后，最大变化值为7 547～9 250年，最小变化值为7 655～8 991年，最可信校正的插入值为7 801～8 942年，这就为栽培稻起源研究提供了最新的重要资料。对贾湖遗址、淮河流域稻作遗址和江苏高邮龙虬庄遗址等进行综合研究后，张居中等提出淮河流域也是栽培稻起源地主要组成部分的观点，认为栽培稻起源地应包括长江、淮河两大流域和整个华南地区，即南中国栽培稻起源大中心说。

二、栽培稻最初起源地的确定与基本条件

综合上述诸起源地的学说，作为栽培稻的最初起源地必须具有以下基本条件：一是该地区必须发现有最古老的原始栽培稻遗存；二是该地当时必须发现有栽培稻的祖先种普通野生稻；三是该地或附近要有以栽培稻为主要食品，并存在具有将野生稻驯化为栽培稻的水平与能力的古人类群体，以及相应的稻作作业生产工具；四是该地当时必须具备栽培稻及其祖先种生长发育的气候与环境条件。这四个条件缺一不可。

根据这些条件，张居中、王象坤等认为淮河上游和长江中游地区是最早具备上述条件的地区。据游修龄先生对汉代以来的古代文献考证，在我国2世纪以来，野生稻的分布地域在107°E～122°E、30°N～38°N之间。这就包括长江中下游、江淮地区、汉水流域、黄淮地区至东面沿海一带。因此，有理由认为江淮、黄淮地区均为普通野生稻资源传统的分布区。这时期的气候也有很大的波动，如在8.7～8.9 KaBp之间有强低温事件，以及7.8 KaBp和7.3 KaBp两次温度下降等，冷暖交替不稳定波动，给这一带刚刚从最后冰期熬过来的人类群体的生存带来新的麻烦，加上人口增长，采集和狩猎资源减少，季节性食物供应不足，迫使他们寻找便于贮藏以战胜寒冷冬春而又易于增产的食物来源。迫于生存压力，使处于具备水稻驯化条件的北缘地区的古人群，最先着手摸索栽培驯化野生稻的办法，并逐步掌握了水稻栽培技术。从国内已出土的100多处新石器时代稻作遗址来看，湖南澧县彭头山遗址与河南舞阳县贾湖遗址同时具备稻种起源地的4个条件，两地都出土了大量最古老的年代相仿的炭化栽培稻样品，还有少量的野生稻样品。这两个地区相距不过400多千米，有古道相通，说明两者有一定的亲缘关系和相似的驯化原始阶段。贾湖与彭头山这两处文化遗存之间虽各有自己的特点，但也存在相似之处，两者的古人均为定居生活，居住的建筑多为半地穴式，墓葬中有较精致的石质装饰品，有一定数量的打制石器，陶器成型工艺中泥片贴塑法占相当大比例，有一定的夹碳陶存在；音乐和原始宗教文化为稻作经济提供雄厚的物质基础，同时渔猎采集经济仍占较大的比重。因此，王象坤、张居中等（1995）认为中国是亚洲栽培稻的主要起源地之一，长江中游—淮河上游地区是中国栽培稻的最初发祥地。而云南、长江—淮河流域及华南等地是我国栽培稻的三个遗传多样性中心。中国与南亚是两个独立的稻种起源与演化系统，即两个起源中心与扩散体系。

三、核DNA测序确定起源地的可能性

水稻在分类学中属于禾本科，稻属。目前较公认的稻属分类为23个种，其中包括2个栽培稻种（即亚洲栽培稻和非洲栽培稻）和21个野生稻种。迄今有关"水稻究竟起源于哪里"的问题一直是植物学家和育种学家关注的热点。大多数学者研究比较公认，栽培稻起源于普

通野生稻。而稻种起源中心位于何处则是长期以来备受争议的问题。目前，主要存在4种起源观点，即华南起源说、云贵高原起源说、长江下游起源说和多中心起源说。

长期以来，国内外科学家通过考古发现、野生稻原生境调查、水稻生理形态及遗传背景分析等多种途径探究栽培稻的起源之谜。至今，主要有以下几种起源假说：①华南起源说。该观点认为栽培稻起源于我国的华南地区。这一观点最早是由已故著名农学家丁颖先生率先提出，并得到童恩正、李润权、杨庆文等的研究结果所支持。其中，李润权明确提出，在我国范围内追溯稻作的起源中心应该在江西、广东和广西三省的旧石器晚期遗址多作努力，其中西江流域是值得重视的。近期，王荣升、曹立荣等利用分子生物学技术开展的研究表明亚洲栽培稻起源于我国华南地区。这一地区丰富的野生稻资源为这一学说提供了有力的佐证。同时，在考古中还发现了较密集的新石器时代早期遗址，已出土的许多石斧、石锛、蚌刀、石磨盘、石杵等可视为当时人们从事农业的工具。说明那时候当地人已能利用谷类作物，这些谷类可能就是水稻。②云贵高原起源说。该观点主要是从生物学的角度出发，根据自然地理条件和野生稻资源的分布状况而论证的。云南现有植物种类15 000多种，素有植物王国之称，各种农作物也是应有尽有，现有稻种3 000多个。由于地理环境以及气候特点的影响，使得云南成为植物变异的中心。汪宁生、李昆声等通过对云南稻种进行同工酶分析，发现其酶谱一致，表明云南现代栽培稻种的亲缘关系十分接近云南的现代普通野生稻，从而进一步确认，云南现代栽培稻的祖先很可能就是云南的普通野生稻。③长江下游起源说。这一观点主要是根据考古发现和文献记载中关于长江流域有野生稻存在的情况而论证的。普通野生稻曾广泛分布在我国长江流域。闵宗殿根据浙江余姚河姆渡遗址等稻作遗址的发现，率先提出中国栽培稻起源于长江下游，严文明、杨式挺等的研究结论也与其一致。近年考古最新发现，湖南澧县彭头山早期新石器文化遗址发掘出土的稻谷遗存距今约9 000年，而在江西万年县仙人洞和吊桶环遗址的水稻植硅石和湖南道县玉蟾岩遗址出土的稻谷粒距今有10 000多年。这些考古发现有力地支持了长江下游起源说。④多中心起源说。日本学者冈彦一曾提出，栽培稻是多元起源或分散起源的观点。严文明也指出，既然适于栽培的野生稻在中国、印度和东南亚等许多地方都有分布，那么栽培稻也就可能在许多地方较早地独立生长。

栽培稻的起源一直是科学家们研究和争论的热点。除了上述几种假说以外，还有黄河下游起源说、长江中游起源说等，但这些假说均没有全面、权威的证据加以证实，未形成共识。

2012年10月3日，中国科学院上海生命科学研究院的黄学辉、韩斌院士的科研团队采用先进的分子生物学技术进行研究，通过全基因组遗传背景的比较分析，证明亚洲栽培稻起源于广西境内的珠江流域，起源祖先为广西普通野生稻，撰写的论文《水稻全基因组遗传变异图谱的构建及驯化起源》在国际顶尖科学杂志《自然》在线发表。

这一研究成果是亚洲栽培稻起源中心研究的最新成果，它从基因组学的水平上解开了"稻种起源地在哪里"这个长期困扰科学家们的学术之谜，同时也印证了华南起源说的观点。该成果一经在世界著名顶级学术杂志《自然》上发表，就受到了多个国家各主流媒体的关注。

曹立荣、魏鑫、黄娟等（2012）在杨庆文的指导下，选用184份亚洲栽培稻和203份普通野生稻（其中92份国外亚洲栽培稻和73份国外普通野生稻来自国际水稻研究所，92份中国的亚洲栽培稻和130份中国的普通野生稻均按我国微核心种质资源名录选用，来自国家种质南宁和广州野生稻圃），进行线粒体基因cox3、cox1、orf224、ssv-39/178以及rps2-trnfM的多样性的亚洲栽培稻起源研究。用MEGA软件中的neighboring-joining法对全部材料的36个单倍型构建系统发育树，发现36个单倍型可分为4个类群，与Network作图结果比较发现，在Network作图结果中，类群Ⅰ和类群Ⅲ聚在一起的个体均没有发生变化，其两个群组分别对应于MEGA作图结果中的类群Ⅰ和类群Ⅳ。唯一变化的是Network作图结果中的类群Ⅱ，类群Ⅱ在MEGA构建发育树时被分为了2个类群。

用PUPA软件对Network软件作图结果进行验证，发现36个单倍型也被分为了4个类群，但是与MEGA不同的是在类群Ⅲ的划分上存在一些不同，在MEGA中hap10、hap11、hap12与类群Ⅱ中的材料聚在一起，然而在PUPA中hap10、hap11、hap12与类群Ⅲ的hap13、hap14的亲缘关系更近，故在PUPA中的hap10、hap11、hap12同hap13、hap14一起聚在类群Ⅲ中。

从上述分析结果可以看出，类群Ⅰ和类群Ⅳ的划分相对稳定，而MEGA软件作图的类群Ⅱ和类群Ⅲ均为籼稻群，能聚为一大类；类群Ⅰ为粳稻群；类群Ⅳ中的材料可能是籼稻和粳稻的过渡类型。由此，曹立荣、魏鑫、黄娟、杨庆文等（2012）认为类群Ⅰ中的普通野生稻与粳稻关系较近，是亚洲栽培稻的直接祖先，类群Ⅱ和类群Ⅲ的普通野生稻是籼稻祖先群，类群Ⅳ的普通野生稻是类群Ⅳ的直接祖先或与类群Ⅳ亲缘较近的祖先种类群。类群Ⅰ的普通野生稻均来自中国，认为粳稻亚种起源于中国，这与其他报道的研究结果相同，同时认为亚洲栽培稻的籼稻亚种也起源于中国。这就是稻种线粒体基因cox3、cox1、orf224、ssv-39/178以及rps2-trnfM的多样性研究得到亚洲栽培稻起源于中国的结果。

魏鑫、乔卫华、黄娟（2012）在杨庆文的指导下利用选自叶绿体、线粒体和核基因组的基因区域中的cox3、trnC-ycf6、ITS和Hd1 4个基因研究亚洲栽培稻中心，结果表明粳稻和籼稻是分别独立从华南地区驯化的，在驯化过程中存在基因交流，珠江水系可能是中国粳稻和籼稻的共同起源地。同时他们认为中国华南地区是中国普通野生稻的遗传中心，珠江流域是亚洲栽培稻的起源中心。

杨庆文课题组与广西、海南、云南、广东等省（自治区）合作，在野生稻与栽培稻遗传多样性中心、亚洲栽培稻起源中心等基础研究上取得很好的进展，论文于2012年9月18日在Molecular Ecology上在线发表。他们通过对广西桂中地区河流不同区域居群遗传结构分析，发现山体阻隔的居群间遗传分化明显，同一流域下游的普通野生稻居群的遗传多样性高于上游，表明广西在同一地区或同一流域内的普通野生稻具有丰富的居群间结构多样性。同期，通过利用分子标记对来自全国的普通野生稻的居群进行遗传多样性分析，率先从分子生物学

基因组水平确定了海南北部至广东及广西南部的三角区域为我国普通野生稻的遗传多样性中心（图8-3），且将该中心的范围从以往认为整个华南地区都是普通野生稻遗传多样性中心的广大区域缩小至一个较小的区域。

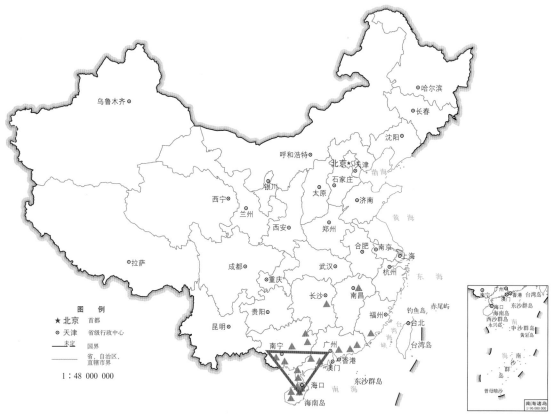

图8-3　中国普通野生稻遗传多样性中心示意图（杨庆文等，2012）

在亚洲栽培稻起源中心研究方面，我国率先进行普通野生稻和栽培稻地方品种核基因组、叶绿体基因组和线粒体基因组有关进化基因的测序和分析研究水稻的起源，得到分子证据结果，表明我国北回归线以南的珠江流域为亚洲栽培稻起源中心（图8-4）。与韩斌院士团队研究的结论一致：亚洲栽培稻起源于广西。该结论也引起国家与地方各级领导的高度重视，逐年加大"两广三南"区域的野生稻居群保护。

袁楠楠、魏鑫、薛达元、杨庆文（2012）报道了我国三种野生稻均有分布的海南黎族聚居区山栏稻的起源演化研究结果。参试材料有原产于中国的69份亚洲栽培稻、120份普通野生稻和14份海南黎族聚居区的山栏稻，分别对其核中SSII基因、ITS基因和Ehdl基因、叶绿体中ndhc-trnc序列、线粒体中cox3基因等5段高突变序列进行测序，分析基因序列多样性和单倍型，并揭示海南黎族聚居区山栏稻的起源和驯化过程。作者认为黎族聚居区山栏稻的基因多样性低于亚洲栽培稻，而亚洲栽培稻的基因多样性低于野生稻；山栏稻与广东、广西和湖南的普通野生稻亲缘关系较近，推测海南黎族聚居区山栏稻起源于广东、广西和湖南的普通野生稻，但是，它们并不是直接来源于两广和湖南的普通野生稻驯化，而是来源于两广和湖南的栽培稻。

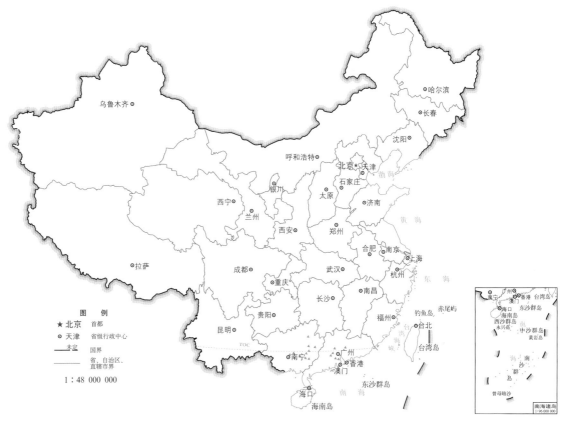

图8-4 亚洲栽培稻的直接祖先居群分布示意图（杨庆文等，2012）

第三节 栽培稻种起源演化途径的探讨

稻种起源演化途径是稻种起源研究中继起源地、祖先种的确定等问题后又一关键性的问题，演化途径问题解决了，稻种起源问题才能得到较圆满的解答。

一、稻种起源演化途径学说概述

稻种起源演化是一个漫长的历史过程，任何个人在短暂的一生中都很难重演从野生稻驯化成栽培稻的长期生产实践过程，只能经过多学科多领域的广泛研究，在大量的科学依据下推论。一般认为禾谷类栽培作物由野生类型进化而来。在栽培稻的起源演化途径研究上，有以下几种较有影响的学术观点：

①非洲栽培稻（*O.glaberrima*），也称光稃稻，由非洲短叶舌野生稻（*O.barthii*）演化而来。这是稻作研究界较统一的看法。

②普通栽培稻（亚洲栽培稻）由尼瓦拉野生稻（*O.nivara*）演化而来。T.T.Chang

（1976）认为亚洲栽培稻（*O.sativa*）可能开始于*O.nivara*，理由有三个：一是栽培种从一年生野生类型进化而来是一年生禾谷类作物普遍公认的模式。二是*O.nivara*具有栽培稻那样高的种子生产力和其他相似特性。三是普通野生稻一年生类型spontanea是来自野生种与栽培稻的杂种类型（杂草类型）。

③中间类型起源演化学说。Sano等（1980）认为*O.perennis*的中间类型比典型的多年生或一年生类型更有可能是*O.sativa*的祖先。他们认为亚洲多年生类型向着一年生类型演化，而栽培种则由中间类型产生，其起源演化关系如下：

亚洲多年生类型（*O.perennis*）——→ 中间类型 ——→ 一年生类型

栽培种（*O.sativa*）

④多年生类型起源演化学说。Sampath和Rao（1951）、Sampath和Govindaswami（1958）认为多年生类型是*O.sativa*的祖先，一部分一年生类型是多年生野生稻与栽培稻杂交而来的。Oka（1964、1974）也认为野生稻多年生类型是*O.sativa*的祖先。

⑤丁颖的稻种起源演化学说。我国著名的稻作学家丁颖教授认为，中国向来在华南地区普遍分布具有宿根性或一年生的普通野生稻（*O.sativa* L.f.*spontanea* Rosschev.），它是中国栽培稻（*O.sativa*）的近祖，多年生野生稻（*O.perennis*）则为远祖。他根据中国野生稻与栽培稻类型分布、古籍记载、悠久的栽培历史、出土遗迹及国内外有关文献的综合研究结果认定，中国栽培稻种由中国普通野生稻演变而来，在进化过程中逐步演化为籼粳亚种与早、晚、水、陆和黏、糯稻等主要类型，并把这些类型的系统关系归纳如图8-5。

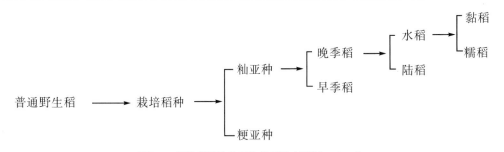

图8-5　稻种起源演化系统关系图（丁颖，1957）

上述几种稻种起源演化途径学说都各有科学依据，只是由于各研究者所采用的材料与科学方法及侧重点不同，因此各有不足之处。丁颖教授坚持的观点——中国栽培稻的祖先是中国的普通野生稻，这在近年的研究中证明是完全正确的。他从生产实用的角度对栽培稻进行系统全面的分类，把亚洲栽培稻分为籼粳亚种，采用中国传统名称也是十分正确的。把稻种进一步按五级分类，既科学又实用明了。但由于当时对野生稻的研究没有像现在这样深入，野生稻怎样从多年生的匍匐类型变成一年生直立的栽培稻、在自然界是什么原因推动它直立起来、野生稻是否存在籼粳分化等问题在当时难以说清楚，因而在起源演化途径的叙述上存在一些不足。近年来的研究极大地充实了稻种起源演化途径的科学证据。

二、稻种起源演化途径研究的新进展

国家自然科学基金资助的重点项目"中国栽培稻的起源与演化"（1994～1997年），在王象坤教授的主持下，在稻种起源演化途径等方面的研究有了较大的进展。

在形态上栽培稻性状极少的典型的匍匐状普通野生稻套袋自交后代不分离，酯酶同工酶Est-10位点上表现为Est-104，核DNA、线粒体DNA有特异指纹图谱的纯合的典型普通野生稻，以宿根无性繁殖为主的多年生普通野生稻是栽培稻的原始祖先，以东乡、元江的普通野生稻为代表。

直接演化为栽培稻的普通野生稻类型称为近缘祖先型，它们从原始祖先型演化而来，与原始型基本相似但已发生一些变异。植株呈倾斜型，剑叶较细长，穗子较大，出现一定数量的二次枝梗。^{60}Co-γ射线处理纯合倾斜型普通野生稻的M1代能出现株高变矮、穗形变稍紧凑、较接近栽培稻的直立型单株，原来是匍匐材料的后代未出现这种直立型，似乎说明倾斜型普通野生稻直接演变为栽培稻的可能性大些。

普通野生稻是否存在籼粳分化，存在两种观点：Oka（1981）认为不存在籼粳分化，而Second（1982、1983、1985、1988、1991）、Morishima（1987）、Sato（1992）认为存在籼粳分化。王象坤等（才宏伟等，1993、1995；黄燕红等，1995；孙新立，1995、1996；孙传清等，1995、1996；王振山等，1995、1996）在同工酶与DNA上的多次研究结果表明，除少量的原始型普通野生稻外，多数普通野生稻存在籼粳分化。在核DNA、线粒体DNA、叶绿体DNA及DNA重复序列中籼粳分化有一致的，但多数不一致。如在核DNA上中国普通野生稻多数偏粳，少数偏籼；在线粒体DNA上多数偏籼，少数偏粳；在叶绿体DNA上籼粳比例为1∶1；在DNA重复序列上全部偏籼。中国普通野生稻与南亚、东南亚的普通野生稻籼粳分化都十分复杂，孙传清等对34份中国普通野生稻DNA籼粳分化情况进行综合分类，如图8-6所示。

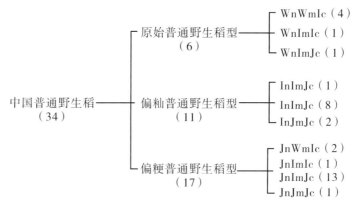

图8-6 中国普通野生稻DNA籼粳分化分类图（孙传清等，1995）

注：n为核DNA，m为线粒体DNA，c为叶绿体DNA，W为普通野生稻型，I为籼型，J为粳型。括号内数字为参试份数。

因此王象坤等（1996）认为，栽培稻籼粳起源与分化途径有以下几种可能，见图8-7。

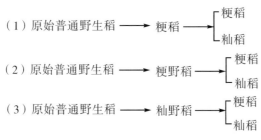

图8-7 栽培稻籼粳起源与分化途径（王象坤，1996）

这三种演化途径都说明籼粳亚种同时来源于普通野生稻，有别于丁颖先生提出的籼稻是基本型、粳稻是变异型的说法。

汤圣祥等根据河姆渡古稻谷中4粒具有普通野生稻的芒的特征，小穗轴脱落斑，长芒上小刚毛长而密集，小穗轴基部面有自然脱落痕迹，以及从古代普通野生稻分布及同工酶、DNA等研究结果，提出以下几个观点：中国粳稻独立起源于偏粳的普通野生稻，籼粳亚种平衡演化，中国长江中下游平原沼泽地带是中国粳稻最重要的起源地，其中心区域位于太湖流域。

李道远、陈成斌（1986、1993）认为普通野生稻种类型众多，可以分成11种类型，但只有多年生匍匐型与倾斜型代表普通野生稻种的两大生态型。倾斜生态型是在自然深水条件下形成的深水生态型，浅水种植时变为倾斜的生长习性，因深水条件这一自然条件促进其茎秆向直立发展，或随水位升高而不断向上生长，这是人们早期采集较多种子的类型，并在深水或有水层条件下撒播，逐步将它驯化为栽培稻。稻种起源演化是匍匐型普通野生稻向深水倾斜型野生稻的演变，在人工选择种植下变为栽培稻。当时的主要依据是在同工酶上倾斜型的部分材料更接近栽培稻；在生态与形态考察中，纯合的多年生倾斜型普通野生稻群体只能在深水的环境中找到；茎节长出须根，很像深水稻生长情况，形态也很像深水稻的部分品种，有红长芒、叶披等。

为了获得更直接的演化证据，自1994年开始，在王象坤教授主持的"中国栽培稻的起源与演化"项目中，陈成斌等开始用^{60}Co-γ射线处理纯合匍匐型、倾斜型普通野生稻，在M_1、M_2代等各世代均引起各种性状的广泛变异。

1. 匍匐型普通野生稻的生长习性变异

①部分匍匐型普通野生稻较原始。在用^{60}Co-γ射线处理的匍匐型野生稻中，有一份材料（编号为120）M_1代变异很少，基本上保持匍匐的习性，只有4.32％的材料出现极倾斜的变异。选择有变异性状的匍匐单株收种，植株M_2代出现的变异也相对较少，只有0.88％的直立型单株与17.70％的倾斜型单株，没有半直立型的单株出现，表现如图8-8。

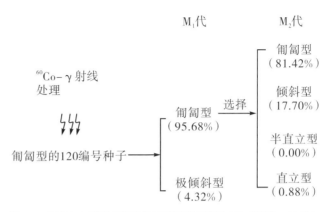

图8-8　原始匍匐型普通野生稻演变表现示意图（陈成斌等，1999）

注：括号内数字为各类型出现的频率。

这些说明匍匐型普通野生稻中有一部分为保持较原始状态的类型。

②易出现变异的匍匐型普通野生稻。多数匍匐型的普通野生稻经^{60}Co-γ射线处理后，在生长习性上出现复杂的变化，出现有极匍匐（图8-9）、匍匐、稍匍匐、极倾斜、倾斜、稍倾斜、半直立、直立等各种类型的变异。其演变情况如图8-10所示。

图8-9　极匍匐普通野生稻

由图8-10可见，199、250编号两个匍匐型的材料在M$_1$代均出现倾斜、半直立、直立的变异，随机选择部分变异单株收种，种植M$_2$代，也出现匍匐、倾斜、半直立、直立的变异单

株。来自M₁代半直立、直立单株的种子，M₂代在250编号的后代中半直立、直立的单株比例增高；来自199编号的后代仍以匍匐型的材料占比高，有明显的返祖现象。199、250编号中，凡来自M₁、M₂代均为直立的材料的种子后代，在M₃代中各出现了2个株系全部植株均为直立型，出现生长习性稳定的现象；也有继续出现匍匐、倾斜、半直立与直立的变异的株系，但直立的材料所占比例较大，这说明匍匐型普通野生稻在自然选择与人工选择压力下是能从匍匐向直立方向变异的。M₃代全部直立的株系已接近栽培稻中古老的农家品种类型，茎秆较细，叶片细长，剑叶下披，穗着粒较疏，易落粒，颖壳秆黄，部分无芒或顶芒等。

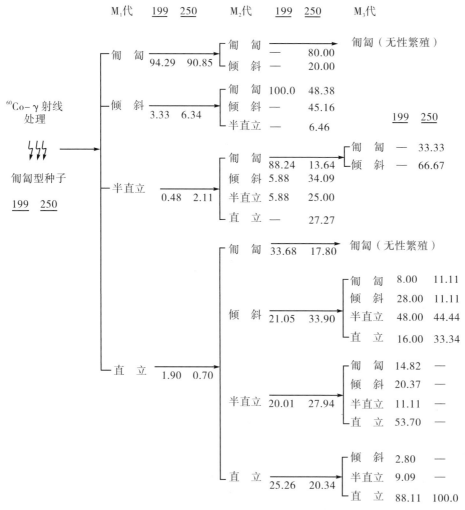

图8-10　匍匐型普通野生稻诱变选择演化示意图（陈成斌，1999）

注：199、250为参试编号，其余数字表示该类型出现的频率（%）。

匍匐型普通野生稻被辐射后，生长习性变异是较复杂的，特别是在M₂代的表现，从极匍匐到直立的类型均有，可以分为8种类型，其中匍匐型中可分为极匍匐、匍匐、稍匍匐3种类型，倾斜型中可分为很斜、倾斜、稍斜3种，还有半直立、直立类型。其表现详见表8-11。

表8-11　普通野生稻^{60}Co-γ辐射后M$_2$代生长习性变异统计（陈成斌，1999）

参试编号	M$_1$代生长习性	观察		匍匐型								倾斜型						半直立型		直立型	
		株系数	单株数	极匍匐		匍匐		稍匍匐		很斜		倾斜		稍斜							
				数量	%	数量	%	数量	%	数量	%	数量	%	数量	%	数量	%	数量	%	数量	%
120	匍匐	8	113	20	17.70	53	46.90	19	16.81	2	1.77	15	13.27	3	2.65	0	0	1	0.88		
199	倾斜	2	3	0	0	3	100	0	0	0	0	0	0	0	0	0	0	0	0		
199	半直立	1	17	0	0	8	47.06	7	41.18	0	0	1	5.88	0	0	1	5.88	0	0		
199	直立	5	95	5	5.26	23	24.21	4	4.21	3	3.16	15	15.79	2	2.11	19	20.00	24	25.26		
303	匍匐	3	12	2	16.67	8	66.67	0	0	0	0	1	8.33	0	0	1	8.33	0	0		
303	直立	7	48	3	6.25	4	8.33	1	2.08	0	0	19	39.58	0	0	15	31.25	6	12.50		
250 I	倾斜	3	31	3	9.68	8	25.81	4	12.90	1	3.23	13	41.94	0	0	2	6.45	0	0		
250 II	匍匐	2	15	0	0	8	53.33	4	26.67	0	0	3	20.00	0	0	0	0	0	0		
250 II	直立	5	118	2	1.69	11	9.32	8	6.78	2	1.69	35	29.66	3	2.54	33	27.97	24	20.34		
元江野生稻	倾斜	2	13	2	15.38	6	46.15	2	15.38	0	0	3	23.08	0	0	0	0	0	0		
合计		38	465	37	7.96	132	28.39	49	10.54	8	1.72	105	22.58	8	1.72	71	15.27	55	11.83		

2. 倾斜型普通野生稻辐射后变异情况

选择纯合的倾斜型普通野生稻303编号参试，辐射后变异与选择的演变结果如图8-11所示。

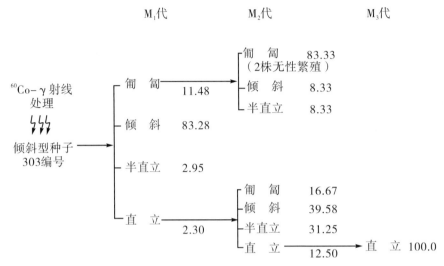

图8-11 倾斜型普通野生稻诱变选择演化示意图（陈成斌，1999）

注：数字表示该类型出现的频率（%）。

可以看到倾斜生态型普通野生稻经辐射后出现匍匐、半直立、直立的变异，说明倾斜型含有匍匐型的基因是自然选择压力下由匍匐型变异而来的，是为了适应自然界深水环境而演变出的类型。M_1代匍匐变异在M_2代也出现83.33%的匍匐单株，说明匍匐基因系统一打开就能稳定遗传。同时它也能向直立方向变异，M_1代直立的变异在M_2代虽能出现倾斜、半直立型为多数的材料的变异，也出现匍匐的返祖遗传，但表现为少数，符合一般的自然规律。当再选择直立的变异进行种植时，在M_3代出现100%的直立材料的株系，进一步证明稻种起源演变是由匍匐型向倾斜型向直立型演化的。

3. 无性繁殖变异材料的出现

栽培稻种从多年生野生稻或一年生野生稻演化而来，一直是一个争论的热点问题，本试验结果有助于说明这个问题。植物生活周期是受其繁殖特性制约的，一般以无性繁殖为主的植物多为多年生，以有性繁殖为主的植物为一年生。在稻属各稻种中存在着多年生与一年生的差异，但它们有密切的联系，在普通野生稻这个多型稻种中就存在着这种现象。在辐射试验中，在M_2代的材料中发现完全无性繁殖的变异材料，其生长习性存在着匍匐、倾斜、直立类型的差异，也就是说各种生长习性的材料都可以有无性繁殖的变异。其中以匍匐型的无性繁殖材料为主，匍匐型占54.55%，倾斜型占36.36%，直立型占9.09%（表8-12）。倾斜的单株在无性分蘖后逐步接近匍匐的类型；直立的单株在分蘖多后也接近倾斜类型。表8-12中的材料连续种了2年均未出现幼穗分化的现象，说明普通野生稻的原始祖先是无性繁殖的匍匐型，是在进化过程中逐步产生有性繁殖的类型。

表8-12　普通野生稻M$_2$代中出现无性繁殖变异的表现（陈成斌等，1999）

参试材料、习性	M$_1$代编号、习性	M$_2$代编号、习性	M$_2$代性状					
			分蘖	基部鞘色	鞘内色	叶色	叶舌色	叶枕色
120Co匍匐	42匍匐	7-1倾斜	强	紫色	紫色	绿色	淡紫色	绿白色
	42匍匐	7-2匍匐	强	淡紫色	紫色	绿色	淡紫色	绿白色
250CoⅠ匍匐	55直立（无芒）	47-1匍匐	极强	淡紫色	紫色	紫斑色	无色	绿白色
		47-5匍匐	极强	绿色	绿色	深绿色	无色	绿色
		47-6匍匐	极强	深紫色	紫黑色	紫斑色	无色	绿色
	55套袋	48-13匍匐	强	紫色	紫黑色	紫斑色	无色	绿白色
		48-10倾斜	强	绿色	绿色	绿色	无色	绿色
250CoⅡ匍匐	42匍匐（无芒）	53-27倾斜	极强	淡紫色	紫黑色	深绿色	无色	绿色
303Co倾斜	115匍匐	31-1倾斜	强	淡紫色	紫色	紫斑色	淡紫色	绿白色
	203匍匐	33-1极匍匐	极强	紫红色	深紫色	紫斑色	无色	绿色
	159直立	40-8直立	弱	绿色	绿白色	绿色	无色	绿白色

4. M$_2$代中出现早、中季稻抽穗的变异

与一年生以及早、中季稻分化有关的特性就是始穗期的特性。在普通野生稻辐射后，M$_2$代中出现与早、中季稻品种相一致的始穗时间的变异材料，结果见表8-13。

由表8-13可看到，能在早季始穗的主要是来自直立、半直立的材料，也有25.32%的匍匐型单株能早季始穗。这些早中季始穗的材料老蔸分蘖后在正常的晚季稻始穗时间能继续抽穗结实，说明直立、半直立生长习性与一年生的特性有某些联系，但也不完全是这样，匍匐型、倾斜型的变异株也有早季始穗的材料。在13个早季始穗的株系中有9个是直立型的后代，占69.23%，只有15.38%是匍匐型的材料。在314份观察材料中有79份产生了早季抽穗的变异，占25.16%。部分早季始穗的材料在M$_3$、M$_4$代能使早季始穗特性稳定遗传下去。可见普通野生稻虽然表现为以多年生为主，但在诱变情况下，能产生足够比例的早季始穗的一年生类型供育种选择。同时也说明早季稻是来自早期原始栽培稻演化过程中的变异类型，栽培稻种可直接起源于普通野生稻是客观事实。

表8-13　普通野生稻M$_2$代出现早季始穗的变异统计（陈成斌，1999）

M$_2$代编号、习性	观察材料	早季始穗		匍匐型		倾斜型		半直立型		直立型	
		份数	%	份数	%	份数	%	份数	%	份数	%
120Co42匍匐	49	2	4.08	1	50.00	—	—	—	—	1	50.00
199Co38直立	25	11	44.00	3	27.27	—	—	4	36.36	4	36.36
199Co64直立	13	2	15.38	2	100.00	—	—	—	—	—	—

续表

M₂代编号、习性	观察材料	早季始穗		匍匐型		倾斜型		半直立型		直立型	
		份数	%	份数	%	份数	%	份数	%	份数	%
199Co119直立	8	5	62.50	—	—	1	20.00	2	40.00	2	40.00
199Co166直立	49	24	48.98	5	20.83	3	12.50	4	16.67	12	50.00
250CoⅠ55直立	28	4	14.29	—	—	4	100.00	—	—	—	—
250CoⅡ10直立	21	6	28.57	—	—	—	—	2	33.33	4	66.67
250CoⅡ25半直立	45	9	20.00	1	11.11	1	11.11	—	—	7	77.78
250CoⅡ42匍匐	43	1	2.33	—	—	—	—	1	100.00	—	—
303Co33直立	5	2	40.00	—	—	—	—	1	50.00	1	50.00
303Co39直立	8	1	12.50	—	—	—	—	—	—	1	100.00
303Co122直立	8	2	25.00	—	—	—	—	1	50.00	1	50.00
元江野生稻Co倾斜	12	10	83.33	8	80.00	2	20.00	—	—	—	—
合计	314	79	25.16	20	25.32	11	13.92	15	18.99	33	41.77

根据上述研究结果可以得出以下结论：

①多年生匍匐型普通野生稻比多年生倾斜型普通野生稻更原始，是栽培稻的原始祖先种类型，多年生倾斜型普通野生稻是栽培稻的近缘祖先种类型。

②多年生匍匐型普通野生稻由完全无性繁殖的匍匐型野生稻演化而来，最原始的匍匐型野生稻经过从无性繁殖方式到以无性繁殖为主、兼有有性繁殖的多年生变异过程，并逐步转向以有性繁殖为主的多年生方式演化，在人工选择下向较完全的以种子生产为主的有性繁殖的一年生类型进化。

③普通野生稻辐射后多数M₁代直立型的材料在M₂代出现早、中季始穗的材料变异，收种后播种种植能在晚造收获，而老蔸分蘖也能在晚造再抽穗结实，在M₃、M₄代产生早季抽穗结实稳定遗传的品系。这说明早中稻类型的栽培稻是在普通野生稻向栽培稻演化过程中由晚稻变异而来的。这与前人结论相一致。

④直立型的栽培稻是由原始匍匐型野生稻向倾斜型野生稻演变后，再逐步向直立型的栽培稻演化而来的。

普通野生稻也存在籼粳分化现象，在考察中虽未发现一年生普通野生稻纯合自然群体，却发现倾斜生态型均在自然的深水环境下存在纯合的自然群体，其与栽培稻中的深水稻群体更相似。根据这些事实，可以得出新的更科学的稻种起源演化途径（图8-12）。

由图8-12可见，稻种起源演化经过如下：

①由无性繁殖的匍匐型祖先种野生稻演化为以无性繁殖为主、兼有有性繁殖的原始匍匐型普通野生稻。部分原始匍匐型普通野生稻在自然变化选择下演化为深水倾斜型普通野生稻。另一部分原始匍匐型普通野生稻演化为现代匍匐生态型普通野生稻。现代普通野生稻应

包括多年生的原始匍匐型、匍匐型、倾斜型、半直立型、直立型以及一年生的倾斜型、半直立型、直立型、近栽培型，在普通野生稻中存在籼粳分化现象。在一年生的普通野生稻中可能包括一部分近代与栽培稻种产生基因漂移的所谓杂草稻类型，如最典型的"鲁稻"类型等。

②一部分原始普通野生稻在深水下演化为原始深水倾斜型野生稻。在现代野生稻分布的北缘，由于人类为解决季节性缺乏粮食的问题，在采集不足的情况下，把搜集到的部分种子在深水或浅水的条件下播种收获，重复循环种植，逐步出现人工种植的深水倾斜型野生稻（初始深水栽培稻），人类种植这种类型是因其穗子比匍匐型有更多的籽实种子，能得到更多的粮食，这样普通野生稻逐步被驯化为原始深水稻。

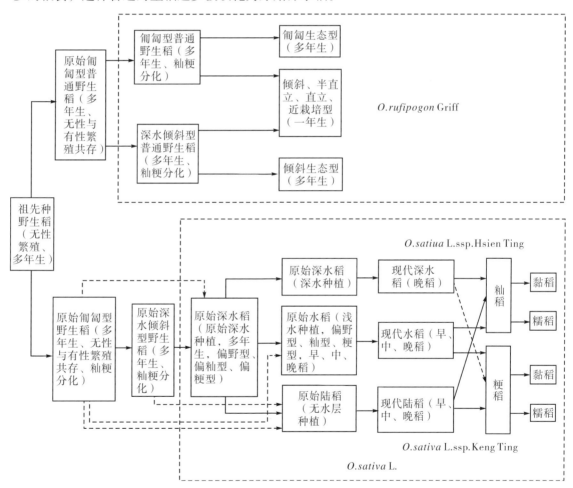

图8-12 普通栽培稻起源演化途径示意图（陈成斌，1997）

③人们在种植过程中，一方面需要扩大种植面积，增加收入；另一方面由于天气变化情况无法掌握，因此只要有水的地方就进行播种，当变为无水时，则成为无水种植。由于水层的不同逐步形成原始深水稻、浅水的原始水稻和无水种植的原始陆稻。

④早、中、晚季稻的演变。在试验中也发现早中季抽穗的变异比籼粳分化要来得更明显，来得更快，说明人类早期种植古稻并没有完全注意籼粳分类问题，而是把早中季抽穗的

材料收种后，按早、中、晚季分季节种植，并注意区别深水、浅水、无水等生态条件，直到到对水稻的稻作知识积累到一定程度才进行籼粳稻种的分类、分种，并对黏米、糯米进行分类种植。因而尽管野生稻开始就有籼粳分化，但人类对这个问题的注意较晚，籼、粳、黏、糯的分类在早、中、晚季稻种之后才进行。

⑤籼粳亚种同期起源于野生稻。由于原始的匍匐型、深水倾斜型普通野生稻已存在籼粳分化，在中国出土的最古老的贾湖古稻、彭头山古稻、八十垱古稻样品中均混合存在着偏籼、偏粳、偏野的稻谷与米粒，说明原始栽培稻是一个偏籼、偏粳、偏野的"混合群体"，即未分品种种植的古稻群体。籼粳亚种是人们种植一段时期后才分类种植的亚种，因此，籼粳亚种同期起源于普通野生稻。

野生稻种质资源是稻种资源的重要组成部分，它们的许多优异种质基因是栽培稻资源中没有的、不可多得的宝贵种质，是现代栽培稻品种改良、培育新品种的宝贵的物质基础，是不可再生的资源。因此，野生稻种质资源在稻作基础理论研究中有重要的作用，是研究的对象和物质基础，特别是在稻种起源中的地位十分重要：①如果某一地区没有野生稻分布，就能否定该地为栽培稻种起源地，它是证实栽培稻种起源地的重要物证。②野生稻种质资源为重演栽培稻起源演化提供最直接的实验对象与物质基础。为稻种籼粳分化，多年生与一年生的变化，早、中、晚稻演化等提供最直接的实验数据资料，为稻种起源演化提供科学的证明。③为鉴定古稻种提供最直接可靠的实物标准。以物种有差异性状为标记鉴定古稻种的类群也要借鉴野生稻数据，这是最好的标准形态。因此，野生稻种质资源在稻作基础研究与稻种起源演化研究上起到十分重要的作用，具有重要的学术价值与实用价值。

第九章

野生稻种质资源的生物
技术研究

第一节 野生稻种质资源优异种质应用的细胞工程研究

野生稻优异种质资源的研究想要收到事半功倍的效果，现代生物工程技术等高新技术的应用必不可少。只有吸收其他学科的先进理论与技术，用于作物品种资源研究，特别是作物近缘野生种质资源的研究，才能更好更快地促进作物品种资源研究的发展与优异种质资源的应用。中国作物品种资源界的科学家很早就意识到了这个问题，并开展了相关研究，取得了进展。

一、普通野生稻优异种质的单倍体纯化研究

中国普通野生稻资源非常丰富，品种类型繁多，但是多数材料是杂合体，给开展遗传学研究以及纯系育种带来许多困难。为了获得具有优异种质基因的纯合材料，通过野生稻花药培养获得单倍体，再经染色体加倍获得纯系是最有效的途径。

对于野生稻花药培养，最先报道的是大野清春（1975），他从O.perennis中培养出花粉愈伤组织，并形成三倍体植株；Woo等（1978）利用O.perennis与栽培稻杂交的后代进行花药培养，诱导出愈伤组织和小植株；Wakasa等（1979）利用O.perennis（spontanea type）诱导出单倍体植株，并进行染色体行为研究；Wu和Kiang（1979）用同工酶作遗传标记，选择台湾野生稻花粉植株获得成功。蔡得田（1984）报道，以包括普通野生稻在内的几种野生稻花药培养出单倍体植株，但技术不成熟，所获植株全是无利用价值和不能自养生长的白化苗。针对这种情况，广西农业科学院作物品种资源研究所、中国农业科学院作物品种资源研究所、武汉大学生物系合作开展了普通野生稻优异种质的花药培养研究。庞汉华（1985）首先成功地做了普通野生稻花药培养植株的试验，平均诱导率为2.10%，绿苗分化率为1.50%，诱导率与分化率均较低。广西农业科学院作物品种资源研究所在1983～1985年接种普通野生稻花药63 000个，获愈伤组织1 447块，平均诱导率为2.30%，最高诱导率达15.31%，转分化1 405块愈伤组织，总分化率为76.87%，平均绿苗分化率为1.57%，最高绿苗分化率为13%，白苗分化率为37.65%。与前人报道一样，普通野生稻的绿苗分化率很低，白苗分化率较高。陈成斌等（1986）报道，普通野生稻花药一次培养成苗技术成功，发现普通野生稻一些编号材料一次培养的诱导率较高，达到11.81%，有些材料绿苗分化率也高达11.11%，但大多数材料仍是白苗分化率高。药用野生稻、疣粒野生稻花药未能一次培养成苗。为了进一步提高野生稻花粉植株的诱导率，探寻更好的野生稻花药培养方法与技术，获得一批野生稻优异种质资源的纯合体，1987～1989年武汉大学生物系、广西农业科学院作物品种资源研究所得到国家自然科学基金的资助，在南宁、武汉、北京3个试验点开展更大规模的普通野生稻花药培养研究，

共接种79个编号520 651个花药，获14 582块愈伤组织，平均诱导率为2.80%，最高诱导率达11.13%，其中有41个编号获得绿苗，21个编号出白苗，5个编号只形成愈伤组织，12个编号连愈伤组织也不能形成，绿苗分化率的幅度为0%～31.36%。研究结果表明，基因型与花粉植株的诱导形成有关，培养基的组成及浓度、供体的生长生理状况等对花药培养效果也有很大的影响。陈成斌（1989）报道，对不同生态型的普通野生稻进行花药培养研究结果表明，参试的匍匐生态型材料25份，倾斜生态型34份，半直立与直立型8份，栽培稻对照2份；共接种花药223 636个，平均愈伤组织诱导率为2.31%，最高诱导率为20.88%；转分化的愈伤组织4 134块，平均绿苗分化率为1.45%，最高分化率为21.43%，白苗分化率为35.87%。栽培稻对照接种6 120个花药，平均愈伤组织诱导率为8.07%，最高诱导率为22.37%，平均绿苗分化率为42.50%，白苗分化率为45.00%。花粉愈伤组织诱导率表现为匍匐类型＜倾斜类型＜半直立型＜直立型＜栽培稻；绿苗分化率表现为匍匐类型＜半直立型＜直立型＜倾斜类型＜栽培稻。在普通野生稻中，不同生态类型对花药培养的反应有较大的差异，不同生态类型的花粉对培养基的要求有所不同，只有选择相适应的培养基或培养方法，才能取得最佳效果。从参试的12个诱导培养基的结果来看，6号培养基的诱导效果较好，总平均诱导率为4.2%；10号培养基最差，总平均诱导率只有0.8%。而不同生态型的材料在6号培养基中的诱导效果不同：匍匐类型的诱导率为1.1%；倾斜类型为3.1%，是匍匐类型的3倍左右；半直立型为14.3%，是倾斜型的4.6倍、匍匐型的12.9倍。对匍匐类型诱导率最高的培养基为7号，倾斜类型为3号，半直立型为6号，直立型为9号。在5个分化培养基中，1号分化培养基对匍匐类型的绿苗分化率最高，为12.5%，而对倾斜类型、半直立型和直立型绿苗分化率最高的为2号分化培养基。

培养基对野生稻花药培养成败起到关键的作用。陈成斌等（1993）公开报道了他们多年来研究的培养基，采用正交设计的方法，选取组成培养基中13个关键的因子，每个因子设计3个水平的组合，进行接种诱导试验和分化试验，选择出最优培养基并进行重复试验，获得较好效果的普通野生稻花药培养基（YD培养基）（表9-1）。

表9-1 普通野生稻花药培养的YD培养基（陈成斌等，1993）

成分	用量（mg/L）	成分	用量（mg/L）
KNO_3	2 200	H_3BO_3	1.6
$(NH_4)_2SO_4$	693	KI	0.8
KH_2PO_4	525	甘氨酸	2.0
$CaCl_2·2H_2O$	200	肌醇	100
$MgSO_4·7H_2O$	320	盐酸硫胺素	0.4
$MnSO_4·4H_2O$	7.9	盐酸吡哆素	0.5
$ZnSO_4·7H_2O$	4.3	烟酸	0.5

续表

成分	用量（mg/L）	成分	用量（mg/L）
铁盐：5.57 g的FeSO$_4$·7H$_2$O和7.45 g的Na$_2$-EDTA（乙二胺四乙酸二钠）溶于1 L水的溶液，每升培养基取15 mL		水解乳蛋白	700
		酵母浸提物	1 000
		琼脂	9 000
		pH值5.8	

注：诱导时，NAA加1；2,4-D加2～6；蔗糖加50 000。分化时，IAA加0.5；NAA加2.0；6-BA加6；蔗糖加40 000。

庞汉华等（1991）报道，对79份不同类型的广西普通野生稻进行花药培养研究，有41个编号材料获得花粉绿苗。试验结果表明，将N6培养基或改良N6培养基（用N6培养基的无机盐，加MS培养基的有机物）的甘氨酸提高至4 mg/L，并加入丙氨酸2 mg/L、水解乳蛋白400 mg/L、6-BA0.5 mg/L，诱导花粉愈伤组织时再加2,4-D 2 mg/L，效果较好。在幼苗分化时，用IAA和NAA各0.5 mg/L，再加2 mg/L的6-BA，有较好的效果。平均愈伤组织诱导率为3.8%，最高达11.13%；平均绿苗分化率为4.95%，最高的达36.36%。在研究中还发现供体植株营养状况对愈伤组织诱导和绿苗分化率也有影响（表9-2）。

表9-2 施肥对供体材料诱导率和分化率的影响（庞汉华等，1991）

参试材料号	不施肥（CK）			施尿素（150 kg/hm^2）			施复合肥（600 kg/hm^2）		
	花药数	愈伤组织诱导率（%）	绿苗分化率（%）	花药数	愈伤组织诱导率（%）	绿苗分化率（%）	花药数	愈伤组织诱导率（%）	绿苗分化率（%）
4	986	5.78	20.6	895	7.60	25.00	854	12.06	30.10
20	875	5.14	17.18	927	7.01	21.54	873	11.23	25.51
2	845	1.18	0	925	1.84	0	856	4.21	19.44
35	832	5.05	16.67	793	7.57	20.00	937	10.35	22.68

由表9-2看到，采用拔节后施复合肥的措施，能改善供体营养状况，形成健壮的花粉粒，有助于愈伤组织的形成与绿苗的分化。

低温预处理对提高水稻花粉诱导率的作用已有肯定的报告，对普通野生稻花粉诱导率与分化率的作用也有同样反应，普通野生稻花药培养效果则因不同低温与不同处理时间而各异。在8 ℃时，处理3～5天，效果变化不明显；处理8～12天，获得较好的诱导效果；处理14天后，基本上不产生效果（图9-1）。在低温（6 ℃、8 ℃、10 ℃）处理10天时，诱导率和分化率均比对照组高，而其他温度下都比对照组的低（图9-2）。因此，可以认为低温8 ℃±2 ℃处理8～12天是普通野生稻花药培养低温预处理较适宜的温度与时间，处理效果最佳。根据研究结果，愈伤组织转入分化培养基的时间与绿苗分化有密切关系。庞汉华等（1991）报道，转移愈伤组织到分化培养基的时间应掌握在肉眼看见愈伤组织后10天之内，愈伤组织大小为直径2～3 mm，这时的愈伤组织幼嫩，分生细胞多，细胞分裂力强，转到分

化培养基后分化快，绿苗分化率高。愈伤组织过小时，转移操作难，不易成活；愈伤组织过大时（超过5 mm），时间超过30天，愈伤组织过于老化，易丧失分化能力，绿苗分化率就越低，甚至没有绿苗分化（见表9-3）。庞汉华等（1991）认为普通野生稻花药培养的分化培养基以MS加IAA 0.5 mg/L加NAA 0.5 mg/L加6-BA 2 mg/L最好。

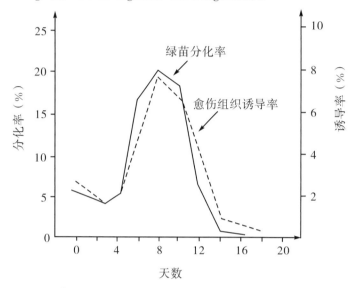

图9-1　8℃处理不同天数，诱导率和分化率的变化（庞汉华等，1991）

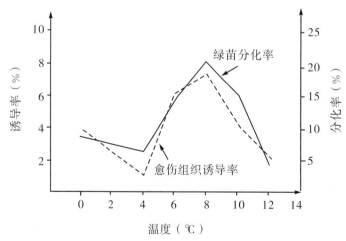

图9-2　不同低温处理10天，诱导率和分化率的变化（庞汉华等，1991）

表9-3　普通野生稻愈伤组织转入分化培养基的时间对绿苗分化率的影响（庞汉华等，1991）

参试材料编号	10天内转移		15~30天内转移		30天后转移	
	愈伤组织块数	绿苗分化率（%）	愈伤组织块数	绿苗分化率（%）	愈伤组织块数	绿苗分化率（%）
4	47	25.53	42	4.76	46	1.17
7	44	26.00	25	4.00	32	0
9	46	19.57	27	7.41	26	0
10	48	14.58	24	4.17	21	0
14	38	15.28	34	8.82	18	0

续表

参试材料编号	10天内转移		15～30天内转移		30天后转移	
	愈伤组织块数	绿苗分化率（%）	愈伤组织块数	绿苗分化率（%）	愈伤组织块数	绿苗分化率（%）
18	42	19.05	28	7.14	27	0
20	35	11.43	31	3.23	22	0
22	54	14.81	41	2.44	23	0

为了缩短花药培养周期，降低成本，提高工作效率，开辟一条快捷的花药培养成苗途径，1983年陈成斌等就开始了普通野生稻花药一次培养成苗研究。经过反复的研究，不仅获得了普通野生稻的花粉植株，并首次获得花粉单倍体绿苗（陈成斌等，1986）。部分材料的愈伤组织诱导率为11.81%，绿苗分化率为11.11%，初步达到实用水平，为普通野生稻花药培养开创了一条新的途径。但也如前人报道的2次培养成苗的结果一样，普通野生稻花药培养的再生植株会产生大量的白化苗，这成了应用于育种实践的最大障碍。普通野生稻花药一次培养成苗的培养基成分见表9-4。

表9-4　普通野生稻花药一次培养成苗的培养基（陈成斌，1986）

成分	YD（mg/L）	CH（mg/L）	成分	YD（mg/L）	CH（mg/L）
KNO_3	2 200	2 830	甘氨酸	2	4
（NH_4）$_2SO_4$	693	463	丙氨酸	0	2
KH_2PO_4	525	400	盐酸硫胺素（B_1）	0.4	0.4
$MgSO_4·7H_2O$	320	185	盐酸吡哆素（B_6）	0.5	0.5
$CaCl_2·2H_2O$	200	166	烟酸	0.5	0.5
$MnSO_4·4H_2O$	7.9	4.4	肌醇	100	100
$ZnSO_4·7H_2O$	4.3	1.5	水解乳蛋白	700	500
H_3BO_3	1.6	1.6	Kt	4	4
KI	0.8	0.8	NAA	3	3
$NaMoO_4·2H_2O$	0.25	0.25	2,4-D	0.01	0.01
$CuSO_4·5H_2O$	0.025	0.025	蔗糖	50 000	50 000
$CoCl_2·6H_2O$	0.025	0.025	琼脂	7 000	7 000
铁盐：5.57g$Fe_5O_4·7H_2O$和7.45 gNa_2-EDTA（乙二胺四乙酸二钠）溶于1L水中的溶液	15 ml	15 ml		pH值5.8	pH值5.8

普通野生稻的花粉植株的表现形态是多种多样的，广西农业科学院作物品种资源研究所对来自27个供体编号的195株花粉植株进行形态学观察发现，生长习性匍匐型占51.9%、倾斜型占28.1%、直立型占20%；分蘖性强的占37.3%、中等的占47.6%、较弱的占15.1%；

柱头紫色的占87.9%，白色的占12.1%；成熟期内外颖褐色占95.9%，黑色占0.8%，黄色占3.3%；芒色的表现多数为红色，少数为白色或白间红色；百粒重的范围为1.29～2.58g；株高范围为59～168 cm；宿根多年生占84.6%，一年生占15.4%；感光型（含强、弱）占99.0%，感温型占1.0%。花粉植株供体来源的多样性也导致花粉植株的多样性。就单一供体的花粉植株形态表现来看，大致有四种情况：第一种是花粉植株间多种性状基本一致，这种情况多表现在以匍匐型或极少数倾斜型为供体的花粉植株群体中，如21号供体的表现；第二种是大多数花粉植株形态相似，只有少数表现特殊；第三种是明显地分为几个集团群体，如35号供体的表现（表9-5）；第四种是花粉植株间差异很大，有感光或非感光的植株，也有难加倍的植株等，如36号供体的情况就是这样。

普通野生稻花粉植株的抗病性和品质表现，供体是抗病或高抗的材料，在其花粉植株中也有抗病或高抗的材料出现；外观品质优的供体，其花粉植株也有优质米出现。广西农业科学院1984～1989年对来自7个供体的85株花粉植株H_1代进行抗白叶枯病接菌鉴定，高抗（HR）的占8.24%、抗病（R）的占34.12%、中抗（MR）的占31.77%、感病（S）的占20%、高感（HS）的占5.88%。对其中5株进行套袋自交收种，单株种植在H_2代植株中进行接菌鉴定，在266株参试材料中，除1株性状明显不同（可能混杂）外，其余均对白叶枯病呈抗病性反应，H_2的抗病性级别与H_1相似，说明H_2代的抗病性基本纯合。这些纯系材料对水稻育种与稻作遗传规律的研究更具学术与实用价值。

1989～1990年广西农业科学院作物品种资源研究所对来自13个供体共120株H_1代花粉植株进行自然抗稻叶瘟病鉴定，抗病（R）的占10.8%、中抗（MR）的占14.2%、感病（S）的占75%，抗病花粉植株除1株来自感病供体外，其余均来自抗病供体。

1987～1990年广西农业科学院作物品种资源研究所对H_1代花粉植株进行耐冷性鉴定，在昼夜温度6℃处理6天的人工气候箱和自然宿根越冬的低温条件下，对119株材料进行鉴定，苗期1级的材料有9株，占7.6%，成苗率（90%以上）比对照耐冷性强的藤坂5号（成苗率50%以下）更耐冷，其中有7株兼抗白叶枯病，越冬耐冷性强；3级的材料占50.4%，说明来自耐冷性强的供体的花粉植株多数具有强耐冷特性。在15℃处理6天的人工气候箱中鉴定抽穗期抗性，在来自6个供体的167株材料中只有3级耐冷材料，占81.4%，没有发现1级耐冷材料（表9-6）。

表9-5　部分普通野生稻花粉植株的性状表现（广西农业科学院作物品种资源研究所，1990）

H₁参试材料编号	生长习性	分蘖期鞘色	分蘖性	抽穗 月.日	穗形整齐度	有无第二枝梗	柱头色	花药长度(mm)	芒长(mm)	柱头外露	株高(cm)	落粒性	每穗 总粒	每穗 实粒	每穗 结实率(%)	百粒重(g)	小穗 长(mm)	小穗 宽(mm)	小穗 长宽比
供体21号	匍匐	浅紫	强	10.16	差	无	紫	4.7	4.0	外露	130	强				1.53	8.0	2.1	3.81
76	匍匐	浅紫	强	9.15	差	无	紫	5.0	4.6	外露	149	强	120.5	59	49.0	1.44	7.8	2.2	3.55
77	匍匐	浅紫	强	9.15	差	无	紫	5.1	3.8	外露	126	强	118.5	59	49.8	1.52	7.92	2.1	3.77
78	匍匐	浅紫	强	9.30	差	无	紫	5.0	4.4	外露	141	强	130.0	78.5	60.4	1.46	7.86	2.16	3.64
79	匍匐	浅紫	强	9.30	差	无	紫	4.9	3.2	外露	133	强	132.0	61	46.2	1.48	8.0	1.92	4.17
80	匍匐	浅紫	强	9.25	差	无	紫	4.6	4.6	外露	136	强	93.5	61	65.2	1.58	8.1	2.24	3.62
81	匍匐	浅紫	强	9.25	差	无	紫	5.0	3.0	外露	154	强	130.0	52.6	40.4	1.62	8.0	2.0	4.00
82	匍匐	浅紫	强	9.24	差	无	紫	5.0	4.4	外露	145	强	121.5	54.5	44.9		8.0	2.1	3.81
供体35号	倾斜	紫	中	9.27	中	无	紫	3.8	>4.0	外露	130	强	17.0	—	—	1.77	8.4	2.1	4.00
5株占22.7%	匍匐	浅紫	中	10.11	差	无	紫	4.8~5.5	>4.0	外露	91~107	强	—	—	—	1.67~1.88	7.52~8.42	2.21~2.24	3.44~3.83
8株占36.4%	倾斜	绿-紫	中	9.25~10.1	差至中	无	紫	3.0~6.1	>4.0	外露	77~142	强	—	—	—	1.58~2.18	7.86~9.02	2.06~2.52	3.84~4.02
9株占40.9%	直立	紫	弱至中	10.4~10.15	中至齐	无至有	紫	3.9~4.9	>4.0	外露	120~164	强	—	—	—	1.69~1.88	7.84~8.42	2.1~2.3	3.61~3.88

表9-6 普通野生稻H₁花粉植株耐冷性鉴定（广西农业科学院作物品种资源研究所，1990）

参试材料	生育期	参试材料		1级		3级		5级		7级		9级	
		供体数	植株数	份数	%	份数	%	份数	%	份数	%	份数	%
H₁植株	苗期	19	119	9	7.56	60	50.42	28	23.53	21	17.65	1	0.84
	宿根冬期	22	167	0	0	136	81.44	25	14.97	6	3.59	0	0
藤坂5号	苗期	1	20	0	0	0	0	0	0	20	100	0	0
IR8	苗期	1	25	0	0	0	0	0	0	0	0	25	100

对来自12个供体116个H₁代的花粉植株进行外观米质的鉴定，全部参试材料的米粒皮色均为红色，与供体保持一致；米粒长度属于长粒的（6.61～7.5 mm）占13.8%，中粒的（5.51～6.60 mm）占83.6%，短粒的（<5.50 mm）占2.6%；米粒多为细长型，长的（米粒长宽比>3.0）占72.4%，属中长的（长宽比为2.1～3.0）占27.6%，未发现超出供体范围的粗、圆形米粒；胚乳呈半透明状，有光泽；无垩白的优质米占1.7%，中等米占81.9%，米质差的占16.4%。

研究表明，普通野生稻花药培养是获得野生稻优异种质纯系的有效途径。利用纯系材料有利于水稻育种和稻作基础理论研究，特别是分子生物学方面的研究。从所获得的花粉植株形态性状来看，它们既继承供体的性状，又具备在农业生产上有经济价值的优良性状。这些研究说明用杂合性的普通野生稻进行花药培养，有可能获得新的变异，创造出新的纯合种质，值得进一步深入研究。

普通野生稻花药培养的技术有了新的进展，但仍然存在着某些材料白苗分化率高以及愈伤组织诱导率、绿苗分化率有待提高的问题。在稻属野生稻种中，除普通野生稻名称有混乱的种O.perennis以及它的变型和中国的普通野生稻获得花粉绿苗植株外，其他野生稻种均未见获得花药培养再生花粉绿苗植株的报道。因此，野生稻花药培养研究仍有进一步深入的必要。

二、野生稻与栽培稻杂交后代的花药培养研究

通过普通野生稻花药培养获得优异种质资源的纯系材料，有利于野生稻资源基础性研究与育种的利用。野生稻与栽培稻的杂种后代花药培养技术的突破，则更有利于直接进行野生稻优异种质资源的育种利用研究。普通野生稻与栽培稻杂交后，大多数组合的杂种后代自F₂起出现"疯狂分离"的现象，有些组合到高世代如F₈还出现严重分离现象，不利于育种目标的实现。这使得一部分水稻育种家对普通野生稻优异种质的利用望而却步。由于单倍体育种技术的花药培养能快速获得稳定纯系，缩短育种周期，提高育种效率，而且野生稻与栽培稻杂种后代花药培养技术能解决野生稻与栽培稻杂种分离严重、稳定周期过长的问题，提高

野生稻与栽培稻杂交育种的效率，1987年广西农业科学院作物品种资源研究所开始进行野生稻与栽培稻杂种后代花药培养技术研究，目的是把普通野生稻抗白叶枯病基因转入栽培稻。该研究先后把26个组合的F_1和回交后代进行花药培养，其中1990～1991年用了14个诱导培养基和20多个分化培养基对178个株系的花药进行培养，接种花药79 080个，平均愈伤组织诱导率为7.94%，最高诱导率为31.67%；转分化的愈伤组织达2 274块，平均绿苗分化率为15.08%，最高绿苗分化率为45.00%。试验结果表明，野生稻与栽培稻、栽培稻与野生稻的杂交后代花药培养诱导培养基中，诱导率最好的是YD2培养基，分化培养基以1/2YD培养基和1990年晚造试验中选出的5号培养基较好，平均绿苗分化率达44.68%；在重复试验中转分化1 123块愈伤组织，平均绿苗分化率为16.56%。在野生稻与栽培稻杂交后代花药培养研究中选出两个稳定的花培品系，其中14-5是高抗白叶枯病的品系；T209-1是来自垦系3号∥垦系3号/RBB16的F_4的花培稳定品系，茎秆粗壮，穗大粒多，结实率高，米质优，抗倒性强，在南宁种植，晚造小区672 g/m^2，比亲本垦系3号（粳稻）增产59.30%，比对照粳稻品种中作180增产15.2%，是较好的新品系（李道远、陈成斌，1992）。

陈成斌等（1993）报道了野生稻与栽培稻杂交后代花药一次培养成苗的研究结果。对垦系3号、中作180等10多个品种与普通野生稻的白叶枯病抗原RBB16的杂交或回交材料共47个株系，进行了3 334个花药一次培养成苗的研究，取得平均诱导率达5.48%，最高达30.00%；平均绿苗分化率达15.33%，最高达64.52%的满意结果。研究中发现不同株系在相同培养基中的诱导率与绿苗分化率有很大的差异，如在B_1培养基中株系F_{71}的诱导率是株系56的13.79倍；而绿苗分化率株系F_{71}是51.06%，株系56则为0，表现出不同株系基因型影响花药一次培养成苗的差异。他们认为B_7与B_1培养基更适合野生稻与栽培稻杂交后代花药一次培养成苗，B_7的平均诱导率达到7.05%，平均绿苗分化率达到36.36%；B_1培养基的平均诱导率达到6.65%，平均绿苗分化率达到18.78%。在试验中还发现，部分株系的培养效果已达到分两次培养的效果，说明栽培稻与普通野生稻杂种后代花药一次培养成苗技术已达到实用水平。但是也同样存在白苗分化率高的问题，这一问题有待解决。

庞汉华（1995）报道了普通野生稻与栽培稻杂交组合10个不同世代的花药培养效果。她认为杂种基因型对花药培养效果起着重要作用，如中花8号/普通野生稻81ST221的愈伤组织诱导率最高为4.57%，绿苗分化率为45.76%；而用中花9号与81ST221杂交的组合花药培养效果就差一些（表9-7）。

栽培稻与普通野生稻杂交后代的不同世代材料在同一培养基和相同培养条件下，其花药培养效果不相同。如中花8号/普通野生稻（81ST221）的F_1、F_2、F_3的愈伤组织诱导率分别为4.78%、2.99%、1.81%，绿苗分化率分别为45.00%、36.36%、28.57%。研究结果表明F_1的诱导率、分化率都高于F_2、F_3，其他组合也有相同结果。随着杂交后代的世代递增，愈伤组织诱导率、绿苗分化率呈逐渐减弱的趋势。

表9-7　不同野生稻与栽培稻杂交后代的花药培养效果差异（庞汉华，1995）

参试杂交组合名称	F₁接种花药数	愈伤组织诱导		转分化愈伤组织块数	绿苗分化	
		块数	诱导率（%）		丛数	分化率（%）
中花8号（粳）/普通野生稻81ST221	3 500	160	4.57	118	54	45.76
中花8号/普通野生稻0390	3 400	97	2.85	68	26	38.24
中花9号（粳）/普通野生稻81ST221	3 250	117	3.60	80	34	42.50
中花9号/普通野生稻0390	2 890	54	1.87	38	13	34.21
中作9037（粳）/普通野生稻RBBl6	2 870	52	1.81	40	14	35.00
珍珠矮（籼）/普通野生稻81ST221	3 180	64	2.01	44	18	40.91
珍珠矮/普通野生稻0390	3 570	62	1.74	40	5	12.50
IR8（籼）/普通野生稻81ST221	2 980	57	1.91	37	8	21.62
IR8/普通野生稻0390	3 240	20	0.62	15	0	0
IR36（籼）/普通野生稻RBB16	3 260	35	1.07	30	5	16.67

　　庞汉华（1995）认为，野生稻与栽培稻杂种后代花药培养采用变温培养可以提高花药培养效果。接种后先在30℃±1℃培养5天，再转到27℃±1℃培养，愈伤组织不仅长得快，频率也高。处理1~2天的效果不明显；处理7天后愈伤组织长得较快，质地松散，绿苗分化率低（表9-8）。

表9-8　变温培养对野生稻与栽培稻杂种F₁的花药培养效果（庞汉华，1995）

参试杂交组合名称	在30℃±1℃培养后转到27℃±1℃培养			保持在27℃±1℃培养（对照）		
	诱导率（%）	绿苗率（%）	白苗率（%）	诱导率（%）	绿苗率（%）	白苗率（%）
中花8号（粳）/普通野生稻81ST221	5.28	48.31	28.03	3.84	40.76	34.03
中花8号/普通野生稻0390	3.45	43.24	36.13	3.21	32.24	38.43
中花9号（粳）/普通野生稻81ST221	4.27	46.20	27.24	3.60	41.50	24.87
中花9号/普通野生稻0390	1.92	39.45	36.64	1.87	35.27	34.26
中作9037（粳）/普通野生稻RBB16	2.45	43.05	45.00	1.12	42.73	38.94
珍珠矮（籼）/普通野生稻81ST221	3.05	44.62	32.43	2.01	38.71	35.36
珍珠矮/普通野生稻0390	1.54	38.16	40.14	1.74	37.48	36.14
IR8（籼）/普通野生稻81ST221	2.53	40.24	37.21	1.24	32.24	38.21
IR8/普通野生稻0390	0.86	0	62.34	0.81	0	43.40
IR36（籼）/普通野生稻RBB16	1.86	25.00	38.41	1.07	16.00	31.54

试验结果显示，4号诱导培养基最好，平均诱导率为4.95%；5号诱导培养基次之，平均诱导率为3.46%。4号培养基的组成：N6的无机盐加MS有机物，其中甘氨酸提高到4，并附加2,4-D 2 mg/L加6-BA 1 mg/L加丙氨酸2 mg/L，pH值5.8～6.0。5号培养基的组成：通用基本培养基加2,4-D 2 mg/L加6-BA 2 mg/L。分化培养基的组成：MS加6-BA 2 mg/L加NAA 0.5 mg/L加IAA 0.5 mg/L加糖3%加水解乳蛋白500 mg加铁盐15 mL。栽培稻与普通野生稻杂种的花药培养仍然出现大量的白化苗问题，很可能与花粉的细胞质含量、叶绿素DNA缺少有关，花粉细胞的叶绿素缺少有待受精过程在卵细胞中得到补偿。因此，笔者认为开展栽培稻与野生稻杂交后代的子房培养将会获得更高的绿苗分化率。

吴惟瑞等（1996）报道，采用5种诱导培养基和以MS为基本培养基调整3种不同附加物的培养基，发现4号培养基的诱导率最好，达13.00%。但他们认为4号培养基产生的愈伤组织很难分化绿苗。因此，认为1号培养基、5号培养基较好，诱导率分别为7.4%和8.3%。它们均由籼稻培养基（陈英，1990）改用水解乳蛋白300 mg/L代替水解酪蛋白，用甘氨酸2 mg/L代替脯氨酸组成。5号培养基与1号培养基不同的是铁盐用量加倍。两者的组成差异不大，结果差异也很小。从三种处理的分化结果看，D_1和D_3处理较好，绿苗分化率分别为9.52%和9.49%，愈伤组织来源不同分化效果有较小差异。从他们的研究报道中看到，不同基因型材料培养效果差异很大，有58.82%的组合未能分化出绿苗，也有个别野生稻与栽培稻杂交组合的愈伤组织诱导率达59.2%、绿苗分化率达到52.1%的较高水平。

野生稻与栽培稻杂种后代花药培养在国内已取得重大进展，技术水平已达实用程度。

三、野生稻资源不同外植体的组织培养研究

利用离体受精技术获得不同染色体组（基因组）的杂种是有效的组织培养方法之一。黄庆榴等（1991）利用栽培稻不育系珍汕97A与短花药野生稻（*O.brachyantha*）进行离体受精，授粉后的珍汕97A在MS加0.5 mg/kg^2，4-D的培养基中培养，7天后子房由无色变为绿色；2周后子房膨大裂开，有少量愈伤组织形成；2个月后将愈伤组织转移到分化培养基（N6加0.5 mg/kgNAA加2 mg/kgKT加500 mg/kg CH加3%蔗糖）上，便分化出幼苗。经过氧化物酶同工酶酶谱鉴定，分化苗是不同于父母本的杂交中间类型。广西农业科学院作物品种资源研究所1985～1986年开始采用有性杂交与离体培养相结合的办法获得一批普通栽培稻与药用野生稻、普通野生稻与药用野生稻的不同染色体组（AA×CC）的杂种植株。

韦鹏霄（1993）报道，用来自泰国、越南的*O.officinalis*、*O.minuta* 2个抗褐飞虱、白背飞虱、叶蝉的野生稻做父本，前者兼抗东格鲁病和茎腐病，后者兼抗稻瘟病、白叶枯病，用IR64、IR74做母本，授粉杂交后10天，在l/4M2培养基上进行胚挽救（胚培养），获得31株杂种植株。IR64与两个药用野生稻ACC100896、ACC101399的杂交结实率分别为42.63%和

60.08%，胚培养的存活率分别为43.48%和44.44%，胚成苗率分别为43.48%和36.11%；IR74与这两个药用野生稻杂交结实率分别为40.79%和43.24%，胚挽救培养存活率分别为10.53%和30.43%，胚成苗率分别为5.26%和17.39%；IR74与小粒野生稻ACC101089的杂交结实率为6.52%，胚挽救培养存活率为37.50%，胚成苗率为37.50%。总平均成苗率为28.44%，获得AA×CC、AA×BBCC的野生稻与栽培稻杂种。

谭光轩、舒理慧等（1997）报道，干燥处理对野生稻愈伤组织绿苗分化率及某些生化指标有直接影响。用N6加2,4-D 2 mg/L加Sn 4.5%，pH值5.8诱导培养普通野生稻（O.rufipogon，AA）、疣粒野生稻（O.meyeriana）、高秆野生稻（O.alta，CCDD）和短花药野生稻（O.brachyantha，FF）的幼穗，形成愈伤组织，继代14天后把愈伤组织放入有一层滤纸的无菌培养皿中，封口保存3天，发现除普通野生稻外，疣粒、高秆、短花药野生稻都能经过干燥处理提高绿苗分化率。在高秆与短花药野生稻中也提高了白苗分化率。他们认为野生稻的白苗分化率的差异来自基因型的不同（表9-9）。

表9-9 干燥处理对野生稻绿苗分化率的影响（谭光轩、舒理慧等，1997）

参试野生稻种	染色体组	未干燥处理			干燥处理		
		转移愈伤组织块数	绿苗分化率（%）	白苗分化率（%）	转移愈伤组织块数	绿苗分化率（%）	白苗分化率（%）
普通野生稻	AA	36	0	0	36	0	0
疣粒野生稻		42	38.1	0	40	85.0	0
高秆野生稻	CCDD	48	20.8	0	54	63.0	3.7
短花药野生稻	FF	40	10.0	15.0	40	40.0	80.0

在干燥处理前后的野生稻愈伤组织中，吲哚乙酸和水溶性蛋白的含量下降极为显著，比对照材料降低14%～50%，IAA和WSP都有类似趋势。干燥处理后转入分化培养基7天后愈伤组织的过氧化物酶同工酶谱带表现出差异性，4种野生稻愈伤组织中的酶带均是酶谱带色加深、加宽或增添了新的酶带，表明酶活性增加。疣粒野生稻愈伤组织有3条酶带比对照材料加深加宽，且增加了2条新的酶带，由此可见干燥环境可能引起基因调控的改变。干燥后愈伤组织中IAA浓度降低与过氧化物酶同工酶活性升高密切相连，这和培养实验中胚性细胞团形成需要较低浓度生长素水平是相吻合的。干燥处理对野生稻愈伤组织的绿苗分化有促进作用。

殷晓辉、舒理慧（1996）报道，野生稻愈伤组织在超低温保存和冻后再生植株的研究结果表明，冰冻保护剂是提高冻后细胞存活率的关键，复合保护剂的保护效果比单独用DMSO（二甲基亚砜）好，其中以10%DMSO加8%葡萄糖的组合所取得的保存效果最佳。10%DMSO加8%葡萄糖能使普通野生稻冻后细胞存活率达到72.6%。选择10～15天的愈伤组织作为超低温保存的材料较为适宜，采用改良慢速冷冻法，通过缓慢降温使温度从0 ℃降到一定的预冻温度并停留一段时间，再投入液氮中。停留一段时间是保持高存活率的关键，它能使细胞达到充分的保护性脱水，以便提高存活率。其中，0℃～1℃/分钟后放入-10℃，等15分钟，或者1℃/分钟后放入-40℃，等60分钟的LN处理方法，细胞存活率为73.6％。经过超低温保存后，普通野生稻、宽叶野生稻的绿苗再生率分别为5.0％和7.4％，低于对照材料；而药用野生稻的绿苗再生率为17.4％，疣粒野生稻的冻后再生率为91.7％，大大超过对照材料。疣粒野生稻成熟种子的发芽率极低，材料的繁殖较难，通过愈伤组织冷冻后，在黑暗条件下延长继代培养时间（40天继代一次），4个月后其表面不断长出白色紧密的小颗粒，即胚性愈伤组织，扩展繁殖形成了大量的胚状体，通过胚状体的分化形成了365株再生植株，这是解决疣粒野生稻的组织培养再生植株难的有效方法。

疣粒野生稻的保存繁殖一直比较困难，因为成熟种子一般发芽率很低，为1％～3％，发芽种子的成苗率也较低。多数人认为用种茎繁殖保存较稳妥，但根据广东农业科学院保存圃的情况来看，种茎在2～3年后便逐渐死亡，不易长期异地保存。因此，国内对疣粒野生稻的研究利用相对较少。陈成斌（1988）对疣粒野生稻蜡熟期落粒种子用常规方法浸种，经过20多天催芽，100％不萌动，然后去壳消毒，放在培养基上培养5～7天就能长成植株。随后利用1/2N6加Kt 2 mg/L加蔗糖5％、MS加IAA 2 mg/L、NAA 0.5 mg/L加Kt 0.2 mg/L加蔗糖3％等培养基进行离体幼胚培养，其中1/2N6培养基的成苗率达86.7％，少数材料出现一胚3～4个小植株的多苗现象，对长根不好的芽可转入MS加IAA 2 mg/L加NAA 0.5 mg/L加Kt 0.2 mg/L加蔗糖3％的培养基，10天左右可长成完整植株。范芝兰等（1995）对疣粒野生稻的胚胎培育繁种保存方法进行探讨，对9份国内疣粒野生稻进行幼胚培养，也发现1/2N6加Kt 2 mg/L加蔗糖5％的培养基成苗率最高。9份疣粒野生稻的成苗率范围在50％～100％，而用1/4N6加Kt 2 mg/L加蔗糖5％培养基的成苗率在22.2％～66.7％，明显低于1/2N6培养基。在试验中还发现附加2 mg/L 6-BA和500 mg/L水解乳蛋白的培养基能诱导出大量的丛生芽。这再次证明利用幼胚培养能挽救难以保存的濒危野生稻种，有利于繁殖和保存种质资源。

陈璋（1993）报道了2,4-D对野生稻未成熟胚离体培养的影响及再生植株的田间表现。以广西普通野生稻、尼瓦拉野生稻和短叶舌野生稻开花后3周的嫩胚诱导愈伤组织为研究对象，愈伤组织诱导率随着2,4-D浓度的增高而提高，但2,4-D的浓度超过2 mg/L后，愈伤组织随着2,4-D提高而下降。短叶舌野生稻和广西普通野生稻只有在2,4-D 8mg/L时才分别有H型愈伤组织，尼瓦拉野生稻在2～4 mg/L条件下能形成H型愈伤组织。H型、K型愈伤组织分化率较高。海南藤桥普通野生稻的体细胞无性系比种子植株高，但穗短粒少，产量较低。尼瓦拉野生稻的再生个体比种子植株矮，穗数粒数较少，产量较低。利用2,4-D培养嫩胚、未成熟胚诱导出愈伤组织再分化植株与培养未成熟胚长出再分化植株一样，具有加速繁殖濒危植物种类的作用。利用外植体扩大繁殖保存野生稻种质资源的几种组织培养途径见图9-3。

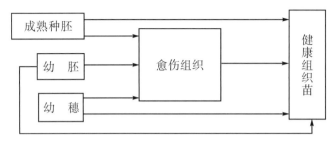

图9-3 扩大繁殖保存野生稻种质资源的几种组织培养途径（陈成斌，1999）

四、野生稻种质资源的原生质体培养研究

植物原生质体培养始于20世纪70年代，Takebe等首次从烟草分离的叶肉原生质体再生成完整的植株，接着尼施（Nitsch）等人从离体培养的单倍体原生质体获得植株。野生稻种质资源具有栽培稻所没有的抗性种质，如药用野生稻表现出对褐稻虱、白背飞虱高抗或免疫的种质；疣粒野生稻对稻白叶枯病表现高抗或免疫，是稻属中最强的野生稻抗原之一，是水稻育种中的宝贵资源。由于部分野生稻与栽培稻亲缘较远，有性杂交困难，使许多优异种质难以利用。利用组织培养技术，通过原生质体融合等方法可以克服有性杂交障碍，促进野生稻种质的利用。20世纪90年代以来，国内已取得部分野生稻种的原生质体再生植株。项友斌等（1995）用3种野生稻（*O.rufipogon*、*O.glumaepatala*和*O.latifalia*）的成熟胚，经愈伤组织诱导和悬浮细胞培养，分离原生质体均获得成功。研究表明，使用看护细胞培养液能促进野生稻原生质体培养中的细胞分裂，提早细胞分裂开始期，细胞分裂频率达33.2％，植板率为19.0％，分别比未加看护细胞培养液的培养物提高13.3％和6.2％。原生质体克隆在适当的培养基上能促进绿苗分化，其中L3培养基形成胚性愈伤组织或类似胚状体结构的频率达32.1％。在3种野生稻中有2种野生稻获得了再生绿苗植株，其中，*O.rufipogon*获21株，*O.glumaepatala*获16株，*O.latifolia*没有产生绿苗，许多愈伤组织只增加了体积。

盛腊红等（1996）为探讨疣粒野生稻高抗白叶枯病抗原，通过原生质体融合、细胞工程或基因工程的利用等方法开展了疣粒野生稻悬浮培养与植株再生研究。以幼穗为外植体，用N6加2,4-D 2 mg/L加蔗糖4.5％培养2个月后，选表面光滑、浅黄色、具有高分化能力的愈伤组织，经过几次继代后进行悬浮培养。1个月后再在MS培养基中进行再生能力测定，取悬浮培养第三天的培养物，用1％Cellulose Onozuka R-10，0.1％Pectolyase，Y-23，5mMMES，13MCPW，pH值调至5.8，将悬浮有原生质体的酶液用500目滤网过滤，500r/min离心5min，搜集原生体，用CPW13M离心漂洗2次，用原生质体培养基清洗1次。在3种不同培养基内，悬浮培养物生长速度不同，发现悬浮物在AA2培养基中，特别是AA2M培养基中一开始就呈较快的生长势头。直到第21天，AA2M中培养基愈伤组织生长速度开始降低，而AA2培养基的培养物一直呈上升趋势。在N6培养基中，从悬浮第8天开始出现一个明显的缓生长期，14天时愈伤组织生长便处于停滞状态，这与某些栽培稻的悬浮培养正好相反。在培养中还发现AA2培养基更有利于疣粒野生稻悬浮培养物胚性形成，并获得大量的悬浮再生植株。研究人员认为AA2液体培养更有利于疣粒野生稻胚性悬浮的形成，这为疣粒野生稻原生质体的培养与操作奠定了一定的基础。

第二节　野生稻DNA导入栽培稻的分子育种研究

植物分子育种是随着分子遗传学理论与现代分子生物技术发展而形成的品种改良与培育的新技术。它探索于20世纪60年代中，付诸实现则在20世纪70年代末至80年代初。以花粉管通道导入外源DNA为主的植物分子育种技术是中国著名生物化学遗传学家周光宇先生于1974年开始的一种植物基因工程技术。他多次广泛调查中国农作物远缘杂交育种的状况，对种、属、科间远缘杂交现象进行深入研究后，提出DNA片段杂交假说来解释远缘杂交中不见父本染色体，而产生大量的性状遗传变异的分子基础，并由此指导和首创自花授粉后利用花粉管通道直接导入外源DNA的整体植株转导的植物分子育种技术。有关单位如中国农业科学院作物品种资源研究所、江苏农业科学院作物品种资源研究所、广西农业科学院作物品种资源研究所、广西农业大学（现广西大学农学院）等于1978年始逐步应用周光宇先生的技术，对棉花、小麦、水稻等作物进行试验并获得成功，其中棉花、水稻的分子育种技术研究于1986年获中国科学院科技进步奖二等奖。

一、植物分子育种的概念、作用与意义

植物分子育种，也称农业分子育种，是指把供体植物带有目的性状的遗传信息携带者DNA分子片段或其中的目的基因分离提取出来，导入受体植物（待改良植物）的细胞中（受精卵、种胚细胞），使之整合、复制、表达和遗传。根据人们对农业生产的需要，选出带有目的性状的优良个体，培育出具有农业经济价值的新品种。

按现代分子遗传学的理论与生物技术标准，植物分子育种可分为狭义和广义分子育种两种。狭义植物分子育种是指提取带有目的性状的供体植物的总DNA分子片段，通过直接导入的方法把总DNA片段导入受体整体植株的受精卵、种胚细胞等，并在受体植物上获得供体DNA目的基因重组体，再通过与传统育种相似的鉴定选择培育出具有目的性状的新品种。广义植物分子育种包括狭义植物分子育种与植物基因工程。植物基因工程应是狭义植物分子育

种的更高层次，开展植物分子育种的目的性更强，定向育种更准确，更能克服外源总DNA分子片段导入的随机性。因此，植物分子育种技术应用在野生稻种质资源利用研究上，具有以下优点：

①克服远缘杂交不亲和性，扩大种、属、科之间的优良基因利用。植物远缘杂交育种虽然已取得很大的进展，但要从根本上克服远缘杂交不亲和性、杂种后代高度不育与疯狂分离等问题仍然是相当困难的，特别是野生种属的优良种质利用，有时是常规技术无法解决的。如日本在20世纪30年代以及国际水稻研究所（1984）都做过药用野生稻与水稻的远缘杂交，均因后代结实率非常低而未能育成新品种。广西农业科学院作物品种资源研究所自1985年开始，用药用野生稻与珍汕97A等水稻品种杂交，经过把授粉后7～10天的杂种幼胚离体培养，获得真杂种，它们的分蘖力极强，在南宁能四季抽穗扬花，但100%的不育。用水稻回交B_1F_1可获少量种子，B_2F_1每造回交1万余朵小花，连续4造均未获种子，可见药用野生稻优异种质在常规技术中利用极为困难。而用植物分子育种技术提取药用野生稻DNA，然后导入高产水稻品种中，在D_4代就能获得稳定优良品系，有效地解决了远缘杂交不亲和性的问题。

②打破基因连锁，克服不良性状的连锁表达。根据普通遗传学规律，杂交后代出现性状连锁的现象，特别是同一染色体上相邻基因的表达的性状连锁，一般很难通过有性杂交来克服。而采用植物分子育种技术，则能从根本上解决这个问题。目前植物分子育种技术所提取的供体DNA分子片段一般长度为50 kb。按高等生物基因组大小来计算，这样的片段只含一个或几个基因，如果是单基因控制的性状，一个片段就是一个性状表达；如果是多基因控制的性状，有时一个片段还不够一个性状表达，只能影响受体原有基因的表达差异，这就从根本上打破原供体的性状连锁。植物基因工程的分子育种导入的是已知结构、功能的目的基因，不存在基因连锁的问题。如江苏农业科学院用野生种瑟伯氏棉DNA导入栽培棉，选出早熟、优质、高产品系，解决了通常认为早熟不高产、高产不早熟等连锁问题。

③缩短育种年限，加速育种进程。遗传学理论告诉我们，品种间杂交后代受遗传学分离定律影响，自F_2代起会产生基因的分离和重组，引起后代个体间大量的性状变异，必须等到同质配子相结合（纯系出现）才能有稳定品系。以水稻育种实践为例，一般需要经过7～8代以上的选择，才能育成优良新品种。狭义植物分子育种的供体DNA以片段形式导入，DNA片段一般大小为50 kb，相当于一个或几个基因，是在受体的基础上加入供体的DNA片段，在性状表达上也是在受体原有优良性状基础上增加供体的一些性状，在第一代（D_1）就开始产生变异，最快的在D_2代就能得到稳定品系，而且一旦稳定就不再分离。如段晓岚等（1985）以水稻早丰为受体导入大米草DNA，D_1代获得一个与受体明显变异的植株，它的D_2代成苗46株，表现型与D_1代相同，群体表现一致，以后延续5代均未出现任何分离。当然，一般情况下D_3、D_4代以后还有分离现象，某些品系也存在"疯狂分离"现象，但一般在D_3、D_4开始就有许多稳定品系出现，能有效地缩短育种年限，加速育种进程。

④植物分子育种技术简便可行。狭义植物分子育种技术是直接将带有目的性状的供体总DNA导入受体，无须进行单一目的基因的识别与分离。导入方法主要是利用受体天然的花粉通道导入，是一种直接的导入方法，无须特别的载体系统、标记系统和特定的工作环境。受体细胞是受精卵或早期胚性细胞等，它们是天然的原生质体，受到整体植株的保护，能使供体DNA重组体直接发育成为种子，即当代种子就是目的基因的重组体，免去从离体原生质体培养到基因导入受体、再生植株等人工培养的漫长过程。只要具有供体DNA，无须任何特殊工作条件均可进行导入工作，技术简便可行，易操作。

⑤植物分子育种技术是与常规农业育种等技术结合最好的技术。狭义植物分子育种技术，除供体外源DNA提取纯化与导入方法外，其余的技术方法从育种目标的确定到转导后代的选择方法程序、处理技术，以及后代目的性状、特性等鉴定技术方法均是常规技术的方法。因此，植物分子育种技术是现代分子生物技术中与常规技术结合最紧密的技术方法之一，也是一种操作简便、切实有效的育种技术。

野生稻资源种类繁多，种内遗传具有多样性，特别是AA染色体组外的野生稻种类遗传多样性，有许多优异的种质基因有待发掘、开发和利用。因此，采用现代生物技术特别是简便实用的现代生物技术加速野生稻优异种质基因的利用研究前景广阔。自1985年开始，广西农业科学院作物品种资源研究所与上海生物化学研究所合作，开展野生稻DNA转入栽培稻的分子育种技术研究并取得很好的效果。

二、外源野生稻DNA导入栽培稻的分子育种研究过程

陈成斌（1989）报道了在实验室、温室及田间等不同条件下，利用花粉管通道，转导外源野生稻DNA进入栽培稻，通过将D_0代外源DNA重组体进行幼胚培养的实验方法，获得一批外源DNA重组体的植株。花粉管通道转导外源野生稻DNA进入栽培稻的分子育种实验程序见图9-4。

受体在不同生长环境条件下导入DNA的结实率及D_1代植株性状变异有很大的差异，转导后结实率从高到低的顺序是实验室＞温室＞田间，注射无菌水或不加无菌水的对照（CK）结实率略大于转导DNA的结实率（表9-10）。在相同的受体"中铁31"组合中看到，实验室的转导后代D_1代的性状变异率为22.22％，而田间转导的D_1代变异率为13.64％。由此可见，实验室的空调培养条件是提高花粉管通道导入外源DNA成功率的好环境。

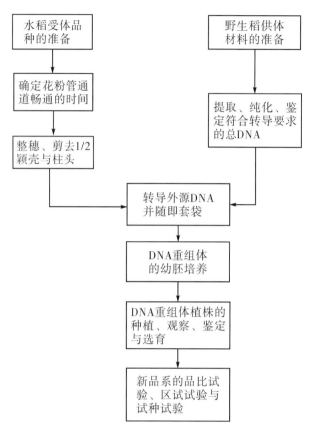

图9-4　花粉管通道转导外源野生稻DNA进入栽培稻的分子育种实验程序（陈成斌，1989）

表9-10　不同环境下受体转导DNA的结实率（陈成斌，1989）

转导环境	处理小花数	结实粒数	结实率（%）
田间	216 CK：234	22 CK：35	10.19 CK：14.96
温室	479 CK：467	80 CK：107	16.70 CK：22.91
实验室	341 CK：224	70 CK：54	20.53 CK：24.11
合计	1 036 CK：925	172 CK：196	16.60 CK：21.19

　　不同受体品种之间外源野生稻DNA转导的结实率也有较大的差异（表9-11）。在实验中发现，受体品种的内外颖壳薄的、损伤后失水快的品种，即伤柱头对外界条件反应敏感的受体品种结实率较低，很难获得外源野生稻DNA重组体的种子。采用DNA重组体幼胚培养技术，对DNA导入后10～15天的幼胚进行离体培养，能提高外源野生稻DNA重组体的成苗率（表9-12）。在幼胚培养过程中还发现一胚多苗的现象，说明D_0代幼胚培养是提高转导效果、获得更多外源野生稻DNA重组体植株的有效方法。外源野生稻DNA转导分子育种的技术关键在于外源野生稻DNA的浓度，以及精确掌握受体受精过程花粉管到达珠孔的时间，即花

粉管通道完全畅通的时间，浓度高、时间短有利于外源DNA进入子房与卵子结合。经实验观察，多数水稻品种在授粉后2个小时左右，多数花粉管到达珠孔，花粉管通道全通，这时导入外源野生稻DNA获得的重组体D_1代植株变异率较高。

表9-11 外源野生稻DNA转导后受体间结实率的差异（陈成斌，1989）

转导组合	转导小花数	结实粒数	结实率（%）
双桂1号+YD2-1632	124	22	17.74
BJ1+YD2-1632	51	8	15.69
BJ1+YD2-1633	73	15	20.55
IR36+YD2-1632	51	7	13.73
爱叶糯+YD2-1632	55	9	16.36
爱叶糯+YD2-1633	70	14	20.00
红脚占+YD2-1632	55	5	9.09
IR841+YD2-1632	38	0	0
中铁31+YD2-1632	151	22	14.57
陕西墨米+YD2-1632	27	0	0
中铁31+YD2-1596	271	70	25.83
特青2号+YD2-1596	70	0	0

表9-12 外源野生稻DNA重组体幼胚培养（陈成斌，1989）

培养基代号	接种胚数	成苗数	成苗率（%）
1	24	21	87.50
	CK：25	19	76.00
2	25	18	72.00
	CK：26	10	38.46
3	8	5	62.50
4	8	4	50.00
合计	65	48	73.85
	CK：51	29	56.86

李道远、陈成斌等（1991）报道了药用野生稻DNA导入栽培稻引起的性状变异和遗传。如中铁31加GX1722的D_1代有4个变异单株，1987～1989年种植观察D_2～D_6代共156个株系；中铁31加GX1686的D_1代有9个变异株，1987年抽穗期受低温影响，造成其中3个植株不能结实而缺失；其余6个单株的D_2～D_5代共种植观察34个株系，每个世代的株系来源于上个世代选择的变异单株和受体性状相似又超出受体的优良单株。上述两个组合的D_2～D_3代产生的性状分离较普遍，在D_4～D_5代大部分株系性状基本稳定。各株系之间的分离状况有较大差异，如中铁31加GX1722的变异株8-1、8-2、8-3、8-4的D_2代分离株数，分别为20、70、100和180株，变异株的占比分别为10%、7.1%、11.0%、11.3%，D_3代变异情况与D_2代相似。中铁31

加GX1686的D_1变异较大的单株9—11的D_3代株系出现的变异株的比例达20%。在少数D_4～D_5的株系中分离仍然较大，如8-4-12-1株系D_4代变异率达19.4%。在早期世代的形态性状变异能遗传的较少，如草状分蘖、高位分蘖、短剑叶或畸形剑叶、畸形穗和有芒等变异一般不能遗传或遗传力很低。这类性状变异可作为外源野生稻DNA导入表达的标记性状，D_1代、D_2代有这类性状变异的单株，说明外源DNA进入后引起基因表达的差异，没有变异的单株很难在形态上判断是否是真的外源DNA重组体，特别是D_1代的选择更是如此。大部分株系D_4代与以后世代的性状稳定较快，优良性状得以稳定遗传。外源野生稻DNA导入后代形态性状变异类型较多，在D_1代中就出现叶片特别狭小、角度大、植株矮小的类型。在D_2代中中铁31加GX1722组合有270个植株，出现9个剑叶短小、茎秆特别矮小的变异株。在D_5代株系8-1-5-1-1中出现有芒矮小植株，但其后代又恢复无芒，株高与株型近似受体。在人工选择下定型的株系茎秆粗壮、抗倒力强、株型紧凑、生长势明显优于受体亲本。

外源野生稻DNA导入后代的叶片也出现变异，在D_1代与以后世代均有叶片比受体狭小甚至畸形的变异出现。如中铁31加GX1686的D_1代变异株9—28下部叶片宽为0.3 cm，剑叶宽0.5 cm，叶片角度大。特别短小和畸形叶不能遗传。叶片变异类型中也有多种优良的类型，如叶片挺直、较厚、有半卷型筒状、叶色较深绿等，这属于理想的高光效、耐旱、抗逆强的叶型，这与野生稻与栽培稻的杂交类型相似。

外源野生稻DNA导入后代的穗粒型出现明显变异，也常在D_1代及以后世代中出现，变异类型多样性明显。一般表现为剑叶鞘退化为苞片，叶片短小，穗子不能全部抽出叶鞘，穗子中有部分枝梗发育不良，谷粒退化为白色小颖壳的类似物。有些主穗轴基部第一枝梗轮生，上部枝梗对生，形态与供体相似。有些穗子较短，着粒密，粒形小；也有些株系每穗300粒以上，有较高的结实率（表9-13）。一般来说有芒植株的穗枝梗较少，着粒疏，粒形比受体大或小，在D_2～D_4代中常见畸形穗，早期世代出现的畸形粒，内外颖较薄不实或者粒形长而扭曲畸形等。这些性状一般不能遗传或遗传能力很低。早期世代出现畸形穗或有芒穗子的单株，能在其后代中选出优良品系。在实验中选出的2个优良株系来自低世代的畸形穗及有芒穗。因此，低世代的这类变异应是重点选择对象。

表9-13　外源野生稻DNA导入的部分后代的变异穗性状表现（李道远、陈成斌等，1991）

株系编号	包颈状况	穗长（cm）	第一枝梗数	每穗总粒数	结实率（%）	千粒重（g）
D_4 8-1-1-1	严重	14.0	16	174	25.3	22.8
D_4 8-2-5-3	轻度	21.0	15	213	85.9	25.1
D_3 8-2-10	轻度	20.4	16	193	91.7	25.3
D_3 8-2-11	中等	15.2	16	225	40.9	24.8
D_3 8-3-21	轻度	22.3	18	294	80.6	25.1
D_3 8-3-20	中等	18.0	17	295	53.2	24.6

续表

株系编号	包颈状况	穗长（cm）	第一枝梗数	每穗总粒数	结实率（%）	千粒重（g）
D₄ 8-4-12-3	严重	19.5	19	311	52.4	23.2
D₃ 9-1-1	中等	22.0	19	342	41.5	24.5
D₃ 9-1-2	严重	16.0	18	267	0	
D₃ 9-5-1	严重	22.0	13	165	36.4	23.8
D₃ 9-5-2	严重	19.0	13	193	11.9	
D₃ 9-9-1	严重	15.0	15	125	43.2	24.3
中铁31（受体）	不包颈	23.0	18	153	77.8	26.4

外源野生稻DNA导入后代在米质上变异也较大。本试验用的受体、供体都是黏米型，但在两个转导DNA组合中共有4个D_1代变异株的后代出现了糯米型变异类型，糯性表现米质优，食味较好，整米率高，能稳定遗传，其变异机理有待研究。DNA导入后代部分株系的米质性状变异不能遗传，如株系D_5 8-1-5-1-1出现有芒单株，胚乳为垩白状，但其后代均恢复到与受体外观米质一样的形态。外源野生稻DNA导入后代的营养成分、性状变异有待进一步研究。

野生稻DNA导入栽培稻受体后，供体的抗性能在其后代中表达。

①耐旱性。供体野生稻根较粗，根系较深，耐旱性强，DNA导入后代在6个定型的糯性品系均表现叶片卷筒状。在1989年晚造成熟期间干旱较严重，土壤干裂，裂缝较大，大部分参试材料及籼稻对照种茎叶干枯倒伏，但这6个株系和另一黏型品系及粳稻对照种叶片青绿，谷粒饱满充实，收割后仍产生再生苗。说明耐旱性在导入后代中表现部分显性遗传。

②再生性。供体野生稻为多年生，再生力很强。导入后代具有不同程度的再生性，少数定型株系可作为再生稻利用，分蘖数、株高、穗粒数表现都较理想，再生性表现为部分显性遗传。

③耐寒性。供体野生稻在原产地10月上旬抽穗，花期一般不受寒露风的影响。在人工控温耐冷鉴定中，在20℃以下低温结实率仍在80%以上，DNA转导后代品系表现出花期耐寒性超亲遗传。

④成熟期功能叶耐衰老性。供体野生稻的耐衰老性较强，在D_1代植株上也得到表现，但在以后世代中出现分离。一般在低世代显性的程度较低，在较高世代则出现功能叶耐衰老较强的类型，部分株系早造成熟期有4片青叶，晚造有3片青叶。功能叶耐衰老性呈现出显性遗传。功能叶耐衰老性强的材料，对提高产量、抗倒伏有很大作用。

⑤宿根越冬性。供体药用野生稻具有发达的地下根茎，宿根越冬性强。DNA转导后代D_1代的显性程度很低，在较高的世代则出现越冬性增强的株系，宿根越冬性有增强趋势。1990年1月中旬调查3个定型品系，越冬存活率达27.9%～45.8%，受体及籼稻对照材料全部枯死，粳稻对照材料存活率为25.6%，表现为部分显性遗传。

野生稻DNA通过花粉管通道导入栽培稻技术是成熟可行的。从广西农业科学院作物品种资源研究所与上海生物化学研究所合作选育出的特异高产优质糯稻品种"桂D_1号"、耐旱高产籼稻"桂D_2号"来看，在生产试种示范中，一般产量在7 500 kg/hm²，栽培条件好的可达9 000 kg/hm²以上，小区产量更高（表9–14）。花粉管通道转导外源野生稻DNA进入栽培稻的分子育种技术最大优点是，打破不同染色体组间杂交不亲和性与杂种后代不结实性，扩大稻属种间基因交流，提高育种生产利用的实用价值。DNA导入的分子育种技术实用且简单易行，不需要大量的设备投入，很适合中国农业科研单位的实际情况，值得大力推广应用。

表9–14　野生稻DNA转导后代部分品系的主要性状及产量（李道远、陈成斌，1989）

名称	株高（cm）	有效分蘖数	穗长（cm）	每穗总粒数	每穗实粒数	结实率（%）	千粒重（g）	剑叶长（cm）	剑叶宽（cm）	剑叶形状	产量（kg/m²）
9-11-1-1-1	90.4	9.3	24.1	143.41	133.2	92.9	26.8	25.3	1.5	半卷	0.74
9-11-1-2-1	90.5	12.0	22.3	131.8	116.6	88.5	25.2	23.8	1.4	半卷	0.71
8-3-21-1-1	90.5	9.0	22.7	124.4	106.5	85.6	26.3	23.5	1.4	半卷	0.69
8-4-4-1-1-1	84.4	11.0	22.7	132.6	113.9	85.9	24.5	28.6	1.4	平直	0.60
中铁31（受体）	88.0	10.0	25.8	150.9	106.5	70.6	26.5	35.5	1.3	平直	0.59
桂朝2号（CK）	90.1	13.0	22.1	103.8	70.4	67.8	27.9	35.1	1.4	平直	0.62
特青2号（CK）	98.1	10.0	21.4	152.6	114.6	75.1	26.3	32.5	1.5	平直	0.63

李道远、陈成斌等（1991）报道，在药用野生稻DNA导入后代中出现糯性株系变异，在4个D_1代变异株的D_4及D_5代株系出现糯性变异6个株系，糯性出现后很快就能稳定遗传。糯性变异品系在其不同世代母株的主要性状变异见表9–15。糯性变异植株花期耐冷性较强，功能叶耐衰老性也较强，生产潜力较高。在1989年晚造，4个糯性品系参加小区产量比较试验，有3个品系比受体及高产对照品种明显增产，其中9–11–1–1–1（后定名为"桂D_1号"）产量为7 407 kg/hm²，比受体"中铁31"增产25.8%，比"桂朝2号""特青2号"分别增产18.5%和17.5%。这些品系具有较全面的优良农艺性状，耐肥，抗倒伏，结实率高，抗逆性强，对白叶枯病、稻瘟病表现为中抗，高产潜力较大。对于受体与供体药用野生稻均为黏米型的DNA导入后代出现糯性类型，曾引起不同学术观点的争论，例如，这些糯性品系是否属于真正的DNA导入后代，其遗传规律怎样。在水稻育种及糯性遗传研究中发现，糯性是由隐性单基因调控的，现代分子遗传学研究发现，糯性表现是支链淀粉含量提高、直链淀粉比例下降的结果，而支链淀粉是在直链淀粉上由淀粉聚合酶Ⅱ再接上另一个直链淀粉组成。因此，淀粉合

成是由两个酶参与合成的，聚合酶Ⅱ含量高，支链淀粉含量就高，就表现出糯性。在野生稻DNA导入的试验中，只要一个可转移元件或一小段DNA插入在调控这两个酶合成的基因前就能影响淀粉含量的变化，出现黏糯不同的表型变异。

表9-15　野生稻DNA导入后代糯性品系及其不同世代母株的主要性状变异（李道远、陈成斌等，1991）

品系编号	不同世代株系母株的主要性状变异				
	D_2	D_3	D_4	D_5	D_6
8-1-2-2-1-1	高位分蘖	类似受体	粒形小	类似受体	糯性
8-3-21-1-1	生长优势	生长优势	生长优势	部分可育全芒	糯性
8-9-4-1-1-1	高位分蘖	畸形穗	粒形小	茎秆粗壮、叶耐衰老	糯性
8-4-12-3-1	高位分蘖	畸形穗	粒形小	畸形穗	糯性
9-11-1-1-1	高位分蘖	生长优势	叶片耐衰老	糯性	糯性
9-11-1-2-1	叶片耐衰老	茎秆粗壮	茎秆粗壮		
9-11-1-2-2	叶片耐衰老	茎秆粗壮	茎秆粗壮	糯性	糯性

陈成斌等（1991）首次报道了外源药用野生稻DNA导入栽培稻后代稳定品系的同工酶分析。在干种胚酯酶同工酶的表现上，7个参试的稳定株系都表现为相似的酶谱类型，与籼稻"桂朝2号"相似，具有高产品种"桂朝2号"相似的酯酶同工酶在干胚中的表达方式。而不同的是在E24酶带上，9-11-1-1-1（桂D1号）、9-11-1-1-2有强活力表现，保持了"中铁31"受体亲本的特性，在4个糯性品种（系）中与糯性对照品种"西乡糯"有极大差别。在E29酶带表现上，全部DNA导入后代均有极强活性的表现（Rf值为0.659～0.717），而"西乡糯"则不表现或仅有极其微弱的表现，就像其他农艺性状差异一样，"桂D$_1$号"等4个参试的糯性品系材料在干种胚酯酶同工酶表现上有较大的差异（图9-5）。

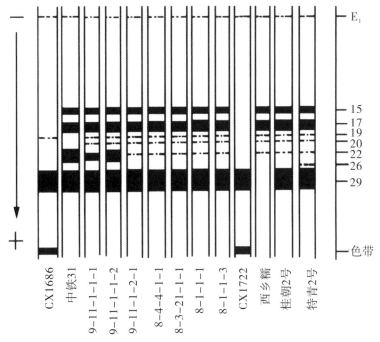

图9-5　野生稻DNA导入栽培稻后代品系干种胚酯酶同工酶的表现（陈成斌等，1991）

在幼苗期酯酶同工酶在各株系间与对照品种有差异。在7个DNA导入后代品系中除一个品系保持受体的酶谱类型外，其余均在受体酶谱基础上出现新的E16酶带（Rf=0.45），在9-11-1-1-1（桂D₁号）品系中还出现与供体相似的快区3条酶带（E34、E37、E39），Rf值分别为0.81、0.85、0.90。与对照品种相比，"西乡糯"比其他参试材料多了E24酶带（Rf=0.60），酶活性很强；"特青2号""桂朝2号"在E8、E10酶带上与其他品系有差别，受体与DNA导入后代在这两个酶带区几乎连成片（图9-6）。幼苗的酯酶同工酶带在供体、受体、DNA导入后代及对照品种出现的频率也有差异（表9-16）。

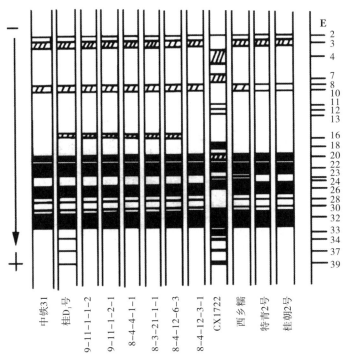

图9-6 幼苗酯酶同工酶酶谱图（陈成斌等，1991）

表9-16 DNA导入后代幼苗酯酶同工酶酶带出现的频率（陈成斌等，1991）

酶带代号		E2	E3	E4	E7	E8	E10	E11	E12	E13	E16	E18	E20
Rf值		0.09	0.12	0.16	0.24	0.26	0.28	0.33	0.35	0.37	0.45	0.49	0.53
供体、受体	出现频率（%）	100	50	50	50	50	50	50	50	50		50	100
后代品系		100	100			100	100				85.71		100
对照品种		100	100			100	100						100
酶带代号		E22	E23	E24	E26	E28	E30	E32	E33	E34	E37	E39	
Rf值		0.57	0.58	0.60	0.64	0.68	0.70	0.74	0.78	0.81	0.85	0.90	
供体、受体	出现频率（%）	100	50		100	50	50	100	50	50	50	50	
后代品系		100			100	100	100	100		14.29	14.29	14.29	
对照品种		100		33.33	100	100	100	100					

　　幼根中的酯酶同工酶也有供体酶带在DNA导入后代中的表现，更多的是供体、受体酶带重组型，也出现超亲酶带。DNA导入后代品系与对照品种没有相同的幼根酯酶同工酶谱，"桂D₁号"等供试品系与对照品种"西乡糯"最大的差异是E22酶带，在"西乡糯"中表现为极强的酶带Rf=0.56～0.59，而其他品种均表现为弱带；"桂D₁号"在快区有供体的酶带出现，而"西乡糯"与"特青2号"都没有酶带（图9-7）。根组织酯酶同工酶带出现频率在供体、受体与DNA后代品系都有差异（表9-17）。DNA导入后代中出现4条供体、受体中没有的新酶带，其中1条酶带在对照品种中有出现。外源野生稻DNA导入确实引起栽培稻表型多种多样的变异，包括性状变异与生化特性变异，因此，通过选育能达到种质改良创新的目的。

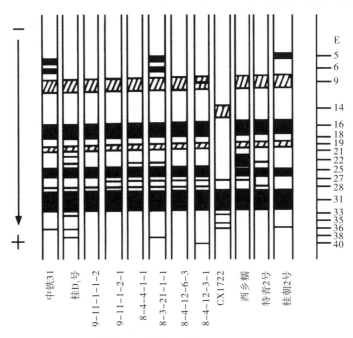

图9-7　DNA后代根组织酯酶同工酶酶谱图（陈成斌等，1991）

表9-17　DNA导入后代幼根酯酶同工酶酶带出现的频率（陈成斌等，1991）

酶带代号		E5	E6	E9	E14	E16	E18	E19	E21	E22
Rf值		0.17	0.21	0.27	0.38	0.45	0.49	0.52	0.55	0.57
供体、受体		50	50	50	50	50		50		
后代品系	出现频率	14.29	14.29	100		100		100	14.29	42.86
对照品种		33.33		100		100	33.33	100		66.67
酶带代号		E25	E27	E28	E31	E33	E35	E36	E38	E40
Rf值		0.62	0.66	0.68	0.73	0.78	0.82	0.84	0.87	0.91
供体、受体		50	50	50	100	50	50	100		
后代品系	出现频率	100	71.43	85.71	100	28.57	14.29	28.57	28.57	14.29
对照品种		100	33.33	33.33	100			33.33		

外源野生稻DNA能引起酯酶同工酶的变异，也能引起过氧化物酶同工酶的变异。过氧化物酶是对H_2O_2要求非常专一的一族能够利用H_2O_2氧供氢体的酶。它由一个糖蛋白和一个氯正铁血红素IX（prothemin IX）的铁卟啉辅基缀合而成，它广泛而大量存在于植物体内。参试材料中共出现44条正极过氧化物酶同工酶带，Rf值为0.02～0.83。在幼苗中过氧化物酶同工酶出现24条酶带，外源野生稻DNA导入后代品系间的差异主要是慢区酶带的差异（Rf=0.02～0.39），后代品系中表现出41条供体和受体酶带（P1、P21、P23、P31），出现2条供体和受体都没有的新酶带（P11、P22）（表9-18）。DNA导入后代糯性品系9-11-1-2-1、8-4-4-1-1比糯性对照品种"西乡糯"多出现P22、P40酶带，比黏性对照品种"特青2号""桂朝2号"多出现P1、P17、P22共3条酶带，DNA导入的黏性品系与黏性对照品种的酶谱较相似。

表9-18　野生稻DNA导入后代品系幼苗过氧化物酶同工酶的表现（陈成斌等，1991）

酶带代号		P1	P2	P4	P5	P7	P9	P10	P11	P15	P17	P21	P22
Rf值		0.02	0.04	0.06	0.08	0.10	0.13	0.15	0.17	0.22	0.26	0.33	0.36
供体、受体	出现频率（%）	—	100	50	100	50	50	50	100	50	—	50	—
后代品系		80	80	100	100	100	—	—	40	—	60	80	60
对照品种		33.33	66.67	100	66.67	100	—	—	66.67	—	33.33	66.67	—
酶带代号		P23	P25	P27	P29	P30	P31	P33	P35	P40	P42	P43	P44
Rf值		0.39	0.44	0.51	0.58	0.61	0.62	0.68	0.72	0.78	0.80	0.81	0.83
供体、受体	出现频率（%）	50	50	50	50	50	50	50	50	50	50	100	50
后代品系		40	—	100	—	100	100	—	100	100	—	100	—
对照品种		66.67	—	100	—	100	100	—	100	66.67	—	100	—

野生稻DNA导入后代品系的根组织过氧化酶同工酶带共出现22条（图9-8）。DNA后代品系与供体、受体及对照品种的差异，主要在中慢区（Rf=0.18～0.54）的酶带频率差异，这部分酶带都为弱带，常出现连片的区带状，需在检片灯上区分。DNA后代品系中没有出现供体酶带与新酶带，只是受体酶带的表现受到削弱或消失。如P26酶带，Rf值为0.497～0.598，在受体中为强带，在DNA后代中有14.3%的品系不表现此酶带，71.43%的品系表现为削弱的酶带，此外P12、P13两条酶带在71.43%的品系中消失。对照品种与DNA品系在中慢区（Rf=0.18～0.54）内的酶带表现也有所差异（图9-8、图9-9）。DNA后代干种胚的过氧化物酶同工酶带较少，主要集中在Rf=0.02～0.13的慢区中，在供体中出现6条酶带，其中有2条在快区，受体出现5条酶带；9-11-1-1-2品系出现4条酶带，与其他器官相比，根、幼苗的过氧化物酶同工酶带都比干种胚多。因此，在采用过氧化物酶同工酶来区别鉴定品种间差异时，应用营养生长期的器官做实验结果会更理想。

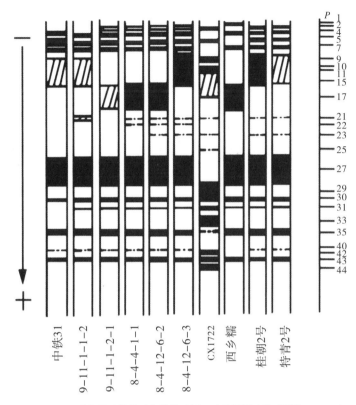

图9-8　DNA后代品系幼苗过氧化物酶同工酶酶谱图（陈成斌等，1991）

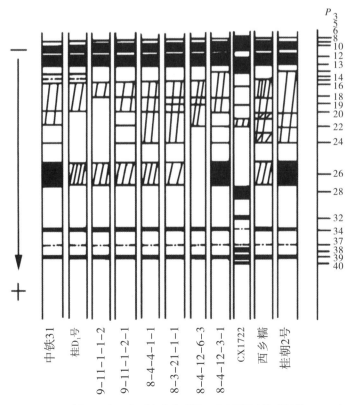

图9-9　DNA后代品系根组织过氧化物酶同工酶酶谱图（陈成斌等，1991）

植物体内催化各种生化反应的酶都有同工酶。利用同工酶分析可进行物种起源进化、演化分类、亲缘关系、杂种优势预测、遗传多样性、杂交种子纯度检测等研究。陈成斌等（1991）的研究证明，同工酶分析可作为外源野生稻DNA导入后代品系检测的有效的生化指标，而且该技术方法简单易行。从酯酶同工酶、过氧化物酶同工酶的表现情况看，DNA后代品系与供体、受体的异同主要有以下几点：①供体的部分同工酶带在DNA导入后代品系中表达，出现与受体酶带互补或新的酶谱类型。②出现供体、受体双方均没有的超亲酶带（杂种酶带）。③受体的某些酶带在DNA后代品系中受到削弱、抑制，或者消失。④DNA导入后代品系基本保持受体的基本酶带，出现较保守的遗传。

在外源药用野生稻DNA导入栽培稻的两亲本均为黏性类型的组合中，出现了6个糯性品系与其他黏性品系，不论是在干种胚、幼苗、根组织的酯酶同工酶、过氧化物酶同工酶均表现出受体的主要酶带，表达部分供体出现的酶带，以及某些改变了的受体酶带和超亲酶带，与糯性或黏性对照品种的酶谱有着明显的不同，特别是对"桂D$_1$号"糯性品系与"西乡糯"的酶谱做比较，可看到明显的不同。这也从酶学分子水平上证明，"桂D$_1$号"等糯性和黏性品系（种）是外源药用野生稻DNA导入受体后代引起变异的结果，从而进一步证明，花粉管通道转导外源野生稻DNA进入栽培稻的分子育种技术是加速野生稻优异种质利用的有效途径。黏性野生稻DNA导入黏性受体水稻品种产生糯性稳定品系的分子遗传机制有待进一步研究。

第三节　中国野生稻种质资源的分子生物学基础理论研究

DNA——脱氧核糖核酸是遗传的结构、功能、突变单位基因的载体，即携带与传递遗传信息的载体分子。随着分子生物学理论与遗传工程，特别是基因工程技术的发展，DNA指纹图技术、限制性片段长度多态性（Restricton Fragment Length Polymorphism，简称RFLP）技术的应用，把作物品种资源包括野生稻资源研究在内的种质资源鉴定、物种亲缘关系、杂种后代选育和鉴定等带入了DNA分子水平的研究领域。随着DNA指纹图技术的不断更新、完善与发展，又出现了许多新的分子生物技术，如随机扩增多态性（Random Amplified Polymorphism DNA，简称RAPD）、小卫星DNA（Mini Satellite DNA）、微卫星DNA（Micro Satellite DNA）、扩增片段长度多态性（Amplified Fragment Length Polymorphism，简称AFLP）等。由于DNA指纹图技术的应用，对野生稻资源的了解认识又提高到一个新的水平。近年来，在野生稻资源的遗传多样性（DNA多态性）、普通野生稻是否存在籼粳分化等稻种基础理论研究方面取得了一定的进展。

一、野生稻种质资源的DNA多态性

野生稻种质资源遗传多样性分为种类遗传多样性、种内形态特征特性遗传多样性、生态系统遗传多样性与基因组DNA多态性等不同层次。在各个层次上，中国野生稻种质资源均表现出丰富的遗传多样性和物种内的遗传一致性。

利用DNA指纹图技术对野生稻自然群体进行DNA多态性研究，是在种内基因组遗传多样性研究中的重要内容。

1. 核基因组遗传多样性

孙传清、王象坤等（1996）对来自亚洲10个国家的122份普通野生稻和76份亚洲栽培稻进行核基因组的RFLP分析。在普通野生稻中，中国39份、印度27份、斯里兰卡7份、泰国17份、柬埔寨5份、缅甸12份、孟加拉6份、菲律宾1份、马来西亚6份、印度尼西亚2份；76份栽培稻品种分别来自中国、尼泊尔、巴基斯坦、缅甸、菲律宾、马来西亚、印度尼西亚、印度、孟加拉国、老挝、越南、日本等12个国家，其中有6份中国的和5份孟加拉国的含有普通野生稻酯酶同工酶特异带Est-10[4]的栽培稻。用48个探针来检测核DNA的多态性（表9-19）。结果表明，稻种中每个系统总片段数变异幅度为50～70，平均为55.07（表9-20）。在76份栽培稻中平均片段数为55.01，在具有Est-10[4]位点的11个品种中（SA1～SA11）平均片段数为57。在122份普通野生稻中平均片段数为55.07，来自不同国家的普通野生稻的平均片段数不同，如中国39份，平均片段数为58.0；而印度27份，平均片段数为53.92，说明中国普通野生稻的多态性大于印度的普通野生稻。

表9-19　RFLP分析所用探针（孙传清等，1996）

探针	所在染色体	探针	所在染色体	探针	所在染色体	探针	所在染色体
Npb252	1	Npb238	3	Npb135	6	Npb333	10
Npb343	1	Npb249	3	Npb338	7	Npb291	10
C920	1	Npb331	4	Npb117	7	C794	11
Npb98	1	Npb296	4	Npb20	7	Npb24	11
C955	1	Ky4	4	Npb152	7	Npb202	11
C1211	1	C895	5	Npb33	7	C1003	11
Npb227	2	Npb255	5	Npb397	8	Npb280	11
Npb349	2	Npb81	5	Npb41	8	G1465	11
Npb67	2	Npb27	6	Npb278	8	Npb336	12
Npb132	2	Npb342	6	Npb108	9	Npb335	12
Npb395	2	Ky11	6	Npb103	9	R496	12
Npb648	3	Npb12	6	Npb37	10	Npb239	12

表9-20　所用材料及其来源（孙传清等，1996）

编号	品名或代号	原产地	总片段数	编号	品名或代号	原产地	总片段数
WA1	W106	印度	51	WA46	W1619	泰国	53
WA2	W107	印度	51	WA53	W1651	中国	54
WA3	W120	印度	56	WA54	W1654	中国	51
WA4	W130	印度	54	WA55	W1660	中国	57
WA5	W136	印度	55	WA56	W1670	印度	51
WA6	W139	印度	54	WA57	W1677	印度	51
WA7	W144	斯里兰卡	51	WA58	W1680	印度	54
WA8	W145	泰国	54	WA59	W1681	印度	51
WA9	W168	泰国	54	WA60	W1690	泰国	53
WA10	W234	泰国	55	WA61	W1695	泰国	53
WA11	W509	中国	58	WA62	W1698	泰国	53
WA12	W555	斯里兰卡	53	WA63	W1699	泰国	55
WA13	W556	泰国	58	WA64	W1718	中国	53
WA14	W557	柬埔寨	52	WA65	W1719	中国	57
WA15	W558	柬埔寨	56	WA66	W1721	中国	53
WA16	W559	柬埔寨	58	WA67	W1729	泰国	55
WA17	W574	马来西亚	51	WA68	W1737	印度	51
WA18	W587	马来西亚	55	WA69	W1741	印度	52
WA19	W589	马来西亚	56	WA70	W1750	印度	51
WA20	W593	马来西亚	59	WA71	W1753	印度	53
WA21	W595	马来西亚	57	WA72	W1757	印度	52
WA22	W596	马来西亚	56	WA73	W1764	印度	53
WA24	W610	缅甸	54	WA74	W1769	印度	54
WA25	W621	缅甸	54	WA75	W1781	印度	58
WA26	W623	缅甸	54	WA76	W1794	泰国	56
WA27	W625	缅甸	54	WA77	W1800	柬埔寨	52
WA28	W626	缅甸	51	WA78	W1802	孟加拉国	51
WA29	W627	缅甸	53	WA82	W1811	斯里兰卡	54
WA30	W629	缅甸	54	WA83	W1818	孟加拉国	54
WA31	W630	缅甸	53	WA84	W1820	孟加拉国	52
WA32	W633	缅甸	54	WA85	W1821	孟加拉国	52
WA33	W635	缅甸	53	WA86	W1822	孟加拉国	54
WA34	W638	缅甸	51	WA87	W1823	孟加拉国	55
WA35	W1084	印度	51	WA89	W1860	泰国	51
WA36	W1090	印度	52	WA90	W1863	泰国	53
WA37	W1161	斯里兰卡	54	WA91	W1965	泰国	52
WA38	W1292	印度尼西亚	52	WA92	W1866	泰国	52
WA39	W1294	菲律宾	58	WA93	W1904	泰国	52
WA40	W1295	柬埔寨	54	WA94	W1944	中国	55
WA45	W1546	泰国	55	WA95	W1954	中国	57

续表

编号	品名或代号	原产地	总片段数	编号	品名或代号	原产地	总片段数
WA96	W1956	中国	55	SA4	交冬青	中国	58
WA97	W1958	中国	55	SA5	红芒粳	中国	57
WA98	W1960	中国	54	SA6	长秆白稻-2	中国	64
WA99	W1962	中国	53	SA7	Rayada7	孟加拉国	57
WA100	W1965	中国	57	SA8	Bomota	孟加拉国	54
WA101	W1967	中国	56	SA9	Kalimekri	孟加拉国	55
WA102	W1976	印度	55	SA10	Awasina	孟加拉国	55
WA103	W1983	印度尼西亚	54	SA11	Dhala Aman	孟加拉国	55
WA104	W1987	印度	54	CR112	湖南籼	中国（湖南）	54
WA105	W2000	印度	57	CR113	Seenaddi	斯里兰卡	52
WA106	W2001	印度	55	CR114	小白谷	中国（云南）	56
WA107	W2003	印度尼西亚	52	CR115	Gawhtun	缅甸	52
WA108	W2004	印度尼西亚	57	CR116	DangeMaruwa	尼泊尔	52
WA109	W2011	印度	56	CR117	HerosiBola	印度阿萨姆	52
WA110	W2036	缅甸	58	CR118	MujaShail	孟加拉国	52
WA111	WS3	中国（江西）	57	CR119	Ngasein	缅甸	52
WA113	WS23	中国（江西）	54	CR120	NiawDam	泰国	53
WA114	WS25	中国（江西）	53	CR121	MackKham	老挝	53
WA115	WS33	中国（湖南）	54	CR122	PulatBalachan	马来西亚	52
WA116	WS79	中国（广西）	57	CR123	Bongor	马来西亚	55
WA117	WS1000	中国（云南）	62	CR124	PulatBeludu	马来西亚	53
WA118	WS1001	中国（云南）	61	CR125	NangDumTo	越南	56
WA119	WS48	中国（广西）	57	CR126	NgocChum	越南	53
WA120	WS179	中国（广西）	65	CR127	NangToi	越南	55
WA121	WS171	中国（广西）	56	CR128	Pusur	印度	56
WA122	SW77	中国（广西）	56	CR129	Juma	印度	55
WA123	SW90	中国（广西）	65	CR130	Shinriki	日本	56
WA124	SW92	中国（广西）	62	CR131	Kameji	日本	56
WA125	SW114	中国（广东）	67	CR132	Geraldine	南美	56
WA126	SW98	中国（广东）	60	CR133	Col/Mk/Palistan/1987/1	巴基斯坦	56
WA127	SW117	中国（广西）	67	CR134	KhaoEo	老挝	60
WA128	127	中国（云南）	57	CR135	KhaoEo	老挝	58
WA129	137	中国（云南）	56	CR136	KhaoEo	老挝	56
WA130	92W163	中国（广西）	56	CR137	Dinalaga	菲律宾	58
W32	93W63	中国（广东）	59	CR138	Pangkai Kepal	印度尼西亚	56
W37	93W72	中国（广东）	70	CR139	Masho	缅甸	57
W38	93W73	中国（广东）	68	CR140	Shinaba	菲律宾	57
W46	93W110	中国（江西）	55	CR141	Canabongbong	菲律宾	56
W47	93W111	中国（江西）	61	CR142	Menalam	马来西亚	57
SA1	青粳	中国	56	CR143	Ketan Pitik	印度尼西亚	56
SA2	易杜	中国	57	CR144	Marsi	尼泊尔	56
SA3	粳稻	中国	59	CR145	Dhan	尼泊尔	56

续表

编号	品名或代号	原产地	总片段数	编号	品名或代号	原产地	总片段数
CR146	Red Basmati	尼泊尔	57	CR164	倒人桥	中国	55
CR147	Bonsaj	孟加拉国	52	CR165	NonaBokra		54
CR148	CPSLO	美国	57	CR166	日本晴	日本	57
CR149	热研2号	日本	56	CR167	秋光	日本	56
CR150	IR26	菲律宾	54	CR168	密阳23	韩国	54
CR151	TKM6	印度	52	CR175	神力	日本	57
CR152	Norin8	日本	57	CR177	曙	日本	57
CR155	IR24	IRRI	52	TC65	台中	中国（台湾）	57
CR156	IR28	IRRI	52	Kinmaze	金南风	日本	57
CR157	IR29	IRRI	50	C2	巴利拉	意大利	55
CR158	IR36	IRRI	52	C5	红芒1号	中国	56
CR159	Kasalath	印度	52	C13	Mangge136	印度	55
CR160	Surjamkhi	印度	61	C21	广陆选	中国	54
CR161	柳州苞芽早	中国	54	C23	广陆矮4号	中国	54
CR162	红血糯	中国	52	C24	陆珍早1号	中国	54
CR163	Dakanalo	中国	52				

从多态性来看，198份材料经48个探针共检测出201个特异片段，每个探针可观察到多态片段数的变异幅度为2～9，平均为4.18。此值比Wang等对稻属调查的11.2小，但较Wang等（1998）对 O.sativa 所观察的平均值3.4大，较Doi（1995）稻属AA基因组的5.3略小，说明普通野生稻与栽培稻种间的多态性大于栽培稻品种间的多态性，又小于AA基因组的不同种之间的多态性。在201个多态片段中，只在普通野生稻中出现的有85个，占42.3%，其中只在中国普通野生稻中出现的有26个，占总数的12.9%；仅在南亚、东南亚普通野生稻中出现的有23个，占11.4%；只在栽培稻中出现的有4个，占2.0%。因此，普通野生稻与栽培稻的差异主要来自野生稻。

在48个探针中，能检测普通野生稻特异性的探针只有37个，其中能检测中国普通野生稻的探针有10个，能检测栽培稻特异性的有4个，能检测籼粳差异的有15个。

孙传清等（1996）认为，在普通野生稻中出现的多态性片段为85个，占总数的42.3%，而栽培稻中只出现4个。从所用探针检测到的多样性来看，所有48个探针中仅1个（Npb20）检测不到普通野生稻之间的多态性，而有10个探针检测不到栽培稻品种之间的多态性。因此，核基因组RFLP分析结果可以说明普通野生稻的多样性大于栽培稻的多样性，支持Oka、Morishima等人的观点。中国普通野生稻与南亚、东南亚的普通野生稻相比较，从核DNA上看，中国普通野生稻的多样性大于南亚、东南亚的普通野生稻，体现为中国普通野生稻中既有偏籼型、偏粳型，也有原始型，而东南亚、南亚的只有2份材料与粳稻聚类一起。印度、斯里兰卡、缅甸、马来西亚的普通野生稻多样性大于泰国、孟加拉国、印度尼西亚等国的普通野生稻，前者有偏籼型与原始型野生稻，后者只有偏籼型。在中国的普通野生稻之间来自不同地区的普通野生稻，其多样性也有不同，广西、广东、云南元江普通野生稻多样性大于江西东乡野生稻，具体表现为江西东乡野生稻全部为原始型；广西、广东普通野生稻有偏籼型、偏粳型；云南元江普通野生稻有原始型和偏籼型，各占50%。

2. 自然群体的DNA多态性

王振山、朱立煌等（1996）对广西桂林、江西东乡和广西扶绥3个野生稻自然群体，每个群体随机取样28个单株，进行14个酶探针的RFLP研究（表9-21）。3个自然群体的多态性表现，在14个酶探针组合检测出的多态位点比例为64.3%。Nei（1975）给多态位点的定义是：绝大多数等位基因频率小于或等于0.99的位点，即当居群中某位点有2个以上等位基因，而每个等位基因的频率均在0.01以上时，该位点就被称为多态位点，反之则是单态位点。多态位点比例则是指所测定的全部位点中多态位点所占的比率。广西桂林、扶绥和江西东乡3个野生稻自然群体的多态性存在较大的差异，主要来自等位基因频率与杂合性的差异（表9-22）。从试验结果看，桂林和东乡野生稻自然群体的杂合性较低，分别为0.160和0.074；广西扶绥野生稻群体的杂合性较高，9个多态位点平均为0.407（表9-23）。从等位基因平均数来看，所用14个酶探针组合中，东乡野生稻自然群体出现了21个等位基因，每个酶探针出现等位基因平均数为1.5；桂林野生稻自然群体共出现20个等位基因，其等位基因平均数只有1.43；扶绥野生稻自然群体出现30个等位基因，等位基因平均数为2.14。这3个群体等位基因平均数的平均值为1.69，说明桂林、东乡野生稻自然群体的多态性低于扶绥野生稻群体的多态性。在RG214位点上有一等位基因主要存在于扶绥野生稻群体中，为0.821，其他群体均为0；在RG620上也有一等位基因，它主要在桂林野生稻群体中，为0.984，其他野生稻群体极低，这些等位基因可作为群体的特异标记。

表9-21　测验用的探针及其所在连锁群（王振山等，1996）

探针/酶组合	所在染色体	等位基因数	探针/酶组合	所在染色体	等位基因数
RG480/HindⅢ	5	2	RG173/EcoRⅠ	7	1
RG190/HindⅢ	12	2	RG451/HindⅢ	7	1
RG157/EcoRⅠ	2	1	RG744/EcoRⅠ	1	4
RG235/HindⅢ	12	1	RG134/HindⅢ	10	1
RG64/EcoRⅠ	6	4	RG769/EcoRⅠ	6	3
RG16/HindⅢ	11	1	RG214/HindⅢ	4	4
RG445/EcoRⅠ	6	3	RG620/HindⅢ	4	3

表9-22　3个野生稻自然群体可能位点上各等位基因频率（王振山等，1996）

位点	等位基因	东乡野生稻	桂林野生稻	扶绥野生稻	粳稻	籼稻	合计
RG480	1	1.0	1.0	0.821	1.0	1.0	0.94
	2	0	0	0.179	0	0	0.06
RG173	1	1.0	1.0	1.0	1.0	1.0	
RG190	1	1.0	1.0	0.839	1.0	0	0.946
	2	0	0	0.161	0	1.0	0.05
RG451	1	0.964	1.0	0.625	1.0	0	0.863
	2	0.036	0	0.375	0	1.0	0.137
RG157	1	1.0	1.0	1.0	1.0	1.0	—
RZ744	1	0.964	0.696	0.78	1.0	0	0.813
	2	0	0	0.018	0	1.0	0.076
	3	0.036	0.304	0.173	0	0	0.171
	4	0	0	0.03	0	0	0.01
RG235	1	1.0	1.0	1.0	1.0	1.0	—
RG134	1	1.0	1.0	1.0	1.0	1.0	—
RG64	1	0.696	1.0	0.75	1.0	1.0	0.815
	2	0	0	0.196	0	0	0.065
	3	0	0	0.054	0	0	0.018
	4	0.304	0	0	0	0	0.101
RG769	1	0.964	0.035 6	0.494	1.0	0.5	0.498
	2	0.035	0.946	0.333	0	0	0.438
	3	0	0.018	0.173	0	0.5	0.064
RG16	1	1.0	1.0	1.0	1.0	1.0	—
RG214	1	1.0	0.982	0.107	1.0	1.0	0.696
	2	0	0.018	0.054	0	0	0.024
	3	0	0	0.821	0	0	0.27
	4	0	0	0.018	0	0	—
RG445	1	0.536	0.982	0.714	1.0	0	0.744
	2	0.018	0.018	0.286	0	1.0	0.107
	3	0.446	0	0	0	0	0.149
RG620	1	0.821	0.036	0.625	1.0	0	0.494
	2	0	0	0.286	0	1.0	0.095
	3	0.179	0.964	0.089	0	0	0.411

　　在群体间遗传距离和遗传多样性也有差异。根据各位点等位基因频率计算野生稻自然群体多样性和群体间基因分化（表9-24）。根据Nei（1975）的方法计算，整个参试群体的基因多样性（H_T）平均值为0.341，群体内基因多样性（H_S）平均值为0.214，群体间基因多样性

（D_{ST}）平均值为0.127，群体间基因分化比例（G_{ST}）平均值为0.294。这表明总基因多样性中约30％属于群体间基因差异，而总基因多样性的70％产生于群体内，即群体内基因多样性比群体间的基因多样性大。

表9-23　3个野生稻自然群体的杂合度（王振山等，1996）

位点	东乡野生稻	桂林野生稻	扶绥野生稻
RG480	0	0	0.294
RG173	0	0	0
RG190	0	0	0.270
RG451	0.070	0	0.458
RG157	0	0	0
RZ744	0.070	0.240	0.388
RG235	0	0	0
RG134	0	0	0
RG64	0.424	0	0.399
RG769	0.070	0.104	0.615
RG16	0	0	0
RG214	0	0.036	0.312
RG445	0.514	0.036	0.408
RG620	0.294	0.070	0.519
平均	0.160	0.074	0.407

表9-24　野生稻自然群体多样性和群体间基因分化（王振山等，1996）

位点	总基因多样性（H_T）	群体内基因多样性（H_S）	群体间基因多样性（D_{ST}）	群体间基因分化比例（G_{ST}）
RG480	0.112	0.098	0.014	0.125
RG173	0	0	0	0
RG190	0.097	0.090	0.007	0.072
RG451	0.236	0.176	0.060	0.254
RG157	0	0	0	0
RZ744	0.309	0.294	0.015	0.040
RG235	0	0	0	0
RG134	0	0	0	0
RG64	0.330	0.274	0.056	0.170
RG769	0.556	0.263	0.293	0.527
RG16	0	0	0	0
RG214	0.439	0.116	0.323	0.736
RG445	0.412	0.319	0.093	0.226

续表

位点	总基因多样性 （H_T）	群体内基因多样性 （H_S）	群体间基因多样性 （D_{ST}）	群体间基因分化比例 （G_{ST}）
RG620	0.578	0.294	0.294	0.491
平均	0.341	0.214	0.127	0.294

从遗传距离上看，这3个群体的平均遗传距离为0.267，遗传相似性平均为0.766（表9-25），也表明群体间遗传多样性小于群体内多样性。

表9-25　3个野生稻自然群体间遗传距离（对角线下方）和遗传一致性（对角线上方）（王振山等，1996）

自然群体	东乡群体	桂林群体	扶绥群体
东乡群体	—	0.772	0.796
桂林群体	0.259	—	0.731
扶绥群体	0.228	0.313	—

表9-25中的群体间遗传距离说明，普通野生稻群体内遗传多样性是野生稻多样性的主要来源，群体间一致性较大。王振山等（1996）的试验结果也说明广西桂林、江西东乡野生稻自然群体是中国目前保存较好（纯）的野生稻群体，群体内多样性（异质性）主要是由基因突变造成的。在14个酶探针组合中，普通野生稻出现32个等位基因，而栽培稻种仅出现20个等位基因。这同样说明野生稻的遗传多样性明显高于栽培稻，栽培稻种在起源演化过程中丢失了部分基因。

3. 野生稻核DNA的重复顺序研究

高等真核生物基因组有一个显著特点是含有大量的DNA重复序列，这些重复序列可作为物种或基因水平的遗传标记。在研究基因组的进化时研究这些重复序列的分布和相对含量，就可以了解到不同物种间的关系和进化程度。通过对DNA变性动力学研究知道，水稻核基因组内含有约50%的重复DNA，许多DNA重复序列只存在于稻属的一定种内或染色体组中。Wu（1987）报道了AA基因组的特异重复序列，Zhao等（1989）分别在*O.australiensis*（EE）、*O.officinalis*（CC）、*O.brachyantha*（FF）等野生稻种中获得相应的特异重复序列，Aswidinnoor等（1991）分别对*O.minuta*（BBCC）和*O.australiensis*（EE）克隆了特异的重复序列。

王振山、陈浩等（1996）报道，将水稻品种窄叶青DNA用识别4个碱基的内切酶Sau3A部分酶切，纯化后与BamHI酶切的PUC19连接，再转化大肠杆菌JM103，得到2 500个重组子；再以窄叶青DNA为探针进行菌落原位杂交，由杂交信号强弱确定其克隆是否为重复序列或单拷贝。从2 500个重组子中挑出120个杂交信号强的重组子，再分别提取强信号重组子质粒

DNA，以此为探针与经各种酶切的栽培稻DNA和稻属内各种野生稻DNA进行杂交，确定一个理想的重复序列，定名为pOs139。用EcoRⅠ和HindⅢ酶切电泳，结果显示pOs139大小为2 800 bp左右。序列分析表明它是以1个355 bp为重复单位的串联重复序列，与Wu（1987）克隆的RC48序列具有很高的同源性，可能是同一重复序列家族。

在稻属中不同基因组的pOs139序列是不同的，把稻属的AA、BB、BBCC、CC、CCDD、EE、FF及未确定基因组的材料的DNA用EcoRⅠ和BamHⅠ进行酶切后，用pOs139序列为探针进行Southern杂交，检测其在稻属各基因组的分布情况。从出现的杂交带来看，pOs139是AA基因组的特异串联重复序列。经检测，pOs139序列在稻属中各种内的拷贝数见表9-26。由表可见，pOs139序列在稻属AA基因组内的拷贝数在$9.8 \times 10^2 \sim 2 \times 10^4$之间，大多数有几千个拷贝。利用其与普通野生稻、籼稻、粳稻各10份材料测定其拷贝数，表现在普通野生稻中为$3.9 \times 10^3 \sim 6 \times 10^5$个拷贝，平均$8.3 \times 10^3$个拷贝；在籼稻中为$1.95 \times 10^3 \sim 5.6 \times 10^4$个拷贝，平均为$8.4 \times 10^3$个拷贝；在粳稻中为$1.2 \times 10^2 \sim 2 \times 10^3$个拷贝，绝大多数只有几百个拷贝，平均为$6.25 \times 10^2$个拷贝。普通野生稻的拷贝数与籼稻相当或略高些，这与Southern杂交结果完全一致。

王振山等认为，pOs139对中国普通野生稻和栽培稻品种所进行的Southern杂交和点杂交结果与Zhao等（1989）对RC48序列在18个籼稻和7个粳稻品种进行拷贝数测定获得结果类似。这说明普通野生稻与籼稻的亲缘关系似乎比与粳稻的亲缘关系更近一些。但先前所做RAPD测验结果很难支持这一结论。中国普通野生稻重复序列拷贝数略高于栽培稻，说明普通野生稻的遗传多样性比栽培稻的遗传多样性要强。

4. 线粒体DNA（mtDNA）多态性研究

线粒体DNA是独立于核DNA之外的遗传单位，线粒体DNA的限制性内切酶分析已被成功地用于一些高等植物研究中，如小麦、玉米、马铃薯、可可等。Iwahashi等（1992）构建了由CoxⅡ、atp9、atpA、rrn26、rrn118、nad3、rsp12、cob、CoxⅠ、atp6与其他54个重叠克隆组成的水稻线粒体基因物理图谱。Ishii等（1993）用4个籼稻、2个粳稻、2个爪哇稻、2个非洲栽培稻，进行5种内切酶、4个探针的RFLP分析，结果表明，籼稻与非洲栽培稻亲缘关系较远，而爪哇稻与粳稻遗传组成相同。

孙传清、王象坤等（1996）用118份普通野生稻与76份栽培稻进行线粒体基因组多态性检测，并用金南风×DV85的重组自交系（RI系）F_7群体与IR24/K503 F_2群体做验证。经过7个能检测籼粳差异的内切酶探针组合进行验证，结果表明，F_7与F_2群体的每一个个体在mtDNA的多态性上都与其母本完全一致。根据线粒体DNA是母性遗传这一规律，证实所检测的多态性确实是mtDNA的多态性。17个内切酶探针组合在195份材料中共观察到99个多态片段（图9-10，其中一列），平均每个内切酶探针组合能检测到5.82个多态片段。

表9-26 pOs139序列在稻属中各种内的拷贝数（王振山等，1996）

	Indica IR36	Japonica 秋光	O.rufipogon 94 Wspp~10441	O.nivara 100593	O.longistaminata Wssp 89364	O.barthii 101937	O.glaberrina To G642	O.meridionalis 94 W169	O.punctata 105980	O.minuta P90~18	平均
种名	Indica IR36	Japonica 秋光	O.rufipogon 94 Wspp~10441	O.nivara 100593	O.longistaminata Wssp 89364	O.barthii 101937	O.glaberrina To G642	O.meridionalis 94 W169	O.punctata 105980	O.minuta P90~18	
拷贝数	3.9×10^3	1.56×10^4	3.9×10^3	3.9×10^3	1.96×10^3	9.8×10^2	9.8×10^2	3.9×10^3	6.2×10^4	0	
种名	O.officinalis 105220	O.latifolia 100914	O.alta 100161	O.grandiglumis 105155	O.australiensis 105272	O.granulata 106444	O.ridleyi 100821	O.longiglumis 105148	O.brachyantha 01232		
拷贝数	0	0	0	0	0	0	0	0	0		
中国普通野生稻	93W81	93W67	93W74	93W77	W155	93W80	93W69	Wp24	W55	W105	平均
拷贝数	7.8×10^3	7.8×10^3	3.9×10^3	1.56×10^4	2.6×10^5	1.96×10^3	3.9×10^3	1.56×10^4	7.8×10^3	3.9×10^3	8.3×10^3
粳稻	红壳糯	圈头粳	羊眼粳	粳稻	红粳	青粳	香粳米	粳谷	小罗汉	处暑黄	平均
拷贝数	6.1×10^3	3.8×10^2	3.8×10^2	1.2×10^2	2.4×10^2	3.8×10^2	1.5×10^3	2.4×10^2	1.5×10^3	3.8×10^2	6.25×10^2
籼稻	广东麻	矮仔占	黑小糯	鹅埠占	赤禾	白花占	潮禾	吓一跳	嘉兴白皮籼	麻谷	平均
拷贝数	1.95×10^3	1.95×10^3	1.56×10^4	7.8×10^3	1.95×10^3	1.95×10^3	3.9×10^3	7.8×10^3	7.8×10^3	7.8×10^3	8.4×10^3

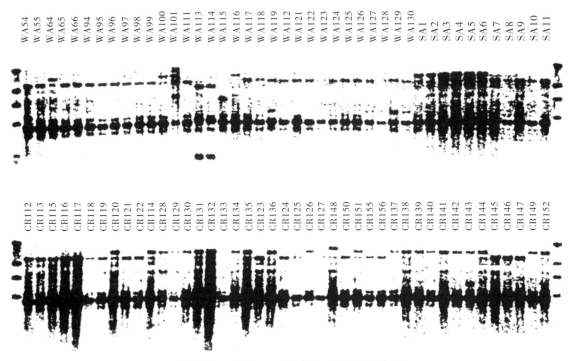

图9-10 用线粒体基因组探针atp9对部分普通野生稻和栽培稻总DNA Dra I
酶切后Southern杂交自显影图（孙传清等，1996）

在17个内切酶探针组合中有7个能检测籼粳之间的差异，分别是atp9/Dra I、atp9/EcoR V、Cox I /Dra I、Cox I /EcoRV、Cox I /Hind III、COx I /Sal I、COx II /Dra I。据此，孙传清、王象坤等（1996）认为，通过17个线粒体DNA探针酶切组合对118份普通野生稻和76份栽培稻进行mtDNA多态性研究，并用两个籼粳群体对所检测多样性进行验证，结果表明用总DNA完全可以研究mtDNA的多态性。从7个探针、17个探针内切酶组合中，选出能检测籼粳差异的3个探针、7个探针内切酶组合，这些标记区别籼粳mtDNA类型准确率达96%～100%，可为今后品种指纹分析、资源鉴定、品种认定提供良好工具。研究结果表明，普通野生稻mtDNA多态性大于栽培稻，因为栽培稻品种主要分布在第一群（籼稻与偏籼普通野生稻群）和第二群（粳稻和偏粳普通野生稻群）。而普通野生稻除以上两群外，还分布有中国江西东乡普通野生稻群和印度、缅甸等东南亚、南亚及中国云南元江普通野生稻群。中国普通野生稻mtDNA的多态性大于南亚、东南亚普通野生稻的多态性。从聚类图中可知，中国普通野生稻mtDNA分布在第一、第二、第三、第四群中，南亚、东南亚普通野生稻只分布在第一、第二、第四群中。中国普通野生稻又以东乡野生稻的mtDNA多态性大于广西、广东普通野生稻的多态性，同时也大于云南元江普通野生稻的多态性。3份江西东乡普通野生稻有1份（WA111）与印度、孟加拉国的普通野生稻亲缘关系接近，另2份独立成一群。广西、广东的普通野生稻主要分布在第一群，云南元江的4份材料多样性少聚在一起。南亚的普通野生稻中，孟加拉国的表现出较大的多样性，它们不仅分布在第一、第四群，而且有一份孟加拉国野生稻（WA83）与孟加拉国栽培稻品种在一起独立成群，与其他材料的遗传距离较大。

无论核DNA、mtDNA还是DNA重复序列的多样性分析都与籼粳分化有密切关系，都能用其来探讨籼粳亚种演化及普通野生稻中籼粳分化情况。

二、中国普通野生稻资源籼粳分化的DNA研究

近年来对普通野生稻种质资源籼粳分化已有许多研究，前面已论述了形态特征特性的籼粳分化、酯酶同工酶的籼粳分化，都表明普通野生稻籼粳分化是存在的。从理论上推理基因组DNA也应用在籼粳分化的表现上。

1. 核DNA的籼粳分化

孙传清等（1995）对中国普通野生稻和栽培稻的RAPD分析表明，中国普通野生稻大多数有粳稻特异扩增带，但也发现2份广西普通野生稻有籼稻特异扩增带。Wang等（1992）、Nakano等（1992）的RFLP分析结果亦表明，普通野生稻有籼粳分化存在。但由于当时未对中国普通野生稻进行全面系统的研究，中国普通野生稻与南亚、东南亚普通野生稻之间的遗传关系不够清楚。

孙传清等（1996）对来自中国、印度、斯里兰卡、泰国等10个国家的122份普通野生稻以及来自中国、尼泊尔、巴基斯坦等12个国家的76份栽培稻进行核DNA的RFLP分析，按Nei（1987）的标准遗传距离公式D=-ln［2Mxy/（Mx+My）］，求出每2个系统或品种间的遗传距离。

参试材料被分为4个类群，即籼稻及偏籼普通野生稻群、粳稻及偏粳普通野生稻群、中国原始普通野生稻群、南亚与东南亚原始普通野生稻群。

第一群：籼稻及偏籼普通野生稻群。该群种质包括传统分类认为是籼稻的地方品种和育成品种，以及印度、缅甸、泰国、斯里兰卡、孟加拉国、印度尼西亚、马来西亚等国的普通野生稻，还有12份中国普通野生稻，共112份材料，占参试总数的57.73%。12份中国普通野生稻中广西3份、广东1份，有8份地点不明。中国普通野生稻与印度等国的相比，显然中国的普通野生稻距籼稻相对较远，偏籼分化也较低。

第二群：粳稻及偏粳普通野生稻群。该群种质包括粳稻育成品种、地方品种、18份中国普通野生稻和柬埔寨、缅甸的普通野生稻各1份。在中国普通野生稻中，广西5份、广东4份、云南元江2份，7份地点不详。该群可分为两个亚群，第一个亚群由粳稻品种36份加4份野生稻（中国2份，缅甸、柬埔寨各1份）组成；第二亚群由16份中国偏粳普通野生稻与3份孟加拉国栽培稻组成。在3份孟加拉国栽培稻中有2份栽培稻有Est-104等位基因，另1份不详。在16份中国野生稻中，广西3份（WA123、WA124、WA122）、广东2份（WA37、WA38），它们与粳稻的亲缘关系较近；云南元江2份（WA117、WA118）、广东1份（WA125）、广西4份

（WA127、WA130、WA96、WA95），它们与粳稻的亲缘关系稍远；广东W32等5份粳稻相对较远。

第三群：中国原始普通野生稻群。该群由8份中国普通野生稻组成，其中江西东乡5份、湖南茶陵1份、云南元江2份。江西东乡5份野生稻之间遗传关系较近；2份云南元江野生稻之间也较近。云南元江野生稻与江西东乡野生稻的遗传距离较远，湖南茶陵野生稻介于这两者之间。这8份材料形态上也较典型，生长习性为匍匐型，可认为是原始祖先种。有10个探针能检测中国原始型普通野生稻的特异片段，这是研究鉴定中国普通野生稻原始祖先型的重要工具。

第四群：南亚、东南亚原始普通野生稻群。该群种质包括19份材料，分别为印度8份、斯里兰卡4份、缅甸4份、菲律宾1份、马来西亚2份。该群种质材料的花药长度一般在3.0～4.0 mm，但来自缅甸的材料只有2.0 mm；柱头颜色为紫色；叶鞘以紫色为主；生长习性以匍匐型与倾斜型为主，也有少数为直立型；芒性的表现除菲律宾的材料较短外，其他材料为长芒；除WA6（印度）为黄色颖壳外，其余为黑色；米色以红色为主。从性状上看，没有中国原始普通野生稻那么典型，但在东南亚、南亚是较原始的类型，所用48个探针中有12个探针能反映南亚和东南亚原始型普通野生稻RFLP的特异性。

孙传清等（1996）还报道了各国野生稻在核基因组RFLP聚类群体分布情况及中国普通野生稻的分布情况，中国普通野生稻在第一、第二、第三群均有分布，即既有偏籼型又有偏粳型，还有未分化的原始型。27份印度普通野生稻仅分布在第一群和第四群，即只有偏籼型（70%）和原始型（30%），而没有偏粳型。在南亚、东南亚普通野生稻中，除缅甸、柬埔寨各有1份材料为第二群即偏粳型外，其余均为偏籼型与原始型（表9-27）。

表9-27 亚洲各国普通野生稻在核基因组RFLP聚类各群体中的分布（孙传清等，1996）

来源	参试总数	第一群（偏籼）	第二群（偏粳）	第三群（原始型）	第四群（原始型）
中国	39	12	19	8	—
印度	27	19	—	—	8
斯里兰卡	7	3	—	—	4
孟加拉国	6	6	—	—	—
泰国	17	17	—	—	—
缅甸	12	7	1	—	4
柬埔寨	5	4	1	—	—
马来西亚	6	4	—	—	2
菲律宾	1	—	—	—	1
印度尼西亚	2	2	—	—	—
合计	122	74	21	8	19

中国各地的普通野生稻在RFLP各群体中分布情况如下：江西东乡和湖南茶陵普通野生稻分布在第三群，即原始型；广西、广东的普通野生稻均以偏粳型为主，也有偏籼型，广西3份

偏籼型、6份偏粳型，广东1份偏籼型、4份偏粳型；云南元江野生稻2份为偏粳型、2份为原始型；其他15份地点不详的普通野生稻偏籼型与偏粳型比例为1:1。云南元江普通野生稻群的周围没有栽培稻，隔离条件较好，但除原始类型外还有偏粳类型，可见该野生稻自然群体是一个正在分化的群体，偏粳型可能由原始型演化而来。

核基因的RFLP的遗传聚类分析表明，普通野生稻在进化过程中已出现籼粳分化现象，为籼粳稻直接来源于野生稻提供了科学依据。

2. 线粒体DNA（mtDNA）的籼粳分化

从mtDNA的多态性聚类分析也证明普通野生稻存在着籼粳分化现象。孙传清等（1996）报道了对194份材料（其中普通野生稻118份、栽培稻76份）的线粒体DNA（mtDNA）的多态性聚类分析结果，把mtDNA共分成以下5大群。

第一群：籼稻与偏籼普通野生稻群。该群共有121份参试材料，其中野生稻85份，栽培稻36份。85份野生稻中来自中国的有26份、印度16份、泰国14份、马来西亚6份、斯里兰卡6份、孟加拉国4份、柬埔寨3份、缅甸9份、印度尼西亚1份。中国26份野生稻中来自江西东乡的有1份、湖南1份、广西8份、广东4份、不详地点12份。36份栽培稻是按传统分类，主要为籼稻品种。

第二群：粳稻和偏粳普通野生稻群。该群种质包括40份栽培稻品种与7份野生稻。40份栽培稻中既有典型的粳稻地方品种，也有育成的偏粳型水稻品种，如"密阳23"等。7份野生稻中来自中国的有4份、印度1份、柬埔寨1份、菲律宾1份。

第三群：东乡野生稻群。该群仅包括2份东乡野生稻，在4个内切酶探针组合、8个多态片段上表现特异性，在形态上属于典型多年生原始型普通野生稻。

第四群：印度、泰国等南亚、东南亚和中国云南普通野生稻群。该群的材料全部为野生稻，其中印度8份、泰国3份、缅甸3份、孟加拉国1份、印度尼西亚1份、柬埔寨1份及中国云南元江4份。根据遗传距离还可分为4个亚群：①泰国、孟加拉国、印度尼西亚野生稻群；②印度、缅甸、斯里兰卡野生稻群；③中国云南元江野生稻群；④柬埔寨野生稻群（虽只有1份材料，但与上述3个亚群亲缘关系较远）。

第五群：孟加拉国稻种群。该群由来自孟加拉国的野生稻与栽培稻的种质各1份组成。

从mtDNA多态性聚类分析来看，栽培稻种依然可分为籼、粳两大群，籼粳分化是亚洲栽培稻分化的两个主流。在118份普通野生稻中有86份偏籼型、7份偏粳型、24份原始型、1份难确定，说明普通野生稻在mtDNA上也存在籼粳分化与未分化的现象。国外普通野生稻的遗传分化以偏籼型为主。在栽培稻中籼型mtDNA与粳型mtDNA之比为36:40，粳型稍多。在普通野生稻中籼型mtDNA与粳型mtDNA之比为85:6，籼型多于粳型。云南元江野生稻的mtDNA与印度、缅甸等南亚野生稻关系较近，与中国其他地区的普通野生稻关系较远，这可能与地理位置有关。

3. 叶绿体DNA（cpDNA）的籼粳分化

叶绿体DNA在高等植物中也如线粒体DNA一样，是独立于核基因组的细胞质基因组，属于母体（性）遗传，比核DNA更具有保守性。分析其多态性的籼粳分化对了解稻种起源演化有重要意义，因此受到研究者的重视。在水稻上，Hirai等（1985）构建了第一个叶绿体DNA的物理图谱，包含2个20kb的倒位重复序列，这2个序列被75 kb和15 kb单拷贝序列隔开，Hirai等确定水稻cpDNA的长度为130 bp。随后Hiratsuka等（1989）对水稻cpDNA的序列分析表明，cpDNA的总长度为134 525 kb。Dally等（1990）用270份稻属种质材料研究其cpDNA限制性内切酶模型，表明籼粳具有不同叶绿体类型。来自中国的普通野生稻多数具有粳稻品种的叶绿体类型。Ishii等（1986、1988、1991）的研究认为，在cpDNA的模型上，籼稻是由粳稻演化而来的，进一步研究表明 O.sativa 与亚洲型多年生普通野生稻表现相同的叶绿体类型，推论认为亚洲栽培稻起源于亚洲多年生普通野生稻。Ishii（1991）的cpDNA的限制性内切酶模型的结果显示，亚洲栽培稻cpDNA有3种类型。籼稻（Ⅲ型cpDNA）和粳稻（Ⅰ型cpDNA）的cpDNA的差异在于0.1kb长度的突变，籼稻比粳稻短0.1kb的片段，这种差异发现于野生稻，因此，认为cpDNA分化发生在水稻栽培之前，籼型和粳型cpDNA独立起源于相对应的亚洲多年生普通野生稻。Kanno等（1993）根据Ishii等（1986、1988、1991）的结果，将籼型叶绿体DNA（Ⅲ型）PstⅠ限制性片段P12缺失的确切位置和精确长度进行分析，结果表明该缺失位于ORF100（Open Reading Frames 100，开放阅读框架100）内，缺失的长度为69 bp。通过对缺失两端的序列进行分析，发现缺失两端存在12 bp的直接重复序列，认为69 bp的缺失是由这个重复序列的重组引起的，而且根据缺失两端的序列设计两个引物进行PCR来检测该缺失的存在与否，这一特征可作为鉴别叶绿体DNA籼粳特性的一个标记。因为多数籼稻品种的cpDNA有69 bp的缺失，而粳稻品种则没有该缺失。Chen等（1993，1994）根据这一特性对云南陆稻、野生稻和栽培稻进行了分析，证明ORF100内69 bp缺失与根据Sato等的籼粳判别函数和同工酶对栽培稻分类结果基本一致。

孙传清、吉村淳等（1996）对154份普通野生稻（中国70份、印度27份、泰国17份、缅甸12份、马来西亚6份、柬埔寨5份、印度尼西亚2份、斯里兰卡8份、孟加拉国6份、菲律宾1份）和94份栽培稻的cpDNA的PCR扩增多态性进行分析，结果表明，ORF100的粳稻中多数品种表现无缺失，籼稻有缺失。94份栽培稻的cpDNA的结果见表9–28，其中有缺失的33份（籼型），无缺失的61份（粳型）。一些传统分类为籼稻的品种，如胜利籼、IR36、桂朝2号、双桂36、龙桂、广陆4号、陆珍早等，在cpDNA上亦为籼型，在ORF100上有69 bp的缺失。而一些传统的粳稻品种，如轮回422、02428、古粳44、辽粳5号、秋光、巴利抗等在cpDNA上是粳型，但也有传统籼稻，如密阳23，cpDNA为粳型。

表9-28　普通野生稻和栽培稻cpDNA类型的地理分布（孙传清等，1996）

种类	原产地	样品数	cpDNA类型		籼型比例（%）
			籼型	粳型	
O.rufipogon	中国（湖南）	6	1	5	16
	中国（江西）	10	6	4	60
	中国（广东）	9	3	6	35
	中国（广西）	22	7	15	32
	中国（福建）	3	1	2	33
	中国（云南）	4	4	0	100
	中国其他地区	16	15	1	93
	印度	27	11	16	40
	斯里兰卡	8	7	1	80
	孟加拉国	6	1	5	16
	泰国	17	16	1	93
	缅甸	12	3	9	25
	马来西亚	6	4	2	66
	柬埔寨	5	4	1	80
	印度尼西亚	2	2	0	100
	菲律宾	1	0	1	0
O.meridionalis	澳大利亚	8	0	8	0
O.glaberrima	塞内加尔	1	0	1	0
O.sativa		94	33	61	35

表9-28为普通野生稻ORF100内缺失情况。由表7-28可知，中国普通野生稻在cpDNA上有籼粳分化，总的趋势是籼多于粳，即有ORF100缺失的多于无缺失的。在10份江西东乡野生稻中有6份属于籼型（有缺失），4份属于粳型（无缺失），籼型多于粳型。以前的同工酶研究认为江西东乡普通野生稻偏粳，但孙传清又对5份材料的核DNA RFLP进行分析，结果既不偏籼也不偏粳，属于典型的普通野生稻类型。Ishii等（1986、1988、1991）认为，籼型cpDNA由粳型演变而来，可见江西东乡野生稻核DNA、叶绿体DNA分化不同步。湖南茶陵普通野生稻是较纯的群体，6份材料中，出现1份籼型、5份粳型；广西普通野生稻的22份材料中有7份cpDNA为籼型，15份为粳型；广东的9份材料中有6份为粳型，3份为籼型；福建的3份材料中有1份为籼型，2份为粳型。这四个地方的参试材料均表现为粳大于籼。云南元江的4份材料均为籼型。印度的27份材料中籼型11份（占40.7%），粳型16份（占59.3%）；缅甸的12份材料中粳型有9份，占75%；孟加拉国6份材料中粳型有5份，以粳型为主；泰国的17份普通野生稻中有16份为籼型，占93%，以籼型为主；马来西亚、柬埔寨、斯里兰卡、印度尼西亚等国的普通野生稻也以籼型为主。由此可见，在cpDNA上普通野生稻也存在着籼粳分化现象，由于部分南亚及东南亚国家的普通野生稻cpDNA以籼型为主，而印度、中国等国家普通野生稻的cpDNA出现籼粳分化，这就说明亚洲栽培稻起源存在"二元说"，即籼型cpDNA的普通野生稻演化为籼型cpDNA的栽培稻，粳型cpDNA的普通野生稻演化为粳型cpDNA的栽培稻。在普通野生稻中的cpDNA的籼粳型演化可能是由粳型cpDNA向籼型cpDNA演化。

　　黄燕红、孙传清等（1996）对江西东乡、广西桂林、广西扶绥3个不同地理分布的普通野生稻群体、不同单株进行cpDNA籼粳分化研究（表9-29），结果显示东乡普通野生稻群体cpDNA表现为缺失型的占78%，而有7个单株表现为完整型，占22%，说明东乡野生稻是以籼型为主的cpDNA群体；而桂林群体与扶绥群体的缺失型材料分别有3株和4株，分别占10%和11%，说明桂林与扶绥群体以粳型为主，存在着明显的籼粳分化现象。

表9-29　3个普通野生稻群体cpDNA类型分布（黄燕红等，1996）

项目	参试总数	东乡群体		桂林群体		扶绥群体	
		株数	%	株数	%	株数	%
缺失型（籼）	32	25	78	3	10	4	11
完整型（粳）	66	7	22	27	90	32	89
总计	98	32		30		36	

　　黄燕红等（1996）还把东乡、桂林、扶绥3个群体的纯合型野生稻的cpDNA类型与同工酶类型进行比较研究，结果见表9-30。东乡野生稻群体25份cpDNA缺失型在同工酶上表现为C型和E型，在7个同工酶位点上C型为4粳3籼，E型为6粳1籼，均为偏粳；仅1份在同工酶上表现为偏籼的材料在cpDNA上为完整型（籼型）；其余6份材料在同工酶和cpDNA上均表现为粳型，占总数的18.8%，表明东乡野生稻群体在同工酶和cpDNA上的籼粳表现不一致。

表9-30　3个普通野生稻群体纯合型的cpDNA类型与同工酶基因型的关系（黄燕红等，1996）

自然群体	cpDNA类型	同工酶基因型													
		粳型									籼型				
		A	B	C	D	E	F	G	H	I	J	K	L	M	N
东乡野生稻群体	缺失型			17		8									
	完整型			5			1					1			
	总数			22		8	1					1			
桂林野生稻群体	缺失型		1												
	完整型	1	3	4				9	3						
	总数	1	4	4				9	3						
扶绥野生稻群体	缺失型			1										1	1
	完整型			17		3					1	5	1		
	总数			18		3					1	5	1	1	1
总计		1	4	44		11	1	9	3		1	6	1	1	1

　　在桂林野生稻群体中，有3份材料表现为cpDNA缺失型（籼型），其中1份在同工酶7个位点上均为粳型，出现cpDNA与同工酶基因分化趋势相反；有2份cpDNA缺失型在Cat-1位点上表现为籼粳杂合型，未列入表中；其余20份纯合型野生稻的同工酶与cpDNA均为粳型，占总数的95.2%。

　　扶绥野生稻群体的4份cpDNA缺失型中有2份同工酶表现为偏籼，1份为偏粳，另1份在Cat-1上表现为籼粳杂合型，未列入表内。在27份cpDNA完整型中，有7份同工酶为偏籼型。

cpDNA与同工酶基因型分化趋势，粳型个体占74.1%。综上所述，在3个野生稻群体中cpDNA与同工酶基因型分化趋势不同，桂林、扶绥野生稻群体一致性大，东乡野生稻群体一致性小；在cpDNA完整型与缺失型中均出现在同工酶上分化为籼型和粳型的现象；3个野生稻群体的cpDNA也在发生地理分化；cpDNA在普通野生稻中出现籼粳类型分化，同工酶也有粳、偏粳和籼、偏籼两类分化。叶绿体DNA是母系遗传的，在驯化过程中或杂交过程中在理论上不受到重组干扰，因此认为普通野生稻在驯化为栽培稻种前已发生籼粳分化，并出现偏粳型普通野生稻被驯化为粳稻，偏籼型普通野生稻被驯化为籼稻的可能性。

张尚宏（1996）报道，用EcoR I对5种野生稻（*O.rufipogon*、*O.longistaminata*、*O.breviligulata*、*O.punctata*、*O.eichingeri*）的cpDNA的多态性进行研究，结果出现10种酶切的模式（多态性类型），分别命名为b、c、e5、f1、g、i2、k1、k2、1和n1（图9-11）。其中k2模式是这次试验中新发现的模式，其余为以往报道中出现过的模式。试验共显示40条左右的片段（不包括分子量重复的片段数目），b、c的特点是具有4条6.0 kb以上的片段，这4条片段在栽培稻品种cpDNA中均存在，而两者的差异仅在3.8 kb附近处；e5与b、c相比，除缺少1条6.0 kb以上的片段外，在3.8、0.9 kb处有差异；f1、g也有3条6.0 kb以上的片段，与b、c相同，两者在2.9 kb以下片段基本与e5相同，f1在1.3 kb附近缺1片段，g在3.0 kb处还有1片段；b、c、e5、f1、g这5种酶切的模式的差异不是很大；i2、k1、k2、1、n1的共同点是在3条6.0 kb以上的片段中有2条与b、c相同，有1条是k1、k2、1、n1共有的；i2在2.9 kb以下的片段与g型相似，在1.8 kb处附近多1片段，在0.8 kb附近缺1片段，i2、k1、k2、1、n1在3.8 kb附近的片段有差异；k1和k2只在4.0 kb处有差异。野生稻的cpDNA在种间和种内均有相当高的多态性，其中，*O.rufipogon*种内多态性最明显，共有b、c、e5、f1等几种类型，b、c两种类型在栽培稻中也出现，说明这两种关系最近。*O.breviligulata*与非洲栽培稻种在cpDNA上也有相同关系。*O.punctata*除k1、1型外，还发现k2型表现种内多态性较明显。中国药用野生稻的cpDNA与*O.punctata*的cpDNA相似，它们的染色体组前者为CC，后者为BBCC。由此看来，BBCC核型的叶绿体DNA来源于CC核型的种类，而不是来源于BB核型种类。*O.longistaminata*几乎分布在整个非洲，但在cpDNA上只有一个类型，全部为g型，表现出种内分化较小。*O.eichingeri*分别为1和n1型，差异只在分子量较少的片段部分。以上说明cpDNA在野生稻种间与种内均有相当高的多态性。

肖晗、应存山等（1996）报道，对28份中国栽培稻和17份普通野生稻（其中广西6份，江西5份，广东、湖南各2份，福建与云南景洪各1份）的cpDNA经EcoR I、HindⅢ、Pst I酶切之后，分析其多态性（RFLP），结果表明，中国栽培稻EcoR I酶切后得到2种不同类型，HindⅢ则产生3种类型，Pst I也有2种酶切类型。表9-31是3种限制性内切酶检测到cpDNA类型的片段组成大小及拷贝数。据此将中国栽培稻分成3类：C1、C2和C3，其中C2的cpDNA类型仅有1份材料为籼稻品种。C1和C3分别对应粳型与籼型，与前人研究结果一致，说明中国

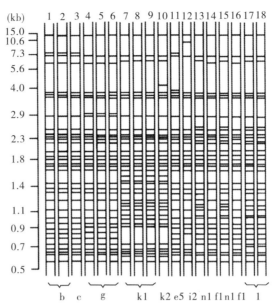

图9-11 野生稻叶绿体DNA的EcoR I酶切模式（张尚宏，1996）

注：1.DN1；2.DR38；3.W593；4.TL81；5.ILL116；6.YL244；7.W1577；8.W1592；9.TP4；10.W1590；11.DS14；12.ZB11；13.W1527；14.W1238；15.W1525；16.W1230；17.W1024；18.W43。

栽培稻cpDNA存在粳籼分化。

17份中国普通野生稻cpDNA分别与栽培稻C1和C3类型相对应，其中C1类型占94.1%，C3类型仅有1份广西的材料，这也说明中国普通野生稻出现籼粳分化，但以C1类型为主（表9-32）。

肖晗等（1996）也认为中国普通野生稻cpDNA基因类型以粳型为主，故推测粳稻起源于中国。

表9-31 水稻cpDNA三种限制性内切酶酶切片段的组成与长度（肖晗、应存山，1996）

| \multicolumn{4}{EcoR I} | | | | Hind Ⅲ | | | | Pst I | | |
片段	长度（kb）	类型I	类型Ⅱ	片段	长度（kb）	类型I	类型Ⅱ	类型Ⅲ	片段	长度（kb）	类型I	类型Ⅱ
E_1	11.7	++	++	H_1	12.1	+	+	+	P_1	20.60	+	+
E_2	8.39	-	+	H_2	11.4	-	-	+	P_2	14.33	+	+
-	8.00	+	-	H_3	10.8	-	-	+	P_3	13.02	+	+
E_3	7.10	+	+	H_4	9.7	+	+	-	P_4	12.28	+	+
E_4	6.65	+	+	H_5	9.0	++	++	++	P_5	11.21	+	+
E_5	5.78	+	+	H_6	8.3	+	+	+	P_6	10.31	+	+
E_6	3.60	++	+	H_7	7.75	+	+	+	P_7	9.19	++	++
E_7	3.55	-	+	H_8	7.46	+	+	+	P_8	8.74	+	+
E_8	3.40	+	+	H_9	7.14	++	++	+	P_9	6.11	+	+
E_9	2.74	++	++	H_{10}	6.93	+	+	+	P_{10}	5.08		

续表

片段	长度(kb)	类型I	类型II	片段	长度(kb)	类型I	类型II	类型III	片段	长度(kb)	类型I	类型II
	EcoR I				HindⅢ					Pst I		
E_{10}	2.37	++	++	H_{11}	5.78	+	+	+	P_{11}	4.58	+	+
E_{11}	2.30	++	++	H_{12}	4.96	+	+	+	P_{12}	3.77	+	-
E_{12}	2.24	++	++	H_{13}	3.64	+	+	+	-	3.61	-	+
E_{13}	2.20	++	++	H_{14}	3.49	+	-	-	P_{13}	2.23	+	+
E_{14}	2.08	++	++		3.40		+		P_{14}	1.92	+	+
E_{15}	1.90	+	+	H_{15}	3.07	+	+	+				
E_{16}	1.78	++	++	H_{16}	2.69	++	++	++				
E_{17}	1.46	+	+	H_{19}	2.59	++	++	++				
E_{18}	1.41	+	+	H_{18}	2.50	++	++	++				
H_{19}	2.41	+	+	+								
H_{20}	2.25	+	+	+								
H_{21}	1.97	+	+	+								
总长度		97.72	98.06			127.65	127.56	132.92			132.56	132.40

注：−和+分别表示单拷贝和双拷贝。

表9-32　中国栽培稻与普通野生稻cpDNA酶切类型的分类（肖晗等，1996）

项目	cpDNA类型			总数
	C1	C2	C3	
ECOR I 类型	I	II	III	
HindⅢ 类型	I	II	III	
Pst I 类型	I	II	III	
栽培稻合计数	17	1	10	28
籼稻（11）	0	1	10	11
粳稻（17）	17	0	0	17
普通野生稻（17）	16	0	1	17
占所有材料的比例（%）	73.3	2.2	24.5	100.0

4. 普通野生稻天然群体的籼粳分化

采用RFLP方法研究天然群体核DNA籼粳分化，能进一步了解野生稻自然居群中种质在自然状态下的籼粳演化现状。王振山等1996年利用14个引物位点对桂林、扶绥、东乡3个野生稻自然群体进行研究时，发现在5个位点上有籼粳的差异。3个群体的频率都以粳稻标记为主，频率大于50%，籼稻标记频率极低。3个野生稻群体中，粳稻标记频率平均值是0.772，籼稻标记频率平均值为0.08，群体分化明显偏粳。对5个位点的统计表明，东乡野生稻群体和桂林野生稻群体均未发现同时具有籼稻标记和粳稻标记的"籼粳并存"的杂合体单株，是个高度纯合的群体，而扶绥野生稻群体中杂合体频率高达0.236，群体中存在大量的籼粳并存单株，表明扶绥野生稻群体与籼稻发生过渐渗杂交，这与野外生态性状考察结果相一致。

5. 核糖体DNA基因（rDNA）多态性与籼粳分化

核糖体DNA基因（rDNA）为重复的多基因家族，在核仁的染色体上显串联重复排列，每个重复单位有rDNA的17S-5.8S-25S复合体的转录区域和一个非转录的间隔序列（Intergenic Spacer，IGS），其中每个间隔序列又包含一系列的亚重复（Suberpeat），重复单位的拷贝数不同构成rDNA的拷贝数差异，而亚重复单位数的变异构成IGS的长度变异，作为种质资源研究可利用其多样性差异，探讨其物种亲缘关系、地理上遗传多样性变异中心和稻种起源地等基础理论问题。Cordesse F.等（1990）、Sano Y.（1990）已发现亚洲栽培稻和普通野生稻的核糖体DNA基因（rDNA）的IGS长度存在着多种变异类型。Lin K.D.等（1996）对中国栽培稻和普通野生稻的rDNA进行对比分析，认为栽培稻远较普通野生稻的变异丰富。朱世华、张启发等（1998）报道，对98份普通野生稻、亚洲栽培稻、稆稻进行核糖体DNA基因间隔区限制性长度多态性（RFLP）分析，结果如下。

①rDNA间隔序列长度多态性和间隔序列长度。在98份普通野生稻、亚洲栽培稻和稆稻参试材料中，以全长的小麦rDNA基因克隆PT71为探针并转移到膜上，经BamHI完全消化的DNA杂交，检测到rDNA间隔序列长度多态性，共30种间隔序列长度变异类型（Spacer Length Variants，Slv），其长度分布在4.30～8.10 kb范围中（图9-12、表9-33）。从表9-33可知，Slv7（5.05 kb）的频率最高，为0.307，其他频率相对较高类型有Slv2（4.55 kb，$f=0.116$）、Slv5（4.80 kb，$f=0.058$）、Slv24（6.75 kb，$f=0.074$）。相比各地普通野生稻的Slv出现的频率，广西普通野生稻中出现的Slv最多，有63个；海南普通野生稻有44个；湖南江永普通野生稻有26个；江西东乡普通野生稻有14个。从多样性来看，广西普通野生稻为2.978。

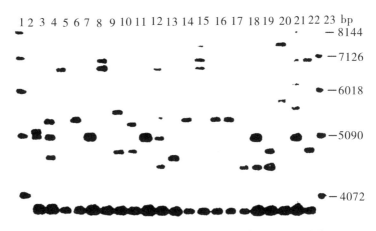

图9-12 部分普通野生稻rDNA变异放射自显影图（朱世华、张启发等，1998）

注：1和23为分子量标记，2、4、6、7、8、10、11（5带型）、12、14、18、20、21（6带型）、22为广西普通野生稻；3、9、17、19为东乡普通野生稻；5、13、15、16为茶陵普通野生稻。

表9-33 各种rDNA间隔序列长度变异类型的频率分布（朱世华等，1998）

间隔序列长度变异类型（kb）		亚洲栽培稻 O.sativa						普通野生稻 O.rufipogon												合计	
		籼稻		粳稻		糯稻		江西东乡		湖南茶陵		湖南江永		广西		海南		国外		Slv数	数频率
		n	f	n	f	n	f	n	f	n	f	n	f	n	f	n	f	n	f	n	f
1	4.30			3	0.428															3	0.016
2	4.55			1	0.143	4	0.8	5	0.357					4	0.063	8	0.182			22	0.116
3	4.60			1	0.143									1	0.016					2	0.011
4	4.70							1	0.071					1	0.016					2	0.011
5	4.80					1	0.2	5	0.357					2	0.032			3	0.176	11	0.058
6	4.90									2	0.25									2	0.011
7	5.05	3	0.6	2	0.286			1	0.071	1	0.125	23	0.885	8	0.127	14	0.318	6	0.353	58	0.307
8	5.15													1	0.016					1	0.005
9	5.20													2	0.032					2	0.011
10	5.30	2	0.4					1	0.071					4	0.063			2	0.118	9	0.048
11	5.35							1	0.071											1	0.005
12	5.40									5	0.625									5	0.026
13	5.45													1	0.016			3	0.176	4	0.021
14	5.55											1	0.038	1	0.016			1	0.059	3	0.016
15	5.60													2	0.032					2	0.011
16	5.65													1	0.016					1	0.005
17	5.70													2	0.032	4	0.091			6	0.032
18	5.80											2	0.076	2	0.032			1	0.059	5	0.026
19	5.85													1	0.016					1	0.005
20	5.95															4	0.091			4	0.021
21	6.15													2	0.032			1	0.059	3	0.016

续表

间隔序列长度变异类型（kb）		亚洲栽培稻 O.sativa								普通野生稻 O.rufipogon										合计	
		籼稻		粳稻		糯稻		江西东乡		湖南茶陵		湖南江永		广西		海南		国外		Slv数频率	
		n	f	n	f	n	f	n	f	n	f	n	f	n	f	n	f	n	f	n	f
22	6.25													2	0.032	2	0.045			4	0.021
23	6.45													1	0.016					1	0.005
24	6.75													6	0.095	8	0.182			14	0.074
25	7.00													5	0.079					5	0.026
26	7.25													2	0.032	4	0.091			6	0.032
27	7.55													5	0.079					5	0.026
28	7.80													1	0.016					1	0.005
29	8.00													5	0.079					5	0.026
30	8.10													1	0.016					1	0.005
Slv总数		5		7		5		14		8		26		63		44		17		189	
材料份数		4		4		5		10		5		23		24		14		9		98	
每个材料Slv数（$\frac{\text{Slv总数}}{\text{材料份数}}$）		1.25		1.75		1		1.4		1.6		1.043		2.63		3.14		1.89		1.91	
多样性H		0.673		1.277		0.500		1.487		0.900		0.428		2.978		1.778		1.732		2.686	

在98份材料中发现有45种表现型，以1带型为主类型，频率为0.459；2带型次之，频率为0.276，这两个带型占比达0.735，此外5带型和6带型有一定的比例（表9-34）。

②普通野生稻rDNA间隔长度变异类型分布的地区性。广西24份普通野生稻中共观察到25种Slv长度，从4.45 kb到8.10 kb均有分布，多样性指数H=2.978。这25种Slv在24份材料中组成22种表现型。表现型多态性极高（H=3.076），从1带型到6带型均有分布，无论从长度变异类型还是从表现型来看，广西普通野生稻rDNA间隔序列均有高度的遗传多样性。

海南14份普通野生稻材料来自三亚市公路边水沟和原种场附近沼泽地，性状不如湖南江永、江西东乡、广西的材料典型，每份材料携带的平均Slvs为3.14（表9-33），是各参试材料中最高的，这可能与它们有杂种类型材料存在有关。

湖南江永在地理上可看作是广西的延伸，在23份普通野生稻中以Slv7（5.05 kb）为主要类型，占88.5%；表现型以1带型为主，占87%。湖南茶陵普通野生稻则以Slv12（5.40 kb）为主，其他参试材料均未发现这种类型，表明茶陵野生稻在rDNA上较独特。

江西东乡野生稻共有9个群落，现存3～4处群落，在rDNA上出现群体之间的分化。水桃树下的3份材料均为Slv5（4.80 kb），而庵家山塘至东塘的3份材料均为Slv2（4.55 kb），在表现型上均为1带型。广西农业科学院引进的4份东乡野生稻，表现型可分为1带型（4.55 kb）、2带型（4.55/4.80 kb）、2带型（4.80/5.30 kb）、3带型（4.70/5.05/5.35 kb）。存在以5.30 kb与5.35 kb相对较长的Slvs。

来自泰国、越南、菲律宾、印度的9份材料，有7种Slvs，与广西普通野生稻相比没有特殊rDNA类型。

参试的亚洲栽培稻中籼、粳稻各4份，籼稻品种有广陆矮4号、珍珠矮、特青、Baemati、5 844，粳稻品种有农垦58、秋光、早沙粳、早生爱国5号，观察到rDNA间隔序列的Slvs可分为籼、粳两种类型，粳稻Slvs长度相对较短（<5.05 kb），籼稻较长（>5.05 kb），与Cordesse报道结果较一致。在5份稆稻中rDNA间隔序列的Slvs的长度较短，有4.55 kb和4.80 kb两种。在粳稻的范围内，其中以4.55 kb为主，表现型为带型1。稆稻种质多生长在粳稻耕作区，是杂草稻，与粳稻有较近亲缘关系。

周毅、邹喻苹等（1996）报道，采用PCR技术对中国3种野生稻及亚洲栽培稻2个亚种中核糖体DNA特异扩增和测定第一转录间隔区序列进行了分析，并探讨其系统学的意义。普通野生稻、药用野生稻、疣粒野生稻、籼稻和粳稻ITS1序列分别为193 bp、194 bp、218 bp、194 bp和194 bp，它们的G/C含量为69.3%～72.7%（表9-35）。疣粒野生稻的G/C含量和序列长度与普通野生稻、栽培稻等相比有一定的差异。除疣粒野生稻外，其他稻种rDNA的ITS1序列都很短，并有2个19 bp和8 bp大的插入序列。

表9-34　rDNA间隔序列长度各种表现型的频率分布（朱世华等，1998）

材料		1带型		2带型		3带型		4带型		5带型		6带型		总种类	材料数	多样性
		种类	数量	种类	数量	种类	数量	种类	数量	种类	数量	种类	数量			
亚洲栽培稻	粳稻	2	3	1	1									3	4	1.040
	籼稻	1	1	3	3									4	4	1.386
	稽稻	1	5											1	5	0
普通野生稻	江西东乡	2	3+4	2	2	1	1							5	10	1.418
	湖南茶陵	1	3	1	1	1	1							3	5	0.950
	湖南江永	1	20	2	3									3	23	0.469
	广西	1	2	11	12	6	6	2	2	1	1	1	1	22	24	3.076
	海南			1	2	2	2+6	1	4					4	14	1.277
	国外	2	3+1	3	3	1	1	1	1					7	9	1.830
合计		11	45	24	27	11	17	4	7	1	1	1	1	52	98	3.060
频率		0.459		0.276		0.173		0.071		0.010		0.010				

表9-35　稻种的ITS1序列长度G/C含量（周毅等，1996）

稻种	序列长度（bp）	G/C含量（％）
普通野生稻	193	72.7
药用野生稻	194	72.3
疣粒野生稻	218	69.3
籼稻	194	72.3
粳稻	194	72.3
亚洲栽培稻	194	72.3

ITS1序列的位点差异率为1.5％～10.6％，各种间相似性为72％～93％（表9-36）。在普通野生稻与籼、粳稻之间的序列相似性为92％和93％，而籼稻与粳稻的序列相似性为90％；药用野生稻与AA基因组的3个种（亚种）序列相似性为82％，最低的序列相似性在药用野生稻与疣粒野生稻之间，相似率为72％。由此说明药用野生稻与AA基因组的种有一定亲缘关系，疣粒野生稻与普通野生稻、药用野生稻、栽培稻的亲缘关系相对较远，它在稻属种系统中可能是一个独特的群体。中国稻种的rDNA的ITSl序列结构见表9-37。

以ITS1序列构建的3种野生稻和2个栽培稻亚种的系统发育关系与前人用形态学、同工酶、叶绿体DNA、线粒体DNA和核DNA资料构建的稻属类系统发育关系基本一致。

表9-36 稻种间ITS1序列的相似率与差异率（周毅等，1996）

项目	普通野生稻 相似率（%）	普通野生稻 差异率（%）	药用野生稻 相似率（%）	药用野生稻 差异率（%）	疣粒野生稻 相似率（%）	疣粒野生稻 差异率（%）	籼稻 相似率（%）	籼稻 差异率（%）	粳稻 相似率（%）	粳稻 差异率（%）
普通野生稻	—	—								
药用野生稻	82	8.2	—	—						
疣粒野生稻	75	8.6	72	6.1	—	—				
籼稻	92	4.6	82	8.2	74	10.6	—	—		
粳稻	93	1.5	81	8.2	73	9.2	90	3.7	—	—
栽培稻	92	2.6	83	5.9	75	8.6	91	4.2	94	2.1

表9-37 稻种6个附加物ITS1序列结构（周毅等，1996）

	10	20	30	40	50	60
ORU 1	TCGTGACCCT	GACCAAAACA	-GACCGCGAA	CGCG-TGCAC	CCCTGCCCGC	C-GGGAG-T
OSAI 1	**********	**********	-***T*****	****-*-***	**********	*C-****G*
OSAJ 1	**********	**********	-*********	****-*****	**********	*CA*C*C-*
OSA 1	*********	**********	-*********	****-*-***	**********	*-*A*C*C*
OOF 1	C*******C	**********	G****CGA**	****G*TT**	***GCTT	*AA***CCGC
OGR 1	**********	**********	-*********	***A-*-***	**T****AAG	*GC**CGAAG
	70	80	90	100	110	120
ORU 61	CGCGCGCGAG	GCAA-CCGA	GGCCCC-	——	-CGGGC	TGCAACAGAG
OSAI 61	T*********	**G*-****	******-	——	-*****	C********A
OSAJ 61	**********	****T-****	******-	——	-*****	C*******GA
OSA 61	**********	****-****	******-	——	-*****	C********A
OOF 61	***-****CC	-***CA****	*C****-	——	-*****	C********A
OGR 61	***C**GC*C	*AGGCC**-	C*-***TCCT	ACCCGCGAGG	CGGGCG**A*	CA***A***A
	130	140	150	160	170	180
ORU 121	CCCACGGGCC	CGACGGCGTC	AAGGAACACA	GCGATACGCC	CC-GCGCCG	GCCCGGTCGG
OSAI 121	*******G*	**********	**********	********	**-*******C	*G********
OSAJ 121	******GG*	******-***	**********	**********	**-*-****	**********
OSA121	******GG*	**********	**********	**********	*-**GG*	**********
OOF 121	**********	**********	*********-	T***C*****	*-****T*	-********
OGR 121	**********	**********	*********-	-******A*G	*-GC******	-T*G***
	190	200	210	220	230	240
ORU 181	CCCTGGC-G	TCCGGCGGCC	-GGCGCGATA	CCACGAGTTA	——AAT	CC........
OSAI 181	*******C-*	*****T****	-*********	*******C**	——***	**........
OSAJ 181	*******-*	*********A	C*********	**********	——***	**........
OSA 181	*******C-*	*********G	C*********	*A********	——***	**........
OOF 181	*******CG*	**-*******	-*********	*******C**	——***	**........
OGR 181	*******CG*	G*********	-**A*****	*******C**	TATATAT*G*	**........

三、中国野生稻种质资源分子生物学研究方向的预测

中国野生稻DNA多态性研究特别是核DNA、线粒体DNA、叶绿体DNA、核糖体DNA的研究结果表明，野生稻的遗传多样性大于栽培稻的多样性，特别是普通野生稻的遗传多样性大于亚洲栽培稻的多样性，说明近缘祖先种的遗传多样性能包含栽培种的多样性，因而证明普通野生稻是亚洲栽培稻的近缘祖先种。从核糖体DNA第一转录间隔在序列分析看，它们之间的亲缘关系最近，相似性达92%以上。

中国普通野生稻存在着核DNA、线粒体DNA、叶绿体DNA和自然居群的材料之间的籼粳分化现象。在核DNA上，孙传清等把普通野生稻分成四大群，证明普通野生稻存在着中国原始普通野生稻群，南亚原始野生稻群，粳群、偏粳群和偏籼群。在线粒体上，孙传清等把普通野生稻分成五大群：偏籼群，偏粳群，东乡群，南亚、东南亚与中国云南群，孟加拉国群，也存在明显的籼粳分化。在叶绿体DNA上，孙传清、黄燕红等均证明普通野生稻的cpDNA出现籼粳特性分化，这结果与其他研究者相同。王振山等对纯合的普通野生稻自然群体进行DNA多态性研究，也证明在纯合自然群体中的普通野生稻存在着籼粳分化。因此，一些学者指出栽培稻的起源演化是"二元起源论"，即籼稻来自偏籼的普通野生稻，粳稻来自偏粳的普通野生稻。

中国野生稻DNA多态性研究已取得较大的进展，但也还有许多领域没有开展研究。今后应在以下方面进行研究：

①扩大参试材料。中国有3个野生稻种，并搜集有全世界的其他野生稻种，目前研究的材料还属少数，就稻种来说只是集中在亚洲栽培稻与普通野生稻种上，药用野生稻、疣粒野生稻等其他稻种的研究较少。今后有待进一步扩大野生稻的种类研究。

②扩大DNA多态性研究的引物及内切酶基因。DNA多态性研究与不同引物、不同内切酶种类有关。目前中国对野生稻种质资源的DNA多态性研究使用的引物内切酶的范围仍然过小，应进一步扩大研究范围，使结果更准确，更有利于消除目前存在的同工酶、cpDNA、rDNA等对野生稻籼、粳分类不彻底，甚至出现相互矛盾的结果。刘荣、郑晓明、周海飞、葛颂（2012）报道了水稻近缘野生稻的遗传多样性及群体遗传结构分析结果。对普通野生稻和尼瓦拉野生稻整个地理分布区进行了野外调查和天然群体采样，针对26个群体共273个个体，选取来自5个不同染色体的和基因片段进行测序，并用分子群体遗传学的方法进行多种分析。结果显示，普通野生稻的平均核苷酸多态性（sil=0.004 3，θ sil=0.004 7）略高于尼瓦拉野生稻（sil=0.003 7，θ sil=0.004 5），与以往的研究结果一致。普通野生稻不同群体间的遗传分化指数（F_{ST}）为0.083 8～0.916 6，平均值为0.219 1。尼瓦拉野生稻的遗传分化指数介于0.066 7～0.963 4之间，平均值为0.313 9，后者明显高于前者。相比之下两种野生稻之间的遗传分化指数为0.083 8～1，平均值为0.285 3，并不大于种内的群体之间的遗传分化。分子方

差分析（AMOVA）结果表明，不同群体之间的变异占总的多样性的比例为28.12%，也远大于物种间变异比例15.56%。从研究结果来看，普通野生稻和尼瓦拉野生稻的遗传多样性很近，普通野生稻的遗传多样性比尼瓦拉野生稻的高。由于普通野生稻分布更广，异交率高，尼瓦拉以自交为主。这两种野生稻之间的遗传分化程度小，在各自群体间存在着明显的遗传分化，表明个群体间存在明显的遗传结构差异，这是各自在基因组背景的遗传分化和适应性的差异。

野生稻和栽培稻存在遗传多样性差异，它们与我国的杂草稻在遗传多样性也存在多样性。许红云、熊海波、朱骞及通讯作者陈丽娟等（2012）报道了杂草稻起源的杂交实验验证的结果。杂草稻一般表现为小穗颖壳褐色或金黄色、种皮红色、散穗、中长芒或无芒、易落粒。通过种间、亚种间、品种间杂交，在套袋隔离和自然授粉两种条件下，对亲本及杂交后代群体的农艺性状类型的发生频率、趋势进行调查分析，直接验证和重演杂草稻起源的主要途径。结果表明：栽培稻与其近缘野生稻杂交在F_2代群体中容易产生类似杂草稻的单株；杂交组合中杂草稻出现频率的大小顺序为：杂草稻或野生稻/粳稻（44.44%）、杂草稻或野生稻/籼稻（28.34%）、籼稻/粳稻（3.3%）、籼稻/籼稻（1.41%）、粳稻/粳稻（0%）。这说明杂交亲本间遗传差异越大其后代出现杂草稻类型的植株的频率越高。在套袋条件下其后代出现杂草稻的频率为10.7%，不套袋的条件下仅为4.9%。该实验结果在表型上证明杂草稻的起源进化关系，为将来探讨杂草稻主要性状的分子机制、为杂草稻的防控和开发利用提供了新的思路和基础。

③开展DNA特异片段的分子标记研究。在DNA多态性研究的基础上进一步深入到DNA特异片段的分子标记、遗传基因图等工作上，特别是对有特殊抗性材料的特异片段的提取纯化分离和序列标记分析工作，标记出有实用价值的DNA片段（基因），为分子标记育种和理论研究提供新的样品。

④进一步开展DNA特异片段的功能研究。把野生稻的特异性状与DNA特异片段（基因）联系起来研究，分离提取克隆出更多的有自主知识产权的优异目的基因，为育种利用服务。

⑤对核DNA、叶绿体DNA、线粒体DNA的具体生化反应、遗传信息传递、表达进行认真研究，弄清楚DNA特异片段（基因）在生物体内的实际反应机理，开展生物反应器的研究。

⑥开展野生稻转基因技术研究。把野生稻的优异种质基因转到栽培稻上，培育更多内含野生稻目的基因的转基因新品种。

⑦开展野生稻种的重大基础性理论研究。在栽培稻基因组序列研究取得重大进展的基础上，进一步在分子水平上弄清楚稻作理论上的重大问题，了解稻种起源演化、稻种亲缘关系、稻种遗传表达的生化传递机理。

中国野生稻与栽培稻种质资源十分丰富，以DNA为主要对象的分子生物学研究还有许多领域有待进一步拓展，野生稻的分子生物学研究将大有作为。以上只是简单地提出几个具体内容，希望能起到抛砖引玉的作用。

四、中国野生稻的基因组学研究新进展

21世纪是生物技术快速发展的世纪，本质上是基因组学研究、应用快速发展的世纪，是基因组学的世纪。21世纪以来中国野生稻种质资源研究取得一系列的新进展新成果，主要集中在以下几方面：

1. 野生稻新基因挖掘

野生稻是一个庞大的基因库，里面存在有许多栽培稻在进化过程中丢失的基因，特别是在人工选择下，不符合育种目标要求的表型主效基因被淘汰。野生稻在自然进化过程中没有人工选择的压力，因而保存有适应环境的非生物或生物胁迫的基因，这些基因是人类改良栽培稻抗病虫性、抗逆性急需的基因，人们通常称之为"优异基因"，新发现的叫作"新基因"。21世纪以来野生稻研究进入了在新搜集的野生稻种质资源中进行大规模的表型优异特征特性鉴定评价与优异新基因挖掘、定位、克隆一体化研究的阶段。在全国的野生稻种质资源研究队伍的努力下，从野生稻种质资源中鉴定出一批表型优异的种质，并利用这些优异种质挖掘出一批优异的有益基因。例如，卢永根、陈志雄、刘向东（2012）报道了他们团队对广东高州普通野生稻研究的新进展，Long Y.M等（2008）从栽培稻F1中克隆到花粉不育基因Sa，张楚雄等（2002）、李文涛等（2006）、杨存义等（2004）、Li W T（2008）把花粉不育基因Sb、Sc、Sd精准定位，以及朱文银等（2008）把Se初步定位。可以利用这些基因紧密连锁的分子标记研究栽野杂交分离后代F_2的花粉育性与标记之间的协同分离情况，进而判断野生稻是否存在花粉不育的中性基因。史磊刚等（2009）分别用粳稻台中65（编号E1，基因型Sb^jSb^j）及其近等基因系E2（基因型Sb^iSb^i）为母本，用12份不同编号的高州野生稻（简称"高野"）分别为父本，配组成对测交，并检测各组合F_1的花粉育性；利用4对与Sb座位紧密连锁的分子标记分析上述成对测交组合F_2群体分子标记的分离情况，并与花粉育性的分离进行统计检验，结果发现高野GZW099与E1及E2组配的成对测交组合的F_1花粉育性正常，差异不显著；F_2群体中4对分子标记的3种基因分离比例符合孟德尔定律（1：2：1），与对应单株的平均花粉育性差异不显著，证实高野GZW099在Sb座携带花粉育性中性基因，命名为Sb^nSb^n。刘博（2009）利用相同的技术方法，确定高野GZW054含有Sd、Se座位花粉不育有"中性基因"。王林（2010）利用台中65（E1）与其Sa座位的近等基因系E4作为测试种，与单片段代换系配组成对测交组合，检测其花粉育性及结实率，发现高野GZW006在Sa座位携带花粉育性"中性基因"，命名为Sa^nSa^n。此外，高野GZW075和GZW124在Sc座位上也可能携带花粉不育"中性基因"有待进一步证实。魏常敏等（2010）利用S_5^n功能性标记对来自中

国14个不同居群的441份普通野生稻进行检测，发现其中18份可能携带有S_5^n基因，且全部为杂合型，其中包括高野GZW032。全基因测序发现18份材料S_5座位缺失的DNA片段都与广亲和品种0248一致，确实存在S_5^n基因。然而，存在多处碱基差异，如GZW032与02428存在5处差异，在外显子区域+1 234 bp处：GZW032为碱基A，012428均为C；在+1 827处：GZW032为C或T，012428为C；在内含子区域+260 bp处，GZW032为C，02428均为T；在+293处，GZW032为G，而02428为A；在+368处GZW032为G，而02428为A。

卢永根院士报道，他们团队的赵杏娟等（2008）利用17个高野单片段代换系进行分蘖数发育动态分析，获得控制水稻分蘖的非条件QTL基因3个分别分布在第1和第10染色体上，其中第1染色体上有2个QTL，第10染色体有1个QTL，同时利用条件QTL定位方法检测到1个条件QTL基因，分布在第1染色体上；每个QTL在分蘖发育的全过程中至少表达一次，但是，没有一个QTL可在分蘖发育的全过程持续表达，条件QTL分析结果表明在水稻分蘖发育过程中分蘖数QTL在不同时期的表达有一定的时序性。

他们团队的王林（2010）构建了携带有花粉不育基因的高野染色体单片段代换系20个，包括5个籼粳杂种F1花粉不育基因单片段代换系，分别为3个Sa座位的、1个Sb座位的和1个Sd座位的单片段代换系。高野单片段代换系中代换片段平均长度为15.72 cm，全部代换系对水稻基因组的覆盖率为16.86%。并且利用其中7个高野单片段代换系和3个双片段代换系对水稻11个重要农艺性状的QTL进行鉴定，总共检测出了6个QTL，分别是2个结实率QTL、2个剑叶长的QTL和2个剑叶宽的QTL，并分别将其定位在代换系的代换片段区间内。构建高野为供体亲本的水稻单片段代换系，为发掘和利用高野的有利基因提供了理想的试验材料和一条新途径。井赵斌等（2009）以高野为供体亲本、粤香占为受体亲本，构建了BC3F1群体，选用117对多态性SSR，用AB-QTL分析法对谷粒外观性状和粒重进行QTL分析，共检测了控制粒长、粒宽、粒长宽比和粒重4个性状的QTL23个，分布在水稻第1、2、3、4、5、6、8和11染色体上，单个QTL的贡献率范围为3.77%～28.67%。其中有6个QTL的贡献率超过20%，分别是控制粒宽的qGW-11-1，控制长宽比的qLWR-2和qLWR-11，控制粒重的qGWt-5-1、qGWt-5-2和qGWt-11-1。

范传广等（2010）用SSR标记对高野与粳稻品种台中65为亲本构建的F2群体进行基因检测，构建了覆盖水稻基因组12条染色体的SSR分子标记连锁图，对决定水稻饲用营养价值的粗蛋白、粗纤维、粗脂肪、粗灰分、硅酸和可溶性糖含量的基因进行定位分析，结果定位到影响粗蛋白含量的3个QTLs，影响粗脂肪含量的1个QTL，影响可溶性糖含量的3个QTLs，影响硅酸含量的2个QTLs。这9个QTLs分别位于第1、2、4、7、8、9、10、11染色体上，其中4个主效QTL分别是影响粗脂肪含量的qCEE-1（贡献率56.8%），影响可溶性糖含量的qCWSC-4（贡献率23.1%）和qCESC-7（贡献率25.0%），影响硅酸含量的qCS-9（贡献率15.9%），其余5个为微效QTL。郑加兴等（2012）报道，利用野生稻DP15、DP30作为供体及9311为受体，构建代换系群体分析供体的耐冷QTL。受体耐冷处理后活苗率为6.7%，供体DP15、DP30和抗性对照藤坂5号的活苗率分别为84.2%、85.7%和88.5%，两个供体亲本与受体9311品种间耐冷性有显著差异。对BC4F2代换系群体进行苗期耐冷性鉴定筛选结果得到17份耐冷性株系。跟踪监测原有分子标记，17个耐冷株系的耐冷QTL分布在水稻12条染色体上，其中第3和第12上有密集的耐冷QTL分布，见表9-38、表9-39。

表9-38　普野DP30代换系的耐冷QTL座位及其耐冷性（郑加兴等，2012）

代换系编号 Substitution line	QTL座位标记 Marker（s）of QTL locus	所在染色体Chr	耐冷性（%） Cold tolerance（Survival rate）	QTL耐冷性贡献率（%） QTLcontrbution
DC907	RM1164、RM3400、RM6146	3	83.0	16.2
DC866	RM5、RM466、RM3185、RM229	1、11	80.0	15.6
DC962	RM317	4	78.0	15.1
DC965	RM4A	12	70.0	11.6
DC960	RM308、RM458	8	65.0	10.4
DC905	RM480	5	62.0	9.9
DC906	RM251	3	55.0	5.6
DC900	RM5663、RM682	8	54.0	5.3
DC882	RM125	7	50.0	4.9
平均Mean			66.3	10.5

表9-39　普野DP15代换系耐冷QTL座位及其耐冷性（郑加兴等，2012）

代换系编号 Entry no.of substitution line	QTL座位标记 Marker（s）of QTL locus	所在染色体 Chr	耐冷性（%） Cold tolerance（Survival rate）	QTL耐冷性贡献率（%） QT Lcontrbution
DC081	RM5746、RM1047	12	82.0	20.0
DC1006	RM317、RM5746	4、12	81.0	19.6
DC1046	RM6208、RM331	8	75.0	11.3
DC1070	RM21、RM6534、RM6499	11	68.0	9.5
DC1010	RM250	2	62.0	9.2
DC1069	RM1026	9	54.0	6.1
DC1014	RM269	10	54.0	6.1
DC1055	RM1309	8	50.0	5.8
平均 Mean			65.7	10.9

从表9-38和表9-39结果比较两个供体DP15和DP30的耐冷QTL数目不同，来源于DP30的耐冷QTL有10个，来源于DP15的耐冷QTL仅有9个；鉴定耐冷效应，来源于DP30的株系DC907的成活率最高，为83.0%，QTL对耐冷性贡献率16.2%；DC882株系成活率最低，为50.0%，

QTL对耐冷性贡献率4.9%；来源于DP15的耐冷株系DC081的成活率最高，为82.0%，QTL对耐冷性贡献率20.0%；株系DC1055的成活率最低，为50.0%，QTL对耐冷性贡献率5.8%。高贡献率的主效QTL有待进一步精准定位和克隆。

董轶博、陈宗祥、裴新梧报道了OsGI基因内含子在普通野生稻和栽培稻中的分子进化及其与表型特征的相关性研究结果。OsGI为水稻光周期调控途径中的重要节律调控基因与拟南芥中GIGANTEA（GI）基因的同源基因。不但在光周期途径中具有多种调控作用，还与种子结实率和耐寒性相关。他们对中国普通野生稻的38个居群和世界各地的栽培稻品种139个的OsGI基因第9内含子区域（OsGI-9）进行PCR扩增和序列分析，结果发现普通野生稻存在3种不同的带形：S型1.2 kb条带；F型0.9 kb条带和FS型同时含有上述2条带。栽培稻个体只有2种带型，即S型或F型，没有FS型的个体。序列分析结果表明，S型个体的OsGI-9都存在2个串联的255 bp重复片段，F型个体的OsGI-9都只有1个255 bp片段，FS型个体的都同时存在S型和F新的序列片段。除了255 bp的InDel变异外，S型序列和F型序列还存在少量的单碱基变异位点。以个体为单位对全部参试材料进行系统进化分析，结果发现参试材料可以划分为明显的5类群体，其中普通野生稻可分为F型、FS型和S型，栽培稻可分为F型和S型。普通野生稻的FS型位于野生稻的F型和S型中间远离栽培稻的2个群体，野生稻F型与栽培稻F型群体最接近；栽培稻S型与野生稻S型群体也最接近。栽培稻表型与栽培稻中OsGI-9的相关性分析表明，OsGI-9的变异与它们的种子休眠性和耐寒性都具有显著的相关性，S型栽培稻大部分材料的种子休眠性和耐寒性较强，F型栽培稻大都无休眠性或耐寒性差。以此推测栽培稻中变异可能会影响种子休眠性和耐寒性表现。

李华、顾才东、李树华等（2006）报道了野生稻DNA导入水稻栽培品种获得变异种质的农艺性状及抗病性初步分析结果，李树华、杨庆文、何军等（2006）报道了野生稻DNA导入水稻后代的SSR检测分析结果，都表明宁夏水稻品种"宁粳16号""宁粳23号"的普通野生稻DNA导入后代性状变异十分广泛，无论在农艺性状还是在抗病性上变异都优于亲本，个别株系表现广谱抗性。

张欢欢、刘蕊、周晓伟等（2012）报道，选用3种不同方法从药用野生稻TAC文库中筛选到与NAC类转录子相关的特异克隆，利用农杆菌介导法转化籼稻品种华粳籼74。结果发现，药用野生稻基因组片段整合到受体基因组中，T_0转化株系的结实率与花粉育性与受体差异很大，17株T_0株系平均结实率2.61%，4个株系完全不育，最高结实率为14.22%，变幅范围为0%～14.22%。在13份T_1材料中考种结实率最高的N14-12株系结实率达到92.01%、N3-1为89.48%、N16-63为87.99%。检测它们的花粉育种均低于80%，其中最高的花粉育性为N14-12株系达到70.21%、N3-1株系为39.78%、N16-63为37.26%，与结实率高有正相关性。用T_2代转化材料进行3种不同胁迫液处理下其种子萌发率随胁迫液浓度增加呈递减趋势。在15%渗透胁迫处理下有5份转化材料种子萌发指数高于受体；在20%渗透胁迫处理下所有转化材料的种子萌发率均低于受体。本实验利用反向遗传学研究方法，以抗逆性相关的NAC转录因子家族的保守序列作探针，采用三种不同的筛选方法，第一次获得679个阳性克隆，第二次获得24个阳性克隆，最终从药用野生稻TAC文库中选出阳性克隆11个。

Zhao bin Jing，Yanying Qu，Yu Chen等（2010）报道利用粤香占/G52-9（普通野生稻）的高代回交群体BC3检测出2个来源于普通野生稻的产量QTL，qGYP2-1、qGYP3-1分别位于第2、3染色体上，它们对产量的贡献率分别达到40.05%和49.04%。

董华林、张晨昕、曾波等（2009）报道了利用152个均匀分布的SSR标记构建珍汕97/马来西亚普野野生稻高代回交群体BC2F4的分子遗传连锁图，图谱长为1 342.1 cm，相邻标记间距为8.8 cm，利用该群体检测定位到影响株高、生育期、穗数、穗长及千粒重、粒长、粒宽等农艺性状的27个QTL，其中约有59%有利基因来源于野生稻。

邓伟、陈赟娟、李荣波等（2011）开展了黄华占/普通野生稻高世代回交材料连续两季的QTL定位，共发现控制株高、单株产量等12个重要农艺性状的58个QTL位点。

黄得润、陈洁、侯丽娟等（2008）报道了协青早B//协青早B/东乡野生稻BC1F5群体产量性状QTL分析结果。利用了149个DNA分子标记的连锁图谱，在协青早B//协青早B/东乡野生稻BC1F5群体株系中检测到23个产量性状QTLs，其中单株产量2个，单株穗数2个，每穗实粒数4个，每穗总粒数6个，结实率5个，千粒重4个；来自东乡野生稻的增效等位基因有9个，其中每株穗数2个，每穗实粒数1个，每穗总粒数5个及千粒重1个。

程桂平、冯九焕、梁国华等（2006）报道了在广陆矮4号/普通野生稻BC2F2群体中共检测到控制产量的8个相关性状、呈簇状分布的20个QTLs，其中增效QTLs有11个、与分蘖有关的QTLs有9个。在9个与分蘖有关的QTLs中，各个QTL对分蘖均保险处显性和加性作用，多数位点的显性作用强于加性作用，位点表达具有明显的阶段性，有5个QTLs集中在一定时段内表达。

刘家富、奎丽梅、朱作峰等（2007）报道了利用单标记回归分析法初步定位云南元江普通野生稻渗入片段迭代法创新的特青为遗传背景的渗入系的出糙率、整精米率、垩白率、垩白度、长宽比等5个性状的16个QTL，其中来自野生稻的10个等位QTL能改造群体品质性状。野生稻第5染色体RM598附近的QTL，能增加长宽比和降低垩白粒率，贡献较高。在第8染色体RM152附近的垩白粒率和垩白度的贡献率分别为14%和9%。

2. 创造水稻新种质及应用

卢永根、陈志雄、刘向东（2012）报道了他们团队对广东高州普通野生稻创新水稻种质及在育种上应用的新进展，他们团队的赵杏娟等（2010）以栽培稻品种粤香占为受体亲本，高野为供体亲本，利用回交和微卫星标记辅助选择相结合的方法，构建了高野GZW087为供体亲本的水稻单片段代换系群体，该群体由20个编号的9个单片段代换系构成，这9个单片段分别

分布在第1、2、3、10和11染色体上，代换片段长度为8.1～23.8 cm，总长度为152.7 cm，平均长度为17.0 cm，代换片段对水稻基因组的覆盖总长度为136.1 cm，覆盖率为7.5%。

卢永根院士还报道了刘琼桁等（2007）以安农S为母本与高州镇江野生稻为父本杂交，从F_2中筛选不育株再与培矮64S杂交，选育出籼型水稻温敏核不育系228S，于2005年10月通过广东省科技厅组织事务技术鉴定，所配组合茂杂29（228S/茂恢29），2006年12月通过广东省品种审定。基因测序发现，高野GZW004与普通红莲型不育基因（H–atp6）的DNA序列不同，利用其与粤泰B、泰丰B和天香B等3份材料杂交和回交，在后代中发现有完全不育、半不育和正常可育3种类型，回交至BC6F1世代，农艺性状基本稳定，选育出高野红莲型不育质源的不育材料，定名为"高红A"，新质源"高红A"的可染花粉远少于粤泰A，无染色或浅染色花粉明显多于粤泰A，"高红A"花粉可育性对环境高温不敏感。利用高野的不育株与栽培稻杂交和多次回交后，成功育成了"G软华A"，并于2010年10月30日通过广东省种子管理总站组织的技术鉴定。专家组一致认为，该不育系属高通稻新质源不育系，达到了籼型水稻三系不育系的生产应用标准。另外，还育成了高野新质源不育系"G花珍A""G592A"和"G698A"以及具有高野亲缘的恢复系"红恢3号"。瞿小旅等（2010）研究结果表明，高通稻雄性不育胞质对杂种一代单株产量表现出不同程度的符效应，但未达显著水平；高野所配组合平均单株产量低于华南晚籼雄性不育胞质夜公，但高于目前生产上广泛应用的野败不育胞质。表明它是值得进一步研究利用的新型雄性不育细胞质。

野生稻优异种质利用首先需要从数以万计的种质中鉴定评价，筛选出优异种质才能进行有效利用。潘大建（2008）等对108份高野种质进行苗期稻瘟病混合菌株抗性鉴定，经过初鉴和复鉴，获得抗–中抗的种质3份；另对2份种质的各2个抗病单株进行了苗期稻瘟病抗谱测定，获得全群抗性频率80%以上的材料2个。利用高野抗性种质与栽培稻品种"中二软占"进行杂交，对杂交后代经过种植观察、选择、自然鉴定和人工接种鉴定，从中选育出抗病新种质，获得F6抗病株系15个，为高野抗性基因发掘积累了种质基础。此外，对白叶枯病IV型菌系进行初鉴表现中抗以上的高野材料79份，再进行重复鉴定筛选出高抗材料4份。吴国昭等（2009）报道用植物防御信号物质茉莉酸甲酯（MeJA）和水杨酸甲酯（MeSA），喷雾处理直立型高通幼苗植株发现25和50 μmol/L的MeSA能有效提高幼苗对稻瘟病的抗性，提高叶片内保护酶POD的活性。夏志辉等（2009）报道以9个菲律宾白叶枯病菌小种鉴定高野种质，结果表明，其中1份高野种质对PXO79、PXO99和PXO339感病，对PXO61、PXO86、PXO71、PXO280、PXO124菌株都表现抗病；利用已经克隆的白叶枯病抗性基因xa5、xa13、Xa21和Xa27的功能标记进行检测，结果发现高野不含抗性基因xa5、Xa21，为Xa13显性纯合体、隐性xa27纯合体，揭示了该材料携有其他的抗白叶枯病的基因。

傅雪琳等（2010）报道，利用25、50、100 μmol/L浓度的Al^{3+}的简单钙溶液处理进行耐铝鉴定，高野的55个编号材料表现出耐铝特性（RRE≥0.50），其中有8份材料为耐铝性极强（RRE≥1.0），14份为强耐冷性种质（0.70≤RRE＜1.0），14份为一般耐铝材料（0.50≤RRE＜0.70），有37份材料的耐铝性超过栽培稻耐铝品种日本晴；以铝敏感品种华粳籼74为受体、耐铝高野GZW087为供体的BC₃F₂世代19个株系的耐铝检测，发现2个株系具有耐铝性。结果表明高野材料具有丰富的耐铝性，并能传递到栽培稻回交后代，为创造水稻耐铝新种质及耐铝基因定位克隆奠定了重要的种质基础。褚绍尉（2011）利用铝敏感品种华粳籼74与高野耐铝材料GZW006构建的BC₃F₃群体，定位到1个耐铝性主效QTL，在4号染色体上，在标记RM317-RM255之间，为加性QTL，其基因的加性效应值为13.96%，遗传率为19.025；利用华粳籼74与高野耐铝材料GZW003构建的BC3F3高世代群体也定位到1个耐铝性主效QTL，该QTL位于6号染色体上，在分子标记RM111-RM253之间，此外还发现多个微效QTLs。

　　高野种质资源中也有耐冷性强的材料。王兰等（2011）进行苗期耐冷鉴定，初步鉴定出2份高野种质苗期强耐寒材料，与不耐冷的300粒品种杂交，构建了F₂分离群体，发现分子标记在F₂中明显分离，这些标记与耐冷基因连锁。有关高野种质对非生物胁迫的耐性研究，有耐旱、耐冷、耐酸、耐强光、耐淹胁迫下的生理生化变化（黎华寿、聂呈荣、胡永刚，2004）、耐铅（张学树，2006）、耐光氧化（董志国，2005），以及茎水提物草对稗的抑制作用（赵美玉，2006）。张建国（2009）对高野种质饲用营养成分测定，结果发现，GZW016、GZW099、GZW126、GZW128等4份材料表现较好，其中GZW128更是直接饲用或作为饲用稻育种的良好材料。范传广等（2010）利用台中65与高野杂交，获得5个生物产量高的优良株系，其中3个株系株高1.7 m以上，不但产量高，抗倒伏性也明显强于1.5 m的南特号，是高秆高产的良好材料。测定其营养成分和青贮特性，可溶性糖含量比一般水稻高，缓冲能低，是好饲料稻。陈明霞（2011）开展青贮特性研究，葡萄糖与植物乳杆菌混合添加青贮发酵品质最好，当添加葡萄糖或菠萝皮比单独添加乳酸菌效果好，各处理在有氧条件下稳定性都较好。

　　郑加兴、马增凤、黄大辉等（2012）报道了普通野生稻染色体片段代换系的构建及其苗期内冷性QTLS的鉴定，用9311品种做母本，分别与普通野生稻DP15和DP30杂交，F₁与9311连续回交，在BC₂F₁开始利用325个多态性SSR标记对各株系10个单株做基因型分析，到BC₄F₁获得192个含野生稻DP15片段和226个含DP30片段的株系；选择均匀分布与水稻12条染色体上的96对标记，分别对其进行遗传背景筛选，恢复率在90%以上的单株自交并与9311回交，获得更短导入片段的代换系，分析BC₄F₁的基因型，得到110个来源于DP15和120个来源于DP30的BC₄F₂种子。将BC₄F₂每株系种植20株，分析目标区段基因型。按每个代换系仅含1～2个供体染色体片段，且片段间能最小重叠的原产从4 480份单株中筛选出520个BC₄F₂纯合单株自交获得BC₄F₃作为候选重叠代换系，最终构建了一套由230个株系组成的导入相互重叠最大程度覆盖野生稻基因组的导入代换系。该套重叠代换系（CSSLs）在北京测试的平均恢复率为97.9%，恢复率最高的为98.9%，最低的为93.7%。其导入片段数、长度等见表9-40。

表9-40　野生稻代换系导入片段及其在各条染色体上的分布（郑加兴等，2012）

染色体	代换系数目	导入片段数	片段平均长度（cm）	片段总长度（cm）
1	23	35	17.2	606.0
2	22	37	19.6	725.2
3	21	35	18.1	633.5
4	25	40	20.3	812.0
5	18	31	15.2	471.2
6	18	32	16.5	528.0
7	20	36	23.8	856.8
8	26	41	21.2	869.2
9	20	34	14.8	503.2
10	15	32	12.6	403.2
11	10	31	10.2	316.2
12	12	30	12.2	366.0
合计	230	414	16.8	7 086.5

第十章

中国野生稻种质资源的现状与保护建议

目前，中国野生稻种质资源分布在长江以南的省（自治区），分别是云南、海南、广西、广东、湖南、江西、福建。20世纪80年代初期台湾桃园县还有普通野生稻分布点，后来消失了。我国野生稻分布面积最多的是普通野生稻，在上述7个省（自治区）都有分布，以广西壮族自治区最多；其次是药用野生稻，在"两广"和"两南"有分布；最少是疣粒野生稻，仅在海南和云南有分布。自20世纪80年代以来，我国工农业快速发展，工农业用地、城镇扩建、工业化进程不断提速，不少野生稻原生地被开发、开垦，改变用途，被污染和外来优势种群入侵，造至大量野生稻种质资源消失，严重濒危。尽管国家农业农村部越来越重视野生稻种质资源保护，也取得了原生境保护和异位保存圃、库保存的显著成果，但是保护点外的原生地消失的势头还没有彻底制止，保护野生稻种质资源任重道远。为此，作者根据野外调查考察结果和我国已有保护成果和经验，以及借鉴与结合国内外农作物种质资源保护经验，提出新的野生稻种质资源遗传多样性保护建议，供科研管理决策、科研一线及有关人员参考。

第一节　中国野生稻种质资源的自然分布状况

中国是拥有野生稻种质资源的大国，特别是普通野生稻种质资源分布最广、最多。在漫长的历史过程中有诸多古书记载野生稻存在的史实。20世纪以来，中国科学界极为重视野生稻种质资源的考察、搜集、保存与利用研究。早在1917年墨里尔在广东罗浮山麓至石龙平原一带发现普通野生稻后，1926年丁颖在广州市东郊犀牛尾的沼泽地也发现这种野生稻，后又在惠阳、增城、清远、三水、开平、阳江、吴川、合浦等地及雷州半岛、海南岛和广西的西江流域等地发现这种野生稻，1935年在台湾发现的O.formosa也是这种普通野生稻。1926年在台湾曾发现疣粒野生稻，1935年中山大学植物研究所在海南岛南山岭及小抱江山边也发现了这种疣粒野生稻。1936年王启元在云南省车里县橄榄坝发现疣粒野生稻，同时也发现药用野生稻。

新中国成立后，野生稻种质资源的考察有了进一步的发展。1950年广西玉林农业技术推广站、玉林地区师范学校在六万大山发现药用野生稻。1954年陈统华在广东罗定县与广西岑溪县交界的地方发现药用野生稻。1956年云南思茅县农业技术推广站在普洱大河沿岸发现疣粒野生稻。1960年广东英德也发现药用野生稻。1963～1964年戚经文等在海南岛17个县、湛江地区18个县（市）和广西玉林、北流等地考察、搜集野生稻，在海南岛发现并搜集到普通野生稻、药用野生稻、疣粒野生稻，在广西玉林、北流发现并搜集到普通野生稻、药用野生稻，在湛江地区发现并搜集到普通野生稻。1963～1965年中国农业科学院水稻生态室在澜沧

江、怒江、红河流域、思茅、西双版纳、临沧、凌农等地（自治州）进行考察，搜集到普通野生稻、药用野生稻、疣粒野生稻3种野生稻。但在20世纪70年代前考察搜集野生稻的范围只限于广东、海南、广西、云南等省（自治区）的部分地区，从考察规模来说也只限少数专家参加考察，大部分科技人员和广大干部群众都不认识或不了解野生稻。

1978～1982年中国农业科学院作物品种资源研究所组织全国南方省（自治区），即广东、广西、云南、江西、福建、湖南、湖北、贵州、安徽等省（自治区）的科学技术委员会、农业厅（局）、农业科学院、农业大中专院校、植物研究所及有关地（自治州）、县（市）农业局、农业科学研究院、农业技术推广站数百单位数千人参加普查、考察野生稻，基本摸清了中国野生稻的自然分布、种类及植物学特征、生态环境与伴生植物等。

据1978～1982年中国农业科学院作物品种资源研究所组织全国野生稻普查、考察、搜集结果和参考历次考察野生稻的记载，查清中国有普通野生稻、药用野生稻和疣粒野生稻3种野生稻，分布于广东、海南、广西、云南、江西、湖南、福建与台湾（历史上曾发现野生稻）等8个省（自治区）的143个县（市）。其中广东53个县（市）、广西47个县（市）、海南18个县、云南19个县、湖南与台湾各2个县、江西与福建各1个县有野生稻分布。3种野生稻各有其分布特点。总的来说，中国野生稻的分布，南起海南省崖县（今三亚市，18°09′N），北至江西省东乡县（28°14′N），南北纬度跨约10°；东自台湾省桃园县（121°15′E），西至云南省盈江县（97°56′E），东西经度跨约23°。其中江西、湖南、福建分布有普通野生稻；广东、广西分布有普通野生稻、药用野生稻；台湾分布有普通野生稻、疣粒野生稻；海南、云南分布有普通野生稻、药用野生稻、疣粒野生稻。

一、普通野生稻的自然分布状况

普通野生稻分布在8个省（自治区）的113个县（市），分布范围为18°09′N（海南省三亚市）～28°14′N（江西省东乡区），100°40′E（云南省景洪县）～121°15′E（台湾省桃园县），是中国野生稻分布最广、面积最大、资源最丰富的一种。分布区大致可分为5个自然区：①海南自然分布区；②两广大陆区（包括广东、广西及湖南的江永、福建的漳浦）；③云南区；④湘赣区（包括湖南的茶陵、江西的东乡）；⑤台湾区（有新竹、桃园两地，但据报道在20世纪70年代已消失）。

5个区中以海南岛分布密度最大，全分布区18个县中有14个县有普通野生稻分布。

两广大陆区是中国普通野生稻的主要分布区域，它包括广东、广西的大部分地区，全分布区92个县（市）有普通野生稻分布，集中分布于珠江水系的西江、北江和东江流域，特别是北回归线以南和两广沿海地区分布最多。

云南区主要分布在景洪、元江2个县，在澜沧江和红河流域呈零星分布，覆盖面积小。

但这两地普通野生稻的发现，为东南亚普通野生稻与栽培稻的相互关系和稻种起源的研究提供了重要的资料。

湘赣区是中国目前普通野生稻分布的最北限。湖南茶陵县、江西东乡县的普通野生稻都分布于长江中下游流域。据裴安平、王象坤（1987）报道，湖南澧阳彭头山古稻（8 000 BP）、梦溪八十垱古稻（8 000~9 000 BP）与河南舞阳贾湖古稻（7 500~8 500 BP）等连成一片，为普通野生稻分布北缘地区淮河上游—长江中下游是中国稻种起源地学说提供了有力的证据。该区普通野生稻的发现对研究中国普通野生稻的分布、生态环境，栽培稻的演化、起源与传播等均具有重要的意义。

普通野生稻具有强大的生命力，适应性广，分布十分广泛，在8个省（自治区）几十万平方千米的土地上，南北跨纬度约10°，东西跨经度约23°的区域都有分布，它不仅分布广，而且分布点多。如广东博罗县，全县22个乡镇都有分布，该县的石坝乡16个大队，队队都有普通野生稻生长。

中国普通野生稻覆盖面积大，集中成片，覆盖面积达33.33 hm²以上的有3处，6.67~33.33 hm²的有23处。广西贵县（今贵港市）麻柳塘普通野生稻面积达27.96 hm²，生长非常稠密。广西武宣县濠江及其支流35 km长的两岸都有分布。即使是北纬25°以上的湖南茶陵县，野生稻连片覆盖面积也有3.33多hm²。

二、药用野生稻的自然分布状况

药用野生稻分布于广东、海南、广西、云南4个省（自治区）30个县（市），范围为99°05′E（云南省耿马县孟定）~113°07′E（广东省英德市洽光乡），18°18′N（海南省三亚市荔枝沟）~24°17′N（广东省英德市洽光乡）。药用野生稻分布可分为3个自然分布区，即海南岛区、两广大陆区、云南区。

①海南岛区：主要在黎母山一带，集中分布在三亚、陵水、保亭、乐东、白沙、屯昌6个县（市）。由于该地区气候炎热，雨量充沛，药用野生稻得到充分生长繁殖，有较大的栖生地，在保亭县南淋乡罗葵大队白菠山成片生长着面积达0.27~0.40 hm²的药用野生稻。

②两广大陆区：该区是中国药用野生稻的主要分布区域。共27个县（市），主要集中在广东省肇庆地区的封开、郁南、德庆、罗定等县（市），韶关地区的英德市，以及广西的梧州、苍梧、岑溪、玉林、横县、邕宁、灵山和武宣等县（市）。以广西的梧州市、苍梧、岑溪、容县，广东的封开、郁南、德庆、罗定为中心，逐渐向外扩散，形成内多外少的放射形分布区。该区药用野生稻分布海拔大部分在200 m以下，最高450 m，藤县南安最低，海拔只有25 m。

③云南区：主要在云南省临沧地区的耿马、永德，思茅地区的普洱县。这是中国药用野生稻分布海拔最高的区域（永德县大雪山），海拔为520～1 000 m。

三、疣粒野生稻的自然分布状况

疣粒野生稻分布于海南、云南与台湾3个省（据有关报道，台湾的疣粒野生稻于1978年已消失）27个县（市），分布范围为18°15′ N（海南省三亚市南山岭）～24°35′ N（云南省盈江县城关乡）。疣粒野生稻在海南岛仅分布在9个县，如尖锋岭至雅加山、英哥岭至黎母山、大本山至五指山等。海南疣粒野生稻分布海拔为50～800 m，多数在50～400 m之间。在云南省集中分布在哀牢山脉以西的滇西南，澜沧江、怒江、红河、南汀河下游地段。由于疣粒野生稻为旱生，多数分布在山坡上，呈零星分布，每个分布点面积大小不一，一般分布面积较小，但也有分布面积在66.67 hm²以上的。疣粒野生稻在云南分布的海拔范围是450～1 100 m，大部分在600～800 m。

第二节　中国野生稻种质资源的濒危现状

一、普通野生稻的濒危现状

据1978～1982年中国农业科学院作物品种资源研究所组织全国特别是南方各省（自治区）普查、考察与搜集野生稻结果，并参考以往历史考察记载，中国南方有普通野生稻、药用野生稻和疣粒野生稻3种野生稻。普通野生稻分布于广东、海南、广西、云南、江西、福建、湖南与台湾（历史上曾发现野生稻）等8个省（自治区）的113个县（市），是中国野生稻分布最广、面积最大、资源最丰富的一种。但据有关报道和实地考察了解，由于受各种因素影响，中国3种野生稻的自然群落减少速度飞快，尤其以普通野生稻濒危程度最高。原分布于台湾桃园县、新竹县的普通野生稻，据报道1978年已消失。云南省记载1964～1965年中国农业科学院原水稻生态研究室曾在景洪县（今景洪市）发现有26个普通野生稻分布点，而在1979～1982年中国农业科学院作物品种资源研究所组织全国考察时，只剩下4个分布点。庞汉华与戴陆园等于1998年11月考察时发现，景洪市原分布点已被开垦为稻田、菜地，或用作修公路、建房等，这里的普通野生稻已消失。在1982年考察时发现云南省元江县曼来乡嘉禾村附近的山顶（海拔650 m）有4个蓄水塘（名为莲花塘），它们之间互不连接，相距400～1 000 m，没有水沟和河流，只靠下雨积水，夏季多水，冬季浅水。这4个蓄水塘（1.33 hm²）原来生长有很稠密的普通野生稻。近年来由于这里的普通野生稻生态环境特殊，引起科研人员的关注，许多人不断前往采集，加上这个地区牲畜自由放牧，野生稻的生境遭到严重破坏。庞汉华等人1998年11月份前往考察时，发现只在一个水塘（0.33 hm²）中尚保存有可数的几十丛普通野生稻，其他3个水塘的普通野生稻已消失。据村民说，村里规划扩大水塘蓄水面积，灌溉各类农作物。可以想象，这里仅有的几十丛普通野生稻必然会减少甚至消失。这次考察也没发现其他地方有普通野生稻分布。若不采取紧急保护措施，云南省的普通野生稻不久将会永远地消失。

1978～1982年先后在江西省东乡县发现9个普通野生稻分布点，总面积达2～2.7 hm²，分布于28° 14′ N、116° 36′ E，这里的野生稻是中国乃至世界普通野生稻分布点最北限，因而显得极其珍贵。但庞汉华于1998年再次考察时，除中国水稻研究所和江西农业科学院水稻研究所科技人员用石头砌成围墙圈着的A、B两个保护区（约0.035 hm²）保存有少量普通野生稻群落外，其余的普通野生稻原分布点被开垦为农田，改种水稻和其他作物，野生稻随之消失。A、B保护区里也是杂草丛生，若不注意管理，野生稻群落竞争不过其他杂草，将造成保护区面积缩小直至消失。

湖南省的茶陵、江永野生稻，在1983年考察时，覆盖面积分别约为3.33 hm²和5.33 hm²，而1993年汪小凡、陈家宽等考察时，这里的野生稻已处于濒危的境地，经多人多时寻找，仅发现3丛，估计现已消失。福建省漳浦普通野生稻分布点虽然用铁丝网围起来保护，近年也处于濒危或消失状态。在1979～1982年考察广西普通野生稻时，发现42个县（市）分布有野生稻，约占全自治区86个县（市）的50%，分布面积达3 hm²以上的有17处，其中7 hm²以上的有10处。最大的为贵县（今贵港市）麻柳塘普通野生稻，其覆盖面积达28 hm²，且生长非常稠密。该分布点于1990年被开发为旅游区，野生稻生态环境已完全遭破坏，普通野生稻完全消失。武宣县濠江沿江两岸断断续续分布有普通野生稻，长达35 km，覆盖野生稻约30 hm²，现已基本消失。宾阳县甘棠九冬浪野生稻连片分布面积达7 hm²以上。来宾县（今来宾市）桥巩岜山的沼泽地连片稠密地分布有约7 hm²野生稻的原生地今已遭到彻底破坏，野生稻全部消失。庞汉华、陈成斌于1997年赴广西南宁、百色两地区9个县33个乡按原分布点考察59个分布点，其中百色23个原分布点覆盖面积达2 hm²以上，而考察时只有8个原生地零星地分布少量普通野生稻，其余的15个分布点（约占60%）全部改作他用，普通野生稻已消失。如田东县甘莲乡十里莲塘原来有一块面积达1.33 hm²、普通野生稻生长茂盛的分布点，现已消失。在南宁地区考察的36个原分布点中有27个（约占75%）原生地完全被破坏，普通野生稻完全消失。百色、南宁两地区有70%左右的普通野生稻原生地已被开垦改作他用，普通野生稻永远地消失了，余下的30%左右原生地虽然没有完全被破坏，但面积缩小，生态环境结构与性质已经改变，普通野生稻只能零星分布，形成不了大群落，无法测量其覆盖面积的大小，估计现存的野生稻不到

原来的30%。由于野生稻竞争不过其他种群，形成不了优势，将会渐渐地自然消失。

广东、海南两省的野生稻在1978～1982年普查考察时，曾记载有1 182个分布点，几乎县县有、乡乡有，分布原生地最多，覆盖面积最大。但这两个省实行改革开放最早，经济建设速度较快，野生稻生态环境遭破坏的程度比其他省更为严重，再沿着原分布点考察时，80%以上的分布点消失，余下的20%原生地居群缩小至可数的丛数。这意味着这两个省的野生稻比其他省的野生稻消失得更多、更快。

陈成斌、李道远（1992～1993）在广西南宁、玉林、贵港等地考察时，发现贵港市附城君子塘4 hm²普通野生稻原生地已被农民开垦建水塘养鱼，贵港市横岭、大圩镇长塘、附城的下清塘等地的普通野生稻消失；玉林市的仁东镇原有1.33 hm²普通野生稻，现仅存几丛；玉林市的福绵镇横岭村、南江镇广思村、新桥镇新沙村等地普通野生稻已消失；北流县（今北流市）新圩、民安西乡塘野生稻原生地破坏严重，野生稻仅余下几丛；陆川县乌石镇小河片野生稻分布点被开垦成稻田，野生稻仅剩下几丛；桂平县（今桂平市）先锋黄楞塘、平南的白马塘，由于养鱼、放牧干扰，致使野生稻也基本消失；南宁市江西藤村、宾阳黎塘帽子村，也因养鱼、放牧等，破坏了野生稻的原生地致使野生稻消失；武鸣县（今武鸣区）的太平、双桥、腾翔等乡镇的野生稻分布点也是因开垦稻田养鱼致使野生稻消失；邕宁县（今邕宁区）吴圩、明阳、广西玉米研究所前面、苏圩等地的野生稻分布点，也因建房舍、填土修路、开垦成水田等致使野生稻消失。

1997年陈成斌、王象坤等在柳州、桂林两市考察时发现，在桂林雁山周家村，由于放牧，剩下的野生稻不多；永福县懒塘桥的野生稻已消失；柳州市东泉华侨农场河坝底、柳州市沙塘等地的普通野生稻已消失；柳江县（今柳江区）穿山镇四方塘村、百朋镇等地只余几丛普通野生稻；来宾县（今来宾市）的石牙乡五里塘、桥巩乡岜山等地的普通野生稻已消失；钦州地区的钦州市沙埠镇钦州中学背后、钦州大番坡镇；北海市高德镇等地的普通野生稻已消失；合浦公馆造纸厂附近的野生稻覆盖面积也急剧缩小。广西普通野生稻部分濒危居群考察状况见表10-1。

表10-1　广西普通野生稻部分濒危居群考察状况（陈成斌、庞汉华、王象坤、高立志等，1997）

居群地点	纬度（N）	海拔（m）	生境	距稻田距离	破坏状况、方式、程度
桂林雁山周家村	25°08′	160	水沟、荒塘、沼泽	很远	割草、放牧，有干扰
永福罗锦镇懒塘桥	25°03′	160	荒塘	近	垦田、放牧、割草，已消失
恭城和平八角塘	24°53′	162	荒塘	近	种莲、养鱼，已消失
柳城东泉华侨农场河坝底	24°30′	—	沼泽地	近	垦田，已消失
柳州市沙塘镇	24°28′	—	荒塘	近	垦田，已消失
柳江县穿山镇四方塘	24°10′	—	水沟、荒塘	近	垦田，干扰严重

续表

居群地点	纬度（N）	海拔（m）	生境	距稻田距离	破坏状况、方式、程度
柳江县百朋镇	24°10′	—	水沟、荒塘	近	垦田、挖鱼塘，破坏严重，仅剩数丛
来宾县石牙乡五里塘	23°32′	150	荒塘	近	养鱼、放牧、割草，已消失
来宾县桥巩乡岜山	23°43′	—	沼泽地	近	垦田、挖鱼塘等，已消失
来宾县三五乡	23°33′	—	荒塘	近	挖塘，破坏严重
武宣县禄新乡濠江	23°35′	110	小河旁	近	垦田、放牧，仅剩0.268 hm²
贵港市八塘麻柳塘	23°04′	45	荒塘、水溪	近	建房、修路、垦田，已消失
贵港市贵城镇君子塘	23°06′	45	荒塘	近	挖鱼塘，已消失
贵港市贵城镇上青塘、下青塘	23°06′	45	荒塘	近	挖鱼塘、垦田，破坏严重
贵港大圩镇长塘	23°10′	50	荒塘	近	垦田、修路、放牧，剩4 hm²
贵港市横岭乡	23°10′	50	荒塘	近	放牧，干扰较大
玉林市南江镇广思村	22°34′	100	水沟、荒塘	近	垦田、放牧，破坏严重
玉林市福绵镇横岭上、下塘	22°35′	100	荒塘	近	放牧、养鱼，干扰不大
玉林市福绵镇	22°35′	100	低洼地	中	放牧、割草，已消失
玉林市仁东镇	22°35′	100	荒塘	近	垦田，破坏严重
玉林市新桥镇新沙	22°33′	100	荒塘	近	放牧养鱼，干扰不大
北流市新圩镇	22°41′	—	荒塘	近	垦田、挖鱼塘，已消失
北流市民安镇西乡塘	22°41′	—	水沟、荒塘	近	放牧，干扰不大
容县石寨乡上烟村鸡母塘	22°48′	—	荒塘	近	垦田，破坏严重，仅剩数丛
陆川县乌石镇	22°10′	—	小河边	近	垦田、修渠，破坏严重，仅剩数丛
桂平市寻旺	23°20′	—	荒塘	近	放牧，干扰不大
平南县白马塘	23°28′	50	荒塘	近	放牧、养鱼，干扰不大
藤县藤城镇龙塘村	23°31′	—	荒塘	近	放牧、割草，仅剩0.4 hm²
宾阳县甘棠镇九冬浪	22°48′	100	水沟、荒塘	近	挖塘、垦田，已消失
宾阳县黎塘镇	23°11′	83	小河旁、鱼塘	近	养鱼、放牧，变化不大
南宁市江西镇铁路边	22°48′	106	荒塘	近	修路、垦田，剩数丛
南宁市江西镇维罗	22°47′	100	水沟两旁	近	放牧，变化不大，存有4～5 hm²
武鸣县腾翔镇	23°02′	—	荒塘	近	开垦稻田、鱼塘，已消失
武鸣县太平镇	23°07′	—	水沟、荒塘	近	挖塘养鱼、垦田，已消失
邕宁县吴圩镇三塔顶	22°39′	—	水沟边		修建市场房屋，已消失
邕宁县明阳镇河边、玉米研究所前	22°35′	—	河边、荒塘	近	挖鱼塘、填土修路，已消失
邕宁县苏圩镇那楞塘	22°33′	—	荒塘	近	放牧、割草，干扰不大

续表

居群地点	纬度（N）	海拔（m）	生境	距稻田距离	破坏状况、方式、程度
扶绥县山圩镇渠秀	22°27′	—	水沟、荒塘	近	放牧、割草、养鱼，干扰不大
扶绥县山圩镇九塔	22°27′	—	村边、荒塘	近	养鱼、放牧，干扰严重，仅剩数丛
扶绥县山圩镇那任	22°28′	—	荒塘	近	垦田、干旱、放牧，破坏严重，仅剩数丛
隆安县那桐镇上邓定草塘	23°05′	—	荒塘	近	垦田、养鱼，破坏严重，仅剩数丛
隆安县那桐镇定江	23°00′	—	莲塘	近	挖鱼塘，已消失
崇左县江州镇青龙塘	22°10′	—	荒塘	近	蓄水饮用、放牧，已消失
田东县祥周镇甘莲塘	23°38′	108	莲塘	很远	种莲，已消失
田东县祥周镇十里莲塘	23°38′	110	荒塘	近	挖鱼塘、垦田、种莲，已消失
田东县祥周镇九合	23°39′	105	荒塘	近	种莲，剩0.13 hm²
田东县祥周镇百渡	23°36′	121	沼泽、水沟	近	挖鱼塘、垦田，破坏严重
田东县祥周镇康元	23°41′	108	鱼塘、水沟	近	养鱼、放牧、割草，有干扰
田阳县那满镇治塘	23°39′	—	水沟旁沼泽地	近	垦田、修渠，破坏严重
百色市百色镇农校前	23°54′	—	水沟、沼泽地	近	建房等，已消失
百色市那毕乡江凤	23°52′	—	水沟、荒塘	近	种莲、放牧，破坏严重
钦州市沙埠镇	21°57′	—	水沟、沼泽地	近	建房、修路，已消失
钦州市中学背后	21°57′	—	小河旁边	近	修水渠，已消失
钦州市大番坡	21°50′	—	小溪、沼泽地	近	垦田、放牧、修水渠，已消失
北海市高德镇	21°30′	—	小溪、塘	近	挖塘养鱼，已消失
合浦县公馆镇	21°45′	2.5	荒塘、沼泽	近	养鱼、纸厂排入废水，面积急剧缩小

高立志（1994～1995）在广东、广西、云南、海南、湖南等省（自治区）考察发现，野生稻的大部分自然居群已发生变化，许多原生地被破坏丧失，野生稻濒危。如广东佛冈县浮梁水塘原有0.05 hm²水面的普通野生稻居群，现仅剩几丛；海南乐东县新联居群是普通野生稻的保护地，也因管理不好，由原来1万多丛减至100余丛；湖南的茶陵、江永等地的普通野生稻也都处于濒危至灭绝状态。

从考察结果得出一个结论，经济发展快的地区普通野生稻原生地受破坏的程度比经济相对落后地区的严重得多。如南宁市吴圩、苏圩的一些普通野生稻分布点在1993年才被发现，而到1996年就已被毁灭。钦州、北海、玉林、贵港等市周围的普通野生稻原生地都因城市发展遭到彻底的毁灭，普通野生稻现已消失。

二、药用野生稻的濒危现状

药用野生稻生态环境也同样遭到严重破坏，据高立志（1996、1998）报道，在1979～1982年考察期间，广西梧州、苍梧、藤县的分布点药用野生稻最多，基本上每个山谷都有分布，梧州市扶典乡杜背冲，原沿山谷有200 m长的药用野生稻群落分布，是当时发现的药用野生稻群落最长最多的分布点。但是，现在只剩下零星几丛，即将消失。广西灵山县、武宣县野生稻原分布点被破坏，由于分布点改作他用，药用野生稻也随之消失了。广东省的肇庆、高要、郁南、英德和海南省的三亚、陵水、白沙、乐东等县（市），由于生态环境被破坏，药用野生稻急剧减少，并绝大部分已消失。庞汉华、戴陆园等于1998年赴云南考察、搜集野生稻，按药用野生稻原分布点考察了耿马、孟定、景洪、普洱等地的多个原分布点，发现原分布点生境被破坏，药用野生稻已经消失。同时也按药用野生稻的生态环境如水沟边、两山狭谷等新的地段考察多处，都未发现新的药用野生稻和分布点，经过近一个月的考察、搜集，到过多处分布点都未找到药用野生稻。估计云南药用野生稻分布极少，是否已濒危或灭绝，很难确定。据不完全统计，截至2015年底，全国野外保存的药用野生稻种质资源数量不到原来的3%～5%，这应引起我们的极大关注。

三、疣粒野生稻的濒危现状

疣粒野生稻分布于海南、云南与台湾3个省，它对生态条件要求较严，所以分布的地区有局限性。台湾新竹县（现新竹市）有疣粒野生稻，1978年报道已消失了。海南省的疣粒野生稻集中分布在黎族自治州8个县（市）及儋县（今儋州市）共9个县（市），云南省的疣粒野生稻分布于临沧地区、思茅地区、西双版纳州、德宏州、保山地区、玉溪地区和红河州等的18个县。随着热带和亚热带森林的开发利用，疣粒野生稻的生态环境受到极大的冲击、破坏，疣粒野生稻的生长也同样受到严重影响。

据高立志报道，云南省的思茅、普洱、澜沧、景洪、勐腊、绿春、潞西、盈江、龙陵等县（市）的疣粒野生稻居群面积不足原来记载的5%。庞汉华与戴陆园等于1998年11月考察时发现，绝大多数分布点受到不同程度的破坏，疣粒野生稻面积缩小，呈零星分布。景洪市的江北山坡的分布点原来分布稠密，约达7 hm²，现已被开垦种植橡胶，现保存不到0.13 hm²的野生稻，呈零星分布。在耿马县孟定新察嘎村背的四面山坡上，原来生长有数十公顷的疣粒野生稻，现只有约1.33 hm²，呈零星分布。新寨怕练村后背的山坡原来约分布有6.67 hm²疣粒野生稻，现只有约0.33 hm²，呈零星分布。南京寨大宝山腰原有6.67 hm²生长很稠密的疣粒野生稻，现只有约0.8 hm²，呈零星分布。在嘎楼山的杂木林的山沟附近原有13.33 hm²左右的疣粒野生稻，现只零星分布有约0.67 hm²。云南省疣粒野生稻原分布点多数生态环境不同程度

被破坏，分布面积缩小，疣粒野生稻也随着生态环境的变化而萎缩，直至渐渐消失。

由于海南省建立特区，改革开放较早，经济发展的速度也较快，海南的疣粒野生稻的减少比云南多。高立志（1996）报道，东方、陵水等县（市）的疣粒野生稻随着热带森林的开垦，疣粒野生稻生态环境遭到破坏甚至消失。海南省疣粒野生稻的减少、消失比云南的多得多，据估计，现保存的疣粒野生稻仅为原来的5％左右。

总的来说，从3种野生稻的生态环境遭破坏情况来看，普通野生稻损失最多，其次是药用野生稻，再次是疣粒野生稻。

中国野生稻减少和消失的速度之快，几乎与经济发展同速度，甚至更快。这已向我们敲响警钟，应引起我们高度注意。按照目前野生稻减少、消失的速度，可以预测中国野生稻离灭绝已不再遥远。我们应认识到任何生物遗传多样性在自然状态下消失灭绝的主要原因是生境受到破坏，原生境一旦被破坏，自然状态的生物遗传资源是很难得以再生的，这将带来严重的不良后果。这意味着失去更多更有利用价值的资源，而这些资源是我们和子孙后代赖以生存和持续发展所需要的遗传物质。一旦失去了培育选择多种多样类型品种的机会，随之而来的是生物遗传多样性的再度减少和一致性的增加，进而导致病虫害等自然灾害的发生。因此，应把保护抢救野生稻资源提到议事日程上来，采取有效的保护措施已刻不容缓。

第三节　中国野生稻种质资源的濒危原因

野生植物濒危的原因一般有两大类：一是物种在生存竞争中，在自然选择压力下自然灭绝；二是人类干扰、破坏野生植物的生态环境，使它们赖以生存的环境改变或消失，造成濒危与灭绝。中国野生稻也和其他植物一样，濒危的主要原因是人类的强烈干扰。

一、野生稻种质资源原生地缩小与消失

由于经济的飞速发展、人口的增长和环境的恶化，致使大量野生稻居群萎缩、濒危、绝灭。随着人们的经济活动越来越频繁，人口的急剧膨胀，原来的土地、粮食、穿衣、住房和交通等已不能满足人们的生活需求。为满足人们的生活需要，促使农村经济迅速发展，农民大力开垦土地，扩充耕地面积，把野生稻赖以生存的沼泽地、池塘和水沟或开垦为农田，种植粮食和经济作物，或建房舍、工厂，修公路、铁路等，导致野生稻原生地严重改变或彻底破坏，致使野生稻的生长和繁衍日渐困难，野生稻资源群落随之减少或消失。（图10-1至图10-7）

图10-1　被修路的泥流毁掉的野生稻

图10-2　被采矿毁坏的野生稻地（1）

图10-3 被采矿毁坏的野生稻地（2）

图10-4 被污水毁掉的野生稻地

图10-5　开路泥沙流阻碍野生稻调查

图10-6　野生稻原生地变成商业街

图10-7　中国最大野生稻原生地被毁后形成深水区

二、野生稻原生地质量恶化

由于人们的经济活动，如过度开垦、毁林、放牧等，大大地破坏了野生稻的原生地，致使原生地质量不断恶化，野生稻生态环境不断改变，野生稻资源随之减少，直至完全消失。如广西田东县甘莲塘乡十里莲塘，在1981年前这里周围布满普通野生稻，生长繁茂，当时是百色地区野生稻覆盖面积最大的原生地之一，但现在已被开挖成鱼塘或其他，生境质量严重恶化，使普通野生稻无法生存而彻底消失。（图10-8、图10-9）

三、外来种群的侵扰

由于人类活动的破坏，野生稻原生地生境发生改变或被破坏，引起外来种群侵袭，如在原沼泽地排水干旱时间过长或改为旱地，造就了有利于旱生或干湿生长的杂草的生态环境，旱生的杂草迅速繁衍，使原有野生稻种群落结构和性质发生改变，致使野生稻的生长优势下降，野生稻种将竞争不过其他杂草，其生存日渐困难，逐渐衰落减少以至消失。如广西田东县甘莲

图10-8　挖鱼塘毁掉的野生稻地

图10-9　过度养殖毁掉的野生稻地

村前的莲藕塘，原有一片生长很茂盛的普通野生稻，因村民开垦种莲藕和茭白，莲藕和茭白生长很好，普通野生稻长势较弱，由于竞争不过，只能呈零星分布，渐渐地衰落，直到最后消失。（图10-10）

图10-10 外来物种毁掉的普通野生稻

四、过度收割野生稻与放养畜禽

野生稻是牲畜喜爱的草料，稻草也可作燃料。人们经常在野生稻原产地区放牧和收割野生稻，造成野生稻茎叶不断被割切、践踏，不能正常生长、繁衍，大大地影响了野生稻的有性繁殖，不利于种茎的绵延，致使杂草丛生，不利于野生稻与杂草竞争，导致野生稻群落减少，从而降低整体生存竞争力，大居群变小，直至灭绝。在云南省元江县曼来乡嘉禾附近的野生稻分布点，因当地自由放牧，野生稻被当作饲料或遭到不断践踏，导致野生稻面积的减少。此外，各种病虫害的侵入，也会使野生稻群落缩小。庞汉华等在柳江、柳城、隆安、扶绥、邕宁等地考察时发现，很多野生稻原生地的普通野生稻是因农民过度地收割和放牧，使得野生稻群落缩小消失。（图10-11）

图10-11　过度放牧导致野生稻群落减少

第四节　加强野生稻种质资源保护的建议

一、中国野生稻种质资源的保存现状

中国野生稻种质资源分布范围已经迅速地缩小甚至从原生地消失，这就意味着野生稻生物多样性的损失，也意味着水稻育种有益基因和稻种起源、演变分类的基础物质的丢失。有意识地对野生稻种质资源进行及时有效的保护，使其多样性不致损失，并对其进行合理地开发和利用，有着重要的、深远的现实意义。为了防止野生稻宝贵种质资源丢失，目前，中国野生稻种质资源保存有原生境保存（原地）和异地保存两种方法，主要采取异地保存的方法，即把调查、考察搜集的种子（经繁殖获得的一定数量的种子）和种茎集中保存在国家低温种质库和国家野生稻种质圃内。种子异地保存方面，截至1998年底，已进入北京中国农业科学院作物品种资源研究所内国家作物种质库保存的各种野生稻种子有5 599份（普通野生

稻4 480份，药用野生稻705份，疣粒野生稻29份，国外各种野生稻385份）。种茎异地保存方面，截至1997年底，已进入广东农业科学院水稻研究所内（广州）和广西农业科学院作物品种资源研究所内（南宁）的国家野生稻圃保存的国内3种野生稻种和国外引进的各种野生稻种共8 933份，其中广州圃4 300份，广西圃4 633份。此外，还有各省为了研究利用，在本省建立野生稻圃，保存一定数量的野生稻资源。为了使野生稻在原生地的自然生境中能继续与它们所处的环境发生作用，以保持遗传多样性与完整性，中国水稻研究所与江西农业科学院水稻研究所共同在东乡野生稻分布点用围墙圈定了面积为350 m²的具有代表性的A、B分布点，这个保护点是中国甚至世界北限的野生稻分布点，这对中国稻种起源、分类、演化及性状的研究应用具有重要的科学和实践意义。据目前中国保存野生稻情况看，异地保存野生稻种质的技术是可行的，但因种质库中的种子长期贮存在库内，不与外界环境发生作用，很可能使其遗传多样性的发展受阻。种茎在野生稻圃保存也有一定的缺点，如长期保存的年限和宿根年限受到一定程度的限制及病虫为害、机械混杂等，因此，需要进一步解决种茎保存技术、种子的长期贮存方法和有效的繁殖手段等问题。

全球野生稻原生境保护始于20世纪80年代，但印度、老挝（日本科学家建立）的保护点因维护和管理不善相继被破坏。广西河池地区（现为河池市）农业科学研究所1979年在罗城县建立的野生稻原生境保护点，一直到1986年生产队老队长逝世后因无人管理而废弃。江西省农业科学院1985年建立的东乡野生稻保护点也因面积太小、围墙阻隔导致保护点内小生境发生较大变化，野生稻生长受到严重影响。野生稻原生境保护点建设国内外并无可借鉴的经验和技术积累。陈成斌等2002年向农业部提出项目可行性报告时，根据野生稻原生地的资源状况、当地生态和社会经济状况制定了物理隔离的保护方式，取得了国家的认可和安全保护的成功。目前我国野生稻种质资源原生境保护方法有两种，一是物理隔离方式，二是农民参与的开放保护方式。根据野生稻栖息地资源、社会经济和生态环境状况，制定了利用围墙、围栏、植物篱笆等隔离设施的保护方法，或开展农民参与开放式保护，并通过原生境保护点建设示范后推广的方法。至2011年全国共指导建设了116个其他农业野生植物的原生境保护点，其中包括27个野生稻原生境保护点，并在建设过程中通过对示范点保护效果的跟踪调查和分析，制定了《农业野生植物原生境保护点建设技术规范》，在后续野生稻原生境保护点建设中的标准化实施及推广到其他作物野生近缘植物种质资源的原生境保护点建设。

二、保护中国野生稻资源遗传多样性的建议

野生稻特别是普通野生稻具有栽培稻共同的基因组（AA型），与栽培稻亲缘关系较近，已被公认是栽培稻的祖先，具有多种开发利用的特性（如抗病虫性、抗逆性、不育性、米质优及广亲和性）或蕴藏着许多我们目前尚未认识与利用的有益基因，是水稻育种极其珍贵的

种质资源，也是稻种演化、分类和起源等稻作学基础理论研究必不可少的物质。在生命科学高度发展的今天，人们越来越认识到野生稻资源的重要性。对野生稻资源的遗传多样性的搜集、保存是造福子孙万代的千秋大业，与中国现在和未来的农业发展息息相关，特别是在人口猛增而大量需求粮食、人口压力又对野生稻环境造成极大破坏的今天更具有重大意义。保护野生稻不致使其基因库丧失，对中国近期和长远的农业生产有着不可估量的作用，这不仅是我们农业科研部门面临的课题，也是全社会的重大任务。

中国野生稻虽然被列为国家二级保护植物，但随着社会政治变革、经济建设和人口的不断增加，毁林、过度开荒、过度放牧造成环境恶化，使野生稻赖以生存的沼泽地、池塘、水沟被填平，开垦为稻田、鱼塘或修公路、修铁路、建房舍、建工厂等，破坏了野生稻的生态环境。随之而来的伴生植物、杂草也发生变化，它们与野生稻竞争，致使野生稻面临严重的威胁，生存繁衍日渐困难，群落减少甚至灭绝，中国野生稻面临濒危与消失的可能。为此，我们对保护野生稻遗传多样性提出如下建议。

1. 建立国家植物遗传资源委员会

国家植物遗传资源委员会应是保护、利用植物遗传资源的最高决策机构，负责制定植物遗传资源管理及运行条例和政策，协调国内外种质资源的保护、鉴定评价、交换和交流、创新利用及信息沟通等工作。

中国是《生物多样性保存与利用公约》的签署国家之一。要实现野生稻资源遗传多样性的保存与利用，应建立上下紧密联系的保存、管理、研究体系及运行机制，由国家植物遗传资源保护委员会协调，像保护野生大熊猫一样，立法保护野生稻等农作物的近缘种质资源，将其保存与管理列入议事日程。经常研究、指导和检查保护野生稻措施的落实情况，确保野生稻资源能长期有效地保存、研究、开发与利用，使野生稻资源更好地为经济建设服务。

2. 摸清"家底"，以便及时制定切实可行的保护措施

中国野生稻资源自然分布比较广而分散，1978～1982年的大规模普查考察距现在已有30多年，情况发生了很大的变化，虽然经常有小型的考察与搜集，发现部分野生稻分布点遭破坏严重，但不够全面。为了及早抢救与保护野生稻资源，国家应立即筹集经费和组织人力对中国野生稻进行较全面的濒危现状调查、考察，一方面搜集野生稻资源进行异地（野生稻圃、种质库）保存；另一方面了解现存"家底"，为制定野生稻多样性保存策略提供科学依据，以便及时制定切实可行的抢救与保护措施。

3. 建立国家与地方两级自然保护区

为使野生稻在原自然生境中继续与它们所处的环境发生作用，保持遗传多样性与完整

性，每一个省（自治区）选择1～2个有代表性的野生稻分布点，要求野生稻分布点与栽培稻隔离好。现存面积较大、分布集中、生境特殊，尤其是遗传多样性较丰富的居群更值得重点保护。在破坏严重的地点设立原生地自然保护区（点）的野外工作站。保护区所占用的土地由国家征用，每年由国家拨出经费，由所在的乡镇负责管理。自然保护区（点）最好用围墙围起来，以防人、禽、畜为害。自然保护区（点）应立标志和告示，不准放牧或改作他用。

4. 加强现有种质库和野生稻圃的建设与管理

我国十分重视生物多样性的保护和利用，从20世纪70年代开始考察、搜集野生稻种质资源，在"七五"期间建有1个国家种质库和2个野生稻种质资源圃，将已搜集到的野生稻种质资源种子放入国家种质库进行长期保存，种茎放入野生稻种质资源圃长期保存。为使野生稻种质资源生物多样性更进一步地得到有效保护和可持续利用，国家应拨足经费，需要的经费应列入国家预算，保证现有种质库和种质圃各方面工作的正常运行。只有加强种质库和种质圃的建设与管理，才能探索出更有效的保存和繁殖的技术，使野生稻种质资源能长期有效保存和持续利用，为水稻高产、优质、高效做出贡献。

5. 加强野生稻种质资源立法与宣传工作

我国3种野生稻在1992年就被确定为二级保护的濒危物种，了解的人不多，尤其是基层干部和广大群众中了解的人更少。为了使各级领导和有关部门对保护野生稻资源的重要性和紧迫性加以认识，各级政府和组织有义务采用各种形式进行宣传，使全民族特别是广大基层干部群众都认识到：生物遗传多样性的消失，就意味着失去更多有利用价值的基因，而这些又是我们和子孙后代生存和发展所必须依赖的物质基础，保护野生稻种质资源的多样性，就是保护我们自己。

各级领导应参照《森林法》、各类动植物保护法，建立野生稻自然保护区野外工作场站，对野生稻资源进行有效的保护。

6. 稳住与健全一支高水平的野生稻种质资源研究队伍

保护、研究和利用野生稻的生物多样性，是一项基础性研究工作，是中国农业持续发展、保障粮食安全的一件大事，在改良水稻品种、维护生态平衡和发展粮食生产等方面，其潜在的经济效益和社会效益是难以估量的。这样大的事情需要国家给野生稻这项基础性研究工作以稳定的财政拨款，稳住科研队伍，改善科研人员的生活待遇，并加强对他们的培训，使其不断更新知识和提高工作水平。只有加强科研队伍建设，才能使保护、研究和利用野生稻多样性工作赶超世界水平。

7. 开展野生稻核心种质与遗传多样性的研究

为了使野生稻种质资源和生物多样性研究工作适应育种和生产发展的需求，还需进一步开展搜集、保存、鉴定、评价和利用研究等工作。由于基因水平和分子的遗传多样性分析还未广泛开展，核心种质的建立和研究利用工作也仅仅是开始，因此，尚有大量的研究工作需要广大科研人员去开拓、创新，主要有以下几项研究领域。

①开展野生稻种质资源遗传多样性研究。寻找野生稻多样性的富集中心与敏感区，划定野生稻种质资源保护区。

②加强野生稻种质资源遗传多样性保存研究。对野生稻种质资源仅以种质库和野生稻种质资源圃的形式异地保存是不够的，必须考虑时间和空间两方面的动态保护，使野生稻种质资源持续与所处的环境互相作用，协同进化，以保护其高水平遗传多样性和完整性。

③开展野生稻种质资源的评价创新和利用研究。建立核心样品，应该是以最小量的样品、最少的重复代表野生稻的遗传多样性。利用核心样品进行搜集、整理、保存与利用，就会减少很多盲目性，才能把野生稻保护与利用工作做得更好。采用人工杂交、生物技术等手段创造桥梁种质，为育种者提供有益的特殊稀有材料——"偏材"资源；在表型性状评价基础上，深入基因水平研究，发掘新的有利的关键基因，供育种和生物研究开发利用。

8. 加强野生稻种质资源保存与利用的国内和国际合作

中国野生稻种质资源的搜集、评价、保存与利用的研究涉及多学科专业知识，应在国内组织大专院校和科研单位进行学科协作；加强国际交流合作，争取引进境外先进技术和资金；通过有效保护、深入研究、持续利用和人才培训等方面的国际合作，使野生稻种质资源更好地为人类服务。

9. 新时代新建议

（1）完善异位保存设施

1990年，我国利用"七五"计划的攻关项目建立了2个野生稻种质资源异位保存圃，即广州圃和南宁圃。由于建圃时历史的局限性，每个圃的容量和栽培管理条件都不适应新时代的繁殖需要。到2001年，我国每个圃的野生稻种质资源的存量都超过了原设计的1倍以上，在栽培管理条件上也急需提高水肥施用管理水平。因此，需要进一步完善圃内异位保存的设施，提升安全保存的系数。后来经过农业部的立项，在2002～2003年给广州圃改扩建圃的任务，广州圃从原来在农科院内搬迁至白云基地。广州圃的栽培管理条件得到了很大的改善，建有独立的干燥低温种子保存库，能够满足工作和短中期安全保存的需要。在水肥一体化和遮阴方面满足药用野生稻、疣粒野生稻的遮阴和旱生及湿润的需要。普通野生稻的水生习性

也得到满足。应该说广州圃经过改造满足了"十一五""十二五"期间的野生稻种质资源安全保存的需要。

南宁圃的情况比较复杂。2001年作物品种资源研究所合并，野生稻圃的改扩建在农业部引起对建设用地的质疑，错过了国家资助改造的机会。当然南宁圃的同志们也在努力改善圃内保存设施。他们改善了灌溉条件，采用整排灌水的方式，一开水龙头就能给一整排30个缸灌水，改善了原来一个人仅用一条胶管灌水的状况，提升了灌水效率。但是由于没有足够的资金，无法做到水肥一体化的灌溉。另外，野生稻种质资源的抗逆性、抗水稻主要病虫害的鉴定没有办法在圃内配套基地进行鉴定评价，开展优异种质资源创新研究也受到基地和实验室条件的限制。

2018年国家农业农村部下达年度项目指南，该指南应该说是有史以来对野生稻异位保存圃和原生境保存点建设要求最高、考虑最全面的一个项目指南。就异位保存来说，既要求建设规模达到500亩以上，又规定了需要具备安全保存区域、更新繁种区、创新利用实验区、抗病虫鉴定区、抗逆性鉴定区，以及土壤因子、气候因子变化的自动监测设施、水肥灌溉监测设施和安全保存管理监控设施。同时指南还增加了海南省的热带野生稻种质资源圃和云南高原野生稻种质资源圃，把我国不同生态区的野生稻种质资源异位保存体系完整地建立起来了。相信指南计划实现后，我国野生稻种质资源异位保存圃将从单一保存演变成保存、鉴定评价、种质创新等多功能的野生稻种质资源研究技术体系和"研学产"一体化的基地，一定能够全面提升我国野生稻种质资源异位保存技术水平和安全系数，把我国野生稻种质资源保存和创新利用推向世界领先地位，同时也能带动其他无性生殖作物及其野生近缘植物种质资源的保存技术的发展，提升国家植物种质资源的保存与利用技术水平和综合竞争能力。

当然，作者还希望进一步加强野生稻异位保存安全预测预警设施建设，加强对异位保存状况下野生稻种质资源的遗传变化、生理生化表达变化等各主要因子的监测，特别是活体主要成分监测，能自动记录、预警分析，更能保证野生稻种质资源异位保存的安全性，以及掌握其遗传变异的进化规律。

（2）完善生态区域原生境保护点体系

自从2002年农业部实施野生稻原生境保护计划以来，目前我国已经建成了野生稻原生境保护点共27个，基本上涵盖了我国野生稻分布地的各大生态区。既有海洋生态区，也有大陆云贵高原区、两广福建低纬度区和高纬度区，成绩斐然。然而，从野生稻种质资源野外消失严重的现象还没有得到根本逆转的情况看，我国野生稻种质资源原生境保护点体系的建设还需要进一步发力。我们提出以下建议。

①进一步加强两广野生稻分布区的原生境保护点建设。首先，对两广野生稻分布区的小生态环境区域进行系统分类；其次，根据野生稻存在的现状，按不同生态环境与野生稻种质资源的特点，再建立一批原生境保护点，完善我国野生稻的生态区原生境保护点体系。

②完善保护点实时安全检测机制。对每个保护点建立远程遥控检测技术体系，包括气象因素、环境因素（保护点外围1公里范围内的环境因素）、土壤各成分含量、水内各成分含量、人为活动等多因素的实时监测记录及预警设施和技术体系。现在是信息时代，利用自动检测设备，在各个保护点内建立检测站点就能实时监测，配上预警设施，就能随时发现问题并解决。

③加强保护种质资源遗传变异、表型变异信息数据的监测、采集。采用高清数码相机对野生稻种质资源进行定点、定植株监测，开展农艺性状的生长表达跟踪记录，为野生稻进化演变规律研究积累数据信息，既可以实现种质资源的长期安全保护，又可以达到研究野生稻进化演变规律的目的。

（3）加强规范化保护技术培训，提升保护质量

野生稻保护是长期的、不可间断的历史性任务，是一代又一代人接着干的大事。要安全保护野生稻种质资源，国家需要专业人才，地方也需要专业人才，基层更需要专业人才。而基层专业技术人员的变动往往较快，因此，对他们加强技术培训以提升保护工作质量十分重要。建议国家保护机构配合各地方管理部门，每年开展1～2次农业野生植物种质资源保护技术、跟踪调查技术，国内外植物种质资源保护形势、发展趋势的专业性报告培训座谈会等活动。地方管理部门也要独立组织技术培训班或技术讲座，使每个基层技术人员以及保护点所在地的村干部与农民掌握和精通野生稻等农业野生植物种质资源原生境保护及开展相关研究的技术，从整体上提升我国农业野生植物种质资源保护技术水平和创新利用技术水平。

（4）建立野生稻等野生植物种质资源保存保护激励机制

野生稻原生境保护点多数在远离城镇的边远山沟或河流沼泽、荒塘，交通极其不便，野外跟踪调查极其艰苦。对于基层工作人员来说，在没有公务车使用的情况下，能够长年累月地坚持在一线工作极其不易。随着科学技术的发展，许多过去的高新技术已经变成常规技术，甚至有很大部分的技术工作成为日常工作，没有显著的创新点。加上技术标准的规范化要求，在正常的保护工作中也要求规范化、标准化，严格意义上说是不允许在正常工作中创新的。野生稻种质资源的野外调查、搜集工作也是一样的，要求做到标准化、规范化。而且在野外调查搜集过程中每天都要去到荒山野岭，常常晴天一身汗、雨天一身水，非常辛苦。目前即使在调查中发现新的分布点、新的种质类型，在申报科技成果时也不算技术创新点，申报科技成果越来越困难，造成不少年轻人对从事种质资源保护工作提不起积极性，留不住人。为了保证国家种质资源的长期安全保存，保证每一项种质资源保存工作都能够达到国际领先水平，我们提出以下建议：由政府出面在国家和地方两级管理部门建立种质资源保护激励机制，设立种质资源保护优秀成果奖，分特等、一等、二等奖，种质资源保护杰出贡献奖、先进工作者奖，每两年评审一次，实现国家种质资源保护激励机制制度化，并纳入地方、基层技术人员技术职称晋升条件。

第十一章

中国野生稻种质资源研究与应用的展望

中国野生稻种质资源是中国稻种资源的重要组成部分，遗传多样性十分丰富，具有当前推广品种所罕见或没有的优异种质，在抗逆性、抗病虫性、高蛋白含量、雄性不育种质、恢复种质、广亲和种质等方面都具有栽培稻中所罕见或没有的基因，是人类社会文明进步必不可少的物质基础。因此，对其进行深入研究与应用具有重大的学术价值与实用价值，以及广阔的前景和巨大的潜力。

第一节　中国野生稻种质资源研究前景的展望

近代中国野生稻种质资源研究可追溯到20世纪初期，从1917年墨里尔在广东罗浮山麓发现普通野生稻开始，1926年，丁颖在广州东郊犀牛尾沼泽地也发现普通野生稻，并开始利用它来进行研究。新中国成立后，野生稻资源研究得到进一步的重视，研究的规模已由少数学者考察搜集发展到大规模的普查和考察搜集，并列入国家科技攻关计划，连续4个五年计划均有项目安排。中国野生稻资源研究已取得巨大的成绩，有的领域已处于国际领先水平，引起了国际上的普遍关注。

在农艺性状鉴定评价方面，已完成了7 324份综合农艺性状鉴定，编写成全国野生稻资源目录，并建立了数据库，基本上弄清了中国野生稻种质资源中主要农艺性状表现状况及优异种质的分布情况，选出了一批分蘖力强、抗倒伏、株型好、叶型优、叶片耐衰老、高光效、大穗、粒多、结实率高及雄性不育、广亲和、恢复力强的优异种质。特别是在抗病虫害鉴定及耐旱、耐涝、耐寒鉴定上取得了很大的进展，获得了一批广谱高抗的抗原材料，甚至是双抗、三抗、多抗的材料，有些抗原是栽培稻中所不具有的新抗原基因，这对水稻突破性育种具有十分重大的意义。

在野生稻种质资源保存技术研究方面，目前全国建有两个国家级保存圃与多个地方野生稻保存圃以及国家、地方种质库，保存着世界上最多的野生稻种茎与种子资源。"七五""八五""九五"期间的保存实践与研究，证明了中国野生稻种质资源保存技术是先进成熟的，同时，与保存有关的野生稻种子大规模繁殖技术也是十分成熟的。这些技术的应用，节省了大量的人力物力，推动了野生稻种质资源的基础理论和种质创新利用研究，全面促进了野生稻种质资源的研究工作，并取得了巨大成就。目前我国除了在异地保存取得成功外，在原地保存的工作也已开展，并取得了一定的成绩，而且逐步重视开展野生稻种质资源保存新技术的研究。

在稻作基础理论研究方面，经过近几年的研究，在稻种起源演化的研究方面也取得了巨大进展，处于国际领先水平。通过性状鉴定，同工酶分析，核DNA、叶绿体DNA、线粒体

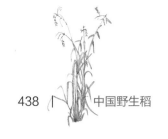

DNA、核糖体DNA等的多态性分析，明确了中国及南亚、东南亚普通野生稻已存在籼粳分化现象，发现中国普通野生稻存在原始型、偏籼型、偏粳型；南亚、东南亚普通野生稻存在着偏籼型与原始型，这为亚洲栽培稻籼粳亚种同期起源于普通野生稻的籼粳分化类型的学说提供了科学依据。经研究，中国普通野生稻存在一年生类型，但未发现一年生野生稻纯合自然群落，即未能确定一年生野生稻种的存在；认为代表中国普通野生稻种的匍匐生态型与倾斜生态型为中国栽培稻的原始祖先与近缘祖先类型，并根据生态考察、性状鉴定、同工酶与DNA特异片段的分析结果与人工诱变演化试验结果，提出亚洲栽培稻由原始匍匐型野生稻，经过深水生态选择作用，演化为倾斜型野生稻，然后在人工模仿深水生态条件种植下，演化为原始深水稻，即偏野、偏籼、偏粳混合型原始栽培时期；在人类进一步需求的推动下，逐步向浅水、无水层种植发展，演化出深水稻、水稻、陆稻、早季稻、晚季稻等稻种类型，进而形成了稻种起源演化途径新学说。从野生稻基础理论研究结果与最新考古成果相结合的角度，对河南舞阳、湖南澧县以及江苏高邮龙虬庄等出土的"贾湖古稻""彭头山古稻""八十垱古稻"等样品的米粒、谷粒进行比较研究，发现古稻样品中存在偏籼、偏粳、偏野的现象，为此，提出长江中下游—淮河上游是我国栽培稻起源地的新观点。这是多年来对栽培稻起源地研究的最新成果，比此前的几种起源地学说更有说服力，更具历史真实性。同时也由此提出栽培稻与耕作技术由山东省传入韩国、日本的东传途径，由长江中下游向华南地区南传越南等东南亚各国的南传途径，把中国栽培稻起源演化研究推上了新台阶。亚洲栽培稻起源演化的问题是稻作理论中十分重大的问题。1999年12月13日的《人民日报》报道广东英德牛栏洞发现1.2万年前的非籼非粳的炭化稻样品，1999年广西资源县也发现4 000多年前的炭化稻米。这些发现为我国悠久的稻作历史提供了新证据，也为栽培稻起源地提供了有力的物证，将进一步推动栽培稻起源地学说研究的发展。

在野生稻种质资源利用研究上，通过资源学家与育种学家的共同努力，已取得了在常规育种技术、花药培养单倍体育种技术、分子育种技术研究上的新突破，培育出一批含有野生稻优异基因的新品种、新组合，有些新品种甚至已达超级稻的水平。这些含有野生稻基因的杂交稻组合和新品种在生产上的应用已产生了巨大的社会效益和经济效益。

一、进一步深入开展野生稻新种质资源的考察研究

经过1978～1982年大规模的全国性普查，我国对野生稻种质资源的地理分布、种类、植物特征、生态环境、伴生物种等已有较全面的了解，但由于我国地域广阔，山川河流错综复杂，在当时普查考察中又有多数人不认识野生稻，难免存在未调查到的地方。在考察过程中也因时间短、任务紧而存在不细致的现象，因此，进一步开展野生稻种质资源的调查考察仍有大量的工作要做。另外，由于经济建设的发展，许多野生稻原生地不断受到人为破坏，造

成野生稻种质资源的毁灭。相关政府部门在征用建设项目用地前应组织专家进行资源的调查、考察、搜集，并作为一项法定的制度长期实行，以搜集保存更多的野生稻种质资源及其他种质资源，造福我们的子孙后代。

此外，还应进一步在普查中发现新的分布点，搜集新的野生稻种质资源，扩大现有保存圃与种质库的野生稻种质，特别是应到人畜少的地区进行考察，搜集新的野生稻资源类型。

随着我国经济建设的发展及综合国力的增强，应加强与国外特别是第三世界国家的合作，形成跨国野生稻种质资源考察搜集合作项目，加强对国外野生稻种质资源的考察搜集保存研究。

同时还应加强野生稻种质资源生态学、自然进化规律与遗传多样性的研究。野生稻资源是大自然物种起源进化留给人类的宝贵财富，人类应该珍惜和持续发展地利用好这一财富。因此，应进一步加强野生稻生态环境及在原产地进化演变规律与遗传多样性的研究。

2002～2009年，在以广西、广东为主要地区的全国野生稻全面系统深入考察已经取得了良好的成果，其中，广西野生稻全面调查搜集与保护技术研究及应用项目发现了29个新的分布点，抢救性搜集到12 810份新的种质资源，得到了以刘旭院士为组长的成果鉴定专家组的一致好评，认为达到国家先进水平，部分达到国际领先水平。2014年度获广西科学技术进步奖二等奖。陈成斌等还利用到东南亚国家考察学习的机会搜集引进了一些东南亚的野生稻种质资源。然而，由于全球气候环境的变化和工业化进程加快，世界性的野生稻种质资源减少的趋势没有得到根本好转，野生稻种质资源的搜集保存任务繁重，短期内必须抓紧而不能松懈。我们应该利用"一带一路"和构建人类命运共同体的机会，加强世界性野生稻种质资源搜集引进工作。从东南亚国家开始逐步向非洲、大洋洲、美洲开展考察搜集和引进研究工作，进一步充实我国野生稻种质资源圃库的遗传多样性。

二、开展野生稻种质资源保存新技术、新方法、新理论的研究

野生稻种质资源保存研究是以探讨持久安全的保存技术与理论，达到确保野生稻遗传多样性、完整性，并能长期安全保存与利用的目的。野生稻种质资源保存分原地保存与异地保存两种。野生稻种质资源原地保存更适合其遗传多样性、完整性保存与自然进化演变的要求，而异地保存是我国目前主要的保存方式，特别是种茎保存圃与种子低温干燥种质库保存，这两种保存方式各有优缺点。今后应在现有基础上进一步提高保存技术水平，开展保存新技术研究。

1. 加强对原地保存新技术、新方法的研究

我国早已把三种野生稻确定为二级保护的濒危物种，但在众多的国家级自然保护区中没

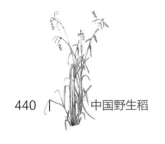

有一个是针对野生稻种质资源而建立的。目前也只有江西省在东乡确定了一小片用砖头砌墙围起来算是原地保存的一小块样板地，但这只是初步的，是远远不够的。

野生稻的原生地有其较特殊的小生境气候及土壤肥力变化情况，应设立专门的野外研究工作台站，安装小气候监测设备，每天自动记录气候变化情况以便及时掌握土壤水分肥力的变化情况，并对野生稻居群中的个体，选出有代表性的植株进行跟踪研究，探讨出一套原地保存的新技术。

2. 异地保存技术创新研究

异地保存是我国目前野生稻保存的主要方式，分为保存圃保存与种质库保存两种。

保存圃保存着我国8 000多份野生稻种质，目前有缸装泥盆栽保存与无底水泥池保存两种方法。盆栽保存每年或2～3年换一次泥土，以保证野生稻正常生长，但工作量极大；水泥池保存则4～5年换一次泥土。灌水方式有淋灌（对盆栽）、自然水渠灌水，这两种方法均较费人力与物力。最好可以建立保存圃自动滴灌或喷灌系统，用电脑自动监测圃内各材料的需水情况，及时自动灌溉。还可以应用病虫害自动预测、预报的专家技术系统，进行病虫草鼠害的监测和防治。圃内除草和抽穗时去穗子等也应向自动化方面发展，以解决保存圃内材料混杂和除草劳动强度过大的问题。有关保存圃的技术研究，在保存技术上应尽快提高自动化程度，实现自动化管理，降低劳动强度。此外，对保存圃内的材料，应进行遗传多样性、完整性、物种自身进化演变性、形态性状、等位酶、DNA等各层次的研究，从而提出保存圃保存的新理论和新技术。

种子在种质库内保存是异地保存的另一种方式。目前，我国也建立了国家种质库和复份库、9个国家级中期种质库以及10多个地方种质库。部分种质库对搜集、繁殖的野生稻种子进行保存，并建立电脑数据库等。但目前对种子进库前的精选、水分检测、生活力检测、真空包装等自动化程度不高，所采用的技术仍有待进一步改善。种子进库、出库的自动化存种取种技术设备有待增加和完善，并应加强种子贮存后遗传性变异、遗传多样性变化的研究等。种子贮存量下降、种子生活力降低的临界自动预警系统等仍有待研究开发。

3. 野生稻离体培养微型种质库的建立与技术创新

植物细胞都具有全能性，这是植体离体培养成功的理论基础，也是离体培养微型种质库建立的理论与技术基础。保存圃保存的野生稻资源经常受到病虫害特别是病毒和人、畜、草、鼠等危害，有时还出现非人力所能防止的自然灾害，而且保存圃必须占用较大面积的耕地，因此为了使种质保存更安全，一些科学家提出离体培养微型种质库的设想。目前此技术在块茎、块根等无性繁殖的物种上已得到应用，但在野生稻资源保存上才刚刚开始对野生稻愈伤组织超低温冷冻贮存和花粉超低温保存进行研究，尚未形成有效的野生稻微型种质库保存技术。微型离体种质库技术能大大提高效率和保存材料的安全系数，该技术的研究与开发是今后的一个发展方向。微型离体种质库中的脱毒苗保存见图11-1至图11-3。

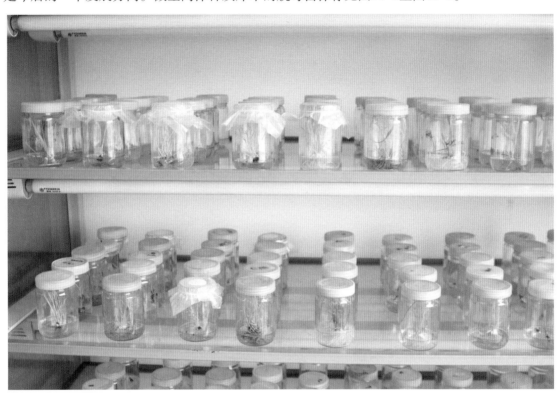

图11-1　野生稻脱毒苗保存

图11-2　热带野生稻脱毒苗

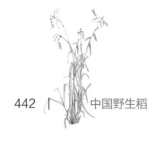

图11-3 一年生野生稻脱毒苗

4. 野生稻种质基因文库或DNA库的保存技术研究

随着分子生物学理论与技术的发展，基因文库技术越来越成熟。采用基因文库技术建立野生稻种质的基因文库，对保存野生稻种质无疑是一大进步，也更有利于野生稻优异种质的研究、开发和利用。基因文库保存将进一步避免环境污染、气候异常和人畜病虫对野生稻种质产生的危害，能更保存野生稻的遗传完整性与多样性，提高野生稻种质保存的安全系数。

5. 高新保存技术与理论研究

随着人类文明的进步和科学技术的发展，电子技术、自动化技术、信息网络技术等将得到进一步发展，并在野生稻资源保存上应用。建立野生稻资源多媒体信息系统，实现种质资源保存信息化，形成资源保存、研究、利用的信息网络，将产生更优、更有效益的保存新技术和新理论。野生稻资源的研究者、工作者更应重视高新技术的引进和创新应用，推进野生稻资源保存技术的研究。

三、稻作基础理论研究

野生稻种质资源的稻作基础理论研究是今后野生稻研究的重要领域，其主要方向有以下几点。

1. 进一步开展野生稻资源的组织培养研究

目前普通野生稻和野生稻与栽培稻杂交后代的花药培养已取得成功，但在稻属其他种上并未取得成功，这给其他稻种的相关研究及利用带来困难。花药培养单倍体育种与常规育种技术紧密结合起来利用很有效。因此，今后一段时间内应开展稻属其他野生稻的花药等组织培养研究。可先从AA染色体组的野生稻开展研究，逐步扩展到其他染色体组的野生稻种。解决花药培养、幼穗培养、杂种胚挽救、试管内受精等组织培养技术难题，能在短期内扩大和提高野生稻种间优异种质的研究和利用水平，为基因工程等高新技术研究提供坚实的基础。

2. 野生稻原生质体培养研究

野生稻的原生质体培养和原生质体融合技术难题的解决，对于扩大稻属种间优异种质利用、优异基因转移、染色体工程、转基因技术等研究都有很好的促进作用。原生质体培养乃至整个组织培养技术，是促进稻作基础理论研究的重要技术。

3. 稻属种间系统亲缘关系研究

目前大家已公认普通野生稻为普通栽培稻的祖先种，非洲短叶舌野生稻是非洲栽培稻（光稃稻）的祖先种。这些种间亲缘关系是比较明确的。但是AA染色体组与其他染色体组稻种间的亲缘关系怎样呢？这是稻种基础理论研究需要解决的问题。了解稻种间亲缘关系对了解植物种属起源演变很有帮助，对了解稻种进化规律，特别是对利用种间杂种优势和种间优异基因在育种中的利用都具有重要意义。

4. 野生稻种质资源的分子生物学理论及技术研究

分子生物学是当今发展最快的学科之一，生物技术是21世纪重点发展的技术。利用生物技术来开展野生稻种质资源的基础理论研究主要有以下几项。

①各野生稻种的遗传图谱研究。利用RFLP及其延伸技术（RAPD、AFLP技术等）对野生稻核基因组、线粒体、叶绿体基因组进行物理图谱的研究，弄清楚其基因组的组成和结构。

②基因标记研究。利用分子标记等技术对特异种质的基因进行标记，再辅助以野生稻优异种质利用育种研究，把特异基因的结构功能作用弄清楚，将其分离提纯出来，供基因工程研究利用。同时利用分子标记辅助育种技术进行野生稻优异种质在水稻育种中的应用研究，提高野生稻的优异种质利用效率和准确性。

③研究主要经济性状及其生理特性的分子机理。如幼穗分化、雄性不育、雄性恢复、高光效等重要生长发育现象的分子机理，进行分子水平研究，进一步弄清野生稻和水稻生命现象的本质，为野生稻优异种质的利用提供科学依据。

④促进野生稻生长发育的物化调控技术研究。在了解野生稻生长发育的分子机理基础

上，研究人工物化调控其生长发育技术，为创造高产优质稻种产品服务。

⑤稻种基因工程研究。在进行稻种基因的物理图谱研究、优异种质基因结构功能研究和稻种生长发育的强化分子机理研究等基础上，进行基因工程研究，把优异的野生稻基因转移到栽培稻上，创造超高产、多抗的优质新品种。

5. 野生稻种质资源的利用研究

野生稻种质资源的考察、搜集、保存、评价和研究，最终目的之一就是利用其优异种质基因。因此，野生稻优异种质的利用将是野生稻种质资源研究中永不停止的重要的研究领域之一。野生稻种质资源的利用研究主要集中在以下两方面。

①野生稻优异种质利用技术研究。目前较实用的技术是常规育种技术，包括杂交育种技术、辐射育种技术、航天育种技术等，主要用于AA染色体组的野生稻种；花药培养的单倍体育种技术，包括试管内受精技术、胚挽救技术等，也是主要用在AA染色体组的野生稻种，以及少部分其他染色体组的稻种，如CC染色体组等；分子育种技术，可用在所有的稻种上，但随机性较大，需要有大量的转导群体加以选择。目前尚在进行研究中的育种技术有细胞工程育种技术，包括原生质体融合的体细胞杂交技术、基因工程的转基因育种技术、分子标记辅助育种技术，这些技术尚待进一步提高与完善，才能达到实用阶段。采用新技术进行野生稻育种创新是一个重要的发展领域。

②以育种为目的的野生稻优异种质利用研究。根据农业生产发展需要培育含有野生稻优异基因的优良新品种，近期应集中力量解决优质、超高产和多抗性的问题。这是野生稻种质资源研究中与经济建设及农业生产结合最紧密的研究领域，直接为农业生产服务。

四、野生稻种质资源保护与利用的软科学研究

野生稻种质资源是人类的宝贵财富，我国已把三种野生稻列为二级保护的濒危物种。然而，近年来野生稻特别是普通野生稻的濒危状况日益严重，前景令人担忧。确保野生稻种质资源得以长期保护，使野生稻种质资源能长期存在并可持续地有效利用，不只是自然科学界的事情，更是与社会科学中法学、政治经济学有关的事情。因此，加强野生稻保护利用的立法研究、政策案例研究和宣传教育方面的研究，形成一个保护利用野生稻种质资源的法制软环境，对野生稻的长期安全保护和利用有十分重要的意义。

第二节　野生稻种质资源利用前景的展望

我国稻种资源十分丰富，又有悠久的栽培水稻的历史（8 000～9 000年），野生稻资源分布也十分广泛。因此，野生稻种质资源研究从整体上来说，要解决三个基本的问题：一是解决人们对稻种生命本质的认知问题，包含稻种的起源进化演变，以及有关稻种生长发育的生理生化机理研究；二是为人类生存发展和社会文明进步服务，也就是一般所说的野生稻资源的利用问题，特别是如何更有效地利用的问题；三是野生稻种质资源的长期安全保存的问题。本节主要就利用前景谈点粗浅的意见，有待探讨。

当今世界人口问题日益突出，稻米又是世界上约2/3人口的主粮，这就与野生稻种质资源的利用有密切关系。"民以食为天"，因此野生稻种质资源的利用前景是十分广阔的。就我国而言，21世纪前期我国农业面临着严峻的挑战，最突出的是粮食产量要实现稳步快速增长，而我国又有3个短期内不可逆转的实际国情。

①人口增加，农业自然资源紧缺。到2030年，我国人口估计达16亿左右，现每年净增人口1 300多万，仅此每年需要增加口粮5.2×10^9 kg，相当于1.133×10^6 hm^{2}耕地的产量，而"八五"期间我国每年减少耕地1.88×10^5 hm^2。目前我国人均耕地不足0.08 hm^2，低于世界平均水平，仅达世界平均水平的1/3左右，耕地总体质量不高。随着工业化、乡村城镇化建设的发展，在21世纪前期，我国人口增加、耕地继续减少是一个不可逆转的国情。我国其他农业自然资源也日益紧缺，如水资源严重缺乏，我国人均年径流量2 474 m^3，仅为世界平均水平的1/4，加上水资源的时空分布和人均占有量在全国各地很不平衡，内陆水域有7×10^7 hm^2，其中适宜养殖的有5×10^6 hm^2。按目前供水量情况看，水利工程年供水量约为5×10^{11} m^3，农业缺水3×10^{10} m^3，受旱面积2×10^7 hm^2，因缺水减产粮食约5×10^9 kg，此外还有8 000万农村人口饮水困难。因此，农业自然资源紧缺是制约我国农业发展的重要因素，这是发展农业不可忽视的国情。

②农业生态环境污染日益加重。据不完全统计，目前我国应用的农药有300多种，而这些农药中有90％会造成环境污染，加上工业废水、废气污染，造成农业失收减产的原因日益增加。再加上化肥用量过大和用法不得当，或耕种方式和措施欠妥，造成水土流失、地力衰退、土地沙漠化、土壤盐渍化等，这些问题已到了严重影响农业生产的程度。根据世界发达国家发展的经验，我国要在短期内根治这些问题是很困难的。

③人民购买力增长，对农产品消费需求不断增大。我国农业一方面要承受人口增长造成对食物和生活必需品数量急剧增长的需求压力，同时也要承受人民生活水平提高对食物和生活必需品在结构、质量上需求的压力。人们对仓储陈粮、3号大米已不感兴趣，对新鲜的优质大米、果蔬等农产品的需求增加。因此，不仅要提高农产品的数量，更要提高农产品的质

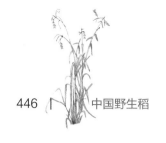
量，在种类上不单要质量一般的大米、水果和蔬菜，更要追求新品种、新类型。野生稻种质资源作为稻种资源的重要组成部分，具有许多栽培稻不具有的优异种质，是培育新品种、解决粮食生产的产量和质量问题最有利的物质基础之一。因此，野生稻资源的应用研究有十分重要的意义与广阔的前景。

一、野生稻种质资源在育种上应用的原则

我国野生稻种质资源分布广泛，品种类型丰富繁杂，现搜集保存的编号数量较多，对育种有利的优异野生稻种质又分散地存在于不同的编号材料之中，因此，在育种上利用野生稻种质应有一定的选择标准和利用原则。

①野生稻用为育种亲本时，必须坚持先鉴定后利用的原则。野生稻种质资源多数是从自然界直接采集来的原始材料，是野生稻种在自然界中按自然进化规律发展演化而来的。为适应自然生长条件，形成了许多人类栽培品种并不需要的性状，如人类要求栽培稻籽粒既多且大，质量要优，而野生稻籽粒小、数量少，有利于无性繁殖和种子数量增加，后代群体扩大；人类要求栽培稻种子没有芒，而野生稻基本上都有芒；人们重视利用高抗病虫害的种质，但野生稻群体中并不是所有的材料均是抗原，如国际水稻研究所鉴定 *O.nivara* 的大量编号，仅找到一份材料抗草状矮缩病。陈成斌等（1990）鉴定广西4 115份野生稻也只找到3.16%的抗白叶枯病抗原，鉴定1 591份普通野生稻只有7.98%的外观米质优的材料，蛋白质含量在15%以上的普通野生稻只有1.79%的材料。因此，在利用野生稻作为育种亲本前必须对野生稻农艺性状特性进行鉴定，掌握其优异性状情况后才能进行利用。只有按育种目标选用经过鉴定具有所需性状的材料作为亲本，才能避免盲目性，提升育种效果。

②根据育种实际情况选用不同亲本材料。野生稻与栽培稻的杂交育种是种间杂交，其后代分离定型时间较长，多数后代在低世代中具有许多不良性状，遗传传递力较强，要去除它难度极大。野生稻与栽培稻杂交育种主要是利用野生稻具有栽培稻没有或罕见的优异种质基因，利用野生稻与栽培稻杂交后代类型丰富、选择范围大的优点，寻求育种上的突破。野生稻种较多，有18～21个种，而且染色体基因组不尽相同，就是与栽培稻相同的AA染色体组的种中也有几个类型，与栽培稻杂交的亲和性有明显的差异。在同一普通野生稻中，不同材料的类型也不一样。因此，在杂交育种中选择亲本时应从实际出发，凡是育种目标要求长远的、技术力量强的、有较好研究条件的，可做长远规划，可选择亲缘关系较远，甚至不同染色体组型的野生稻材料作亲本，有望育成突破性较大的新品种；相反则宜选择与栽培稻亲和性好，而且较接近的普通野生稻的材料作亲本，更有利于短期选育出优良新品种。

③野生稻优异种质利用必须采用传统技术与高新技术相结合的原则。当今世界高新技术发展很快，21世纪是知识经济时代，知识经济靠高新技术发展的产业化支持，特别是与农

业育种有直接关系的生物技术，包括细胞工程技术、基因工程和其他鉴定分析技术，都是提高育种效果、争取育种突破的有效技术。如原生质体培养和原生质体融合的技术能突破种间杂种不亲和性，有利于种间基因交流和利用；分子育种技术能更直接地提取亲本的基因组物质，直接导入受体，培育出新的品种；分子标记辅助育种技术的应用能更有效地提高后代选育的准确性，提高选育效果；基因工程的转基因技术，能使人们在掌握了基因的情况下更随意地定向改良已有品种或培育出具有目的基因的新品种，提高育种效果，扩大育种基因来源，取得更大的育种突破。因此，在野生稻种质资源的育种利用中必须坚持采用传统育种技术与高新技术相结合的原则，提高野生稻优异种质基因利用的效率。

④野生稻优异种质基因利用必须列入国家和地方科技攻关计划的重点项目，长期开展利用研究。野生稻种质资源是栽培稻的祖先，是自然界赋予人类的宝贵财富，栽培稻育种和生产的新突破要依靠野生稻优异种质基因的利用。这种利用研究是长期的，不可能在短期内完成。即使是文字上相同的研究课题，育种利用的效果也是不相同的，而且研究水平会随着社会的发展而不断提高。这就要求科技管理部门必须有清醒的认识和长远的规划，把野生稻种质资源利用研究作为国家农业育种计划的长期研究内容，不断增加经费投入，培养和稳定一批高水平的研究人员。只有长期不断地研究，才可能有突破性的进展。

二、野生稻种质资源可利用的优异种质基因

在野生稻种质资源利用上已取得的成就，在第四章中已有专门论述。为了使读者有更深的了解，这里进一步就野生稻可利用的优异种质基因进行讨论。中国野生稻资源中可利用的优异种质非常多，并且随着科学技术的发展，新的有利基因将会得到进一步的发掘。

1. 高抗病性基因

野生稻种质资源具有栽培稻资源中没有的广谱高抗病基因，包括高抗病虫性和抗逆性的基因。

①高抗稻瘟病的抗性基因。以广西野生稻种质资源鉴定结果为例，在1 878份野生稻种质资源中发现15份广谱的抗原，占参试材料的0.80%，其中普通野生稻占0.32%（6份），药用野生稻占0.48%（9份），疣粒野生稻也有高抗稻瘟病的抗原。

②高抗稻白叶枯病的抗性基因。仍以广西野生稻种质资源为例，在合作鉴定筛选4 125份野生稻种质资源中，获得176份高抗白叶枯病的抗原，占4.27%，其中RBB16进行Xa1～Xa7等7个抗病性基因的等位性测定，发现RBB16具有与Xa1～Xa7共7个非等位基因、全生育期高抗病、显性的抗白叶枯病基因Xa23，是目前我国栽培稻中没有的广谱高抗病基因。目前我国栽培稻品种多为Xa4抗病性基因，抗病性遗传基础狭窄。我国疣粒野生稻具有大量高抗甚至

免疫白叶枯病的基因。其他野生稻如长花药野生稻、小粒野生稻、短叶舌野生稻、斑点野生稻、紧穗野生稻、马来野生稻等也有高抗白叶枯病的基因，可为栽培稻育种利用。

③抗细菌性条斑病（简称细条病）基因。普通野生稻中有抗细条病的1级抗原，占参试材料2 017份的0.10%，3级抗原占1.39%（徐羡明，1991）。细条病是水稻的严重病害，得病后很难治疗。野生稻的抗原对水稻抗细条病育种是很难得的抗原。

④高抗、免疫褐稻虱和白背飞虱的基因。广西农业科学院的鉴定筛选结果见表11-1。

表11-1　广西野生稻资源抗褐稻虱、白背飞虱抗原统计（陈成斌等，2000）

稻种名	项目	参试材料数	免疫		高抗	
			份数	%	份数	%
药用野生稻	抗褐稻虱	198	3	1.52	88	44.44
	抗白背飞虱	197	47	23.86	70	35.53
普通野生稻	抗褐稻虱	1 214	0	0	20	1.65
	抗白背飞虱	1 236	0	0	0	0

由表11-1可见，药用野生稻具有免疫、高抗褐稻虱和白背飞虱的基因，普通野生稻有高抗褐稻虱的基因。

⑤稻瘿蚊抗性基因。在中国野生稻种中高抗稻瘿蚊的材料较少，在1 203份普通野生稻中只有1份抗性材料；在194份药用野生稻中获得8份抗性材料，没有高抗材料；在其他野生稻种中有抗性强的材料。

⑥强耐冷性基因。中国野生稻具有比栽培稻更强耐冷的基因。在≤4 ℃连续22天宿根越冬，普通野生稻有23.5%、药用野生稻有41.2%的材料能安全越冬，耐冷性远远超过栽培稻。在人工气候箱中15 ℃以下连续6天，普通野生稻有7.14%的材料结实率超过栽培稻对照种，达到强耐冷级别，说明野生稻中含有强耐冷性基因。

⑦特强耐旱性基因。在野生稻种中有10个种是旱生的，有5个种是水旱交替生长的。中国野生稻种中，疣粒野生稻是旱生稻种，药用野生稻是水旱交替生长的稻种。根据广东农业科学院的鉴定结果，普通野生稻中有6.37%的耐旱种质。

⑧耐涝和根系泌氧力强的抗性基因。广东农业科学院鉴定结果表明，普通野生稻耐涝的高抗材料占6.77%，根系泌氧力强的占7.25%。这说明野生稻具有比栽培稻更强的耐涝抗性基因和泌氧力强的基因。

⑨耐瘠强的抗性基因。在考察普通野生稻的原生境中可看到，有很多野生稻在很贫瘠的地方也能生长。疣粒野生稻也有不少生境点土壤较贫瘠。耐贫瘠是野生稻进化过程中形成的特性。

2. 优质米基因

外观米质优的种质在普通野生稻中占7.89%以上，在药用野生稻中占6.53%以上。在普通野生稻中蛋白质含量达15％以上的占1.79％，药用野生稻中蛋白质含量在15％以上的占42.21％，最高含量达20.8％，是普通稻米的2.6倍。优质米基因是水稻育种中非常宝贵的种质，目前水稻品种的蛋白质含量一般在7％～8％。

3. 高光效基因

高光效特性利用能带来水稻超高产育种的突破。在我国的疣粒野生稻、药用野生稻中含有高光效基因。如广西药用野生稻中有光合效率达40 mg/（dm² · h）的材料，是"桂朝2号"的4倍左右。提取药用野生稻DNA导入水稻，能育成高光效的"桂D1号"，光合效率达44.5 mg/（dm² · h），而"桂朝2号"只有11.1 mg/（dm² · h）。高光效基因对水稻超高产育种的突破将有独特的贡献。

4. 特强耐衰老性基因

在广西普通野生稻中，抽穗3个月后功能叶能保持3片青叶的有19.68％（盆栽），在田间鉴定有7.53％（李道远、陈成斌，1991）。药用野生稻DNA转入栽培稻后，转导后代多数耐衰老性较强，有不少株系结实率达90％以上。功能叶耐衰老性能保持植株后期籽粒的充实程度和提高抗倒伏的能力，对培育强优势新品种有极大的好处。

5. 特强再生性和宿根性基因

野生稻多数是多年生的，宿根越冬性很好。四川农业科学院利用长花药野生稻育成再生性强的再生稻新组合。近年来国际水稻研究所也用长花药野生稻的地下茎种质来培育多年生旱稻新品种，已取得较大进展。宿根性强的材料多数也具有很强的再生性。

6. 特早熟基因

短叶舌野生稻特早熟，而且茎秆粗矮，不易倒伏，普通野生稻与栽培稻杂交后也出现早熟的分离后代，辐射诱变也能使普通野生稻从正常的9～10月抽穗提前到6～7月抽穗结实，出现早季稻类型的材料（陈成斌，1997）。野生稻资源中的早熟基因是实现水稻育种中早熟高产目标的优异种质。

7. 穗大粒多的基因

在1978～1982年的考察中，广西发现植株高480 cm、穗长58 cm、穗粒数1 181粒的穗大粒多型药用野生稻。1996年陈成斌、庞汉华在南昆铁路沿线考察时也发现株高410 cm、穗长40 cm、粒数800粒以上的穗大粒多型的普通野生稻类型。丁颖早在20世纪30年代用"早银占"与印度野生稻（普通野生稻）杂交育成1 400多粒的大穗型品系"银印"，还有"暹黑7

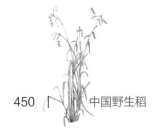

号""印2东7"等千粒穗的杂交新品系。可见野生稻中的穗大粒多的基因，是我国水稻超高产育种的物质基础。

8. 杂交稻育种中特殊用途的基因

野生稻雄性不育种质在水稻杂种优势利用上的巨大成功是举世瞩目的。野生稻中除上述优异种质基因外，还有许多可为水稻育种利用的基因。

①雄性不育基因。除野败红莲型外，20世纪80年代中后期广西农业学校选育的隆野型、江西选育的东野型都是新的雄性不育系。此外，还有许多雄性不育或育性很低的材料可利用。普通野生稻中高不育的资源占25.8%（陈成斌、李道远，1991）。光敏核不育种质也值得探讨。

②雄性不育的恢复基因。在药用野生稻中一级育性材料占78.39%，在普通野生稻中占0.28%。育性高的种质含有雄性不育的恢复基因，可供杂交稻育种利用。目前生产上利用最多的恢复系"桂99"就含有野生稻的血缘。

③广亲和基因。普通野生稻是栽培稻的近缘祖先，比籼粳稻更原始，籼粳稻分化来自普通野生稻的籼粳分化。在多年杂交试验中，我们发现普通野生稻中有与籼粳稻品种杂交后代结实率达85%以上的材料，说明普通野生稻中含有广亲和基因，杂交后代出现优势强、茎秆粗壮、叶片挺直、穗大粒多的变异类型。野生稻的广亲和基因值得进一步挖掘利用。

④大花药和大柱头外露的种质。长花药野生稻的花药特别大且长。在普通野生稻中，柱头外露是普遍存在的现象。这些种质的利用有利于杂交稻亲本的繁种和杂交稻的制种，对提高繁种、制种产量有很大的益处。

⑤穗颈长的基因。普通野生稻、药用野生稻、高秆野生稻抽穗时穗颈都很长，在药用野生稻中最长穗颈的材料达到142 cm，一般为21~70 cm。这些种质基因的应用，能提高杂交稻的繁种、制种产量，降低成本。

9. 野生稻DNA特异片段

植物基因组中50%~90%的DNA有重复顺序和非编码DNA，在水稻中DNA重复顺序达到50%。周光宇先生（1988）指出，植物类型千变万化的性状差异不一定都是结构基因上的差异，也可能是DNA重复顺序起到可塑性的功能作用。李道远、陈成斌等（1990）也在野生稻DNA导入栽培稻中发现有可转移元件等DNA特异片段作用，引起长期隐蔽不表达的DNA片段重新表达的现象，并变异出超亲本的优良新品系。因此，在育种中利用野生稻资源种质时应注意和重视DNA重复顺序、可转移元件、转座子、启动子、促进子等非编码DNA片段的利用，提高野生稻资源利用的效率。

上述优异基因只是目前发现的最主要的优异种质的一部分。随着研究的深入，将发现更多的野生稻优异种质基因，野生稻资源也将发挥更大的作用。

三、野生稻种质资源利用研究的主要趋势

野生稻种质资源应用研究应是我国科研计划中长期的研究项目，但每个历史时期应有不同的内容和不同的追求目标。因此，作者现在只能就21世纪前期的主要趋势提出一些看法。

根据目前国内野生稻种质资源研究的基础，我国应在原有基础上进一步加强以下方面的延伸度优异种质利用研究。

1. 在培育理想株型（超高产）新品种中的应用

超高产品种是当今世界水稻育种的一大趋势，野生稻资源的应用研究也应当适应世界科学研究的潮流，我国应在超高产育种领域开展野生稻资源的应用研究，并赶超世界先进水平。

2. 在提高水稻抗逆性育种效果中利用

利用野生稻强耐旱、耐冷、耐涝、耐盐碱、耐衰老等种质，培育适应性广的优良新品种，扩大新选育品种的种植推广面积和范围，并提高使用效率。如近年来国际水稻研究所利用长花药野生稻具有地下茎、强抗旱特性培育多年生旱（陆）稻，作为当前和今后十年的重要研究项目，这是今后培育、栽培新品种的重大内容，也是今后野生稻利用的重要领域。

3. 在提高新品种的抗病虫能力中利用

众所周知，利用野生稻抗原培育高抗病虫害新品种，可以保证新品种的高产、稳产。利用抗病虫害新种质培育优良新品种，还能降低生产成本，减少对环境的污染，对生产绿色食品也有极大的作用。广谱高抗新品种的选育，是野生稻资源优异种质应用研究的重要领域之一。

4. 在水稻优质育种中利用

优质、高产、多抗、早熟四大育种目标的协调育种是21世纪前期水稻育种的重要任务。把优质摆在首位，更说明优质育种十分重要，是人们生活水平提高的迫切要求。我国稻谷压仓问题严重，许多早籼大米已失去市场竞争力，而优质大米越来越受人们欢迎。利用野生稻优质资源开展水稻优质育种是今后水稻育种最突出的问题，也是重要领域之一。目前南方稻区已把优质育种列入育种研究计划和实施项目，优质米品种在今后将越来越受欢迎。

5. 野生稻与栽培稻杂种优势利用研究

一方面，在今后一段较长的时期内，野生稻在杂交稻育种中有特殊用途的特异基因的利

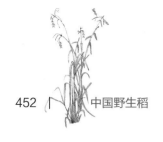

用研究将越来越受重视，应进一步加快品种间、亚种间杂种优势的利用，培育出新品种、新组合；另一方面，将逐步探讨种间杂种优势利用的可能性。更进一步研究野生稻与栽培稻杂种优势利用是今后野生稻资源利用研究的重要方面。

6. 稻属野生稻间优异基因的利用

随着生物技术，包括细胞工程技术、分子育种技术，特别是基因工程技术的应用，目前野生稻资源优异种质利用研究能在生产上应用的基因主要来自AA染色体组野生稻种的基因。虽然也对其他染色体组野生稻种的应用研究做了许多工作，也取得了相当大的进展，但一直没能在生产上大规模应用。近年来只有分子育种技术研究能有效地利用药用野生稻的种质，但总的看来也仅仅是开始。因此，拓宽不同染色体组野生稻种优异种质的利用将是今后野生稻资源应用研究的新的重点领域。

7. 野生稻资源的其他用途

野生稻资源是稻属中许多物种组成的一个群体，它对人类的作用除了在育种、生物理论和技术研究等方面利用外，还有以下用途。

①建立野生稻蜡叶干标本贮存室和野生稻保存圃，作为实物教学现场和实习的场所。

②野生稻干标本展览室、保存圃可以对外开放，用于科普宣传，这对提高全民的科技知识、认识野生稻资源的重要性有帮助。

③建立野生稻原生地保护野外工作站（点），既保护研究野生稻，又可以开放供游人观光，提高旅游的科技含量，宣传科技知识；野生稻茎秆可做成一些手工艺品作为旅游产品。这样就可以集观赏价值、商品价值、科学知识和环境保护宣传于一体，进一步挖掘野生稻资源的潜在价值。

8. 加强国际科技合作与交流

中国野生稻资源极为丰富，可以与其他国家和地区科研教学单位进行广泛的合作交流，引进一批项目的资金和技术，促进国内研究。

第十二章

中国野生稻主要优异种质资源部分目录

中国野生稻资源的优异种质鉴定研究，经过国家组织的"六五""七五""八五""九五"4个五年计划安排的科技重点攻关项目的实施，在广西、广东、云南、湖南、海南、江西、福建等省（自治区）农业科学院及中国农业科学院作物品种资源研究所和中国水稻研究所等单位的许多科研人员共同协作攻关下，克服种种技术难题，基本弄清了我国野生稻资源的特征和特性，筛选出了一批优异种质资源。为了使这批资源在育种上、生产上发挥更大的作用，下面把其中最主要的部分列成目录供有关科技、教育和农业技术推广人员参考。

"十五"期间南昆铁路的野生稻调查搜集项目的实施，发现野生稻原生地消失严重，这引起了农业农村部的重视，农业农村部进一步加大了野生稻种质资源的调查搜集和原生境、异位保护的项目资助力度。"十一五""十二五"期间的野生稻研究工作，加大了保护研究内容，同时也对新搜集的种质资源进行鉴定评价，发现了新的优异种质，并录入国家野生稻种质资源平台，在网上实现了野生稻种质资源的信息和实物共享。

第一节　优质野生稻资源种质部分目录

序号	单位保存号	全国统一号	种　名	原产地	生长习性	基部鞘色	始穗期（月.日）	内外颖色	种皮色	百粒重（g）	外观米质	蛋白质含量（%）
1	S1003	YD1-0001	普通野生稻	中国（三亚）	匍匐	淡紫	10.30	褐	红	1.40	优	
2	S1004	YD1-0002	普通野生稻	中国（三亚）	匍匐	淡紫	10.31	褐	红	1.40	优	
3	S1012	YD1-0004	普通野生稻	中国（三亚）	匍匐	淡紫	11.12	褐	红	1.60	优	
4	S1007	YD1-0006	普通野生稻	中国（三亚）	半直立	紫条	10.07	褐	红	1.70	优	
5	S1016	YD1-0007	普通野生稻	中国（陵水）	匍匐	淡紫	10.07	紫	红	1.50	优	
6	S1021	YD1-0009	普通野生稻	中国（乐东）	匍匐	淡紫	11.03	褐	红	1.50	优	
7	S1022	YD1-0010	普通野生稻	中国（乐东）	匍匐	淡紫	10.20	褐	红	1.30	优	
8	S1023	YD1-0011	普通野生稻	中国（乐东）	匍匐	紫	11.08	褐	红	1.50	优	
9	S1034	YD1-0014	普通野生稻	中国（乐东）	倾斜	绿	10.22	褐	红	1.50	优	
10	S1040	YD1-0015	普通野生稻	中国（乐东）	直立	紫	11.02	褐	红	1.70	优	
11	S1049	YD1-0018	普通野生稻	中国（东方）	匍匐	紫	10.20	褐	红	1.50	优	
12	S1050	YD1-0019	普通野生稻	中国（东方）	匍匐	紫	10.14	褐	红	1.50	优	
13	S1051	YD1-0020	普通野生稻	中国（东方）	匍匐	淡紫	10.07	褐	红	1.80	优	
14	S1053	YD1-0021	普通野生稻	中国（东方）	匍匐	淡紫	10.09	紫	红	1.80	优	
15	S1054	YD1-0022	普通野生稻	中国（东方）	匍匐	淡紫	10.17	褐	红	1.60	优	

续表

序号	单位保存号	全国统一号	种 名	原产地	生长习性	基部鞘色	始穗期（月.日）	内外颖色	种皮色	百粒重（g）	外观米质	蛋白质含量（%）
16	S1047	YD1-0029	普通野生稻	中国（东方）	倾斜	绿	10.03	褐	红	2.10	优	
17	S1052	YD1-0030	普通野生稻	中国（东方）	倾斜	淡紫	10.05	褐	红	1.60	优	
18	S1066	YD1-0034	普通野生稻	中国（昌江）	匍匐	淡紫	11.02	褐	红	1.60	优	
19	S1067	YD1-0035	普通野生稻	中国（昌江）	匍匐	淡紫	10.27	褐	红	1.60	中	>14.00
20	S1064	YD1-0038	普通野生稻	中国（昌江）	半直立	淡紫	10.09	褐	红	1.60	优	
21	S1091	YD1-0041	普通野生稻	中国（琼海）	匍匐	淡紫	10.24	褐	红	1.50	优	
22	S1099	YD1-0042	普通野生稻	中国（琼海）	匍匐	紫	12.20	褐	红	1.50	优	
23	S1104	YD1-0045	普通野生稻	中国（安定）	匍匐	淡紫	10.27	褐	红	1.55	优	
24	S1106	YD1-0046	普通野生稻	中国（安定）	匍匐	淡紫	10.28	褐	红	1.50	优	
25	S1109	YD1-0047	普通野生稻	中国（儋州）	直立	淡紫	10.05	褐	红	1.40	优	
26	S1119	YD1-0051	普通野生稻	中国（临高）	匍匐	紫	10.14	褐	白	2.20	优	
27	S1132	YD1-0053	普通野生稻	中国（临高）	匍匐	淡紫	10.09	紫	红	1.40	优	
28	S1121	YD1-0054	普通野生稻	中国（临高）	倾斜	淡紫	10.14	紫	红	1.70	优	
29	S1122	YD1-0055	普通野生稻	中国（临高）	倾斜	紫	10.15	褐	红	1.80	优	
30	S1123	YD1-0056	普通野生稻	中国（临高）	倾斜	紫	10.18	褐	红	1.50	优	
31	S1115	YD1-0057	普通野生稻	中国（临高）	半直立	淡紫	9.24	褐	红	1.60	优	
32	S1126	YD1-0058	普通野生稻	中国（临高）	半直立	紫	10.07	褐	红	1.80	优	
33	S1130	YD1-0060	普通野生稻	中国（临高）	直立	淡紫	11.18	褐	红	1.50	优	
34	S1139	YD1-0067	普通野生稻	中国（澄迈）	半直立	淡紫	9.28	褐	红	1.50	优	
35	S1142	YD1-0068	普通野生稻	中国（澄迈）	半直立	紫	10.03	褐	红	1.95	优	
36	S1144	YD1-0070	普通野生稻	中国（琼山）	匍匐	淡紫	11.05	褐	红	1.50	优	
37	S1151	YD1-0074	普通野生稻	中国（琼山）	匍匐	紫	11.08	褐	红	1.80	优	
38	S1154	YD1-0075	普通野生稻	中国（琼山）	匍匐	紫	10.25	褐	红	1.40	优	
39	S1173	YD1-0079	普通野生稻	中国（琼山）	匍匐	紫	10.30	褐	红	1.60	优	
40	S1174	YD1-0080	普通野生稻	中国（琼山）	匍匐	紫	11.02	褐	红	1.60	优	
41	S1177	YD1-0081	普通野生稻	中国（琼山）	匍匐	淡紫	11.28	褐	红	1.60	优	
42	S1181	YD1-0082	普通野生稻	中国（琼山）	匍匐	淡紫	11.11	褐	白	2.00	优	
43	S1186	YD1-0083	普通野生稻	中国（琼山）	匍匐	淡紫	10.25	褐	红	1.50	优	
44	S1188	YD1-0084	普通野生稻	中国（琼山）	匍匐	紫	11.16	褐	红	1.40	优	
45	S1152	YD1-0086	普通野生稻	中国（琼山）	半直立	紫条	10.09	褐	红	2.00	优	
46	S1193	YD1-0087	普通野生稻	中国（文昌）	匍匐	紫	10.20	褐	红	1.40	优	
47	S1204	YD1-0088	普通野生稻	中国（文昌）	匍匐	紫	10.19	褐	红	1.50	优	
48	S1209	YD1-0092	普通野生稻	中国（海口）	匍匐	淡紫	10.30	褐	红	1.45	优	
49	S1216	YD1-0094	普通野生稻	中国（海口）	匍匐	淡紫	11.08	褐	红	1.40	优	
50	S1222	YD1-0095	普通野生稻	中国（海口）	匍匐	淡紫	10.31	褐	红	1.50	优	

续表

序号	单位保存号	全国统一号	种　名	原产地	生长习性	基部鞘色	始穗期（月.日）	内外颖色	种皮色	百粒重（g）	外观米质	蛋白质含量（%）
51	S1211	YD1-0097	普通野生稻	中国（海口）	倾斜	淡紫	11.01	褐	红	1.55	优	
52	S1217	YD1-0099	普通野生稻	中国（海口）	倾斜	淡紫	10.31	褐	红	1.65	优	
53	S2011	YD1-0101	普通野生稻	中国（海康）	匍匐	淡紫	10.26	褐	红	1.90	优	
54	S2020	YD1-0105	普通野生稻	中国（海康）	匍匐	淡紫	10.08	秆黄	红	1.50	优	
55	S2004	YD1-0110	普通野生稻	中国（海康）	半直立	紫	10.26	褐	红	1.50	优	
56	S2005	YD1-0111	普通野生稻	中国（海康）	半直立	紫	10.26	褐	红	1.50	优	
57	S2033	YD1-0118	普通野生稻	中国（湛江）	匍匐	紫	10.18	褐	红	1.50	优	
58	S2040	YD1-0120	普通野生稻	中国（湛江）	匍匐	淡紫	11.10	褐	虾肉	1.40	优	
59	S2063	YD1-0124	普通野生稻	中国（湛江）	匍匐	淡紫	10.15	褐	红	1.50	优	
60	S2062	YD1-0125	普通野生稻	中国（湛江）	倾斜	淡紫	11.10	褐	红	1.50	优	
61	S2047	YD1-0130	普通野生稻	中国（湛江）	半直立	淡紫	10.07	褐	红	1.40	优	
62	S2048	YD1-0131	普通野生稻	中国（湛江）	半直立	淡紫	10.26	褐	红	1.30	优	
63	S2049	YD1-0132	普通野生稻	中国（湛江）	半直立	淡紫	10.22	褐	红	1.70	优	
64	S2055	YD1-0134	普通野生稻	中国（湛江）	半直立	淡紫	10.26	黑	红	1.40	优	
65	S2056	YD1-0135	普通野生稻	中国（湛江）	半直立	淡紫	10.10	秆黄	红	1.30	优	
66	S2060	YD1-0138	普通野生稻	中国（湛江）	半直立	淡紫	10.15	褐	红	1.30	优	
67	S2061	YD1-0139	普通野生稻	中国（湛江）	半直立	淡紫	10.22	褐	虾肉	1.60	优	
68	S2064	YD1-0140	普通野生稻	中国（遂溪）	匍匐	淡紫	10.26	褐	红	1.40	优	
69	S2069	YD1-0142	普通野生稻	中国（遂溪）	匍匐	紫	11.10	褐	红	1.50	优	
70	S2074	YD1-0144	普通野生稻	中国（遂溪）	匍匐	淡紫	10.26	褐	红	1.50	优	
71	S2076	YD1-0146	普通野生稻	中国（遂溪）	匍匐	淡紫	10.07	褐	红	1.70	优	
72	S2081	YD1-0147	普通野生稻	中国（遂溪）	匍匐	紫	10.22	秆黄	红	1.50	优	
73	S2082	YD1-0148	普通野生稻	中国（遂溪）	匍匐	淡紫	10.02	褐	红	1.60	优	
74	S2089	YD1-0149	普通野生稻	中国（遂溪）	匍匐	紫	10.26	秆黄	红	1.50	优	
75	S2124	YD1-0154	普通野生稻	中国（遂溪）	匍匐	紫条	10.10	褐	红	1.30	优	
76	S2125	YD1-0155	普通野生稻	中国（遂溪）	匍匐	淡紫	10.02	褐	红	1.50	优	
77	S2126	YD1-0156	普通野生稻	中国（遂溪）	匍匐	绿	10.15	褐	红	1.40	优	
78	S2127	YD1-0157	普通野生稻	中国（遂溪）	匍匐	淡紫	10.10	褐	红	1.40	优	
79	S2128	YD1-0158	普通野生稻	中国（遂溪）	匍匐	紫	10.25	褐	红	1.35	优	
80	S2138	YD1-0159	普通野生稻	中国（遂溪）	匍匐	紫	10.10	秆黄	红	1.30	优	
81	S2106	YD1-0162	普通野生稻	中国（遂溪）	倾斜	淡紫	10.05	秆黄	红	1.70	优	
82	S2118	YD1-0163	普通野生稻	中国（遂溪）	倾斜	淡紫	10.02	秆黄	红	1.60	优	
83	S2068	YD1-0165	普通野生稻	中国（遂溪）	半直立	淡紫	10.05	褐	红	1.50	优	
84	S2090	YD1-0177	普通野生稻	中国（遂溪）	半直立	淡紫	10.22	褐	红	1.50	优	
85	S2094	YD1-0179	普通野生稻	中国（遂溪）	半直立	淡紫	10.05	褐	红	1.60	优	

续表

序号	单位保存号	全国统一号	种　名	原产地	生长习性	基部鞘色	始穗期（月.日）	内外颖色	种皮色	百粒重（g）	外观米质	蛋白质含量（%）
86	S2101	YD1-0181	普通野生稻	中国（遂溪）	半直立	紫条	10.22	秆黄	红	1.50	优	
87	S2113	YD1-0185	普通野生稻	中国（遂溪）	半直立	紫	10.10	褐	红	1.60	优	
88	S2129	YD1-0192	普通野生稻	中国（遂溪）	半直立	淡紫	10.10	褐	红	1.35	优	
89	S2136	YD1-0195	普通野生稻	中国（遂溪）	半直立	淡紫	10.15	褐	红	1.40	优	
90	S2109	YD1-0196	普通野生稻	中国（遂溪）	半直立	淡紫	10.18	褐	红	1.50	优	
91	S2133	YD1-0198	普通野生稻	中国（遂溪）	直立	淡紫	9.12	褐	红	2.00	优	
92	S2137	YD1-0200	普通野生稻	中国（遂溪）	直立	绿	10.10	褐	红	1.35	优	
93	S2143	YD1-0201	普通野生稻	中国（电白）	匍匐	淡紫	10.13	褐	红	1.35	优	
94	S2144	YD1-0202	普通野生稻	中国（电白）	匍匐	淡紫	10.02	褐	红	1.30	优	
95	S2142	YD1-0204	普通野生稻	中国（电白）	半直立	淡紫	10.07	秆黄	紫	1.60	优	
96	S2155	YD1-0208	普通野生稻	中国（电白）	半直立	紫	10.05	褐	红	1.34	优	
97	S2156	YD1-0209	普通野生稻	中国（电白）	半直立	淡紫	10.02	秆黄	红	1.30	优	
98	S2162	YD1-0210	普通野生稻	中国（电白）	半直立	淡紫	10.15	褐	红	1.40	优	
99	S2169	YD1-0211	普通野生稻	中国（电白）	半直立	淡紫	10.15	褐	红	1.34	优	
100	S2173	YD1-0214	普通野生稻	中国（廉江）	半直立	淡紫	10.18	褐	红	1.80	优	
101	S2178	YD1-0218	普通野生稻	中国（化州）	匍匐	淡紫	10.07	秆黄	红	1.60	优	
102	S2182	YD1-0222	普通野生稻	中国（化州）	匍匐	淡紫	10.10	褐	红	1.88	优	
103	S2186	YD1-0229	普通野生稻	中国（化州）	半直立	淡紫	10.15	褐	红	1.60	优	
104	S2199	YD1-0230	普通野生稻	中国（茂名）	倾斜	紫	10.05	褐	红	1.50	优	
105	S2189	YD1-0232	普通野生稻	中国（茂名）	直立	淡紫	10.07	褐	红	1.40	优	
106	S2190	YD1-0233	普通野生稻	中国（茂名）	直立	淡紫	10.05	褐	红	1.40	优	
107	S2196	YD1-0234	普通野生稻	中国（茂名）	直立	淡紫	10.15	褐	红	1.60	优	
108	S2205	YD1-0237	普通野生稻	中国（高州）	匍匐	紫	10.10	秆黄	红	1.70	优	
109	S2202	YD1-0239	普通野生稻	中国（高州）	半直立	紫	10.15	褐	红	1.50	优	
110	S2212	YD1-0241	普通野生稻	中国（阳江）	半直立	淡紫	10.07	褐	红	1.60	优	
111	S2213	YD1-0242	普通野生稻	中国（阳江）	半直立	紫	10.15	褐	红	1.70	优	
112	S2216	YD1-0243	普通野生稻	中国（阳江）	半直立	淡紫	10.02	褐	红	1.60	优	
113	S2229	YD1-0245	普通野生稻	中国（阳春）	半直立	淡紫	9.26	褐	红	1.50	优	
114	S2230	YD1-0246	普通野生稻	中国（阳春）	半直立	淡紫	10.02	秆黄	红	1.50	优	
115	S2235	YD1-0248	普通野生稻	中国（阳春）	半直立	淡紫	9.29	秆黄	红	1.60	优	
116	S2233	YD1-0250	普通野生稻	中国（阳春）	直立	淡紫	10.02	褐	红	1.80	优	
117	S3002	YD1-0252	普通野生稻	中国（恩平）	匍匐	紫	9.24	褐	红	1.80	优	
118	S3003	YD1-0253	普通野生稻	中国（恩平）	匍匐	紫	9.25	褐	红	1.80	优	
119	S3004	YD1-0254	普通野生稻	中国（恩平）	匍匐	淡紫	9.26	褐	红	1.60	优	
120	S3005	YD1-0255	普通野生稻	中国（恩平）	匍匐	紫	9.22	褐	红	1.60	优	

续表

序号	单位保存号	全国统一号	种 名	原产地	生长习性	基部鞘色	始穗期（月.日）	内外颖色	种皮色	百粒重（g）	外观米质	蛋白质含量（%）
121	S3010	YD1-0260	普通野生稻	中国（恩平）	匍匐	紫	10.05	褐	红	1.70	优	
122	S3011	YD1-0261	普通野生稻	中国（恩平）	匍匐	淡紫	9.27	褐	红	1.80	优	
123	S3014	YD1-0262	普通野生稻	中国（恩平）	匍匐	紫	9.26	黑	红	2.00	优	
124	S3017	YD1-0265	普通野生稻	中国（恩平）	匍匐	淡紫	9.20	褐	红	1.50	优	
125	S3018	YD1-0266	普通野生稻	中国（恩平）	匍匐	紫	9.23	褐	红	2.00	优	
126	S3019	YD1-0267	普通野生稻	中国（恩平）	匍匐	紫	9.29	褐	红	2.00	优	
127	S3025	YD1-0269	普通野生稻	中国（恩平）	匍匐	淡紫	9.24	褐	红	2.30	优	
128	S3028	YD1-0271	普通野生稻	中国（恩平）	匍匐	淡紫	9.25	黑	红	1.90	优	
129	S3030	YD1-0273	普通野生稻	中国（恩平）	匍匐	紫	9.30	褐	红	2.30	优	
130	S3032	YD1-0274	普通野生稻	中国（恩平）	匍匐	紫	9.21	秆黄	红	2.20	中	>14.00
131	S3040	YD1-0281	普通野生稻	中国（恩平）	匍匐	紫	9.15	褐	红	1.90	优	
132	S3044	YD1-0285	普通野生稻	中国（恩平）	匍匐	淡紫	9.21	秆黄	红	1.90	优	
133	S3047	YD1-0287	普通野生稻	中国（恩平）	匍匐	紫	9.21	褐	红	1.90	优	
134	S3048	YD1-0288	普通野生稻	中国（恩平）	匍匐	紫	9.21	褐	红	1.80	优	
135	S3050	YD1-0290	普通野生稻	中国（恩平）	匍匐	淡紫	9.29	褐	红	2.00	优	
136	S3051	YD1-0291	普通野生稻	中国（恩平）	匍匐	紫	9.28	褐	红	2.00	优	
137	S3056	YD1-0292	普通野生稻	中国（恩平）	匍匐	紫	9.25	褐	红	1.60	优	
138	S3059	YD1-0293	普通野生稻	中国（恩平）	匍匐	紫	9.23	褐	红	2.30	优	
139	S3069	YD1-0299	普通野生稻	中国（恩平）	匍匐	淡紫	9.21	褐	红	2.00	优	
140	S3073	YD1-0303	普通野生稻	中国（恩平）	匍匐	淡紫	9.25	黑	红	1.70	优	
141	S3074	YD1-0304	普通野生稻	中国（恩平）	匍匐	淡紫	10.03	褐	红	1.70	优	
142	S3076	YD1-0306	普通野生稻	中国（恩平）	匍匐	淡紫	10.03	秆黄	红	1.90	优	
143	S3077	YD1-0307	普通野生稻	中国（恩平）	匍匐	淡紫	10.07	褐	红	2.00	优	
144	S3078	YD1-0308	普通野生稻	中国（恩平）	匍匐	淡紫	10.03	褐	红	1.80	优	
145	S3081	YD1-0311	普通野生稻	中国（恩平）	匍匐	紫	9.24	褐	红	1.70	优	
146	S3086	YD1-0316	普通野生稻	中国（恩平）	匍匐	紫	9.27	秆黄	红	1.90	优	
147	S3087	YD1-0317	普通野生稻	中国（恩平）	匍匐	紫	9.27	褐	红	1.80	优	
148	S3091	YD1-0321	普通野生稻	中国（恩平）	匍匐	紫	9.24	褐	红	1.50	优	
149	S3092	YD1-0322	普通野生稻	中国（恩平）	匍匐	淡紫	9.23	褐	红	1.50	优	
150	S3100	YD1-0329	普通野生稻	中国（恩平）	匍匐	紫	9.25	褐	白	2.00	优	
151	S3021	YD1-0333	普通野生稻	中国（恩平）	倾斜	淡紫	9.26	褐	红	2.20	优	
152	S3055	YD1-0337	普通野生稻	中国（恩平）	倾斜	紫	9.26	秆黄	红	1.80	优	
153	S3063	YD1-0338	普通野生稻	中国（恩平）	倾斜	紫	9.30	褐	红	2.00	优	
154	S3096	YD1-0339	普通野生稻	中国（恩平）	倾斜	绿	10.04	褐	红	1.80	优	
155	S3022	YD1-0340	普通野生稻	中国（恩平）	半直立	淡紫	9.25	褐	红	2.20	中	>14.00

续表

序号	单位保存号	全国统一号	种　名	原产地	生长习性	基部鞘色	始穗期（月.日）	内外颖色	种皮色	百粒重（g）	外观米质	蛋白质含量（%）
156	S3118	YD1-0347	普通野生稻	中国（台山）	匍匐	绿	9.23	褐	红	1.60	优	
157	S3122	YD1-0348	普通野生稻	中国（台山）	匍匐	绿	10.10	褐	红	1.60	优	
158	S3126	YD1-0349	普通野生稻	中国（台山）	匍匐	绿	10.10	秆黄	红	1.70	优	
159	S3142	YD1-0352	普通野生稻	中国（台山）	匍匐	紫	9.26	秆黄	红	1.70	优	
160	S3145	YD1-0354	普通野生稻	中国（台山）	匍匐	紫	9.29	褐	红	1.70	优	
161	S3146	YD1-0355	普通野生稻	中国（台山）	匍匐	淡紫	9.29	褐	红	1.50	优	
162	S3148	YD1-0357	普通野生稻	中国（台山）	匍匐	紫	9.22	褐	红	2.00	优	
163	S3151	YD1-0358	普通野生稻	中国（台山）	匍匐	淡紫	9.29	褐	红	1.40	优	
164	S3152	YD1-0359	普通野生稻	中国（台山）	匍匐	紫	9.29	褐	红	1.50	优	
165	S3163	YD1-0363	普通野生稻	中国（台山）	匍匐	紫	9.29	褐	红	1.70	优	
166	S3180	YD1-0369	普通野生稻	中国（台山）	匍匐	紫	10.07	秆黄	红	1.30	优	
167	S3181	YD1-0370	普通野生稻	中国（台山）	匍匐	紫	10.02	褐	红	1.60	优	
168	S3200	YD1-0376	普通野生稻	中国（台山）	匍匐	淡紫	9.22	秆黄	红	1.40	优	
169	S3203	YD1-0377	普通野生稻	中国（台山）	匍匐	淡紫	9.29	褐	红	1.60	优	
170	S3205	YD1-0378	普通野生稻	中国（台山）	匍匐	紫	10.07	秆黄	红	1.30	优	
171	S3206	YD1-0379	普通野生稻	中国（台山）	匍匐	紫	10.07	秆黄	红	1.30	优	
172	S3209	YD1-0381	普通野生稻	中国（台山）	匍匐	紫	9.29	秆黄	红	1.40	优	
173	S3214	YD1-0384	普通野生稻	中国（台山）	匍匐	紫	10.10	秆黄	红	1.40	优	
174	S3116	YD1-0387	普通野生稻	中国（台山）	倾斜	绿	10.10	褐	红	2.20	优	
175	S3121	YD1-0389	普通野生稻	中国（台山）	倾斜	绿	10.10	褐	红	1.50	优	>14.00
176	S3128	YD1-0390	普通野生稻	中国（台山）	倾斜	绿	10.10	黑	红	1.70	优	
177	S3129	YD1-0391	普通野生稻	中国（台山）	倾斜	绿	10.10	褐	红	1.70	优	>14.00
178	S3137	YD1-0393	普通野生稻	中国（台山）	倾斜	紫条	10.10	褐	红	1.60	优	
179	S3140	YD1-0396	普通野生稻	中国（台山）	倾斜	淡紫	9.26	褐	红	1.50	优	
180	S3154	YD1-0397	普通野生稻	中国（台山）	倾斜	紫	10.05	褐	红	1.50	优	
181	S3127	YD1-0409	普通野生稻	中国（台山）	半直立	绿	10.10	褐	红	1.60	优	
182	S3143	YD1-0411	普通野生稻	中国（台山）	半直立	淡紫	9.29	褐	红	1.60	优	
183	S3176	YD1-0414	普通野生稻	中国（台山）	半直立	紫	9.26	褐	红	1.90	优	
184	S3177	YD1-0415	普通野生稻	中国（台山）	半直立	紫	9.22	褐	红	1.80	优	
185	S3179	YD1-0416	普通野生稻	中国（台山）	半直立	紫	10.05	秆黄	红	1.60	优	
186	S3213	YD1-0418	普通野生稻	中国（台山）	半直立	淡紫	10.15	秆黄	红	1.50	优	
187	S3217	YD1-0419	普通野生稻	中国（台山）	半直立	紫	9.19	褐	红	1.50	优	
188	S3222	YD1-0420	普通野生稻	中国（台山）	半直立	淡紫	9.12	秆黄	红	1.70	优	
189	S3225	YD1-0421	普通野生稻	中国（台山）	半直立	淡紫	9.29	褐	红	1.60	优	
190	S3135	YD1-0426	普通野生稻	中国（台山）	直立	绿	10.10	褐	红	1.50	优	

续表

序号	单位保存号	全国统一号	种 名	原产地	生长习性	基部鞘色	始穗期（月.日）	内外颖色	种皮色	百粒重（g）	外观米质	蛋白质含量（%）
191	S3183	YD1-0429	普通野生稻	中国（台山）	直立	淡紫	10.02	秆黄	红	1.70	优	
192	S3185	YD1-0430	普通野生稻	中国（台山）	直立	紫	9.29	秆黄	红	1.50	优	
193	S3186	YD1-0431	普通野生稻	中国（台山）	直立	紫	9.26	褐	红	1.50	优	
194	S3188	YD1-0432	普通野生稻	中国（台山）	直立	淡紫	9.29	褐	红	1.60	优	
195	S3189	YD1-0433	普通野生稻	中国（台山）	直立	淡紫	9.26	褐	红	1.40	优	
196	S3190	YD1-0434	普通野生稻	中国（台山）	直立	淡紫	9.22	褐	红	1.40	优	>14.00
197	S3218	YD1-0438	普通野生稻	中国（台山）	直立	紫	10.02	秆黄	红	1.40	优	
198	S3220	YD1-0440	普通野生稻	中国（台山）	直立	紫	10.02	秆黄	红	1.40	优	
199	S3221	YD1-0441	普通野生稻	中国（台山）	直立	淡紫	10.05	秆黄	红	1.40	优	
200	S3234	YD1-0449	普通野生稻	中国（开平）	匍匐	淡紫	9.29	褐	红	1.60	优	
201	S3236	YD1-0451	普通野生稻	中国（开平）	匍匐	淡紫	9.24	褐	红	1.50	优	
202	S3241	YD1-0456	普通野生稻	中国（开平）	匍匐	淡紫	9.21	秆黄	红	1.70	优	
203	S3242	YD1-0457	普通野生稻	中国（开平）	匍匐	淡紫	9.21	褐	红	1.50	优	
204	S3340	YD1-0458	普通野生稻	中国（开平）	匍匐	紫	10.05	秆黄	红	1.70	优	
205	S3246	YD1-0461	普通野生稻	中国（开平）	匍匐	淡紫	9.24	秆黄	红	1.50	优	
206	S3248	YD1-0463	普通野生稻	中国（开平）	匍匐	淡紫	10.02	秆黄	红	1.90	优	
207	S3252	YD1-0466	普通野生稻	中国（开平）	匍匐	淡紫	9.22	褐	红	1.70	优	
208	S3253	YD1-0467	普通野生稻	中国（开平）	匍匐	绿	10.01	褐	红	1.40	优	
209	S3256	YD1-0469	普通野生稻	中国（开平）	匍匐	淡紫	10.04	褐	红	1.40	优	
210	S3258	YD1-0471	普通野生稻	中国（开平）	匍匐	淡紫	9.25	秆黄	红	1.40	优	
211	S3260	YD1-0473	普通野生稻	中国（开平）	匍匐	紫	9.21	褐	红	1.50	优	
212	S3268	YD1-0479	普通野生稻	中国（开平）	匍匐	紫	9.29	褐	红	1.50	优	
213	S3269	YD1-0480	普通野生稻	中国（开平）	匍匐	淡紫	9.24	褐	红	1.40	优	
214	S3272	YD1-0483	普通野生稻	中国（开平）	匍匐	紫	9.24	秆黄	红	1.50	优	
215	S3275	YD1-0486	普通野生稻	中国（开平）	匍匐	紫	9.26	黑	红	1.50	优	
216	S3281	YD1-0490	普通野生稻	中国（开平）	匍匐	紫	9.23	褐	红	1.40	优	
217	S3282	YD1-0491	普通野生稻	中国（开平）	匍匐	紫	9.23	褐	红	1.50	优	
218	S3286	YD1-0495	普通野生稻	中国（开平）	匍匐	淡紫	9.27	褐	红	1.50	优	
219	S3293	YD1-0499	普通野生稻	中国（开平）	匍匐	紫	9.27	秆黄	红	1.50	优	
220	S3294	YD1-0500	普通野生稻	中国（开平）	匍匐	紫	9.27	褐	红	1.40	优	
221	S3298	YD1-0503	普通野生稻	中国（开平）	匍匐	紫	9.25	秆黄	红	1.40	优	
222	S3300	YD1-0504	普通野生稻	中国（开平）	匍匐	淡紫	9.23	褐	红	1.40	优	
223	S3302	YD1-0505	普通野生稻	中国（开平）	匍匐	紫	9.24	褐	红	1.40	优	
224	S3303	YD1-0506	普通野生稻	中国（开平）	匍匐	紫	9.26	褐	虾肉	1.40	优	
225	S3305	YD1-0508	普通野生稻	中国（开平）	匍匐	紫	9.25	褐	红	1.70	优	

续表

序号	单位保存号	全国统一号	种名	原产地	生长习性	基部鞘色	始穗期（月.日）	内外颖色	种皮色	百粒重（g）	外观米质	蛋白质含量（%）
226	S3306	YD1-0509	普通野生稻	中国（开平）	匍匐	紫	9.27	褐	红	1.50	优	
227	S3315	YD1-0514	普通野生稻	中国（开平）	匍匐	紫	9.20	褐	红	1.50	优	
228	S3317	YD1-0515	普通野生稻	中国（开平）	匍匐	紫	9.23	褐	红	1.50	优	
229	S3321	YD1-0519	普通野生稻	中国（开平）	匍匐	紫	9.05	褐	红	1.40	优	
230	S3324	YD1-0521	普通野生稻	中国（开平）	匍匐	紫	9.20	黑	红	1.60	优	
231	S3342	YD1-0524	普通野生稻	中国（开平）	半直立	淡紫	10.02	黑	红	1.70	优	
232	S3343	YD1-0525	普通野生稻	中国（新会）	倾斜	淡紫	9.26	褐	红	1.75	优	
233	S3345	YD1-0527	普通野生稻	中国（新会）	倾斜	淡紫	9.22	褐	红	1.80	优	
234	S3346	YD1-0528	普通野生稻	中国（新会）	倾斜	淡紫	9.26	褐	红	1.60	优	
235	S3348	YD1-0530	普通野生稻	中国（高明）	匍匐	淡紫	9.26	秆黄	红	1.70	优	
236	S3356	YD1-0534	普通野生稻	中国（高明）	匍匐	紫	9.22	秆黄	红	1.80	优	>14.00
237	S3374	YD1-0536	普通野生稻	中国（高明）	匍匐	紫	9.22	秆黄	红	1.60	优	
238	S3363	YD1-0537	普通野生稻	中国（高明）	匍匐	淡紫	9.26	秆黄	红	1.90	优	
239	S3365	YD1-0538	普通野生稻	中国（高明）	匍匐	紫	9.22	褐	红	1.75	优	
240	S3369	YD1-0540	普通野生稻	中国（高明）	匍匐	淡紫	10.02	褐	红	1.40	优	
241	S3370	YD1-0541	普通野生稻	中国（高明）	匍匐	淡紫	10.04	秆黄	红	1.75	优	
242	S3372	YD1-0542	普通野生稻	中国（高明）	匍匐	紫	9.26	褐	红	1.50	优	
243	S3379	YD1-0546	普通野生稻	中国（高明）	匍匐	淡紫	9.26	秆黄	红	1.60	优	
244	S3351	YD1-0551	普通野生稻	中国（高明）	倾斜	紫	9.26	褐	红	1.65	优	
245	S3352	YD1-0552	普通野生稻	中国（高明）	倾斜	紫	9.26	褐	红	1.50	优	
246	S3368	YD1-0556	普通野生稻	中国（高明）	倾斜	淡紫	9.29	褐	红	1.60	优	
247	S3388	YD1-0559	普通野生稻	中国（高明）	半直立	淡紫	9.29	黑	红	1.75	优	
248	S3385	YD1-0562	普通野生稻	中国（高明）	直立	浅紫	9.22	黑	红	1.65	优	
249	S3361	YD1-0564	普通野生稻	中国（鹤山）	匍匐	紫	9.22	褐	红	1.50	优	
250	S3362	YD1-0565	普通野生稻	中国（鹤山）	匍匐	紫	9.22	褐	红	1.40	优	
251	S3392	YD1-0566	普通野生稻	中国（鹤山）	匍匐	淡紫	9.26	秆黄	白	1.50	优	
252	S3405	YD1-0569	普通野生稻	中国（南海）	匍匐	淡紫	9.25	褐	红	1.50	优	
253	S3408	YD1-0571	普通野生稻	中国（南海）	匍匐	紫条	9.22	褐	红	1.50	优	
254	S3411	YD1-0573	普通野生稻	中国（南海）	匍匐	淡紫	9.26	褐	红	1.60	中	>14.00
255	S3409	YD1-0572	普通野生稻	中国（南海）	匍匐	紫条	9.29	秆黄	红	1.50	优	
256	S3412	YD1-0574	普通野生稻	中国（南海）	匍匐	淡紫	9.26	秆黄	红	1.40	优	
257	S3414	YD1-0575	普通野生稻	中国（南海）	匍匐	淡紫	10.03	褐	红	1.60	优	
258	S3431	YD1-0576	普通野生稻	中国（南海）	匍匐	紫	9.26	褐	红	1.65	优	
259	S3396	YD1-0577	普通野生稻	中国（南海）	倾斜	紫条	10.03	秆黄	红	1.70	优	
260	S3402	YD1-0579	普通野生稻	中国（南海）	倾斜	紫	9.19	秆黄	红	1.50	优	

续表

序号	单位保存号	全国统一号	种　名	原产地	生长习性	基部鞘色	始穗期（月.日）	内外颖色	种皮色	百粒重（g）	外观米质	蛋白质含量（%）
261	S3406	YD1-0580	普通野生稻	中国（南海）	倾斜	紫条	9.22	褐	红	1.50	优	
262	S3397	YD1-0581	普通野生稻	中国（南海）	半直立	紫条	10.06	褐	红	1.40	优	
263	S3398	YD1-0582	普通野生稻	中国（南海）	半直立	紫条	9.26	褐	红	1.50	优	
264	S3410	YD1-0583	普通野生稻	中国（南海）	半直立	紫条	9.22	秆黄	红	1.50	优	
265	S3425	YD1-0584	普通野生稻	中国（南海）	直立	紫条	9.26	褐	红	1.65	优	
266	S3416	YD1-0586	普通野生稻	中国（三水）	匍匐	紫条	9.19	褐	红	1.65	优	
267	S3423	YD1-0589	普通野生稻	中国（三水）	匍匐	淡紫	9.29	褐	红	1.50	优	
268	S3426	YD1-0590	普通野生稻	中国（三水）	匍匐	紫条	10.03	褐	红	1.50	优	
269	S3427	YD1-0591	普通野生稻	中国（三水）	匍匐	紫条	9.29	褐	红	1.50	优	
270	S3434	YD1-0592	普通野生稻	中国（三水）	匍匐	淡紫	10.15	秆黄	红	1.60	优	
271	S3445	YD1-0595	普通野生稻	中国（三水）	匍匐	紫条	9.26	褐	红	1.50	优	
272	S3449	YD1-0597	普通野生稻	中国（三水）	匍匐	淡紫	10.06	褐	红	1.50	优	
273	S3451	YD1-0598	普通野生稻	中国（三水）	匍匐	紫	9.19	褐	红	1.50	优	
274	S3452	YD1-0599	普通野生稻	中国（三水）	匍匐	淡紫	9.23	秆黄	红	1.50	优	
275	S3453	YD1-0600	普通野生稻	中国（三水）	匍匐	淡紫	9.23	褐	红	1.50	优	
276	S3429	YD1-0601	普通野生稻	中国（三水）	倾斜	紫条	9.29	褐	红	1.40	优	
277	S3438	YD1-0604	普通野生稻	中国（三水）	倾斜	紫条	9.26	褐	红	1.60	优	
278	S3441	YD1-0605	普通野生稻	中国（三水）	倾斜	紫	9.22	褐	红	1.50	优	
279	S3447	YD1-0608	普通野生稻	中国（三水）	倾斜	淡紫	9.26	秆黄	红	1.50	优	
280	S3454	YD1-0609	普通野生稻	中国（三水）	倾斜	紫条	10.06	褐	红	1.50	优	
281	S4023	YD1-0610	普通野生稻	中国（宝安）	半直立	紫	10.09	秆黄	红	1.40	优	
282	S5003	YD1-0612	普通野生稻	中国（高要）	直立	淡紫	10.07	秆黄	白	1.90	优	
283	S5017	YD1-0617	普通野生稻	中国（德庆）	半直立	绿	9.29	秆黄	红	1.50	优	
284	S6004	YD1-0620	普通野生稻	中国（广州）	匍匐	紫	9.26	褐	红	1.80	优	
285	S6006	YD1-0621	普通野生稻	中国（广州）	匍匐	淡紫	10.07	褐	红	1.60	优	
286	S6010	YD1-0622	普通野生稻	中国（广州）	匍匐	淡紫	9.28	褐	红	1.50	优	
287	S6015	YD1-0626	普通野生稻	中国（广州）	匍匐	淡紫	9.28	黑	红	1.45	优	
288	S6016	YD1-0627	普通野生稻	中国（广州）	匍匐	淡紫	9.24	黑	红	1.50	优	
289	S6020	YD1-0628	普通野生稻	中国（广州）	匍匐	淡紫	9.22	黑	红	1.50	优	
290	S6021	YD1-0629	普通野生稻	中国（广州）	匍匐	淡紫	9.24	褐	红	1.50	优	
291	S6022	YD1-0630	普通野生稻	中国（广州）	匍匐	淡紫	9.23	褐	红	1.50	中	>14.00
292	S6024	YD1-0631	普通野生稻	中国（广州）	匍匐	淡紫	9.24	褐	红	1.40	优	
293	S6025	YD1-0632	普通野生稻	中国（广州）	匍匐	淡紫	10.07	黑	红	1.40	优	
294	S6028	YD1-0633	普通野生稻	中国（广州）	匍匐	淡紫	9.24	黑	红	1.60	优	
295	S6001	YD1-0634	普通野生稻	中国（广州）	倾斜	淡紫	10.01	褐	红	1.90	优	

续表

序号	单位保存号	全国统一号	种 名	原产地	生长习性	基部鞘色	始穗期（月.日）	内外颖色	种皮色	百粒重（g）	外观米质	蛋白质含量（%）
296	S6019	YD1-0637	普通野生稻	中国（广州）	倾斜	淡紫	9.27	褐	红	1.60	优	
297	S6023	YD1-0638	普通野生稻	中国（广州）	倾斜	绿	9.20	褐	红	1.50	优	
298	S6026	YD1-0639	普通野生稻	中国（广州）	倾斜	紫	10.11	黑	红	1.40	优	
299	S6213	YD1-0641	普通野生稻	中国（广州）	倾斜	紫条	9.30	黑	红	1.60	优	
300	S6031	YD1-0643	普通野生稻	中国（花都）	匍匐	紫	10.03	褐	红	1.80	优	
301	S6032	YD1-0644	普通野生稻	中国（花都）	匍匐	淡紫	10.03	褐	红	1.60	优	
302	S6038	YD1-0646	普通野生稻	中国（花都）	匍匐	紫	10.03	黑	红	3.00	优	
303	S6039	YD1-0647	普通野生稻	中国（花都）	匍匐	紫	10.03	黑	红	2.00	优	
304	S6062	YD1-0651	普通野生稻	中国（花都）	匍匐	淡紫	9.26	黑	红	2.00	优	
305	S6073	YD1-0652	普通野生稻	中国（花都）	匍匐	绿	10.03	褐	红	2.00	优	
306	S6076	YD1-0653	普通野生稻	中国（花都）	匍匐	紫	9.19	黑	红	2.00	优	
307	S6077	YD1-0654	普通野生稻	中国（花都）	匍匐	紫	9.19	黑	红	1.50	优	
308	S6082	YD1-0655	普通野生稻	中国（花都）	匍匐	淡紫	10.03	褐	红	2.00	优	
309	S6084	YD1-0656	普通野生稻	中国（花都）	匍匐	紫	9.19	黑	红	2.00	优	
310	S6085	YD1-0657	普通野生稻	中国（花都）	匍匐	紫	9.19	黑	红	1.80	优	
311	S6059	YD1-0658	普通野生稻	中国（花都）	匍匐	淡紫	10.03	褐	红	1.90	优	
312	S6040	YD1-0660	普通野生稻	中国（花都）	倾斜	淡紫	10.03	褐	红	1.65	优	
313	S6041	YD1-0661	普通野生稻	中国（花都）	倾斜	绿	10.03	黑	红	2.25	优	
314	S6043	YD1-0662	普通野生稻	中国（花都）	倾斜	紫条	10.03	黑	红	2.10	优	
315	S6044	YD1-0663	普通野生稻	中国（花都）	倾斜	淡紫	9.15	黑	红	1.90	优	
316	S6061	YD1-0664	普通野生稻	中国（花都）	倾斜	绿	10.06	紫	红	1.60	优	
317	S6065	YD1-0666	普通野生稻	中国（花都）	倾斜	绿	9.19	褐	红	2.00	优	
318	S6067	YD1-0668	普通野生稻	中国（花都）	倾斜	紫	9.26	黑	红	2.00	优	
319	S6075	YD1-0669	普通野生稻	中国（花都）	倾斜	绿	10.03	褐	红	1.90	优	
320	S7083	YD1-0672	普通野生稻	中国（花都）	倾斜	紫	9.26	褐	红	2.00	优	
321	S6030	YD1-0673	普通野生稻	中国（花都）	半直立	紫	10.03	褐	红	1.70	优	
322	S6036	YD1-0675	普通野生稻	中国（花都）	半直立	淡紫	10.03	黑	红	1.45	优	
323	S6045	YD1-0676	普通野生稻	中国（花都）	半直立	绿	10.03	褐	红	1.90	优	
324	S6047	YD1-0677	普通野生稻	中国（花都）	半直立	绿	9.19	黑	红	2.00	优	
325	S6048	YD1-0678	普通野生稻	中国（花都）	半直立	绿	9.26	秆黄	红	1.90	优	
326	S6051	YD1-0679	普通野生稻	中国（花都）	半直立	紫	9.26	黑	红	1.75	优	
327	S6063	YD1-0680	普通野生稻	中国（花都）	半直立	淡紫	10.03	秆黄	红	1.40	优	
328	S6068	YD1-0681	普通野生稻	中国（花都）	半直立	淡紫	9.26	黑	红	1.96	优	
329	S6070	YD1-0683	普通野生稻	中国（花都）	半直立	淡紫	10.10	黑	红	2.00	优	
330	S6071	YD1-0684	普通野生稻	中国（花都）	半直立	绿	10.06	黑	红	1.50	优	

续表

序号	单位保存号	全国统一号	种　名	原产地	生长习性	基部鞘色	始穗期（月.日）	内外颖色	种皮色	百粒重（g）	外观米质	蛋白质含量（%）
331	S6078	YD1-0686	普通野生稻	中国（花都）	半直立	淡紫	9.22	褐	红	1.60	优	
332	S6079	YD1-0687	普通野生稻	中国（花都）	半直立	淡紫	9.29	褐斑	红	2.00	优	
333	S6053	YD1-0689	普通野生稻	中国（花都）	直立	绿	10.06	褐	红	2.00	优	
334	S6056	YD1-0691	普通野生稻	中国（花都）	直立	绿	9.29	褐	红	1.90	优	
335	S6091	YD1-0696	普通野生稻	中国（从化）	匍匐	紫	10.06	褐	红	1.80	优	
336	S6092	YD1-0697	普通野生稻	中国（从化）	匍匐	紫条	10.03	黑	红	1.75	优	
337	S6094	YD1-0698	普通野生稻	中国（从化）	匍匐	紫	9.26	黑	红	1.50	优	
338	S6097	YD1-0699	普通野生稻	中国（从化）	匍匐	紫	9.26	黑	红	1.50	优	
339	S6098	YD1-0700	普通野生稻	中国（从化）	匍匐	紫	9.22	黑	红	1.70	优	
340	S6100	YD1-0702	普通野生稻	中国（从化）	匍匐	紫	9.22	黑	红	1.80	优	
341	S6101	YD1-0703	普通野生稻	中国（从化）	匍匐	紫	9.22	黑	红	2.00	优	
342	S6107	YD1-0707	普通野生稻	中国（从化）	匍匐	紫	9.26	黑	红	1.70	优	
343	S6111	YD1-0708	普通野生稻	中国（从化）	匍匐	紫	10.03	黑	红	2.00	优	
344	S6117	YD1-0711	普通野生稻	中国（从化）	匍匐	紫	10.03	褐	淡褐	1.60	优	
345	S6121	YD1-0713	普通野生稻	中国（从化）	匍匐	紫	9.19	黑	红	1.60	优	>14.00
346	S6124	YD1-0714	普通野生稻	中国（从化）	匍匐	紫	10.05	褐	红	1.70	优	
347	S6125	YD1-0715	普通野生稻	中国（从化）	匍匐	紫条	10.03	褐	红	1.70	优	
348	S6126	YD1-0716	普通野生稻	中国（从化）	匍匐	紫条	10.03	黑	红	1.40	优	>14.00
349	S6130	YD1-0717	普通野生稻	中国（从化）	匍匐	紫条	9.29	黑	红	1.90	优	
350	S6132	YD1-0718	普通野生稻	中国（从化）	匍匐	紫	9.26	褐	红	1.80	优	
351	S6133	YD1-0719	普通野生稻	中国（从化）	匍匐	紫	9.29	黑	虾肉	1.60	中	>14.00
352	S6137	YD1-0720	普通野生稻	中国（从化）	匍匐	紫	9.26	黑	红	1.80	优	
353	S6143	YD1-0721	普通野生稻	中国（从化）	匍匐	淡紫	9.29	黑	红	1.75	优	
354	S6145	YD1-0722	普通野生稻	中国（从化）	匍匐	紫条	10.03	黑	红	1.50	优	
355	S6148	YD1-0724	普通野生稻	中国（从化）	匍匐	绿	9.29	褐	红	1.50	优	
356	S6149	YD1-0725	普通野生稻	中国（从化）	匍匐	淡紫	9.26	黑	红	1.50	优	
357	S6089	YD1-0726	普通野生稻	中国（从化）	倾斜	淡紫	9.26	黑	红	1.80	优	
358	S6112	YD1-0727	普通野生稻	中国（从化）	倾斜	紫	10.03	黑	红	1.90	优	
359	S6129	YD1-0729	普通野生稻	中国（从化）	倾斜	淡紫	10.03	黑	红	1.75	优	
360	S6131	YD1-0730	普通野生稻	中国（从化）	倾斜	紫	9.29	黑	红	1.80	优	
361	S6141	YD1-0732	普通野生稻	中国（从化）	倾斜	淡紫	9.22	黑	红	2.00	优	>14.00
362	S6144	YD1-0733	普通野生稻	中国（从化）	倾斜	淡紫	9.29	黑	红	1.90	优	
363	S6154	YD1-0739	普通野生稻	中国（增城）	匍匐	紫	9.27	褐	红	1.90	优	
364	S6155	YD1-0740	普通野生稻	中国（增城）	匍匐	淡紫	9.14	黑	红	1.70	优	
365	S6159	YD1-0741	普通野生稻	中国（增城）	匍匐	紫	9.23	黑	红	1.60	优	

续表

序号	单位保存号	全国统一号	种 名	原产地	生长习性	基部鞘色	始穗期（月.日）	内外颖色	种皮色	百粒重（g）	外观米质	蛋白质含量（%）
366	S6160	YD1-0742	普通野生稻	中国（增城）	匍匐	紫	9.30	黑	红	1.60	优	
367	S6162	YD1-0743	普通野生稻	中国（增城）	匍匐	淡紫	9.23	褐	红	1.50	优	
368	S6164	YD1-0745	普通野生稻	中国（增城）	匍匐	淡紫	9.23	黑	红	1.40	优	
369	S6168	YD1-0747	普通野生稻	中国（增城）	匍匐	紫	9.30	黑	红	1.60	优	
370	S6171	YD1-0750	普通野生稻	中国（增城）	匍匐	淡紫	9.28	黑	红	1.50	优	
371	S6172	YD1-0751	普通野生稻	中国（增城）	匍匐	淡紫	9.23	黑	红	1.50	优	
372	S6176	YD1-0753	普通野生稻	中国（增城）	匍匐	紫	9.23	黑	红	1.70	优	
373	S6177	YD1-0754	普通野生稻	中国（增城）	匍匐	紫	9.23	褐	红	1.80	优	
374	S6180	YD1-0756	普通野生稻	中国（增城）	匍匐	紫	9.24	黑	红	1.50	优	
375	S6181	YD1-0757	普通野生稻	中国（增城）	匍匐	紫	9.25	黑	红	1.70	优	
376	S6183	YD1-0759	普通野生稻	中国（增城）	匍匐	紫	9.20	黑	红	1.80	优	
377	S6188	YD1-0762	普通野生稻	中国（增城）	匍匐	紫	9.16	黑	红	1.70	优	
378	S6189	YD1-0763	普通野生稻	中国（增城）	匍匐	紫	9.19	黑	红	1.80	优	
379	S6193	YD1-0765	普通野生稻	中国（增城）	匍匐	淡紫	9.23	褐	红	1.70	优	
380	S6196	YD1-0766	普通野生稻	中国（增城）	匍匐	淡紫	10.07	黑	红	1.70	优	
381	S6197	YD1-0767	普通野生稻	中国（增城）	匍匐	紫	9.21	黑	红	1.60	优	
382	S6200	YD1-0769	普通野生稻	中国（增城）	匍匐	紫	9.22	黑	红	1.60	优	
383	S6201	YD1-0770	普通野生稻	中国（增城）	匍匐	紫	9.21	黑	红	1.75	优	
384	S6202	YD1-0771	普通野生稻	中国（增城）	匍匐	紫	9.20	黑	白	1.60	优	
385	S6203	YD1-0772	普通野生稻	中国（增城）	匍匐	紫	9.20	黑	红	1.70	优	
386	S6157	YD1-0773	普通野生稻	中国（增城）	倾斜	紫条	9.30	黑	红	1.50	优	
387	S6175	YD1-0774	普通野生稻	中国（增城）	倾斜	淡紫	9.08	黑	红	1.70	优	
388	S6178	YD1-0775	普通野生稻	中国（增城）	倾斜	紫条	9.23	黑	红	1.80	优	
389	S6195	YD1-0777	普通野生稻	中国（增城）	半直立	紫条	10.07	黑	红	1.80	优	
390	S6212	YD1-0784	普通野生稻	中国（龙门）	倾斜	紫条	9.16	黑	红	1.60	优	
391	S7005	YDI-0786	普通野生稻	中国（东莞）	匍匐	淡紫	9.30	褐	白	1.90	优	
392	S7007	YD1-0787	普通野生稻	中国（东莞）	匍匐	紫	10.05	褐	红	1.60	优	
393	S7009	YD1-0788	普通野生稻	中国（东莞）	匍匐	淡紫	9.21	褐	红	1.50	优	
394	S7011	YD1-0789	普通野生稻	中国（东莞）	匍匐	淡紫	9.20	褐	红	1.60	优	
395	S7013	YD1-0791	普通野生稻	中国（东莞）	匍匐	淡紫	10.01	秆黄	红	1.80	优	
396	S7014	YD1-0792	普通野生稻	中国（东莞）	匍匐	淡紫	10.06	褐	红	1.60	优	
397	S7015	YD1-0793	普通野生稻	中国（东莞）	匍匐	绿	9.23	褐	红	1.85	优	
398	S7017	YD1-0794	普通野生稻	中国（东莞）	匍匐	紫条	9.17	褐	红	1.60	优	>14.00
399	S7018	YD1-0795	普通野生稻	中国（东莞）	匍匐	淡紫	9.28	褐	红	1.60	优	
400	S7019	YD1-0796	普通野生稻	中国（东莞）	匍匐	紫条	9.30	褐	红	1.60	优	

续表

序号	单位 保存号	全国 统一号	种　名	原产地	生长 习性	基部 鞘色	始穗期 （月.日）	内外 颖色	种皮 色	百粒重 （g）	外观 米质	蛋白质含 量（%）
401	S7020	YD1-0797	普通野生稻	中国（东莞）	匍匐	紫条	9.30	褐	红	1.60	优	
402	S7021	YD1-0798	普通野生稻	中国（东莞）	匍匐	紫条	9.26	褐	红	1.50	优	
403	S7022	YD1-0799	普通野生稻	中国（东莞）	匍匐	淡紫	10.03	褐	红	1.60	优	
404	S7023	YD1-0800	普通野生稻	中国（东莞）	匍匐	紫条	9.24	黑	红	1.60	优	
405	S7025	YD1-0802	普通野生稻	中国（东莞）	匍匐	紫条	9.22	黑	红	1.60	优	
406	S7026	YD1-0803	普通野生稻	中国（东莞）	匍匐	紫条	9.22	褐	红	1.50	优	
407	S7031	YD1-0805	普通野生稻	中国（东莞）	匍匐	紫条	9.25	黑	红	1.60	优	
408	S7032	YD1-0806	普通野生稻	中国（东莞）	匍匐	紫条	9.25	褐	红	1.60	优	
409	S7008	YD1-0808	普通野生稻	中国（东莞）	倾斜	淡紫	9.23	褐	红	1.60	优	
410	S7027	YD1-0809	普通野生稻	中国（东莞）	倾斜	紫条	9.24	褐	红	1.80	优	
411	S7029	YD1-0811	普通野生稻	中国（东莞）	倾斜	绿	10.05	褐	红	1.50	优	
412	S7033	YD1-0812	普通野生稻	中国（东莞）	倾斜	淡紫	9.27	褐	红	1.60	优	
413	S7036	YD1-0815	普通野生稻	中国（东莞）	倾斜	紫条	10.09	褐	红	1.50	优	
414	S7003	YD1-0816	普通野生稻	中国（东莞）	半直立	绿	10.01	褐	红	1.70	中	16.04
415	S7004	YD1-0817	普通野生稻	中国（东莞）	半直立	绿	10.07	褐	浅红	1.80	优	
416	S7045	YD1-0819	普通野生稻	中国（惠州）	匍匐	紫	10.03	黑	红	2.00	优	
417	S7047	YD1-0821	普通野生稻	中国（惠州）	匍匐	紫	9.26	褐	红	1.70	优	
418	S7051	YD1-0822	普通野生稻	中国（惠州）	匍匐	紫条	9.26	褐	红	1.70	优	
419	S7045	YD1-0823	普通野生稻	中国（惠州）	匍匐	淡紫	9.26	黑	红	2.00	优	
420	S7062	YD1-0824	普通野生稻	中国（惠州）	匍匐	淡紫	9.26	黑	红	2.00	优	
421	S7063	YD1-0825	普通野生稻	中国（惠州）	匍匐	淡紫	10.03	秆黄	红	2.00	优	
422	S7066	YD1-0826	普通野生稻	中国（惠州）	匍匐	淡紫	9.26	褐	红	1.60	优	
423	S7069	YD1-0828	普通野生稻	中国（惠州）	匍匐	淡紫	9.29	褐	红	1.75	优	
424	S7085	YD1-0834	普通野生稻	中国（惠州）	匍匐	淡紫	10.15	褐	红	1.50	优	
425	S7086	YD1-0835	普通野生稻	中国（惠州）	匍匐	淡紫	10.10	褐	红	1.60	优	
426	S7088	YD1-0837	普通野生稻	中国（惠州）	匍匐	淡紫	10.03	秆黄	红	2.00	优	
427	S7090	YD1-0838	普通野生稻	中国（惠州）	匍匐	淡紫	10.06	褐	红	1.80	优	
428	S7091	YD1-0839	普通野生稻	中国（惠州）	匍匐	淡紫	10.10	褐	红	1.50	优	
429	S7100	YD1-0844	普通野生稻	中国（惠州）	匍匐	淡紫	9.26	秆黄	红	1.60	优	
430	S7108	YD1-0846	普通野生稻	中国（惠州）	匍匐	紫条	9.26	黑	红	1.70	优	
431	S7111	YD1-0847	普通野生稻	中国（惠州）	匍匐	紫条	9.26	黑	红	2.00	优	
432	S7116	YD1-0848	普通野生稻	中国（惠州）	匍匐	紫	10.06	褐	红	2.00	优	
433	S7121	YD1-0849	普通野生稻	中国（惠州）	匍匐	淡紫	9.29	秆黄	红	1.50	优	
434	S7130	YD1-0851	普通野生稻	中国（惠州）	匍匐	紫条	9.26	褐	红	1.40	优	
435	S7449	YD1-0853	普通野生稻	中国（惠州）	匍匐	淡紫	9.25	褐	红	1.50	中	>14.00

续表

序号	单位保存号	全国统一号	种 名	原产地	生长习性	基部鞘色	始穗期（月.日）	内外颖色	种皮色	百粒重（g）	外观米质	蛋白质含量（%）
436	S7450	YD1-0854	普通野生稻	中国（惠州）	匍匐	紫	9.25	褐	红	1.50	优	
437	S7451	YD1-0855	普通野生稻	中国（惠州）	匍匐	淡紫	9.25	褐	紫	1.60	优	
438	S7453	YD1-0857	普通野生稻	中国（惠州）	匍匐	紫	9.23	褐	红	1.50	优	
439	S7904	YD1-0865	普通野生稻	中国（惠州）	匍匐	淡紫	9.30	褐	红	1.80	优	
440	S7038	YD1-0875	普通野生稻	中国（惠州）	倾斜	淡紫	9.26	褐	红	1.60	优	
441	S7039	YD1-0876	普通野生稻	中国（惠州）	倾斜	紫条	9.29	褐	红	2.00	中	>14.00
442	S7041	YD1-0878	普通野生稻	中国（惠州）	倾斜	紫	9.19	褐	红	1.70	优	
443	S7042	YD1-0879	普通野生稻	中国（惠州）	倾斜	紫条	9.26	褐	红	1.60	优	
444	S7043	YD1-0880	普通野生稻	中国（惠州）	倾斜	淡紫	9.26	褐	红	1.80	优	
445	S7044	YD1-0881	普通野生稻	中国（惠州）	倾斜	紫条	9.29	褐	红	1.78	优	
446	S7048	YD1-0882	普通野生稻	中国（惠州）	倾斜	紫	9.26	黑	红	1.70	优	
447	S7049	YD1-0883	普通野生稻	中国（惠州）	倾斜	紫条	9.29	褐	红	2.40	优	
448	S7050	YD1-0884	普通野生稻	中国（惠州）	倾斜	淡紫	9.22	紫	红	2.00	优	
449	S7052	YD1-0885	普通野生稻	中国（惠州）	倾斜	紫	10.03	褐	红	2.00	优	14.51
450	S7059	YD1-0886	普通野生稻	中国（惠州）	倾斜	淡紫	9.22	褐	红	1.45	优	
451	S7061	YD1-0887	普通野生稻	中国（惠州）	倾斜	淡紫	9.19	褐	红	1.60	优	
452	S7065	YD1-0888	普通野生稻	中国（惠州）	倾斜	紫条	9.26	黑	红	1.50	优	
453	S7075	YD1-0892	普通野生稻	中国（惠州）	倾斜	紫条	10.03	黑	红	2.00	优	
454	S7078	YD1-0893	普通野生稻	中国（惠州）	倾斜	紫条	9.26	褐	红	2.00	优	
455	S7079	YD1-0894	普通野生稻	中国（惠州）	倾斜	紫条	9.26	秆黄	红	2.00	优	
456	S7081	YD1-0895	普通野生稻	中国（惠州）	倾斜	淡紫	10.06	褐	红	1.70	优	
457	S7095	YD1-0898	普通野生稻	中国（惠州）	倾斜	淡紫	10.03	褐	红	1.70	优	
458	S7102	YD1-0990	普通野生稻	中国（惠州）	倾斜	淡紫	9.26	黑	红	1.50	优	
459	S7103	YD1-0901	普通野生稻	中国（惠州）	倾斜	紫条	10.03	褐	红	1.40	优	
460	S7104	YD1-0902	普通野生稻	中国（惠州）	倾斜	紫条	9.26	褐	红	1.50	优	
461	S7105	YD1-0903	普通野生稻	中国（惠州）	倾斜	紫条	10.03	褐	红	1.60	优	
462	S7106	YD1-0904	普通野生稻	中国（惠州）	倾斜	紫条	9.26	褐	红	2.00	优	
463	S7107	YD1-0905	普通野生稻	中国（惠州）	倾斜	紫条	10.03	褐	红	1.80	优	
464	S7109	YD1-0906	普通野生稻	中国（惠州）	倾斜	紫条	9.26	黑	红	1.80	优	
465	S7110	YD1-0907	普通野生稻	中国（惠州）	倾斜	紫条	10.06	褐	红	2.00	优	
466	S7112	YD1-0908	普通野生稻	中国（惠州）	倾斜	紫条	9.29	黑	红	2.00	优	
467	S7113	YD1-0909	普通野生稻	中国（惠州）	倾斜	紫条	10.06	黑	红	2.00	优	
468	S7114	YD1-0910	普通野生稻	中国（惠州）	倾斜	紫条	9.26	秆黄	红	2.00	优	
469	S7115	YD1-0911	普通野生稻	中国（惠州）	倾斜	紫条	10.03	黑	红	1.90	优	
470	S7119	YD1-0913	普通野生稻	中国（惠州）	倾斜	淡紫	10.19	秆黄	红	1.60	优	

续表

序号	单位保存号	全国统一号	种　名	原产地	生长习性	基部鞘色	始穗期（月.日）	内外颖色	种皮色	百粒重（g）	外观米质	蛋白质含量（%）
471	S7120	YD1-0914	普通野生稻	中国（惠州）	倾斜	淡紫	9.26	褐	红	2.00	优	
472	S7123	YD1-0915	普通野生稻	中国（惠州）	倾斜	淡紫	9.29	秆黄	红	1.75	优	
473	S7124	YD1-0916	普通野生稻	中国（惠州）	倾斜	淡紫	10.03	黑	红	1.30	优	
474	S7125	YD1-0917	普通野生稻	中国（惠州）	倾斜	淡紫	10.03	秆黄	红	2.00	优	
475	S7127	YD1-0918	普通野生稻	中国（惠州）	倾斜	紫条	10.03	黑	红	1.60	优	
476	S7129	YD1-0920	普通野生稻	中国（惠州）	倾斜	紫条	10.03	黑	红	1.50	优	
477	S7131	YD1-0921	普通野生稻	中国（惠州）	倾斜	紫条	9.26	秆黄	红	1.50	优	
478	S7132	YD1-0922	普通野生稻	中国（惠州）	倾斜	紫条	9.30	秆黄	红	1.75	优	
479	S7454	YD1-0923	普通野生稻	中国（惠州）	倾斜	淡紫	9.26	褐	红	1.60	优	
480	S7053	YD1-0924	普通野生稻	中国（惠州）	半直立	淡紫	9.19	褐	白	1.70	优	14.97
481	S7058	YD1-0927	普通野生稻	中国（惠州）	半直立	紫条	9.26	秆黄	红	1.75	优	>14.00
482	S7060	YD1-0928	普通野生稻	中国（惠州）	半直立	紫条	9.26	褐	红	1.50	优	
483	S7064	YD1-0929	普通野生稻	中国（惠州）	半直立	紫条	10.06	黑	红	1.60	优	
484	S7077	YD1-0930	普通野生稻	中国（惠州）	半直立	紫条	10.10	秆黄	红	2.00	优	
485	S7082	YD1-0931	普通野生稻	中国（惠州）	半直立	淡紫	10.10	黑	红	2.00	优	
486	S7094	YD1-0932	普通野生稻	中国（惠州）	半直立	紫条	9.06	黑	红	1.80	优	
487	S7117	YD1-0933	普通野生稻	中国（惠州）	半直立	淡紫	10.03	黑	红	1.80	优	
488	S7139	YD1-0934	普通野生稻	中国（惠阳）	匍匐	紫条	9.26	褐	红	2.25	优	
489	S7143	YD1-0936	普通野生稻	中国（惠阳）	匍匐	淡紫	9.22	褐	红	1.54	优	
490	S7144	YD1-0937	普通野生稻	中国（惠阳）	匍匐	紫条	9.29	褐	红	1.66	优	
491	S7152	YD1-0940	普通野生稻	中国（惠阳）	匍匐	淡紫	10.03	黑	红	2.00	优	
492	S7154	YD1-0942	普通野生稻	中国（惠阳）	匍匐	紫条	10.03	褐	红	2.00	优	
493	S7159	YD1-0947	普通野生稻	中国（惠阳）	匍匐	淡紫	10.03	褐	红	2.00	优	
494	S7160	YD1-0948	普通野生稻	中国（惠阳）	匍匐	淡紫	10.10	褐	红	1.70	优	
495	S7303	YD1-1305	普通野生稻	中国（惠东）	倾斜	紫	9.16	褐	红	2.00	优	
496	S7304	YD1-1306	普通野生稻	中国（惠东）	倾斜	淡紫	10.03	褐	红	2.00	优	
497	S7305	YD1-1307	普通野生稻	中国（惠东）	倾斜	淡紫	9.26	褐	红	1.80	优	
498	S7308	YD1-1308	普通野生稻	中国（惠东）	倾斜	紫条	10.03	褐	红	1.75	优	>14.00
499	S7312	YD1-1309	普通野生稻	中国（惠东）	倾斜	紫条	10.10	秆黄	红	2.00	优	
500	S7316	YD1-1310	普通野生稻	中国（惠东）	倾斜	紫	10.03	褐	红	1.60	优	
501	S7317	YD1-1311	普通野生稻	中国（惠东）	倾斜	紫	9.26	褐	红	1.75	优	
502	S7321	YD1-1312	普通野生稻	中国（惠东）	倾斜	淡紫	9.29	褐	红	2.00	优	
503	S7336	YD1-1317	普通野生稻	中国（惠东）	倾斜	淡紫	9.29	褐	红	2.00	优	
504	S7337	YD1-1318	普通野生稻	中国（惠东）	倾斜	淡紫	9.29	褐	红	1.60	优	
505	S7338	YD1-1319	普通野生稻	中国（惠东）	倾斜	紫	9.26	褐	红	2.00	优	

续表

序号	单位保存号	全国统一号	种名	原产地	生长习性	基部鞘色	始穗期（月.日）	内外颖色	种皮色	百粒重（g）	外观米质	蛋白质含量（%）
506	S7341	YD1-1320	普通野生稻	中国（惠东）	倾斜	淡紫	9.29	秆黄	红	1.60	优	
507	S7342	YD1-1321	普通野生稻	中国（惠东）	倾斜	紫	10.03	秆黄	红	2.00	优	
508	S7343	YD1-1322	普通野生稻	中国（惠东）	倾斜	淡紫	9.26	褐	红	2.00	优	
509	S7347	YD1-1324	普通野生稻	中国（惠东）	倾斜	淡紫	9.29	褐	红	2.00	优	
510	S7348	YD1-1325	普通野生稻	中国（惠东）	倾斜	淡紫	10.06	褐	红	2.00	优	
511	S7349	YD1-1326	普通野生稻	中国（惠东）	倾斜	淡紫	9.29	褐	红	1.60	优	
512	S7361	YD1-1330	普通野生稻	中国（惠东）	倾斜	紫条	9.29	褐	红	1.80	优	
513	S7363	YD1-1331	普通野生稻	中国（惠东）	倾斜	紫条	9.29	褐	红	2.00	优	
514	S7365	YD1-1332	普通野生稻	中国（惠东）	倾斜	淡紫	9.26	褐	红	2.00	优	
515	S7383	YD1-1334	普通野生稻	中国（惠东）	倾斜	淡紫	9.29	褐	红	2.00	优	
516	S7385	YD1-1336	普通野生稻	中国（惠东）	倾斜	紫条	9.29	黑	红	1.80	优	
517	S7401	YD1-1338	普通野生稻	中国（惠东）	倾斜	淡紫	10.03	褐	红	2.00	优	
518	S7407	YD1-1339	普通野生稻	中国（惠东）	倾斜	淡紫	9.19	褐	红	1.75	优	
519	S7409	YD1-1340	普通野生稻	中国（惠东）	倾斜	淡紫	9.26	褐	红	2.00	优	
520	S7410	YD1-1341	普通野生稻	中国（惠东）	倾斜	紫条	10.03	褐	红	2.00	优	
521	S7413	YD1-1344	普通野生稻	中国（惠东）	倾斜	淡紫	10.03	褐	红	1.80	优	
522	S7417	YD1-1346	普通野生稻	中国（惠东）	倾斜	淡紫	9.22	褐	红	2.00	优	
523	S7418	YD1-1347	普通野生稻	中国（惠东）	倾斜	紫条	10.06	黑	红	2.00	优	
524	S7821	YD1-1001	普通野生稻	中国（惠阳）	匍匐	淡紫	10.15	褐	红	2.00	优	
525	S7822	YD1-1002	普通野生稻	中国（惠阳）	匍匐	淡紫	10.03	褐	红	2.10	优	
526	S7823	YD1-1003	普通野生稻	中国（惠阳）	匍匐	淡紫	10.03	褐	红	1.90	优	
527	S7824	YD1-1004	普通野生稻	中国（惠阳）	匍匐	淡紫	10.04	褐	红	2.00	优	
528	S7846	YD1-1020	普通野生稻	中国（惠阳）	匍匐	淡紫	10.03	褐	红	2.00	优	
529	S7847	YD1-1021	普通野生稻	中国（惠阳）	匍匐	淡紫	10.03	褐	红	1.90	优	
530	S7848	YD1-1022	普通野生稻	中国（惠阳）	匍匐	淡紫	10.04	褐	红	2.00	优	
531	S7849	YD1-1023	普通野生稻	中国（惠阳）	匍匐	淡紫	9.25	褐	红	1.90	优	
532	S7850	YD1-1024	普通野生稻	中国（惠阳）	匍匐	淡紫	9.24	褐	红	1.90	优	
533	S7851	YD1-1025	普通野生稻	中国（惠阳）	匍匐	淡紫	9.26	褐	红	1.90	优	
534	S7852	YD1-1026	普通野生稻	中国（惠阳）	匍匐	淡紫	10.01	褐	红	1.80	优	
535	S7853	YD1-1027	普通野生稻	中国（惠阳）	匍匐	淡紫	10.01	褐	红	1.70	优	
536	S7854	YD1-1028	普通野生稻	中国（惠阳）	匍匐	淡紫	9.25	褐	红	2.00	优	
537	S7855	YD1-1029	普通野生稻	中国（惠阳）	匍匐	淡紫	9.26	褐	红	1.80	优	
538	S7856	YD1-1030	普通野生稻	中国（惠阳）	匍匐	淡紫	9.27	褐	红	1.90	优	
539	S7867	YD1-1031	普通野生稻	中国（惠阳）	匍匐	淡紫	9.20	褐	红	1.60	优	
540	S7868	YD1-1032	普通野生稻	中国（惠阳）	匍匐	淡紫	9.20	褐	红	1.50	优	

续表

序号	单位保存号	全国统一号	种 名	原产地	生长习性	基部鞘色	始穗期（月.日）	内外颖色	种皮色	百粒重（g）	外观米质	蛋白质含量（%）
541	S7869	YD1-1033	普通野生稻	中国（惠阳）	匍匐	淡紫	9.18	褐	红	1.60	优	
542	S7870	YD1-1034	普通野生稻	中国（惠阳）	匍匐	淡紫	9.25	褐	红	1.70	优	
543	S7871	YD1-1035	普通野生稻	中国（惠阳）	匍匐	淡紫	9.25	褐	红	1.50	优	
544	S7872	YD1-1036	普通野生稻	中国（惠阳）	匍匐	淡紫	9.20	褐	红	1.50	优	
545	S7873	YD1-1037	普通野生稻	中国（惠阳）	匍匐	淡紫	9.21	褐	红	1.50	优	
546	S7882	YD1-1038	普通野生稻	中国（惠阳）	匍匐	紫	10.05	褐	红	1.50	优	
547	S7883	YD1-1039	普通野生稻	中国（惠阳）	匍匐	紫	10.06	褐	红	1.60	优	
548	S7884	YD1-1040	普通野生稻	中国（惠阳）	匍匐	紫	10.07	褐	红	1.60	优	
549	S7885	YD1-1041	普通野生稻	中国（惠阳）	匍匐	紫	10.06	褐	红	1.70	优	
550	S7886	YD1-1042	普通野生稻	中国（惠阳）	匍匐	紫	10.03	褐	红	2.00	优	
551	S7887	YD1-1043	普通野生稻	中国（惠阳）	匍匐	紫	10.04	褐	红	1.80	优	
552	S7888	YD1-1044	普通野生稻	中国（惠阳）	匍匐	紫	10.04	褐	红	1.90	优	
553	S7889	YD1-1045	普通野生稻	中国（惠阳）	匍匐	紫	10.03	褐	红	1.90	优	
554	S7890	YD1-1046	普通野生稻	中国（惠阳）	匍匐	紫	10.03	褐	红	2.00	优	
555	S7891	YD1-1047	普通野生稻	中国（惠阳）	匍匐	紫	10.05	褐	红	1.80	优	
556	S7892	YD1-1048	普通野生稻	中国（惠阳）	匍匐	紫	10.03	褐	红	1.90	优	
557	S7893	YD1-1049	普通野生稻	中国（惠阳）	匍匐	紫	10.03	褐	红	2.00	优	
558	S7140	YD1-1051	普通野生稻	中国（惠阳）	倾斜	紫条	9.26	褐	红	1.60	优	
559	S7145	YD1-1052	普通野生稻	中国（惠阳）	倾斜	紫条	10.03	黑	红	1.75	优	
560	S7146	YD1-1053	普通野生稻	中国（惠阳）	倾斜	紫条	9.19	黑	红	2.00	优	
561	S7147	YD1-1054	普通野生稻	中国（惠阳）	倾斜	淡紫	10.03	褐	红	1.54	优	
562	S7148	YD1-1055	普通野生稻	中国（惠阳）	倾斜	淡紫	10.10	黑	红	1.50	优	
563	S7151	YD1-1056	普通野生稻	中国（惠阳）	倾斜	淡紫	10.03	黑	红	1.50	优	
564	S7161	YD1-1057	普通野生稻	中国（惠阳）	倾斜	淡紫	10.03	褐	红	2.00	优	
565	S7170	YD1-1058	普通野生稻	中国（惠阳）	倾斜	淡紫	10.10	褐	红	2.00	优	
566	S7174	YD1-1059	普通野生稻	中国（惠阳）	倾斜	绿	10.03	黑	红	2.00	优	
567	S7175	YD1-1060	普通野生稻	中国（惠阳）	倾斜	紫条	9.19	黑	红	2.00	优	
568	S7176	YD1-1061	普通野生稻	中国（惠阳）	倾斜	绿	10.03	黑	红	1.50	优	
569	S7182	YD1-1063	普通野生稻	中国（惠阳）	倾斜	紫条	9.26	黑	红	2.00	优	
570	S7183	YD1-1064	普通野生稻	中国（惠阳）	倾斜	淡紫	9.22	黑	红	2.00	优	
571	S7185	YD1-1065	普通野生稻	中国（惠阳）	倾斜	紫	9.26	黑	红	1.80	优	
572	S7187	YD1-1067	普通野生稻	中国（惠阳）	倾斜	淡紫	9.22	黑	红	1.60	优	
573	S7188	YD1-1068	普通野生稻	中国（惠阳）	倾斜	紫	9.26	黑	红	2.00	优	
574	S7189	YD1-1069	普通野生稻	中国（惠阳）	倾斜	淡紫	9.29	黑	红	2.00	优	
575	S7190	YD1-1070	普通野生稻	中国（惠阳）	倾斜	紫	9.29	黑	红	2.00	优	

续表

序号	单位保存号	全国统一号	种名	原产地	生长习性	基部鞘色	始穗期（月.日）	内外颖色	种皮色	百粒重（g）	外观米质	蛋白质含量（%）
576	S7193	YD1-1071	普通野生稻	中国（惠阳）	倾斜	紫	9.29	黑	红	2.00	优	
577	S7196	YD1-1072	普通野生稻	中国（惠阳）	倾斜	淡紫	10.03	黑	红	3.00	优	
578	S7197	YD1-1073	普通野生稻	中国（惠阳）	倾斜	淡紫	9.26	褐	红	2.00	优	
579	S7199	YD1-1074	普通野生稻	中国（惠阳）	倾斜	淡紫	10.03	褐	红	2.00	优	
580	S7204	YD1-1077	普通野生稻	中国（惠阳）	倾斜	紫	9.29	黑	红	2.00	优	
581	S7206	YD1-1078	普通野生稻	中国（惠阳）	倾斜	淡紫	10.06	褐	红	2.00	优	
582	S7207	YD1-1079	普通野生稻	中国（惠阳）	倾斜	淡紫	10.06	黑	红	2.00	优	
583	S7209	YD1-1080	普通野生稻	中国（惠阳）	倾斜	紫	10.06	褐	红	1.50	优	
584	S7211	YD1-1081	普通野生稻	中国（惠阳）	倾斜	淡紫	9.29	黑	紫	1.50	优	
585	S7212	YD1-1082	普通野生稻	中国（惠阳）	项斜	淡紫	10.03	黑	红	2.00	优	
586	S7217	YD1-1083	普通野生稻	中国（惠阳）	倾斜	淡紫	10.03	黑	红	2.00	优	
587	S7218	YD1-1084	普通野生稻	中国（惠阳）	倾斜	淡紫	9.29	黑	红	1.50	优	
588	S7223	YD1-1085	普通野生稻	中国（惠阳）	倾斜	紫	10.03	黑	红	2.00	优	
589	S7224	YD1-1086	普通野生稻	中国（惠阳）	倾斜	淡紫	9.29	黑	红	1.90	优	
590	S7226	YD1-1087	普通野生稻	中国（惠阳）	倾斜	淡紫	9.29	黑	红	1.50	优	
591	S7230	YD1-1089	普通野生稻	中国（惠阳）	倾斜	紫	10.03	褐	红	2.00	优	
592	S7233	YD1-1090	普通野生稻	中国（惠阳）	倾斜	紫	9.29	褐	红	2.00	优	
593	S7235	YD1-1091	普通野生稻	中国（惠阳）	倾斜	淡紫	10.03	黑	红	1.60	优	
594	S7249	YD1-1094	普通野生稻	中国（惠阳）	倾斜	淡紫	10.06	褐	红	2.00	优	
595	S7250	YD1-1095	普通野生稻	中国（惠阳）	倾斜	淡紫	10.13	褐	红	1.50	优	
596	S7259	YD1-1098	普通野生稻	中国（惠阳）	倾斜	绿	9.29	褐	红	2.00	优	
597	S7261	YD1-1099	普通野生稻	中国（惠阳）	倾斜	紫	9.22	黑	红	2.00	优	
598	S7266	YD1-1101	普通野生稻	中国（惠阳）	倾斜	绿	9.19	秆黄	红	2.00	优	
599	S7267	YD1-1102	普通野生稻	中国（惠阳）	倾斜	紫条	9.26	褐	红	2.00	优	
600	S7269	YD1-1104	普通野生稻	中国（惠阳）	倾斜	淡紫	10.10	褐	红	1.80	优	
601	S7271	YD1-1106	普通野生稻	中国（惠阳）	倾斜	紫条	9.19	褐	红	1.80	优	
602	S7273	YD1-1108	普通野生稻	中国（惠阳）	倾斜	淡紫	10.03	褐	红	2.00	优	
603	S7276	YD1-1109	普通野生稻	中国（惠阳）	倾斜	紫	9.26	褐	白	1.60	优	
604	S7277	YD1-1110	普通野生稻	中国（惠阳）	倾斜	淡紫	9.29	褐	红	2.00	优	
605	S7281	YD1-1112	普通野生稻	中国（惠阳）	倾斜	淡紫	10.03	褐	红	2.00	优	
606	S7282	YD1-1113	普通野生稻	中国（惠阳）	倾斜	紫条	10.23	褐	红	1.60	优	
607	S7286	YD1-1115	普通野生稻	中国（惠阳）	倾斜	淡紫	9.12	褐	红	2.00	优	
608	S7287	YD1-1116	普通野生稻	中国（惠阳）	倾斜	淡紫	10.03	褐	红	1.80	优	
609	S7289	YD1-1117	普通野生稻	中国（惠阳）	倾斜	紫	10.06	褐	红	2.00	优	
610	S7294	YD1-1120	普通野生稻	中国（惠阳）	倾斜	紫条	9.29	褐	红	2.00	优	

续表

序号	单位保存号	全国统一号	种　名	原产地	生长习性	基部鞘色	始穗期（月.日）	内外颖色	种皮色	百粒重（g）	外观米质	蛋白质含量（%）
611	S7297	YD1-1121	普通野生稻	中国（惠阳）	倾斜	淡紫	10.03	褐	白	2.00	优	
612	S7299	YD1-1122	普通野生稻	中国（惠阳）	倾斜	紫	10.03	秆黄	白	2.00	优	
613	S7819	YD1-1123	普通野生稻	中国（惠阳）	倾斜	紫	9.29	褐	红	1.60	优	
614	S7820	YD1-1124	普通野生稻	中国（惠阳）	倾斜	紫	9.30	褐	红	1.60	优	
615	S7840	YD1-1125	普通野生稻	中国（惠阳）	倾斜	淡紫	10.06	褐	红	1.90	优	
616	S7841	YD1-1126	普通野生稻	中国（惠阳）	倾斜	淡紫	10.13	褐	红	1.50	优	
617	S7842	YD1-1127	普通野生稻	中国（惠阳）	倾斜	淡紫	10.14	褐	红	1.60	优	
618	S7843	YD1-1128	普通野生稻	中国（惠阳）	倾斜	淡紫	10.14	褐	红	1.60	优	
619	S7844	YD1-1129	普通野生稻	中国（惠阳）	倾斜	淡紫	10.13	褐	红	1.50	优	
620	S7854	YD1-1130	普通野生稻	中国（惠阳）	倾斜	淡紫	10.13	褐	红	1.50	优	
621	S7874	YD1-1141	普通野生稻	中国（惠阳）	倾斜	紫条	10.23	褐	红	1.60	优	
622	S7875	YD1-1142	普通野生稻	中国（惠阳）	倾斜	紫条	10.22	褐	红	1.60	优	
623	S7876	YD1-1143	普通野生稻	中国（惠阳）	倾斜	紫条	10.23	褐	红	1.70	优	
624	S7877	YD1-1144	普通野生稻	中国（惠阳）	倾斜	紫条	10.23	褐	红	1.60	优	
625	S7878	YD1-1145	普通野生稻	中国（惠阳）	倾斜	淡紫	10.21	褐	红	1.70	优	
626	S7879	YD1-1146	普通野生稻	中国（惠阳）	倾斜	淡紫	10.23	褐	红	1.60	优	
627	S7780	YD1-1147	普通野生稻	中国（惠阳）	倾斜	淡紫	10.23	褐	红	1.60	优	
628	S7781	YD1-1148	普通野生稻	中国（惠阳）	倾斜	淡紫	10.24	褐	红	1.70	优	
629	S7137	YD1-1153	普通野生稻	中国（惠阳）	半直立	紫条	9.29	秆黄	红	1.80	优	
630	S7171	YD1-1154	普通野生稻	中国（惠阳）	半直立	紫条	10.10	黑	红	2.00	优	
631	S7194	YD1-1155	普通野生稻	中国（惠阳）	半直立	紫条	9.26	褐	红	2.20	优	
632	S7248	YD1-1156	普通野生稻	中国（惠阳）	半直立	淡紫	9.12	褐	红	2.00	优	
633	S7279	YD1-1157	普通野生稻	中国（惠阳）	半直立	绿	10.03	褐	红	2.00	优	
634	S7296	YD1-1159	普通野生稻	中国（惠阳）	半直立	紫	9.19	褐	红	2.00	优	
635	S7298	YD1-1160	普通野生稻	中国（惠阳）	半直立	紫条	10.03	黑	白	2.00	优	
636	S7344	YD1-1161	普通野生稻	中国（惠东）	匍匐	淡紫	10.03	褐	红	2.00	优	
637	S7350	YD1-1162	普通野生稻	中国（惠东）	匍匐	紫条	9.22	褐	红	1.60	优	
638	S7356	YD1-1163	普通野生稻	中国（惠东）	匍匐	淡紫	10.03	褐	红	2.00	优	
639	S7357	YD1-1164	普通野生稻	中国（惠东）	匍匐	紫条	10.03	褐	红	2.20	优	
640	S7360	YD1-1166	普通野生稻	中国（惠东）	匍匐	紫条	9.29	秆黄	红	2.00	优	
641	S7364	YD1-1167	普通野生稻	中国（惠东）	匍匐	淡紫	10.03	褐	红	2.00	优	
642	S7367	YD1-1168	普通野生稻	中国（惠东）	匍匐	淡紫	9.26	褐	红	2.00	优	
643	S7371	YD1-1172	普通野生稻	中国（惠东）	匍匐	淡紫	9.26	褐	红	2.00	优	
644	S7372	YD1-1173	普通野生稻	中国（惠东）	匍匐	淡紫	10.15	褐	红	2.00	优	
645	S7374	YD1-1175	普通野生稻	中国（惠东）	匍匐	淡紫	10.10	黑	红	1.60	优	

续表

序号	单位保存号	全国统一号	种名	原产地	生长习性	基部鞘色	始穗期（月.日）	内外颖色	种皮色	百粒重（g）	外观米质	蛋白质含量（%）
646	S7375	YD1-1176	普通野生稻	中国（惠东）	匍匐	绿	10.15	褐	红	1.50	优	
647	S7376	YD1-1177	普通野生稻	中国（惠东）	匍匐	紫	10.03	秆黄	红	1.50	优	
648	S7377	YD1-1178	普通野生稻	中国（惠东）	匍匐	紫	10.10	褐	红	1.90	优	
649	S7378	YD1-1179	普通野生稻	中国（惠东）	匍匐	紫	10.10	褐	红	2.00	优	
650	S7301	YD1-1181	普通野生稻	中国（惠东）	匍匐	紫	9.29	褐	红	2.00	优	
651	S7302	YD1-1182	普通野生稻	中国（惠东）	匍匐	紫	9.26	褐	红	2.00	优	
652	S7306	YD1-1183	普通野生稻	中国（惠东）	匍匐	紫条	10.03	褐	红	1.50	优	
653	S7307	YD1-1184	普通野生稻	中国（惠东）	匍匐	紫条	10.10	褐	红	2.00	优	
654	S7310	YD1-1185	普通野生稻	中国（惠东）	匍匐	紫	9.26	褐	红	2.00	优	
655	S7311	YD1-1186	普通野生稻	中国（惠东）	匍匐	紫	9.26	秆黄	红	2.00	优	
656	S7313	YD1-1187	普通野生稻	中国（惠东）	匍匐	紫	10.03	褐	红	2.00	中	>14.00
657	S7314	YD1-1188	普通野生稻	中国（惠东）	匍匐	紫	10.06	褐	红	2.00	优	
658	S7318	YD1-1190	普通野生稻	中国（惠东）	匍匐	紫	10.03	褐	红	2.00	优	
659	S7319	YD1-1191	普通野生稻	中国（惠东）	匍匐	紫	10.03	褐	红	1.90	优	
660	S7322	YD1-1192	普通野生稻	中国（惠东）	匍匐	紫	10.15	褐	红	1.60	优	
661	S7323	YD1-1193	普通野生稻	中国（惠东）	匍匐	淡紫	10.03	褐	红	2.00	优	
662	S7325	YD1-1194	普通野生稻	中国（惠东）	匍匐	淡紫	10.03	褐	红	2.00	优	
663	S7326	YD1-1195	普通野生稻	中国（惠东）	匍匐	淡紫	10.03	褐	红	1.70	优	
664	S7328	YD1-1196	普通野生稻	中国（惠东）	匍匐	淡紫	9.26	褐	红	2.00	优	
665	S7329	YD1-1197	普通野生稻	中国（惠东）	匍匐	淡紫	10.03	褐	红	2.00	优	
666	S7330	YD1-1198	普通野生稻	中国（惠东）	匍匐	紫	10.03	黑	红	2.00	优	
667	S7331	YD1-1199	普通野生稻	中国（惠东）	匍匐	紫	10.03	褐	红	2.25	优	
668	S7381	YD1-1201	普通野生稻	中国（惠东）	匍匐	紫	10.03	褐	红	2.00	优	
669	S7382	YD1-1202	普通野生稻	中国（惠东）	匍匐	淡紫	9.26	秆黄	红	1.60	优	
670	S7388	YD1-1203	普通野生稻	中国（惠东）	匍匐	淡紫	9.19	黑	红	1.50	优	
671	S7392	YD1-1204	普通野生稻	中国（惠东）	匍匐	绿	9.19	褐	红	1.75	优	
672	S7393	YD1-1205	普通野生稻	中国（惠东）	匍匐	紫	9.29	褐	红	2.00	优	
673	S7395	YD1-1206	普通野生稻	中国（惠东）	匍匐	淡紫	9.26	黑	红	1.75	优	
674	S7396	YD1-1207	普通野生稻	中国（惠东）	匍匐	紫	10.03	黑	红	1.75	优	
675	S7397	YD1-1208	普通野生稻	中国（惠东）	匍匐	紫	10.14	黑	红	1.50	优	
676	S7404	YD1-1211	普通野生稻	中国（惠东）	匍匐	淡紫	10.03	褐	红	1.80	优	
677	S7406	YD1-1212	普通野生稻	中国（惠东）	匍匐	紫	10.06	褐	红	2.00	优	
678	S7426	YD1-1213	普通野生稻	中国（惠东）	匍匐	淡紫	10.03	黑	红	1.75	优	
679	S7429	YD1-1215	普通野生稻	中国（惠东）	匍匐	紫	10.03	褐	红	2.00	优	
680	S7431	YD1-1217	普通野生稻	中国（惠东）	匍匐	紫	10.06	黑	红	1.50	优	

续表

序号	单位保存号	全国统一号	种　名	原产地	生长习性	基部鞘色	始穗期（月.日）	内外颖色	种皮色	百粒重（g）	外观米质	蛋白质含量（%）
681	S7433	YD1-1218	普通野生稻	中国（惠东）	匍匐	淡紫	10.10	褐	红	2.00	优	
682	S7439	YD1-1221	普通野生稻	中国（惠东）	匍匐	淡紫	9.26	黑	红	2.00	优	
683	S7662	YD1-1222	普通野生稻	中国（惠东）	匍匐	紫	9.26	褐	红	2.00	优	
684	S7663	YD1-1223	普通野生稻	中国（惠东）	匍匐	紫	9.27	褐	红	2.00	优	
685	S7664	YD1-1224	普通野生稻	中国（惠东）	匍匐	紫	9.26	褐	红	1.80	优	
686	S7665	YD1-1225	普通野生稻	中国（惠东）	匍匐	紫	9.28	褐	红	1.90	优	
687	S7666	YD1-1226	普通野生稻	中国（惠东）	匍匐	紫	9.29	褐	红	1.90	优	
688	S7667	YD1-1227	普通野生稻	中国（惠东）	匍匐	紫	9.27	褐	红	1.90	优	
689	S7668	YD1-1228	普通野生稻	中国（惠东）	匍匐	紫	9.26	褐	红	2.00	优	
690	S7669	YD1-1229	普通野生稻	中国（惠东）	匍匐	紫	9.30	褐	红	2.00	优	
691	S7670	YD1-1230	普通野生稻	中国（惠东）	匍匐	紫	9.30	褐	红	1.80	优	
692	S7671	YD1-1231	普通野生稻	中国（惠东）	匍匐	紫	9.26	褐	红	1.90	优	
693	S7672	YD1-1232	普通野生稻	中国（惠东）	匍匐	紫	9.28	褐	红	2.00	优	
694	S7673	YD1-1233	普通野生稻	中国（惠东）	匍匐	紫	9.29	褐	红	1.90	优	
695	S7674	YD1-1234	普通野生稻	中国（惠东）	匍匐	紫	9.28	褐	红	1.90	优	
696	S7675	YD1-1235	普通野生稻	中国（惠东）	匍匐	紫	9.26	褐	红	2.00	优	
697	S7686	YD1-1236	普通野生稻	中国（惠东）	匍匐	紫	10.03	褐	红	1.90	优	
698	S7687	YD1-1237	普通野生稻	中国（惠东）	匍匐	紫	10.04	褐	红	2.00	优	
699	S7688	YD1-1238	普通野生稻	中国（惠东）	匍匐	紫	10.05	褐	红	2.00	优	
700	S7689	YD1-1239	普通野生稻	中国（惠东）	匍匐	紫	10.03	褐	红	1.90	优	
701	S7690	YD1-1240	普通野生稻	中国（惠东）	匍匐	紫	10.03	褐	红	1.90	优	
702	S7691	YD1-1241	普通野生稻	中国（惠东）	匍匐	淡紫	10.02	褐	红	2.00	优	
703	S7692	YD1-1242	普通野生稻	中国（惠东）	匍匐	淡紫	10.03	褐	红	1.90	优	
704	S7693	YD1-1243	普通野生稻	中国（惠东）	匍匐	淡紫	10.03	褐	红	1.90	优	
705	S7694	YD1-1244	普通野生稻	中国（惠东）	匍匐	淡紫	10.04	褐	红	1.90	优	
706	S7695	YD1-1245	普通野生稻	中国（惠东）	匍匐	淡紫	10.04	褐	红	1.90	优	
707	S7696	YD1-1246	普通野生稻	中国（惠东）	匍匐	淡紫	10.03	褐	红	2.00	优	
708	S7697	YD1-1247	普通野生稻	中国（惠东）	匍匐	淡紫	10.05	褐	红	2.00	优	
709	S7698	YD1-1248	普通野生稻	中国（惠东）	匍匐	淡紫	10.03	褐	红	1.80	优	
710	S7721	YD1-1249	普通野生稻	中国（惠东）	匍匐	紫条	10.03	褐	红	2.30	优	
711	S7722	YD1-1250	普通野生稻	中国（惠东）	匍匐	紫条	10.04	褐	红	2.20	优	
712	S7723	YD1-1251	普通野生稻	中国（惠东）	匍匐	紫条	10.03	褐	红	2.10	优	
713	S7724	YD1-1252	普通野生稻	中国（惠东）	匍匐	紫条	10.01	褐	红	2.00	优	
714	S7725	YD1-1253	普通野生稻	中国（惠东）	匍匐	紫条	10.02	褐	红	1.80	优	
715	S7726	YD1-1254	普通野生稻	中国（惠东）	匍匐	紫条	9.30	褐	红	1.90	优	

续表

序号	单位保存号	全国统一号	种 名	原产地	生长习性	基部鞘色	始穗期（月.日）	内外颖色	种皮色	百粒重（g）	外观米质	蛋白质含量（%）
716	S7727	YD1-1255	普通野生稻	中国（惠东）	匍匐	淡紫	10.02	褐	红	2.00	优	
717	S7728	YD1-1256	普通野生稻	中国（惠东）	匍匐	淡紫	10.03	褐	红	2.00	优	
718	S7731	YD1-1257	普通野生稻	中国（惠东）	匍匐	淡紫	9.27	褐	红	2.00	优	
719	S7732	YD1-1258	普通野生稻	中国（惠东）	匍匐	淡紫	9.26	褐	红	2.10	优	
720	S7733	YD1-1259	普通野生稻	中国（惠东）	匍匐	淡紫	9.27	褐	红	2.00	优	
721	S7741	YD1-1267	普通野生稻	中国（惠东）	匍匐	淡紫	9.27	褐	红	2.00	优	
722	S7742	YD1-1268	普通野生稻	中国（惠东）	匍匐	淡紫	9.27	褐	红	1.90	优	
723	S7743	YD1-1269	普通野生稻	中国（惠东）	匍匐	淡紫	9.26	褐	红	2.00	优	
724	S7744	YD1-1270	普通野生稻	中国（惠东）	匍匐	淡紫	10.10	褐	红	2.10	优	
725	S7745	YD1-1271	普通野生稻	中国（惠东）	匍匐	淡紫	10.15	褐	红	2.00	优	
726	S7746	YD1-1272	普通野生稻	中国（惠东）	匍匐	淡紫	10.14	褐	红	2.10	优	
727	S7747	YD1-1273	普通野生稻	中国（惠东）	匍匐	淡紫	10.16	褐	红	1.90	优	
728	S7748	YD1-1274	普通野生稻	中国（惠东）	匍匐	淡紫	10.13	褐	红	2.00	优	
729	S7749	YD1-1275	普通野生稻	中国（惠东）	匍匐	淡紫	10.14	褐	红	2.00	优	
730	S7750	YD1-1276	普通野生稻	中国（惠东）	匍匐	淡紫	10.15	褐	红	1.90	优	
731	S7751	YD1-1277	普通野生稻	中国（惠东）	匍匐	淡紫	10.16	褐	红	2.00	优	
732	S7752	YD1-1278	普通野生稻	中国（惠东）	匍匐	淡紫	10.16	褐	红	2.00	优	
733	S7753	YD1-1279	普通野生稻	中国（惠东）	匍匐	紫	10.10	褐	红	1.60	优	
734	S7754	YD1-1280	普通野生稻	中国（惠东）	匍匐	紫	10.11	褐	红	1.50	优	
735	S7766	YD1-1285	普通野生稻	中国（惠东）	匍匐	淡紫	10.10	褐	红	1.50	优	
736	S7162	YD1-0949	普通野生稻	中国（惠阳）	匍匐	淡紫	9.26	褐	红	2.00	优	
737	S7163	YD1-0950	普通野生稻	中国（惠阳）	匍匐	淡紫	9.29	褐	红	2.00	优	
738	S7164	YD1-0951	普通野生稻	中国（惠阳）	匍匐	淡紫	10.10	褐	红	1.80	优	
739	S7165	YD1-0952	普通野生稻	中国（惠阳）	匍匐	淡紫	9.22	褐	红	2.00	优	
740	S7173	YD1-0958	普通野生稻	中国（惠阳）	匍匐	紫	10.15	黑	红	1.60	优	
741	S7179	YD1-0959	普通野生稻	中国（惠阳）	匍匐	紫	9.29	秆黄	红	1.80	优	
742	S7180	YD1-0960	普通野生稻	中国（惠阳）	匍匐	淡紫	9.29	黑	红	2.00	优	
743	S7181	YD1-0961	普通野生稻	中国（惠阳）	匍匐	紫条	9.26	黑	红	2.00	优	
744	S7198	YD1-0963	普通野生稻	中国（惠阳）	匍匐	淡紫	10.03	黑	红	2.00	优	
745	S7201	YD1-0964	普通野生稻	中国（惠阳）	匍匐	淡紫	9.29	黑	红	2.00	优	
746	S7205	YD1-0965	普通野生稻	中国（惠阳）	匍匐	淡紫	10.03	黑	红	1.60	优	
747	S7214	YD1-0968	普通野生稻	中国（惠阳）	匍匐	紫	10.03	黑	红	2.00	优	
748	S7215	YD1-0969	普通野生稻	中国（惠阳）	匍匐	淡紫	10.06	黑	红	2.00	优	
749	S7216	YD1-0970	普通野生稻	中国（惠阳）	匍匐	淡紫	10.03	黑	红	1.90	优	
750	S7219	YD1-0971	普通野生稻	中国（惠阳）	匍匐	淡紫	10.03	黑	红	2.00	优	

续表

序号	单位保存号	全国统一号	种　名	原产地	生长习性	基部鞘色	始穗期（月.日）	内外颖色	种皮色	百粒重（g）	外观米质	蛋白质含量（%）
751	S7221	YD1-0973	普通野生稻	中国（惠阳）	匍匐	紫条	10.15	秆黄	红	1.60	优	
752	S7222	YD1-0974	普通野生稻	中国（惠阳）	匍匐	紫	10.06	黑	红	1.70	优	
753	S7225	YD1-0975	普通野生稻	中国（惠阳）	匍匐	淡紫	10.03	黑	红	1.60	优	
754	S7229	YD1-0976	普通野生稻	中国（惠阳）	匍匐	淡紫	10.03	褐	红	2.00	优	
755	S7231	YD1-0977	普通野生稻	中国（惠阳）	匍匐	紫	10.10	褐	红	1.60	优	
756	S7234	YD1-0978	普通野生稻	中国（惠阳）	匍匐	紫	10.03	褐	红	1.80	优	
757	S7244	YD1-0983	普通野生稻	中国（惠阳）	匍匐	淡紫	10.03	褐	红	2.00	优	
758	S7245	YD1-0984	普通野生稻	中国（惠阳）	匍匐	淡紫	9.26	黑	红	1.70	优	
759	S7253	YD1-0987	普通野生稻	中国（惠阳）	匍匐	淡紫	10.06	褐	红	2.00	优	
760	S7254	YD1-0988	普通野生稻	中国（惠阳）	匍匐	紫	9.26	褐	红	2.00	优	
761	S7257	YD1-0989	普通野生稻	中国（惠阳）	匍匐	淡紫	10.10	褐	红	2.00	优	
762	S7258	YD1-0990	普通野生稻	中国（惠阳）	匍匐	淡紫	9.22	褐	红	1.80	优	
763	S7262	YD1-0991	普通野生稻	中国（惠阳）	匍匐	淡紫	9.12	褐	红	1.60	优	
764	S7263	YD1-0992	普通野生稻	中国（惠阳）	匍匐	绿	10.10	褐	红	1.50	优	
765	S7264	YD1-0993	普通野生稻	中国（惠阳）	匍匐	紫	9.29	褐	红	1.50	优	
766	S7275	YD1-0995	普通野生稻	中国（惠阳）	匍匐	紫条	9.29	褐	红	2.00	优	
767	S7278	YD1-0996	普通野生稻	中国（惠阳）	匍匐	淡紫	10.03	褐	红	2.00	优	
768	S7283	YD1-0997	普通野生稻	中国（惠阳）	匍匐	紫	10.06	褐	红	1.50	优	
769	S7421	YD1-1349	普通野生稻	中国（惠东）	倾斜	紫条	9.26	褐	红	2.00	优	
770	S7422	YD1-1350	普通野生稻	中国（惠东）	倾斜	紫条	10.03	黑	红	2.00	优	
771	S7423	YD1-1351	普通野生稻	中国（惠东）	倾斜	绿	10.03	褐	红	1.80	优	
772	S7432	YD1-1353	普通野生稻	中国（惠东）	倾斜	紫条	10.03	褐	红	1.80	优	
773	S7435	YD1-1354	普通野生稻	中国（惠东）	倾斜	淡紫	10.15	褐	红	1.80	优	
774	S7438	YD1-1355	普通野生稻	中国（惠东）	倾斜	紫	10.03	秆黄	红	2.00	优	
775	S7441	YD1-1356	普通野生稻	中国（惠东）	倾斜	紫	10.15	褐	红	2.00	优	
776	S7676	YD1-1357	普通野生稻	中国（惠东）	倾斜	紫	10.01	褐	红	1.70	优	
777	S7677	YD1-1358	普通野生稻	中国（惠东）	倾斜	紫	10.05	褐	红	1.60	优	
778	S7678	YD1-1359	普通野生稻	中国（惠东）	倾斜	紫	10.03	褐	红	1.70	优	
779	S7679	YD1-1360	普通野生稻	中国（惠东）	倾斜	紫	10.01	褐	红	1.70	优	
780	S7680	YD1-1361	普通野生稻	中国（惠东）	倾斜	紫	9.30	褐	红	1.60	优	
781	S7681	YD1-1362	普通野生稻	中国（惠东）	倾斜	紫	9.28	褐	红	1.60	优	
782	S7682	YD1-1363	普通野生稻	中国（惠东）	倾斜	紫	9.30	褐	红	1.70	优	
783	S7683	YD1-1364	普通野生稻	中国（惠东）	倾斜	紫	9.28	褐	红	1.60	优	
784	S7684	YD1-1365	普通野生稻	中国（惠东）	倾斜	紫	9.27	褐	红	1.50	优	
785	S7685	YD1-1366	普通野生稻	中国（惠东）	倾斜	紫	9.29	褐	红	1.70	优	

续表

序号	单位保存号	全国统一号	种名	原产地	生长习性	基部鞘色	始穗期（月.日）	内外颖色	种皮色	百粒重（g）	外观米质	蛋白质含量（%）
786	S7700	YD1-1368	普通野生稻	中国（惠东）	倾斜	紫	10.04	褐	褐	1.90	优	
787	S7713	YD1-1381	普通野生稻	中国（惠东）	倾斜	淡紫	9.29	褐	褐	2.00	优	
788	S7714	YD1-1382	普通野生稻	中国（惠东）	倾斜	淡紫	9.30	褐	褐	2.00	优	
789	S7715	YD1-1383	普通野生稻	中国（惠东）	倾斜	淡紫	9.29	褐	褐	2.00	优	
790	S7716	YD1-1384	普通野生稻	中国（惠东）	倾斜	淡紫	10.01	褐	褐	1.90	优	
791	S7717	YD1-1385	普通野生稻	中国（惠东）	倾斜	紫条	10.06	褐	红	1.70	优	
792	S7718	YD1-1386	普通野生稻	中国（惠东）	倾斜	紫条	10.07	褐	红	1.80	优	
793	S7729	YD1-1389	普通野生稻	中国（惠东）	倾斜	淡紫	9.27	褐	红	2.10	优	
794	S7730	YD1-1390	普通野生稻	中国（惠东）	倾斜	淡紫	9.26	褐	红	2.10	优	
795	S7758	YD1-1391	普通野生稻	中国（惠东）	倾斜	淡紫	10.04	褐	红	1.90	优	
796	S7759	YD1-1392	普通野生稻	中国（惠东）	倾斜	淡紫	10.05	褐	红	1.80	优	
797	S7760	YD1-1393	普通野生稻	中国（惠东）	倾斜	淡紫	10.01	褐	红	1.70	优	
798	S7761	YD1-1394	普通野生稻	中国（惠东）	倾斜	淡紫	9.29	褐	红	1.70	优	
799	S7762	YD1-1395	普通野生稻	中国（惠东）	倾斜	淡紫	10.03	褐	红	1.80	优	
800	S7763	YD1-1396	普通野生稻	中国（惠东）	倾斜	淡紫	10.02	褐	红	1.70	优	
801	S7764	YD1-1397	普通野生稻	中国（惠东）	倾斜	淡紫	10.04	褐	红	1.80	优	
802	S7767	YD1-1398	普通野生稻	中国（惠东）	倾斜	淡紫	10.18	褐	红	1.90	优	
803	S7768	YD1-1399	普通野生稻	中国（惠东）	倾斜	淡紫	10.16	褐	红	1.70	优	
804	S7769	YD1-1400	普通野生稻	中国（惠东）	倾斜	淡紫	10.15	褐	红	1.80	优	
805	S7770	YD1-1401	普通野生稻	中国（惠东）	倾斜	淡紫	10.20	褐	红	1.80	优	
806	S7771	YD1-1402	普通野生稻	中国（惠东）	倾斜	淡紫	10.22	褐	红	1.70	优	
807	S7772	YD1-1403	普通野生稻	中国（惠东）	倾斜	淡紫	10.19	褐	红	1.70	优	
808	S7773	YD1-1404	普通野生稻	中国（惠东）	倾斜	淡紫	10.21	褐	红	1.90	优	
809	S7774	YD1-1405	普通野生稻	中国（惠东）	倾斜	紫	9.28	褐	红	2.00	优	
810	S7775	YD1-1406	普通野生稻	中国（惠东）	倾斜	淡紫	9.27	褐	红	1.90	优	
811	S7776	YD1-1407	普通野生稻	中国（惠东）	倾斜	淡紫	9.29	褐	红	2.00	优	
812	S7796	YD1-1408	普通野生稻	中国（惠东）	倾斜	淡紫	9.30	褐	红	2.00	优	
813	S7798	YD1-1410	普通野生稻	中国（惠东）	倾斜	淡紫	10.04	褐	红	1.80	优	
814	S7799	YD1-1411	普通野生稻	中国（惠东）	倾斜	淡紫	10.02	褐	红	2.00	优	
815	S7800	YD1-1412	普通野生稻	中国（惠东）	倾斜	淡紫	10.03	褐	红	1.70	优	
816	S7802	YD1-1414	普通野生稻	中国（惠东）	倾斜	淡紫	9.29	褐	红	2.00	优	
817	S7803	YD1-1415	普通野生稻	中国（惠东）	倾斜	淡紫	10.02	褐	红	2.00	优	
818	S7804	YD1-1416	普通野生稻	中国（惠东）	倾斜	淡紫	10.02	褐	红	2.00	优	
819	S7805	YD1-1417	普通野生稻	中国（惠东）	倾斜	紫条	9.29	黑	红	1.90	优	
820	S7806	YD1-1418	普通野生稻	中国（惠东）	倾斜	紫条	10.01	黑	红	2.00	优	

续表

序号	单位保存号	全国统一号	种　名	原产地	生长习性	基部鞘色	始穗期（月.日）	内外颖色	种皮色	百粒重（g）	外观米质	蛋白质含量（%）
821	S7807	YD1-1419	普通野生稻	中国（惠东）	倾斜	紫条	9.29	黑	红	2.00	优	
822	S7808	YD1-1420	普通野生稻	中国（惠东）	倾斜	紫条	9.29	黑	红	1.80	优	
823	S7815	YD1-1427	普通野生稻	中国（惠东）	倾斜	淡紫	9.28	褐	红	1.60	优	
824	S7816	YD1-1428	普通野生稻	中国（惠东）	倾斜	淡紫	9.26	褐	红	1.70	优	
825	S7817	YD1-1429	普通野生稻	中国（惠东）	倾斜	淡紫	9.27	褐	红	1.60	优	
826	S7818	YD1-1430	普通野生稻	中国（惠东）	倾斜	淡紫	9.27	褐	红	1.50	优	
827	S7309	YD1-1431	普通野生稻	中国（惠东）	半直立	淡紫	9.29	褐	红	2.00	优	
828	S7327	YD1-1432	普通野生稻	中国（惠东）	半直立	淡紫	9.29	黑	红	2.00	优	
829	S7387	YD1-1435	普通野生稻	中国（惠东）	半直立	淡紫	9.26	黑	红	1.60	优	
830	S7400	YD1-1436	普通野生稻	中国（惠东）	半直立	淡紫	9.26	褐	红	2.00	优	
831	S7402	YD1-1437	普通野生稻	中国（惠东）	半直立	淡紫	9.19	秆黄	白	2.00	优	
832	S7405	YD1-1438	普通野生稻	中国（惠东）	半直立	淡紫	10.03	褐	红	1.70	优	
833	S7416	YD1-1440	普通野生稻	中国（惠东）	半直立	紫条	10.03	褐	红	2.00	优	
834	S7419	YD1-1441	普通野生稻	中国（惠东）	半直立	紫条	10.03	褐	红	2.00	优	
835	S7425	YD1-1442	普通野生稻	中国（惠东）	半直立	紫条	9.19	褐	红	1.75	优	
836	S7436	YD1-1444	普通野生稻	中国（惠东）	半直立	淡紫	10.19	褐	红	1.80	优	
837	S7440	YD1-1445	普通野生稻	中国（惠东）	半直立	紫条	9.06	褐	红	1.75	优	
838	S7443	YD1-1447	普通野生稻	中国（博罗）	匍匐	淡紫	10.04	褐	红	2.00	优	
839	S7445	YD1-1449	普通野生稻	中国（博罗）	匍匐	紫条	9.24	褐	红	1.40	优	
840	S7447	YD1-1451	普通野生稻	中国（博罗）	匍匐	淡紫	9.20	褐	红	1.40	优	
841	S7448	YD1-1452	普通野生稻	中国（博罗）	匍匐	淡紫	9.28	褐	红	1.50	优	
842	S7449	YD1-0000	普通野生稻	中国（博罗）	匍匐	淡紫	9.30	褐	红	1.55	中	16.04
843	S7455	YD1-1453	普通野生稻	中国（博罗）	匍匐	紫	10.01	褐	红	1.60	优	
844	S7456	YD1-1454	普通野生稻	中国（博罗）	匍匐	淡紫	9.30	秆黄	红	1.60	优	
845	S7457	YD1-1455	普通野生稻	中国（博罗）	匍匐	紫条	9.26	褐	红	1.50	优	
846	S7458	YD1-1456	普通野生稻	中国（博罗）	匍匐	淡紫	10.07	褐	红	1.50	优	
847	S7459	YD1-1457	普通野生稻	中国（博罗）	匍匐	淡紫	10.07	褐	白	1.65	优	
848	S7462	YD1-1458	普通野生稻	中国（博罗）	匍匐	淡紫	9.25	褐	红	1.80	优	
849	S7463	YD1-1459	普通野生稻	中国（博罗）	匍匐	紫	9.20	褐	红	1.50	优	
850	S7465	YD1-1461	普通野生稻	中国（博罗）	匍匐	紫条	10.07	褐	红	1.60	优	
851	S7467	YD1-1463	普通野生稻	中国（博罗）	匍匐	淡紫	9.24	黑	红	1.50	优	
852	S7468	YD1-1464	普通野生稻	中国（博罗）	匍匐	淡紫	9.26	褐	红	1.60	优	
853	S7469	YD1-1465	普通野生稻	中国（博罗）	匍匐	淡紫	9.24	秆黄	红	1.60	优	
854	S7471	YD1-1467	普通野生稻	中国（博罗）	匍匐	淡紫	9.24	黑	红	1.70	优	
855	S7474	YD1-1470	普通野生稻	中国（博罗）	匍匐	淡紫	9.18	褐	红	1.50	优	

续表

序号	单位 保存号	全国 统一号	种 名	原产地	生长 习性	基部 鞘色	始穗期 （月.日）	内外 颖色	种皮 色	百粒重 （g）	外观 米质	蛋白质含 量（%）
856	S7475	YD1-1471	普通野生稻	中国（博罗）	匍匐	淡紫	9.17	秆黄	红	1.50	优	
857	S7476	YD1-1472	普通野生稻	中国（博罗）	匍匐	紫	9.19	秆黄	红	2.00	优	
858	S7477	YD1-1473	普通野生稻	中国（博罗）	匍匐	淡紫	9.22	褐	红	1.80	优	
859	S7481	YD1-1477	普通野生稻	中国（博罗）	匍匐	淡紫	9.17	黑	红	1.70	优	
860	S7482	YD1-1478	普通野生稻	中国（博罗）	匍匐	淡紫	9.27	褐	红	1.50	优	
861	S7485	YD1-1479	普通野生稻	中国（博罗）	匍匐	淡紫	9.23	褐	红	1.60	优	
862	S7486	YD1-1480	普通野生稻	中国（博罗）	匍匐	淡紫	9.28	褐	红	1.60	优	
863	S7488	YD1-1481	普通野生稻	中国（博罗）	匍匐	淡紫	9.25	褐	红	1.80	优	
864	S7489	YD1-1482	普通野生稻	中国（博罗）	匍匐	紫	10.02	褐	红	1.75	优	
865	S7491	YD1-1484	普通野生稻	中国（博罗）	匍匐	紫	10.07	黑	红	1.50	优	
866	S7492	YD1-1485	普通野生稻	中国（博罗）	匍匐	紫	10.06	褐	红	1.80	优	
867	S7495	YD1-1488	普通野生稻	中国（博罗）	匍匐	淡紫	10.01	褐	红	1.60	优	
868	S7496	YD1-1489	普通野生稻	中国（博罗）	匍匐	淡紫	9.27	秆黄	红	1.50	优	
869	S7501	YD1-1492	普通野生稻	中国（博罗）	匍匐	淡紫	9.26	黑	红	1.50	优	
870	S7502	YD1-1493	普通野生稻	中国（博罗）	匍匐	淡紫	9.28	黑	白	1.70	优	
871	S7503	YD1-1494	普通野生稻	中国（博罗）	匍匐	淡紫	10.07	秆黄	红	1.70	优	
872	S7505	YD1-1495	普通野生稻	中国（博罗）	匍匐	紫	9.29	褐	红	1.50	优	
873	S7506	YD1-1496	普通野生稻	中国（博罗）	匍匐	淡紫	9.22	褐	白	1.60	优	
874	S7509	YD1-1498	普通野生稻	中国（博罗）	匍匐	淡紫	9.28	褐	红	1.40	优	
875	S7512	YD1-1501	普通野生稻	中国（博罗）	匍匐	淡紫	9.07	褐	红	1.70	优	
876	S7519	YD1-1505	普通野生稻	中国（博罗）	匍匐	紫	9.29	黑	红	1.60	优	
877	S7521	YD1-1507	普通野生稻	中国（博罗）	匍匐	紫	9.16	秆黄	红	1.70	优	
878	S7525	YD1-1509	普通野生稻	中国（博罗）	匍匐	淡紫	9.21	黑	红	1.80	优	
879	S7526	YD1-1510	普通野生稻	中国（博罗）	匍匐	紫	9.26	褐	红	1.60	优	
880	S7529	YD1-1512	普通野生稻	中国（博罗）	匍匐	紫	9.26	褐	红	1.50	优	
881	S7530	YD1-1513	普通野生稻	中国（博罗）	匍匐	淡紫	9.28	秆黄	红	1.90	优	
882	S7531	YD1-1514	普通野生稻	中国（博罗）	匍匐	淡紫	10.03	秆黄	红	1.60	优	
883	S7533	YD1-1516	普通野生稻	中国（博罗）	匍匐	紫	9.18	黑	红	1.50	优	
884	S7534	YD1-1517	普通野生稻	中国（博罗）	匍匐	紫条	9.27	褐	红	1.60	优	
885	S7537	YD1-1518	普通野生稻	中国（博罗）	匍匐	紫	9.27	褐	红	1.65	优	
886	S7538	YD1-1519	普通野生稻	中国（博罗）	匍匐	紫	9.27	褐	红	2.00	优	
887	S7539	YD1-1520	普通野生稻	中国（博罗）	匍匐	淡紫	9.22	褐	红	1.75	优	
888	S7540	YD1-1521	普通野生稻	中国（博罗）	匍匐	淡紫	9.17	褐	红	1.50	优	
889	S7543	YD1-1524	普通野生稻	中国（博罗）	匍匐	紫	9.20	黑	红	1.60	优	
890	S7544	YD1-1525	普通野生稻	中国（博罗）	匍匐	淡紫	9.27	黑	红	1.70	优	

续表

序号	单位保存号	全国统一号	种　名	原产地	生长习性	基部鞘色	始穗期（月.日）	内外颖色	种皮色	百粒重（g）	外观米质	蛋白质含量（%）
891	S7545	YD1-1526	普通野生稻	中国（博罗）	匍匐	淡紫	10.04	褐	虾肉	1.70	优	
892	S7547	YD1-1528	普通野生稻	中国（博罗）	匍匐	淡紫	9.24	黑	红	1.60	优	
893	S7550	YD1-1531	普通野生稻	中国（博罗）	匍匐	淡紫	10.03	褐	红	1.90	优	
894	S7553	YD1-1532	普通野生稻	中国（博罗）	匍匐	绿	9.19	黑	红	1.75	优	
895	S7556	YD1-1535	普通野生稻	中国（博罗）	匍匐	淡紫	9.29	褐	红	1.50	优	
896	S7558	YD1-1537	普通野生稻	中国（博罗）	匍匐	淡紫	9.24	褐	红	1.70	优	
897	S7559	YD1-1538	普通野生稻	中国（博罗）	匍匐	淡紫	9.27	秆黄	紫	1.60	优	
898	S7560	YD1-1539	普通野生稻	中国（博罗）	匍匐	淡紫	10.06	褐	紫	1.60	优	
899	S7562	YD1-1540	普通野生稻	中国（博罗）	匍匐	淡紫	9.29	褐	红	1.50	优	
900	S7563	YD1-1541	普通野生稻	中国（博罗）	匍匐	紫	9.28	褐	红	1.50	优	
901	S7565	YD1-1543	普通野生稻	中国（博罗）	匍匐	紫	9.17	褐	红	1.70	优	
902	S7487	YD1-1544	普通野生稻	中国（博罗）	倾斜	绿	10.09	秆黄	红	1.50	优	
903	S7497	YD1-1545	普通野生稻	中国（博罗）	倾斜	绿	9.24	秆黄	红	1.70	优	
904	S7498	YD1-1546	普通野生稻	中国（博罗）	倾斜	紫	9.22	褐	红	1.80	优	
905	S7504	YD1-1547	普通野生稻	中国（博罗）	倾斜	淡紫	9.29	褐	红	1.60	优	
906	S7515	YD1-1550	普通野生稻	中国（博罗）	倾斜	淡紫	9.28	黑	红	1.60	优	
907	S7516	YD1-1551	普通野生稻	中国（博罗）	倾斜	紫	9.18	黑	红	1.60	优	
908	S7527	YD1-1552	普通野生稻	中国（博罗）	倾斜	淡紫	9.17	黑	红	1.90	优	
909	S7561	YD1-1554	普通野生稻	中国（博罗）	半直立	淡紫	9.17	黑	紫	1.50	优	
910	S7568	YD1-1556	普通野生稻	中国（河源）	匍匐	绿	9.24	褐	红	1.60	优	
911	S7572	YD1-1559	普通野生稻	中国（河源）	匍匐	淡紫	9.18	褐斑	红	1.40	优	
912	S7574	YD1-1560	普通野生稻	中国（河源）	匍匐	淡紫	9.16	秆黄	红	1.70	优	>14.00
913	S7575	YD1-1561	普通野生稻	中国（河源）	匍匐	淡紫	9.25	褐	红	1.50	优	
914	S7576	YD1-1562	普通野生稻	中国（河源）	匍匐	淡紫	9.20	褐	红	1.50	优	
915	S7577	YD1-1563	普通野生稻	中国（河源）	匍匐	淡紫	9.25	褐	红	1.70	优	
916	S7580	YD1-1564	普通野生稻	中国（河源）	匍匐	淡紫	9.28	褐	红	1.60	优	
917	S7581	YD1-1565	普通野生稻	中国（河源）	匍匐	淡紫	10.03	褐	红	1.60	优	
918	S7569	YD1-1566	普通野生稻	中国（河源）	倾斜	绿	9.22	褐	红	1.50	优	
919	S7573	YD1-1567	普通野生稻	中国（河源）	倾斜	紫条	9.25	秆黄	红	1.50	优	
920	S7578	YD1-1568	普通野生稻	中国（河源）	倾斜	淡紫	9.26	黑	红	1.60	优	
921	S7579	YD1-1569	普通野生稻	中国（河源）	倾斜	淡紫	9.29	黑	红	1.70	优	
922	S7582	YD1-1570	普通野生稻	中国（紫金）	匍匐	淡紫	9.24	褐	红	1.70	优	
923	S7584	YD1-1572	普通野生稻	中国（紫金）	匍匐	淡紫	9.26	黑	红	1.60	优	
924	S7586	YD1-1573	普通野生稻	中国（紫金）	匍匐	紫	9.23	紫	红	1.50	优	>14.00
925	S7587	YD1-1574	普通野生稻	中国（紫金）	匍匐	紫	9.27	黑	红	2.00	优	>14.00

续表

序号	单位保存号	全国统一号	种　名	原产地	生长习性	基部鞘色	始穗期（月.日）	内外颖色	种皮色	百粒重（g）	外观米质	蛋白质含量（%）
926	S7589	YD1-1576	普通野生稻	中国（紫金）	匍匐	淡紫	9.20	黑	红	1.40	优	
927	S7590	YD1-1577	普通野生稻	中国（紫金）	匍匐	淡紫	9.18	秆黄	红	1.50	优	
928	S7592	YD1-1578	普通野生稻	中国（紫金）	匍匐	紫	9.17	褐	红	1.70	优	
929	S7594	YD1-1579	普通野生稻	中国（紫金）	匍匐	淡紫	10.02	褐	红	1.50	优	
930	S7597	YD1-1580	普通野生稻	中国（紫金）	匍匐	淡紫	9.17	秆黄	红	1.50	优	
931	S7598	YD1-1581	普通野生稻	中国（紫金）	匍匐	淡紫	9.17	秆黄	红	1.50	优	
932	S7599	YD1-1582	普通野生稻	中国（紫金）	匍匐	淡紫	9.17	褐	红	1.50	优	
933	S7602	YD1-1584	普通野生稻	中国（紫金）	匍匐	紫	9.21	褐	红	1.70	优	
934	S7603	YD1-1585	普通野生稻	中国（紫金）	匍匐	紫	9.23	秆黄	红	1.50	优	
935	S7604	YD1-1586	普通野生稻	中国（紫金）	匍匐	淡紫	9.21	褐	红	1.60	优	
936	S7614	YD1-1587	普通野生稻	中国（紫金）	匍匐	紫条	9.24	褐	红	1.50	优	
937	S7616	YD1-1588	普通野生稻	中国（紫金）	匍匐	淡紫	9.24	紫	红	1.50	优	
938	S7618	YD1-1589	普通野生稻	中国（紫金）	匍匐	淡紫	9.23	褐	红	1.50	优	
939	S7619	YD1-1590	普通野生稻	中国（紫金）	匍匐	紫	9.27	褐	红	1.50	优	
940	S7620	YD1-1591	普通野生稻	中国（紫金）	匍匐	淡紫	9.23	秆黄	红	1.40	优	
941	S7621	YD1-1592	普通野生稻	中国（紫金）	匍匐	淡紫	9.17	褐	红	1.50	优	
942	S7627	YD1-1593	普通野生稻	中国（紫金）	匍匐	淡紫	10.01	褐	红	1.50	优	
943	S7628	YD1-1594	普通野生稻	中国（紫金）	匍匐	淡紫	9.25	褐	红	1.50	优	
944	S7637	YD1-1595	普通野生稻	中国（紫金）	匍匐	紫	10.07	褐	红	1.70	优	
945	S7647	YD1-1598	普通野生稻	中国（紫金）	匍匐	淡紫	9.16	秆黄	红	1.80	优	
946	S7648	YD1-1599	普通野生稻	中国（紫金）	匍匐	淡紫	9.24	褐	红	1.70	优	
947	S7652	YD1-1600	普通野生稻	中国（紫金）	匍匐	淡紫	9.24	褐斑	淡褐	2.00	优	
948	S7653	YD1-1601	普通野生稻	中国（紫金）	匍匐	淡紫	10.08	褐	红	1.60	优	
949	S7655	YD1-1603	普通野生稻	中国（紫金）	匍匐	紫	9.23	黑	红	1.60	优	
950	S7657	YD1-1604	普通野生稻	中国（紫金）	匍匐	紫	9.23	褐	红	1.80	优	
951	S7658	YD1-1605	普通野生稻	中国（紫金）	匍匐	紫	9.24	褐	红	1.70	优	
952	S7606	YD1-1608	普通野生稻	中国（紫金）	倾斜	紫条	9.26	褐	红	1.60	优	
953	S7607	YD1-1609	普通野生稻	中国（紫金）	倾斜	紫条	9.24	褐	红	1.60	优	
954	S7608	YD1-1610	普通野生稻	中国（紫金）	倾斜	淡紫	9.17	褐	红	1.50	优	
955	S7609	YD1-1611	普通野生稻	中国（紫金）	倾斜	淡紫	9.21	褐	红	1.50	优	
956	S7611	YD1-1613	普通野生稻	中国（紫金）	倾斜	淡紫	9.19	褐	红	1.60	优	
957	S7622	YD1-1614	普通野生稻	中国（紫金）	倾斜	紫	10.06	褐	白	1.60	优	
958	S7623	YD1-1615	普通野生稻	中国（紫金）	倾斜	紫	10.10	褐	白	1.60	优	
959	S7624	YD1-1616	普通野生稻	中国（紫金）	倾斜	紫	9.28	褐	白	1.70	优	
960	S7625	YD1-1617	普通野生稻	中国（紫金）	倾斜	紫条	9.29	黑	红	1.70	优	

续表

序号	单位保存号	全国统一号	种　名	原产地	生长习性	基部鞘色	始穗期（月.日）	内外颖色	种皮色	百粒重（g）	外观米质	蛋白质含量（%）
961	S7641	YD1-1628	普通野生稻	中国（紫金）	倾斜	紫	9.25	褐	红	1.70	优	
962	S7644	YD1-1630	普通野生稻	中国（紫金）	倾斜	紫条	9.19	黑	红	2.00	中	>14.00
963	S7651	YD1-1634	普通野生稻	中国（紫金）	倾斜	淡紫	10.01	褐	红	1.50	优	
964	S7612	YD1-1635	普通野生稻	中国（紫金）	半直立	淡紫	9.29	褐	红	1.80	优	
965	S7638	YD1-1637	普通野生稻	中国（紫金）	半直立	紫	9.24	黑	红	2.00	优	
966	S8018	YD1-1639	普通野生稻	中国（海丰）	匍匐	紫条	9.29	黑	红	2.00	优	
967	S8022	YD1-1640	普通野生稻	中国（海丰）	匍匐	紫条	10.06	黑	红	1.80	优	
968	S8028	YD1-1643	普通野生稻	中国（海丰）	匍匐	紫	10.06	黑	红	1.90	优	
969	S8033	YD1-1645	普通野生稻	中国（海丰）	匍匐	紫	9.22	黑	红	2.00	优	
970	S8049	YD1-1647	普通野生稻	中国（海丰）	匍匐	淡紫	10.13	褐	红	1.60	优	
971	S8072	YD1-1650	普通野生稻	中国（海丰）	匍匐	淡紫	10.03	黑	红	1.60	优	>14.00
972	S8073	YD1-1651	普通野生稻	中国（海丰）	匍匐	紫	9.29	黑	红	1.60	优	
973	S8075	YD1-1652	普通野生稻	中国（海丰）	匍匐	紫	9.29	黑	红	1.60	优	
974	S8083	YD1-1654	普通野生稻	中国（海丰）	匍匐	淡紫	9.26	褐	红	1.80	优	
975	S8089	YD1-1656	普通野生稻	中国（海丰）	匍匐	淡紫	10.06	黑	红	1.80	优	
976	S8003	YD1-1659	普通野生稻	中国（海丰）	倾斜	淡紫	10.03	黑	红	1.80	优	
977	S8004	YD1-1660	普通野生稻	中国（海丰）	倾斜	紫条	10.03	褐	红	2.00	优	
978	S8005	YD1-1661	普通野生稻	中国（海丰）	倾斜	淡紫	9.29	褐	红	1.60	优	
979	S8006	YD1-1662	普通野生稻	中国（海丰）	倾斜	淡紫	9.29	褐	红	1.80	优	
980	S8008	YD1-1664	普通野生稻	中国（海丰）	倾斜	淡紫	10.03	褐	红	1.80	优	
981	S8012	YD1-1667	普通野生稻	中国（海丰）	倾斜	绿	10.03	黑	红	2.00	中	>14.00
982	S8039	YD1-1673	普通野生稻	中国（海丰）	倾斜	紫	9.29	黑	红	1.80	优	
983	S8040	YD1-1674	普通野生稻	中国（海丰）	倾斜	紫条	10.10	黑	红	2.00	优	
984	S8041	YD1-1675	普通野生稻	中国（海丰）	倾斜	紫条	9.29	黑	红	1.80	优	
985	S8044	YD1-1676	普通野生稻	中国（海丰）	倾斜	紫	10.03	黑	虾肉	1.60	优	
986	S8047	YD1-1678	普通野生稻	中国（海丰）	倾斜	紫	10.03	黑	红	1.60	优	
987	S8048	YD1-1679	普通野生稻	中国（海丰）	倾斜	紫	9.29	褐	红	1.60	优	
988	S8050	YD1-1680	普通野生稻	中国（海丰）	倾斜	紫	9.26	黑	红	1.80	优	
989	S8051	YD1-1681	普通野生稻	中国（海丰）	倾斜	紫	10.06	黑	红	1.60	优	
990	S8054	YD1-1682	普通野生稻	中国（海丰）	倾斜	紫条	9.26	黑	红	1.70	优	
991	S8056	YD1-1684	普通野生稻	中国（海丰）	倾斜	紫	9.26	褐	红	1.60	优	
992	S8058	YD1-1686	普通野生稻	中国（海丰）	倾斜	紫	9.26	黑	红	1.50	优	
993	S8061	YD1-1689	普通野生稻	中国（海丰）	倾斜	紫	9.26	黑	红	1.60	优	
994	S8062	YD1-1690	普通野生稻	中国（海丰）	倾斜	紫	9.26	黑	红	1.70	优	
995	S8063	YD1-1691	普通野生稻	中国（海丰）	倾斜	绿	9.15	黑	红	1.80	优	

续表

序号	单位保存号	全国统一号	种 名	原产地	生长习性	基部鞘色	始穗期（月.日）	内外颖色	种皮色	百粒重（g）	外观米质	蛋白质含量（%）
996	S8078	YD1-1698	普通野生稻	中国（海丰）	倾斜	绿	10.10	秆黄	红	1.70	优	
997	S8081	YD1-1701	普通野生稻	中国（海丰）	倾斜	淡紫	10.06	褐	红	1.70	优	
998	S8085	YD1-1702	普通野生稻	中国（海丰）	倾斜	绿	10.10	黑	红	1.70	优	
999	S8088	YD1-1703	普通野生稻	中国（海丰）	倾斜	淡紫	10.06	黑	红	1.40	优	
1000	S8091	YD1-1705	普通野生稻	中国（海丰）	倾斜	淡紫	10.03	黑	红	1.70	优	
1001	S8092	YD1-1706	普通野生稻	中国（海丰）	倾斜	紫	10.03	褐	红	1.70	优	
1002	S8093	YD1-1707	普通野生稻	中国（海丰）	倾斜	淡紫	9.23	褐	红	1.60	优	
1003	S8102	YD1-1711	普通野生稻	中国（海丰）	倾斜	淡紫	9.26	褐	红	1.80	优	
1004	S8104	YD1-1713	普通野生稻	中国（海丰）	倾斜	淡紫	9.29	黑	红	1.60	优	
1005	S8106	YD1-1715	普通野生稻	中国（海丰）	倾斜	淡紫	9.26	黑	红	1.50	优	
1006	S8016	YD1-1719	普通野生稻	中国（海丰）	半直立	紫条	10.03	黑	红	2.00	优	
1007	S8017	YD1-1720	普通野生稻	中国（海丰）	半直立	紫条	9.26	黑	红	2.00	优	
1008	S8027	YD1-1722	普通野生稻	中国（海丰）	半直立	绿	10.10	褐	红	2.00	优	
1009	S8034	YD1-1723	普通野生稻	中国（海丰）	半直立	淡紫	10.06	黑	红	1.80	优	
1010	S8035	YD1-1724	普通野生稻	中国（海丰）	半直立	绿	10.10	黑	红	2.00	优	
1011	S8043	YD1-1726	普通野生稻	中国（海丰）	半直立	紫	10.16	褐	红	1.70	优	
1012	S8094	YD1-1729	普通野生稻	中国（海丰）	半直立	淡紫	9.29	黑	红	1.70	优	
1013	S8095	YD1-1730	普通野生稻	中国（海丰）	半直立	绿	9.26	黑	红	1.60	优	
1014	S8099	YD1-1732	普通野生稻	中国（海丰）	半直立	紫条	9.22	黑	红	1.70	优	
1015	S8117	YD1-1735	普通野生稻	中国（陆丰）	匍匐	淡紫	9.22	黑	红	1.70	优	
1016	S8126	YD1-1736	普通野生稻	中国（陆丰）	匍匐	紫	10.06	黑	红	1.70	优	
1017	S8110	YD1-1738	普通野生稻	中国（陆丰）	倾斜	紫条	10.06	黑	白	1.80	优	
1018	S8116	YD1-1741	普通野生稻	中国（陆丰）	倾斜	紫条	9.29	黑	红	1.70	优	
1019	S8118	YD1-1742	普通野生稻	中国（陆丰）	倾斜	紫	9.26	黑	红	1.70	优	
1020	S8119	YD1-1743	普通野生稻	中国（陆丰）	倾斜	紫	10.06	褐	红	1.70	优	
1021	S8120	YD1-1744	普通野生稻	中国（陆丰）	倾斜	紫	10.03	褐	红	1.70	优	
1022	S8121	YD1-1745	普通野生稻	中国（陆丰）	倾斜	紫条	9.26	黑	红	1.60	优	
1023	S8123	YD1-1747	普通野生稻	中国（陆丰）	倾斜	淡紫	10.03	黑	红	1.60	优	
1024	S8124	YD1-1748	普通野生稻	中国（陆丰）	倾斜	紫条	10.03	黑	白	1.60	优	>14.00
1025	S8127	YD1-1750	普通野生稻	中国（陆丰）	倾斜	紫	9.26	褐	红	1.70	优	
1026	S8129	YD1-1751	普通野生稻	中国（陆丰）	倾斜	淡紫	9.26	黑	红	1.60	优	
1027	S8130	YD1-1752	普通野生稻	中国（陆丰）	倾斜	紫条	10.03	黑	红	1.60	优	
1028	S8137	YD1-1753	普通野生稻	中国（惠来）	匍匐	紫条	9.25	褐	红	1.50	优	
1029	S8143	YD1-1755	普通野生稻	中国（惠来）	匍匐	绿	9.29	黑	红	1.60	优	
1030	S8151	YD1-1757	普通野生稻	中国（惠来）	匍匐	淡紫	10.13	黑	红	1.40	优	

续表

序号	单位保存号	全国统一号	种名	原产地	生长习性	基部鞘色	始穗期（月.日）	内外颖色	种皮色	百粒重（g）	外观米质	蛋白质含量（%）
1031	S8152	YD1-1758	普通野生稻	中国（惠来）	匍匐	淡紫	10.23	黑	红	1.40	优	
1032	S8155	YD1-1759	普通野生稻	中国（惠来）	匍匐	淡紫	10.03	黑	红	1.40	优	
1033	S8161	YD1-1760	普通野生稻	中国（惠来）	匍匐	淡紫	9.26	黑	红	1.60	优	
1034	S8136	YD1-1761	普通野生稻	中国（惠来）	倾斜	淡紫	10.03	褐	红	1.50	优	
1035	S8140	YD1-1762	普通野生稻	中国（惠来）	倾斜	紫条	10.05	褐	红	1.60	优	
1036	S8142	YD1-1764	普通野生稻	中国（惠来）	倾斜	淡紫	10.10	黑	红	1.30	优	
1037	S8144	YD1-1765	普通野生稻	中国（惠来）	倾斜	绿	10.03	黑	红	1.60	优	
1038	S8153	YD1-1768	普通野生稻	中国（惠来）	倾斜	淡紫	10.23	黑	红	1.30	优	12.80
1039	S8158	YD1-1770	普通野生稻	中国（惠来）	倾斜	紫条	10.23	秆黄	红	1.35	优	
1040	S8162	YD1-1771	普通野生稻	中国（惠来）	倾斜	淡紫	9.29	黑	红	1.50	优	
1041	S8170	YD1-1776	普通野生稻	中国（普宁）	匍匐	紫	10.03	黑	红	1.70	优	
1042	S8132	YD1-1777	普通野生稻	中国（普宁）	匍匐	紫条	9.29	黑	红	1.70	优	
1043	S8165	YD1-1780	普通野生稻	中国（益拿）	倾斜	绿	10.10	褐	红	1.45	优	
1044	S8186	YD1-1781	普通野生稻	中国（普宁）	倾斜	淡紫	9.29	黑	红	1.70	优	
1045	S8166	YD1-1783	普通野生稻	中国（普宁）	半直立	紫色	10.26	黑	红	1.60	优	
1046	S8167	YD1-1785	普通野生稻	中国（普宁）	直立	绿	10.03	秆黄	红	1.60	优	
1047	S8171	YD1-1786	普通野生稻	中国（揭西）	倾斜	绿	9.19	黑	红	1.60	优	
1048	S8174	YD1-1789	普通野生稻	中国（饶平）	倾斜	绿	10.03	黑	红	1.60	优	
1049	S9002	YD1-1793	普通野生稻	中国（清远）	匍匐	淡紫	10.06	秆黄	红	1.80	优	
1050	S9010	YD1-1794	普通野生稻	中国（清远）	匍匐	紫条	9.22	秆黄	红	1.90	优	
1051	S9006	YD1-1795	普通野生稻	中国（清远）	倾斜	紫条	9.29	褐	红	2.00	优	
1052	S9007	YD1-1796	普通野生稻	中国（清远）	倾斜	紫条	9.29	褐	红	2.10	优	
1053	S9011	YD1-1797	普通野生稻	中国（清远）	倾斜	紫条	9.22	秆黄	红	1.90	优	
1054	S9016	YD1-1799	普通野生稻	中国（清远）	倾斜	紫条	9.19	秆黄	红	2.00	优	
1055	S9017	YD1-1800	普通野生稻	中国（清远）	倾斜	紫条	9.26	秆黄	红	2.00	优	
1056	S9020	YD1-1803	普通野生稻	中国（清远）	倾斜	绿	9.22	秆黄	红	1.50	优	
1057	S9003	YD1-1804	普通野生稻	中国（清远）	半直立	紫条	9.29	秆黄	红	1.80	中	>14.00
1058	S9014	YD1-1805	普通野生稻	中国（清远）	半直立	紫条	10.03	秆黄	红	1.70	优	
1059	S9035	YD1-1807	普通野生稻	中国（佛冈）	匍匐	淡紫	9.26	秆黄	红	1.70	优	
1060	S9036	YD1-1808	普通野生稻	中国（佛冈）	匍匐	紫条	9.26	秆黄	红	1.60	优	
1061	S9037	YD1-1809	普通野生稻	中国（佛冈）	匍匐	紫条	9.29	秆黄	红	1.70	优	
1062	S9026	YD1-1812	普通野生稻	中国（佛冈）	倾斜	淡紫	10.10	秆黄	红	1.35	优	
1063	S9031	YD1-1813	普通野生稻	中国（佛冈）	倾斜	淡紫	10.03	褐	红	1.80	优	
1064	S9022	YD1-1814	普通野生稻	中国（佛冈）	半直立	紫条	9.19	褐	红	1.90	优	
1065	S9025	YD1-1815	普通野生稻	中国（佛冈）	半直立	淡紫	9.22	秆黄	红	1.90	优	

续表

序号	单位保存号	全国统一号	种名	原产地	生长习性	基部鞘色	始穗期（月.日）	内外颖色	种皮色	百粒重（g）	外观米质	蛋白质含量（%）
1066	S9027	YD1-1816	普通野生稻	中国（佛冈）	半直立	紫条	9.22	褐	红	1.80	优	
1067	S9028	YD1-1817	普通野生稻	中国（佛冈）	半直立	绿	9.29	褐	红	2.00	优	
1068	S9033	YD1-1818	普通野生稻	中国（佛冈）	半直立	淡紫	10.03	褐	红	1.80	优	
1069	S9023	YD1-1819	普通野生稻	中国（佛冈）	直立	绿	10.10	秆黄	红	1.90	优	
1070	S9049	YD1-1820	普通野生稻	中国（英德）	倾斜	紫	9.22	秆黄	红	2.00	优	
1071	S9051	YD1-1821	普通野生稻	中国（英德）	倾斜	紫	9.19	褐	红	2.00	优	
1072	S9052	YD1-1822	普通野生稻	中国（英德）	倾斜	紫条	9.19	秆黄	红	1.80	优	
1073	S9053	YD1-1823	普通野生稻	中国（英德）	倾斜	淡紫	9.19	秆黄	红	2.00	优	
1074	S9048	YD1-1828	普通野生稻	中国（英德）	半直立	紫条	9.15	秆黄	红	2.00	优	
1075	S9056	YD1-1829	普通野生稻	中国（英德）	半直立	淡紫	9.22	秆黄	红	1.80	优	
1076	S9063	YD1-1832	普通野生稻	中国（曲江）	倾斜	紫	9.22	秆黄	红	1.90	优	
1077	S9065	YD1-1833	普通野生稻	中国（曲江）	倾斜	淡紫	9.19	褐	红	1.90	优	
1078	S9068	YD1-1834	普通野生稻	中国（曲江）	倾斜	淡紫	9.22	褐	红	1.90	优	
1079	S9076	YD1-1836	普通野生稻	中国（曲江）	倾斜	紫	9.15	褐	红	1.90	优	
1080	S9067	YD1-1838	普通野生稻	中国（曲江）	半直立	绿	9.29	褐	红	1.80	优	
1081	S9071	YD1-1840	普通野生稻	中国（曲江）	半直立	紫条	9.29	黑	红	1.80	优	
1082	S9075	YD1-1844	普通野生稻	中国（曲江）	半直立	淡紫	9.26	秆黄	红	1.90	优	
1083	S9078	YD1-1845	普通野生稻	中国（曲江）	半直立	淡紫	9.19	黑	红	1.60	优	
1084	S9083	YD1-1846	普通野生稻	中国（仁化）	倾斜	淡紫	9.26	黑	红	2.00	优	
1085	S9084	YD1-1847	普通野生稻	中国（仁化）	倾斜	淡紫	9.26	秆黄	红	1.90	优	
1086	S9085	YD1-1848	普通野生稻	中国（仁化）	倾斜	淡紫	9.22	秆黄	红	1.80	优	
1087	S9079	YD1-1850	普通野生稻	中国（仁化）	半直立	绿	9.19	秆黄	红	2.00	优	
1088	S9081	YD1-1851	普通野生稻	中国（仁化）	半直立	紫条	9.29	黑	红	2.00	优	
1089	GX0010	YD2-0010	普通野生稻	中国（钦州）	匍匐	淡紫	10.14	褐	红	1.57	优	
1090	GX0017	YD2-0017	普通野生稻	中国（合浦）	匍匐	淡紫	10.18	褐	红	1.33	优	14.11
1091	GX0024	YD2-0024	普通野生稻	中国（合浦）	匍匐	淡紫	10.01	褐	红	1.46	优	11.62
1092	GX0025	YD2-0025	普通野生稻	中国（合浦）	匍匐	淡紫	10.08	褐	红	1.46	优	11.35
1093	GX0026	YD2-0026	普通野生稻	中国（合浦）	匍匐	淡紫	10.02	褐	红	1.54	优	11.42
1094	GX0035	YD2-0035	普通野生稻	中国（合浦）	匍匐	淡紫	10.13	褐	红	1.41	优	
1095	GX0051	YD2-0051	普通野生稻	中国（合浦）	匍匐	紫条	10.04	褐	红	1.53	优	
1096	GX0071	YD2-0070	普通野生稻	中国（防城港）	匍匐	淡紫	10.19	褐	红	1.81	优	
1097	GX0080	YD2-0079	普通野生稻	中国（防城港）	匍匐	淡紫	10.03	褐	红	1.72	优	
1098	GX0081	YD2-0080	普通野生稻	中国（防城港）	匍匐	淡紫	10.06	褐	红	1.78	优	
1099	GX0089	YD2-0088	普通野生稻	中国（防城港）	匍匐	淡紫	10.04	褐	红	1.40	优	
1100	GX0091	YD2-0090	普通野生稻	中国（防城港）	匍匐	淡紫	10.06	褐	红	1.70	优	

续表

序号	单位保存号	全国统一号	种　名	原产地	生长习性	基部鞘色	始穗期（月.日）	内外颖色	种皮色	百粒重（g）	外观米质	蛋白质含量（%）
1101	GX0097	YD2-0096	普通野生稻	中国（防城港）	倾斜	绿	9.29	褐	红	2.05	优	
1102	GX0105	YD2-0104	普通野生稻	中国（防城港）	倾斜	淡紫	10.01	褐	红	1.50	优	
1103	GX0106	YD2-0105	普通野生稻	中国（防城港）	倾斜	淡紫	10.05	褐	红	1.44	优	
1104	GX0108	YD2-0107	普通野生稻	中国（防城港）	倾斜	淡紫	10.05	褐	红	1.45	优	
1105	GX0121	YD2-0118	普通野生稻	中国（防城港）	半直立	绿	10.06	褐	红	2.07	优	
1106	GX0127	YD2-0124	普通野生稻	中国（上思）	匍匐	淡紫	10.26	褐	红	1.48	优	
1107	GX0150	YD2-0147	普通野生稻	中国（灵山）	匍匐	淡紫	10.04	褐	红	1.32	优	
1108	GX0154	YD2-0151	普通野生稻	中国（灵山）	匍匐	淡紫	9.30	褐	红	1.48	优	13.07
1109	GX0155	YD2-0152	普通野生稻	中国（灵山）	匍匐	紫	10.04	褐	红	1.50	优	
1110	GX0171	YD2-0168	普通野生稻	中国（博白）	匍匐	紫	10.08	褐	红	1.82	优	12.27
1111	GX0181	YD2-0177	普通野生稻	中国（博白）	半直立	淡紫	10.02	褐	红	1.70	优	
1112	GX0196	YD2-0191	普通野生稻	中国（玉林）	匍匐	淡紫	9.23	褐	红	2.07	优	
1113	GX0201	YD2-0196	普通野生稻	中国（玉林）	匍匐	紫	9.29	褐	红	1.74	优	12.04
1114	GX0219	YD2-0214	普通野生稻	中国（玉林）	匍匐	淡紫	9.30	褐	红	1.45	优	
1115	GX0224	YD2-0219	普通野生稻	中国（玉林）	匍匐	淡紫	10.09	褐	红	1.75	优	12.06
1116	GX0228	YD2-0223	普通野生稻	中国（玉林）	匍匐	淡紫	10.02	秆黄有褐斑	红	1.35	优	11.23
1117	GX0244	YD2-0239	普通野生稻	中国（玉林）	匍匐	紫	10.03	褐	红	1.45	优	12.54
1118	GX0255	YD2-0250	普通野生稻	中国（玉林）	倾斜	绿	10.15	褐	红	1.44	优	11.82
1119	GX0262	YD2-0257	普通野生稻	中国（玉林）	倾斜	绿	10.12	褐	红	1.68	优	
1120	GX0314	YD2-0309	普通野生稻	中国（贵港）	匍匐	淡紫	10.12	褐	红	1.65	优	11.29
1121	GX0328	YD2-0323	普通野生稻	中国（贵港）	匍匐	淡紫	10.15	褐	红	2.07	优	12.45
1122	GX0343	YD2-0338	普通野生稻	中国（贵港）	匍匐	淡紫	9.25	褐	红	1.72	优	
1123	GX0344	YD2-0339	普通野生稻	中国（贵港）	匍匐	淡紫	9.25	褐	红	1.68	优	
1124	GX0345	YD2-0340	普通野生稻	中国（贵港）	匍匐	淡紫	9.24	褐	红	1.72	优	13.33
1125	GX0346	YD2-0341	普通野生稻	中国（贵港）	匍匐	淡紫	9.30	褐	红	2.35	优	11.25
1126	GX0351	YD2-0346	普通野生稻	中国（贵港）	匍匐	紫	9.28	褐	红	1.89	中	15.02
1127	GX0356	YD2-0350	普通野生稻	中国（贵港）	匍匐	紫	9.28	褐	红	1.49	优	
1128	GX0371	YD2-0364	普通野生稻	中国（贵港）	匍匐	绿	10.12	褐	红	2.01	优	11.51
1129	GX0379	YD2-0372	普通野生稻	中国（贵港）	倾斜	淡紫	10.01	褐	红	1.80	优	
1130	GX0383	YD2-0375	普通野生稻	中国（贵港）	倾斜	淡紫	10.03	褐	红	1.82	优	12.33
1131	GX0391	YD2-0382	普通野生稻	中国（贵港）	倾斜	淡紫	9.30	褐	红	2.00	中	16.50
1132	GX0398	YD2-0389	普通野生稻	中国（贵港）	倾斜	淡紫	10.02	褐	红	2.32	优	
1133	GX0401	YD2-0392	普通野生稻	中国（贵港）	倾斜	淡紫	9.23	褐	红	1.81	优	11.90
1134	GX0416	YD2-0404	普通野生稻	中国（贵港）	倾斜	淡紫	9.22	褐	红	1.81	优	13.59

续表

序号	单位保存号	全国统一号	种名	原产地	生长习性	基部鞘色	始穗期（月.日）	内外颖色	种皮色	百粒重（g）	外观米质	蛋白质含量（%）
1135	GX0417	YD2-0405	普通野生稻	中国（贵港）	倾斜	淡紫	9.24	褐	红	1.80	优	
1136	GX0421	YD2-0409	普通野生稻	中国（贵港）	倾斜	淡紫	9.23	褐	红	1.69	优	
1137	GX0423	YD2-0411	普通野生稻	中国（贵港）	倾斜	淡紫	9.17	褐	红	1.69	优	
1138	GX0424	YD2-0412	普通野生稻	中国（贵港）	倾斜	淡紫	9.24	褐	红	1.86	优	11.96
1139	GX0451	YD2-0437	普通野生稻	中国（贵港）	倾斜	淡紫	9.19	褐	红	1.71	优	
1140	GX0457	YD2-0443	普通野生稻	中国（贵港）	倾斜	紫	9.27	褐	红	2.02	差	15.75
1141	GX0476	YD2-0459	普通野生稻	中国（贵港）	倾斜	绿	9.25	褐	红	1.95	优	11.62
1142	GX0503	YD2-0485	普通野生稻	中国（贵港）	倾斜	淡紫	9.28	褐	红	1.85	优	
1143	GX0505	YD2-0487	普通野生稻	中国（贵港）	倾斜	紫条	10.01	褐	红	1.60	优	12.07
1144	GX0512	YD2-0494	普通野生稻	中国（贵港）	倾斜	淡紫	10.01	褐	红	2.21	中	15.68
1145	GX0513	YD2-0495	普通野生稻	中国（贵港）	倾斜	淡紫	9.29	褐	红	1.85	中	15.97
1146	GX0571	YD2-0549	普通野生稻	中国（桂平）	匍匐	紫	10.01	褐	红	2.04	优	
1147	GX0584	YD2-0562	普通野生稻	中国（桂平）	匍匐	淡紫	10.06	褐	红	1.46	优	
1148	GX0591	YD2-0569	普通野生稻	中国（桂平）	匍匐	紫	10.09	褐	红	2.02	优	12.17
1149	GX0594	YD2-0572	普通野生稻	中国（桂平）	匍匐	紫	10.08	褐	红	2.02	优	12.67
1150	GX0629	YD2-0607	普通野生稻	中国（桂平）	倾斜	淡紫	10.10	褐	红	1.77	优	12.46
1151	GX0645	YD2-0620	普通野生稻	中国（桂平）	倾斜	淡紫	9.30	褐	红	1.53	优	
1152	GX0647	YD2-0622	普通野生稻	中国（桂平）	倾斜	淡紫	10.02	褐	红	1.60	优	
1153	GX0651	YD2-0626	普通野生稻	中国（桂平）	倾斜	淡紫	9.27	褐	红	1.48	优	
1154	GX0655	YD2-0630	普通野生稻	中国（桂平）	倾斜	紫	9.29	褐	红	1.74	中	15.29
1155	GX0659	YD2-0634	普通野生稻	中国（桂平）	倾斜	淡紫	10.04	褐	红	2.08	优	12.69
1156	GX0663	YD2-0638	普通野生稻	中国（桂平）	倾斜	紫条	10.05	褐	红	1.80	优	13.00
1157	GX0683	YD2-0656	普通野生稻	中国（邕宁）	匍匐	淡紫	10.22	褐	红	1.56	优	11.98
1158	GX0708	YD2-0678	普通野生稻	中国（武鸣）	倾斜	紫条	9.24	褐	红	1.67	优	13.75
1159	GX0713	YD2-0682	普通野生稻	中国（武鸣）	倾斜	紫条	9.21	褐	红	1.61	优	13.18
1160	GX0724	YD2-0692	普通野生稻	中国（横县）	匍匐	淡紫	10.03	褐	红	1.40	优	
1161	GX0766	YD2-0734	普通野生稻	中国（横县）	倾斜	淡紫	9.21	褐	红	2.05	优	12.44
1162	GX0771	YD2-0736	普通野生稻	中国（横县）	倾斜	紫条	9.30	褐	红	1.67	优	13.71
1163	GX0772	YD2-0737	普通野生稻	中国（横县）	倾斜	淡紫	9.29	褐	红	2.40	优	11.56
1164	GX0788	YD2-0753	普通野生稻	中国（横县）	半直立	淡紫	9.20	褐	红	2.34	中	15.54
1165	GX0789	YD2-0754	普通野生稻	中国（横县）	半直立	淡紫	9.27	褐	红	1.60	优	
1166	GX0797	YD2-0760	普通野生稻	中国（扶绥）	匍匐	淡紫	9.26	褐	红	1.57	优	
1167	GX0804	YD2-0765	普通野生稻	中国（崇左）	匍匐	淡紫	10.10	褐	红	1.91	优	
1168	GX0805	YD2-0766	普通野生稻	中国（崇左）	匍匐	淡紫	10.06	褐	红	1.70	优	12.65
1169	GX0806	YD2-0767	普通野生稻	中国（崇左）	匍匐	淡紫	10.12	褐	红	1.56	优	

续表

序号	单位保存号	全国统一号	种 名	原产地	生长习性	基部鞘色	始穗期（月.日）	内外颖色	种皮色	百粒重（g）	外观米质	蛋白质含量（%）
1170	GX0810	YD2-0771	普通野生稻	中国（崇左）	匍匐	淡紫	10.12	褐	红	1.57	优	
1171	GX0811	YD2-0772	普通野生稻	中国（崇左）	匍匐	紫条	10.03	褐	红	1.45	优	
1172	GX0814	YD2-0775	普通野生稻	中国（崇左）	倾斜	淡紫	10.05	褐	红	1.53	优	
1173	GX0815	YD2-0776	普通野生稻	中国（崇左）	倾斜	淡紫	10.14	褐	红	1.61	优	
1174	GX0817	YD2-0778	普通野生稻	中国（崇左）	倾斜	淡紫	10.09	褐	红	1.66	优	
1175	GX0820	YD2-0781	普通野生稻	中国（崇左）	倾斜	淡紫	10.08	褐	红	1.72	优	
1176	GX0821	YD2-0782	普通野生稻	中国（崇左）	倾斜	淡紫	10.09	褐	红	1.53	优	
1177	GX0822	YD2-0783	普通野生稻	中国（崇左）	倾斜	淡紫	10.09	褐	红	1.71	优	
1178	GX0824	YD2-0785	普通野生稻	中国（崇左）	倾斜	淡紫	10.17	褐	红	1.57	优	
1179	GX0826	YD2-0787	普通野生稻	中国（崇左）	倾斜	淡紫	10.10	褐	红	1.65	优	
1180	GX0830	Y132-0791	普通野生稻	中国（崇左）	倾斜	紫条	10.22	褐	红	1.49	优	
1181	GX0849	YD2-0809	普通野生稻	中国（隆安）	匍匐	紫	10.03	褐	红	1.61	优	11.50
1182	GX0854	YD2-0814	普通野生稻	中国（隆安）	匍匐	紫	10.08	褐	白	1.47	优	
1183	GX0856	YD2-0816	普通野生稻	中国（隆安）	匍匐	紫	10.08	褐	红	1.60	优	
1184	GX0865	YD2-0825	普通野生稻	中国（隆安）	匍匐	紫	10.08	褐	红	1.51	优	12.95
1185	GX0868	YD2-0828	普通野生稻	中国（隆安）	匍匐	淡紫	10.08	褐	红	1.55	优	
1186	GX0875	YD2-0835	普通野生稻	中国（隆安）	倾斜	淡紫	10.01	褐	红	1.83	优	13.63
1187	GX0877	YD2-0837	普通野生稻	中国（隆安）	倾斜	淡紫	10.04	褐	红	1.72	优	
1188	GX0882	YD2-0842	普通野生稻	中国（隆安）	倾斜	淡紫	10.05	褐	红	2.01	优	13.03
1189	GX0887	YD2-0844	普通野生稻	中国（隆安）	倾斜	淡紫	10.06	褐	红	1.53	优	12.14
1190	GX0888	YD2-0845	普通野生稻	中国（隆安）	倾斜	淡紫	10.02	褐	红	1.48	优	12.50
1191	GX0889	YD2-0846	普通野生稻	中国（隆安）	倾斜	淡紫	10.03	褐	红	1.47	中	15.91
1192	GX0890	YD2-0847	普通野生稻	中国（隆安）	倾斜	淡紫	10.06	褐	红	1.44	优	12.29
1193	GX0899	YD2-0856	普通野生稻	中国（隆安）	倾斜	紫	10.03	褐	红	1.86	中	15.27
1194	GX0900	YD2-0857	普通野生稻	中国（隆安）	倾斜	紫	10.13	褐	红	1.80	中	15.36
1195	GX0901	YD2-0858	普通野生稻	中国（隆安）	倾斜	淡紫	9.28	褐	红	1.63	优	
1196	GX0912	YD2-0865	普通野生稻	中国（宾阳）	匍匐	淡紫	9.26	褐	红	1.84	优	12.88
1197	GX0936	YD2-0889	普通野生稻	中国（宾阳）	匍匐	淡紫	10.03	褐	红	1.91	优	11.96
1198	GX0939	YD2-0892	普通野生稻	中国（宾阳）	匍匐	紫	10.03	褐	红	1.95	优	
1199	GX0945	YD2-0898	普通野生稻	中国（宾阳）	匍匐	淡紫	9.24	褐	红	1.65	优	11.21
1200	GX0949	YD2-0902	普通野生稻	中国（宾阳）	匍匐	淡紫	10.05	褐	红	1.50	优	
1201	GX0955	YD2-0908	普通野生稻	中国（宾阳）	匍匐	淡紫	10.07	褐	红	1.42	优	11.14
1202	GX0969	YD2-0922	普通野生稻	中国（宾阳）	倾斜	淡紫	10.27	褐	红	1.91	优	11.85
1203	GX0974	YD2-0926	普通野生稻	中国（宾阳）	倾斜	淡紫	9.30	褐	红	1.63	优	
1204	GX1006	YD2-0957	普通野生稻	中国（上林）	匍匐	淡紫	10.01	褐	红	1.68	优	11.04

续表

序号	单位保存号	全国统一号	种 名	原产地	生长习性	基部鞘色	始穗期（月.日）	内外颖色	种皮色	百粒重（g）	外观米质	蛋白质含量（%）
1205	GX1007	YD2-0958	普通野生稻	中国（上林）	匍匐	淡紫	9.28	褐	红	1.51	优	
1206	GX1013	YD2-0964	普通野生稻	中国（上林）	匍匐	淡紫	10.09	褐	红	1.70	优	11.90
1207	GX1021	YD2-0972	普通野生稻	中国（上林）	倾斜	绿	10.05	褐	红	1.91	优	12.94
1208	GX1025	YD2-0976	普通野生稻	中国（百色）	匍匐	淡紫	10.17	褐	红	1.62	优	11.88
1209	GX1028	YD2-0979	普通野生稻	中国（百色）	匍匐	淡紫	10.06	褐	红	1.83	优	13.28
1210	GX1136	YD2-1080	普通野生稻	中国（柳江）	倾斜	淡紫	10.01	褐	红	1.76	优	12.33
1211	GX1149	YD2-1090	普通野生稻	中国（柳江）	直立	淡紫	10.10	褐	红	1.75	优	12.33
1212	GX1167	YD2-1100	普通野生稻	中国（来宾）	匍匐	淡紫	10.01	褐	红	1.72	优	12.11
1213	GX1233	YD2-1165	普通野生稻	中国（来宾）	匍匐	紫条	10.01	褐	红	2.03	优	11.40
1214	GX1252	YD2-1184	普通野生稻	中国（来宾）	匍匐	紫	10.02	褐	红	1.77	优	
1215	GX1265	YD2-1197	普通野生稻	中国（来宾）	匍匐	紫条	10.01	褐	红	2.03	优	12.47
1216	GX1283	YD2-1215	普通野生稻	中国（来宾）	匍匐	淡紫	10.01	褐	红	2.10	中	15.67
1217	GX1284	YD2-1216	普通野生稻	中国（来宾）	匍匐	紫	10.03	褐	红	2.02	中	15.44
1218	GX1285	YD2-1217	普通野生稻	中国（来宾）	匍匐	紫	10.01	褐	红	2.23	中	15.08
1219	GX1286	YD2-1218	普通野生稻	中国（来宾）	匍匐	紫	9.29	秆黄	红	1.92	中	15.22
1220	GX1350	YD2-1279	普通野生稻	中国（来宾）	倾斜	淡紫	9.29	褐	红	1.62	中	17.23
1221	GX1376	YIJ2-1304	普通野生稻	中国（来宾）	倾斜	淡紫	9.30	褐	红	2.10	中	15.81
1222	GX1400	YD2-1328	普通野生稻	中国（来宾）	半直立	淡紫	10.07	褐	红	2.29	优	12.22
1223	GX1462	YD2-1385	普通野生稻	中国（象州）	倾斜	淡紫	9.30	褐	红	1.84	优	12.42
1224	GX1463	YD2-1386	普通野生稻	中国（象州）	倾斜	淡紫	10.01	褐	红	1.99	优	11.96
1225	GX1500	YD2-1418	普通野生稻	中国（象州）	直立	绿	10.02	褐	红	2.20	中	16.67
1226	GX1501	YD2-1419	普通野生稻	中国（鹿寨）	匍匐	淡紫	9.28	褐	红	1.81	优	12.54
1227	GX1506	YD2-1424	普通野生稻	中国（鹿寨）	匍匐	绿	10.06	褐	红	1.65	优	12.92
1228	GX1507	YD2-1425	普通野生稻	中国（鹿寨）	匍匐	淡紫	10.02	褐	红	1.88	优	13.59
1229	GX1508	YD2-1426	普通野生稻	中国（鹿寨）	匍匐	绿	9.28	褐	红	1.96	优	
1230	GX1611	YD2-1521	普通野生稻	中国（恭城）	匍匐	淡紫	10.10	褐	红	2.00	中	15.49
1231	GX1625	YD2-1535	普通野生稻	中国（临桂）	匍匐	淡紫	10.14	褐	红	2.00	优	12.82
1232	GX1636	YD2-1546	普通野生稻	中国（临桂）	匍匐	淡紫	9.29	褐	红	2.33	中	15.07
1233	GX1648	YD2-1558	普通野生稻	中国（桂林）	匍匐	淡紫	10.03	褐	红	1.80	优	12.02
1234	GX1638	YD2-1548	普通野生稻	中国（桂林）	匍匐	淡紫	9.27	褐	红	2.44	差	15.88
1235	GX1649	YD2-1559	普通野生稻	中国（桂林）	匍匐	淡紫	10.01	褐	红	2.26	优	12.27
1236	GX1685	YD2-1595	药用野生稻	中国（邕宁）	倾斜	紫条	10.08	斑点黑	红	0.79	中	17.07
1237	GX1690	YD2-1600	药用野生稻	中国（横县）	倾斜	紫条	10.02	斑点黑	红	0.82	中	15.72
1238	GX1691	YD2-1601	药用野生稻	中国（横县）	倾斜	紫条	9.30	斑点黑	红	0.79	优	13.45
1239	GX1694	YD2-1604	药用野生稻	中国（横县）	倾斜	紫条	10.02	斑点黑	红	0.85	优	12.28

续表

序号	单位保存号	全国统一号	种名	原产地	生长习性	基部鞘色	始穗期（月.日）	内外颖色	种皮色	百粒重（g）	外观米质	蛋白质含量（%）
1240	GX1705	YD2-1615	药用野生稻	中国（横县）	倾斜	紫条	9.30	斑点黑	红	0.86	优	13.30
1241	GX1718	YD2-1628	药用野生稻	中国（玉林）	倾斜	紫条	10.03	斑点黑	红	0.74	优	15.05
1242	GX1714	YD2-1624	药用野生稻	中国（玉林）	倾斜	紫条	10.16	斑点黑	红	0.80	中	17.12
1243	GX1737	YD2-1647	药用野生稻	中国（桂平）	倾斜	紫条	10.04	斑点黑	红	0.91	差	17.62
1244	GX1774	YD2-1684	药用野生稻	中国（藤县）	倾斜	紫条	9.29	斑点黑	红	0.84	中	17.33
1245	GX1811	YD2-1721	药用野生稻	中国（苍梧）	倾斜	紫条	10.05	斑点黑	红	0.81	中	17.37
1246	GX1838	YD2-1748	药用野生稻	中国（昭平）	倾斜	紫条	10.04	斑点黑	红	0.83	差	17.36
1247	GX1839	YD2-1749	药用野生稻	中国（昭平）	倾斜	紫条	10.06	斑点黑	红	0.84	差	18.31
1248	GX1842	YD2-1752	药用野生稻	中国（贺州）	倾斜	紫条	9.29	斑点黑	红	0.83	中	17.99
1249	GX1843	YD2-1753	药用野生稻	中国（梧州）	倾斜	紫条	10.09	斑点黑	红	0.83	中	17.29
1250	GX1844	YD2-1754	药用野生稻	中国（梧州）	倾斜	紫条	10.12	斑点黑	红	0.86	中	18.42
1251	GX1852	YD2-1762	药用野生稻	中国（梧州）	倾斜	紫条	10.09	斑点黑	红	0.84	中	17.57
1252	GX1853	YD2-1763	药用野生稻	中国（梧州）	倾斜	紫条	10.06	斑点黑	红	0.83	中	17.60
1253	GX1825	YD2-1735	药用野生稻	中国（苍梧）	倾斜	紫条	9.28	斑点黑	红	0.83	优	15.57
1254	GX1833	YD2-1743	药用野生稻	中国（苍梧）	倾斜	紫条	9.25	斑点黑	红	0.80	优	15.70
1255	GX1848	YD2-1758	药用野生稻	中国（梧州）	倾斜	紫条	10.05	斑点黑	红	0.77	优	16.25
1256	GX1862	YD2-1772	药用野生稻	中国（武宣）	倾斜	紫条	9.26	斑点黑	红	0.84	优	15.74
1257	GX1873	YD2-1783	药用野生稻	中国（武宣）	倾斜	紫条	9.27	斑点黑	红	0.84	优	15.14
1258	GX1874	YD2-1784	药用野生稻	中国（武宣）	倾斜	紫条	9.30	斑点黑	红	0.85	优	14.91
1259	GX1878	YD2-1788	药用野生稻	中国（武宣）	倾斜	紫条	9.28	斑点黑	红	0.85	优	15.00
1260	GX1879	YD2-1789	药用野生稻	中国（武宣）	倾斜	紫条	9.29	斑点黑	红	0.85	优	15.91
1261	云普野1	YD3-0001	普通野生稻	中国（景洪）	半直立	绿		褐	浅红		优	
1262	云普野2	YD3-0002	普通野生稻	中国（景洪）	半直立	绿		褐	浅红		优	
1263	云普野3	YD3-0003	普通野生稻	中国（景洪）	半直立	绿		褐	浅红		优	
1264	云普野4	YD3-0004	普通野生稻	中国（景洪）	半直立	绿		褐	浅红		优	
1265	云普野5	YD3-0005	普通野生稻	中国（景洪）	半直立	绿		褐	浅红		优	
1266	云普野6	YD3-0006	普通野生稻	中国（景洪）	半直立	绿		褐	浅红		优	
1267	云普野7	YD3-0007	普通野生稻	中国（景洪）	半直立	绿		褐	浅红		优	
1268	云普野8	YD3-0008	普通野生稻	中国（景洪）	半直立	绿		褐	浅红		优	
1269	云普野9	YD3-0009	普通野生稻	中国（景洪）	半直立	绿		褐	浅红		优	
1270	云普野10	YD3-0010	普通野生稻	中国（景洪）	半直立	绿		褐	浅红		优	
1271	云普野11	YD3-0011	普通野生稻	中国（景洪）	半直立	绿		褐	浅红		优	
1272	云普野12	YD3-0012	普通野生稻	中国（景洪）	半直立	绿		褐	浅红		优	
1273	云普野13	YD3-0013	普通野生稻	中国（景洪）	半直立	绿		褐	浅红		优	
1274	云普野14	YD3-0014	普通野生稻	中国（景洪）	半直立	绿		褐	浅红		优	

续表

序号	单位保存号	全国统一号	种 名	原产地	生长习性	基部鞘色	始穗期（月.日）	内外颖色	种皮色	百粒重（g）	外观米质	蛋白质含量（%）
1275	云药野1	YD3-0015	药用野生稻	中国（景洪）	直立	绿		褐	浅红		优	
1276	云药野2	YD3-0016	药用野生稻	中国（普洱）	直立	绿		黑	浅红		优	
1277	云疣野1	YD3-0017	疣粒野生稻	中国（普洱）	直立	绿		褐	浅红		优	
1278	云疣野2	YD3-0018	疣粒野生稻	中国（普洱）	直立	绿		褐	浅红		优	
1279	云疣野3	YD3-0019	疣粒野生稻	中国（普洱）	直立	绿		褐	浅红		优	
1280	云疣野4	YD3-0020	疣粒野生稻	中国（澜沧）	直立	绿		褐	浅红		优	
1281	云疣野5	YD3-0021	疣粒野生稻	中国（绿春）	直立	绿		褐	浅红		优	
1282	云疣野6	YD3-0022	疣粒野生稻	中国（景洪）	直立	绿		褐	浅红		优	
1283	云疣野7	YD3-0023	疣粒野生稻	中国（景洪）	直立	绿		褐	浅红		优	
1284	云疣野8	YD3-0024	疣粒野生稻	中国（景洪）	直立	绿		褐	浅红		优	
1285	云疣野9	YD3-0025	疣粒野生稻	中国（镇康）	直立	绿		褐	浅红		优	
1286	云疣野10	YD3-0026	疣粒野生稻	中国（永德）	直立	绿		褐	浅红		优	
1287	云疣野11	YD3-0027	疣粒野生稻	中国（永德）	直立	绿		褐	浅红		优	
1288	云疣野12	YD3-0028	疣粒野生稻	中国（云县）	直立	绿		褐	浅红		优	
1289	云疣野13	YD3-0029	疣粒野生稻	中国（盈江）	直立	绿		褐	浅红		优	
1290	云疣野14	YD3-0030	疣粒野生稻	中国（盈江）	直立	绿		褐	浅红		优	
1291	云疣野15	YD3-0031	疣粒野生稻	中国（龙陵）	直立	绿		褐	浅红		优	
1292	云疣野16	YD3-0032	疣粒野生稻	中国（潞西）	直立	绿		褐	浅红		优	
1293	云疣野17	YD3-0033	疣粒野生稻	中国（普洱）	直立	绿		褐	浅红		优	
1294	云疣野18	YD3-0034	疣粒野生稻	中国（元江）	直立	绿		褐	浅红		优	
1295	云疣野19	YD3-0035	疣粒野生稻	中国（元江）	直立	绿		褐	浅红		优	
1296	云疣野20	YD3-0036	疣粒野生稻	中国（耿马）	直立	绿		褐	浅红		优	
1297	云疣野21	YD3-0037	疣粒野生稻	中国（耿马）	直立	绿		褐	浅红		优	
1298	云疣野22	YD3-0038	疣粒野生稻	中国（景洪）	直立	绿		褐	浅红		优	
1299	云疣野23	YD3-0039	疣粒野生稻	中国（景洪）	直立	绿		褐	浅红		优	
1300	云疣野24	YD3-0040	疣粒野生稻	中国（景洪）	直立	绿		褐	浅红		优	
1301	云疣野25	YD3-0041	疣粒野生稻	中国（景洪）	直立	绿		褐	浅红		优	
1302	云疣野26	YD3-0042	疣粒野生稻	中国（景洪）	直立	绿		褐	浅红		优	
1303	云疣野27	YD3-0043	疣粒野生稻	中国（景洪）	直立	绿		褐	浅红		优	
1304	云疣野28	YD3-0044	疣粒野生稻	中国（景洪）	直立	绿		褐	浅红		优	
1305	云疣野29	YD3-0045	疣粒野生稻	中国（景洪）	直立	绿		褐	浅红		优	
1306	云疣野30	YD3-0046	疣粒野生稻	中国（景洪）	直立	绿		褐	浅红		优	
1307	云疣野31	YD3-0047	疣粒野生稻	中国（景洪）	直立	绿		褐	浅红		优	
1308	云疣野32	YD3-0048	疣粒野生稻	中国（景洪）	直立	绿		褐	浅红		优	
1309	云疣野33	YD3-0049	疣粒野生稻	中国（景洪）	直立	绿		褐	浅红		优	

续表

序号	单位保存号	全国统一号	种 名	原产地	生长习性	基部鞘色	始穗期（月.日）	内外颖色	种皮色	百粒重（g）	外观米质	蛋白质含量（%）
1310	云疣野34	YD3-0050	疣粒野生稻	中国（景洪）	直立	绿		褐	浅红		优	
1311	云疣野35	YD3-0051	疣粒野生稻	中国（景洪）	直立	绿		褐	浅红		优	
1312	2-5	YD4-0002	普通野生稻	中国（东乡）	匍匐	紫	9.10	黑褐	虾肉	2.40	优	
1313	2-3	YD4-0004	普通野生稻	中国（东乡）	半直立	紫	9.10	黑褐	虾肉	2.30	优	
1314	2-2	YD4-0005	普通野生稻	中国（东乡）	倾斜	紫	9.10	黑褐	虾肉	2.40	优	
1315	30-1	YD4-0006	普通野生稻	中国（东乡）	匍匐	紫	9.23	黑褐	虾肉	2.50	优	
1316	30-3	YD4-0007	普通野生稻	中国（东乡）	匍匐	紫	9.18	黑褐	虾肉	2.40	优	
1317	30-5	YD4-0008	普通野生稻	中国（东乡）	匍匐	紫	9.21	褐	虾肉	2.40	优	
1318	31-6	YD4-0009	普通野生稻	中国（东乡）	匍匐	紫	9.20	褐	虾肉	2.40	优	
1319	3-6	YD4-0010	普通野生稻	中国（东乡）	倾斜	紫	9.13	黑褐	虾肉	2.40	优	
1320	4-3	YD4-0011	普通野生稻	中国（东乡）	倾斜	紫	9.17	黑褐	虾肉	2.30	优	
1321	5-2	YD4-0012	普通野生稻	中国（东乡）	倾斜	紫	9.17	黑褐	虾肉	2.30	优	
1322	4-4	YD4-0013	普通野生稻	中国（东乡）	倾斜	紫	9.22	黑褐	虾肉	2.40	优	
1323	5-1	YD4-0014	普通野生稻	中国（东乡）	倾斜	紫	9.21	黑褐	虾肉	2.40	优	
1324	30-6	YD4-0015	普通野生稻	中国（东乡）	倾斜	紫	9.23	褐	虾肉	2.40	优	
1325	31-3	YD4-0016	普通野生稻	中国（东乡）	倾斜	紫	9.23	秆黄	浅红	2.40	优	
1326	31-4	YD4-0017	普通野生稻	中国（东乡）	倾斜	紫	9.25	褐	虾肉	2.40	优	
1327	3-1	YD4-0018	普通野生稻	中国（东乡）	半直立	紫	9.18	黑褐	虾肉	2.40	优	
1328	5-3	YD4-0019	普通野生稻	中国（东乡）	半直立	紫	9.18	黑褐	虾肉	2.20	优	
1329	3-4	YD4-0020	普通野生稻	中国（东乡）	半直立	紫	9.13	黑褐	虾肉	2.50	优	
1330	3-5	YD4-0021	普通野生稻	中国（东乡）	半直立	紫	9.12	黑褐	虾肉	2.40	优	
1331	3-2	YD4-0022	普通野生稻	中国（东乡）	直立	紫	9.14	黑褐	虾肉	2.50	优	
1332	4-2	YD4-0023	普通野生稻	中国（东乡）	直立	紫	9.13	黑褐	虾肉	2.40	优	
1333	5-5	YD4-0024	普通野生稻	中国（东乡）	直立	紫	9.17	黑褐	虾肉	2.40	优	
1334	31-2	YD4-0025	普通野生稻	中国（东乡）	直立	紫	9.22	褐	虾肉	2.40	优	
1335	6-6	YD4-0026	普通野生稻	中国（东乡）	匍匐	紫	9.21	黑褐	虾肉	2.40	优	
1336	35-2	YD4-0027	普通野生稻	中国（东乡）	匍匐	紫	9.25	黑褐	虾肉	2.20	优	
1337	42-3	YD4-0028	普通野生稻	中国（东乡）	匍匐	紫	9.25	黑褐	虾肉	2.30	优	
1338	6-2	YD4-0029	普通野生稻	中国（东乡）	匍匐	淡紫	9.22	黑褐	虾肉	2.40	优	
1339	6-3	YD4-0030	普通野生稻	中国（东乡）	匍匐	淡紫	9.21	黑褐	虾肉	2.40	优	
1340	6-5	YD4-0031	普通野生稻	中国（东乡）	倾斜	淡紫	9.22	黑褐	虾肉	2.40	优	
1341	7-5	YD4-0033	普通野生稻	中国（东乡）	倾斜	紫	9.12	黑褐	虾肉	2.40	优	
1342	35-1	YD4-0034	普通野生稻	中国（东乡）	倾斜	紫	9.27	黑褐	虾肉	2.20	优	
1343	42-1	YD4-0035	普通野生稻	中国（东乡）	倾斜	紫	9.27	黑褐	虾肉	2.20	优	
1344	6-1	YD4-0037	普通野生稻	中国（东乡）	半直立	淡紫	9.20	黑褐	虾肉	2.40	优	

续表

序号	单位保存号	全国统一号	种名	原产地	生长习性	基部鞘色	始穗期（月.日）	内外颖色	种皮色	百粒重（g）	外观米质	蛋白质含量（%）
1345	7-1	YD4-0038	普通野生稻	中国（东乡）	半直立	紫	9.22	褐	浅红	2.40	优	
1346	35-4	YD4-0039	普通野生稻	中国（东乡）	半直立	紫	9.24	黑褐	虾肉	2.10	优	
1347	8-3	YD4-0040	普通野生稻	中国（东乡）	匍匐	紫	9.18	黑褐	浅红	2.50	优	
1348	32-5	YD4-0041	普通野生稻	中国（东乡）	匍匐	紫	9.13	黑褐	虾肉	2.00	优	
1349	32-6	YD4-0042	普通野生稻	中国（东乡）	匍匐	紫	9.08	黑褐	虾肉	2.00	优	
1350	32-1	YD4-0043	普通野生稻	中国（东乡）	倾斜	紫	9.11	黑褐	虾肉	2.30	优	
1351	32-4	YD4-0044	普通野生稻	中国（东乡）	倾斜	紫	9.06	黑褐	虾肉	2.00	优	
1352	9-3	YD4-0045	普通野生稻	中国（东乡）	倾斜	紫	9.12	黑褐	虾肉	2.40	优	
1353	9-1	YD4-0046	普通野生稻	中国（东乡）	半直立	紫	9.12	黑褐	虾肉	2.20	优	
1354	10-4	YD4-0047	普通野生稻	中国（东乡）	倾斜	淡紫	9.20	黑褐	虾肉	2.40	优	
1355	10-2	YD4-0048	普通野生稻	中国（东乡）	倾斜	紫	9.22	黑褐	虾肉	2.40	优	
1356	10-3	YD4-0049	普通野生稻	中国（东乡）	半直立	淡紫	9.23	黑褐	虾肉	2.50	优	
1357	10-5	YD4-0050	普通野生稻	中国（东乡）	半直立	紫	9.22	黑褐	虾肉	2.40	优	
1358	11-1	YD4-0051	普通野生稻	中国（东乡）	匍匐	淡紫	10.01	黑褐	虾肉	2.10	优	
1359	12-3	YD4-0052	普通野生稻	中国（东乡）	匍匐	紫	9.24	黑褐	虾肉	2.30	优	
1360	41-1	YD4-0053	普通野生稻	中国（东乡）	匍匐	紫	9.21	黑褐	虾肉	2.20	优	
1361	11-3	YD4-0054	普通野生稻	中国（东乡）	倾斜	淡紫	9.27	黑褐	虾肉	2.40	优	
1362	12-2	YD4-0055	普通野生稻	中国（东乡）	倾斜	紫	9.20	黑褐	虾肉	2.40	优	
1363	37-4	YD4-0056	普通野生稻	中国（东乡）	倾斜	紫	9.22	黑褐	虾肉	2.20	优	
1364	41-3	YD4-0057	普通野生稻	中国（东乡）	倾斜	紫	9.19	黑褐	浅红	2.20	优	
1365	4-1	YD4-0058	普通野生稻	中国（东乡）	倾斜	紫	9.20	黑褐	浅红	2.00	优	
1366	4-5	YD4-0059	普通野生稻	中国（东乡）	匍匐	紫	9.20	黑褐	虾肉	1.92	优	
1367	5-4	YD4-0060	普通野生稻	中国（东乡）	倾斜	紫	9.17	黑褐	浅红	2.02	优	
1368	30-4	YD4-0061	普通野生稻	中国（东乡）	倾斜	淡紫	9.16	黑褐	浅红	2.15	优	
1369	31-1	YD4-0062	普通野生稻	中国（东乡）	半直立	紫	9.17	黑褐	浅红	2.25	优	
1370	47-1	YD4-0063	普通野生稻	中国（东乡）	直立	紫	9.20	黑褐	浅红	1.91	优	
1371	47-4	YD4-0064	普通野生稻	中国（东乡）	半直立	淡紫	9.25	黑褐	红	1.98	优	
1372	47-5	YD4-0065	普通野生稻	中国（东乡）	半直立	淡紫	9.24	黑褐	虾肉	2.30	优	
1373	47-8	YD4-0066	普通野生稻	中国（东乡）	倾斜	淡紫	9.20	黑褐	浅红	1.92	优	
1374	47-12	YD4-0067	普通野生稻	中国（东乡）	倾斜	紫	9.26	黑褐	虾肉	1.85	优	
1375	47-17	YD4-0068	普通野生稻	中国（东乡）	倾斜	紫	9.30	黑褐	淡褐	1.93	优	
1376	47-28	YD4-0069	普通野生稻	中国（东乡）	倾斜	紫	9.23	黑褐	淡褐	1.92	优	
1377	47-34	YD4-0070	普通野生稻	中国（东乡）	匍匐	紫	9.28	黑褐	浅红	1.95	优	
1378	47-41	YD4-0071	普通野生稻	中国（东乡）	倾斜	淡紫	9.16	黑褐	红	1.85	优	
1379	47-42	YD4-0072	普通野生稻	中国（东乡）	匍匐	紫	9.20	黑褐	淡褐	1.80	优	

续表

序号	单位保存号	全国统一号	种　名	原产地	生长习性	基部鞘色	始穗期（月.日）	内外颖色	种皮色	百粒重（g）	外观米质	蛋白质含量（%）
1380	7-2	YD4-0073	普通野生稻	中国（东乡）	匍匐	紫	9.16	黑褐	虾肉	2.03	优	
1381	8-6	YD4-0074	普通野生稻	中国（东乡）	半直立	紫	9.19	黑褐	虾肉	2.31	优	
1382	9-2	YD4-0075	普通野生稻	中国（东乡）	倾斜	紫	9.17	黑褐	虾肉	1.93	优	
1383	9-4	YD4-0076	普通野生稻	中国（东乡）	倾斜	紫	9.09	黑褐	浅红	2.10	优	
1384	10-1	YD4-0077	普通野生稻	中国（东乡）	匍匐	紫	9.20	黑褐	浅红	2.08	优	
1385	10-6	YD4-0078	普通野生稻	中国（东乡）	匍匐	紫	9.20	黑褐	红	2.00	优	
1386	45-1	YD4-0079	普通野生稻	中国（东乡）	直立	紫	9.25	黑褐	红	2.03	优	
1387	45-2	YD4-0080	普通野生稻	中国（东乡）	半直立	紫	9.19	黑褐	红	2.12	优	
1388	45-4	YD4-0081	普通野生稻	中国（东乡）	半直立	紫	9.23	黑褐	红	2.15	优	
1389	45-5	YD4-0082	普通野生稻	中国（东乡）	半直立	紫	9.19	黑褐	浅红	2.10	优	
1390	45-6	YD4-0083	普通野生稻	中国（东乡）	匍匐	紫	9.23	黑褐	浅红	2.03	优	
1391	45-7	YD4-0084	普通野生稻	中国（东乡）	匍匐	紫	9.19	黑褐	红	1.98	优	
1392	45-8	YD4-0085	普通野生稻	中国（东乡）	倾斜	紫	9.19	黑褐	浅红	1.99	优	
1393	45-9	YD4-0086	普通野生稻	中国（东乡）	匍匐	紫	10.01	黑褐	浅红	2.01	优	
1394	45-10	YD4-0087	普通野生稻	中国（东乡）	匍匐	紫	9.24	黑褐	红	2.30	优	
1395	45-16	YD4-0088	普通野生稻	中国（东乡）	匍匐	紫	9.17	黑褐	浅红	2.02	优	
1396	45-17	YD4-0089	普通野生稻	中国（东乡）	匍匐	紫	9.19	黑褐	红	1.97	优	
1397	45-19	YD4-0090	普通野生稻	中国（东乡）	匍匐	紫	9.17	黑褐	红	1.92	优	
1398	45-20	YD4-0091	普通野生稻	中国（东乡）	匍匐	紫	9.17	黑褐	红	1.93	优	
1399	45-22	YD4-0092	普通野生稻	中国（东乡）	匍匐	紫	9.20	黑褐	红	1.97	优	
1400	45-24	YD4-0093	普通野生稻	中国（东乡）	倾斜	紫	9.26	黑褐	浅红	1.98	优	
1401	45-25	YD4-0094	普通野生稻	中国（东乡）	匍匐	紫	10.07	黑褐	红	2.12	优	
1402	45-34	YD4-0095	普通野生稻	中国（东乡）	倾斜	紫	10.03	黑褐	红	2.05	优	
1403	45-35	YD4-0096	普通野生稻	中国（东乡）	倾斜	紫	10.03	黑褐	浅红	1.97	优	
1404	11-2	YD4-0097	普通野生稻	中国（东乡）	匍匐	紫	9.21	黑褐	浅红	2.03	优	
1405	12-1	YD4-0098	普通野生稻	中国（东乡）	直立	淡紫	9.15	黑褐	浅红	1.95	优	
1406	12-4	YD4-0099	普通野生稻	中国（东乡）	匍匐	紫	9.16	黑褐	浅红	1.97	优	
1407	37-2	YD4-0100	普通野生稻	中国（东乡）	匍匐	紫	9.16	黑褐	红	2.00	优	
1408	41-2	YD4-0101	普通野生稻	中国（东乡）	匍匐	紫	9.19	黑褐	红	2.28	优	
1409	41-4	YD4-0102	普通野生稻	中国（东乡）	匍匐	紫	9.19	黑褐	红	2.18	优	
1410	46-4	YD4-0103	普通野生稻	中国（东乡）	半直立	淡紫	9.16	黑褐	浅红	1.91	优	
1411	46-5	YD4-0104	普通野生稻	中国（东乡）	半直立	紫	9.20	黑褐	深红	1.88	优	
1412	42-2	YD4-0105	普通野生稻	中国（东乡）	直立	淡紫	10.01	黑褐	浅红	2.17	优	
1413	42-4	YD4-0106	普通野生稻	中国（东乡）	倾斜	紫	9.26	黑褐	深红	1.98	优	
1414	48-1	YD4-0107	普通野生稻	中国（东乡）	倾斜	淡紫	9.26	黑褐	红	1.97	优	

续表

序号	单位保存号	全国统一号	种名	原产地	生长习性	基部鞘色	始穗期（月.日）	内外颖色	种皮色	百粒重（g）	外观米质	蛋白质含量（%）
1415	48-8	YD4-0108	普通野生稻	中国（东乡）	倾斜	紫条	10.02	黑褐	红	1.91	优	
1416	6-4	YD4-0109	普通野生稻	中国（东乡）	匍匐	淡紫	9.20	褐	虾肉	2.10	优	
1417	7-4	YD4-0110	普通野生稻	中国（东乡）	倾斜	紫	9.19	褐	淡褐	2.27	优	
1418	8-1	YD4-0111	普通野生稻	中国（东乡）	倾斜	紫条	9.17	褐	深红	2.10	优	
1419	8-2	YD4-0112	普通野生稻	中国（东乡）	匍匐	紫条	9.17	褐	深红	2.15	优	
1420	8-4	YD4-0113	普通野生稻	中国（东乡）	匍匐	紫条	9.20	褐	虾肉	2.05	优	
1421	11-4	YD4-0114	普通野生稻	中国（东乡）	匍匐	紫	9.27	褐	虾肉	1.85	优	
1422	31-5	YD4-0115	普通野生稻	中国（东乡）	倾斜	紫	9.23	褐	淡褐	2.12	优	
1423	35-3	YD4-0116	普通野生稻	中国（东乡）	倾斜	淡紫	9.20	褐	虾肉	1.86	优	
1424	41-5	YD4-0117	普通野生稻	中国（东乡）	匍匐	紫	9.23	褐	虾肉	1.99	优	
1425	42-1	YD4-0118	普通野生稻	中国（东乡）	倾斜	淡紫	10.01	褐	虾肉	2.11	优	
1426	43-2	YD4-0120	普通野生稻	中国（东乡）	倾斜	淡紫	9.16	褐	淡褐	1.83	优	
1427	43-3	YD4-0121	普通野生稻	中国（东乡）	匍匐	紫	9.21	褐	虾肉	1.99	优	
1428	43-4	YD4-0122	普通野生稻	中国（东乡）	匍匐	淡紫	9.18	褐	淡褐	2.29	优	
1429	45-7	YD4-0123	普通野生稻	中国（东乡）	匍匐	紫	9.20	褐	淡褐	1.90	优	
1430	45-11	YD4-0124	普通野生稻	中国（东乡）	倾斜	淡紫	9.23	褐	淡褐	1.79	优	
1431	45-13	YD4-0125	普通野生稻	中国（东乡）	倾斜	紫	9.18	褐	深红	1.82	优	
1432	45-15	YD4-0126	普通野生稻	中国（东乡）	匍匐	紫	9.21	褐	浅红	1.71	优	
1433	45-32	YD4-0127	普通野生稻	中国（东乡）	倾斜	紫	9.21	褐	淡褐	1.70	优	
1434	45-33	YD4-0128	普通野生稻	中国（东乡）	匍匐	紫	9.22	褐	深红	1.91	优	
1435	46-1	YD4-0129	普通野生稻	中国（东乡）	倾斜	淡紫	8.30	褐	淡褐	2.01	优	
1436	46-2	YD4-0130	普通野生稻	中国（东乡）	倾斜	绿	9.10	褐	虾肉	2.04	优	
1437	46-3	YD4-0131	普通野生稻	中国（东乡）	倾斜	淡紫	9.18	褐	深红	1.95	优	
1438	47-3	YD4-0132	普通野生稻	中国（东乡）	倾斜	淡紫	9.21	褐	虾肉	1.85	优	
1439	47-6	YD4-0133	普通野生稻	中国（东乡）	直立	淡紫	10.05	褐	红	1.88	优	
1440	47-7	YD4-0134	普通野生稻	中国（东乡）	直立	紫	9.23	褐	虾肉	1.87	优	
1441	47-10	YD4-0135	普通野生稻	中国（东乡）	直立	紫	10.06	褐	浅红	1.76	优	
1442	47-14	YD4-0136	普通野生稻	中国（东乡）	匍匐	淡紫	9.24	褐	淡褐	1.80	优	
1443	48-17	YD4-0137	普通野生稻	中国（东乡）	匍匐	紫	9.25	褐	虾肉	1.75	优	
1444	47-19	YD4-0138	普通野生稻	中国（东乡）	匍匐	淡紫	9.19	褐	淡褐	1.74	优	
1445	47-20	YD4-0139	普通野生稻	中国（东乡）	匍匐	淡紫	9.23	褐	虾肉	1.79	优	
1446	47-21	YD4-0140	普通野生稻	中国（东乡）	直立	紫	9.19	褐	深红	1.78	优	
1447	47-22	YD4-0141	普通野生稻	中国（东乡）	直立	紫	9.23	褐	深红	1.69	优	
1448	47-23	YD4-0142	普通野生稻	中国（东乡）	匍匐	淡紫	9.25	褐	虾肉	1.78	优	
1449	47-26	YD4-0143	普通野生稻	中国（东乡）	匍匐	紫	9.18	褐	虾肉	1.69	优	

续表

序号	单位保存号	全国统一号	种 名	原产地	生长习性	基部鞘色	始穗期（月.日）	内外颖色	种皮色	百粒重（g）	外观米质	蛋白质含量（%）
1450	47-27	YD4-0144	普通野生稻	中国（东乡）	直立	淡紫	9.22	褐	淡褐	1.75	优	
1451	47-32	YD4-0145	普通野生稻	中国（东乡）	直立	紫	9.23	褐	深红	1.70	优	
1452	47-33	YD4-0146	普通野生稻	中国（东乡）	直立	紫条	9.21	褐	虾肉	1.91	优	
1453	47-35	YD4-0147	普通野生稻	中国（东乡）	直立	淡紫	9.24	褐	虾肉	1.70	优	
1454	47-36	YD4-0148	普通野生稻	中国（东乡）	直立	淡紫	9.25	褐	淡褐	1.77	优	
1455	47-37	YD4-0149	普通野生稻	中国（东乡）	直立	淡紫	9.25	褐	淡褐	1.66	优	
1456	47-38	YD4-0150	普通野生稻	中国（东乡）	匍匐	淡紫	9.23	褐	深红	1.80	优	
1457	47-39	YD4-0151	普通野生稻	中国（东乡）	匍匐	紫	9.22	褐	虾肉	1.80	优	
1458	47-40	YD4-0152	普通野生稻	中国（东乡）	直立	淡紫	9.20	褐	淡褐	1.94	优	
1459	47-44	YD4-0153	普通野生稻	中国（东乡）	直立	紫	9.20	褐	淡褐	1.78	优	
1460	47-45	YD4-0154	普通野生稻	中国（东乡）	直立	紫	9.20	褐	淡褐	1.76	优	
1461	47-46	YD4-0155	普通野生稻	中国（东乡）	直立	紫	9.20	褐	淡褐	1.95	优	
1462	48-3	YD4-0156	普通野生稻	中国（东乡）	匍匐	淡紫	9.24	褐	虾肉	1.94	优	
1463	48-4	YD4-0157	普通野生稻	中国（东乡）	倾斜	淡紫	9.23	褐	深红	1.79	优	
1464	48-5	YD4-0158	普通野生稻	中国（东乡）	倾斜	紫	9.18	褐	淡褐	1.80	优	
1465	48-6	YD4-0159	普通野生稻	中国（东乡）	匍匐	淡紫	9.23	褐	淡褐	1.90	优	
1466	48-7	YD4-0160	普通野生稻	中国（东乡）	倾斜	淡紫	9.25	褐	淡褐	2.00	优	
1467	48-11	YD4-0161	普通野生稻	中国（东乡）	匍匐	紫	9.24	褐	淡褐	1.82	优	
1468	48-12	YD4-0162	普通野生稻	中国（东乡）	匍匐	紫	9.23	褐	虾肉	1.75	优	
1469	48-13	YD4-0163	普通野生稻	中国（东乡）	直立	紫	9.22	褐	虾肉	1.77	优	
1470	48-14	YD4-0164	普通野生稻	中国（东乡）	直立	淡紫	9.25	褐	淡褐	1.75	优	
1471	48-15	YD4-0165	普通野生稻	中国（东乡）	直立	紫	9.25	褐	虾肉	1.80	优	
1472	48-16	YD4-0166	普通野生稻	中国（东乡）	匍匐	紫	9.25	褐	虾肉	1.83	优	
1473	48-17	YD4-0167	普通野生稻	中国（东乡）	直立	淡紫	9.27	褐	淡褐	1.78	优	
1474	48-18	YD4-0168	普通野生稻	中国（东乡）	直立	淡紫	9.30	褐	虾肉	1.70	优	
1475	48-20	YD4-0169	普通野生稻	中国（东乡）	直立	淡紫	10.05	褐	虾肉	1.78	优	
1476	48-21	YD4-0170	普通野生稻	中国（东乡）	直立	淡紫	9.25	褐	淡褐	1.80	优	
1477	48-22	YD4-0171	普通野生稻	中国（东乡）	匍匐	紫	9.26	褐	虾肉	1.70	优	
1478	48-24	YD4-0172	普通野生稻	中国（东乡）	直立	紫	9.24	褐	淡褐	1.83	优	
1479	48-26	YD4-0173	普通野生稻	中国（东乡）	匍匐	紫	10.04	黑	深红	1.90	优	
1480	1-001	YD5-0001	普通野生稻	中国（漳浦）	匍匐	淡紫	10.04	褐	红	2.10	优	
1481	1-002	YD5-0002	普通野生稻	中国（漳浦）	匍匐	绿	10.02	褐	红	2.00	优	
1482	1-003	YD5-0003	普通野生稻	中国（漳浦）	匍匐	紫	10.05	褐	红	2.10	优	
1483	1-004	YD5-0004	普通野生稻	中国（漳浦）	匍匐	紫	10.04	褐	红	2.10	优	
1484	C004	YD6-0001	普通野生稻	中国（茶陵）	匍匐	淡紫	9.23	褐	浅红	2.00	优	

续表

序号	单位保存号	全国统一号	种名	原产地	生长习性	基部鞘色	始穗期（月.日）	内外颖色	种皮色	百粒重（g）	外观米质	蛋白质含量（%）
1485	C007	YD6-0002	普通野生稻	中国（茶陵）	匍匐	紫	9.29	褐	虾肉	2.10	优	
1486	C023	YD6-0004	普通野生稻	中国（茶陵）	匍匐	紫	9.26	褐	虾肉	2.20	优	
1487	C024	YD6-0005	普通野生稻	中国（茶陵）	匍匐	紫	9.21	褐	虾肉	2.30	优	
1488	C039	YD6-0006	普通野生稻	中国（茶陵）	匍匐	绿	9.25	褐	虾肉	2.10	优	
1489	C040	YD6-0007	普通野生稻	中国（茶陵）	匍匐	紫	9.22	褐	红	2.00	优	
1490	C041	YD6-0008	普通野生稻	中国（茶陵）	匍匐	紫	9.24	褐	红	1.85	优	
1491	C045	YD6-0009	普通野生稻	中国（茶陵）	匍匐	淡紫	9.21	褐	虾肉	1.80	优	
1492	C046	YD6-0010	普通野生稻	中国（茶陵）	匍匐	绿	9.24	褐	虾肉	1.90	优	
1493	C068	YD6-0011	普通野生稻	中国（茶陵）	匍匐	紫	9.23	褐	虾肉	1.90	优	
1494	C094	YD6-0014	普通野生稻	中国（茶陵）	匍匐	淡紫	9.28	褐	红	2.40	优	
1495	C001	YD6-0015	普通野生稻	中国（茶陵）	倾斜	淡紫	9.25	褐	虾肉	1.85	优	
1496	C003	YD6-0016	普通野生稻	中国（茶陵）	倾斜	淡紫	10.02	褐	浅红	1.85	优	
1497	C012	YD6-0020	普通野生稻	中国（茶陵）	倾斜	紫	9.20	褐	虾肉	2.20	优	
1498	C017	YD6-0021	普通野生稻	中国（茶陵）	倾斜	紫	10.02	褐	虾肉	2.00	优	
1499	C025	YD6-0022	普通野生稻	中国（茶陵）	倾斜	绿	9.22	褐	褐	1.80	优	
1500	C026	YD6-0023	普通野生稻	中国（茶陵）	倾斜	紫	9.24	褐	虾肉	2.00	优	
1501	C029	YD6-0024	普通野生稻	中国（茶陵）	倾斜	淡紫	9.30	褐	红	1.90	优	
1502	C033	YD6-0026	普通野生稻	中国（茶陵）	倾斜	紫	9.30	褐	红	2.10	优	
1503	C034	YD6-0027	普通野生稻	中国（茶陵）	倾斜	紫	9.24	褐	虾肉	2.00	优	
1504	C038	YD6-0028	普通野生稻	中国（茶陵）	倾斜	绿	9.22	褐	虾肉	2.15	优	
1505	C042	YD6-0029	普通野生稻	中国（茶陵）	倾斜	紫	9.20	褐	红	2.20	优	
1506	C048	YD6-0030	普通野生稻	中国（茶陵）	倾斜	淡紫	9.25	褐	虾肉	2.00	优	
1507	C050	YD6-0032	普通野生稻	中国（茶陵）	倾斜	紫条	9.26	褐	红	2.20	优	
1508	C058	YD6-0034	普通野生稻	中国（茶陵）	倾斜	紫	9.23	褐	虾肉	2.15	优	
1509	C059	YD6-0035	普通野生稻	中国（茶陵）	倾斜	紫	9.24	褐	红	1.80	优	
1510	C061	YD6-0036	普通野生稻	中国（茶陵）	倾斜	紫	9.22	褐	红	2.10	优	
1511	C062	YD6-0037	普通野生稻	中国（茶陵）	倾斜	淡紫	9.24	褐	红	1.80	优	
1512	C067	YD6-0041	普通野生稻	中国（茶陵）	倾斜	绿	9.20	褐	虾肉	2.05	优	
1513	C073	YD6-0042	普通野生稻	中国（茶陵）	倾斜	紫	9.22	褐	浅红	2.10	优	
1514	C075	YD6-0043	普通野生稻	中国（茶陵）	倾斜	绿	9.23	褐	虾肉	2.40	优	
1515	C093	YD6-0044	普通野生稻	中国（茶陵）	倾斜	紫	9.22	褐	虾肉	2.20	优	
1516	C105	YD6-0045	普通野生稻	中国（茶陵）	倾斜	紫	9.26	褐	红	2.10	优	
1517	C109	YD6-0046	普通野生稻	中国（茶陵）	倾斜	紫	9.22	褐	虾肉	2.05	优	
1518	C006	YD6-0048	普通野生稻	中国（茶陵）	半直立	淡紫	9.24	褐	虾肉	2.10	优	
1519	C019	YD6-0049	普通野生稻	中国（茶陵）	半直立	紫	9.24	褐	浅红	2.55	优	

续表

序号	单位保存号	全国统一号	种名	原产地	生长习性	基部鞘色	始穗期（月.日）	内外颖色	种皮色	百粒重（g）	外观米质	蛋白质含量（%）
1520	C022	YD6-0051	普通野生稻	中国（茶陵）	半直立	淡紫	9.22	褐	浅红	2.00	优	
1521	C028	YD6-0053	普通野生稻	中国（茶陵）	半直立	紫	9.20	褐	红	2.20	优	
1522	C032	YD6-0055	普通野生稻	中国（茶陵）	半直立	紫条	9.25	褐	虾肉	2.20	优	
1523	C044	YD6-0057	普通野生稻	中国（茶陵）	半直立	淡紫	9.22	褐	浅红	1.65	优	
1524	C049	YD6-0058	普通野生稻	中国（茶陵）	半直立	紫	9.26	褐	浅红	1.90	优	
1525	C106	YD6-0059	普通野生稻	中国（茶陵）	半直立	紫	9.27	褐	虾肉	2.10	优	
1526	C002	YD6-0060	普通野生稻	中国（茶陵）	直立	紫	10.02	褐	虾肉	2.00	优	
1527	C014	YD6-0061	普通野生稻	中国（茶陵）	直立	淡紫	9.24	褐	虾肉	2.30	优	
1528	C015	YD6-0062	普通野生稻	中国（茶陵）	直立	淡紫	9.19	褐	虾肉	2.30	优	
1529	C016	YD6-0063	普通野生稻	中国（茶陵）	直立	绿	9.22	褐	虾肉	2.10	优	
1530	C036	YD6-0064	普通野生稻	中国（茶陵）	直立	淡紫	9.20	褐	红	2.15	优	
1531	C037	YD6-0065	普通野生稻	中国（茶陵）	直立	淡紫	9.22	褐	虾肉	2.05	优	
1532	C051	YD6-0066	普通野生稻	中国（茶陵）	直立	淡紫	9.19	褐	浅红	1.60	优	
1533	C057	YD6-0067	普通野生稻	中国（茶陵）	直立	紫	9.23	褐	虾肉	2.20	优	
1534	C064	YD6-0068	普通野生稻	中国（茶陵）	直立	淡紫	9.20	褐	虾肉	1.75	优	
1535	C069	YD6-0069	普通野生稻	中国（茶陵）	直立	淡紫	9.29	褐	虾肉	1.90	优	
1536	C086	YD6-0070	普通野生稻	中国（茶陵）	直立	紫	9.28	褐	虾肉	2.20	优	
1537	9002	YD6-0072	普通野生稻	中国（江永）	匍匐	绿	9.20	褐	虾肉	1.65	优	
1538	9003	YD6-0073	普通野生稻	中国（江永）	匍匐	淡紫	9.21	褐	虾肉	1.90	优	
1539	9004	YD6-0074	普通野生稻	中国（江永）	匍匐	淡紫	10.04	褐	虾肉	2.00	优	
1540	9005	YD6-0075	普通野生稻	中国（江永）	匍匐	淡紫	10.04	褐	白	1.95	优	
1541	9006	YD6-0076	普通野生稻	中国（江永）	匍匐	淡紫	10.04	褐	虾肉	1.95	优	
1542	9007	YD6-0077	普通野生稻	中国（江永）	匍匐	绿	9.29	褐	虾肉	2.10	优	
1543	9008	YD6-0078	普通野生稻	中国（江永）	匍匐	淡紫	10.04	褐	虾肉	2.20	优	
1544	9013	YD6-0080	普通野生稻	中国（江永）	匍匐	紫	10.04	褐	虾肉	2.10	优	
1545	9022	YD6-0081	普通野生稻	中国（江永）	匍匐	紫	10.10	褐	虾肉	2.20	优	
1546	9024	YD6-0082	普通野生稻	中国（江永）	匍匐	淡紫	9.22	褐	虾肉	1.90	优	
1547	9026	YD6-0083	普通野生稻	中国（江永）	匍匐	紫	10.10	褐	虾肉	2.10	优	
1548	9027	YD6-0084	普通野生稻	中国（江永）	匍匐	淡紫	10.10	褐	虾肉	2.10	优	
1549	9028	YD6-0085	普通野生稻	中国（江永）	匍匐	淡紫	10.04	褐	虾肉	2.00	优	
1550	9029	YD6-0086	普通野生稻	中国（江永）	匍匐	淡紫	10.04	褐	虾肉	2.00	优	
1551	9030	YD6-0087	普通野生稻	中国（江永）	匍匐	淡紫	10.15	褐	虾肉	1.90	优	
1552	9014	YD6-0089	普通野生稻	中国（江永）	倾斜	淡紫	9.24	褐	浅红	1.90	优	
1553	9025	YD6-0093	普通野生稻	中国（江永）	倾斜	绿	10.03	褐	虾肉	1.98	优	
1554	9010	YD6-0095	普通野生稻	中国（江永）	半直立	绿	10.02	褐	虾肉	1.90	优	

续表

序号	单位保存号	全国统一号	种名	原产地	生长习性	基部鞘色	始穗期（月.日）	内外颖色	种皮色	百粒重（g）	外观米质	蛋白质含量（%）
1555	9017	YD6-0096	普通野生稻	中国（江永）	半直立	淡紫	9.29	褐	虾肉	1.80	优	
1556	9018	YD6-0097	普通野生稻	中国（江永）	半直立	绿	9.23	褐	虾肉	2.30	优	
1557	9019	YD6-0098	普通野生稻	中国（江永）	半直立	绿	10.04	褐	虾肉	2.10	优	
1558	9021	YD6-0100	普通野生稻	中国（江永）	半直立	淡紫	9.25	褐	虾肉	2.10	优	
1559	CNW027	WYD-0030	S.coarotatum	菲律宾	半直立	绿		秆黄	白	2.43	优	
1560	CNW028	WYD-0031	S.coarotatum	菲律宾	半直立	绿		秆黄	白	2.58	优	
1561	CNW080	WYD-0118	疣粒野生稻	菲律宾	半直立	绿		褐	红	1.63	优	
1562	CNW081	WYD-0119	疣粒野生稻	菲律宾	半直立	绿		褐	红	1.63	优	
1563	CNW082	WYD-0120	疣粒野生稻	澳大利亚	半直立	绿		褐	红	0.92	优	
1564	CNW087	WYD-0124	尼瓦拉野生稻	缅甸	半直立	绿		紫	紫	1.06	优	
1565	CNW088	WYD-0125	尼瓦拉野生稻	印度	半直立	绿		褐	紫	1.20	优	
1566	CNW089	WYD-0126	尼瓦拉野生稻	印度	半直立	绿		褐	白	1.14	优	
1567	CNW090	WYD-0127	尼瓦拉野生稻	印度	半直立	绿	9.28	秆黄	白	1.73	优	
1568	CNW091	WYD-0128	尼瓦拉野生稻	印度	半直立	绿	9.06	秆黄	浅红	2.10	优	
1569	CNW092	WYD-0129	尼瓦拉野生稻	印度	半直立	绿	10.15	秆黄	白	2.19	优	
1570	CNW093	WYD-0130	尼瓦拉野生稻	印度	半直立	绿		秆黄	浅红	1.92	优	
1571	CNW094	WYD-0131	尼瓦拉野生稻	印度	半直立	绿		褐	紫	2.08	优	
1572	CNW095	WYD-0132	尼瓦拉野生稻	孟加拉国	半直立	绿		斑点黑	红	1.26	优	
1573	CNW096	WYD-0133	尼瓦拉野生稻	孟加拉国	半直立	绿		秆黄	白	1.97	优	
1574	CNW097	WYD-0134	尼瓦拉野生稻	斯里兰卡	半直立	绿		紫黄	褐	1.65	优	
1575	CNW099	WYD-0135	尼瓦拉野生稻	泰国	半直立	绿		紫	褐	2.02	优	
1576	CYW035	WYD-0136	尼瓦拉野生稻	菲律宾	半直立	淡紫	9.21	褐	虾肉	2.40	优	
1577	CYW036	WYD-0137	尼瓦拉野生稻	菲律宾	匍匐	淡紫	9.05	褐	虾肉	2.00	优	
1578	CYW037	WYD-0138	尼瓦拉野生稻	菲律宾	倾斜	淡紫	8.20	秆黄	红	2.70	优	
1579	CNW100	WYD-0144	药用野生稻	马来西亚	半直立	绿		褐	紫	0.97	优	
1580	CNW101	WYD-0145	药用野生稻	马来西亚	半直立	绿		紫	浅红	0.70	优	
1581	CNW104	WYD-0147	药用野生稻	印度	半直立	绿		褐	紫	1.03	优	
1582	CNW111	WYD-0158	斑点野生稻	菲律宾	半直立	绿		秆黄紫斑	白	0.93	优	
1583	CNW118	WYD-0164	斑点野生稻	肯尼亚	半直立	绿	9.10	紫	浅红	1.13	优	
1584	CNW126	WYD-0181	普通野生稻	中国（台湾）	倾斜	绿		紫	浅红	1.02	优	
1585	CNW127	WYD-0182	普通野生稻	菲律宾	倾斜	绿		褐	紫	1.13	优	
1586	CNW128	WYD-0183	普通野生稻	菲律宾	倾斜	绿		褐	红	1.36	优	
1587	CNW129	WYD-0184	普通野生稻	菲律宾	倾斜	绿		褐	红	1.23	优	
1588	CNW130	WYD-0185	普通野生稻	菲律宾	倾斜	绿		褐	紫	1.53	优	

续表

序号	单位保存号	全国统一号	种 名	原产地	生长习性	基部鞘色	始穗期（月.日）	内外颖色	种皮色	百粒重（g）	外观米质	蛋白质含量（%）
1589	CNW131	WYD-0186	普通野生稻	中国（台湾）	倾斜	绿		紫	浅红	1.60	优	
1590	CNW134	WYD-0189	普通野生稻	菲律宾	倾斜	绿		褐	紫	1.49	优	
1591	CYW018	WYD-0191	普通野生稻	菲律宾	倾斜	绿	9.20	秆黄	浅红	1.60	优	
1592	CYW022	WYD-0193	普通野生稻	菲律宾	倾斜	淡紫	10.10	秆黄	虾肉	1.40	优	
1593	CNW136	WYD-0197	R.subulata	菲律宾	半直立	淡紫	8.10	秆黄	褐	2.46	优	
1594	CNW137	WYD-0198	R.subulata	菲律宾	半直立	淡紫	8.12	秆黄	褐	2.35	优	
1595	CNW138	WYD-0199	R.subulata	美国	半直立	淡紫	8.10	秆黄	褐	2.47	优	
1596	CNW143	WYD-0200	普通野生稻	孟加拉国	倾斜	淡紫		红	褐	2.16	优	
1597	CNW139	WYD-0205	O.stapfii	菲律宾	半直立	绿		斑点黑	红	2.38	优	
1598	CNW140	WYD-0206	O.stapfii	菲律宾	半直立	绿		秆黄	褐	2.23	优	
1599	CNW141	WYD-0207	O.stapfii	菲律宾	半直立	绿		秆黄	褐	2.19	优	
1600	CNW142	WYD-0208	O.stapfii	菲律宾	半直立	绿		秆黄	褐	2.63	优	
1601	S1005	YD1-2331	普通野生稻	中国（三亚）	匍匐	淡紫	9.24	褐	红	1.30	优	
1602	S1008	YD1-2332	普通野生稻	中国（三亚）	匍匐	淡紫	11.22	褐	红	1.60	优	
1603	S1010	YD1-2333	普通野生稻	中国（三亚）	匍匐	淡紫	11.15	褐	红		优	
1604	S1011	YD1-2334	普通野生稻	中国（三亚）	匍匐	淡紫	10.27	褐	红	1.50	优	
1605	S1002	YD1-2336	普通野生稻	中国（三亚）	倾斜	淡紫	11.26	褐	红		优	
1606	S1017	YD1-2337	普通野生稻	中国（乐东）	匍匐	淡紫	11.26	褐	淡褐	1.70	优	
1607	S1026	YD1-2341	普通野生稻	中国（乐东）	匍匐	紫条	11.27	褐	红		优	
1608	S1027	YD1-2342	普通野生稻	中国（乐东）	匍匐	淡紫	11.14	褐	虾肉	1.70	优	
1609	S1037	YD1-2345	普通野生稻	中国（乐东）	匍匐	淡紫	11.25	褐	红		优	
1610	S1042	YD1-2347	普通野生稻	中国（乐东）	匍匐	紫	11.17	褐	红	1.70	优	
1611	S1043	YD1-2348	普通野生稻	中国（乐东）	匍匐	淡紫	11.27	褐	红		优	
1612	S1044	YD1-2349	普通野生稻	中国（乐东）	匍匐	紫条	11.24	褐	红	1.60	优	
1613	S1028	YD1-2351	普通野生稻	中国（乐东）	半直立	淡紫	9.24	褐	红		优	
1614	S1030	YD1-2352	普通野生稻	中国（乐东）	半直立	淡紫	11.15	褐	红	1.50	优	
1615	S1046	YD1-2353	普通野生稻	中国（东方）	匍匐	淡紫	9.28	褐	红	1.50	优	
1616	S1070	YD1-2354	普通野生稻	中国（万宁）	匍匐	淡紫	11.21	褐	红		优	
1617	S1071	YD1-2355	普通野生稻	中国（万宁）	匍匐	淡紫	11.22	褐	红		优	
1618	S1072	YD1-2356	普通野生稻	中国（万宁）	匍匐	紫	11.22	褐	红		优	
1619	S1073	YD1-2357	普通野生稻	中国（万宁）	匍匐	淡紫	11.22	褐	红		优	
1620	S1074	YD1-2358	普通野生稻	中国（万宁）	匍匐	淡紫	8.11	褐	红		优	
1621	S1075	YD1-2359	普通野生稻	中国（万宁）	匍匐	淡紫	11.25	褐	红		优	
1622	S1077	YD1-2361	普通野生稻	中国（万宁）	匍匐	淡紫	12.06	褐	红		优	
1623	S1078	YD1-2362	普通野生稻	中国（万宁）	匍匐	紫	11.25	褐	红		优	

续表

序号	单位保存号	全国统一号	种 名	原产地	生长习性	基部鞘色	始穗期（月.日）	内外颖色	种皮色	百粒重（g）	外观米质	蛋白质含量（%）
1624	S1080	YD1-2364	普通野生稻	中国（万宁）	匍匐	紫	11.27	褐	红		优	
1625	S1082	YD1-2365	普通野生稻	中国（万宁）	匍匐	淡紫	10.20	褐	红		优	
1626	S1083	YD1-2366	普通野生稻	中国（万宁）	匍匐	紫	12.14	褐	红		优	
1627	S1084	YD1-2367	普通野生稻	中国（万宁）	匍匐	紫	12.02	褐	红		优	
1628	S1088	YD1-2371	普通野生稻	中国（琼海）	匍匐	紫	12.20	褐	红		优	
1629	S1089	YD1-2372	普通野生稻	中国（琼海）	匍匐	淡紫	12.21	褐	红		优	
1630	S1093	YD1-2375	普通野生稻	中国（琼海）	匍匐	淡紫	12.25	褐	红		优	
1631	S1094	YD1-2378	普通野生稻	中国（琼海）	匍匐	淡紫	12.14	褐	红		优	
1632	S1101	YD1-2380	普通野生稻	中国（安定）	匍匐	淡紫	11.26	褐	红		优	
1633	S1102	YD1-2381	普通野生稻	中国（安定）	匍匐	淡紫	11.16	褐	红		优	
1634	S1103	YD1-2382	普通野生稻	中国（安定）	匍匐	淡紫	11.18	褐	红		优	
1635	S1105	YD1-2383	普通野生稻	中国（安定）	匍匐	淡紫	10.27	褐	红		优	
1636	S1107	YD1-2384	普通野生稻	中国（安定）	半直立	淡紫	12.04	褐	红		优	
1637	S1108	YD1-2385	普通野生稻	中国（儋州）	匍匐	紫	10.04	褐	红	1.40	优	
1638	S1125	YD1-2388	普通野生稻	中国（临高）	匍匐	淡紫	10.30	褐	红		优	
1639	S1127	YD1-2389	普通野生稻	中国（临高）	匍匐	紫	11.12	褐	红		优	
1640	S1137	YD1-2396	普通野生稻	中国（澄迈）	匍匐	淡紫	11.15	褐	红		优	
1641	S1134	YD1-2397	普通野生稻	中国（澄迈）	半直立	淡紫	10.05	秆黄	红	1.50	优	
1642	S1148	YD1-2398	普通野生稻	中国（琼山）	匍匐	紫	10.25	褐	红	1.50	优	
1643	S1150	YD1-2399	普通野生稻	中国（琼山）	匍匐	紫	11.03	褐	红		优	
1644	S1155	YD1-2401	普通野生稻	中国（琼山）	匍匐	紫	10.24	褐	红		优	
1645	S1156	YD1-2402	普通野生稻	中国（琼山）	匍匐	紫	10.30	褐	红		优	
1646	S1157	YD1-2403	普通野生稻	中国（琼山）	匍匐	淡紫	10.26	褐	红		优	
1647	S1158	YD1-2404	普通野生稻	中国（琼山）	匍匐	淡紫	10.30	褐	红		优	
1648	S1160	YD1-2406	普通野生稻	中国（琼山）	匍匐	绿	11.09	褐	红		优	
1649	S1161	YD1-2407	普通野生稻	中国（琼山）	匍匐	淡紫	12.04	褐	红		优	
1650	S1164	YD1-2408	普通野生稻	中国（琼山）	匍匐	淡紫	11.02	褐	红		优	
1651	S1166	YD1-2409	普通野生稻	中国（琼山）	匍匐	淡紫	11.03	褐	红		优	
1652	S1167	YD1-2410	普通野生稻	中国（琼山）	匍匐	淡紫	11.20	褐	红		优	
1653	S1169	YD1-2412	普通野生稻	中国（琼山）	匍匐	淡紫	11.16	褐	红		优	
1654	S1172	YD1-2415	普通野生稻	中国（琼山）	匍匐	紫	11.20	褐	红		优	
1655	S1178	YD1-2416	普通野生稻	中国（琼山）	匍匐	淡紫	11.25	褐	红		优	
1656	S1182	YD1-2419	普通野生稻	中国（琼山）	匍匐	淡紫	11.07	褐	红	1.50	优	
1657	S1183	YD1-2420	普通野生稻	中国（琼山）	匍匐	淡紫	11.20	褐	红		优	
1658	S1185	YD1-2421	普通野生稻	中国（琼山）	匍匐	紫	10.14	褐	红		优	

续表

序号	单位保存号	全国统一号	种　名	原产地	生长习性	基部鞘色	始穗期（月.日）	内外颖色	种皮色	百粒重（g）	外观米质	蛋白质含量（%）
1659	S1186	YD1-2422	普通野生稻	中国（琼山）	匍匐	淡紫	11.25	褐	红	1.50	优	
1660	S1189	YD1-2423	普通野生稻	中国（琼山）	匍匐	淡紫	11.13	褐	红	1.40	优	
1661	S1195	YD1-2428	普通野生稻	中国（文昌）	匍匐	淡紫	12.08	褐	红		优	
1662	S1196	YD1-2429	普通野生稻	中国（文昌）	匍匐	紫	11.19	褐	红		优	
1663	S1198	YD1-2430	普通野生稻	中国（文昌）	匍匐	淡紫	11.04	褐	红		优	
1664	S1200	YD1-2432	普通野生稻	中国（文昌）	匍匐	淡紫	10.26	褐	红	1.40	优	
1665	S1214	YD1-2436	普通野生稻	中国（海口）	匍匐	淡紫	10.20	褐	红	1.60	优	
1666	S1219	YD1-2439	普通野生稻	中国（海口）	匍匐	淡紫	11.01	褐	红		优	
1667	S1223	YD1-2441	普通野生稻	中国（海口）	匍匐	紫	10.28	褐	红		优	
1668	S2010	YD1-2452	普通野生稻	中国（海康）	直立	淡紫	11.01	褐	红		优	
1669	S2016	YD1-2454	普通野生稻	中国（海康）	直立	淡紫	11.01	褐	红		优	
1670	S2035	YD1-2459	普通野生稻	中国（湛江）	倾斜	紫	10.18	秆黄	浅红	1.40	优	
1671	S2037	YD1-2463	普通野生稻	中国（湛江）	半直立	绿	11.18	褐	浅红	1.70	优	
1672	S2039	YD1-2464	普通野生稻	中国（湛江）	半直立	淡紫	11.11	褐	浅红	1.50	优	
1673	S2051	YD1-2467	普通野生稻	中国（湛江）	直立	紫	10.26	褐	红	1.50	优	
1674	S2237	YD1-2469	普通野生稻	中国（遂溪）	匍匐	淡紫	10.05	褐	红	1.80	优	
1675	S2102	YD1-2470	普通野生稻	中国（遂溪）	倾斜	淡紫	10.07	褐	浅红	1.80	优	
1676	S2078	YD1-2472	普通野生稻	中国（遂溪）	半直立	紫	10.18	褐	红	1.40	优	
1677	S2091	YD1-2473	普通野生稻	中国（遂溪）	半直立	淡紫	10.22	褐	红		优	
1678	S2112	YD1-2475	普通野生稻	中国（遂溪）	半直立	紫	10.26	秆黄	红		优	
1679	S2096	YD1-2477	普通野生稻	中国（遂溪）	直立	淡紫	10.02	褐	红	1.50	优	
1680	S2131	YD1-2478	普通野生稻	中国（遂溪）	直立	淡紫	10.15	褐	红	1.40	优	
1681	S2132	YD1-2479	普通野生稻	中国（遂溪）	直立	淡紫	10.05	褐	红	1.80	优	
1682	S2139	YD1-2480	普通野生稻	中国（遂溪）	直立	绿	10.07	褐	浅红	1.40	优	
1683	S2154	YD1-2481	普通野生稻	中国（电白）	匍匐	淡紫	11.24	褐	红	1.34	优	
1684	S2151	YD1-2483	普通野生稻	中国（电白）	倾斜	紫	10.20	褐	红	1.50	优	
1685	S2140	YD1-2485	普通野生稻	中国（电白）	半直立	紫	10.05	褐	红	1.40	优	
1686	S2159	YD1-2489	普通野生稻	中国（电白）	半直立	淡紫	10.07	褐	红	1.30	优	
1687	S2168	YD1-2493	普通野生稻	中国（廉江）	匍匐	紫	10.15	褐	红	1.52	优	
1688	S2165	YD1-2494	普通野生稻	中国（廉江）	倾斜	紫	10.07	褐	红	1.40	优	
1689	S2164	YD1-2495	普通野生稻	中国（廉江）	半直立	紫	10.18	褐	红	1.40	优	
1690	S2166	YD1-2496	普通野生稻	中国（廉江）	半直立	淡紫	10.05	秆黄	红	1.50	优	
1691	S2192	YD1-2499	普通野生稻	中国（茂名）	匍匐	紫	10.10	秆黄	红	1.40	优	
1692	S2195	YD1-2501	普通野生稻	中国（茂名）	匍匐	紫	10.07	褐	红	1.50	优	
1693	S2193	YD1-2503	普通野生稻	中国（茂名）	直立	淡紫	10.10	褐	红	1.60	优	

续表

序号	单位保存号	全国统一号	种名	原产地	生长习性	基部鞘色	始穗期（月.日）	内外颖色	种皮色	百粒重（g）	外观米质	蛋白质含量（%）
1694	S2210	YD1-2504	普通野生稻	中国（阳江）	匍匐	淡紫	10.15	秆黄	红	1.60	优	
1695	S2207	YD1-2507	普通野生稻	中国（阳江）	倾斜	紫	10.07	褐	红	1.60	优	
1696	S2214	YD1-2508	普通野生稻	中国（阳江）	倾斜	紫	10.05	褐	浅红	1.80	优	
1697	S2218	YD1-2510	普通野生稻	中国（阳江）	倾斜	淡紫	9.26	褐	红	1.50	优	
1698	S2209	YD1-2511	普通野生稻	中国（阳江）	半直立	淡紫	10.15	秆黄	白	1.50	优	
1699	S2220	YD1-2512	普通野生稻	中国（阳江）	半直立	淡紫	10.10	褐	红	1.40	优	
1700	S2223	YD1-2514	普通野生稻	中国（阳江）	半直立	紫	10.10	褐	浅红	2.30	优	
1701	S2208	YD1-2515	普通野生稻	中国（阳江）	直立	淡紫	10.22	褐	红	1.50	优	
1702	S2234	YD1-2519	普通野生稻	中国（阳春）	匍匐	紫	9.26	褐	红	1.50	优	
1703	S2236	YD1-2520	普通野生稻	中国（阳春）	匍匐	紫	9.29	褐	浅红	1.60	优	
1704	S2225	YD1-2521	普通野生稻	中国（阳春）	倾斜	淡紫	9.26	褐	红	1.50	优	
1705	S2232	YD1-2522	普通野生稻	中国（阳春）	倾斜	紫	9.22	褐	红	1.50	优	
1706	S3020	YD1-2523	普通野生稻	中国（恩平）	匍匐	紫	9.23	褐	红	2.80	优	
1707	S3033	YD1-2525	普通野生稻	中国（恩平）	匍匐	紫	9.23	褐	红	2.10	优	
1708	S3112	YD1-2534	普通野生稻	中国（恩平）	匍匐	淡紫	9.27	褐	红	1.90	优	
1709	S3113	YD1-2535	普通野生稻	中国（恩平）	匍匐	紫	9.21	褐	浅红	1.60	优	
1710	S3175	YD1-2545	普通野生稻	中国（台山）	倾斜	紫	9.29	褐	红	1.70	优	
1711	S3117	YD1-2546	普通野生稻	中国（台山）	直立	绿	10.10	褐	红	2.00	优	
1712	S3184	YD1-2547	普通野生稻	中国（台山）	直立	淡紫	9.29	褐	红	1.30	优	
1713	S3276	YD1-2549	普通野生稻	中国（开平）	匍匐	紫	9.25	秆黄	红	1.40	优	
1714	S3308	YD1-2552	普通野生稻	中国（开平）	匍匐	紫	9.23	褐	红	1.60	优	
1715	S3326	YD1-2554	普通野生稻	中国（开平）	匍匐	紫	9.26	秆黄	红	1.50	优	
1716	S3328	YD1-2556	普通野生稻	中国（开平）	匍匐	淡紫	9.27	褐	红	1.60	优	
1717	S3330	YD1-2558	普通野生稻	中国（开平）	匍匐	紫	9.22	褐	红	1.50	优	
1718	S3332	YD1-2560	普通野生稻	中国（开平）	匍匐	淡紫	10.11	褐	红	1.40	优	
1719	S3334	YD1-2562	普通野生稻	中国（开平）	匍匐	紫	9.23	褐	红	1.50	优	
1720	S3335	YD1-2563	普通野生稻	中国（开平）	匍匐	紫	9.30	褐	红	1.40	优	
1721	S3337	YD1-2565	普通野生稻	中国（开平）	匍匐	紫	9.23	褐	红	1.80	优	
1722	S3338	YD1-2566	普通野生稻	中国（开平）	匍匐	紫	10.02	褐	红	1.50	优	
1723	S3455	YD1-2568	普通野生稻	中国（开平）	匍匐	淡紫	10.02	秆黄	红	1.70	优	
1724	S3382	YD1-2569	普通野生稻	中国（高明）	匍匐	紫	10.05	黑	红	1.40	优	
1725	S3375	YD1-2570	普通野生稻	中国（高明）	倾斜	淡紫	9.26	秆黄	红	1.50	优	
1726	S3413	YD1-2572	普通野生稻	中国（南海）	倾斜	淡紫	9.26	褐	浅红	1.40	优	
1727	S3448	YD1-2574	普通野生稻	中国（南海）	倾斜	绿	10.03	褐	红	1.60	优	
1728	S3400	YD1-2575	普通野生稻	中国（南海）	半直立	紫条	9.29	褐	红	1.65	优	

续表

序号	单位保存号	全国统一号	种名	原产地	生长习性	基部鞘色	始穗期（月.日）	内外颖色	种皮色	百粒重（g）	外观米质	蛋白质含量（%）
1729	S3404	YD1-2576	普通野生稻	中国（南海）	半直立	淡紫	9.22	褐	红	1.40	优	
1730	S3418	YD1-2578	普通野生稻	中国（南海）	半直立	紫	9.26	褐	红	1.70	优	
1731	S3439	YD1-2579	普通野生稻	中国（南海）	直立	紫条	8.22	褐	红	1.50	优	
1732	S3401	YD1-2580	普通野生稻	中国（南海）	直立	绿	9.15	褐	红	1.60	优	
1733	S3420	YD1-2581	普通野生稻	中国（三水）	匍匐	紫条	9.22	秆黄	红	1.40	优	
1734	S3421	YD1-2585	普通野生稻	中国（三水）	倾斜	紫条	9.22	褐	红	1.75	优	
1735	S4002	YD1-2589	普通野生稻	中国（深圳）	匍匐	淡紫	9.30	褐	红	1.90	优	
1736	S4006	YD1-2590	普通野生稻	中国（深圳）	匍匐	淡紫	9.26	褐	红	1.60	优	
1737	S4009	YD1-2591	普通野生稻	中国（深圳）	匍匐	淡紫	10.02	褐	红	1.50	优	
1738	S4007	YD1-2600	普通野生稻	中国（深圳）	倾斜	淡紫	9.17	褐	浅红	1.50	优	
1739	S4008	YD1-2601	普通野生稻	中国（深圳）	倾斜	紫条	10.05	褐	虾肉	1.45	优	
1740	S4013	YD1-2603	普通野生稻	中国（深圳）	倾斜	淡紫	9.27	褐	红	2.00	优	
1741	S4018	YD1-2605	普通野生稻	中国（深圳）	倾斜	紫条	9.25	褐	白	1.40	优	
1742	S4019	YD1-2606	普通野生稻	中国（深圳）	倾斜	淡紫	9.20	褐	红	1.60	优	
1743	S4027	YD1-2609	普通野生稻	中国（深圳）	倾斜	淡紫	10.01	褐	红	1.80	优	
1744	S5001	YD1-2611	普通野生稻	中国（高要）	匍匐	紫	9.29	褐	红	1.80	优	
1745	S5010	YD1-2614	普通野生稻	中国（四会）	匍匐	淡紫	9.29	褐	红	1.54	优	
1746	S5009	YD1-2616	普通野生稻	中国（四会）	倾斜	紫	9.29	褐	红	2.00	优	
1747	S6009	YD1-2623	普通野生稻	中国（广州）	匍匐	淡紫	9.23	褐	红	1.50	优	
1748	S6018	YD1-2625	普通野生稻	中国（广州）	匍匐	淡紫	9.23	褐	红	1.60	优	
1749	S6102	YD1-2629	普通野生稻	中国（广州）	匍匐	紫	9.29	黑	褐	1.60	优	
1750	S6105	YD1-2630	普通野生稻	中国（广州）	匍匐	紫	9.22	黑	红	1.90	优	
1751	S6115	YD1-2631	普通野生稻	中国（广州）	匍匐	紫	9.22	褐	浅红	1.60	优	
1752	S6127	YD1-2632	普通野生稻	中国（广州）	匍匐	紫条	10.20	褐	浅红	2.00	优	
1753	S6134	YD1-2633	普通野生稻	中国（广州）	匍匐	淡紫	9.29	褐	红	1.75	优	
1754	S6150	YD1-2635	普通野生稻	中国（广州）	匍匐	淡紫	9.26	黑	虾肉	1.50	优	
1755	S6161	YD1-2638	普通野生稻	中国（广州）	匍匐	淡紫	9.25	秆黄	红	1.50	优	
1756	S6165	YD1-2639	普通野生稻	中国（广州）	匍匐	紫	9.23	斑点黑	红	1.40	优	
1757	S6166	YD1-2640	普通野生稻	中国（广州）	匍匐	紫	9.23	斑点黑	红	1.60	优	
1758	S6173	YD1-2641	普通野生稻	中国（广州）	匍匐	淡紫	9.26	褐	浅红	1.82	优	
1759	S6002	YD1-2647	普通野生稻	中国（广州）	倾斜	绿	9.24	黑	红	1.80	优	
1760	S6095	YD1-2648	普通野生稻	中国（广州）	倾斜	紫条	10.01	黑	红	1.60	优	
1761	S6093	YD1-2649	普通野生稻	中国（广州）	半直立	紫	9.26	黑	红	1.80	优	
1762	S6096	YD1-2650	普通野生稻	中国（广州）	半直立	绿	9.26	褐	红	1.40	优	
1763	S6119	YD1-2652	普通野生稻	中国（广州）	半直立	紫	9.22	褐	红	1.75	优	

续表

序号	单位保存号	全国统一号	种名	原产地	生长习性	基部鞘色	始穗期（月.日）	内外颖色	种皮色	百粒重（g）	外观米质	蛋白质含量（%）
1764	S6142	YD1-2653	普通野生稻	中国（广州）	半直立	紫条	9.26	黑	红	1.85	优	
1765	S6216	YD1-2654	普通野生稻	中国（增城）	倾斜	淡紫	9.18	褐	红	1.60	优	
1766	S6215	YD1-2663	普通野生稻	中国（增城）	半直立	淡紫	9.23	褐	红		优	
1767	S6224	YD1-2670	普通野生稻	中国（增城）	直立	紫条	9.25	褐	红	1.80	优	
1768	S6242	YD1-2675	普通野生稻	中国（从化）	匍匐	淡紫	9.16	褐	浅红	1.80	优	
1769	S6240	YD1-2685	普通野生稻	中国（从化）	倾斜	淡紫	9.23	褐	浅红	1.68	优	
1770	S6241	YD1-2686	普通野生稻	中国（从化）	倾斜	淡紫	9.28	褐	浅红	1.90	优	
1771	S6246	YD1-2688	普通野生稻	中国（从化）	倾斜	淡紫	9.28	褐	浅红	1.80	优	
1772	S6252	YD1-2691	普通野生稻	中国（从化）	倾斜	淡紫	9.29	褐	红	1.92	优	
1773	S6249	YD1-2693	普通野生稻	中国（从化）	半直立	淡紫	10.02	褐	浅红	1.56	优	
1774	S7072	YD1-2697	普通野生稻	中国（惠州）	匍匐	淡紫	10.03	褐	红	1.75	优	
1775	S7135	YD1-2698	普通野生稻	中国（惠阳）	匍匐	紫条	10.10	褐	红	1.60	优	
1776	S7141	YD1-2699	普通野生稻	中国（惠阳）	匍匐	淡紫	9.26	褐	浅红	1.60	优	
1777	S7252	YD1-2701	普通野生稻	中国（惠阳）	匍匐	淡紫	10.03	褐	红	1.60	优	
1778	S7324	YD1-2702	普通野生稻	中国（惠阳）	匍匐	淡紫	10.03	褐	红	2.30	优	
1779	S7134	YD1-2704	普通野生稻	中国（惠阳）	倾斜	紫条	10.03	褐	红	1.50	优	
1780	S7136	YD1-2705	普通野生稻	中国（惠阳）	倾斜	淡紫	9.26	褐	红	1.50	优	
1781	S7177	YD1-2706	普通野生稻	中国（惠阳）	倾斜	淡紫	9.29	褐	浅红	2.00	优	
1782	S7184	YD1-2707	普通野生稻	中国（惠阳）	倾斜	淡紫	9.29	褐	浅红	2.00	优	
1783	S7195	YD1-2708	普通野生稻	中国（惠阳）	倾斜	淡紫	9.26	褐	红	2.00	优	
1784	S7200	YD1-2709	普通野生稻	中国（惠阳）	倾斜	淡紫	9.29	褐	红	2.00	优	
1785	S7228	YD1-2711	普通野生稻	中国（惠阳）	倾斜	紫	9.28	黑	红	1.90	优	
1786	S7243	YD1-2712	普通野生稻	中国（惠阳）	倾斜	淡紫	10.03	褐	浅红	2.00	优	
1787	S7232	YD1-2713	普通野生稻	中国（惠阳）	半直立	淡紫	9.29	褐	浅红	1.50	优	
1788	S7320	YD1-2715	普通野生稻	中国（惠东）	匍匐	紫	9.19	褐	红	1.80	优	
1789	S7394	YD1-2716	普通野生稻	中国（惠东）	匍匐	淡紫	9.12	褐	红	2.00	优	
1790	S7346	YD1-2718	普通野生稻	中国（惠东）	倾斜	紫条	10.06	褐	红	1.60	优	
1791	S7389	YD1-2720	普通野生稻	中国（惠东）	倾斜	紫	9.22	褐	红	1.70	优	
1792	S7390	YD1-2721	普通野生稻	中国（惠东）	倾斜	淡紫	9.19	褐	红	2.00	优	
1793	S7391	YD1-2722	普通野生稻	中国（惠东）	倾斜	紫	9.19	褐	白	1.50	优	
1794	S7403	YD1-2723	普通野生稻	中国（惠东）	倾斜	淡紫	9.26	褐	红	2.00	优	
1795	S7523	YD1-2725	普通野生稻	中国（博罗）	匍匐	淡紫	10.02	褐	红	1.70	优	
1796	S7524	YD1-2726	普通野生稻	中国（博罗）	匍匐	淡紫	9.24	褐	红	1.70	优	
1797	S7536	YD1-2728	普通野生稻	中国（博罗）	匍匐	紫	9.22	褐	褐	1.60	优	
1798	S7551	YD1-2729	普通野生稻	中国（博罗）	匍匐	紫	10.06	褐	红	1.50	优	

续表

序号	单位保存号	全国统一号	种名	原产地	生长习性	基部鞘色	始穗期（月.日）	内外颖色	种皮色	百粒重（g）	外观米质	蛋白质含量（%）
1799	S7940	YD1-2734	普通野生稻	中国（博罗）	匍匐	淡紫	9.29	褐	褐	1.80	优	
1800	S7483	YD1-2737	普通野生稻	中国（博罗）	倾斜	绿	10.05	褐	浅红	2.40	优	
1801	S7917	YD1-2741	普通野生稻	中国（博罗）	倾斜	紫条	9.17	褐	红	1.58	优	
1802	S7922	YD1-2746	普通野生稻	中国（博罗）	倾斜	淡紫	9.17	褐	红	1.76	优	
1803	S7923	YD1-2747	普通野生稻	中国（博罗）	倾斜	淡紫	9.23	褐	红	1.68	优	
1804	S7924	YD1-2748	普通野生稻	中国（博罗）	倾斜	紫条	9.26	褐	浅红	1.70	优	
1805	S7927	YD1-2751	普通野生稻	中国（博罗）	倾斜	绿	9.19	褐	浅红	1.60	优	
1806	S7928	YD1-2752	普通野生稻	中国（博罗）	倾斜	紫条	9.17	褐	浅红	1.52	优	
1807	S7930	YD1-2754	普通野生稻	中国（博罗）	倾斜	紫条	9.23	褐	浅红	1.50	优	
1808	S7932	YD1-2755	普通野生稻	中国（博罗）	倾斜	淡紫	9.20	褐	浅红	1.55	优	
1809	S7934	YD1-2763	普通野生稻	中国（博罗）	半直立	淡紫	9.17	褐	红	1.70	优	
1810	S7936	YD1-2764	普通野生稻	中国（博罗）	半直立	淡紫	9.17	褐	浅红	1.70	优	
1811	S7591	YD1-2767	普通野生稻	中国（紫金）	匍匐	紫	9.17	褐	红	1.50	优	
1812	S7595	YD1-2768	普通野生稻	中国（紫金）	匍匐	淡紫	10.01	秆黄	淡褐	1.80	优	
1813	S7617	YD1-2771	普通野生稻	中国（紫金）	匍匐	紫条	9.25	褐	浅红	1.60	优	
1814	S7656	YD1-2772	普通野生稻	中国（紫金）	匍匐	淡紫	9.23	褐	红	1.70	优	
1815	S7693	YD1-2773	普通野生稻	中国（紫金）	倾斜	淡紫	9.24	褐	红	1.70	优	
1816	S8070	YD1-2784	普通野生稻	中国（海丰）	倾斜	淡紫	9.26	褐	红	1.60	优	
1817	S8146	YD1-2792	普通野生稻	中国（惠来）	倾斜	紫	10.03	紫	红	1.60	优	
1818	S8149	YD1-2793	普通野生稻	中国（惠来）	倾斜	淡紫	11.13	黑	红	1.40	优	
1819	S8133	YD1-2794	普通野生稻	中国（普宁）	倾斜	绿	10.03	褐	红	1.80	优	
1820	S9004	YD1-2795	普通野生稻	中国（清远）	倾斜	紫条	9.29	褐	浅红	1.80	优	
1821	S9005	YD1-2796	普通野生稻	中国（清远）	倾斜	紫条	9.29	褐	浅红	2.00	优	
1822	S9029	YD1-2798	普通野生稻	中国（佛冈）	匍匐	绿	9.29	褐	红	2.00	优	
1823	S9032	YD1-2800	普通野生稻	中国（佛冈）	匍匐	淡紫	9.29	褐	红	1.90	优	
1824	S9038	YD1-2802	普通野生稻	中国（佛冈）	匍匐	紫条	10.03	褐	红	1.60	优	
1825	S9039	YD1-2803	普通野生稻	中国（佛冈）	匍匐	紫条	10.10	褐	红	1.80	优	
1826	S9106	YD1-2804	普通野生稻	中国（佛冈）	匍匐	淡紫	10.02	褐	浅红	1.72	优	
1827	S9107	YD1-2805	普通野生稻	中国（佛冈）	匍匐	淡紫	10.01	褐	红	1.65	优	
1828	S9088	YD1-2807	普通野生稻	中国（佛冈）	倾斜	淡紫	10.04	褐	浅红	1.75	优	
1829	S9089	YD1-2808	普通野生稻	中国（佛冈）	倾斜	淡紫	10.02	褐	浅红	1.70	优	
1830	S9090	YD1-2809	普通野生稻	中国（佛冈）	倾斜	紫条	9.23	褐	浅红	1.75	优	
1831	S9091	YD1-2810	普通野生稻	中国（佛冈）	倾斜	淡紫	10.02	褐	浅红	1.70	优	
1832	S9092	YD1-2811	普通野生稻	中国（佛冈）	倾斜	淡紫	10.02	褐	浅红	1.65	优	
1833	S9093	YD1-2812	普通野生稻	中国（佛冈）	倾斜	淡紫	10.05	褐	浅红	1.80	优	

续表

序号	单位保存号	全国统一号	种名	原产地	生长习性	基部鞘色	始穗期（月.日）	内外颖色	种皮色	百粒重（g）	外观米质	蛋白质含量（%）
1834	S9094	YD1-2813	普通野生稻	中国（佛冈）	倾斜	淡紫	10.02	褐	浅红	1.70	优	
1835	S9095	YD1-2814	普通野生稻	中国（佛冈）	倾斜	淡紫	9.28	褐	红	1.72	优	
1836	S9098	YD1-2817	普通野生稻	中国（佛冈）	倾斜	淡紫	10.03	褐	浅红	1.80	优	
1837	S9099	YD1-2818	普通野生稻	中国（佛冈）	倾斜	淡紫	10.02	褐	浅红	1.75	优	
1838	S9101	YD1-2819	普通野生稻	中国（佛冈）	倾斜	淡紫	10.04	褐	浅红	1.75	优	
1839	S9102	YD1-2820	普通野生稻	中国（佛冈）	倾斜	淡紫	10.04	褐	浅红	1.72	优	
1840	S9105	YD1-2823	普通野生稻	中国（佛冈）	倾斜	淡紫	10.07	褐	浅红	1.82	优	
1841	S9100	YD1-2824	普通野生稻	中国（佛冈）	半直立	紫条	10.02	褐	白	1.72	优	
1842	S9047	YD1-2828	普通野生稻	中国（英德）	倾斜	紫条	9.22	褐	红	2.00	优	
1843	S9062	YD1-2830	普通野生稻	中国（英德）	倾斜	紫条	9.19	褐	红	1.80	优	
1844	S9077	YD1-2831	普通野生稻	中国（曲江）	倾斜	紫	9.19	褐	红	2.00	优	
1845	S9082	YD1-2833	普通野生稻	中国（仁化）	半直立	绿	9.22	褐	红	2.00	优	
1846	GX1882	YD2-1792	普通野生稻	中国（合浦）	匍匐	紫	10.25	褐	红	1.51	优	
1847	GX1886	YD2-1796	普通野生稻	中国（合浦）	匍匐	紫	10.10	褐	红	1.57	优	
1848	GX1887	YD2-1797	普通野生稻	中国（合浦）	匍匐	紫	10.10	褐	红	1.46	优	
1849	GX1900	YD2-1810	普通野生稻	中国（合浦）	匍匐	紫	10.07	黑	红	1.48	优	
1850	GX1906	YD2-1816	普通野生稻	中国（合浦）	匍匐	紫	11.10	褐	红	1.50	优	
1851	GX1908	YD2-1818	普通野生稻	中国（合浦）	匍匐	紫	10.07	褐	红	1.64	优	
1852	GX1910	YD2-1820	普通野生稻	中国（合浦）	匍匐	紫	10.07	褐	红	1.56	优	
1853	GX1911	YD2-1821	普通野生稻	中国（合浦）	匍匐	紫	10.07	褐	红	1.71	优	
1854	GX1921	YD2-1831	普通野生稻	中国（合浦）	匍匐	紫	10.07	黑	红	1.57	优	
1855	GX1940	YD2-1850	普通野生稻	中国（合浦）	匍匐	紫	10.07	褐	红	1.75	优	
1856	GX1949	YD2-1859	普通野生稻	中国（合浦）	匍匐	紫	10.09	褐	深红	1.55	优	
1857	GX1955	YD2-1865	普通野生稻	中国（合浦）	匍匐	紫	10.13	褐	红	1.46	优	
1858	GX1961	YD2-1871	普通野生稻	中国（合浦）	匍匐	紫	10.09	褐	红	1.62	优	
1859	GX1962	YD2-1872	普通野生稻	中国（合浦）	匍匐	紫	10.16	褐	红		优	
1860	GX1987	YD2-1897	普通野生稻	中国（合浦）	匍匐	紫	10.17	褐	红	1.43	优	
1861	GX2001	YD2-1911	普通野生稻	中国（合浦）	匍匐	紫	10.13	褐	红		优	
1862	GX2008	YD2-1918	普通野生稻	中国（合浦）	匍匐	紫	10.15	褐	红	1.81	优	
1863	GX2010	YD2-1920	普通野生稻	中国（合浦）	匍匐	紫	10.14	褐	红	1.53	优	
1864	GX2011	YD2-1921	普通野生稻	中国（合浦）	匍匐	紫	10.14	褐	红	1.44	优	
1865	GX2013	YD2-1923	普通野生稻	中国（合浦）	匍匐	紫	10.15	褐	红	1.45	优	
1866	GX2017	YD2-1927	普通野生稻	中国（合浦）	匍匐	紫	10.14	褐	红	1.55	优	
1867	GX2022	YD2-1932	普通野生稻	中国（合浦）	匍匐	紫	10.16	褐	红	1.67	优	
1868	GX2037	YD2-1947	普通野生稻	中国（玉林）	匍匐	淡紫	9.26	褐	红	1.40	优	

续表

序号	单位保存号	全国统一号	种　名	原产地	生长习性	基部鞘色	始穗期（月.日）	内外颖色	种皮色	百粒重（g）	外观米质	蛋白质含量（%）
1869	GX2043	YD2-1953	普通野生稻	中国（玉林）	匍匐	绿	9.27	褐	深红	1.80	优	
1870	GX2049	YD2-1959	普通野生稻	中国（玉林）	匍匐	淡紫	9.25	褐	深红	1.40	优	
1871	GX2056	YD2-1966	普通野生稻	中国（玉林）	匍匐	淡紫	9.15	黑	红	1.40	优	
1872	GX2060	YD2-1970	普通野生稻	中国（玉林）	匍匐	淡紫	9.20	褐	红	1.40	优	
1873	GX2064	YD2-1974	普通野生稻	中国（玉林）	匍匐	淡紫	9.27	褐	红	1.30	优	
1874	GX2065	YD2-1975	普通野生稻	中国（玉林）	匍匐	淡紫	9.28	褐	红	1.20	优	
1875	GX2068	YD2-1978	普通野生稻	中国（玉林）	匍匐	淡紫	9.29	褐	红	1.30	优	
1876	GX2080	YD2-1990	普通野生稻	中国（玉林）	匍匐	淡紫	9.25	黑	红	1.30	优	
1877	GX2082	YD2-1992	普通野生稻	中国（玉林）	匍匐	淡紫	9.30	黑	红	1.30	优	
1878	GX2089	YD2-1999	普通野生稻	中国（玉林）	匍匐	淡紫	9.30	褐	红	1.60	优	
1879	GX2095	YD2-2005	普通野生稻	中国（玉林）	匍匐	淡紫	9.30	黑	红	1.60	优	
1880	GX2106	YD2-2016	普通野生稻	中国（玉林）	匍匐	淡紫	9.29	褐	浅红	1.50	优	
1881	GX2108	YD2-2018	普通野生稻	中国（玉林）	匍匐	淡紫	9.30	褐	红	2.00	优	
1882	GX2110	YD2-2020	普通野生稻	中国（玉林）	匍匐	淡紫	9.30	褐	深红	1.40	优	
1883	GX2117	YD2-2027	普通野生稻	中国（玉林）	匍匐	淡紫	9.23	褐	红	1.30	优	
1884	GX2118	YD2-2028	普通野生稻	中国（玉林）	匍匐	淡紫	9.27	褐	红	1.40	优	
1885	GX2121	YD2-2031	普通野生稻	中国（玉林）	匍匐	淡紫	9.25	黑	红	1.70	优	
1886	GX2122	YD2-2032	普通野生稻	中国（玉林）	匍匐	淡紫	9.28	褐	红	1.60	优	
1887	GX2131	YD2-2041	普通野生稻	中国（玉林）	匍匐	淡紫	9.26	褐	红	1.50	优	
1888	GX2133	YD2-2043	普通野生稻	中国（玉林）	匍匐	淡紫	9.27	褐	红	1.40	优	
1889	GX2134	YD2-2044	普通野生稻	中国（玉林）	匍匐	淡紫	9.26	黑	红	2.00	优	
1890	GX2151	YD2-2061	普通野生稻	中国（陆川）	匍匐	绿	10.08	褐	红	1.70	优	
1891	GX2152	YD2-2062	普通野生稻	中国（陆川）	匍匐	淡紫	10.06	褐	红	1.60	优	
1892	GX2155	YD2-2065	普通野生稻	中国（陆川）	匍匐	淡紫	10.08	褐	深红	1.70	优	
1893	GX2158	YD2-2068	普通野生稻	中国（陆川）	倾斜	淡紫	10.14	褐斑	红	2.00	优	
1894	GX2170	YD2-2080	普通野生稻	中国（贵港）	匍匐	淡紫	9.15	褐	红	1.90	优	
1895	GX2174	YD2-2084	普通野生稻	中国（贵港）	匍匐	绿	9.28	褐	红	1.70	优	
1896	GX2176	YD2-2086	普通野生稻	中国（贵港）	匍匐	淡紫	9.28	黑	深红	1.50	优	
1897	GX2184	YD2-2094	普通野生稻	中国（贵港）	匍匐	绿	9.12	黑	红	1.60	优	
1898	GX2187	YD2-2097	普通野生稻	中国（贵港）	匍匐	绿	9.30	褐	红	1.80	优	
1899	GX2189	YD2-2099	普通野生稻	中国（贵港）	匍匐	淡紫	9.15	褐	红	1.80	优	
1900	GX2191	YD2-2101	普通野生稻	中国（贵港）	匍匐	淡紫	9.13	褐	红	1.70	优	
1901	GX2199	YD2-2109	普通野生稻	中国（贵港）	匍匐	淡紫	9.27	褐	深红	1.90	优	
1902	GX2201	YD2-2111	普通野生稻	中国（贵港）	匍匐	淡紫	9.27	褐	深红	2.00	优	
1903	GX2207	YD2-2117	普通野生稻	中国（贵港）	匍匐	淡紫	9.16	褐	红	1.70	优	

续表

序号	单位保存号	全国统一号	种　名	原产地	生长习性	基部鞘色	始穗期（月.日）	内外颖色	种皮色	百粒重（g）	外观米质	蛋白质含量（%）
1904	GX2224	YD2-2134	普通野生稻	中国（贵港）	匍匐	淡紫	9.18	褐	深红	1.90	优	
1905	GX2229	YD2-2139	普通野生稻	中国（贵港）	匍匐	绿	9.14	褐	红	2.00	优	
1906	GX2256	YD2-2166	普通野生稻	中国（贵港）	匍匐	绿	9.19	褐	红	1.90	优	
1907	GX2262	YD2-2172	普通野生稻	中国（贵港）	匍匐	淡紫	9.29	褐	红	1.90	优	
1908	GX2263	YD2-2173	普通野生稻	中国（贵港）	匍匐	淡紫	9.25	褐	红	1.90	优	
1909	GX2265	YD2-2175	普通野生稻	中国（贵港）	匍匐	绿	9.24	褐	深红	1.70	优	
1910	GX2266	YD2-2176	普通野生稻	中国（贵港）	匍匐	绿	9.25	褐	深红	1.80	优	
1911	GX2270	YD2-2180	普通野生稻	中国（贵港）	匍匐	淡紫	9.28	褐	红	1.85	优	
1912	GX2281	YD2-2191	普通野生稻	中国（贵港）	匍匐	绿	9.11	褐	红	1.80	优	
1913	GX2289	YD2-2199	普通野生稻	中国（贵港）	匍匐	淡紫	9.15	褐	红	2.10	优	
1914	GX2293	YD2-2203	普通野生稻	中国（贵港）	匍匐	绿	9.10	褐	深红	2.30	优	
1915	GX2322	YD2-2232	普通野生稻	中国（贵港）	匍匐	绿	9.18	褐	红	2.00	优	
1916	GX2337	YD2-2247	普通野生稻	中国（贵港）	匍匐	紫	9.26	褐	红	1.80	优	
1917	GX2338	YD2-2248	普通野生稻	中国（贵港）	匍匐	淡紫	9.29	褐	深红	1.65	优	
1918	GX2351	YD2-2261	普通野生稻	中国（北流）	匍匐	淡紫	10.02	褐	深红	1.70	优	
1919	GX2355	YD2-2265	普通野生稻	中国（北流）	匍匐	淡紫	9.28	褐	深红	1.60	优	
1920	GX2360	YD2-2270	普通野生稻	中国（北流）	匍匐	淡紫	9.20	褐	白	1.58	优	
1921	GX2384	YD2-2294	普通野生稻	中国（北流）	匍匐	紫	10.11	黑	红	1.65	优	
1922	GX2414	YD2-2324	普通野生稻	中国（北流）	匍匐	紫	10.05	褐	红	1.60	优	
1923	GX2415	YD2-2325	普通野生稻	中国（北流）	匍匐	淡紫	9.23	褐	红	1.60	优	
1924	GX2416	YD2-2326	普通野生稻	中国（北流）	匍匐	绿	9.22	褐	红	1.72	优	
1925	GX2419	YD2-2329	普通野生稻	中国（北流）	匍匐	紫	9.21	褐	红	1.80	优	
1926	GX2426	YD2-2336	普通野生稻	中国（容县）	匍匐	淡紫	9.24	褐	红	1.60	优	
1927	GX2436	YD2-2346	普通野生稻	中国（容县）	匍匐	淡紫	10.03	褐	红	1.70	优	
1928	GX2443	YD2-2353	普通野生稻	中国（容县）	匍匐	淡紫	9.23	褐	红	1.70	优	
1929	GX2454	YD2-2364	普通野生稻	中国（容县）	半直立	紫	9.27	黑	红	1.65	优	
1930	GX2456	YD2-2366	普通野生稻	中国（平南）	匍匐	淡紫	9.20	黑	红	2.00	优	
1931	GX2459	YD2-2369	普通野生稻	中国（平南）	匍匐	淡紫	9.21	黑	红	1.60	优	
1932	GX2468	YD2-2378	普通野生稻	中国（平南）	匍匐	淡紫	9.26	黑	深红	1.90	优	
1933	GX2478	YD2-2388	普通野生稻	中国（平南）	匍匐	淡紫	9.12	黑	红	2.00	优	
1934	GX2484	YD2-2394	普通野生稻	中国（平南）	匍匐	淡紫	9.28	黑	红	1.70	优	
1935	GX2485	YD2-2395	普通野生稻	中国（平南）	匍匐	绿	9.21	褐	红	1.70	优	
1936	GX2486	YD2-2396	普通野生稻	中国（平南）	半直立	淡紫	9.17	黑	红	1.33	优	
1937	GX2487	YD2-2397	普通野生稻	中国（平南）	半直立	淡紫	9.15	褐	红	1.20	优	
1938	GX2489	YD2-2399	普通野生稻	中国（平南）	匍匐	淡紫	9.05	褐	红	1.80	优	

续表

序号	单位保存号	全国统一号	种　名	原产地	生长习性	基部鞘色	始穗期（月.日）	内外颖色	种皮色	百粒重（g）	外观米质	蛋白质含量（%）
1939	GX2490	YD2-2400	普通野生稻	中国（平南）	匍匐	淡紫	9.15	褐	红	2.00	优	
1940	GX2500	YD2-2410	普通野生稻	中国（平南）	匍匐	紫	9.24	褐	红	2.00	优	
1941	GX2513	YD2-2423	普通野生稻	中国（邕宁）	匍匐	淡紫	10.18	黑	深红	1.50	优	
1942	GX2520	YD2-2430	普通野生稻	中国（邕宁）	匍匐	紫	10.14	黑	红	1.30	优	
1943	GX2531	YD2-2441	普通野生稻	中国（邕宁）	匍匐	淡紫	10.13	褐	深红	1.50	优	
1944	GX2540	YD2-2450	普通野生稻	中国（邕宁）	匍匐	淡紫	10.14	褐	红	1.50	优	
1945	GX2560	YD2-2470	普通野生稻	中国（邕宁）	匍匐	紫	10.22	褐	红	1.24	优	
1946	GX2561	YD2-2471	普通野生稻	中国（邕宁）	匍匐	淡紫	10.09	黑	红	1.60	优	
1947	GX2573	YD2-2483	普通野生稻	中国（邕宁）	匍匐	淡紫	10.18	褐	深红	1.70	优	
1948	GX2574	YD2-2484	普通野生稻	中国（邕宁）	匍匐	淡紫	10.10	褐	红	1.22	优	
1949	GX2580	YD2-2490	普通野生稻	中国（邕宁）	匍匐	紫	10.04	黑	红	1.16	优	
1950	GX2586	YD2-2496	普通野生稻	中国（邕宁）	匍匐	紫	10.08	褐	紫	1.60	优	
1951	GX2588	YD2-2498	普通野生稻	中国（邕宁）	匍匐	淡紫	10.06	褐	红	1.70	优	
1952	GX2590	YD2-2500	普通野生稻	中国（邕宁）	匍匐	淡紫	10.11	褐	红	1.80	优	
1953	GX2600	YD2-2510	普通野生稻	中国（邕宁）	匍匐	绿	10.11	褐	红	1.80	优	
1954	GX2603	YD2-2513	普通野生稻	中国（邕宁）	匍匐	淡紫	10.09	褐	红	1.80	优	
1955	GX2610	YD2-2520	普通野生稻	中国（邕宁）	匍匐	淡紫	10.18	黑	红	1.40	优	
1956	GX2611	YD2-2521	普通野生稻	中国（邕宁）	匍匐	淡紫	10.08	黑	红	1.40	优	
1957	GX2617	YD2-2527	普通野生稻	中国（扶绥）	匍匐	淡紫	9.28	褐	红	1.25	优	
1958	GX2619	YD2-2529	普通野生稻	中国（扶绥）	匍匐	紫	10.02	褐	红	1.30	优	
1959	GX2620	YD2-2530	普通野生稻	中国（扶绥）	匍匐	紫	10.06	褐	红	1.10	优	
1960	GX2621	YD2-2531	普通野生稻	中国（扶绥）	匍匐	淡紫	10.08	褐	红	1.20	优	
1961	GX2626	YD2-2536	普通野生稻	中国（扶绥）	匍匐	紫	10.06	褐	红	1.10	优	
1962	GX2627	YD2-2537	普通野生稻	中国（扶绥）	匍匐	紫	10.04	褐	红	1.35	优	
1963	GX2630	YD2-2540	普通野生稻	中国（扶绥）	匍匐	淡紫	10.02	褐	红	1.20	优	
1964	GX2631	YD2-2541	普通野生稻	中国（扶绥）	匍匐	淡紫	9.29	褐	红	1.40	优	
1965	GX2634	YD2-2544	普通野生稻	中国（扶绥）	匍匐	紫	9.28	褐	红	1.30	优	
1966	GX2635	YD2-2545	普通野生稻	中国（扶绥）	匍匐	紫	10.13	褐	红	1.30	优	
1967	GX2636	YD2-2546	普通野生稻	中国（扶绥）	匍匐	紫	10.09	褐	红	1.40	优	
1968	GX2639	YD2-2549	普通野生稻	中国（扶绥）	匍匐	紫	9.28	褐	红	1.40	优	
1969	GX2640	YD2-2550	普通野生稻	中国（扶绥）	匍匐	紫	9.26	褐	白	1.00	优	
1970	GX2641	YD2-2551	普通野生稻	中国（扶绥）	匍匐	紫	9.27	褐	白	1.30	优	
1971	GX2647	YD2-2557	普通野生稻	中国（扶绥）	匍匐	紫	10.04	褐	红	1.25	优	
1972	GX2655	YD2-2565	普通野生稻	中国（扶绥）	匍匐	紫	9.28	褐	红	1.40	优	
1973	GX2656	YD2-2566	普通野生稻	中国（扶绥）	匍匐	紫	10.03	褐	红	1.20	优	

续表

序号	单位保存号	全国统一号	种名	原产地	生长习性	基部鞘色	始穗期（月.日）	内外颖色	种皮色	百粒重（g）	外观米质	蛋白质含量（%）
1974	GX2657	YD2-2567	普通野生稻	中国（扶绥）	匍匐	紫	9.26	黑	红	1.30	优	
1975	GX2661	YD2-2571	普通野生稻	中国（扶绥）	匍匐	紫	10.02	褐	红	1.40	优	
1976	GX2663	YD2-2573	普通野生稻	中国（扶绥）	匍匐	紫	9.28	褐	红	1.40	优	
1977	GX2664	YD2-2574	普通野生稻	中国（扶绥）	匍匐	紫	10.01	褐	深红	1.70	优	
1978	GX2674	YD2-2584	普通野生稻	中国（扶绥）	匍匐	淡紫	10.14	褐	红	1.40	优	
1979	GX2681	YD2-2591	普通野生稻	中国（扶绥）	匍匐	紫	10.06	褐	红	1.30	优	
1980	GX2685	YD2-2595	普通野生稻	中国（扶绥）	匍匐	紫	10.11	黑	红	1.50	优	
1981	GX2687	YD2-2597	普通野生稻	中国（扶绥）	匍匐	紫	10.06	褐	红	1.50	优	
1982	GX2690	YD2-2600	普通野生稻	中国（扶绥）	匍匐	紫	10.08	褐	红	1.52	优	
1983	GX2691	YD2-2601	普通野生稻	中国（扶绥）	匍匐	紫	10.13	褐	红	1.60	优	
1984	GX2693	YD2-2603	普通野生稻	中国（扶绥）	匍匐	紫	10.11	褐	红	1.50	优	
1985	GX2696	YD2-2606	普通野生稻	中国（扶绥）	匍匐	紫	9.29	褐	红	1.20	优	
1986	GX2699	YD2-2609	普通野生稻	中国（扶绥）	匍匐	淡紫	10.01	褐	红	1.35	优	
1987	GX2701	YD2-2611	普通野生稻	中国（扶绥）	匍匐	紫	9.28	褐	浅红	1.40	优	
1988	GX2703	YD2-2613	普通野生稻	中国（扶绥）	匍匐	淡紫	9.28	褐	红	1.55	优	
1989	GX2706	YD2-2616	普通野生稻	中国（扶绥）	匍匐	淡紫	9.26	褐	红	1.31	优	
1990	GX2710	YD2-2620	普通野生稻	中国（扶绥）	匍匐	淡紫	10.06	褐	红	1.30	优	
1991	GX2713	YD2-2623	普通野生稻	中国（扶绥）	匍匐	紫	10.05	褐	红	1.80	优	
1992	GX2714	YD2-2624	普通野生稻	中国（扶绥）	匍匐	紫	10.05	褐	深红	1.40	优	
1993	GX2719	YD2-2629	普通野生稻	中国（扶绥）	匍匐	紫	9.25	褐	红	1.30	优	
1994	GX2741	YD2-2651	普通野生稻	中国（扶绥）	匍匐	淡紫	10.06	褐	红	1.80	优	
1995	GX2742	YD2-2652	普通野生稻	中国（扶绥）	匍匐	紫	10.04	褐	红	1.50	优	
1996	GX2743	YD2-2653	普通野生稻	中国（扶绥）	匍匐	淡紫	9.26	褐	红	1.40	优	
1997	GX2744	YD2-2654	普通野生稻	中国（扶绥）	匍匐	淡紫	9.24	褐	红	1.30	优	
1998	GX2745	YD2-2655	普通野生稻	中国（扶绥）	匍匐	紫	9.25	褐	深红	1.60	优	
1999	GX2746	YD2-2656	普通野生稻	中国（扶绥）	匍匐	紫	10.01	褐	红	1.55	优	
2000	GX2749	YD2-2659	普通野生稻	中国（扶绥）	匍匐	紫	9.27	褐	红	1.40	优	
2001	GX2753	YD2-2663	普通野生稻	中国（扶绥）	匍匐	紫	9.27	褐	红	1.40	优	
2002	GX2754	YD2-2664	普通野生稻	中国（扶绥）	匍匐	绿	9.23	褐	红	1.70	优	
2003	GX2756	YD2-2666	普通野生稻	中国（扶绥）	匍匐	紫	9.26	褐	红	1.70	优	
2004	GX2757	YD2-2667	普通野生稻	中国（扶绥）	匍匐	淡紫	9.28	褐	红	1.40	优	
2005	GX2758	YD2-2668	普通野生稻	中国（扶绥）	匍匐	紫	9.26	褐	红	1.40	优	
2006	GX2759	YD2-2669	普通野生稻	中国（扶绥）	匍匐	淡紫	10.05	褐	红	1.50	优	
2007	GX2760	YD2-2670	普通野生稻	中国（扶绥）	匍匐	淡紫	9.24	褐	红	1.30	优	
2008	GX2763	YD2-2673	普通野生稻	中国（扶绥）	匍匐	淡紫	9.26	褐	红	1.40	优	

续表

序号	单位保存号	全国统一号	种名	原产地	生长习性	基部鞘色	始穗期（月.日）	内外颖色	种皮色	百粒重（g）	外观米质	蛋白质含量（%）
2009	GX2764	YD2-2674	普通野生稻	中国（扶绥）	匍匐	淡紫	9.27	褐	红	1.50	优	
2010	GX2767	YD2-2677	普通野生稻	中国（扶绥）	匍匐	紫	10.01	褐	深红	1.40	优	
2011	GX2771	YD2-2681	普通野生稻	中国（扶绥）	匍匐	淡紫	9.28	褐	红	1.70	优	
2012	GX2772	YD2-2682	普通野生稻	中国（扶绥）	匍匐	紫	9.27	褐	红	1.50	优	
2013	GX2775	YD2-2685	普通野生稻	中国（扶绥）	匍匐	紫	10.01	褐	红	1.55	优	
2014	GX2777	YD2-2687	普通野生稻	中国（扶绥）	匍匐	淡紫	9.29	黑	红	1.50	优	
2015	GX2781	YD2-2691	普通野生稻	中国（扶绥）	匍匐	淡紫	10.03	黑	红	1.50	优	
2016	GX2785	YD2-2695	普通野生稻	中国（扶绥）	匍匐	紫	10.04	褐	红	1.70	优	
2017	GX2788	YD2-2698	普通野生稻	中国（扶绥）	匍匐	紫	10.03	黑	红	1.40	优	
2018	GX2790	YD2-2700	普通野生稻	中国（扶绥）	匍匐	紫	9.26	黑	红	1.10	优	
2019	GX2793	YD2-2703	普通野生稻	中国（扶绥）	匍匐	紫	9.27	褐	红	1.40	优	
2020	GX2796	YD2-2706	普通野生稻	中国（扶绥）	匍匐	紫	9.29	黑	紫	1.60	优	
2021	GX2797	YD2-2707	普通野生稻	中国（扶绥）	匍匐	紫	9.28	褐	红	1.90	优	
2022	GX2802	YD2-2712	普通野生稻	中国（扶绥）	匍匐	绿	10.12	黑	红	1.10	优	
2023	GX2805	YD2-2715	普通野生稻	中国（扶绥）	匍匐	紫	10.11	黑	红	1.30	优	
2024	GX2807	YD2-2717	普通野生稻	中国（扶绥）	匍匐	绿	10.05	褐	红	1.10	优	
2025	GX2808	YD2-2718	普通野生稻	中国（扶绥）	匍匐	绿	10.06	褐	红	1.30	优	
2026	GX2809	YD2-2719	普通野生稻	中国（扶绥）	匍匐	绿	10.05	褐	红	1.40	优	
2027	GX2811	YD2-2721	普通野生稻	中国（扶绥）	匍匐	紫	10.09	褐	红	1.50	优	
2028	GX2815	YD2-2725	普通野生稻	中国（扶绥）	匍匐	淡紫	10.03	黑	红	1.30	优	
2029	GX2817	YD2-2727	普通野生稻	中国（扶绥）	匍匐	淡紫	10.04	黑	红	1.50	优	
2030	GX2818	YD2-2728	普通野生稻	中国（扶绥）	匍匐	淡紫	10.06	黑	红	1.50	优	
2031	GX2820	YD2-2730	普通野生稻	中国（扶绥）	匍匐	紫	10.08	黑	红	1.50	优	
2032	GX2830	YD2-2740	普通野生稻	中国（扶绥）	匍匐	淡紫	10.07	黑	红	1.50	优	
2033	GX2831	YD2-2741	普通野生稻	中国（扶绥）	匍匐	淡紫	10.06	黑	红	1.50	优	
2034	GX2833	YD2-2743	普通野生稻	中国（扶绥）	匍匐	紫	10.12	褐	红	1.40	优	
2035	GX2839	YD2-2749	普通野生稻	中国（扶绥）	匍匐	淡紫	10.13	褐	红	1.40	优	
2036	GX2841	YD2-2751	普通野生稻	中国（扶绥）	匍匐	淡紫	10.11	褐	红	1.40	优	
2037	GX2846	YD2-2756	普通野生稻	中国（扶绥）	匍匐	淡紫	10.13	褐	红	1.50	优	
2038	GX2850	YD2-2760	普通野生稻	中国（扶绥）	匍匐	淡紫	10.12	黑	红	1.40	优	
2039	GX2851	YD2-2761	普通野生稻	中国（扶绥）	匍匐	淡紫	10.11	黑	红	1.50	优	
2040	GX2853	YD2-2763	普通野生稻	中国（扶绥）	匍匐	淡紫	10.11	褐	红	1.50	优	
2041	GX2860	YD2-2770	普通野生稻	中国（扶绥）	匍匐	紫	10.12	褐	红	1.50	优	
2042	GX2861	YD2-2771	普通野生稻	中国（扶绥）	倾斜	紫	9.27	褐	红	1.30	优	
2043	GX2864	YD2-2774	普通野生稻	中国（扶绥）	倾斜	紫	10.09	褐	红	1.50	优	

续表

序号	单位保存号	全国统一号	种名	原产地	生长习性	基部鞘色	始穗期（月.日）	内外颖色	种皮色	百粒重（g）	外观米质	蛋白质含量（%）
2044	GX2867	YD2-2777	普通野生稻	中国（扶绥）	倾斜	淡紫	10.02	褐	白	1.40	优	
2045	GX2871	YD2-2781	普通野生稻	中国（扶绥）	倾斜	淡紫	10.01	黑	红	2.60	优	
2046	GX2876	YD2-2786	普通野生稻	中国（隆安）	匍匐	淡紫	9.26	褐	红	1.60	优	
2047	GX2879	YD2-2789	普通野生稻	中国（隆安）	匍匐	淡紫	9.30	褐	红	1.40	优	
2048	45-23	YD4-0174	普通野生稻	中国（东乡）	匍匐	紫	10.02	褐	虾肉	2.00	优	
2049	45-28	YD4-0175	普通野生稻	中国（东乡）	匍匐	紫	9.23	褐	虾肉	1.88	优	
2050	45-29	YD4-0176	普通野生稻	中国（东乡）	匍匐	紫	9.19	褐	虾肉	1.97	优	
2051	45-30	YD4-0177	普通野生稻	中国（东乡）	匍匐	紫	9.26	褐	虾肉	1.96	优	
2052	45-26	YD4-0178	普通野生稻	中国（东乡）	匍匐	紫	9.22	褐	虾肉	1.93	优	
2053	45-27	YD4-0179	普通野生稻	中国（东乡）	匍匐	紫	9.26	褐	虾肉	1.92	优	
2054	47-15	YD4-0180	普通野生稻	中国（东乡）	匍匐	紫	9.20	褐	虾肉	1.88	优	
2055	47-30	YD4-0181	普通野生稻	中国（东乡）	匍匐	紫	9.20	褐	虾肉	1.90	优	
2056	47-24	YD4-0182	普通野生稻	中国（东乡）	匍匐	紫	9.20	褐	虾肉	1.93	优	
2057	8-5	YD4-0183	普通野生稻	中国（东乡）	倾斜	淡紫	10.02	褐	虾肉	1.91	优	
2058	45-3	YD4-0184	普通野生稻	中国（东乡）	倾斜	紫	9.23	褐	虾肉	2.11	优	
2059	42-4	YD4-0185	普通野生稻	中国（东乡）	倾斜	紫	9.26	褐	虾肉	1.98	优	
2060	30-2	YD4-0186	普通野生稻	中国（东乡）	倾斜	紫	9.17	褐	虾肉	2.20	优	
2061	47-31	YD4-0187	普通野生稻	中国（东乡）	倾斜	紫	9.20	褐	虾肉	2.02	优	
2062	47-29	YD4-0188	普通野生稻	中国（东乡）	倾斜	紫	9.23	褐	虾肉	1.85	优	
2063	47-25	YD4-0189	普通野生稻	中国（东乡）	倾斜	紫	9.20	褐	虾肉	1.96	优	
2064	47-16	YD4-0190	普通野生稻	中国（东乡）	倾斜	紫	9.27	褐	虾肉	1.97	优	
2065	48-25	YD4-0191	普通野生稻	中国（东乡）	倾斜	紫	9.27	褐	虾肉	1.99	优	
2066	48-8	YD4-0192	普通野生稻	中国（东乡）	倾斜	紫条	10.02	褐	虾肉	1.91	优	
2067	6-5	YD4-0193	普通野生稻	中国（东乡）	倾斜	淡紫	9.17	褐	虾肉	2.21	优	
2068	8-3	YD4-0194	普通野生稻	中国（东乡）	半直立	紫	9.13	褐	虾肉	1.88	优	
2069	44-3	YD4-0195	普通野生稻	中国（东乡）	半直立	紫条	9.12	褐	虾肉	1.85	优	
2070	47-13	YD4-0196	普通野生稻	中国（东乡）	半直立	紫	9.26	褐	虾肉	1.80	优	
2071	47-2	YD4-0197	普通野生稻	中国（东乡）	半直立	淡紫	9.20	褐	虾肉	2.03	优	
2072	6-3	YD4-0198	普通野生稻	中国（东乡）	半直立	绿	9.26	褐	虾肉	2.26	优	
2073	35-4	YD4-0199	普通野生稻	中国（东乡）	直立	淡紫	9.26	褐	虾肉	2.00	优	
2074	42-3	YD4-0200	普通野生稻	中国（东乡）	直立	淡紫	10.01	褐	虾肉	2.18	优	
2075	46-3	YD4-0201	普通野生稻	中国（东乡）	直立	紫条	9.20	褐	虾肉	2.30	优	
2076	M1001	YD5-0005	普通野生稻	中国（漳浦）	半直立	紫条	10.04	褐	红	2.20	优	
2077	M1003	YD5-0006	普通野生稻	中国（漳浦）	半直立	紫条	9.29	褐	红	2.20	优	
2078	M1005	YD5-0007	普通野生稻	中国（漳浦）	倾斜	淡紫	10.12	褐	红	1.90	优	

续表

序号	单位保存号	全国统一号	种名	原产地	生长习性	基部鞘色	始穗期（月.日）	内外颖色	种皮色	百粒重（g）	外观米质	蛋白质含量（%）
2079	M1011	YD5-0008	普通野生稻	中国（漳浦）	倾斜	淡紫	10.07	褐	红	2.30	优	
2080	M1013	YD5-0009	普通野生稻	中国（漳浦）	匍匐	紫	9.24	褐	红	2.00	优	
2081	M1014	YD5-0010	普通野生稻	中国（漳浦）	匍匐	紫	10.06	褐	红	2.00	优	
2082	M1026	YD5-0011	普通野生稻	中国（漳浦）	匍匐	紫条	10.02	褐	红	2.00	优	
2083	M1028	YD5-0012	普通野生稻	中国（漳浦）	半直立	紫条	10.01	褐	红	2.00	优	
2084	M1030	YD5-0013	普通野生稻	中国（漳浦）	半直立	绿	10.04	褐斑秆黄	红	1.90	优	
2085	M1033	YD5-0014	普通野生稻	中国（漳浦）	半直立	紫	10.07	褐	红	2.00	优	
2086	M1046	YD5-0015	普通野生稻	中国（漳浦）	匍匐	紫	11.12	褐	红	2.30	优	
2087	M1047	YD5-0016	普通野生稻	中国（漳浦）	匍匐	淡紫	10.06	褐	红	2.30	优	
2088	M1053	YD5-0017	普通野生稻	中国（漳浦）	半直立	紫条	10.05	褐	红	2.10	优	
2089	M1054	YD5-0018	普通野生稻	中国（漳浦）	半直立	紫	10.07	褐	红	2.20	优2	
2090	M2002	YD5-0019	普通野生稻	中国（漳浦）	匍匐	紫	10.08	褐	红	2.30	优	
2091	M2008	YD5-0020	普通野生稻	中国（漳浦）	匍匐	紫条	10.04	褐	红	2.20	优	
2092	M2021	YD5-0023	普通野生稻	中国（漳浦）	直立	紫条	10.04	褐	红	2.20	优	
2093	M2022	YD5-0024	普通野生稻	中国（漳浦）	半直立	淡紫	9.30	褐	红	2.30	优	
2094	M2026	YD5-0025	普通野生稻	中国（漳浦）	匍匐	紫	10.07	褐	红	2.30	优	
2095	M2001	YD5-0026	普通野生稻	中国（漳浦）	匍匐	紫	10.06	褐	红	2.10	优	
2096	M2003	YD5-0027	普通野生稻	中国（漳浦）	匍匐	紫	10.20	褐	红	2.30	优	
2097	M2004	YD5-0028	普通野生稻	中国（漳浦）	半直立	紫条	10.14	褐	红		优	
2098	M2006	YD5-0029	普通野生稻	中国（漳浦）	匍匐	紫条	10.31	褐	红	2.00	优	
2099	M2008	YD5-0030	普通野生稻	中国（漳浦）	匍匐	紫条	10.05	褐	红	2.00	优	
2100	M2012	YD5-0031	普通野生稻	中国（漳浦）	匍匐	紫	10.01	褐	淡褐	2.20	优	
2101	M2015	YD5-0032	普通野生稻	中国（漳浦）	匍匐	紫	10.02	褐	红	2.10	优	
2102	M2016	YD5-0033	普通野生稻	中国（漳浦）	倾斜	淡紫	9.30	褐	红	2.20	优	
2103	M2018	YD5-0034	普通野生稻	中国（漳浦）	匍匐	紫	9.30	褐	红	2.40	优	
2104	M2019	YD5-0035	普通野生稻	中国（漳浦）	匍匐	紫	10.04	褐	淡褐	2.30	优	
2105	M2020	YD5-0036	普通野生稻	中国（漳浦）	匍匐	紫	10.09	褐	红	2.30	优	
2106	M2023	YD5-0037	普通野生稻	中国（漳浦）	匍匐	紫	10.04	褐	淡褐	2.00	优	
2107	M2024	YD5-0038	普通野生稻	中国（漳浦）	匍匐	紫	10.02	褐	红	2.40	优	
2108	M2027	YD5-0039	普通野生稻	中国（漳浦）	匍匐	紫	10.13	褐	红	2.30	优	
2109	M2028	YD5-0040	普通野生稻	中国（漳浦）	匍匐	紫	10.15	褐	红	2.20	优	
2110	M2029	YD5-0041	普通野生稻	中国（漳浦）	匍匐	紫	10.14	褐	红	2.20	优	
2111	M2030	YD5-0042	普通野生稻	中国（漳浦）	匍匐	紫	10.08	褐	红	2.20	优	
2112	M2031	YD5-0043	普通野生稻	中国（漳浦）	匍匐	紫	10.07	褐	红	2.00	优	

续表

序号	单位保存号	全国统一号	种名	原产地	生长习性	基部鞘色	始穗期（月.日）	内外颖色	种皮色	百粒重（g）	外观米质	蛋白质含量（%）
2113	M2032	YD5-0044	普通野生稻	中国（漳浦）	匍匐	紫	10.03	褐	红	2.10	优	
2114	M2033	YD5-0045	普通野生稻	中国（漳浦）	匍匐	紫	10.14	褐	红	2.00	优	
2115	M2034	YD5-0046	普通野生稻	中国（漳浦）	半直立	淡紫	10.06	褐	淡褐	2.30	优	
2116	M2035	YD5-0047	普通野生稻	中国（漳浦）	匍匐	紫条	10.26	褐	红	2.20	优	
2117	M2037	YD5-0048	普通野生稻	中国（漳浦）	匍匐	紫	10.28	褐	红	1.90	优	
2118	M2038	YD5-0049	普通野生稻	中国（漳浦）	半直立	淡紫	11.01	褐	红	2.00	优	
2119	M2040	YD5-0051	普通野生稻	中国（漳浦）	半直立	紫条	10.26	褐	红	2.00	优	
2120	M2042	YD5-0052	普通野生稻	中国（漳浦）	半直立	绿	10.10	褐	红	2.20	优	
2121	M2043	YD5-0053	普通野生稻	中国（漳浦）	匍匐	紫条	10.01	褐	红	1.90	优	
2122	M1002	YD5-0055	普通野生稻	中国（漳浦）	匍匐	紫	10.07	褐	红	2.35	优	
2123	M1004	YD5-0056	普通野生稻	中国（漳浦）	匍匐	紫	9.30	褐	红	2.30	优	
2124	M1006	YD5-0057	普通野生稻	中国（漳浦）	匍匐	紫	10.13	褐	红	2.25	优	
2125	M1007	YD5-0058	普通野生稻	中国（漳浦）	匍匐	紫	10.05	褐	红	2.14	优	
2126	M1008	YD5-0059	普通野生稻	中国（漳浦）	匍匐	紫	9.26	褐	红	2.30	优	
2127	M1009	YD5-0060	普通野生稻	中国（漳浦）	匍匐	紫	10.02	褐	红	2.30	优	
2128	M1010	YD5-0061	普通野生稻	中国（漳浦）	半直立	绿	10.13	褐	红	2.15	优	
2129	M1012	YD5-0062	普通野生稻	中国（漳浦）	匍匐	紫	10.12	褐	红	2.20	优	
2130	M1015	YD5-0063	普通野生稻	中国（漳浦）	匍匐	紫	10.01	褐	红	2.10	优	
2131	M1016	YD5-0064	普通野生稻	中国（漳浦）	匍匐	紫	10.07	褐	红	2.20	优	
2132	M1017	YD5-0065	普通野生稻	中国（漳浦）	匍匐	紫	9.29	褐	红	2.15	优	
2133	M1018	YD5-0066	普通野生稻	中国（漳浦）	匍匐	紫	9.30	褐	红	2.00	优	
2134	M1019	YD5-0067	普通野生稻	中国（漳浦）	匍匐	紫	10.02	褐	红	2.10	优	
2135	M1021	YD5-0068	普通野生稻	中国（漳浦）	匍匐	紫	10.01	褐	红	2.40	优	
2136	M1023	YD5-0069	普通野生稻	中国（漳浦）	匍匐	紫	10.29	褐	红	1.90	优	
2137	M1024	YD5-0070	普通野生稻	中国（漳浦）	匍匐	紫条	10.07	褐	红	2.20	优	
2138	M1025	YD5-0071	普通野生稻	中国（漳浦）	匍匐	紫	9.30	褐	红	1.90	优	
2139	M1027	YD5-0072	普通野生稻	中国（漳浦）	匍匐	紫	9.30	褐	红	2.00	优	
2140	M1029	YD5-0073	普通野生稻	中国（漳浦）	匍匐	紫	10.02	褐	红	2.00	优	
2141	M1031	YD5-0074	普通野生稻	中国（漳浦）	匍匐	紫	10.08	褐	红	2.00	优	
2142	M1032	YD5-0075	普通野生稻	中国（漳浦）	匍匐	紫	10.10	褐	红	2.00	优	
2143	M1040	YD5-0076	普通野生稻	中国（漳浦）	直立	绿	10.03	褐斑秆黄	红	2.30	优	
2144	M1041	YD5-0077	普通野生稻	中国（漳浦）	直立	绿	9.26	褐	红	2.10	优	
2145	M1043	YD5-0078	普通野生稻	中国（漳浦）	匍匐	紫	10.06	褐	红	2.20	优	
2146	M1044	YD5-0079	普通野生稻	中国（漳浦）	匍匐	紫	10.10	褐	浅红	2.10	优	

续表

序号	单位保存号	全国统一号	种　名	原产地	生长习性	基部鞘色	始穗期（月.日）	内外颖色	种皮色	百粒重（g）	外观米质	蛋白质含量（%）
2147	M1048	YD5-0080	普通野生稻	中国（漳浦）	半直立	紫	10.04	褐	红	2.00	优	
2148	M1049	YD5-0081	普通野生稻	中国（漳浦）	匍匐	紫	10.02	褐	浅红	2.10	优	
2149	M1050	YD5-0082	普通野生稻	中国（漳浦）	匍匐	紫	10.05	褐	红	2.05	优	
2150	M1051	YD5-0083	普通野生稻	中国（漳浦）	匍匐	紫	10.04	褐	红	1.95	优	
2151	M1052	YD5-0084	普通野生稻	中国（漳浦）	匍匐	紫	10.06	褐	红	2.00	优	
2152	M1022	YD5-0085	普通野生稻	中国（漳浦）	匍匐	紫	10.03	褐	红	1.82	优	
2153	M1034	YD5-0086	普通野生稻	中国（漳浦）	匍匐	紫	10.04	褐	红	1.90	优	
2154	M1035	YD5-0087	普通野生稻	中国（漳浦）	半直立	绿	10.01	褐	红	2.12	优	
2155	M1014	YD5-0088	普通野生稻	中国（漳浦）	匍匐	紫	9.30	褐斑秆黄	红	2.20	优	
2156	M2025	YD5-0089	普通野生稻	中国（漳浦）	匍匐	紫	10.08	褐	红	2.40	优	
2157	M2009	YD5-0090	普通野生稻	中国（漳浦）	匍匐	紫条	10.06	褐	浅红	1.98	优	
2158	M2011	YD5-0091	普通野生稻	中国（漳浦）	匍匐	紫	10.04	褐斑秆黄	浅红	2.10	优	
2159	M1020	YD5-0092	普通野生稻	中国（漳浦）	匍匐	紫条	10.05	褐	红	1.90	优	
2160	C060	YD6-0101	普通野生稻	中国（茶陵）	匍匐	淡紫	9.27	褐	浅红	2.20	优	
2161	C076	YD6-0102	普通野生稻	中国（茶陵）	匍匐	紫	9.27	褐	虾肉	2.00	优	
2162	C084	YD6-0105	普通野生稻	中国（茶陵）	匍匐	紫	9.24	褐	虾肉	2.00	优	
2163	C085	YD6-0106	普通野生稻	中国（茶陵）	匍匐	紫	9.23	褐	红	2.00	优	
2164	C087	YD6-0107	普通野生稻	中国（茶陵）	匍匐	紫	9.29	褐	虾肉	2.10	优	
2165	C098	YD6-0108	普通野生稻	中国（茶陵）	匍匐	紫	9.23	褐	虾肉	2.40	优	
2166	C099	YD6-0109	普通野生稻	中国（茶陵）	匍匐	紫	9.23	褐	虾肉	2.40	优	
2167	C104	YD6-0110	普通野生稻	中国（茶陵）	匍匐	紫	9.24	褐	红	2.70	优	
2168	C018	YD6-0113	普通野生稻	中国（茶陵）	倾斜	紫	9.16	褐	虾肉	2.00	优	
2169	C035	YD6-0114	普通野生稻	中国（茶陵）	倾斜	紫	9.23	褐	红	1.90	优	
2170	C047	YD6-0115	普通野生稻	中国（茶陵）	倾斜	淡紫	9.22	褐	虾肉	1.90	优	
2171	C055	YD6-0116	普通野生稻	中国（茶陵）	倾斜	淡紫	10.01	褐	虾肉	1.50	优	
2172	C056	YD6-0117	普通野生稻	中国（茶陵）	倾斜	紫	10.02	褐	虾肉	1.60	优	
2173	C071	YD6-0119	普通野生稻	中国（茶陵）	倾斜	紫	9.04	褐	虾肉	2.00	优	
2174	C072	YD6-0120	普通野生稻	中国（茶陵）	倾斜	紫	9.04	褐	虾肉	1.70	优	
2175	C088	YD6-0121	普通野生稻	中国（茶陵）	倾斜	淡紫	9.23	褐	虾肉	2.30	优	
2176	C092	YD6-0122	普通野生稻	中国（茶陵）	倾斜	淡紫	9.22	褐	虾肉	2.10	优	
2177	C100	YD6-0123	普通野生稻	中国（茶陵）	倾斜	绿	9.22	褐	虾肉	2.20	优	
2178	C101	YD6-0124	普通野生稻	中国（茶陵）	倾斜	淡紫	9.22	褐	虾肉	1.90	优	
2179	C102	YD6-0125	普通野生稻	中国（茶陵）	倾斜	紫	9.02	褐	虾肉	2.20	优	

续表

序号	单位保存号	全国统一号	种名	原产地	生长习性	基部鞘色	始穗期（月.日）	内外颖色	种皮色	百粒重（g）	外观米质	蛋白质含量（%）
2180	C107	YD6-0127	普通野生稻	中国（茶陵）	倾斜	淡紫	9.23	褐	虾肉	2.20	优	
2181	C108	YD6-0128	普通野生稻	中国（茶陵）	倾斜	淡紫	9.23	褐	浅红	2.50	优	
2182	C115	YD6-0129	普通野生稻	中国（茶陵）	倾斜	紫	10.02	褐	虾肉	2.00	优	
2183	C116	YD6-0130	普通野生稻	中国（茶陵）	倾斜	淡紫	9.24	褐	虾肉	2.30	优	
2184	C117	YD6-0131	普通野生稻	中国（茶陵）	倾斜	淡紫	9.24	褐	虾肉	2.00	优	
2185	C118	YD6-0132	普通野生稻	中国（茶陵）	倾斜	紫	9.29	褐	红	2.10	优	
2186	C119	YD6-0133	普通野生稻	中国（茶陵）	倾斜	紫	9.29	褐	虾肉	2.45	优	
2187	C120	YD6-0134	普通野生稻	中国（茶陵）	倾斜	紫	9.30	褐	浅红	1.60	优	
2188	C121	YD6-0135	普通野生稻	中国（茶陵）	倾斜	紫	9.17	褐	红	2.45	优	
2189	C122	YD6-0136	普通野生稻	中国（茶陵）	倾斜	紫	9.26	褐	虾肉	1.30	优	
2190	C123	YD6-0137	普通野生稻	中国（茶陵）	倾斜	淡紫	9.21	褐	红	2.20	优	
2191	C127	YD6-0139	普通野生稻	中国（茶陵）	倾斜	淡紫	9.22	褐	虾肉	1.22	优	
2192	C130	YD6-0142	普通野生稻	中国（茶陵）	倾斜	紫	9.23	褐	虾肉	1.90	优	
2193	C132	YD6-0144	普通野生稻	中国（茶陵）	倾斜	淡紫	9.22	褐	红	1.90	优	
2194	C133	YD6-0145	普通野生稻	中国（茶陵）	倾斜	紫	9.22	褐	红	2.20	优	
2195	C134	YD6-0146	普通野生稻	中国（茶陵）	倾斜	紫	10.21	褐	虾肉	1.90	优	
2196	C136	YD6-0148	普通野生稻	中国（茶陵）	倾斜	紫	9.18	褐	虾肉	2.35	优	
2197	C137	YD6-0149	普通野生稻	中国（茶陵）	倾斜	紫	9.12	褐	虾肉	2.00	优	
2198	C140	YD6-0152	普通野生稻	中国（茶陵）	倾斜	紫	9.16	褐	虾肉	2.10	优	
2199	C142	YD6-0154	普通野生稻	中国（茶陵）	倾斜	紫	9.14	褐	虾肉	2.05	优	
2200	C145	YD6-0157	普通野生稻	中国（茶陵）	倾斜	紫	9.22	褐	虾肉	2.10	优	
2201	C146	YD6-0158	普通野生稻	中国（茶陵）	倾斜	紫	9.19	褐	红	2.20	优	
2202	C150	YD6-0161	普通野生稻	中国（茶陵）	倾斜	紫	9.27	褐	红	2.15	优	
2203	C155	YD6-0163	普通野生稻	中国（茶陵）	倾斜	紫	9.26	褐	虾肉	1.55	优	
2204	C159	YD6-0164	普通野生稻	中国（茶陵）	倾斜	紫	9.20	褐	红	2.20	优	
2205	C161	YD6-0166	普通野生稻	中国（茶陵）	倾斜	紫	9.21	褐	红	1.60	优	
2206	C163	YD6-0167	普通野生稻	中国（茶陵）	倾斜	绿	10.22	褐	虾肉	2.05	优	
2207	C164	YD6-0168	普通野生稻	中国（茶陵）	倾斜	绿	9.25	褐	白	1.60	优	
2208	C167	YD6-0170	普通野生稻	中国（茶陵）	倾斜	淡紫	9.22	褐	虾肉	2.18	优	
2209	C168	YD6-0171	普通野生稻	中国（茶陵）	倾斜	淡紫	9.24	褐	虾肉	2.15	优	
2210	C169	YD6-0172	普通野生稻	中国（茶陵）	倾斜	紫	9.20	褐	虾肉	2.10	优	
2211	C171	YD6-0174	普通野生稻	中国（茶陵）	倾斜	紫	9.21	褐	虾肉	2.20	优	
2212	C173	YD6-0176	普通野生稻	中国（茶陵）	倾斜	紫	9.23	褐	红	2.15	优	
2213	C010	YD6-0177	普通野生稻	中国（茶陵）	半直立	紫	9.17	褐	虾肉	2.00	优	
2214	C013	YD6-0178	普通野生稻	中国（茶陵）	半直立	紫	9.19	褐	虾肉	2.00	优	

续表

序号	单位保存号	全国统一号	种　名	原产地	生长习性	基部鞘色	始穗期（月.日）	内外颖色	种皮色	百粒重（g）	外观米质	蛋白质含量（%）
2215	C053	YD6-0179	普通野生稻	中国（茶陵）	半直立	紫	9.21	褐	虾肉	2.40	优	
2216	C089	YD6-0182	普通野生稻	中国（茶陵）	半直立	淡紫	9.24	褐	虾肉	2.10	优	
2217	C090	YD6-0183	普通野生稻	中国（茶陵）	半直立	紫	9.23	褐	虾肉	2.30	优	
2218	C091	YD6-0184	普通野生稻	中国（茶陵）	半直立	淡紫	9.23	褐	虾肉	1.95	优	
2219	C110	YD6-0185	普通野生稻	中国（茶陵）	半直立	淡紫	9.22	褐	虾肉	2.10	优	
2220	C114	YD6-0186	普通野生稻	中国（茶陵）	半直立	紫	9.15	褐	红	1.70	优	
2221	C082	YD6-0188	普通野生稻	中国（茶陵）	直立	淡紫	9.24	褐	虾肉	2.13	优	
2222	C083	YD6-0189	普通野生稻	中国（茶陵）	直立	淡紫	9.24	褐	虾肉	2.20	优	
2223	C095	YD6-0190	普通野生稻	中国（茶陵）	直立	淡紫	9.24	褐	虾肉	2.30	优	
2224	C096	YD6-0191	普通野生稻	中国（茶陵）	直立	淡紫	9.28	褐	浅红	2.00	优	
2225	C125	YD6-0195	普通野生稻	中国（茶陵）	直立	淡紫	9.20	褐	虾肉	1.80	优	
2226	C152	YD6-0196	普通野生稻	中国（茶陵）	直立	淡紫	9.09	褐	红	1.80	优	
2227	C158	YD6-0197	普通野生稻	中国（茶陵）	直立	淡紫	9.24	褐	红	2.00	优	
2228	G049	YD6-0204	普通野生稻	中国（江永）	匍匐	紫	9.09	褐	虾肉	1.50	优	
2229	G056	YD6-0206	普通野生稻	中国（江永）	匍匐	紫	9.23	褐	虾肉	1.80	优	
2230	G057	YD6-0207	普通野生稻	中国（江永）	匍匐	紫	9.22	褐	虾肉	1.50	优	
2231	G060	YD6-0208	普通野生稻	中国（江永）	匍匐	紫	9.23	褐	虾肉	1.40	优	
2232	G063	YD6-0209	普通野生稻	中国（江永）	匍匐	淡紫	9.16	褐	虾肉	1.89	优	
2233	G064	YD6-0210	普通野生稻	中国（江永）	匍匐	紫	9.24	褐	虾肉	2.16	优	
2234	G072	YD6-0214	普通野生稻	中国（江永）	匍匐	紫	9.29	褐	红	2.00	优	
2235	G074	YD6-0216	普通野生稻	中国（江永）	匍匐	紫	9.26	褐	浅红	1.40	优	
2236	G084	YD6-0220	普通野生稻	中国（江永）	匍匐	紫	9.26	褐	虾肉	2.00	优	
2237	G085	YD6-0221	普通野生稻	中国（江永）	匍匐	淡紫	9.21	褐	虾肉	2.15	优	
2238	G088	YD6-0224	普通野生稻	中国（江永）	匍匐	紫	9.25	褐	红	1.83	优	
2239	G092	YD6-0226	普通野生稻	中国（江永）	匍匐	紫	9.24	褐	虾肉	2.00	优	
2240	G096	YD6-0228	普通野生稻	中国（江永）	匍匐	紫	9.20	褐	红	1.55	优	
2241	G099	YD6-0229	普通野生稻	中国（江永）	匍匐	紫	9.23	褐	虾肉	1.80	优	
2242	G121	YD6-0231	普通野生稻	中国（江永）	匍匐	紫	9.27	褐	虾肉	1.90	优	
2243	G130	YD6-0233	普通野生稻	中国（江永）	匍匐	紫	9.30	褐	虾肉	1.25	优	
2244	G138	YD6-0234	普通野生稻	中国（江永）	匍匐	紫	9.25	褐	虾肉	1.45	优	
2245	G139	YD6-0235	普通野生稻	中国（江永）	匍匐	紫	10.06	褐	虾肉	1.64	优	
2246	G140	YD6-0236	普通野生稻	中国（江永）	匍匐	紫	10.06	褐	虾肉	1.90	优	
2247	G151	YD6-0238	普通野生稻	中国（江永）	匍匐	紫	9.26	褐	红	2.20	优	
2248	G053	YD6-0239	普通野生稻	中国（江永）	匍匐	紫	9.25	褐	虾肉	1.50	优	
2249	G152	YD6-0240	普通野生稻	中国（江永）	匍匐	紫	9.26	褐	红	1.80	优	

续表

序号	单位保存号	全国统一号	种名	原产地	生长习性	基部鞘色	始穗期（月.日）	内外颖色	种皮色	百粒重（g）	外观米质	蛋白质含量（%）
2250	G153	YD6-0241	普通野生稻	中国（江永）	匍匐	紫	9.26	褐	虾肉	1.80	优	
2251	G154	YD6-0242	普通野生稻	中国（江永）	匍匐	紫	9.24	褐	虾肉	1.80	优	
2252	G155	YD6-0243	普通野生稻	中国（江永）	匍匐	紫	9.26	褐	虾肉	2.10	优	
2253	G156	YD6-0244	普通野生稻	中国（江永）	匍匐	紫	9.25	褐	虾肉	2.20	优	
2254	G032	YD6-0245	普通野生稻	中国（江永）	倾斜	淡紫	9.13	褐	虾肉	1.95	优	
2255	G033	YD6-0246	普通野生稻	中国（江永）	倾斜	紫	9.24	褐	虾肉	1.75	优	
2256	G034	YD6-0247	普通野生稻	中国（江永）	倾斜	紫	9.21	褐	红	1.71	优	
2257	G039	YD6-0251	普通野生稻	中国（江永）	倾斜	紫	9.20	褐	虾肉	1.67	优	
2258	G043	YD6-0253	普通野生稻	中国（江永）	倾斜	紫	9.24	褐	虾肉	1.80	优	
2259	G045	YD6-0255	普通野生稻	中国（江永）	倾斜	淡紫	9.21	褐	虾肉	1.85	优	
2260	C048	YD6-0257	普通野生稻	中国（江永）	倾斜	淡紫	9.26	褐	虾肉	2.10	优	
2261	G050	YD6-0258	普通野生稻	中国（江永）	倾斜	淡紫	9.26	褐	虾肉	1.90	优	
2262	G062	YD6-0263	普通野生稻	中国（江永）	倾斜	紫	9.20	褐	虾肉	1.70	优	
2263	G094	YD6-0276	普通野生稻	中国（江永）	倾斜	紫	10.01	褐	虾肉	2.20	优	
2264	G098	YD6-0279	普通野生稻	中国（江永）	倾斜	紫	9.23	褐	虾肉	2.20	优	
2265	G101	YD6-0281	普通野生稻	中国（江永）	倾斜	紫	9.23	褐	虾肉	1.00	优	
2266	G105	YD6-0285	普通野生稻	中国（江永）	倾斜	紫	9.23	褐	虾肉	2.10	优	
2267	G111	YD6-0291	普通野生稻	中国（江永）	倾斜	紫	9.19	褐	红	2.00	优	
2268	G112	YD6-0292	普通野生稻	中国（江永）	倾斜	紫	9.21	褐	红	2.20	优	
2269	G114	YD6-0294	普通野生稻	中国（江永）	倾斜	紫	9.14	褐	虾肉	1.95	优	
2270	G116	YD6-0296	普通野生稻	中国（江永）	倾斜	淡紫	9.13	褐	虾肉	2.00	优	
2271	G119	YD6-0298	普通野生稻	中国（江永）	倾斜	紫	9.20	褐	虾肉	1.95	优	
2272	G122	YD6-0300	普通野生稻	中国（江永）	倾斜	淡紫	10.25	褐	虾肉	2.20	优	
2273	G123	YD6-0301	普通野生稻	中国（江永）	倾斜	紫	9.28	褐	虾肉	1.80	优	
2274	G124	YD6-0302	普通野生稻	中国（江永）	倾斜	紫	9.21	褐	虾肉	1.85	优	
2275	G125	YD6-0303	普通野生稻	中国（江永）	倾斜	紫	9.25	褐	虾肉	1.90	优	
2276	G126	YD6-0304	普通野生稻	中国（江永）	倾斜	紫	9.22	褐	虾肉	1.82	优	
2277	G128	YD6-0306	普通野生稻	中国（江永）	倾斜	紫	9.26	褐	虾肉	2.30	优	
2278	G133	YD6-0309	普通野生稻	中国（江永）	倾斜	紫	10.03	褐	虾肉	1.60	优	
2279	G142	YD6-0315	普通野生稻	中国（江永）	倾斜	紫	10.01	褐	虾肉	1.60	优	
2280	G144	YD6-0317	普通野生稻	中国（江永）	倾斜	紫	9.29	褐	虾肉	1.90	优	
2281	H1	YD7-0001	疣粒野生稻	中国（乐东）	半直立	绿	4.02	秆黄镶褐斑	浅红	0.78	优	
2282	H2	YD7-0002	疣粒野生稻	中国（乐东）	半直立	绿	3.27	秆黄镶褐斑	浅红	0.77	优	

续表

序号	单位保存号	全国统一号	种　名	原产地	生长习性	基部鞘色	始穗期（月.日）	内外颖色	种皮色	百粒重（g）	外观米质	蛋白质含量（%）
2283	H3	YD7-0003	疣粒野生稻	中国（乐东）	半直立	绿	3.28	秆黄镶褐斑	浅红	0.78	优	
2284	H4	YD7-0004	疣粒野生稻	中国（乐东）	半直立	绿	3.31	秆黄镶褐斑	浅红	0.78	优	
2285	H5	YD7-0005	疣粒野生稻	中国（乐东）	半直立	绿	4.01	秆黄镶褐斑	浅红	0.78	优	
2286	H7	YD7-0007	疣粒野生稻	中国（乐东）	半直立	绿	4.02	秆黄镶褐斑	浅红	0.76	优	
2287	H8	YD7-0008	疣粒野生稻	中国（乐东）	半直立	绿	4.02	秆黄镶褐斑	浅红	0.77	优	
2288	H9	YD7-0009	疣粒野生稻	中国（乐东）	半直立	绿	3.28	秆黄镶褐斑	浅红	0.77	优	
2289	H10	YD7-0010	疣粒野生稻	中国（乐东）	半直立	绿	3.28	秆黄镶褐斑	浅红	0.77	优	
2290	H16	YD7-0016	疣粒野生稻	中国（乐东）	半直立	绿	3.30	秆黄镶褐斑	浅红	0.76	优	
2291	H19	YD7-0019	疣粒野生稻	中国（乐东）	半直立	绿	3.30	秆黄镶褐斑	浅红	0.77	优	
2292	H20	YD7-0020	疣粒野生稻	中国（乐东）	半直立	绿	3.30	秆黄镶褐斑	浅红	0.76	优	
2293	H28	YD7-0028	疣粒野生稻	中国（乐东）	半直立	绿	3.26	秆黄镶褐斑	淡红	0.77	优	
2294	H31	YD7-0031	疣粒野生稻	中国（乐东）	半直立	绿	3.29	秆黄镶褐斑	淡红	0.78	优	
2295	H32	YD7-0032	疣粒野生稻	中国（乐东）	半直立	绿	3.30	秆黄镶褐斑	淡红	0.77	优	
2296	H37	YD7-0037	疣粒野生稻	中国（保亭）	半直立	绿	4.01	秆黄镶褐斑	淡红	0.78	优	
2297	H38	YD7-0038	疣粒野生稻	中国（保亭）	半直立	绿	3.28	秆黄镶褐斑	淡红	0.77	优	
2298	H39	YD7-0039	疣粒野生稻	中国（保亭）	半直立	绿	3.29	秆黄镶褐斑	淡红	0.78	优	
2299	H46	YD7-0046	疣粒野生稻	中国（保亭）	半直立	绿	3.29	秆黄镶褐斑	淡红	0.78	优	
2300	H47	YD7-0047	疣粒野生稻	中国（保亭）	半直立	绿	3.26	秆黄镶褐斑	淡红	0.77	优	
2301	H48	YD7-0048	疣粒野生稻	中国（保亭）	半直立	绿	4.02	秆黄镶褐斑	淡红	0.78	优	

续表

序号	单位保存号	全国统一号	种名	原产地	生长习性	基部鞘色	始穗期（月.日）	内外颖色	种皮色	百粒重（g）	外观米质	蛋白质含量（%）
2302	H50	YD7-0050	疣粒野生稻	中国（保亭）	半直立	绿	3.31	秆黄镶褐斑	淡红	0.77	优	
2303	H51	YD7-0051	疣粒野生稻	中国（保亭）	半直立	绿	3.30	秆黄镶褐斑	淡红	0.77	优	
2304	H52	YD7-0052	疣粒野生稻	中国（保亭）	半直立	绿	3.29	秆黄镶褐斑	淡红	0.77	优	
2305	H53	YD7-0053	疣粒野生稻	中国（保亭）	半直立	绿	4.01	秆黄镶褐斑	淡红	0.77	优	
2306	H55	YD7-0055	疣粒野生稻	中国（保亭）	半直立	淡紫	4.03	秆黄镶褐斑	淡红	0.77	优	
2307	H69	YD7-0069	疣粒野生稻	中国（琼中）	半直立	淡紫	3.29	秆黄镶褐斑	淡红	0.77	优	
2308	E2-004	WYD-0211	澳洲野生稻	澳大利亚	半直立	紫	10.05	黑	淡褐	1.75	优	
2309	E2-199	WYD-0214	澳洲野生稻	澳大利亚	半直立	紫	10.21	斑点黑	白	1.55	优	
2310	CNW205	WYD-0220	澳洲野生稻	澳大利亚	半直立	淡紫	10.17	黑	淡褐	1.56	优	
2311	CNW207	WYD-0222	澳洲野生稻	澳大利亚	半直立	淡紫	10.19	黑	白	1.51	优	
2312	CNW208	WYD-0223	澳洲野生稻	澳大利亚	半直立	淡紫	10.16	黑	淡褐	1.49	优	
2313	E3-001	WYD-0225	短舌野生稻	乍得	直立	绿	10.06	褐	淡褐	2.25	优	
2314	E4-003	WYD-0228	短花药野生稻	喀麦隆	倾斜	绿	10.04	斑点黑	红	1.31	优	
2315	E4-004	WYD-0229	短花药野生稻	塞拉利昂	倾斜	绿	10.02	秆黄	浅红	1.40	优	
2316	E4-005	WYD-0230	短花药野生稻	乌干达	半直立	绿	10.07	斑点黑	红	1.40	优	
2317	E22-003	WYD-0233	紧穗野生稻	斯里兰卡	倾斜	紫条	10.19	黑	红	0.96	优	
2318	E22-004	WYD-0234	紧穗野生稻	斯里兰卡	倾斜	绿	10.18	黑	红	0.86	优	
2319	E22-005	WYD-0235	紧穗野生稻	斯里兰卡	倾斜	绿	10.20	斑点黑	红	1.00	优	
2320	E50-001	WYD-0238	非洲栽培稻	尼日尔	直立	淡紫	9.24	秆黄	白	2.20	优	
2321	E50-010	WYD-0240	非洲栽培稻	尼日尔	半直立	绿	10.02	褐	白	1.65	优	
2322	E50-042	WYD-0245	非洲栽培稻	尼日尔	直立	绿	9.04	褐	白	1.85	优	
2323	E50-044	WYD-0246	非洲栽培稻	尼日尔	倾斜	淡紫	9.21	褐	白	1.90	优	
2324	E8-009	WYD-0251	多年生野生稻	玻利维亚	倾斜	绿	10.22	褐	褐	1.22	优	
2325	E8-025	WYD-0266	多年生野生稻	玻利维亚	半直立	绿	10.16	褐	淡褐	1.60	优	
2326	E8-026	WYD-0267	多年生野生稻	玻利维亚	半直立	绿	10.12	褐	褐	1.22	优	
2327	E8-027	WYD-0268	多年生野生稻	玻利维亚	半直立	紫条	10.30	褐	褐	1.66	优	
2328	E8-028	WYD-0269	多年生野生稻	玻利维亚	倾斜	淡紫	10.23	褐	浅红	1.65	优	
2329	E8-029	WYD-0270	多年生野生稻	玻利维亚	倾斜	紫条	10.25	褐	淡褐	1.70	优	
2330	E8-030	WYD-0271	多年生野生稻	玻利维亚	倾斜	绿	10.23	褐	淡褐	1.60	优	

续表

序号	单位保存号	全国统一号	种 名	原产地	生长习性	基部鞘色	始穗期（月.日）	内外颖色	种皮色	百粒重（g）	外观米质	蛋白质含量（%）
2331	E8-032	WYD-0273	多年生野生稻	玻利维亚	倾斜	绿	10.16	褐	浅红	1.30	优	
2332	E8-034	WYD-0275	多年生野生稻	玻利维亚	倾斜	绿	10.24	褐	浅红	1.20	优	
2333	E8-036	WYD-0277	多年生野生稻	玻利维亚	倾斜	绿	10.24	褐	淡褐	1.52	优	
2334	E8-037	WYD-0278	多年生野生稻	玻利维亚	倾斜	绿	10.26	褐	淡褐	1.70	优	
2335	E8-043	WYD-0284	多年生野生稻	玻利维亚	半直立	绿	10.21	褐	淡褐	1.20	优	
2336	E8-048	WYD-0289	多年生野生稻	玻利维亚	倾斜	绿	10.27	褐	浅红	1.82	优	
2337	E8-050	WYD-0291	多年生野生稻	玻利维亚	倾斜	绿	10.21	褐	红	0.84	优	
2338	E9-007	WYD-0299	阔叶野生稻	原产地不明	半直立	绿	10.24	褐	红	1.84	优	
2339	E9-017	WYD-0302	阔叶野生稻	玻利维亚	半直立	绿	10.20	褐	淡褐	0.80	优	
2340	E9-019	WYD-0304	阔叶野生稻	玻利维亚	半直立	绿	10.18	褐	浅红	0.84	优	
2341	E9-021	WYD-0306	阔叶野生稻	玻利维亚	半直立	绿	10.19	褐	褐	0.75	优	
2342	E9-022	WYD-0307	阔叶野生稻	玻利维亚	半直立	绿	10.17	褐	淡褐	0.85	优	
2343	E9-024	WYD-0309	阔叶野生稻	玻利维亚	倾斜	绿	10.31	褐	淡褐	0.90	优	
2344	E9-027	WYD-0312	阔叶野生稻	玻利维亚	半直立	绿	10.09	褐	淡褐	0.85	优	
2345	E9-035	WYD-0315	阔叶野生稻	玻利维亚	半直立	绿	9.28	褐	浅红	1.10	优	
2346	E9-043	WYD-0323	阔叶野生稻	玻利维亚	半直立	绿	10.13	褐	浅红	0.92	优	
2347	E9-046	WYD-0326	阔叶野生稻	玻利维亚	半直立	绿	10.19	褐	淡褐	0.80	优	
2348	E9-051	WYD-0331	阔叶野生稻	玻利维亚	半直立	绿	10.17	褐	红	0.81	优	
2349	E9-055	WYD-0335	阔叶野生稻	玻利维亚	半直立	绿	10.22	褐	浅红	0.82	优	
2350	E9-056	WYD-0336	阔叶野生稻	玻利维亚	半直立	绿	10.21	褐	浅红	0.87	优	
2351	E9-065	WYD-0345	阔叶野生稻	玻利维亚	倾斜	绿	10.19	黑	淡褐	1.00	优	
2352	E9-072	WYD-0352	阔叶野生稻	玻利维亚	半直立	绿	10.19	褐	淡褐	0.80	优	
2353	E9-074	WYD-0354	阔叶野生稻	玻利维亚	半直立	绿	10.23	褐	浅红	0.90	优	
2354	E9-077	WYD-0357	阔叶野生稻	玻利维亚	半直立	绿	10.18	褐	浅红	0.90	优	
2355	E9-082	WYD-0362	阔叶野生稻	玻利维亚	半直立	绿	10.16	褐	红	1.00	优	
2356	E9-083	WYD-0363	阔叶野生稻	玻利维亚	半直立	绿	10.18	秆黄有褐斑	浅红	0.80	优	
2357	E9-084	WYD-0364	阔叶野生稻	玻利维亚	半直立	绿	10.17	褐	浅红	0.80	优	
2358	E9-086	WYD-0366	阔叶野生稻	玻利维亚	半直立	绿	10.17	褐	淡褐	0.90	优	
2359	E9-087	WYD-0367	阔叶野生稻	玻利维亚	半直立	绿	10.18	褐	浅红	0.90	优	
2360	E9-089	WYD-0369	阔叶野生稻	玻利维亚	半直立	绿	10.19	褐	浅红	0.85	优	
2361	E9-092	WYD-0372	阔叶野生稻	玻利维亚	半直立	绿	10.16	褐	浅红	0.75	优	
2362	E9-093	WYD-0373	阔叶野生稻	玻利维亚	半直立	绿	10.18	褐	淡褐	0.80	优	
2363	E9-097	WYD-0377	阔叶野生稻	玻利维亚	半直立	绿	10.20	褐	浅红	0.87	优	
2364	E9-098	WYD-0378	阔叶野生稻	玻利维亚	半直立	绿	10.18	褐	浅红	0.87	优	

续表

序号	单位保存号	全国统一号	种　名	原产地	生长习性	基部鞘色	始穗期（月.日）	内外颖色	种皮色	百粒重（g）	外观米质	蛋白质含量（%）
2365	E9-099	WYD-0379	阔叶野生稻	玻利维亚	半直立	绿	10.21	褐	红	0.93	优	
2366	E9-100	WYD-0380	阔叶野生稻	玻利维亚	半直立	绿	10.19	褐	浅红	0.84	优	
2367	E9-102	WYD-0382	阔叶野生稻	玻利维亚	半直立	绿	10.15	褐	褐	0.80	优	
2368	E9-104	WYD-0384	阔叶野生稻	玻利维亚	半直立	绿	10.17	褐	褐	0.85	优	
2369	E9-105	WYD-0385	阔叶野生稻	玻利维亚	半直立	绿	10.16	秆黄有褐斑	褐	0.80	优	
2370	E9-107	WYD-0387	阔叶野生稻	玻利维亚	半直立	绿	10.17	褐	褐	0.85	优	
2371	E9-120	WYD-0400	阔叶野生稻	玻利维亚	半直立	绿	10.09	褐	浅红	1.10	优	
2372	E19-003	WYD-0406	阔叶野生稻	印度	倾斜	紫	10.13	秆黄有褐斑	淡褐	2.10	优	
2373	E12-002	WYD-0408	南方野生稻	澳大利亚	直立	绿	10.03	褐	浅红	1.20	优	
2374	E12-003	WYD-0409	南方野生稻	澳大利亚	半直立	绿	10.02	褐	淡褐	1.84	优	
2375	E12-005	WYD-0411	南方野生稻	澳大利亚	直立	绿	10.08	褐	红	1.37	优	
2376	E12-006	WYD-0412	南方野生稻	澳大利亚	半直立	绿	10.09	褐	红	1.40	优	
2377	CNW154	WYD-0425	尼瓦拉野生稻	柬埔寨	直立	绿	10.03	黑	淡褐	1.98	优	
2378	CNW157	WYD-0428	尼瓦拉野生稻	柬埔寨	直立	绿	10.12	褐	浅红	1.71	优	
2379	CNW158	WYD-0429	尼瓦拉野生稻	柬埔寨	直立	绿	10.19	秆黄有褐条	浅红	1.72	优	
2380	CNW159	WYD-0430	尼瓦拉野生稻	柬埔寨	半直立	绿	9.23	黑	深红	1.59	优	
2381	CNW161	WYD-0432	尼瓦拉野生稻	柬埔寨	直立	绿	9.24	紫	深红	1.68	优	
2382	CNW162	WYD-0433	尼瓦拉野生稻	柬埔寨	直立	绿	9.24	紫	浅红	1.59	优	
2383	CNW163	WYD-0434	尼瓦拉野生稻	柬埔寨	直立	绿	9.27	黑	淡褐	2.61	优	
2384	CNW164	WYD-0435	尼瓦拉野生稻	柬埔寨	直立	绿	9.27	黑	白	1.94	优	
2385	CNW169	WYD-0440	尼瓦拉野生稻	柬埔寨	直立	绿	10.07	紫	深红	1.98	优	
2386	CNW170	WYD-0441	尼瓦拉野生稻	柬埔寨	直立	绿	10.07	秆黄有褐条	浅红	1.86	优	
2387	CNW171	WYD-0442	尼瓦拉野生稻	柬埔寨	直立	绿	10.06	紫	深红	1.88	优	
2388	CNW172	WYD-0443	尼瓦拉野生稻	柬埔寨	直立	绿	10.09	紫	深红	1.76	优	
2389	CNW173	WYD-0444	尼瓦拉野生稻	柬埔寨	直立	淡紫	10.07	紫	淡褐	1.51	优	
2390	CNW175	WYD-0446	尼瓦拉野生稻	泰国	直立	淡紫	9.25	黑	褐	1.62	优	
2391	CNW178	WYD-0449	尼瓦拉野生稻	泰国	半直立	淡紫	8.27	黑	浅红	1.49	优	
2392	CNW179	WYD-0450	尼瓦拉野生稻	柬埔寨	直立	绿	10.01	黑	淡褐	1.77	优	
2393	CNW180	WYD-0451	尼瓦拉野生稻	柬埔寨	直立	绿	10.02	黑	深红	2.41	优	
2394	CNW181	WYD-0452	尼瓦拉野生稻	印度	直立	淡紫	10.03	紫	褐	1.89	优	
2395	CNW182	WYD-0453	尼瓦拉野生稻	印度	直立	绿	10.01	黑	淡褐	1.78	优	

续表

序号	单位保存号	全国统一号	种 名	原产地	生长习性	基部鞘色	始穗期（月.日）	内外颖色	种皮色	百粒重（g）	外观米质	蛋白质含量（%）
2396	CNW183	WYD-0454	尼瓦拉野生稻	印度	直立	绿	9.25	紫	深红	2.19	优	
2397	CNW185	WYD-0456	尼瓦拉野生稻	印度	直立	淡紫	9.16	黑	淡褐	2.04	优	
2398	CNW186	WYD-0457	尼瓦拉野生稻	印度	半直立	淡紫	9.23	黑	浅红	1.79	优	
2399	CNW188	WYD-0459	尼瓦拉野生稻	印度	直立	淡紫	9.29	黑	褐	1.83	优	
2400	CNW190	WYD-0461	尼瓦拉野生稻	印度	直立	淡紫	9.30	黑	淡褐	1.84	优	
2401	CNW191	WYD-0462	尼瓦拉野生稻	印度	直立	淡紫	9.29	黑	浅红	1.83	优	
2402	CNW192	WYD-0463	尼瓦拉野生稻	印度	直立	绿	10.05	黑	浅红	1.81	优	
2403	E14-010	WYD-0468	尼瓦拉野生稻	印度	半直立	绿	7.27	秆黄	红	2.30	优	
2404	CNW240	WYD-0480	药用野生稻	马来西亚	半直立	绿	10.29	秆黄	浅红	0.53	优	
2405	E15-017	WYD-0488	药用野生稻	印度	倾斜	淡紫	9.28	褐	浅红	0.70	优	
2406	CNW238	WYD-0510	阔叶野生稻	斯里兰卡	直立	绿	10.07	褐斑秆黄	白	2.12	优	
2407	CNW209	WYD-0513	普通野生稻	斯里兰卡	直立	紫	10.21	黑	淡褐	1.88	优	
2408	CNW211	WYD-0515	普通野生稻	泰国	半直立	绿	10.25	秆黄	淡褐	1.99	优	
2409	CNW212	WYD-0516	普通野生稻	印度	倾斜	紫	10.04	斑点黑	褐	1.87	优	
2410	CNW216	WYD-0520	普通野生稻	马来西亚	倾斜	淡紫	10.23	褐	浅红	1.61	优	
2411	CNW217	WYD-0521	普通野生稻	马来西亚	倾斜	淡紫	10.25	褐	浅红	1.75	优	
2412	CNW218	WYD-0522	普通野生稻	印度尼西亚	半直立	紫	10.14	秆黄	深红	1.44	优	
2413	CNW222	WYD-0526	普通野生稻	尼泊尔	倾斜	绿	10.15	秆黄	浅红	2.37	优	
2414	CNW233	WYD-0537	普通野生稻	印度	倾斜	淡紫	10.23	褐斑秆黄	淡褐	1.61	优	
2415	E18-012	WYD-0539	普通野生稻	原产地不明	半直立	紫	9.14	秆黄	白	1.60	优	
2416	E25-012	WYD-0542	普通野生稻	印度	倾斜	淡紫	10.06	黑	浅红	1.65	优	
2417	E29-001	WYD-0543	普通野生稻	原产地不明	半直立	淡紫	10.15	黑	红	1.84	优	
2418	CNW145	WYD-0545	普通野生稻	孟加拉国	半直立	淡紫	11.20	褐斑秆黄	淡褐	1.85	优	
2419	CNW148	WYD-0548	普通野生稻	泰国	半直立	淡紫	10.20	秆黄有褐条	浅红	2.43	优	
2420	CNW149	WYD-0549	普通野生稻	孟加拉国	直立	绿	10.10	秆黄有褐条	浅红	2.50	优	
2421	CNW150	WYD-0550	普通野生稻	孟加拉国	直立	绿	10.10	秆黄有褐条	淡褐	2.50	优	
2422	CNW234	WYD-0553	普通野生稻	孟加拉国	直立	淡紫	9.20	褐斑秆黄	深红	1.93	优	

第二节　抗水稻主要病虫性强的野生稻种质资源部分目录

序号	单位保存号	全国统一号	种名	原产地	生长习性	始穗期(月.日)	百粒重(g)	稻瘟病	白叶枯病	纹枯病	细菌性条斑病	黄矮病	褐稻虱	白背飞虱	稻瘿蚊	三化螟
2423	S1065	YD1-0033	普通野生稻	中国（昌江）	匍匐	10.26	1.50	高抗	中感							
2424	S1068	YD1-0036	普通野生稻	中国（昌江）	匍匐	11.14	1.50	抗	中感							
2425	S1124	YD1-0052	普通野生稻	中国（临高）	匍匐	10.29	1.45	感	抗							
2426	S1115	YD1-0057	普通野生稻	中国（临高）	半直立	9.24	1.60	高感	抗							
2427	S1114	YD1-0059	普通野生稻	中国（临高）	直立	10.11	1.40	中感	抗							
2428	S1136	YD1-0063	普通野生稻	中国（澄迈）	匍匐	10.24	1.50	高抗	中抗			抗				
2429	S1145	YD1-0071	普通野生稻	中国（琼山）	匍匐	11.13	1.40	抗	中感							
2430	S1163	YD1-0077	普通野生稻	中国（琼山）	匍匐	10.27	1.60	高感	中感						抗	
2431	S1211	YD1-0097	普通野生稻	中国（海口）	倾斜	11.01	1.55	高感	中感	抗						
2432	S2057	YD1-0136	普通野生稻	中国（湛江）	半直立	10.15	1.30		中感	抗						
2433	S2104	YD1-0183	普通野生稻	中国（遂溪）	半直立	10.15	2.40	感	感						抗	
2434	S2135	YD1-0194	普通野生稻	中国（遂溪）	半直立	10.02	1.50	中感								抗
2435	S2177	YD1-0217	普通野生稻	中国（化州）	匍匐	10.22	1.40		抗							
2436	S2178	YD1-0218	普通野生稻	中国（化州）	匍匐	10.07	1.60		抗							
2437	S2180	YD1-0220	普通野生稻	中国（化州）	匍匐	10.07	1.40		抗							
2438	S2181	YD1-0221	普通野生稻	中国（化州）	匍匐	10.15	1.40	感	抗							
2439	S2184	YD1-0223	普通野生稻	中国（化州）	匍匐	10.15	1.60		抗							
2440	S2183	YD1-0228	普通野生稻	中国（化州）	半直立	10.05	1.60	感	抗							
2441	S2196	YD1-0234	普通野生稻	中国（茂名）	直立	10.15	1.60	感	中抗			抗	抗			
2442	S2203	YD1-0240	普通野生稻	中国（高州）	半直立	9.26	1.60	感	抗							
2443	S3023	YD1-0268	普通野生稻	中国（恩平）	匍匐	9.26	2.20	感	中感							抗
2444	S3012	YD1-0331	普通野生稻	中国（恩平）	倾斜	10.02	1.70	感	中感					抗		
2445	S3163	YD1-0363	普通野生稻	中国（台山）	匍匐	9.29	1.70	感	感		抗					
2446	S3116	YD1-0387	普通野生稻	中国（台山）	倾斜	10.10	2.20	感	抗							
2447	S3167	YD1-0400	普通野生稻	中国（台山）	倾斜	9.22	1.50	感	中感							抗
2448	S3230	YD1-0445	普通野生稻	中国（开平）	匍匐	9.27	1.40	高抗	中感							
2449	S3247	YD1-0462	普通野生稻	中国（开平）	匍匐	9.26	1.60							抗		
2450	S3356	YD1-0534	普通野生稻	中国（高明）	匍匐	9.22	1.80	感	中感							抗
2451	S3415	YD1-0585	普通野生稻	中国（三水）	匍匐	9.26	1.50	感	抗							
2452	S3447	YD1-0608	普通野生稻	中国（三水）	倾斜	9.26	1.50	感	中感					抗		
2453	S6019	YD1-0637	普通野生稻	中国（广州）	倾斜	9.27	1.60	感	中抗				抗	抗	抗	抗
2454	S6075	YD1-0669	普通野生稻	中国（花都）	倾斜	10.03	1.90	感	中感	抗						

续表

序号	单位保存号	全国统一号	种名	原产地	生长习性	始穗期（月.日）	百粒重（g）	稻瘟病	白叶枯病	纹枯病	细菌性条斑病	黄矮病	褐稻虱	白背飞虱	稻瘿蚊	三化螟
2455	S6103	YD1-0704	普通野生稻	中国（从化）	匍匐	9.22	1.60	感	抗							
2456	S7003	YD1-0816	普通野生稻	中国（东莞）	半直立	10.01	1.70	感	中感							抗
2457	S7449	YD1-0853	普通野生稻	中国（惠州）	匍匐	9.25	1.50		中感					抗		
2458	S7183	YD1-1064	普通野生稻	中国（惠阳）	倾斜	9.22	2.00	抗	中感							
2459	S7164	YD1-0951	普通野生稻	中国（惠阳）	匍匐	10.10	1.80	感	中感			抗				
2460	S7468	YD1-1464	普通野生稻	中国（博罗）	匍匐	9.26	1.60	高感	中感				抗			
2461	S7499	YD1-1490	普通野生稻	中国（博罗）	匍匐	10.05	1.70	高感	中感							抗
2462	S7550	YD1-1531	普通野生稻	中国（博罗）	匍匐	10.03	1.90	高感	中感					抗		
2463	S7553	YD1-1532	普通野生稻	中国（博罗）	匍匐	9.19	1.75	高感	感						抗	
2464	S7559	YD1-1538	普通野生稻	中国（博罗）	匍匐	9.27	1.60	抗	感							
2465	S7516	YD1-1551	普通野生稻	中国（博罗）	倾斜	9.18	1.60	中感	中感	抗						
2466	S7597	YD1-1580	普通野生稻	中国（紫金）	匍匐	9.17	1.60	中感	中抗	抗						
2467	S7609	YD1-1611	普通野生稻	中国（紫金）	倾斜	9.21	1.50	感	中感	抗						
2468	S7630	YD1-1620	普通野生稻	中国（紫金）	倾斜	10.02	2.00	感	中感	抗						
2469	S7613	YD1-1636	普通野生稻	中国（紫金）	倾斜	9.28	1.70	感	感	抗						
2470	S8050	YD1-1680	普通野生稻	中国（海丰）	倾斜	9.26	1.80	感	抗							
2471	S8106	YD1-1715	普通野生稻	中国（海丰）	倾斜	9.26	1.50		感	抗						
2472	S8153	YD1-1768	普通野生稻	中国（惠来）	倾斜	10.23	1.30		中抗	抗						
2473	S8158	YD1-1770	普通野生稻	中国（惠来）	倾斜	10.23	1.35	感	感	抗						
2474	S8167	YD1-1785	普通野生稻	中国（普宁）	直立	10.03	1.60	感	感							抗
2475	S9017	YD1-1800	普通野生稻	中国（清远）	倾斜	9.26	2.00	感	抗					抗		
2476	S9028	YD1-1817	普通野生稻	中国（佛冈）	半直立	9.29	2.00	感	中感					抗		
2477	GX0015	YD2-0015	普通野生稻	中国（合浦）	匍匐	10.12	1.56	抗								
2478	GX0019	YD2-0019	普通野生稻	中国（合浦）	匍匐	10.17	1.74	抗								
2479	GX0024	YD2-0024	普通野生稻	中国（合浦）	匍匐	10.01	1.46	抗								
2480	GX0025	YD2-0025	普通野生稻	中国（合浦）	匍匐	10.08	1.46	抗								
2481	GX0027	YD2-0027	普通野生稻	中国（合浦）	匍匐	10.02	1.56	抗								
2482	GX0028	YD2-0028	普通野生稻	中国（合浦）	匍匐	10.08	1.45	抗								
2483	GX0031	YD2-0031	普通野生稻	中国（合浦）	匍匐	10.08	1.45	抗								
2484	GX0033	YD2-0033	普通野生稻	中国（合浦）	匍匐	10.10	1.55	抗								
2485	GX0035	YD2-0035	普通野生稻	中国（合浦）	匍匐	10.13	1.41	抗								
2486	GX0037	YD2-0037	普通野生稻	中国（合浦）	匍匐	10.01	1.54	抗								
2487	GX0045	YD2-0045	普通野生稻	中国（合浦）	匍匐	10.12	1.61	抗								
2488	GX0046	YD2-0046	普通野生稻	中国（合浦）	匍匐	10.15	1.60	抗								
2489	GX0053	YD2-0053	普通野生稻	中国（合浦）	匍匐	10.02	1.62	抗								

续表

序号	单位保存号	全国统一号	种名	原产地	生长习性	始穗期（月.日）	百粒重（g）	稻瘟病	白叶枯病	纹枯病	细菌性条斑病	黄矮病	褐稻虱	白背飞虱	稻瘿蚊	三化螟
2490	GX0059	YD2-0059	普通野生稻	中国（合浦）	倾斜	10.08	1.70	抗								
2491	GX0065	YD2-0064	普通野生稻	中国（合浦）	倾斜	10.03	1.60	抗								
2492	GX0081	YD2-0080	普通野生稻	中国（防城港）	匍匐	10.06	1.78	抗								
2493	GX0089	YD2-0088	普通野生稻	中国（防城港）	匍匐	10.04	1.40	抗								
2494	GX0100	YD2-0099	普通野生稻	中国（防城港）	倾斜	9.30	1.98	抗								
2495	GX0112	YD2-0110	普通野生稻	中国（防城港）	半直立	9.22	2.03	抗								
2496	GX0170	YD2-0167	普通野生稻	中国（博白）	匍匐	10.29	1.61	抗								
2497	GX0196	YD2-0191	普通野生稻	中国（玉林）	匍匐	9.23	2.07	抗								
2498	GX0206	YD2-0201	普通野生稻	中国（玉林）	匍匐	9.29	1.31	中抗	抗							
2499	GX0211	YD2-0206	普通野生稻	中国（玉林）	匍匐	9.27	1.85	抗								
2500	GX0238	YD2-0233	普通野生稻	中国（玉林）	匍匐	10.04	1.63	中抗	抗							
2501	GX0265	YD2-0260	普通野生稻	中国（玉林）	倾斜	10.06	1.85	抗								
2502	GX0280	YD2-0275	普通野生稻	中国（玉林）	倾斜	9.28	1.25	中抗	抗							
2503	GX0283	YD2-0278	普通野生稻	中国（玉林）	倾斜	10.04	1.79	抗								
2504	GX0287	YD2-0282	普通野生稻	中国（玉林）	倾斜	10.02	1.83	抗								
2505	GX0291	YD2-0286	普通野生稻	中国（玉林）	倾斜	9.28	2.06	抗								
2506	GX0317	YD2-0312	普通野生稻	中国（贵港）	匍匐	10.03	2.07	抗								
2507	GX0318	YD2-0313	普通野生稻	中国（贵港）	匍匐	10.07	2.16	中抗	抗							
2508	GX0319	YD2-0314	普通野生稻	中国（贵港）	匍匐	10.01	1.80	中抗	抗							
2509	GX0322	YD2-0317	普通野生稻	中国（贵港）	匍匐	10.07	2.06	中抗	抗							
2510	GX0326	YD2-0321	普通野生稻	中国（贵港）	匍匐	10.09	1.96	中感	抗							
2511	GX0332	YD2-0327	普通野生稻	中国（贵港）	匍匐	10.10	2.14	中感	抗							
2512	GX0334	YD2-0329	普通野生稻	中国（贵港）	匍匐	10.05	1.94	中抗	抗							
2513	GX0344	YD2-0339	普通野生稻	中国（贵港）	匍匐	9.25	1.68	中抗	抗							
2514	GX0350	YD2-0345	普通野生稻	中国（贵港）	匍匐	9.28	2.10	抗								
2515	GX0351	YD2-0346	普通野生稻	中国（贵港）	匍匐	9.29	1.89	抗								
2516	GX0354	YD2-0349	普通野生稻	中国（贵港）	匍匐	9.29	1.53	中抗	抗							
2517	GX0356	YD2-0350	普通野生稻	中国（贵港）	匍匐	9.28	1.49	中抗	抗							
2518	GX0359	YD2-0353	普通野生稻	中国（贵港）	匍匐	9.30	1.92	抗								
2519	GX0380	YD2-0373	普通野生稻	中国（贵港）	倾斜	10.02	1.90	抗								
2520	GX0395	YD2-0386	普通野生稻	中国（贵港）	倾斜	9.26	1.98	抗								
2521	GX0400	YD2-0391	普通野生稻	中国（贵港）	倾斜	9.29	2.40	抗								
2522	GX0420	YD2-0408	普通野生稻	中国（贵港）	倾斜	9.25	1.81	抗								
2523	GX0430	YD2-0417	普通野生稻	中国（贵港）	倾斜	9.26	1.82	抗								
2524	GX0431	YD2-0418	普通野生稻	中国（贵港）	倾斜	9.28	1.89	抗								

续表

序号	单位保存号	全国统一号	种　名	原产地	生长习性	始穗期（月.日）	百粒重（g）	稻瘟病	白叶枯病	纹枯病	细菌性条斑病	黄矮病	褐稻虱	白背飞虱	稻瘿蚊	三化螟
2525	GX0432	YD2-0419	普通野生稻	中国（贵港）	倾斜	9.30	1.85	抗								
2526	GX0435	YD2-0421	普通野生稻	中国（贵港）	倾斜	9.27	1.76	抗								
2527	GX0437	YD2-0423	普通野生稻	中国（贵港）	倾斜	9.20	1.70	抗								
2528	GX0440	YD2-0426	普通野生稻	中国（贵港）	倾斜	9.29	2.02	抗								
2529	GX0442	YD2-0428	普通野生稻	中国（贵港）	倾斜	9.25	1.78	抗								
2530	GX0449	YD2-0435	普通野生稻	中国（贵港）	倾斜	9.28	2.04	抗								
2531	GX0455	YD2-0441	普通野生稻	中国（贵港）	倾斜	10.01	1.83	中抗	抗							
2532	GX0469	YD2-0452	普通野生稻	中国（贵港）	倾斜	9.29	2.02	抗								
2533	GX0470	YD2-0453	普通野生稻	中国（贵港）	倾斜	10.01	1.85	抗								
2534	GX0471	YD2-0454	普通野生稻	中国（贵港）	倾斜	9.28	1.84	抗								
2535	GX0472	YD2-0455	普通野生稻	中国（贵港）	倾斜	9.29	2.01	抗	抗							
2536	GX0473	YD2-0456	普通野生稻	中国（贵港）	倾斜	9.26	1.97	抗								
2537	GX0488	YD2-0471	普通野生稻	中国（贵港）	倾斜	9.28	2.12	中抗						抗		
2538	GX0489	YD2-0472	普通野生稻	中国（贵港）	倾斜	9.24	1.67	抗								
2539	GX0503	YD2-0485	普通野生稻	中国（贵港）	倾斜	9.28	1.85	抗								
2540	GX0506	YD2-0488	普通野生稻	中国（贵港）	倾斜	9.30	1.65	抗								
2541	GX0512	YD2-0494	普通野生稻	中国（贵港）	倾斜	10.01	2.21	抗								
2542	GX0515	YD2-0497	普通野生稻	中国（贵港）	倾斜	10.01	1.95	抗								
2543	GX0516	YD2-0498	普通野生稻	中国（贵港）	倾斜	10.01	2.05	抗								
2544	GX0522	YD2-0504	普通野生稻	中国（贵港）	倾斜	10.01	2.00	抗								
2545	GX0525	YD2-0507	普通野生稻	中国（贵港）	半直立	9.27	2.23	抗								
2546	GX0532	YD2-0513	普通野生稻	中国（贵港）	半直立	9.24	1.73	抗						抗		
2547	GX0533	YD2-0514	普通野生稻	中国（贵港）	半直立	9.23	1.78	抗								
2548	GX0537	YD2-0518	普通野生稻	中国（贵港）	半直立	9.28	2.02	抗								
2549	GX0538	YD2-0519	普通野生稻	中国（贵港）	半直立	10.12	2.32	抗								
2550	GX0560	YD2-0538	普通野生稻	中国（桂平）	匍匐	10.06	2.40	抗								
2551	GX0564	YD2-0542	普通野生稻	中国（桂平）	匍匐	10.05	2.14	抗								
2552	GX0565	YD2-0543	普通野生稻	中国（桂平）	匍匐	10.03	2.02	抗								
2553	GX0570	YD2-0548	普通野生稻	中国（桂平）	匍匐	10.04	2.05	抗								
2554	GX0574	YD2-0552	普通野生稻	中国（桂平）	匍匐	10.03	2.02	抗								
2555	GX0577	YD2-0555	普通野生稻	中国（桂平）	匍匐	10.01	2.31	抗								
2556	GX0578	YD2-0556	普通野生稻	中国（桂平）	匍匐	9.30	1.42	抗								
2557	GX0590	YD2-0568	普通野生稻	中国（桂平）	匍匐	10.09	2.06	抗								
2558	GX0591	YD2-0569	普通野生稻	中国（桂平）	匍匐	10.09	2.02	抗								
2559	GX0593	YD2-0571	普通野生稻	中国（桂平）	匍匐	10.08	2.03	抗								

续表

序号	单位保存号	全国统一号	种　名	原产地	生长习性	始穗期（月.日）	百粒重（g）	稻瘟病	白叶枯病	纹枯病	细菌性条斑病	黄矮病	褐稻虱	白背飞虱	稻瘿蚊	三化螟
2560	GX0594	YD2-0572	普通野生稻	中国（桂平）	匍匐	10.08	2.02	抗								
2561	GX0597	YD2-0575	普通野生稻	中国（桂平）	匍匐	10.08	2.35	抗								
2562	GX0598	YD2-0576	普通野生稻	中国（桂平）	匍匐	10.03	2.32	抗								
2563	GX0600	YD2-0578	普通野生稻	中国（桂平）	匍匐	10.13	2.08	抗								
2564	GX0604	YD2-0582	普通野生稻	中国（桂平）	匍匐	10.12	1.90	抗								
2565	GX0605	YD2-0583	普通野生稻	中国（桂平）	匍匐	10.12	1.93	抗								
2566	GX0609	YD2-0587	普通野生稻	中国（桂平）	匍匐	10.08	2.01	抗								
2567	GX0613	YD2-0591	普通野生稻	中国（桂平）	匍匐	10.08	1.98	抗								
2568	GX0615	YD2-0593	普通野生稻	中国（桂平）	匍匐	10.08	1.62	抗								
2569	GX0618	YD2-0596	普通野生稻	中国（桂平）	匍匐	10.13	1.58	抗								
2570	GX0623	YD2-0601	普通野生稻	中国（桂平）	匍匐	10.02	2.16	中抗	抗							
2571	GX0624	YD2-0602	普通野生稻	中国（桂平）	匍匐	10.02	1.81	抗								
2572	GX0625	YD2-0603	普通野生稻	中国（桂平）	匍匐	10.03	1.91	抗								
2573	GX0637	YD2-0612	普通野生稻	中国（桂平）	倾斜	10.03	2.13	抗								
2574	GX0640	YD2-0615	普通野生稻	中国（桂平）	倾斜	10.02	2.14	抗								
2575	GX0641	YD2-0616	普通野生稻	中国（桂平）	倾斜	10.05	2.44	抗								
2576	GX0643	YD2-0618	普通野生稻	中国（桂平）	倾斜	10.04	2.24	抗								
2577	GX0649	YD2-0624	普通野生稻	中国（桂平）	倾斜	9.30	1.52	感	抗							
2578	GX0662	YD2-0637	普通野生稻	中国（桂平）	倾斜	9.30	1.90	抗								
2579	GX0675	YD2-0648	普通野生稻	中国（平南）	匍匐	9.29	1.70	抗								
2580	GX0676	YD2-0649	普通野生稻	中国（平南）	匍匐	9.28	2.02	抗								
2581	GX0716	YD2-0684	普通野生稻	中国（横县）	匍匐	10.03	1.87	中抗	抗							
2582	GX0727	YD2-0695	普通野生稻	中国（横县）	匍匐	9.30	1.70	抗								
2583	GX0736	YD2-0704	普通野生稻	中国（横县）	匍匐	10.04	1.38	中抗	高抗							
2584	GX0744	YD2-0712	普通野生稻	中国（横县）	匍匐	9.24	1.90	抗								
2585	GX0746	YD2-0714	普通野生稻	中国（横县）	匍匐	9.24	2.20	抗								
2586	GX0748	YD2-0716	普通野生稻	中国（横县）	匍匐	9.26	1.94	中抗	抗							
2587	GX0783	YD2-0748	普通野生稻	中国（横县）	倾斜	9.26	2.19	抗								
2588	GX0801	YD2-0764	普通野生稻	中国（扶绥）	匍匐	10.06	1.43	中抗	抗							
2589	GX0810	YD2-0771	普通野生稻	中国（崇左）	匍匐	10.12	1.57	抗								
2590	GX0834	YD2-0795	普通野生稻	中国（隆安）	匍匐	10.12	1.66	中抗	抗							
2591	GX0836	YD2-0797	普通野生稻	中国（隆安）	匍匐	9.30	1.87	抗								
2592	GX0837	YD2-0798	普通野生稻	中国（隆安）	匍匐	10.13	1.86	抗								
2593	GX0839	YD2-0800	普通野生稻	中国（隆安）	匍匐	10.08	1.77	抗								
2594	GX0854	YD2-0814	普通野生稻	中国（隆安）	匍匐	10.08	1.47	抗								

续表

序号	单位保存号	全国统一号	种　名	原产地	生长习性	始穗期（月.日）	百粒重（g）	稻瘟病	白叶枯病	纹枯病	细菌性条斑病	黄矮病	褐稻虱	白背飞虱	稻瘿蚊	三化螟
2595	GX0855	YD2-0815	普通野生稻	中国（隆安）	匍匐	10.08	1.45	抗								
2596	GX0881	YD2-0841	普通野生稻	中国（隆安）	倾斜	10.06	1.99	中抗	抗							
2597	GX0897	YD2-0854	普通野生稻	中国（隆安）	倾斜	10.13	1.80	抗								
2598	GX0898	YD2-0855	普通野生稻	中国（隆安）	倾斜	10.13	1.93	抗								
2599	GX0899	YD2-0856	普通野生稻	中国（隆安）	倾斜	10.03	1.86	抗								
2600	GX0900	YD2-0857	普通野生稻	中国（隆安）	倾斜	10.13	1.80	抗								
2601	GX0916	YD2-0869	普通野生稻	中国（宾阳）	匍匐	9.29	1.36	中感							中抗	
2602	GX0934	YD2-0887	普通野生稻	中国（宾阳）	匍匐	10.01	1.85	抗								
2603	GX0954	YD2-0907	普通野生稻	中国（宾阳）	匍匐	10.03	1.54	抗								
2604	GX1007	YD2-0958	普通野生稻	中国（上林）	匍匐	9.28	1.51	抗								
2605	GX1053	YD2-1003	普通野生稻	中国（田东）	倾斜	10.15	1.90	抗								
2606	GX1054	YD2-1004	普通野生稻	中国（田东）	倾斜	10.10	1.92	抗								
2607	GX1065	YD2-1015	普通野生稻	中国（藤县）	匍匐	10.12	2.10	抗								
2608	GX1066	YD2-1016	普通野生稻	中国（藤县）	匍匐	10.03	2.01	抗								
2609	GX1071	YD2-1021	普通野生稻	中国（藤县）	匍匐	10.06	2.00	抗								
2610	GX1217	YD2-1149	普通野生稻	中国（来宾）	匍匐	10.12	2.18	中感	抗							
2611	GX1218	YD2-1150	普通野生稻	中国（来宾）	匍匐	10.06	2.21	感	抗							
2612	GX1230	YD2-1162	普通野生稻	中国（来宾）	匍匐	10.02	2.15	中感	抗							
2613	GX1233	YD2-1165	普通野生稻	中国（来宾）	匍匐	10.01	2.03	中感	抗							
2614	GX1235	YD2-1167	普通野生稻	中国（来宾）	匍匐	10.01	2.05	中感	抗							
2615	GX1264	YD2-1196	普通野生稻	中国（来宾）	匍匐	10.06	1.80	中抗	抗							
2616	GX1281	YD2-1213	普通野生稻	中国（来宾）	匍匐	10.01	1.70	中抗	抗							
2617	GX1282	YD2-1214	普通野生稻	中国（来宾）	匍匐	10.03	2.07	中抗	高抗							
2618	GX1286	YD2-1218	普通野生稻	中国（来宾）	匍匐	9.29	1.92	抗								
2619	GX1303	YD2-1235	普通野生稻	中国（来宾）	匍匐	10.08	2.20	感	抗							
2620	GX1308	YD2-1240	普通野生稻	中国（来宾）	匍匐	10.27	2.20	中抗	抗							
2621	GX1340	YD2-1269	普通野生稻	中国（来宾）	倾斜	9.28	2.24	抗								
2622	GX1386	YD2-1314	普通野生稻	中国（来宾）	倾斜	10.02	2.41	抗								
2623	GX1388	YD2-1316	普通野生稻	中国（来宾）	倾斜	9.28	2.30	抗								
2624	GX1414	YD2-1341	普通野生稻	中国（来宾）	半直立	10.04	2.60	抗								
2625	GX1433	YD2-1360	普通野生稻	中国（来宾）	半直立	10.20	2.09	抗								
2626	GX1449	YD2-1373	普通野生稻	中国（象州）	匍匐	9.24	1.93	中抗	中抗						中抗	
2627	GX1486	YD2-1406	普通野生稻	中国（象州）	倾斜	9.28	2.05	抗								
2628	GX1487	YD2-1407	普通野生稻	中国（象州）	倾斜	9.28	2.24	抗								
2629	GX1491	YD2-1411	普通野生稻	中国（象州）	倾斜	10.03	2.02	抗								

续表

序号	单位保存号	全国统一号	种名	原产地	生长习性	始穗期（月.日）	百粒重（g）	稻瘟病	白叶枯病	纹枯病	细菌性条斑病	黄矮病	褐稻虱	白背飞虱	稻瘿蚊	三化螟
2630	GX1536	YD2-1449	普通野生稻	中国（武宣）	匍匐	10.03	1.95	抗								
2631	GX1559	YD2-1470	普通野生稻	中国（武宣）	倾斜	10.05	2.04	中抗	抗							
2632	GX1594	YD2-1504	普通野生稻	中国（永福）	倾斜	10.02	1.40	中抗	抗							
2633	GX1608	YD2-1518	普通野生稻	中国（荔浦）	匍匐	10.06	2.13	中抗	抗							
2634	GX1626	YD2-1536	普通野生稻	中国（临桂）	匍匐	10.13	2.12	中抗							抗	
2635	GX1636	YD2-1546	普通野生稻	中国（临桂）	匍匐	9.29	2.33	中抗	抗							
2636	GX1641	YD2-1551	普通野生稻	中国（桂林）	匍匐	9.30	1.81	抗								
2637	GX1652	YD2-1562	普通野生稻	中国（桂林）	匍匐	10.11	1.55	抗								
2638	GX1671	YD2-1581	普通野生稻	中国（罗城）	匍匐	10.04	1.60	中抗	抗							
2639	GX1682	YD2-1592	药用野生稻	中国（灵山）	倾斜	9.26	0.92	感					抗	免疫		
2640	GX1683	YD2-1593	药用野生稻	中国（灵山）	倾斜	9.26	0.93	中感					抗	免疫		
2641	GX1684	YD2-1594	药用野生稻	中国（灵山）	倾斜	9.30	0.93	抗					高抗	免疫		
2642	GX1685	YD2-1595	药用野生稻	中国（邕宁）	倾斜	10.08	0.79	中感					抗	免疫		
2643	GX1686	YD2-1596	药用野生稻	中国（邕宁）	倾斜	10.01	0.85	中感					抗	免疫		
2644	GX1687	YD2-1597	药用野生稻	中国（邕宁）	倾斜	10.05	0.82	中感					高抗	中抗		
2645	GX1689	YD2-1599	药用野生稻	中国（横县）	倾斜	10.02	0.82	中感					中抗	抗		
2646	GX1690	YD2-1600	药用野生稻	中国（横县）	倾斜	10.02	0.82	中感					中抗	抗		
2647	GX1691	YD2-1601	药用野生稻	中国（横县）	倾斜	9.30	0.79	中感					抗	抗		
2648	GX1692	YD2-1602	药用野生稻	中国（横县）	倾斜	10.03	0.87	中感					抗	中抗		
2649	GX1693	YD2-1603	药用野生稻	中国（横县）	倾斜	10.02	0.91	中抗					抗	高抗		
2650	GX1694	YD2-1604	药用野生稻	中国（横县）	倾斜	10.02	0.85	中抗					抗	中抗		
2651	GX1695	YD2-1605	药用野生稻	中国（横县）	倾斜	10.01	0.91	抗					抗	抗		
2652	GX1696	YD2-1606	药用野生稻	中国（横县）	倾斜	10.03	0.86	中感					抗	高抗		
2653	GX1697	YD2-1607	药用野生稻	中国（横县）	倾斜	10.01	0.85	抗					抗	抗		
2654	GX1698	YD2-1608	药用野生稻	中国（横县）	倾斜	10.01	0.86	抗					高抗	免抗		
2655	GX1699	YD2-1609	药用野生稻	中国（横县）	倾斜	10.01	0.86	中感					高抗	免抗		
2656	GX1700	YD2-1610	药用野生稻	中国（横县）	倾斜	10.05	0.79	中感					抗	抗		
2657	GX1701	YD2-1611	药用野生稻	中国（横县）	倾斜	10.02	0.80	抗					高抗	中抗		
2658	GX1702	YD2-1612	药用野生稻	中国（横县）	倾斜	10.09	0.86	抗					高抗	中抗		
2659	GX1703	YD2-1613	药用野生稻	中国（横县）	倾斜	10.04	0.93	中感					高抗	高抗		
2660	GX1704	YD2-1614	药用野生稻	中国（横县）	倾斜	10.04	0.89	中感					抗	抗		
2661	GX1705	YD2-1615	药用野生稻	中国（横县）	倾斜	9.30	0.86	感					抗	中抗		
2662	GX1706	YD2-1616	药用野生稻	中国（横县）	倾斜	10.02	0.90	中感					高抗	中抗		
2663	GX1707	YD2-1617	药用野生稻	中国（玉林）	倾斜	10.07	0.87	中感					高抗	高抗		
2664	GX1708	YD2-1618	药用野生稻	中国（玉林）	倾斜	10.11	0.79	抗					高抗	抗		

续表

序号	单位保存号	全国统一号	种名	原产地	生长习性	始穗期（月.日）	百粒重（g）	稻瘟病	白叶枯病	纹枯病	细菌性条斑病	黄矮病	褐稻虱	白背飞虱	稻瘿蚊	三化螟
2665	GX1709	YD2-1619	药用野生稻	中国（玉林）	倾斜	10.09	0.74	中感					抗	中抗		
2666	GX1710	YD2-1620	药用野生稻	中国（玉林）	倾斜	10.14	0.76	中感					抗			
2667	GX1711	YD2-1621	药用野生稻	中国（玉林）	倾斜	10.14	0.78	中感					抗	抗		
2668	GX1712	YD2-1622	药用野生稻	中国（玉林）	倾斜	9.28	0.80	抗					抗	抗		
2669	GX1713	YD2-1623	药用野生稻	中国（玉林）	倾斜	10.06	0.81	抗					高抗	抗		
2670	GX1714	YD2-1624	药用野生稻	中国（玉林）	倾斜	10.16	0.80	中抗					高抗	抗		
2671	GX1715	YD2-1625	药用野生稻	中国（玉林）	倾斜	9.29	0.77	中感					抗	抗		
2672	GX1716	YD2-1626	药用野生稻	中国（玉林）	倾斜	10.01	0.77	中抗					抗	抗		
2673	GX1717	YD2-1627	药用野生稻	中国（玉林）	倾斜	10.16	0.87	抗					抗	中抗		
2674	GX1718	YD2-1628	药用野生稻	中国（玉林）	倾斜	10.03	0.74	中抗					抗	中抗		
2675	GX1720	YD2-1630	药用野生稻	中国（玉林）	倾斜	10.06	0.77	中抗					高抗	抗		
2676	GX1721	YD2-1631	药用野生稻	中国（玉林）	倾斜	10.06	0.83	中感					抗	抗		
2677	GX1722	YD2-1632	药用野生稻	中国（北流）	倾斜	10.05	0.92	抗					高抗	高抗		
2678	GX1723	YD2-1633	药用野生稻	中国（北流）	倾斜	10.06	0.92	抗					高抗	高抗		
2679	GX1724	YD2-1634	药用野生稻	中国（北流）	倾斜	10.04	0.79	抗					抗	高抗		
2680	GX1725	YD2-1635	药用野生稻	中国（北流）	倾斜	10.04	0.92	抗					抗	高抗		
2681	GX1726	YD2-1636	药用野生稻	中国（北流）	倾斜	10.04	0.88	抗					中抗	高抗		
2682	GX1727	YD2-1637	药用野生稻	中国（容县）	倾斜	9.30	0.87	中感					中抗	高抗		
2683	GX1728	YD2-1638	药用野生稻	中国（容县）	倾斜	9.30	0.85	中感					中抗	高抗		
2684	GX1729	YD2-1639	药用野生稻	中国（容县）	倾斜	9.29	0.89	中感					感	抗		
2685	GX1730	YD2-1640	药用野生稻	中国（容县）	倾斜	10.02	0.89	中感					抗	高抗		
2686	GX1731	YD2-1641	药用野生稻	中国（容县）	倾斜	10.07	0.90	中感					抗	免疫		
2687	GX1732	YD2-1642	药用野生稻	中国（容县）	倾斜	9.30	0.83	中感					抗	免疫		
2688	GX1733	YD2-1643	药用野生稻	中国（容县）	倾斜	10.06	0.88	中感					抗	免疫		
2689	GX1734	YD2-1644	药用野生稻	中国（贵港）	倾斜	10.06	0.84	中感					抗	高抗		
2690	GX1735	YD2-1645	药用野生稻	中国（桂平）	倾斜	10.07	0.89	中感					中抗	高抗		
2691	GX1736	YD2-1646	药用野生稻	中国（桂平）	倾斜	10.06	0.87	中感					高抗	抗		
2692	GX1737	YD2-1647	药用野生稻	中国（桂平）	倾斜	10.04	0.91	抗					抗	抗		
2693	GX1738	YD2-1648	药用野生稻	中国（桂平）	倾斜	10.05	0.75	抗					抗	抗		
2694	GX1739	YD2-1649	药用野生稻	中国（桂平）	倾斜	10.02	0.87	抗					高抗	抗		
2695	GX1740	YD2-1650	药用野生稻	中国（桂平）	倾斜	9.29	0.85	中抗					高抗	抗		
2696	GX1741	YD2-1651	药用野生稻	中国（桂平）	倾斜	9.29	0.84	抗					高抗	抗		
2697	GX1742	YD2-1652	药用野生稻	中国（桂平）	倾斜	10.06	0.74	抗					高抗	高抗		
2698	GX1743	YD2-1653	药用野生稻	中国（桂平）	倾斜	10.08	0.80	中抗					抗	抗		
2699	GX1744	YD2-1654	药用野生稻	中国（桂平）	倾斜	10.08	0.88	中感					高抗	高抗		

续表

序号	单位保存号	全国统一号	种名	原产地	生长习性	始穗期（月.日）	百粒重（g）	稻瘟病	白叶枯病	纹枯病	细菌性条斑病	黄矮病	褐稻虱	白背飞虱	稻瘿蚊	三化螟
2700	GX1745	YD2-1655	药用野生稻	中国（桂平）	倾斜	9.28	0.76	中感					高抗	高抗		
2701	GX1746	YD2-1656	药用野生稻	中国（桂平）	倾斜	10.03	0.79	中感					高抗	抗		
2702	GX1747	YD2-1657	药用野生稻	中国（桂平）	倾斜	10.06	0.82	中感					抗	抗		
2703	GX1748	YD2-1658	药用野生稻	中国（桂平）	倾斜	10.04	0.76	感					高抗	抗		
2704	GX1749	YD2-1659	药用野生稻	中国（桂平）	倾斜	10.03	0.87	感					高抗	抗		
2705	GX1750	YD2-1660	药用野生稻	中国（桂平）	倾斜	10.04	0.78	中感					高抗	高抗		
2706	GX1751	YD2-1661	药用野生稻	中国（平南）	倾斜	10.05	0.76	抗					高抗	高抗		
2707	GX1753	YD2-1663	药用野生稻	中国（平南）	倾斜	10.06	0.74	中感					抗	高抗		
2708	GX1754	YD2-1664	药用野生稻	中国（平南）	倾斜	10.04	0.74	抗					抗	高抗		
2709	GX1755	YD2-1665	药用野生稻	中国（平南）	倾斜	10.02	0.74	中感					免疫	抗		
2710	GX1756	YD2-1666	药用野生稻	中国（岑溪）	倾斜	9.29	0.83	中感					高抗	高抗		
2711	GX1757	YD2-1667	药用野生稻	中国（岑溪）	倾斜	10.01	0.82	中感					高抗	高抗		
2712	GX1758	YD2-1668	药用野生稻	中国（岑溪）	倾斜	9.29	0.82	中感					抗	抗		
2713	GX1759	YD2-1669	药用野生稻	中国（岑溪）	倾斜	9.30	0.81	中感					抗	抗		
2714	GX1760	YD2-1670	药用野生稻	中国（岑溪）	倾斜	9.29	0.81	中感					抗	高抗		
2715	GX1761	YD2-1671	药用野生稻	中国（岑溪）	倾斜	10.03	0.83	抗					抗	免疫		
2716	GX1762	YD2-1672	药用野生稻	中国（岑溪）	倾斜	10.06	0.80	中抗					抗	高抗		
2717	GX1763	YD2-1673	药用野生稻	中国（岑溪）	倾斜	10.01	0.87	中抗					抗	免疫		
2718	GX1764	YD2-1674	药用野生稻	中国（岑溪）	倾斜	10.13	0.91	中抗					抗	免疫		
2719	GX1765	YD2-1675	药用野生稻	中国（岑溪）	倾斜	10.11	0.89	中抗					高抗	免疫		
2720	GX1766	YD2-1676	药用野生稻	中国（岑溪）	倾斜	9.29	0.78	抗					抗	高抗		
2721	GX1767	YD2-1677	药用野生稻	中国（藤县）	倾斜	10.07	0.89	抗					高抗	抗		
2722	GX1768	YD2-1678	药用野生稻	中国（藤县）	倾斜	10.07	0.88	中感					高抗	抗		
2723	GX1769	YD2-1679	药用野生稻	中国（藤县）	倾斜	10.05	0.91	中感					高抗	抗		
2724	GX1770	YD2-1680	药用野生稻	中国（藤县）	倾斜	10.05	0.89	抗					抗	中抗		
2725	GX1771	YD2-1681	药用野生稻	中国（藤县）	倾斜	10.04	0.88	抗					高抗	高抗		
2726	GX1772	YD2-1682	药用野生稻	中国（藤县）	倾斜	10.05	0.90	抗					抗	高抗		
2727	GX1773	YD2-1683	药用野生稻	中国（藤县）	倾斜	10.04	0.91	中感					高抗	高抗		
2728	GX1774	YD2-1684	药用野生稻	中国（藤县）	倾斜	9.29	0.84	中感					抗	免疫		
2729	GX1775	YD2-1685	药用野生稻	中国（藤县）	倾斜	10.03	0.84	中感	抗				抗	免疫		
2730	GX1776	YD2-1686	药用野生稻	中国（藤县）	倾斜	10.07	0.90	中感					高抗	免疫		
2731	GX1777	YD2-1687	药用野生稻	中国（藤县）	倾斜	10.05	0.85	中感					中抗	高抗		
2732	GX1778	YD2-1688	药用野生稻	中国（藤县）	倾斜	10.07	0.81	中感					抗	抗		
2733	GX1779	YD2-1689	药用野生稻	中国（藤县）	倾斜	10.01	0.85	中感					抗	抗		
2734	GX1780	YD2-1690	药用野生稻	中国（藤县）	倾斜	10.12	0.88	中感					抗	抗		

续表

序号	单位保存号	全国统一号	种名	原产地	生长习性	始穗期（月.日）	百粒重（g）	稻瘟病	白叶枯病	纹枯病	细菌性条斑病	黄矮病	褐稻虱	白背飞虱	稻瘿蚊	三化螟
2735	GX1781	YD2-1691	药用野生稻	中国（藤县）	倾斜	10.06	0.86	抗					高抗	高抗		
2736	GX1782	YD2-1692	药用野生稻	中国（藤县）	倾斜	10.05	0.79	中抗					抗	免疫		
2737	GX1783	YD2-1693	药用野生稻	中国（藤县）	倾斜	10.15	0.85	中感					抗	高抗		
2738	GX1784	YD2-1694	药用野生稻	中国（藤县）	倾斜	10.18	0.85	中感					免疫	免疫		
2739	GX1785	YD2-1695	药用野生稻	中国（藤县）	倾斜	9.29	0.77	中感					高抗	免疫		
2740	GX1786	YD2-1696	药用野生稻	中国（藤县）	倾斜	9.30	0.90	中感					抗	免疫		
2741	GX1787	YD2-1697	药用野生稻	中国（藤县）	倾斜	10.03	0.81	抗					高抗	免疫		
2742	GX1788	YD2-1698	药用野生稻	中国（藤县）	倾斜	10.02	0.80	感					抗	免疫		
2743	GX1789	YD2-1699	药用野生稻	中国（苍梧）	倾斜	9.29	0.83	感					高抗	高抗		
2744	GX1790	YD2-1700	药用野生稻	中国（苍梧）	倾斜	9.29	0.76	中感					高抗	高抗		
2745	GX1791	YD2-1701	药用野生稻	中国（苍梧）	倾斜	9.29	0.89	中感					高抗	免疫		
2746	GX1792	YD2-1702	药用野生稻	中国（苍梧）	倾斜	10.05	0.80	中感	抗				高抗	免疫		
2747	GX1793	YD2-1703	药用野生稻	中国（苍梧）	倾斜	9.27	0.80	中感	抗				高抗	免疫		
2748	GX1794	YD2-1704	药用野生稻	中国（苍梧）	倾斜	10.01	0.76	抗					抗	免疫		
2749	GX1795	YD2-1705	药用野生稻	中国（苍梧）	倾斜	9.26	0.80	中感					高抗	抗		
2750	GX1796	YD2-1706	药用野生稻	中国（苍梧）	倾斜	9.25	0.78	中感					高抗	抗		
2751	GX1797	YD2-1707	药用野生稻	中国（苍梧）	倾斜	9.30	0.85	中感					抗	高抗		
2752	GX1798	YD2-1708	药用野生稻	中国（苍梧）	倾斜	10.01	0.77	中感					抗	高抗		
2753	GX1799	YD2-1709	药用野生稻	中国（苍梧）	倾斜	9.30	0.76	中感					抗	高抗		
2754	GX1800	YD2-1710	药用野生稻	中国（苍梧）	倾斜	9.30	0.78	中感					高抗	高抗		
2755	GX1801	YD2-1711	药用野生稻	中国（苍梧）	倾斜	10.01	0.74	中感					高抗	高抗		
2756	GX1802	YD2-1712	药用野生稻	中国（苍梧）	倾斜	9.28	0.78	中感					高抗	免疫		
2757	GX1803	YD2-1713	药用野生稻	中国（苍梧）	倾斜	10.02	0.81	中感					高抗	免疫		
2758	GX1804	YD2-1714	药用野生稻	中国（苍梧）	倾斜	9.26	0.77	中感					抗	免疫		
2759	GX1805	YD2-1715	药用野生稻	中国（苍梧）	倾斜	9.28	0.76	中感					高抗	高抗		
2760	GX1806	YD2-1716	药用野生稻	中国（苍梧）	倾斜	9.30	0.76	中感					抗	高抗		
2761	GX1807	YD2-1717	药用野生稻	中国（苍梧）	倾斜	10.03	0.87	中感					高抗	高抗		
2762	GX1808	YD2-1718	药用野生稻	中国（苍梧）	倾斜	9.28	0.80	中感					抗	高抗		
2763	GX1809	YD2-1719	药用野生稻	中国（苍梧）	倾斜	10.03	0.83	中感	抗				高抗	高抗		
2764	GX1810	YD2-1720	药用野生稻	中国（苍梧）	倾斜	10.02	0.94	中抗					高抗	高抗		
2765	GX1811	YD2-1721	药用野生稻	中国（苍梧）	倾斜	10.05	0.81	中抗	抗				抗	高抗		
2766	GX1812	YD2-1722	药用野生稻	中国（苍梧）	倾斜	9.30	0.93	中感					抗	免疫		
2767	GX1813	YD2-1723	药用野生稻	中国（苍梧）	倾斜	9.28	0.88	中感					抗	高抗		
2768	GX1814	YD2-1724	药用野生稻	中国（苍梧）	倾斜	10.05	0.86	中感					高抗	高抗		
2769	GX1815	YD2-1725	药用野生稻	中国（苍梧）	倾斜	9.29	0.86	中感					抗	高抗		

续表

序号	单位保存号	全国统一号	种名	原产地	生长习性	始穗期（月.日）	百粒重（g）	稻瘟病	白叶枯病	纹枯病	细菌性条斑病	黄矮病	褐稻虱	白背飞虱	稻瘿蚊	三化螟
2770	GX1816	YD2-1726	药用野生稻	中国（苍梧）	倾斜	10.01	0.86	中感					抗	高抗		
2771	GX1817	YD2-1727	药用野生稻	中国（苍梧）	倾斜	9.30	0.79	中感					抗	高抗		
2772	GX1818	YD2-1728	药用野生稻	中国（苍梧）	倾斜	10.05	0.95	中感					高抗	抗		
2773	GX1819	YD2-1729	药用野生稻	中国（苍梧）	倾斜	9.29	0.87	中抗					中抗	抗		
2774	GX1820	YD2-1730	药用野生稻	中国（苍梧）	倾斜	9.29	0.88	中感					高抗	高抗		
2775	GX1821	YD2-1731	药用野生稻	中国（苍梧）	倾斜	10.02	0.80	抗					抗	高抗		
2776	GX1822	YD2-1732	药用野生稻	中国（苍梧）	倾斜	9.28	0.84	抗					高抗	高抗		
2777	GX1823	YD2-1733	药用野生稻	中国（苍梧）	倾斜	10.01	0.83	抗					抗	高抗		
2778	GX1824	YD2-1734	药用野生稻	中国（苍梧）	倾斜	9.30	0.85	抗					抗	免疫		
2779	GX1825	YD2-1735	药用野生稻	中国（苍梧）	倾斜	9.28	0.83	抗					高抗	抗		
2780	GX1826	YD2-1736	药用野生稻	中国（苍梧）	倾斜	10.08	0.93	抗					抗	高抗		
2781	GX1827	YD2-1737	药用野生稻	中国（苍梧）	倾斜	10.08	0.96	抗					高抗	高抗		
2782	GX1828	YD2-1738	药用野生稻	中国（苍梧）	倾斜	10.03	0.82	抗					免疫	高抗		
2783	GX1829	YD2-1739	药用野生稻	中国（苍梧）	倾斜	9.30	0.78	抗					高抗	高抗		
2784	GX1830	YD2-1740	药用野生稻	中国（苍梧）	倾斜	9.29	0.74	抗					抗	高抗		
2785	GX1831	YD2-1741	药用野生稻	中国（苍梧）	倾斜	9.30	0.75	抗					高抗	免疫		
2786	GX1832	YD2-1742	药用野生稻	中国（苍梧）	倾斜	10.07	0.91	感					抗	免疫		
2787	GX1833	YD2-1743	药用野生稻	中国（苍梧）	倾斜	9.25	0.80	中感					抗	高抗		
2788	GX1834	YD2-1744	药用野生稻	中国（苍梧）	倾斜	10.10	0.90	中感					高抗	免疫		
2789	GX1835	YD2-1745	药用野生稻	中国（苍梧）	倾斜	10.08	0.97	中感					抗	抗		
2790	GX1836	YD2-1746	药用野生稻	中国（苍梧）	倾斜	10.04	0.91	中感					抗	抗		
2791	GX1837	YD2-1747	药用野生稻	中国（昭平）	倾斜	10.05	0.88	中感					抗	抗		
2792	GX1838	YD2-1748	药用野生稻	中国（昭平）	倾斜	10.04	0.83	抗					高抗	抗		
2793	GX1839	YD2-1749	药用野生稻	中国（昭平）	倾斜	10.06	0.84	抗					抗	抗		
2794	GX1840	YD2-1750	药用野生稻	中国（贺州）	倾斜	9.28	0.84	中感					高抗	抗		
2795	GX1841	YD2-1751	药用野生稻	中国（贺州）	倾斜	9.29	0.83	中感					高抗	抗		
2796	GX1842	YD2-1752	药用野生稻	中国（贺州）	倾斜	9.28	0.76	中感					抗	抗		
2797	GX1843	YD2-1753	药用野生稻	中国（梧州）	倾斜	10.09	0.83	中感					中抗	抗		
2798	GX1844	YD2-1754	药用野生稻	中国（梧州）	倾斜	10.12	0.86	中感					高抗	抗		
2799	GX1845	YD2-1755	药用野生稻	中国（梧州）	倾斜	10.17	0.80	中感						抗		
2800	GX1846	YD2-1756	药用野生稻	中国（梧州）	倾斜	10.13	0.85	中感					高抗	高抗		
2801	GX1847	YD2-1757	药用野生稻	中国（梧州）	倾斜	10.09	0.85	中感					高抗	抗		
2802	GX1848	YD2-1758	药用野生稻	中国（梧州）	倾斜	10.05	0.77	抗					抗	高抗		
2803	GX1849	YD2-1759	药用野生稻	中国（梧州）	倾斜	10.08	0.77	抗					高抗	抗		
2804	GX1850	YD2-1760	药用野生稻	中国（梧州）	倾斜	10.09	0.83	抗					高抗	抗		

续表

序号	单位保存号	全国统一号	种名	原产地	生长习性	始穗期（月.日）	百粒重（g）	稻瘟病	白叶枯病	纹枯病	细菌性条斑病	黄矮病	褐稻虱	白背飞虱	稻瘿蚊	三化螟
2805	GX1851	YD2-1761	药用野生稻	中国（梧州）	倾斜	10.12	0.80	抗					高抗	抗		
2806	GX1852	YD2-1762	药用野生稻	中国（梧州）	倾斜	10.09	0.84	抗					高抗	抗		
2807	GX1853	YD2-1763	药用野生稻	中国（梧州）	倾斜	10.06	0.83	抗					抗	高抗		
2808	GX1854	YD2-1764	药用野生稻	中国（梧州）	倾斜	10.08	0.85	抗					抗	抗		
2809	GX1855	YD2-1765	药用野生稻	中国（梧州）	倾斜	10.08	0.86	抗					高抗	免疫		
2810	GX1856	YD2-1766	药用野生稻	中国（梧州）	倾斜	10.09	0.88	抗					高抗	免疫		
2811	GX1857	YD2-1767	药用野生稻	中国（梧州）	倾斜	10.15	0.87	抗					高抗	免疫		
2812	GX1858	YD2-1768	药用野生稻	中国（梧州）	倾斜	10.07	0.86	抗					高抗	高抗		
2813	GX1859	YD2-1769	药用野生稻	中国（梧州）	倾斜	10.07	0.86	抗					高抗	高抗		
2814	GX1860	YD2-1770	药用野生稻	中国（梧州）	倾斜	10.08	0.87	抗					高抗	抗		
2815	GX1861	YD2-1771	药用野生稻	中国（梧州）	倾斜	10.09	0.87	抗					抗	抗		
2816	GX1862	YD2-1772	药用野生稻	中国（武宣）	倾斜	9.26	0.84	中感					高抗	抗		
2817	GX1863	YD2-1773	药用野生稻	中国（武宣）	倾斜	10.12	0.91	中感					中抗	抗		
2818	GX1864	YD2-1774	药用野生稻	中国（武宣）	倾斜	10.01	0.80	中感					抗	抗		
2819	GX1865	YD2-1775	药用野生稻	中国（武宣）	倾斜	9.30	0.82	中感					中抗	免疫		
2820	GX1866	YD2-1776	药用野生稻	中国（武宣）	倾斜	10.02	0.88	中感					抗	免疫		
2821	GX1867	YD2-1777	药用野生稻	中国（武宣）	倾斜	9.30	0.86	中感					高抗	免疫		
2822	GX1868	YD2-1778	药用野生稻	中国（武宣）	倾斜	9.29	0.86	中感					抗	免疫		
2823	GX1869	YD2-1779	药用野生稻	中国（武宣）	倾斜	9.29	0.81	中感					感	免疫		
2824	GX1870	YD2-1780	药用野生稻	中国（武宣）	倾斜	10.02	0.78	中感					高感	高抗		
2825	GX1871	YD2-1781	药用野生稻	中国（武宣）	倾斜	9.30	0.81	中感					高抗	抗		
2826	GX1872	YD2-1782	药用野生稻	中国（武宣）	倾斜	9.28	0.82	中感					抗	高抗		
2827	GX1873	YD2-1783	药用野生稻	中国（武宣）	倾斜	9.27	0.84	中感					高抗	高抗		
2828	GX1874	YD2-1784	药用野生稻	中国（武宣）	倾斜	9.30	0.85	中感					高抗	抗		
2829	GX1875	YD2-1785	药用野生稻	中国（武宣）	倾斜	9.28	0.83	中感					高抗	免疫		
2830	GX1876	YD2-1786	药用野生稻	中国（武宣）	倾斜	9.29	0.84	中感					高抗	免疫		
2831	GX1877	YD2-1787	药用野生稻	中国（武宣）	倾斜	9.29	0.83	中感					高抗	高抗		
2832	GX1878	YD2-1788	药用野生稻	中国（武宣）	倾斜	9.28	0.85	中感					抗	抗		
2833	GX1879	YD2-1789	药用野生稻	中国（武宣）	倾斜	9.29	0.85	感					高抗	免疫		
2834	GX1880	YD2-1790	药用野生稻	中国（武宣）	倾斜	9.30	0.89	中感					高抗	高抗		
2835	1-1	YD4-0001	普通野生稻	中国（东乡）	匍匐	9.28	2.50	中感	抗							
2836	30-1	YD4-0006	普通野生稻	中国（东乡）	匍匐	9.23	2.50	中感	抗							
2837	30-3	YD4-0007	普通野生稻	中国（东乡）	匍匐	9.18	2.40	感	抗							
2838	3-6	YD4-0010	普通野生稻	中国（东乡）	倾斜	9.13	2.40	感	抗							
2839	3-1	YD4-0018	普通野生稻	中国（东乡）	半直立	9.18	2.40	中感	高抗							

续表

序号	单位保存号	全国统一号	种名	原产地	生长习性	始穗期（月.日）	百粒重（g）	稻瘟病	白叶枯病	纹枯病	细菌性条斑病	黄矮病	褐稻虱	白背飞虱	稻瘿蚊	三化螟
2840	3-4	YD4-0020	普通野生稻	中国（东乡）	半直立	9.13	2.50	感	高抗							
2841	3-2	YD4-0022	普通野生稻	中国（东乡）	直立	9.14	2.50	感	高抗							
2842	31-2	YD4-0025	普通野生稻	中国（东乡）	直立	9.22	2.40	感	抗							
2843	35-1	YD4-0034	普通野生稻	中国（东乡）	倾斜	9.27	2.20	感	抗							
2844	42-1	YD4-0035	普通野生稻	中国（东乡）	倾斜	9.27	2.20	中感	抗							
2845	35-4	YD4-0039	普通野生稻	中国（东乡）	半直立	9.24	2.10	感	高抗							
2846	32-1	YD4-0043	普通野生稻	中国（东乡）	倾斜	9.11	2.30	中抗	抗							
2847	9-1	YD4-0046	普通野生稻	中国（东乡）	半直立	9.12	2.20	中感	抗							
2848	10-5	YD4-0050	普通野生稻	中国（东乡）	半直立	9.22	2.40	中感	抗							
2849	11-1	YD4-0051	普通野生稻	中国（东乡）	匍匐	10.01	2.10	中感	抗							
2850	11-3	YD4-0054	普通野生稻	中国（东乡）	倾斜	9.27	2.40	中感	抗							
2851	12-2	YD4-0055	普通野生稻	中国（东乡）	倾斜	9.20	2.40	中感	抗							
2852	30-4	YD4-0061	普通野生稻	中国（东乡）	倾斜	9.16	2.15	感	抗							
2853	47-1	YD4-0063	普通野生稻	中国（东乡）	直立	9.20	1.91	感	抗							
2854	8-6	YD4-0074	普通野生稻	中国（东乡）	半直立	9.19	2.31	中抗	抗							
2855	45-2	YD4-0080	普通野生稻	中国（东乡）	半直立	9.19	2.12	感	抗							
2856	45-4	YD4-0081	普通野生稻	中国（东乡）	半直立	9.23	2.15	感	抗							
2857	37-2	YD4-0100	普通野生稻	中国（东乡）	匍匐	9.16	2.00	感	抗							
2858	48-8	YD4-0108	普通野生稻	中国（东乡）	倾斜	10.02	1.91	高感	抗							
2859	45-7	YD4-0123	普通野生稻	中国（东乡）	匍匐	9.20	1.90	中感	抗							
2860	45-32	YD4-0127	普通野生稻	中国（东乡）	倾斜	9.21	1.70	中感	抗							
2861	45-33	YD4-0128	普通野生稻	中国（东乡）	匍匐	9.22	1.91	中感	抗							
2862	46-1	YD4-0129	普通野生稻	中国（东乡）	倾斜	8.30	2.01	感	抗							
2863	46-2	YD4-0130	普通野生稻	中国（东乡）	倾斜	9.10	2.04	高感	抗							
2864	46-3	YD4-0131	普通野生稻	中国（东乡）	倾斜	9.18	1.95	感	抗							
2865	47-6	YD4-0133	普通野生稻	中国（东乡）	直立	10.05	1.88	感	抗							
2866	47-7	YD4-0134	普通野生稻	中国（东乡）	直立	9.23	1.87	中感	抗							
2867	47-26	YD4-0143	普通野生稻	中国（东乡）	匍匐	9.18	1.69	中感	抗							
2868	47-40	YD4-0152	普通野生稻	中国（东乡）	直立	9.20	1.94	感	高抗							
2869	47-44	YD4-0153	普通野生稻	中国（东乡）	直立	9.20	1.78	感	高抗							
2870	47-45	YD4-0154	普通野生稻	中国（东乡）	直立	9.20	1.76	中感	抗							
2871	48-12	YD4-0162	普通野生稻	中国（东乡）	匍匐	9.23	1.75	感	抗							
2872	48-14	YD4-0164	普通野生稻	中国（东乡）	直立	9.25	1.75	感	抗							
2873	48-21	YD4-0170	普通野生稻	中国（东乡）	直立	9.25	1.80	高感	抗							
2874	S1001	YD1-2330	普通野生稻	中国（三亚）	匍匐	8.11			抗							

续表

序号	单位保存号	全国统一号	种　名	原产地	生长习性	始穗期（月.日）	百粒重（g）	稻瘟病	白叶枯病	纹枯病	细菌性条斑病	黄矮病	褐稻虱	白背飞虱	稻瘿蚊	三化螟
2875	S1005	YD1-2331	普通野生稻	中国（三亚）	匍匐	9.24	1.30	感	抗							
2876	S1011	YD1-2334	普通野生稻	中国（三亚）	匍匐	10.27	1.50	免疫	高抗							
2877	S1013	YD1-2335	普通野生稻	中国（三亚）	匍匐	11.12		免疫	感							
2878	S1002	YD1-2336	普通野生稻	中国（三亚）	倾斜	11.26		抗								
2879	S1042	YD1-2347	普通野生稻	中国（乐东）	匍匐	11.17	1.70	免疫	抗							
2880	S1045	YD1-2350	普通野生稻	中国（乐东）	匍匐	11.03		高抗	中抗							
2881	S1082	YD1-2365	普通野生稻	中国（万宁）	匍匐	10.20			高抗							
2882	S1108	YD1-2385	普通野生稻	中国（儋州）	匍匐	10.14	1.40	免疫	中抗							
2883	S1117	YD1-2386	普通野生稻	中国（临高）	匍匐	11.15		免疫	中抗							
2884	S1118	YD1-2387	普通野生稻	中国（临高）	匍匐	11.15	1.60	免疫	中抗							
2885	S1125	YD1-2388	普通野生稻	中国（临高）	匍匐	10.30		感	抗							
2886	S1131	YD1-2392	普通野生稻	中国（临高）	匍匐	10.10	1.45	免疫	中抗							
2887	S1112	YD1-2395	普通野生稻	中国（临高）	直立	10.07			中抗						抗	
2888	S1153	YD1-2400	普通野生稻	中国（琼山）	匍匐	10.19	2.00	中抗	高抗							
2889	S1157	YD1-2403	普通野生稻	中国（琼山）	匍匐	10.26		免疫	中感							
2890	S1161	YD1-2407	普通野生稻	中国（琼山）	匍匐	12.04			抗							
2891	S1166	YD1-2409	普通野生稻	中国（琼山）	匍匐	11.03			中感						抗	
2892	S1168	YD1-2411	普通野生稻	中国（琼山）	匍匐	11.18		高抗	中抗							
2893	S1192	YD1-2427	普通野生稻	中国（文昌）	匍匐	10.08	1.50	感	中感						抗	
2894	S1224	YD1-2442	普通野生稻	中国（海口）	匍匐	10.08	1.50		抗							
2895	S1206	YD1-2443	普通野生稻	中国（海口）	倾斜	12.03	1.50		抗							
2896	S2038	YD1-2455	普通野生稻	中国（湛江）	匍匐	11.01	1.30		抗							
2897	S2029	YD1-2458	普通野生稻	中国（湛江）	倾斜	10.18	1.40		抗							
2898	S2099	YD1-2474	普通野生稻	中国（遂溪）	半直立	11.01			抗							
2899	S2122	YD1-2476	普通野生稻	中国（遂溪）	半直立	10.10	1.50	免疫	中感							
2900	S2139	YD1-2480	普通野生稻	中国（遂溪）	直立	10.07	1.40		抗							
2901	S2154	YD1-2481	普通野生稻	中国（电白）	匍匐	11.24	1.34	中感	抗							
2902	S2146	YD1-2486	普通野生稻	中国（电白）	半直立	9.26	1.50		抗							
2903	X2159	YD1-2489	普通野生稻	中国（电白）	半直立	10.07	1.30	中抗	高抗							
2904	S2165	YD1-2494	普通野生稻	中国（廉江）	倾斜	10.07	1.40		抗							
2905	S2164	YD1-2495	普通野生稻	中国（廉江）	半直立	10.18	1.40		抗							
2906	S2166	YD1-2496	普通野生稻	中国（廉江）	半直立	10.05	1.50		抗							
2907	S2170	YD1-2498	普通野生稻	中国（廉江）	直立	10.18	1.60	中感	中感						抗	
2908	S2195	YD1-2501	普通野生稻	中国（茂名）	匍匐	10.07	1.50	中抗	中抗		抗					抗
2909	S3020	YD1-2523	普通野生稻	中国（恩平）	匍匐	9.23	2.80		抗							
2910	S3045	YD1-2537	普通野生稻	中国（恩平）	半直立	9.26	2.20	中感	抗							

续表

序号	单位保存号	全国统一号	种名	原产地	生长习性	始穗期（月.日）	百粒重（g）	稻瘟病	白叶枯病	纹枯病	细菌性条斑病	黄矮病	褐稻虱	白背飞虱	稻瘿蚊	三化螟
2911	S3192	YD1-2541	普通野生稻	中国（台山）	匍匐	9.22	1.80		抗							
2912	S3184	YD1-2547	普通野生稻	中国（台山）	直立	9.29	1.30	中感	抗							
2913	S3296	YD1-2551	普通野生稻	中国（开平）	匍匐	9.27	1.40		抗							
2914	S3308	YD1-2552	普通野生稻	中国（开平）	匍匐	9.23	1.60	中感	抗							
2915	S3331	YD1-2559	普通野生稻	中国（开平）	匍匐	10.11	1.40		抗							
2916	S3375	YD1-2570	普通野生稻	中国（高明）	倾斜	9.26	1.50		抗							
2917	S3413	YD1-2572	普通野生稻	中国（南海）	倾斜	9.26	1.40	中抗	抗							
2918	S3418	YD1-2578	普通野生稻	中国（南海）	半直立	9.26	1.70	中感	感		抗					
2919	S3450	YD1-2583	普通野生稻	中国（三水）	匍匐	9.15	1.50	感	抗							
2920	S5010	YD1-2614	普通野生稻	中国（四会）	匍匐	9.29	1.54	免疫	中感							
2921	S6008	YD1-2622	普通野生稻	中国（广州）	匍匐	9.22	1.50	中感	抗							
2922	S6018	YD1-2625	普通野生稻	中国（广州）	匍匐	9.23	1.60		抗							
2923	S6090	YD1-2628	普通野生稻	中国（广州）	匍匐	10.10	1.80	免疫	中感							
2924	S6102	YD1-2629	普通野生稻	中国（广州）	匍匐	9.29	1.60	感	抗							
2925	S6127	YD1-2632	普通野生稻	中国（广州）	匍匐	10.20	2.00	中感	抗							
2926	S6158	YD1-2637	普通野生稻	中国（广州）	匍匐	10.04	1.80	抗	中抗							
2927	S6161	YD1-2638	普通野生稻	中国（广州）	匍匐	9.25	1.50		抗							
2928	S6165	YD1-2639	普通野生稻	中国（广州）	匍匐	9.23	1.40	免疫	抗							
2929	S6173	YD1-2641	普通野生稻	中国（广州）	匍匐	9.26	1.82	中感	抗							
2930	S6186	YD1-2642	普通野生稻	中国（广州）	匍匐	9.20	1.86	中感	抗							
2931	S6194	YD1-2644	普通野生稻	中国（广州）	匍匐	10.05	1.75		抗							
2932	S7016	YD1-2696	普通野生稻	中国（东莞）	匍匐	10.02	1.60		抗							
2933	S7072	YD1-2697	普通野生稻	中国（惠州）	匍匐	10.03	1.75	免疫	中抗							
2934	S7394	YD1-2716	普通野生稻	中国（惠东）	匍匐	9.12	2.00	感	抗							
2935	S7535	YD1-2727	普通野生稻	中国（博罗）	匍匐	10.04	1.55	中感					抗			
2936	S7536	YD1-2728	普通野生稻	中国（博罗）	匍匐	9.22	1.60	中感					抗			
2937	S7591	YD1-2767	普通野生稻	中国（紫金）	匍匐	9.17	1.50	中抗	抗							
2938	S7600	YD1-2774	普通野生稻	中国（紫金）	倾斜	10.07	2.00	中抗	抗							
2939	S8015	YD1-2775	普通野生稻	中国（海丰）	匍匐	9.29	2.00		抗							
2940	S8149	YD1-2793	普通野生稻	中国（惠来）	倾斜	11.13	1.40		抗							
2941	S9004	YD1-2795	普通野生稻	中国（清远）	倾斜	9.29	1.80	中感	感					抗		
2942	S9077	YD1-2831	普通野生稻	中国（曲江）	倾斜	9.19	2.00		抗							
2943	S9080	YD1-2832	普通野生稻	中国（仁化）	半直立	9.19	1.50	高感	抗							
2944	45-28	YD4-0175	普通野生稻	中国（东乡）	匍匐	9.23	1.88	感	抗							
2945	48-8	YD4-0192	普通野生稻	中国（东乡）	倾斜	10.02	1.91	高感	抗							
2946	44-3	YD4-0195	普通野生稻	中国（东乡）	半直立	9.12	1.85	高感	抗							

续表

序号	单位保存号	全国统一号	种名	原产地	生长习性	始穗期（月.日）	百粒重（g）	稻瘟病	白叶枯病	纹枯病	细菌性条斑病	黄矮病	褐稻虱	白背飞虱	稻瘿蚊	三化螟
2947	47-2	YD4-0197	普通野生稻	中国（东乡）	半直立	9.20	2.03	感	抗							
2948	6-3	YD4-0198	普通野生稻	中国（东乡）	半直立	9.25	2.26	感	抗							
2949	42-3	YD4-0200	普通野生稻	中国（东乡）	直立	10.01	2.18	感	抗							
2950	M2028	YD5-0040	普通野生稻	中国（漳浦）	匍匐	10.15	2.20		高抗							
2951	C076	YD6-0102	普通野生稻	中国（茶陵）	匍匐	9.27	2.00		高抗							
2952	C047	YD6-0115	普通野生稻	中国（茶陵）	倾斜	9.22	1.90		高抗							
2953	C115	YD6-0129	普通野生稻	中国（茶陵）	倾斜	10.02	2.00		高抗							
2954	C120	YD6-0134	普通野生稻	中国（茶陵）	倾斜	9.30	1.60		高抗							
2955	E3-004	WYD-0227	短舌野生稻	喀麦隆	倾斜	10.02	1.30		抗							
2956	E22-002	WYD-0232	紧穗野生稻	乌干达	倾斜	10.13	0.85		抗							
2957	E22-003	WYD-0233	紧穗野生稻	斯里兰卡	倾斜	10.19	0.96		抗							
2958	E22-004	WYD-0234	紧穗野生稻	斯里兰卡	倾斜	10.18	0.86		抗							
2959	E22-005	WYD-0235	紧穗野生稻	斯里兰卡	倾斜	10.20	1.00		抗							
2960	CYW360	WYD-0292	大颖野生稻	原产地不明	直立	8.24	1.80	感	抗							
2961	CYW320	WYD-0298	阔叶野生稻	原产地不明	直立	9.08	0.70	感	高抗							
2962	E9-017	WYD-0302	阔叶野生稻	玻利维亚	半直立	10.20	0.80		抗							
2963	E11-004	WYD-0402	长雄蕊野生稻	原产地不明	半直立				抗							
2964	E11-005	WYD-0403	长雄蕊野生稻	尼日利亚	半直立				抗							
2965	E11-006	WYD-0404	长雄蕊野生稻	肯尼亚	半直立	10.03			抗							
2966	E11-007	WYD-0405	长雄蕊野生稻	埃塞俄比亚	半直立	10.06			高抗							
2967	CYW833	WYD-0415	小粒野生稻	原产地不明	直立	9.14	0.60	感	高抗							
2968	E13-009	WYD-0418	小粒野生稻	菲律宾	匍匐	8.11	0.50	高抗								
2969	E13-010	WYD-0419	小粒野生稻	菲律宾	匍匐	9.20	0.48	高抗								
2970	E13-029	WYD-0422	小粒野生稻	菲律宾	匍匐	8.08	0.48	抗								
2971	CNW241	WYD-0481	药用野生稻	菲律宾	倾斜	9.11	0.56		抗							
2972	E15-008	WYD-0483	药用野生稻	印度	倾斜	8.28	0.62		抗							
2973	E15-015	WYD-0486	药用野生稻	泰国	倾斜	9.08	0.69		抗							
2974	E15-029	WYD-0494	药用野生稻	印度	倾斜	8.28	0.50		抗							
2975	CYW352	WYD-0496	药用野生稻	原产地不明	直立	9.08	0.80	感	抗							
2976	CYW722	WYD-0497	药用野生稻	孟加拉国	直立	9.08	0.80	高抗	高抗							
2977	CYW353	WYD-0499	斑点野生稻	原产地不明	直立	9.10	0.81	感	高抗							
2978	E16-013	WYD-0504	斑点野生稻	刚果	半直立	10.18	1.10		抗							
2979	E16-020	WYD-0506	斑点野生稻	加纳	倾斜	11.26			抗							
2980	E16-025	WYD-0508	斑点野生稻	坦桑尼亚	倾斜	7.12	0.90		抗							
2981	E24-002	WYD-0511	阔叶野生稻	斯里兰卡	倾斜	10.17	0.80		抗							
2982	CYW354	WYD-0558	普通野生稻	孟加拉国	倾斜	9.08	2.50		高抗							

第三节　抗逆性强的野生稻种质资源部分目录

序号	单位保存号	全国统一号	种名	原产地（县、市、区）	生长习性	基部鞘色	始穗期（月.日）	内外颖色	种皮色	百粒重（g）	苗期耐冷性	苗期耐旱性	苗期耐涝性	根泌氧力
2983	S1022	YD1-0010	普通野生稻	乐东	匍匐	淡紫	10.20	褐	红	1.30		强		
2984	S1047	YD1-0029	普通野生稻	东方	倾斜	绿	10.03	褐	红	2.10				强
2985	S1058	YD1-0032	普通野生稻	东方	倾斜	绿	10.19	褐	红	1.50		强		
2986	S1163	YD1-0077	普通野生稻	琼山	匍匐	淡紫	10.27	褐	红	1.60		强		
2987	S2018	YD1-0103	普通野生稻	海康	匍匐	淡紫	10.05	褐	红	1.30		强		
2988	S2136	YD1-0195	普通野生稻	遂溪	半直立	淡紫	10.15	褐	红	1.40				强
2989	S2028	YD1-0271	普通野生稻	恩平	匍匐	淡紫	9.25	黑	红	1.90			强	
2990	S3035	YD1-0276	普通野生稻	恩平	匍匐	淡紫	9.18	褐	红	2.20			强	
2991	S3059	YD1-0293	普通野生稻	恩平	匍匐	紫	9.23	褐	红	2.30				强
2992	S3122	YD1-0348	普通野生稻	台山	匍匐	绿	10.10	褐	红	1.60		强		
2993	S3146	YD1-0355	普通野生稻	台山	匍匐	淡紫	9.29	褐	红	1.50				强
2994	S3170	YD1-0402	普通野生稻	台山	匍匐	绿	9.29	秆黄	红	2.00			强	
2995	S3260	YD1-0473	普通野生稻	开平	匍匐	紫	9.21	褐	红	1.50			强	
2996	S3305	YD1-0508	普通野生稻	开平	匍匐	紫	9.25	褐	红	1.70			强	
2997	S3374	YD1-0536	普通野生稻	高明	匍匐	紫	9.22	秆黄	红	1.60	强			
2998	S3383	YD1-0558	普通野生稻	高明	倾斜	淡紫	9.29	黑	红	1.60	强			
2999	S3437	YD1-0593	普通野生稻	三水	匍匐	紫条	9.29	褐	红	1.60	强			
3000	S6012	YD1-0623	普通野生稻	广州	匍匐	淡紫	9.28	褐	红	1.50			强	
3001	S6027	YD1-0640	普通野生稻	广州	倾斜	淡紫	9.18	黑	红	1.60			强	
3002	S6045	YD1-0676	普通野生稻	花都	半直立	绿	10.03	褐	红	1.90				强
3003	S6054	YD1-0690	普通野生稻	花都	直立	绿	9.19	褐	红	2.00			强	
3004	S6125	YD1-0715	普通野生稻	从化	匍匐	紫条	10.03	褐	红	1.70		强		
3005	S6089	YD1-0726	普通野生稻	从化	倾斜	淡紫	9.26	黑	红	1.80		强		
3006	S6135	YD1-0735	普通野生稻	从化	半直立	淡紫	9.26	黑	红	1.50		强		
3007	S6208	YD1-0780	普通野生稻	龙门	匍匐	淡紫	9.13	黑	红	1.80	强		强	
3008	S7024	YD1-0801	普通野生稻	东莞	匍匐	紫条	9.22	褐	红	1.60				强
3009	S7027	YD1-0809	普通野生稻	东莞	倾斜	紫条	9.24	褐	红	1.80				强
3010	S7071	YD1-0830	普通野生稻	惠州	匍匐	淡紫	9.29	褐	红	1.75			强	
3011	S7085	YD1-0834	普通野生稻	惠州	匍匐	淡紫	10.15	褐	红	1.50			强	
3012	S7116	YD1-0848	普通野生稻	惠州	匍匐	紫	10.06	褐	红	2.00			强	
3013	S7043	YD1-0880	普通野生稻	惠州	倾斜	淡紫	9.26	褐	红	1.80			强	

续表

序号	单位保存号	全国统一号	种　名	原产地（县、市、区）	生长习性	基部鞘色	始穗期（月.日）	内外颖色	种皮色	百粒重（g）	苗期耐冷性	苗期耐旱性	苗期耐涝性	根泌氧力
3014	S7048	YD1-0882	普通野生稻	惠州	倾斜	紫	9.26	黑	红	1.70			强	
3015	S7068	YD1-0889	普通野生稻	惠州	倾斜	紫条	9.26	黑	红	1.80		强		
3016	S7123	YD1-0915	普通野生稻	惠州	倾斜	淡紫	9.29	秆黄	红	1.75			强	
3017	S7128	YD1-0919	普通野生稻	惠州	倾斜	紫条	10.03	紫	红	1.50				强
3018	S7354	YD1-1329	普通野生稻	惠东	倾斜	淡紫	9.29	黑	红	1.90		强		
3019	S7161	YD1-1057	普通野生稻	惠阳	倾斜	淡紫	10.03	褐	红	2.00			强	
3020	S7185	YD1-1065	普通野生稻	惠阳	倾斜	紫	9.26	黑	红	1.80				强
3021	S7197	YD1-1073	普通野生稻	惠阳	倾斜	淡紫	9.26	褐	红	2.00			强	
3022	S7203	YD1-1076	普通野生稻	惠阳	倾斜	紫条	10.06	黑	红	2.00			强	
3023	S7194	YD1-1155	普通野生稻	惠阳	半直立	紫条	9.26	黑	红	2.20		强		
3024	S7433	YD1-1218	普通野生稻	惠东	匍匐	淡紫	10.10	褐	红	2.00			强	
3025	S7246	YD1-0985	普通野生稻	惠阳	匍匐	紫条	9.22	秆黄	红	1.50				强
3026	S7278	YD1-0996	普通野生稻	惠阳	匍匐	淡紫	10.03	褐	红	2.00				强
3027	S7475	YD1-1471	普通野生稻	博罗	匍匐	淡紫	9.17	秆黄	红	1.50				强
3028	S7547	YD1-1528	普通野生稻	博罗	匍匐	淡紫	9.24	黑	红	1.60		强		
3029	S7580	YD1-1564	普通野生稻	河源	匍匐	淡紫	9.28	褐	红	1.60			强	
3030	S7588	YD1-1575	普通野生稻	紫金	匍匐	淡紫	9.15	褐	红	1.80			强	
3031	S7621	YD1-1592	普通野生稻	紫金	匍匐	淡紫	9.17	褐	红	1.50		强		
3032	S8072	YD1-1650	普通野生稻	海丰	匍匐	淡紫	10.03	黑	红	1.60		强		
3033	S8094	YD1-1729	普通野生稻	海丰	半直立	淡紫	9.29	黑	红	1.70				强
3034	S8129	YD1-1751	普通野生稻	陆丰	倾斜	淡紫	9.26	黑	红	1.70				强
3035	S8161	YD1-1760	普通野生稻	惠来	匍匐	淡紫	9.26	黑	红	1.60				强
3036	S8158	YD1-1770	普通野生稻	惠来	倾斜	紫条	10.23	秆黄	红	1.35	强			
3037	S8134	YD1-1778	普通野生稻	普宁	匍匐	淡紫	9.26	黑	红	1.60				强
3038	S9017	YD1-1800	普通野生稻	清远	倾斜	紫条	9.26	秆黄	红	2.00	强			
3039	S9025	YD1-1815	普通野生稻	佛冈	半直立	淡紫	9.22	秆黄	红	1.90				强
3040	S9052	YD1-1822	普通野生稻	英德	倾斜	紫条	9.19	秆黄	红	1.80				强
3041	GX0035	YD2-0035	普通野生稻	合浦	匍匐	淡紫	10.13	褐	红	1.41	强			
3042	GX0039	YD2-0039	普通野生稻	合浦	匍匐	淡紫	10.09	褐	红	1.60	强			
3043	GX0040	YD2-0040	普通野生稻	合浦	匍匐	淡紫	10.10	褐	红	1.97	强			
3044	GX0042	YD2-0042	普通野生稻	合浦	匍匐	淡紫	9.29	褐	红	1.55	强			
3045	GX0050	YD2-0050	普通野生稻	合浦	匍匐	淡紫	10.09	褐	红	1.41	强			
3046	GX0051	YD2-0051	普通野生稻	合浦	匍匐	紫条	10.04	褐	红	1.53	强			
3047	GX0052	YD2-0052	普通野生稻	合浦	匍匐	紫条	10.03	褐	红	1.53	强			

续表

序号	单位保存号	全国统一号	种 名	原产地（县、市、区）	生长习性	基部鞘色	始穗期（月.日）	内外颖色	种皮色	百粒重（g）	苗期耐冷性	苗期耐旱性	苗期耐涝性	根泌氧力
3048	GX0053	YD2-0053	普通野生稻	合浦	匍匐	紫条	10.02	褐	红	1.62	强			
3049	GX0058	YD2-0058	普通野生稻	合浦	倾斜	淡紫	10.01	褐	红	1.56	强			
3050	GX0062	YD2-0061	普通野生稻	合浦	倾斜	绿	10.09	褐	红	2.08	强			
3051	GX0073	YD2-0072	普通野生稻	防城港	匍匐	淡紫	10.04	褐	红	1.82	强			
3052	GX0075	YD2-0074	普通野生稻	防城港	匍匐	淡紫	10.12	褐	红	1.80	强			
3053	GX0086	YD2-0085	普通野生稻	防城港	匍匐	淡紫	10.05	褐	红	1.57	强			
3054	GX0089	YD2-0088	普通野生稻	防城港	匍匐	淡紫	10.04	褐	红	1.40	强			
3055	GX0105	YD2-0104	普通野生稻	防城港	倾斜	淡紫	10.01	褐	红	1.50	强			
3056	GX0106	YD2-0105	普通野生稻	防城港	倾斜	淡紫	10.05	褐	红	1.44	强			
3057	GX0108	YD2-0107	普通野生稻	防城港	倾斜	淡紫	10.05	褐	红	1.45	强			
3058	GX0150	YD2-0147	普通野生稻	灵山	匍匐	淡紫	10.04	褐	红	1.32	强			
3059	GX0199	YD2-0194	普通野生稻	玉林	匍匐	紫	10.03	褐	红	1.79	强			
3060	GX0220	YD2-0215	普通野生稻	玉林	匍匐	淡紫	10.01	褐	红	2.10	强			
3061	GX0241	YD2-0236	普通野生稻	玉林	匍匐	淡紫	9.28	褐	红	1.62	强			
3062	GX0251	YD2-0246	普通野生稻	玉林	匍匐	淡紫	10.02	褐	红	1.50	强			
3063	GX0300	YD2-0295	普通野生稻	贵港	匍匐	淡紫	10.10	褐	红	1.64	最强			
3064	GX0318	YD2-0313	普通野生稻	贵港	匍匐	淡紫	10.07	褐	红	2.16	最强			
3065	GX0320	YD2-0315	普通野生稻	贵港	匍匐	淡紫	10.04	褐	红	1.86	最强			
3066	GX0346	YD2-0341	普通野生稻	贵港	匍匐	淡紫	9.30	褐	红	2.35	最强			
3067	GX0347	YD2-0342	普通野生稻	贵港	匍匐	淡紫	10.06	褐	红	2.28	强			
3068	GX0360	YD2-0354	普通野生稻	贵港	匍匐	紫	9.26	褐	红	1.72	强			
3069	GX0377	YD2-0370	普通野生稻	贵港	匍匐	紫	9.29	褐	红	2.01	强			
3070	GX0379	YD2-0372	普通野生稻	贵港	倾斜	淡紫	10.01	褐	红	1.80	最强			
3071	GX0395	YD2-0386	普通野生稻	贵港	倾斜	淡紫	9.26	褐	红	1.98	最强			
3072	GX0417	YD2-0405	普通野生稻	贵港	倾斜	淡紫	9.24	褐	红	1.80	最强			
3073	GX0446	YD2-0432	普通野生稻	贵港	倾斜	淡紫	9.25	褐	红	1.83	强			
3074	GX0458	YD2-0444	普通野生稻	贵港	倾斜	绿	9.29	褐	红	1.85	强			
3075	GX0465	YD2-0448	普通野生稻	贵港	倾斜	淡紫	10.01	褐	红	1.89	强			
3076	GX0473	YD2-0456	普通野生稻	贵港	倾斜	绿	9.26	褐	红	1.97	强			
3077	GX0520	YD2-0502	普通野生稻	贵港	倾斜	紫	10.02	褐	红	2.12	强			
3078	GX0545	YD2-0525	普通野生稻	桂平	匍匐	淡紫	10.09	褐	红	1.75	强			
3079	GX0552	YD2-0530	普通野生稻	桂平	匍匐	淡紫	9.28	黑		2.24	强			
3080	GX0580	YD2-0558	普通野生稻	桂平	匍匐	淡紫	10.07	褐	红	2.03	强			
3081	GX0583	YD2-0561	普通野生稻	桂平	匍匐	淡紫	9.30	褐	红	1.56	强			

续表

序号	单位保存号	全国统一号	种 名	原产地（县、市、区）	生长习性	基部鞘色	始穗期（月.日）	内外颖色	种皮色	百粒重（g）	苗期 耐冷性	苗期 耐旱性	苗期 耐涝性	根泌氧力
3082	GX0584	YD2-0562	普通野生稻	桂平	匍匐	淡紫	10.06	褐	红	1.46	强			
3083	GX0585	YD2-0563	普通野生稻	桂平	匍匐	淡紫	10.02	褐	红	1.45	强			
3084	GX0586	YD2-0564	普通野生稻	桂平	匍匐	紫	10.05	褐	红	1.48	强			
3085	GX0587	YD2-0565	普通野生稻	桂平	匍匐	淡紫	10.01	褐	红	1.97	强			
3086	GX0588	YD2-0566	普通野生稻	桂平	匍匐	淡紫	9.29	褐	红	1.61	强			
3087	GX0592	YD2-0570	普通野生稻	桂平	匍匐	紫	10.10	褐	红	2.12	强			
3088	GX0594	YD2-0572	普通野生稻	桂平	匍匐	紫	10.08	褐	红	2.02	强			
3089	GX0596	YD2-0574	普通野生稻	桂平	匍匐	紫	10.09	褐	红	1.91	强			
3090	GX0599	YD2-0577	普通野生稻	桂平	匍匐	紫	10.08	褐	红	2.03	强			
3091	GX0600	YD2-0578	普通野生稻	桂平	匍匐	绿	10.13	褐	红	2.08	强			
3092	GX0601	YD2-0579	普通野生稻	桂平	匍匐	绿	10.05	褐	红	1.95	强			
3093	GX0602	YD2-0580	普通野生稻	桂平	匍匐	绿	10.06	褐	红	2.02	强			
3094	GX0610	YD2-0588	普通野生稻	桂平	匍匐	绿	10.04	褐	红	1.99	强			
3095	GX0622	YD2-0600	普通野生稻	桂平	匍匐	淡紫	10.07	秆黄褐斑	红	1.51	强			
3096	GX0644	YD2-0619	普通野生稻	桂平	倾斜	紫条	10.04	褐	红	1.56	强			
3097	GX0645	YD2-0620	普通野生稻	桂平	倾斜	淡紫	9.30	褐	红	1.53	强			
3098	GX0648	YD2-0623	普通野生稻	桂平	倾斜	淡紫	9.29	褐	红	1.60	强			
3099	GX0649	YD2-0624	普通野生稻	桂平	倾斜	淡紫	9.30	褐	红	1.52	强			
3100	GX0650	YD2-0625	普通野生稻	桂平	倾斜	淡紫	9.28	黑	红	1.53	强			
3101	GX0651	YD2-0626	普通野生稻	桂平	倾斜	淡紫	9.27	褐	红	1.48	强			
3102	GX0652	YD2-0627	普通野生稻	桂平	倾斜	淡紫	9.30	褐	红	1.50	强			
3103	GX0683	YD2-0656	普通野生稻	邕宁	匍匐	淡紫	10.22	褐	红	1.56	强			
3104	GX0688	YD2-0661	普通野生稻	邕宁	匍匐	淡紫	9.26	褐	红	1.83	强			
3105	GX0700	YD2-0671	普通野生稻	武鸣	匍匐	淡紫	9.29	褐	红	1.75	强			
3106	GX0723	YD2-0691	普通野生稻	横县	匍匐	淡紫	10.09	褐	红	1.70	强			
3107	GX0724	YD2-0692	普通野生稻	横县	匍匐	淡紫	10.03	褐	红	1.40	强			
3108	GX0725	YD2-0693	普通野生稻	横县	匍匐	淡紫	10.04	褐	红	1.61	强			
3109	GX0726	YD2-0694	普通野生稻	横县	匍匐	淡紫	10.02	褐	红	1.53	最强			
3110	GX0731	YD2-0699	普通野生稻	横县	匍匐	淡紫	10.03	褐	红	1.71	强			
3111	GX0733	YD2-0701	普通野生稻	横县	匍匐	淡紫	10.01	褐	红	1.45	强			
3112	GX0742	YD2-0710	普通野生稻	横县	匍匐	淡紫	10.05	褐	浅红	1.94	最强			
3113	GX0749	YD2-0717	普通野生稻	横县	匍匐	淡紫	9.26	褐	红	1.78	强			
3114	GX0752	YD2-0720	普通野生稻	横县	匍匐	紫	9.26	褐	红	2.01	强			

续表

序号	单位保存号	全国统一号	种名	原产地（县、市、区）	生长习性	基部鞘色	始穗期（月.日）	内外颖色	种皮色	百粒重（g）	苗期耐冷性	苗期耐旱性	苗期耐涝性	根泌氧力
3115	GX0753	YD2-0721	普通野生稻	横县	匍匐	淡紫	9.30	褐	红	2.07	强			
3116	GX0757	YD2-0725	普通野生稻	横县	匍匐	淡紫	9.26	褐	红	2.12	强			
3117	GX0785	YD2-0750	普通野生稻	横县	倾斜	淡紫	9.27	褐	红	2.28	强			
3118	GX0786	YD2-0751	普通野生稻	横县	倾斜	淡紫	9.26	褐	红	2.05	强			
3119	GX0788	YD2-0753	普通野生稻	横县	半直立	淡紫	9.20	褐	红	2.34	强			
3120	GX0799	YD2-0762	普通野生稻	扶绥	匍匐	淡紫	10.10	褐	红	1.43	强			
3121	GX0810	YD2-0771	普通野生稻	崇左	匍匐	淡紫	10.12	褐	红	1.57	强			
3122	GX0832	YD2-0793	普通野生稻	隆安	匍匐	淡紫	10.02	褐	红	1.91	强			
3123	GX0855	YD2-0815	普通野生稻	隆安	匍匐	紫	10.08	褐	红	1.45	强			
3124	GX0860	YD2-0820	普通野生稻	隆安	匍匐	紫	10.13	褐	红	1.50	强			
3125	GX0877	YD2-0837	普通野生稻	隆安	倾斜	淡紫	10.04	褐	红	1.72	强			
3126	GX0879	YD2-0839	普通野生稻	隆安	倾斜	淡紫	10.06	褐	红	2.08	强			
3127	GX0927	YD2-0880	普通野生稻	宾阳	匍匐	淡紫	10.02	褐	红	1.96	强			
3128	GX0934	YD2-0887	普通野生稻	宾阳	匍匐	淡紫	10.01	褐	红	1.85	强			
3129	GX0940	YD2-0893	普通野生稻	宾阳	匍匐	淡紫	9.30	褐	红	2.03	强			
3130	GX0942	YD2-0895	普通野生稻	宾阳	匍匐	紫	10.01	褐	红	1.48	强			
3131	GX0944	YD2-0897	普通野生稻	宾阳	匍匐	紫	9.29	褐	红	1.76	强			
3132	GX0945	YD2-0898	普通野生稻	宾阳	匍匐	淡紫	9.24	褐	红	1.65	最强			
3133	GX0954	YD2-0907	普通野生稻	宾阳	匍匐	淡紫	10.03	褐	红	1.54	强			
3134	GX0963	YD2-0916	普通野生稻	宾阳	匍匐	紫	10.03	褐	红	1.67	强			
3135	GX0968	YD2-0921	普通野生稻	宾阳	倾斜	淡紫	10.22	褐	红	1.87	强			
3136	GX0974	YD2-0926	普通野生稻	宾阳	倾斜	淡紫	9.30	褐	红	1.63	强			
3137	GX0975	YD2-0927	普通野生稻	宾阳	倾斜	淡紫	9.28	褐	红	1.62	强			
3138	GX0976	YD2-0928	普通野生稻	宾阳	倾斜	淡紫	9.25	褐	红	1.72	强			
3139	GX0978	YD2-0929	普通野生稻	宾阳	倾斜	淡紫	10.03	褐	红	1.58	强			
3140	GX0982	YD2-0933	普通野生稻	宾阳	倾斜	淡紫	9.27	褐	红	1.98	强			
3141	GX0992	YD2-0943	普通野生稻	宾阳	半直立	淡紫	9.26	褐	红	1.77	强			
3142	GX0997	YD2-0948	普通野生稻	上林	匍匐	淡紫	10.04	褐	红	1.64	强			
3143	GX0998	YD2-0949	普通野生稻	上林	匍匐	淡紫	10.04	秆黄有褐斑	红	1.57	最强			
3144	GX1001	YD2-0952	普通野生稻	上林	匍匐	淡紫	11.03	褐	红	2.20	强			
3145	GX1002	YD2-0953	普通野生稻	上林	匍匐	淡紫	11.04	褐	红	2.07	强			
3146	GX1006	YD2-0957	普通野生稻	上林	匍匐	淡紫	10.01	褐	红	1.68	强			
3147	GX1058	YD2-1008	普通野生稻	田东	直立	紫	9.28	褐	红	1.82	强			

续表

序号	单位保存号	全国统一号	种　名	原产地（县、市、区）	生长习性	基部鞘色	始穗期（月.日）	内外颖色	种皮色	百粒重（g）	苗期耐冷性	苗期耐旱性	苗期耐涝性	根泌氧力
3148	GX1084	YD2-1034	普通野生稻	蒙山	匍匐	紫	10.08	褐	红	2.12	强			
3149	GX1096	YD2-1042	普通野生稻	贺州	匍匐	紫	10.04	褐	红	2.10	强			
3150	GX1123	YD2-1069	普通野生稻	柳江	匍匐	紫	10.02	褐	红	1.80	强			
3151	GX1142	YD2-1085	普通野生稻	柳江	倾斜	淡紫	10.03	褐	红	2.17	强			
3152	GX1144	YD2-1087	普通野生稻	柳江	半直立	紫	10.06	褐	红	2.19	强			
3153	GX1169	YD2-1101	普通野生稻	来宾	匍匐	淡紫	10.02	褐	红	2.63	强			
3154	GX1172	YD2-1104	普通野生稻	来宾	匍匐	淡紫	10.22	褐	红	1.67	强			
3155	GX1174	YD2-1106	普通野生稻	来宾	匍匐	淡紫	10.17	褐	红	2.04	强			
3156	GX1182	YD2-1114	普通野生稻	来宾	匍匐	淡紫	10.02	褐	红	2.06	强			
3157	GX1184	YD2-1116	普通野生稻	来宾	匍匐	淡紫	9.30	褐	红	1.39	强			
3158	GX1199	YD2-1131	普通野生稻	来宾	匍匐	紫条	10.07	褐	红	2.20	强			
3159	GX1275	YD2-1207	普通野生稻	来宾	匍匐	淡紫	10.01	褐	红	2.10	强			
3160	GX1278	YD2-1210	普通野生稻	来宾	匍匐	紫	10.02	褐	红	2.00	强			
3161	GX1279	YD2-1211	普通野生稻	来宾	匍匐	淡紫	9.29	褐	红	2.03	最强			
3162	GX1280	YD2-1212	普通野生稻	来宾	匍匐	淡紫	10.02	褐	红	2.03	强			
3163	GX1281	YD2-1213	普通野生稻	来宾	匍匐	淡紫	10.01	褐	红	1.70	强			
3164	GX1282	YD2-1214	普通野生稻	来宾	匍匐	淡紫	10.03	褐	红	2.07	强			
3165	GX1283	YD2-1215	普通野生稻	来宾	匍匐	淡紫	10.01	褐	红	2.10	强			
3166	GX1296	YD2-1228	普通野生稻	来宾	匍匐	淡紫	10.01	褐	红	1.85	强			
3167	GX1299	YD2-1231	普通野生稻	来宾	匍匐	淡紫	10.02	褐	红	2.00	强			
3168	GX1300	YD2-1232	普通野生稻	来宾	匍匐	淡紫	10.01	褐	红	2.30	强			
3169	GX1319	YD2-1249	普通野生稻	来宾	倾斜	淡紫	9.24	褐	红	2.05	强			
3170	GX1322	YD2-1252	普通野生稻	来宾	倾斜	淡紫	10.04	褐	红	2.34	最强			
3171	GX1323	YD2-1253	普通野生稻	来宾	倾斜	淡紫	10.05	褐	红	2.45	强			
3172	GX1340	YD2-1269	普通野生稻	来宾	倾斜	淡紫	9.28	褐	红	2.24	强			
3173	GX1387	YD2-1315	普通野生稻	来宾	倾斜	淡紫	10.05	褐	红	2.25	强			
3174	GX1422	YD2-1349	普通野生稻	来宾	半直立	淡紫	10.14	褐	红	1.99	强			
3175	GX1463	YD2-1386	普通野生稻	象州	倾斜	淡紫	10.01	褐	红	1.99	强			
3176	GX1493	YD2-1413	普通野生稻	象州	倾斜	淡紫	10.01	褐	红	1.95	强			
3177	GX1505	YD2-1423	普通野生稻	鹿寨	倾斜	淡紫	9.27	褐	红	2.14	强			
3178	GX1508	YD2-1426	普通野生稻	鹿寨	倾斜	绿	9.28	褐	红	1.96	最强			
3179	GX1533	YD2-1448	普通野生稻	武宣	匍匐	淡紫	10.03	褐	红	2.05	强			
3180	GX1545	YD2-1457	普通野生稻	武宣	倾斜	淡紫	10.04	褐	红	2.21	强			
3181	GX1554	YD2-1466	普通野生稻	武宣	倾斜	紫条	10.01	褐	红	2.00	强			

续表

序号	单位保存号	全国统一号	种名	原产地（县、市、区）	生长习性	基部鞘色	始穗期（月.日）	内外颖色	种皮色	百粒重（g）	苗期 耐冷性	苗期 耐旱性	苗期 耐涝性	根泌氧力
3182	GX1576	YD2-1487	普通野生稻	永福	匍匐	淡紫	9.27	褐	红	2.31	强			
3183	GX1580	YD2-1491	普通野生稻	永福	匍匐	淡紫	9.28	褐	红	2.30	最强			
3184	GX1592	YD2-1502	普通野生稻	永福	匍匐	淡紫	9.21	秆黄褐条	红	2.39	最强			
3185	GX1597	YD2-1507	普通野生稻	永福	半直立	淡紫	10.01	秆黄褐条	红	2.76	最强			
3186	GX1598	YD2-1508	普通野生稻	永福	半直立	紫	9.26	褐	白	2.81	强			
3187	GX1599	YD2-1509	普通野生稻	永福	半直立	紫	10.01	褐	红	2.76	强			
3188	GX1625	YD2-1535	普通野生稻	临桂	匍匐	淡紫	10.14	褐	红	2.00	强			
3189	GX1627	YD2-1537	普通野生稻	临桂	匍匐	淡紫	10.19	褐	红	1.62	强			
3190	GX1634	YD2-1544	普通野生稻	临桂	匍匐	淡紫	10.08	褐	红	2.26	强			
3191	GX1637	YD2-1547	普通野生稻	桂林	匍匐	淡紫	9.28	褐	红	1.69	强			
3192	GX1638	YD2-1548	普通野生稻	桂林	匍匐	淡紫	9.27	褐	红	2.44	强			
3193	GX1648	YD2-1558	普通野生稻	桂林	匍匐	淡紫	10.03	褐	红	1.80	强			
3194	GX1649	YD2-1559	普通野生稻	桂林	匍匐	淡紫	10.01	褐	红	2.26	强			
3195	GX1654	YD2-1564	普通野生稻	罗城	匍匐	淡紫	10.21	褐	红	1.57	强			
3196	GX1658	YD2-1568	普通野生稻	罗城	匍匐	淡紫	10.20	褐	红	1.45	强			
3197	GX1663	YD2-1573	普通野生稻	罗城	匍匐	淡紫	10.19	褐	红	1.52	强			
3198	GX1664	YD2-1574	普通野生稻	罗城	匍匐	淡紫	10.20	褐	红	1.59	强			
3199	GX1665	YD2-1575	普通野生稻	罗城	匍匐	淡紫	10.17	褐	红	1.55	强			
3200	GX1668	YD2-1578	普通野生稻	罗城	匍匐	淡紫	10.12	褐	红	1.45	强			
3201	GX1673	YD2-1583	普通野生稻	罗城	匍匐	绿	10.02	褐	红	1.77	强			
3202	GX1674	YD2-1584	普通野生稻	罗城	匍匐	紫	10.01	褐	红	2.03	强			
3203	GX1676	YD2-1586	普通野生稻	罗城	匍匐	紫	10.01	褐	红	2.15	强			
3204	GX1682	YD2-1592	药用野生稻	灵山	倾斜	紫条	9.26	斑点黑	红	0.92	强			
3205	GX1697	YD2-1607	药用野生稻	横县	倾斜	紫条	10.01	斑点黑	红	0.85	最强			
3206	GX1698	YD2-1608	药用野生稻	横县	倾斜	紫条	10.01	斑点黑	红	0.86	强			
3207	GX1713	YD2-1623	药用野生稻	玉林	倾斜	紫条	10.06	斑点黑	红	0.81	强			
3208	GX1716	YD2-1626	药用野生稻	玉林	倾斜	紫条	10.01	斑点黑	红	0.77	强			
3209	GX1718	YD2-1628	药用野生稻	玉林	倾斜	紫条	10.03	斑点黑	红	0.74	强			
3210	GX1720	YD2-1630	药用野生稻	玉林	倾斜	紫条	10.06	斑点黑	红	0.77	强			
3211	GX1721	YD2-1631	药用野生稻	玉林	倾斜	紫条	10.06	斑点黑	红	0.83	强			
3212	GX1727	YD2-1637	药用野生稻	容县	倾斜	紫条	9.30	斑点黑	红	0.87	强			
3213	GX1728	YD2-1638	药用野生稻	容县	倾斜	紫条	9.30	斑点黑	红	0.85	强			

续表

序号	单位保存号	全国统一号	种名	原产地（县、市、区）	生长习性	基部鞘色	始穗期（月.日）	内外颖色	种皮色	百粒重（g）	苗期耐冷性	苗期耐旱性	苗期耐涝性	根泌氧力
3214	GX1729	YD2-1639	药用野生稻	容县	倾斜	紫条	9.29	斑点黑	红	0.89	强			
3215	GX1730	YD2-1640	药用野生稻	容县	倾斜	紫条	10.02	斑点黑	红	0.89	强			
3216	GX1732	YD2-1642	药用野生稻	容县	倾斜	紫条	9.30	斑点黑	红	0.83	强			
3217	GX1735	YD2-1645	药用野生稻	桂平	倾斜	紫条	10.07	斑点黑	红	0.89	强			
3218	GX1736	YD2-1646	药用野生稻	桂平	倾斜	紫条	10.06	斑点黑	红	0.87	强			
3219	GX1739	YD2-1649	药用野生稻	桂平	倾斜	紫条	10.02	斑点黑	红	0.87	强			
3220	GX1740	YD2-1650	药用野生稻	桂平	倾斜	紫条	9.29	斑点黑	红	0.85	强			
3221	GX1741	YD2-1651	药用野生稻	桂平	倾斜	紫条	9.29	斑点黑	红	0.84	强			
3222	GX1743	YD2-1653	药用野生稻	桂平	倾斜	紫条	10.08	斑点黑	红	0.80	强			
3223	GX1744	YD2-1654	药用野生稻	桂平	倾斜	紫条	10.08	斑点黑	红	0.88	强			
3224	GX1746	YD2-1656	药用野生稻	桂平	倾斜	紫条	10.03	斑点黑	红	0.79	强			
3225	GX1749	YD2-1659	药用野生稻	桂平	倾斜	紫条	10.03	斑点黑	红	0.87	强			
3226	GX1757	YD2-1667	药用野生稻	岑溪	倾斜	紫条	10.01	斑点黑	红	0.82	强			
3227	GX1759	YD2-1669	药用野生稻	岑溪	倾斜	紫条	9.30	斑点黑	红	0.81	强			
3228	GX1760	YD2-1670	药用野生稻	岑溪	倾斜	紫条	9.29	斑点黑	红	0.81	强			
3229	GX1780	YD2-1690	药用野生稻	藤县	倾斜	紫条	10.12	斑点黑	红	0.88	强			
3230	GX1790	YD2-1700	药用野生稻	苍梧	倾斜	紫条	9.29	斑点黑	红	0.76	强			
3231	GX1791	YD2-1701	药用野生稻	苍梧	倾斜	紫条	9.29	斑点黑	红	0.89	强			
3232	GX1794	YD2-1704	药用野生稻	苍梧	倾斜	紫条	10.01	斑点黑	红	0.76	强			
3233	S2195	YD1-2501	普通野生稻	茂名	匍匐	紫	10.07	褐	红	1.50			强	
3234	S2218	YD1-2510	普通野生稻	阳江	倾斜	淡紫	9.26	褐	红	1.50			强	
3235	S3057	YD1-2536	普通野生稻	恩平	半直立	淡紫	9.28	褐	红	3.00				强
3236	S3276	YD1-2549	普通野生稻	开平	匍匐	紫	9.25	秆黄	红	1.40	强			
3237	S3337	YD1-2565	普通野生稻	开平	匍匐	紫	9.23	秆黄	红	1.80		强		
3238	S3377	YD1-2571	普通野生稻	高明	倾斜	紫	9.29	褐	红	1.70	强			
3239	S4011	YD1-2593	普通野生稻	深圳	匍匐	淡紫	9.22	褐	红	1.50	强			
3240	S4026	YD1-2598	普通野生稻	深圳	匍匐	淡紫	9.25	褐	红	1.90			强	
3241	S4004	YD1-2599	普通野生稻	深圳	倾斜	淡紫	10.06	褐	浅红	1.40		强		
3242	S5005	YD1-2613	普通野生稻	高要	直立	淡紫	10.02	褐	浅红	1.80		强		
3243	S5018	YD1-2620	普通野生稻	德庆	直立	淡紫	10.13	褐	红	1.50	强			
3244	S6011	YD1-2624	普通野生稻	广州	匍匐	淡紫	9.22	褐	红	1.50	强			
3245	S6105	YD1-2630	普通野生稻	广州	匍匐	紫	9.22	黑	红	1.90	强			
3246	S6134	YD1-2633	普通野生稻	广州	匍匐	淡紫	9.29	褐	红	1.75	强			
3247	S6002	YD1-2647	普通野生稻	广州	倾斜	绿	9.24	黑	红	1.80				强

续表

序号	单位保存号	全国统一号	种名	原产地（县、市、区）	生长习性	基部鞘色	始穗期（月.日）	内外颖色	种皮色	百粒重（g）	苗期 耐冷性	苗期 耐旱性	苗期 耐涝性	根泌氧力
3248	S7010	YD1-2695	普通野生稻	东莞	匍匐	淡紫	9.16	褐	红	1.70	强			
3249	S7072	YD1-2697	普通野生稻	惠东	匍匐	淡紫	10.03	褐	红	1.75			强	
3250	S7134	YD1-2704	普通野生稻	惠阳	倾斜	紫条	10.03	褐	红	1.50		强		
3251	S7177	YD1-2706	普通野生稻	惠阳	倾斜	淡紫	9.29	褐	浅红	2.00	强			
3252	S7346	YD1-2718	普通野生稻	惠东	倾斜	紫条	10.06	褐	红	1.60	强			
3253	S7391	YD1-2722	普通野生稻	惠东	倾斜	紫	9.19	褐	白	1.50				强
3254	S7523	YD1-2725	普通野生稻	博罗	匍匐	淡紫	10.02	褐	红	1.70	强			
3255	S7551	YD1-2729	普通野生稻	博罗	匍匐	紫	10.06	褐	红	1.50	强			
3256	S7552	YD1-2730	普通野生稻	博罗	匍匐	淡紫	9.30	褐	红	1.90	强			
3257	S7656	YD1-2772	普通野生稻	紫金	匍匐	淡紫	9.23	褐	红	1.70	强			
3258	S8029	YD1-2777	普通野生稻	海丰	匍匐	紫	10.03	褐	红	1.50	强			
3259	S8146	YD1-2792	普通野生稻	惠来	倾斜	紫	10.03	紫	红	1.60	强			
3260	S9005	YD1-2796	普通野生稻	清远	倾斜	紫条	9.29	褐	浅红	2.00				强
3261	S9038	YD1-2802	普通野生稻	佛冈	匍匐	紫条	10.03	褐	红	1.60	强			
3262	S9042	YD1-2826	普通野生稻	英德	倾斜	紫	9.29	褐	浅红	2.40	强			

第四节　野生稻种质资源雄性不育种质部分目录

序号	单位保存号	全国统一号	种名	原产地（县、市、区）	生长习性	基部鞘色	始穗期（月.日）	花药长度（mm）	内外颖色	种皮色	百粒重（g）	花粉育性
3263	S1041	YD1-0016	普通野生稻	乐东	直立	紫	11.15	3.40	褐	白	1.70	高不育
3264	S2030	YD1-0126	普通野生稻	湛江	半直立	淡紫	10.10	4.80	褐	红	1.40	高不育
3265	S2147	YD1-0205	普通野生稻	电白	半直立	淡紫	10.18	4.70	褐	红	1.40	高不育
3266	S2231	YD1-0247	普通野生稻	阳春	半直立	淡紫	10.15	4.50	褐	红	1.40	高不育
3267	S2233	YD1-0250	普通野生稻	阳春	直立	淡紫	10.02	5.60	褐	红	1.80	高不育
3268	S3061	YD1-0343	普通野生稻	恩平	半直立	绿	9.25	3.10	褐	红	2.40	高不育
3269	S3176	YD1-0414	普通野生稻	台山	半直立	紫	9.26	4.60	褐	红	1.90	高不育
3270	S3188	YD1-0432	普通野生稻	台山	直立	浅紫	9.29	4.10	褐	红	1.60	高不育
3271	S6030	YD1-0673	普通野生稻	花都	半直立	紫	10.03	4.90	褐	红	1.70	高不育
3272	S6033	YD1-0674	普通野生稻	花都	半直立	紫	10.03	3.30	黑	红	2.00	高不育
3273	S7154	YD1-0942	普通野生稻	惠阳	匍匐	紫条	10.03	5.00	褐	红	2.00	全不育
3274	S7354	YD1-1329	普通野生稻	惠东	倾斜	淡紫	9.29	5.40	黑	红	1.90	全不育

续表

序号	单位保存号	全国统一号	种　名	原产地（县、市、区）	生长习性	基部鞘色	始穗期（月.日）	花药长度（mm）	内外颖色	种皮色	百粒重（g）	花粉育性
3275	S7323	YD1-1193	普通野生稻	惠东	匍匐	淡紫	10.03	5.40	褐	红	2.00	全不育
3276	S7472	YD1-1468	普通野生稻	博罗	匍匐	淡紫	10.10	4.00	褐	红	1.60	全不育
3277	S7478	YD1-1474	普通野生稻	博罗	匍匐	淡紫	10.01	4.80	褐	红	1.70	高不育
3278	S7499	YD1-1490	普通野生稻	博罗	匍匐	紫	10.05	5.90	秆黄	红	1.70	高不育
3279	S7514	YD1-1549	普通野生稻	博罗	倾斜	淡紫	9.19	3.40	褐	红	1.60	高不育
3280	S7573	YD1-1567	普通野生稻	河源	倾斜	紫条	9.25	3.70	秆黄	红	1.50	全不育
3281	GX0056	YD2-0056	普通野生稻	合浦	倾斜	淡紫	10.06	3.40	褐	红	1.78	高不育
3282	GX0174	YD2-0171	普通野生稻	博白	倾斜	淡紫	10.01	3.20	褐	红	1.63	高不育
3283	GX0175	YD2-0172	普通野生稻	博白	倾斜	淡紫	10.01	4.10	褐	红	1.72	高不育
3284	GX0267	YD2-0262	普通野生稻	玉林	倾斜	淡紫	10.03	3.50	褐	红	1.83	高不育
3285	GX0391	YD2-0382	普通野生稻	贵港	倾斜	淡紫	9.30	4.20	褐	红	2.00	高不育
3286	GX0397	YD2-0388	普通野生稻	贵港	倾斜	淡紫	9.27	4.70	秆黄	红	1.85	高不育
3287	GX0449	YD2-0435	普通野生稻	贵港	倾斜	淡紫	9.28	5.10	褐	红	2.04	高不育
3288	GX0451	YD2-0437	普通野生稻	贵港	倾斜	淡紫	9.19	4.70	褐	红	1.71	高不育
3289	GX0453	YD2-0439	普通野生稻	贵港	倾斜	绿	10.02	4.20	褐	红	1.99	高不育
3290	GX0525	YD2-0507	普通野生稻	贵港	半直立	淡紫	9.27	4.20	褐	红	2.23	高不育
3291	GX0533	YD2-0514	普通野生稻	贵港	半直立	淡紫	9.23	4.40	褐	红	1.78	高不育
3292	GX0536	YD2-0517	普通野生稻	贵港	半直立	淡紫	10.03	3.90	褐	红	2.28	高不育
3293	GX0788	YD2-0753	普通野生稻	横县	半直立	淡紫	9.20	3.50	褐	红	2.34	高不育
3294	GX0880	YD2-0840	普通野生稻	隆安	倾斜	淡紫	10.02	3.10	褐	红	2.26	高不育
3295	GX1649	YD2-1559	普通野生稻	桂林	匍匐	淡紫	10.01	6.10	褐	红	2.26	高不育
3296	S1112	YD1-2395	普通野生稻	临高	直立	紫	10.07	2.10	褐	红		高不育
3297	S1167	YD1-2410	普通野生稻	琼山	匍匐	紫	11.20	3.90	褐	红		高不育
3298	S2023	YD1-2461	普通野生稻	湛江	半直立	紫	10.18	4.80	褐	红	1.70	高不育
3299	S2050	YD1-2466	普通野生稻	湛江	半直立	紫	10.26	4.50	褐	红	1.70	全不育
3300	S2051	YD1-2467	普通野生稻	湛江	直立	紫	10.26	3.00	褐	红	1.50	全不育
3301	S2158	YD1-2488	普通野生稻	电白	半直立	淡紫	10.07	4.10	褐	红	1.40	高不育
3302	S2219	YD1-2516	普通野生稻	阳江	直立	淡紫	10.02	4.90	褐	红	1.60	高不育
3303	S3175	YD1-2545	普通野生稻	台山	倾斜	淡紫	9.29	4.40	褐	红	1.70	全不育
3304	S5012	YD1-2618	普通野生稻	新会	匍匐	紫	10.02	4.30	褐	红	1.50	全不育
3305	S6105	YD1-2630	普通野生稻	广州	匍匐	紫	9.22	4.60	黑	红	1.90	全不育
3306	S6151	YD1-2636	普通野生稻	广州	匍匐	紫	9.23	5.00	秆黄	红	1.40	全不育
3307	S6093	YD1-2649	普通野生稻	广州	半直立	紫	9.26	4.50	黑	红	1.80	高不育
3308	S7002	YD1-2694	普通野生稻	东莞	匍匐	紫	10.02	4.90	褐	红	1.60	全不育
3309	S7135	YD1-2698	普通野生稻	惠阳	匍匐	紫条	10.10	5.00	褐	红	1.60	全不育
3310	S7408	YD1-2724	普通野生稻	惠东	倾斜	淡紫	9.29	4.20	褐	红	2.00	全不育
3311	S8045	YD1-2783	普通野生稻	海丰	倾斜	紫	9.26	5.00	褐	红	1.60	全不育
3312	S8070	YD1-2784	普通野生稻	海丰	倾斜	淡紫	9.26	5.40	褐	红	1.60	全不育

注：此目录主要性状来自《中国稻种资源目录》，林登豪提供了部分抗性数据，特此致谢。

附录Ⅰ* 稻属野生种质资源基本情况与主要形态农艺性状调查项目及记载标准

1. 统一编号。

2. 保存编号。

3. 学名。

4. 原产地：省、县（市）、乡（镇）、村地名。

5. 生境（水、旱生）：沼泽地（1）**，大、小水塘（2），小河溪、渠道旁（3），岩石区水潭（4），平原中低洼处（5），潮湿地（6），旱地（7）。

6. 生境（受光性）：直射（1），部分遮阳（2），完全遮阳（3）。

7. 叶耳颜色：无色（0），黄绿（1），绿（2），浅紫（3），紫（4）。

8. 生长习性：直立（1）（倾斜不超过15°），半直立（2）（不超过30°），倾斜（3）（不超过60°），匍匐（4）（60°～180°）。

9. 基部叶鞘色：绿（1），紫条（2），淡紫（3），紫（4）。

10. 始穗期：月、日（10%的穗顶露出叶鞘）。

11. 叶片茸毛：光滑（0），无毛（1），疏（2），密（3）。

12. 剑叶角度：直立（1）（倾斜不超过15°），中（2）（不超过70°），水平（3）（70°～90°），下垂（4）（大于90°）。

13. 叶舌形状：尖至渐尖（1），顶部二裂（2），圆顶或平（3）。

14. 第二叶叶舌长度：mm（*n*=5）。

15. 穗型：集（1）（穗枝贴近穗轴），中（2）（第一枝梗角度小于30°），散（3）（大于30°，枝梗散开），下垂（4）（大于90°，下垂）。

16. 芒的有无：无（0）；短，部分有芒（1）；全芒，芒短于2 cm（2）；长芒，芒长于

---

* 应存山．中国稻种资源［M］．北京：中国农业科技出版社，1993．

** 此数字是为了在田间调查时在记录本上记载方便所设的代码，能提高调查记录效果，不代表该性状的级别。

2 cm（3）。芒色：秆黄色（1），金黄色（2），褐色（3），红色（4），紫色（5），黑色（6）。

17．柱头颜色：白色（1），淡绿（2），黄色（3），褐色（4），淡紫（5），紫色（6）。

18．花药长度：mm（*n*=5）。

19．地下茎有无或匍匐茎的形成：营养根茎（1），营养根茎和匍匐茎（2），营养根茎和弱地下茎（3），营养根茎、匍匐茎和地下茎（4），强地下茎但无结节（5），强地下茎并有结节（6）。

20．剑叶长度：cm（*n*=5）。

21．剑叶宽度：mm（*n*=5）。

22．叶片衰老：迟、慢（1）（成熟时有3片以上青叶），中等（2）（成熟时有2片青叶），早、快（3）（成熟时无青叶或仅1片青叶）。

23．茎秆长度（从根部到穗颈）：cm（*n*=5）。

24．高位分蘖：无（1），少（2）（1～2个），多（3）（3个以上）。

25．穗颈长短：穗颈长（1）（10 cm以上），中（2）（3～10 cm），短（3）（3 cm以下），包颈（4）（穗颈部分在包内）。

26．穗落粒性：低（1%～5%）（0），中（25%）（1），较高（26%～50%）（2），高（50%以上）（3）。

27．小穗育性：高度可育（大于90%）（1），可育（75%～90%）（2），部分不育（50%～75%）（3），高度不育（小于50%）（4），全不育（5）。

（以上27项有重点地做，调查育性时，必须全部套袋。）

28．穗分枝：无第二、第三枝梗（1），具第二枝梗（2），具第二、第三枝梗（3）。

29．穗长：cm（*n*=5）。

30．谷粒长度：mm（*n*=5）；谷粒宽度：mm（*n*=10）。

31．护颖形状：无（0），线形或披针形（1），锥形或有刺毛（2），小三角形（3）。

32．内外颖表面：无疣粒（1），有疣粒（2）。

33．内外颖茸毛：无茸毛（1），外颖龙骨有茸毛（2），上部有茸毛（3）。

34．内外颖颜色：秆黄色（0）；秆黄色镶有金色条纹（1）；秆黄色镶有褐色斑（2）；秆黄色镶有褐色条纹（3）；褐色（4）；红色（5）；秆黄色镶有紫斑（6）；秆黄色镶有紫色条纹（7）；外颖边缘紫色，壳上有紫色斑（8）；紫色（9）；黑色（10）；黑色斑点（11）。

35．种皮颜色：白色（1），淡褐色（2），褐色斑点（3），褐色（4），红色（5），淡紫色（6），紫（7），虾肉色（8），浅红色（9），深红色（10）。

36．外观品质：优（1），中（2），差（3）。

37．百粒重：（g）。

38．生长周期：一年生（1），多年生（2）。

39．对稻瘟病的抗性：高抗（1），抗病（2），中抗（3），感病（4）。

40．对白叶枯病的抗性：0级（0），1级（1），2级（2），3级（3），4级（4），5级（5）。

41．对稻飞虱的抗性：高抗（1），抗虫（2），中抗（3），不抗（4）。

42．对稻瘿蚊的抗性：高抗（1），抗虫（2），中抗（3），不抗（4）。

43．耐寒性（三叶期）：强（1），中（2），弱（3）。

44．耐寒性（开花期）：强（1），中（2），弱（3）。

45．备注。

附录Ⅱ 野生稻资源繁种技术

野生稻资源繁种应根据各野生稻种对生态环境的要求不同而采用相应的技术，不能千篇一律。

1. 繁种地点的选择

①对喜光稻种应选择阳光充足、有机质丰富、土壤较肥沃的水田，插植前预先犁耙沤田，施足基肥。

②对喜荫蔽的稻种，应选择有一定荫蔽条件、有机质较丰富、肥力较好的旱地，种植前应犁耙碎土，有条件的应施沤熟的农家肥或有机肥做基肥。

③对水旱交替的稻种最好用盆栽，预先施足基肥，加水搅拌。盆栽旱种用的盆，在侧面的一定高度位置留有出水孔。土壤为砂壤土最好，但要打碎成颗粒状，与有机肥充分混合均匀，然后装盆备用。

④繁殖地点应排灌方便，水源充足，能随时提供灌溉用水。

2. 插植规格与时间

野生稻繁种一般在5月上旬播种，6月中旬至下旬插植，迟熟材料（11月抽穗的）在早造播种插秧。宿根苗栽种繁种一般在6月，插植迟熟材料在4月植。在种植前割去老种茎，留禾蔸16～25 cm，促进再生苗的生长。插植规格可采用50 cm×33 cm单行插植，或（50 cm×33 cm）+（33 cm×33 cm）的大小双行插植。对于分蘖力较弱的野生种，可改用16.5 cm的单行或双行插植，插后的田间管理按水稻或旱稻的栽培方法进行。由于插植规格疏，生长期长，要特别注意清除杂草及防治鼠害。

3. 病虫害防治

野生稻是稻种资源的组成部分，水稻主要病虫害对其均有危害。因此，要特别注意病虫害防治，如叶蝉、褐飞虱、三化螟、稻瘿蚊、稻瘟病、白叶枯病、纹枯病、细条病、胡麻斑病等病虫害，防止此类病虫害的发生和蔓延，发现病株应及时除去。

4. 插支架和套袋

野生稻种具有边开花、边结实、边成熟、边落粒的特性，要收到其种子，必须在扬花灌浆期进行套袋。因此，在始穗期应在每一植株（每蔸）边上插1～2根竹竿，并对稻穗进行套袋。选用透光纸袋或尼龙丝网袋，将稻穗套进袋子后固定在竹竿上，防止落粒。

5. 及时收晒

野生稻抽穗成熟时间不一致，落粒性强，边熟边落粒，一般在谷粒落袋后1个月收种，可分批及时收获与晒种。

6. 防止机械混杂和错乱

在野生稻繁种的整个过程中均要做到小心细致，预防混杂。在播种、插秧、收获和晒种等关键环节要注意挂牌，收种时袋子内外均应有牌子，且号码一致。要进行田间观察和室内考种。种子精选时要去除杂、假和质量差的种子，确保繁殖收种的质量，保证野生稻种子遗传性的完整与真实。

附录 III 野生稻资源种质安全保存技术

野生稻资源中除*O.nivara*、*O.barthii*、*O.brachyantha*、*O.punctata*（部分）为一年生野生稻种外，其余均为多年生野生稻种，具有无性生殖和有性生殖并存的双重特性。因此，在其种质安全保存技术上也有一定的差异，但总的来说，以下三种安全保存技术最常用。

一、种茎资源安全保存技术

1. 田间保存圃

①整地。选择中等肥力、排灌方便的水田或旱生稻种用的旱地，需遮阳的稻种应给予荫蔽的生态条件，再经过"二犁三耙"和沤田后即可使用。插植前用10 cm间隔的木耙耙好格子。在建有水泥池的田间圃中，只要在水泥池中装上中等肥力的土壤，沤田后即可使用。

②种茎材料的准备。新搜集的野生稻种茎资源经整理、编号、检疫等工作后，可留作保存种质。新搜集的种子资源除种子整理、编号外，应预先在另外的田间播种育秧及初步鉴定整理后，才能插于保存圃保存。来自原老圃保存的材料，只要挂好编号牌子，防止混杂错乱，就可以选择健康植株进行更新种植。木牌、纸牌的准备：纸牌规格为5.0 cm×2.7 cm，麻绳（塑料带等）长15～20 cm，木牌规格为45 cm×4.5 cm×1.0 cm。取材：在老圃取材可用镰刀连泥带根一起把种茎苗取下来，每个编号（每份资源）为10～15株苗，按编号捆好备用。

③插植。插植规格为80 cm×80 cm或50 cm×80 cm，每间隔5个编号插上一个有对应号码的木牌。材料按顺序插植，插好后应检查一遍号码是否正确。一般在6～7月上旬插植为宜。在水泥池保存圃中种植则按水泥池的顺序种植。

④保存圃的水肥管理。插植一周后应施少量的肥料（37.5～75 kg/hm²），促使其及早回青生长。以后每年根据需要施肥2～3次，每次37.5～75.0 kg/hm²。

⑤病虫害的防治。水稻的病虫害一般都对野生稻有危害，应采用与水稻管理相同的方法，及时发现病虫害的发生，以便喷药治疗。

⑥除草与割苗。在野生稻圃种植的野生稻苗较稀疏，杂草很容易生长，应及时除草，

防止其影响野生稻生长。由于种茎资源保存是长期保存种茎，因此在种苗生长过盛时与抽穗期都应认真割苗，防止结实落粒，混杂保存种质。在越冬前半个月也应割苗。一般留稻茬20～30 cm，防止冬季干旱。割下的苗要清理干净，防止机械混杂其他材料。

⑦部分材料移栽温室越冬。对耐寒性弱的材料，在冬季应移到温室保存，一般一个编号重复两份越冬，以增加安全系数。

⑧田间圃一般1～3年更新一次，水泥池圃一般3～5年更新一次。

2. 缸栽保存圃

①选择中等肥力的稻田土和适量有机肥混合，打碎沤熟后装入缸内，土深达到离缸口15 cm左右的位置，灌水沤土一月余，即可种植水生的野生稻。要求旱生的野生稻则干土种植并在缸的侧面离底部一定高度留一出水孔。

②在每个缸上写上编号，按编号由小到大的顺序种植。

③水肥管理。水生野生稻种资源的保存应保持缸内常有水层，冬季也应保持湿润。每年施1～2次肥料，用量37.5～75 kg/hm^2，分缸施用。

④病虫害、杂草、鼠害的防治同田间保存圃管理一样。

⑤在抽穗期及越冬期应割苗，防止结实及种子落粒或其他杂草混杂。

⑥每3～5年把保存材料移植于田间，全面更新缸内的泥土，小缸则在更短的时间内更新。

二、野生稻种子资源保存技术

野生稻资源经过田间繁殖，收到合格的种子后，可采用能干燥冷冻、恒温恒湿的现代化种质库长期保存种子资源。

1. 入库前处理

①及时收晒。种子成熟后要及时收种，把穗子连袋子一起割下来，挂上写有号码的塑料牌，核对后收回，在2～3天内晒干。如遇雨天应送进干燥室处理。

②选种。晒干脱粒后的种子要进行挑选，去除秕谷和不够成熟的种子与杂物，然后按国家种质库的要求每份500～1 000粒进行种子分装。剩下的种子也应及时分装到种子袋内，进中期库，或分送各种抗性鉴定或其他试验用。种子袋内放活动标签，种子袋外贴号码标签，内外号码要一致。

③考种。按国家稻属野生种质资源观察记载标准进行考种，并把数据填写到国家野生稻资源目录上，同时填好送国家种质库的种子清单。

④发芽试验。进行种子发芽率试验，监测种子生活力。

⑤及时送种。把目录、种子清单和种子一起送国家种质库和地方种质库。

2. 种质库内处理

①样品登记。建立种子贮藏档案。每份样品只能有一个编号，记录着该样品的全部有关资料。如需测试、检查等，记录时可设置一个暂存编号，直到确定永久编号时才停止使用暂存编号。

②种子的清洁。种子进临时库后应再次精选，清除所有质量低的种子与坏碎物，被传染或被侵染病害的种子及与样品不同的种子（杂草种子）也应清除。

③种子含水量的确定。种子含水量是指种子内水分的总和，常用百分数表示。一般贮藏种子的含水量应为3%～7%，野生稻种子含水量为6%。

④种子干燥。种子贮藏顾问委员会（IBPGR）推荐的最安全的种子干燥法是在温度15 ℃、相对湿度10%～15%的条件下把种子干燥到3%～7%的含水量。我国国家种质库用温度38 ℃，把种子干燥到7%以下，野生稻种子用40～45 ℃干燥25～30小时，含水量6.0%～6.2%对种子发芽力是安全的。

⑤种子生活力的测定。种子贮藏顾问委员会推荐的方法是每个样品重复两次，用量为200粒种子，规定发芽率达到或超过90%，才能符合贮藏要求。我国要求发芽率标准为90%以上。野生稻种子发芽检测方法用陈家裘法，即用赤霉素1 000～1 200 mg/kg或0.1mol/L的硝酸浸种24小时，在温度40 ℃下8小时转入温度30 ℃以下16小时，连续变温催芽，4天计算发芽势，10天计算发芽率。

⑥种子包装。精选后称过重量和计数后的种子装进密封的、准备贮藏的容器内，容器一般用铝箔容器或能封蜡的罐、瓶和特殊设备。包装工作应在干燥房中进行，包装时应有内外编号一致的标签。

⑦种子贮藏。把包装好的种子样品（种子含水量为3%～7%）进行密封，然后放在温度-18 ℃～0 ℃贮藏，不密封就贮藏是不可取的。

⑧样品的监测。超长期贮藏的种子生活力逐渐降低，经过种子分发、取出检验，种子数量也逐步减少，所以这两者都必须在贮藏期间每隔一段时间进行监测。通过监测了解样品贮藏期间种子生活力、种子数量的准确数据，并由此来决定样品的更新与否。

⑨种质搜集活动的记录。把搜集、贮藏、分发种子的情况都分别记录在每份样品的档案中，为种子库各项工作提供可靠的依据。

⑩样品更新。样品的更新是指用随机取样的种子播种和生长产生植株的条件下使样品复原，使新收获的种子具有原始群体相同的特征、特性。种子贮藏顾问委员会推荐的标准是当种子生活力低于85%时，样品应更新。种子数量在样品中降低到该物种3个完整更新周期要求

的数量时，也需要进行更新。

三、野生稻微型种质库保存技术

1. 离体培养技术

①材料的准备。野生稻资源微型种质库所用的外植体为野生稻的茎尖、幼穗、幼胚、幼胚乳等，因此，准备的每份材料必须是健康、无病虫害的植株，以提供外植体。

②培养基的选择与配制。野生稻的脱毒培养多选用N6、通用、E24和YD等培养基，加上2~4 mg/L的2,4-二氯苯氧乙酸（2,4-D）或萘乙酸（NAA）做诱导培养基，用MS、YD、N6基本培养基加0.2~4 mg/L吲哚乙酸（IAA）或萘乙酸，0.5~4 mg/L的6-苄氨基嘌呤（6-BA）或6-糠氨基嘌呤（激动素、Kt）做分化培养基。培养基配制时，先配制母液，然后按比例吸取母液配成培养基，母液的含量和吸量计算如下。

A.药品的称取量：母液体积=母液中每毫升该药品的含量

B.某药品在培养基中的含量：母液每毫升含量=吸取量（毫升数）

把大量元素、微量元素、有机物、各种激素成分等分开配成母液。

生长素类如2,4-D、NAA、IAA等先用少量95%的酒精溶解，然后加蒸馏水定容。

激动素类如Kt、6-BA使用少量0.1mol/L的氢氧化钠（NaOH）溶液溶解，然后定容。

③外植体材料选取。幼胚乳、幼胚一般取受精后10天左右的材料，幼穗取分化第3~4期的材料，茎尖取健康粗壮的材料，种胚可取成熟种子的材料。

④消毒。微型种质库的材料培养和种质保存均在无菌条件下进行，因此，培养基及保存材料均需严格灭菌消毒。培养基消毒一般用121.6 ℃的温度和667 244 Pa的压力消毒15分钟，对棉塞、接种用具等物品的消毒压力和时间应有所提高，至少用889 659 Pa的压力消毒30分钟以上。

对接种的外植体（幼穗、茎尖、幼胚、幼胚乳等）先用70%~75%的酒精擦洗一次，再去掉外层保护的颖壳、叶鞘等，用纱布包好，然后用0.1%升汞浸10~15分钟，用无菌水冲洗3~4次，最后用解剖刀在消毒滤纸上剥出茎尖等材料切下接于培养基上。整个过程都要在超净工作台上进行。

⑤愈伤组织的诱导和分化。接种好的材料放在（27±1）℃的培养室内暗培养，诱导愈伤组织，15~20天长出愈伤组织。经过约20天后可把愈伤组织转到分化培养基上进行光培养，每天光照12~16小时，光照强度1 500~2 000 lx，15天后绿芽出现。幼胚可以直接长出幼苗，茎尖、幼穗、幼胚乳等经过愈伤组织分化成绿苗。

⑥微型种质保存。在培养基中加入延缓剂（3%~5%甘露醇），在铝箔封口的试管内保

存绿苗种质，形成微型种质库。保存条件：温度10 ℃，光照强度500～1 000 lx，每天光照8小时。保存11个月后，试管苗存活率为90％～100％。

⑦炼苗移栽。新分化出的绿苗或保存的绿苗，如要移栽至大田，可在绿苗长到15～20 cm时，打开塞子，炼苗2～3天，再洗去培养基，换入清水中再炼苗2～3天即可移栽，其成活率较高。

2. 冷冻保存技术

动植物细胞在冷冻条件下可减缓生命的新陈代谢，从而延长细胞寿命，这也可以达到长期保存种质的目的，形成种质微型冷冻保存技术。

①选择组织培养的优质愈伤组织加入5％的二甲基亚砜（DMSO）为保护剂，把愈伤组织逐步冻结在液氮中保存。水稻愈伤组织可以保存半年多的时间。

②也可以把冷冻愈伤的组织解冻后继代，长出新的愈伤组织，然后再冷冻保存，这样可以达到长期保存的目的。

③冷冻保存的野生稻愈伤组织解冻后，在分化培养基上能长出新植株。

④把这些再分化出的绿苗移栽至大田，可以恢复野生稻资源的原状。

参考文献

［1］才宏伟，王象坤，庞汉华. 中国普通野生稻是否存在籼粳分化的同工酶研究［M］//《农业科学集刊》编辑委员会. 农业科学集刊：第1集. 北京：农业出版社，1993：106.

［2］曹一化，刘旭. 自然科技资源共性描述规范［M］. 北京：中国科学技术出版社，2006.

［3］陈叔平，卢新雄. 作物种质资源保存论文集［M］. 北京：中国农业科技出版社，1996.

［4］陈叔平. 国内外野生稻研究工作概述［J］. 作物品种资源，1984（3）：38-40.

［5］陈成斌. 广西野生稻资源研究［M］. 南宁：广西民族出版社，2005.

［6］陈成斌. 农业遗传资源与农业可持续发展研究［M］. 南宁：广西民族出版社，2005.

［7］陈成斌，潘大建. 野生稻种质资源描述规范和数据标准［M］. 北京：中国农业出版社，2006.

［8］陈成斌，杨庆文. 广西野生稻考察收集与保护［M］. 南宁：广西科学技术出版社，2012.

［9］陈成斌，梁云涛. 野生稻种质资源保存与创新利用技术体系［M］. 南宁：广西人民出版社，2014.

［10］陈成斌，黄东贤，王腾金. 华南弱感光及感光型杂交水稻［M］. 南宁：广西科学技术出版社，2016.

［11］陈成斌. 国家种质南宁野生稻圃种质资源名录：第一册［R］. 南宁：广西农业科学院作物品种资源研究所，2002.

［12］陈成斌. 国家种质南宁野生稻圃圃志［R］. 南宁：广西农业科学院水稻作物品种资源研究所，2005.

［13］陈成斌，王喆. 野生稻花药一次培养成苗初报［J］. 广西农业科学，1986（2）：8-10.

［14］陈成斌. 广西野生稻资源品质研究［J］. 绵阳农专学报，1990，7（1）：23-28+58.

［15］陈成斌，赖群珍，李道远，等. 普通野生稻辐射后M_1代数量性状变异探讨［J］. 广西农学报，1996（2）：1-7.

［16］陈成斌，庞汉华. 南昆铁路广西段野生稻现状考察与收集［J］. 广西农学报，1997（2）：46-49.

［17］陈成斌. 关于普通栽培稻演化途径之我见［J］. 广西农业科学，1997（1）：1-5.

［18］陈成斌. 广西优异稻种资源研究的主要进展［M］//应存山，盛锦山，罗利军，等. 中

国优异稻种资源. 北京：中国农业出版社，1997：79–92.

［19］陈成斌，陈家裘，李道远，等. 普通野生稻辐射后代质量性状的变异［J］. 西南农业学报，1998，11（2）：7–16.

［20］陈成斌，陈家裘，黄勇，等. 栽野稻杂种后代花药培养效率研究［J］. 广西农业科学，1998（3）：105–109.

［21］陈成斌，李道远，陈家裘，等. 中国普通野生稻M_2代数量性状变异研究［J］. 广西农学报，1998（1）：15–20.

［22］陈成斌. 不同生态类型的普通野生稻花药培养研究［J］. 广西农业科学，1989（5）：1–6.

［23］陈成斌. 外源DNA通过花粉管途径导入栽培稻方法探讨［J］. 广西农业科学，1988（3）：12–14.

［24］陈成斌. 普通野生稻起源演化初探［J］. 广西农学报，1992（3）：1–7.

［25］陈成斌. 植物分子育种［J］. 绵阳农业学报，1992，9（4）：11–17+47.

［26］陈成斌，李道远. 普通野生稻花药培养基研究［J］. 西南农业学报，1993，6（4）：16–20.

［27］陈成斌，李道远，林登豪，等. 普通野生稻性状籼粳分化观察［J］. 西南农业学报，1994，7（2）：1–6.

［28］陈成斌，李道远，黄勇，等. 普通野生稻资源耐冷性研究［J］. 广西农学报，1994（4）：1–5.

［29］陈成斌，赖群珍. 我国特种稻研究概述［J］. 广西农业科学，1993（2）：58–61.

［30］陈成斌，黄勇，李道远. 稻野栽交后代花药一次培养成苗技术［J］. 广西农业科学，1993（5）：193–195.

［31］陈成斌，赖群珍. 广西稻种资源研究与生物技术应用［J］. 广西农学报，1993（1）：23–27.

［32］陈成斌，李道远. 广西野生稻优异种质评价与利用研究进展［J］. 广西农业科学，1995（5）：193–195.

［33］陈成斌，赖群珍. 我国农业生物技术研究的主要进展［J］. 广西农业科学，1995（6）：289–293.

［34］陈成斌，李道远，黄勇，等. 广西普通野生稻籼粳性状研究［J］. 绵阳农业学报，1995，12（3）：1–7.

［35］陈成斌，赖群珍，徐志建，等. 广西野生稻种质资源保护利用现状与展望［J］. 植物遗传资源学报，2009，10（2）：338–342.

［36］陈大洲，肖叶青，赵社香，等. 江西东乡野生稻细胞质雄性不育系的恢复源探讨

［J］．杂交水稻，1995（6）：4-6.

［37］陈大洲，肖叶青，赵社香，等．东乡野生稻苗期和穗期的耐寒性研究［J］．江西农业学报，1996，8（1）：1-6.

［38］陈大洲，肖叶青，赵社香，等．东乡野生稻苗期耐寒性的遗传研究［J］．江西农业大学学报，1997，19（4）：56-69.

［39］陈大洲，邓仁根，肖叶青，等．东乡野生稻抗寒基因的利用与前景展望［J］．江西农业学报，1998，10（1）：65-68.

［40］陈飞鹏，吴万春．中国三种野生稻根状茎解剖的比较研究［J］．华南农业大学学报，1994，15（2）：81-84.

［41］陈峰，谭玉娟，帅应垣．广东省野生稻种质资源对褐稻虱的抗性鉴定［J］．植物保护学报，1989，16（1）：12+26.

［42］陈建三，尹林，曹婉君，等．非洲长雄蕊野生稻的遗传特性及其固定杂种优势研究探讨［J］．中国农业科学，1995，28（5）：22-28.

［43］陈锦华，孟丽，张赞平．普通野生稻G-显带核型的研究［J］．河南职技师院学报，1993，21（2）：5-10.

［44］陈勇，曾亚文，梁斌．云南野生稻与栽培稻杂交F$_2$分离群体的性状分布多态性［J］．西南农业学报，1997，10（3）：17-21.

［45］陈璋．2，4-D对野生稻未成熟胚离体培养的影响及其再生植株的田间表现（简报）［J］．植物生理学通讯，1993，29（5）：349-351.

［46］程侃声．亚洲稻籼粳亚种的鉴别［M］．昆明：云南科技出版社，1993.

［47］程式华．中国超级稻育种［M］．北京：科学出版社，2010.

［48］邓国富，陈彩虹．国家水稻改良中心南宁分中心（广西壮族自治区农业科学院水稻研究所）论文汇编［G］．南宁：国家水稻改良中心南宁分中心（广西壮族自治区农业科学院水稻研究所），2005.

［49］丁颖．中国水稻栽培学［M］．北京：农业出版社，1961.

［50］丁颖稻作论文选集编辑组．丁颖稻作论文选集［M］．北京：农业出版社，1983.

［51］丁颖．中国栽培稻种的起源及其演变［J］．农业学报，1957，8（3）：243-260.

［52］董轶博，孔华，彭于发，等．海南万宁普通野生稻居群开花习性和生殖特性研究［J］．植物遗传资源学报，2008，9（2）：218-222.

［53］贾维斯，帕多奇，库珀．农业生态系统中生物多样性管理［M］．白可喻，戎郁萍，张英俊，等，译．北京：中国农业科学技术出版社，2011.

［54］杜相革，王慧敏．有机农业概论［M］．北京：中国农业大学出版社，2001.

［55］范芝兰，潘大键，李翌朗．疣粒野生稻的胚培繁种保护方法初探［J］．广东农业科

学，1995（2）：11.

［56］方嘉禾. 作物品种资源保存研究论文集［M］. 北京：中国农业科技出版社，1992.

［57］方嘉禾. 中国作物遗传资源本底现状与保护对策［R］. 北京：中国农业科学院作物品种资源研究所，2003.

［58］郑殿升，刘旭，卢新雄，等. 农作物种质资源整理技术规程［M］. 北京：中国农业出版社，2008.

［59］方嘉禾. 世界生物资源概况［J］. 植物遗传资源学报，2010，11（2）：121-126.

［60］冯世康，陈成斌，黄勇，等. 特异稻种桂D1号的高光效特性［J］. 广西农业科学，1992（4）：151-152.

［61］傅强，颜辉煌，胡慧英，等. 栽培稻与紧穗野生稻回交后代的细胞学与褐飞虱抗性鉴定［J］. 西南农业大学学报，1998，20（5）：384-386.

［62］傅立国. 中国植物红皮书：稀有濒危植物：第一册［M］. 北京：科学出版社，1991.

［63］盖红梅，陈成斌，沈法富，等. 广西武宣濠江流域普通野生稻居群遗传多样性及保护研究［J］. 植物遗传资源学报，2005，6（2）：156-162.

［64］高立志，张寿洲，周毅，等. 中国野生稻的现状调查［J］. 生物多样性，1996，4（3）：160-166.

［65］高立志，周毅，葛颂，等. 广西普通野生稻（*Oryza rufipogon* Griff.）的遗传资源现状及其保护对策［J］. 中国农业科学，1998，31（1）：32-39.

［66］冈彦一. 水稻进化遗传学［M］. 徐云碧，译. 杭州：中国水稻研究所，1986.

［67］广东农林学院农学系. 我国野生稻的种类及其地理分布［J］. 遗传学报，1975，2（1）：31-36.

［68］广西壮族自治区测绘局. 广西地图册（内部用图）［CM］. 南宁：广西壮族自治区测绘局，1987.

［69］广西野生稻普查考察协作组. 广西野生稻普查考察搜集资料汇编［G］. 南宁：［出版者不详］，1981.

［70］广西野生稻普查考察协作组. 广西野生稻的地理分布及其特征特性［J］. 作物品种资源，1983（1）：12-16+18.

［71］广西壮族自治区种子总站. 广西农作物审定品种汇编（1983—2000年）［G］. 南宁：广西壮族自治区种子总站，2001.

［72］广西壮族自治区种子总站. 广西农作物审定品种汇编（2000—2005年）［G］. 南宁：广西壮族自治区种子总站，2005.

［73］广西生物多样性保护战略与行动计划编制工作领导小组. 广西生物多样性区情研究［M］. 北京：中国环境出版社，2016.

［74］国家水稻改良中心南宁分中心，广西农业科学院水稻研究所．国家水稻改良中心、广西农业科学院水稻研究所获奖成果、育成品种、承担项目汇编［G］．南宁：［出版者不详］，2005．

［75］国家科学技术部，农业部．杂交水稻：第一届中国杂交水稻大会论文集［J］．2010，25（S1）．长沙：《杂交水稻》编辑部，2010．

［76］韩惠珍，徐雪宾．中国三种野生稻胚的形态学观察［J］．中国水稻科学，1994，8（1）：73-78．

［77］韩龙植，魏兴华．水稻种质资源描述规范和数据标准［M］．北京：中国农业出版社，2006．

［78］韩贻仁．分子细胞生物学［M］．北京：高等教育出版社，1988．

［79］韩玉梅，赵荣杰．野生稻对白叶枯病的抗性研究［J］．植物保护学报，1988，15（1）：45-48．

［80］贺淹才．基因工程概论［M］．北京：清华大学出版社，2008．

［81］黄大年，赵式英，王金霞，等．野生稻酯酶等电聚焦电泳分析［J］．中国水稻科学，1988，2（2）：56-60．

［82］黄瑞荣，曾小萍，文艳华，等．江西东乡野生稻对三种病害抗性的研究［J］．作物品种资源，1990（4）：36-37．

［83］黄巧云．普通野生稻种质资源苗期根系泌氧力测定［J］．广东农业科学，1988（1）：48-49．

［84］黄巧云，范芝兰，梁能，等．以籼稻不育株为受体将药用野生稻的褐稻虱抗性导入栽培稻研究初报［J］．广东农业科学，1994（3）：1-3+11．

［85］黄巧云，范芝兰．非AA染色体组型野生稻对褐稻虱的抗性及其导入栽培稻研究［J］．广东农业科学，1998（增刊）：11-15．

［86］广西农科院植保所稻虫组，广西农科院品资所野生稻组．野生稻对褐稻虱和白背飞虱的抗性鉴定［J］．昆虫知识，1992（1）：5-7．

［87］黄璜，廖晓兰，王思明，等．2000年间野生稻和栽培稻（O.sativa L.）分布区逆向分离的过程及动力　Ⅰ古今野生稻和栽培稻（O.Sativa L）的分布与人口分布的关系［J］．生态学报，1998，18（2）：119-126．

［88］黄璜，廖晓兰，王思明，等．2000年间野生稻和栽培稻（O.sativa L.）分布区逆向分离的过程及动力　Ⅱ古今野生稻和栽培稻（O.Sativa L）分布区变化的动力分析［J］．生态学报，1998，18（3）：119-126．

［89］黄庆榴，曹国仪，唐锡华．栽培稻与野生稻离体受精获得的中间类型［J］．上海农业学报，1991，7（1）：79-82．

［90］蒋荷，吴竟仑，王根来，等. 连云港稆稻研究［J］. 作物品种资源，1985（2）：4-7.

［91］蒋琬如，王久林，庞汉华，等. 野生稻抗瘟性鉴定抗病基因推断及抗性导入［J］. 中国农业科学，1996，29（6）：21-28.

［92］姜文正，涂英文，丁忠华，等. 东乡野生稻研究［J］. 作物品种资源，1988（3）：1-4.

［93］江用文. 国家种质资源圃保存资源名录［M］. 北京：中国农业科学技术出版社，2005.

［94］赖群珍，陈成斌. 广西作物抗病虫性研究及发展方向的商榷［J］. 绵阳农专学报，1994，11（3）：12-15+29.

［95］赖星华，高汉亮，宋文学，等. 广西野生稻种质资源对稻瘟病的抗性研究［J］. 广西农业科学，1992（1）：37-40.

［96］梁能. 普通野生稻种质资源抗性鉴定［J］. 广东农业科学，1989（2）：3-7.

［97］梁世春，陈成斌，杨庆文. 广西野生稻原生境彩色图谱［M］. 南宁：广西科学技术出版社，2013.

［98］梁世春，陈成斌，梁云涛，等. 广西野生稻资源考察图像采集与图像信息库建设探讨［J］. 植物遗传资源学报，2012，13（4）：692-694.

［99］黎祖强，廖世模，王国昌. 栽培稻与普通野生稻遗传距离估测和聚类初报［J］. 华南农业大学学报，1995，16（3）：93-97.

［100］李晨，潘大建，毛兴学，等. 用SSR标记分析高州野生稻的遗传多样性［J］. 科学通报，2006，51（5）：551-558.

［101］李道远，卢玉娥，陈成斌. 广西稻种资源论文选集［M］. 南宁：广西农业科学编辑部，1991.

［102］李道远，陈成斌. 中国普通野生稻的分类学问题探讨［J］. 西南农业学报，1993，6（1）：1-6.

［103］李道远，陈成斌. 普通野生稻资源种茎保存技术研究［J］. 广西农业科学，1990（2）：11-13.

［104］李道远，陈成斌，林世成，等. 野栽杂交花培育种探讨［J］. 广西科学院学报，1992，8（2）：53-58.

［105］李道远，陈成斌. 野生稻资源的繁种技术研究［J］. 绵阳农专学报，1991，8（3）：23-29.

［106］李道远，陈成斌. 中国普通野生稻的分类学问题探讨［J］. 西南农业学报，1993，6（1）：1-6.

［107］李道远，陈成斌. 中国普通野生稻两大生态型特征与生态考察［J］. 广西农业科学，1993（1）：6-11.

［108］李道远，陈成斌，周光宇，等. 野生稻DNA导入栽培稻的研究［M］//周光宇，陈善葆，黄骏麒. 农业分子育种研究进展. 北京：中国农业科技出版社，1993：25-30.

［109］李道远，陈成斌. 桂D1号与受体杂交出现的粘米类型的性状变异及遗传表现［R］. 长沙：全国第三届植物分子育种研讨会，1994.

［110］李道远，林登豪，陈成斌. 中国栽培稻的近缘祖先及其演化探讨［J］. 西南农业学报，1996，9（4）：1-5.

［111］李克敌. 广西野生稻原生境保护点建设的进展、问题和对策［J］. 植物遗传资源学报，2008，9（2）：230-233.

［112］李金泉，杨秀青，卢永根. 水稻中山1号及其衍生品种选育和推广的回顾与启示［J］. 植物遗传资源学报，2009，10（2）：317-323.

［113］李容柏. 普通野生稻抽穗特性的调查研究［J］. 作物品种资源，1994（4）：13-15.

［114］李容柏. 普通野生稻和药用野生稻群体性状研究［J］. 广西农业科学，1991（2）：49-54.

［115］李容柏，秦学毅. 长药野稻利用初报［J］. 广西农业科学，1994（2）：49-51.

［116］李容柏，秦学毅. 野生稻种子繁殖技术研究［J］. 广西农业科学，1989（6）：15-17.

［117］李容柏，陆岗，梁耀懋，等. 几个野稻抗源对白叶枯病抗性的遗传［J］. 广西农业科学，1995（1）：33-36.

［118］李容柏，秦学毅. 广西野生稻抗病虫性鉴定研究的主要进展［J］. 广西科学，1994，1（1）：83-85.

［119］李文彬，梁红健，孙勇如，等. RAPD鉴定栽培稻与野生稻体细胞杂种［J］. 生物工程学报，1996，12（4）：390-393+516.

［120］李小湘，孙桂芝，黎用朝，等. 野生稻抗褐飞虱鉴定研究［J］. 作物品种资源，1996（2）：30-31.

［121］李小湘，王淑红，段永红，等. 普通野生稻保护和未保护居群遗传多样性的比较［J］. 植物遗传资源学报，2007，8（4）：379-386.

［122］李杨瑞. 广西农业科学院获奖科技成果（1978—2009）［M］. 南宁：广西科学技术出版社，2010.

［123］李子先，刘国平，陈忠友. 中国东乡野生稻遗传达因子转移的研究［J］. 遗传学报，1994（2）：133-146.

［124］李自超. 中国稻种资源及其核心种质研究与利用［M］. 北京：中国农业大学出版

社，2013.

［125］林世成，闵绍楷. 中国水稻品种及其系谱［M］. 上海：上海科学技术出版社，1991.

［126］林世成，章琦，阙更生，等. 普通野生稻对水稻白叶枯病抗性的评价及遗传研究初报
［J］. 中国水稻科学，1992，6（4）：155-158.

［127］林世成，阙更生，刑祖颐，等. 广西普通野生稻RBB16抗白叶枯病育种初报［J］.
广西农业科学，1993（1）：1-5.

［128］林承坤. 长江、钱塘江中下游地区新石器时代古地理与稻作的起源和分布［J］. 农
业考古，1987（1）：283-292.

［129］刘东旭，李子先. 野生稻资源的研究和利用现状［J］. 种子，1996（2）：35-49.

［130］刘雪贞，黄巧云. 广东省普通野生稻米外观品质的分析利用［J］. 广东农业科学，
1999（增刊）：20-21.

［131］刘雪贞. 普通野生稻种质资源苗期耐旱性鉴定［M］//中国农学会遗传资源学会，中
国农业科学院作物品种资源研究所. 作物抗逆性鉴定的原理与技术. 北京：北京农
业大学出版社，1989：162-166.

［132］刘雪贞. 广东省野生稻种质资源苗期耐寒性鉴定［J］. 广东农业科学，1988（5）：
10-11.

［133］刘雪贞，黄巧云. 利用野生稻育成优质抗病虫新品系的体会［J］. 广东农业科学，
1998（增刊）：16-18.

［134］刘宝业，张增艳，梁国鲁. 作物抗病基因工程研究进展［J］. 植物遗传资源学报，
2008，9（2）：253-257.

［135］卢永根，万常炤，张桂权. 我国三个野生稻种粗线期核型的研究［J］. 中国水稻科
学，1990，4（3）：97-105.

［136］卢永根，刘向东，陈雄辉. 广东高州普通野生稻的研究进展［J］. 植物遗传资源学
报，2008，9（1）：1-5.

［137］卢新雄，陈叔平，刘旭，等. 农作物种质资源保存技术规程［M］. 北京：中国农业
出版社，2008.

［138］罗小芬，邓椋炎，刘丕庆，等. 水稻抗白叶枯病Xa23基因的微卫星标记RM206在育种
群体中的多态性分析［J］. 广西农业生物科学，2007，26（2）：120-124.

［139］马缘生. 作物种质资源保存研究论文集［M］. 北京：学术书刊出版社，1989.

［140］毛德志，唐贻兰. γ射线辐照野生稻与黑糯F₁植株的诱变效应研究［J］. 核农学
报，1998，12（5）：263-268.

［141］莫永生. 高大韧稻育种论及其新品种和应用技术［M］. 南宁：广西民族出版社，
2004.

［142］农业部科教司. 中国农业生物多样性保护与可持续利用现状调研报告［M］. 北京：气象出版社，2000.

［143］农业部科技教育司. 农业野生植物保护技术管理培训教材［M］. 北京：中国农业部科技教育司，2002.

［144］农业部科技教育司，中国农学会. 中华农业科技奖2009年度获奖成果介绍［Z］. 北京：［出版者不详］，2010.

［145］农业部科技教育司，农业部农业生态与资源保护总站，中国农业科学院作物科学研究所. 激励机制在中国作物野生近缘植物保护中的实践［M］. 北京：中国农业出版社，2013.

［146］农业部农村社会事业发展中心组. 农业野生植物保护与可持续利用［M］. 北京：中国农业出版社，2010.

［147］潘大建，黄巧云，连兆铨，等. 非AA染色体组型野生稻的抗病虫性研究［J］. 广东农业科学，1995（4）：36-38.

［148］潘大建，梁能，吴惟瑞. 野生稻辐照诱变研究初报［J］. 广东农业科学，1997（1）：1-3.

［149］潘大建，梁能. 广东普通野生稻遗传多样性研究［J］. 广东农业科学，1998（增刊）：8-11.

［150］潘大建，范芝兰，朱小源，等. 广东高州普通野生稻稻瘟病抗性鉴定［J］. 植物遗传资源学报，2008，9（3）：358-361.

［151］庞汉华. 野生稻花药培养植株成功［J］. 农业科技要闻，1985（23）：2.

［152］庞汉华，曹桂兰. 普通野生稻花药培养植株研究初报［J］. 作物品种资源，1985（4）：12-15.

［153］庞汉华. 普通野生稻（*Oryza sativa f. Spontanea Roschevicz*）花粉植株诱导率的研究［J］. 作物学报，1987，13（3）：255-256+248.

［154］庞汉华. 提高普通野生稻花药培养绿苗诱导率的研究［J］. 作物品种资源，1989（1）：6-8+36.

［155］庞汉华，舒理慧，吴妙燊，等. 普通野生稻（*Oryza rufipogon* Griff.）花药培养研究——Ⅰ. 提高花粉愈伤组织诱导率和绿苗分化率的研究［J］. 作物学报，1991，17（6）：436-443.

［156］庞汉华. 中国普通野生稻种资源若干特性分析［J］. 作物品种资源，1992（4）：6-8.

［157］庞汉华. 野生稻对两病抗性鉴定简报［J］. 作物品种资源，1994（2）：26-27.

［158］庞汉华. 提高野栽稻杂交后代花药培养率的研究［J］. 作物品种资源，1995（2）：

6-8.

［159］庞汉华. 优异普通野生稻资源的开拓利用［J］. 作物品种资源, 1994（增刊）: 95-97.

［160］庞汉华. 建立野生稻原地自然保护点已刻不容缓［J］. 作物品种资源, 1996（4）: 22-24.

［161］庞汉华. 生物技术在野生稻资源研究中的应用［J］. 广东农业科学, 1997（2）: 4-5.

［162］庞汉华. 普通野生稻优异种质资源主要特点与利用展望［J］. 种子, 1998（3）: 31-33.

［163］庞汉华. 不同类型的普通野生稻花药培养研究［C］//北京遗传学会第二次年会学术讨论会论文摘要汇编. 北京:［出版者不详］, 1991.

［164］庞汉华. 我国普通野生稻资源特征特性分析［C］//北京遗传学会第二次年会学术讨论会论文摘要汇编. 北京:［出版者不详］, 1991.

［165］庞汉华, 才宏伟, 王象坤. 中国普通野生稻（*Oryza rufipogon* Griff.）的形态分类研究［J］. 作物学报, 1995, 21（1）: 17-24.

［166］庞汉华, 汤圣祥, 赵江, 等. 栽培稻和野生稻杂种花药培养效率的研究［J］. 浙江农业学报, 1995, 7（1）: 7-10.

［167］庞汉华, 汤圣祥. 不同生态型普通野生稻花药培养力的研究［J］. 中国水稻科学, 1995, 9（3）: 167-171.

［168］庞汉华. 生物技术在我国野生稻资源研究中的应用［C］//生物技术与作物种质资源研究会学术讨论会论文摘要集. 北京:［出版者不详］, 1996.

［169］庞汉华, 王象坤. 中国普通野生稻资源中一年生类型的研究［J］. 作物品种资源, 1996（3）: 8-11.

［170］庞汉华. 普通野生稻优异种质资源主要特点利用潜力［C］//全国作物优异资源暨黑色食品研讨会论文摘要集, 广州:［出版者不详］, 1997.

［171］庞汉华, 陈成斌. 南昆铁路广西段普通野生稻考察报告［J］. 作物品种资源, 1998（4）: 16-18.

［172］庞汉华. 栽培稻与野生稻杂交花培创新种质的研究［J］. 作物品种资源, 1999（2）: 10-12.

［173］庞汉华. 粳、野稻杂交花培创新种质的研究［J］. 种子, 1999（3）: 58-60.

［174］庞汉华, 刘旭. 栽培稻与野生稻杂交后代花粉植株的诱导及其性状表现［J］. 作物学报, 2000, 26（1）: 47-52.

［175］庞汉华, 陈成斌. 南昆铁路沿线广西段普通野生稻资源现状及其保护建议［J］. 绵

阳经济技术高等专科学校学报，1999，16（1）：9-11+31.

［176］庞汉华，戴陆园，赵永昌，等. 云南省野生稻资源现状考察［J］. 种子，2000
（1）：39-40.

［177］庞汉华，杨庆文，赵江. 中国野生稻资源考察、鉴定和保存概况［J］. 植物遗传资
源科学，2000，1（4）：52-56.

［178］裴安平. 彭头山文化的稻作遗存与中国史前稻作农业［J］. 农业考古，1989（2）：
102-108+2.

［179］秦学毅，李容柏，林登豪，等. 广西野生稻资源的保存、鉴定与利用［J］. 广西农
业科学，1993（3）：100-102.

［180］全国野生稻资源考察协作组. 我国野生稻资源的普查与考察［J］. 中国农业科学，
1984（6）：27-34+42.

［181］任民，陈成斌，荣廷昭，等. 桂东南地区普通野生稻遗传多样性研究［J］. 植物遗
传资源学报，2005，6（1）：31-36.

［182］盛腊红，何光存. 抗病资源疣粒野生稻（*O.meyeriana*）悬浮培养与植株再生［J］.
华中农业大学学报，1996（增刊）：82-85.

［183］师翱翔，罗善昱，黄辉晔，等. 广西药用野生稻对白背飞虱的抗性研究［J］. 西南
农业学报，1992，5（4）：61-64.

［184］孙传清，王象坤，吉村淳，等. 普通野生稻和亚洲栽培稻叶绿体DNA的籼粳分化
［J］. 农业生物技术学报，1997，5（4）：319-324.

［185］孙传清，王象坤，吉村淳，等. 普通野生稻和亚洲栽培稻核基因组的RFLP分析［J］.
中国农业科学，1997，30（4）：37-44.

［186］孙传清，王象坤，吉村淳，等. 普通野生稻和亚洲栽培稻线粒体DNA的RFLP分析
［J］. 遗传学报，1998，25（1）：40-45.

［187］孙传清，毛龙，王振山，等. 栽培稻和普通野生稻基因组的随机扩增多态性DNA
（RAPD）初步分析［J］. 中国水稻科学，1995，9（1）：1-6.

［188］孙桂芝. 湖南野生稻的生境及其特征、特性研究［M］//吴妙燊. 野生稻资源研究论
文选编. 北京：中国科学技术出版社，1990：31-34.

［189］孙恢鸿，李清标，吴妙燊，等. 普通野生稻花粉植株抗白叶枯病性的研究［J］. 西
南农业学报，1991，4（1）：87-90.

［190］孙恢鸿，农秀美，黄福新，等. 外引野稻对白叶枯病的抗性鉴定［J］. 植物保护学
报，1995，22（3）：237-240.

［191］舒理慧，廖兰杰，万焕桥. 野生稻抗白叶枯病遗传分析及转育效应研究［J］. 武汉
大学学报（自然科学版），1994（3）：95-100.

［192］滕胜，胡张华，张雪琴，等．栽培稻与野生稻体细胞杂种的同工酶鉴定［J］．浙江农业学报，1997，9（5）：225-228.

［193］谭光轩，舒理慧，袁文静，等．干燥处理对野生稻愈伤组织绿苗分化率和某些生化指标的影响［J］．武汉大学学报（自然科学版），1997，43（4）：485-489.

［194］谭玉娟，张扬，黄炳超，等．阔叶野生稻对四种主要害虫的抗性评价［J］．作物品种资源，1995（1）：30-31.

［195］谭玉娟，张杨，潘英，等．一个普通野生稻资源SB1对三化螟、褐稻虱的抗性研究［J］．中国水稻科学，1993，7（4）：246.

［196］谭玉娟，潘英．广东野生稻种资源对稻瘿蚊的抗性鉴定初报［J］．昆虫知识，1988，25（6）：321-323.

［197］谭玉娟，张扬，潘英，等．广东省普通野生稻种质资源对三化螟的抗性鉴定［J］．植物保护，1991（5）：27-28.

［198］谭玉娟，黄炳超，张扬，等．澳洲野生稻抗虫性的转育研究［J］．西南农业大学学报，1998，20（5）：3-5.

［199］汤圣祥，闵绍楷，佐藤洋一郎．中国粳稻起源的探讨［J］．农业考古，1994（1）：59-67.

［200］汤圣祥，张文绪．三种原产中国的野生稻和栽培稻外稃表面乳突结构的比较观察研究［J］．中国水稻科学，1996，10（1）：19-22.

［201］汤圣祥，魏兴华，徐群．国外对野生稻资源的评价和利用进展［J］．植物遗传资源学报，2008，9（2）：223-229.

［202］汤玉庚．中国古书中的稆生稻和江苏连云港稆稻是否野生稻质疑［J］．江苏农业科学，1992（4）：9-12.

［203］万常炤，范洪良，陆家安，等．我国三个野生稻种的稻米蒸煮品质［J］．上海农业学报，1993，9（2）：37-42.

［204］王国昌，卢永根．我国三个野生稻种谷粒和花药形态的扫描电镜观察［J］．中国水稻科学，1991，5（1）：7-12.

［205］王雨辰，杜娟，曾亚文，等．云南稻籼粳亚种间功能性成分含量差异［J］．植物遗传资源学报，2010，11（2）：175-178.

［206］王象坤，孙传清．中国栽培稻起源与演化研究专集［M］．北京：中国农业大学出版社，1996.

［207］王象坤．中国栽培稻种起源与演化研究专集（英文版）［M］．北京：中国农业大学出版社，1996.

［208］王象坤，才宏伟，孙传清，等．中国普通野生稻的原始型及其是否存在籼粳分化的初

探［J］. 中国水稻科学，1994，8（4）：205–210.

［209］王象坤. 中国普通野生稻（*Oryza rufipogon* Griff.）研究中几个重要问题的初步探讨［J］. 农业考古，1994（1）：48–51.

［210］王振山，朱立煌，刘志勇，等. 野生稻天然群体限制性酶切片段长度（RFLP）多态性研究［J］. 农业生物技术学报，1996，4（2）：111–117.

［211］王振山，陈洪，朱立煌，等. 中国普通野生稻遗传分化的RAPD研究［J］. 植物学报，1996，38（9）：749–752.

［212］王振山，陈浩，李小兵，等. 一个AA基因组特异的串联重复序列的克隆及其在中国普通野生稻和栽培稻中的分化特征［J］. 植物学报，1998，40（10）：906–914.

［213］韦鹏霄. 水稻野栽杂交及胚胎培养研究［J］. 广西农业大学学报，1993，12（4）：12–18.

［214］韦素美. 广西普通野生稻种质资源抗褐稻虱鉴定［J］. 广西植保，1994（1）：1–4.

［215］吴妙燊. 野生稻资源研究论文选编［M］. 北京：中国科学技术出版社，1990.

［216］吴妙燊，陈成斌. 广西野生稻酯酶同工酶研究报告［J］. 作物学报，1986，12（2）：87–94.

［217］吴强，廖兰杰，杨代常，等. 野生稻基因组随机扩增多态性DNA（RAPD）分析［J］. 热带亚热带植物学报，1998，6（3）：260–266.

［218］吴万春. 对中国野生稻命名的浅见［J］. 华南农学院学报，1980，1（1）：128–132.

［219］吴惟瑞，陈燕伟. 普通野生稻种质资源耐涝性鉴定［J］. 广东农业科学，1987（1）：8–9+25.

［220］吴惟瑞，范芝兰，黄巧云. 野生稻与栽培稻杂种后代的花药培养［J］. 广东农业科学，1996（5）：10–12.

［221］熊振民，梁承邺. 水稻育种技术基础研究论文集［M］. 北京：中国科学技术出版社，1991.

［222］肖晗，应存山，黄大年. 中国栽培稻及其近缘野生种叶绿体DNA的限制性片段长度多态性分析［J］. 中国水稻科学，1996，10（2）：121–124.

［223］徐羡明，曾列先，林壁润，等. 普通野生稻种质资源对纹枯病的抗性鉴定［J］. 植物病理学报，1992，22（4）：300.

［224］徐羡明，林壁润，曾列先，等. 普通野生稻种质资源对细菌性条斑病的抗性鉴定［J］. 植物保护，1991，17（6）：4–5.

［225］薛达元. 中国生物遗传资源现状与保护［M］. 北京：中国环境科学出版社，2005.

［226］戴维斯. 分子生物学实验技术［M］. 姚志建，沈倍奋，刘亚霞，等，译. 北京，科

学出版社，1993.

［227］严文明. 中国稻作农业的起源［J］. 农业考古，1982（1）：19-31+151.

［228］严文明. 中国史前稻作农业遗存的新发现［J］. 江汉考古，1990（3）：27-32.

［229］颜辉煌，熊振民，闵绍楷，等. 栽培稻-紧穗野生稻双二倍体的产生及其细胞遗传学研究［J］. 遗传学报，1997，24（1）：30-35.

［230］杨庆文，陈大洲. 中国野生稻研究与利用：第一届全国野生稻大会论文集［M］. 北京：气象出版社，2004.

［231］杨庆文，张万霞，时津霞，等. 广东高州普通野生稻（*Oryza rufipogon* Griff.）的遗传多样性和居群遗传分化研究［J］. 植物遗传资源学报，2004，5（4）：315-319.

［232］易清明，庞汉华. 用AP-PCR技术分析野生稻和栽培稻种间的多样性和遗传关系［J］. 遗传，1995，122：135-141.

［233］应存山. 中国稻种资源［M］. 北京：中国农业科技出版社，1993.

［234］应存山，盛锦山，罗利军. 中国优异稻种资源［M］. 北京：中国农业出版社，1997.

［235］殷晓辉，舒理慧. 野生稻愈伤组织的超低温保存和冻后再生植株的形成［J］. 武汉植物学研究，1996，14（3）：247-253.

［236］游修龄. 对河姆渡遗址第四文化层出土稻谷和骨耜的几点看法［J］. 文物，1976（8）：20-23.

［237］游修龄. 中国古书中记载的野生稻探讨［J］. 古今农业，1987（1）：1-6.

［238］游修龄，郑云飞. 河姆渡稻谷研究进展及展望［J］. 农业考古，1995（1）：66-70.

［239］袁隆平. 杂交水稻学［M］. 北京：中国农业出版社，2002.

［240］袁隆平. 袁隆平论文集［M］. 北京：科学出版社，2010.

［241］袁隆平. 发展杂交水稻 保障粮食安全［J］. 杂交水稻：第一届中国杂交水稻大会论文集，2010，25（S1）：1-2.

［242］布朗. 基因组2［M］. 袁建刚，彭小忠，强伯勒，译. 北京：科学出版社，2006.

［243］袁平荣，贺庆瑞，文国松. 云南元江普通野生稻的地理分布、生态环境及植物学特征［J］. 云南农业科技，1994（4）：3-4.

［244］袁平荣，张尧忠，才宏伟. 国内外野生稻性状初探［J］. 福建稻麦科技，1991（4）：9-12.

［245］袁平荣，卢义宣，黄迺威，等. 云南元江普通野生稻分化的研究：Ⅰ. 形态及酯酶、过氧化氢酶同工酶分析［J］. 北京农业大学学报，1995，21（2）：133-137.

［246］袁文静，汪晓玲，舒理慧，等. 疣粒野生稻愈伤组织氨基酸变化与再分化的关系［J］. 湖北农业科学，1996（3）：5-7+34.

［247］翟凤林. 作物品质育种［M］. 北京：中国农业出版社，1991.

［248］湛小燕，林榕辉．部分栽培稻和野生稻种子谷蛋白的电泳分析［J］．中国水稻科学，1991，5（3）：109–113.

［249］章琦，王春莲，施爱农，等．野生稻抗稻白叶枯病性（*Xanthomonas Oryzae* pv.*Oryzae*）的评价［J］．中国农业科学，1994，27（5）：1–9.

［250］张良佑，萧整玉，吴洪基，等．野生稻与栽培稻的杂种后代对褐稻虱的抗性机制初探［J］．植物保护学报，1998，25（4）：321–324.

［251］张文绪，汤陵华．龙虬庄出土稻谷稃面双峰乳突研究［J］．农业考古，1996（1）：94–97.

［252］张尧忠，程侃声，才宏伟，等．栽培稻和普通野生稻酯酶同工酶带的初步研究［J］．西南农业学报，1994，7（4）：1–6.

［253］张尚宏．五种野生稻叶绿体DNA多态性研究［J］．遗传，1996，18（1）：15–18.

［254］赵则胜．特种稻米及其实用价值［M］．上海：上海科学技术出版社，1992.

［255］赵则胜．中国特种稻学术研讨会论文选［M］．上海：上海科技教育出版社，1992.

［256］浙江省博物馆自然组．河姆渡遗址动植物遗存的鉴定研究［J］．考古学报，1978（1）：95–107.

［257］甄海，黄炽林，陈奕，等．野生稻资源蛋白质含量评价［J］．华南农业大学学报，1997，18（4）：16–20.

［258］郑殿升，刘旭，卢新雄，等．农作物种质资源收集技术规程［M］．北京：中国农业出版社，2007.

［259］钟代彬，罗利军，应存山．野生稻在栽培稻育种中的应用［J］．种子，1995（1）：25–29.

［260］钟代彬，罗利军，郭龙彪，等．栽野杂交转移药用野生稻抗褐飞虱基因［J］．西南农业学报，1997，10（2）：5–9.

［261］农业部中德农业生物多样性可持续管理项目．农业生物多样性农民培训手册［Z］．北京：农业部中德农业生物多样性可持续管理项目，2010.

［262］中国农业科学院．中国稻作学［M］．北京：农业出版社，1986.

［263］中国农业科学院作物品种资源研究所．中国稻种资源目录（野生稻种）［M］．北京：农业出版社，1991.

［264］中国农业科学院作物品种资源研究所稻类室．中国稻种资源目录（1988—1993）［M］．北京：中国农业出版社，1996.

［265］中国农业科学院作物品种资源研究所．中国稻种资源目录［M］．北京：农业出版社，1992.

［266］中国农业科学院作物品种资源研究所．国家科技基础工作项目"主要农作物种质资源

搜集、整理与保存"基础性工作展示［Z］. 北京：中国农业科学院作物品种资源研究所，1999.

［267］中国农业科学院作物科学研究所. 作物种质资源繁殖更新技术规程［Z］. 北京：中国农业科学院作物品种资源研究所，2012.

［268］中国农业科学院作物科学研究所. 中国作物种质资源保护与利用10年进展［M］. 北京：中国农业出版社，2012.

［269］中国农业科学院作物科学研究所，海南省农业科学院. 第二届全国野生稻大会论文（摘要）汇编［C］. 海口：［出版者不详］，2007.

［270］中国农业科学院作物科学研究所，广西壮族自治区农业科学院. 第三届全国野生稻保护与可持续利用大会论文集［C］. 南宁：［出版者不详］，2012.

［271］中国农业科学院农业环境与可持续发展研究所. 中国农业野生植物保护与可持续利用项目资源状况、生态环境、社会经济评估技术规范［Z］. 北京：中国农业科学院农业环境与可持续发展研究所，2008.

［272］中国农学会遗传资源学会，中国农业科学院作物品种资源研究所. 作物抗逆性鉴定的原理与技术［M］. 北京：北京农业大学出版社，1989.

［273］中国农学会遗传资源分会，中国农业科学院作物品种资源研究所. 植物优异种质资源及其开拓利用［M］. 北京：中国科学技术出版社，1992.

［274］中国农业百科全书总编辑委员会农作物卷编辑委员会，中国农业百科全书编辑部. 中国农业百科全书：农作物卷（下）［M］. 北京：农业出版社，1998.

［275］迪芬巴赫，德维克斯勒. PCR技术实验指南［M］. 种康，翟礼嘉，译. 北京：化学工业出版社，2006.

［276］周光宇，陈善葆，黄骏麒. 农业分子育种研究进展［M］. 北京：中国农业科技出版社，1993.

［277］周进，陈家宽. 刈割频度对普通野生稻实验种群的影响［J］. 植物生态学报，1996，20（4）：371-378.

［278］周进，汪向明，钟扬. 湖南、江西普通野生稻居群变异的数量分类研究［J］. 武汉植物学研究，1992，10（3）：235-242.

［279］周进. 普通野生稻（*Oryza rufipogon* Griff.）北缘种群的保护生物学研究［D］. 武汉：武汉大学，1995.

［280］周拾禄. 稻作科学技术［M］. 北京：农业出版社，1981.

［281］周毅，邹喻苹，洪德元，等. 中国野生稻及栽培稻核糖体DNA第一转录间隔区序列分析及其系统学意义［J］. 植物学报，1996，38（10）：785-791.

［282］朱世华，张启发，王明全. 中国普通野生稻核糖体RNA基因限制性片段长度多态性

〔J〕. 遗传学报，1998，25（6）：531-537.

〔283〕朱立宏. 主要农作物抗病性遗传研究进展〔M〕. 南京：江苏科学技术出版社，1990.

〔284〕CHANG T T. The origin, evolution, cultivation, dissemination, and diversification of Asian and African rices〔J〕. Euphytica, 1976, 25（1）：425-441.

〔285〕HUANG X H, KURATA N, WEI X H, et al. A map of rice genome variation reveals the origin of cultivated rice〔J〕. Nature, 2012, 490（7421）：497-501.

〔286〕MORISHIMA H, SANO Y, OKA H I. Differentiation of perennial and annual types due to habitat conditions in the wild rice *Oryza perennis*〔J〕. Plant Systematics and Evolution, 1984, 144（2）：119-135.

〔287〕OKA H I. Origin of cultivated rice〔M〕. Tokyo：Japan Scientific Societies Press, 1988.

〔288〕OKA H I. Experimental studies on the origin of cultivated rice〔J〕. Genetics, 1974, 78（1）：475-486.

〔289〕OKA H I, MORISHIMA H. Phylogenentic differentiation of cultivated rices 23, Potentialty of wild progenitors to evolve the indica and japonica type of rice cultivars〔J〕. Euphytica, 1982, 31（1）：41-50.

〔290〕SANO Y, MORISHIMA H, OKA H I. Intermediate perennial-annual populations of *Oryza perennis* found in Thailand and their evolutionary significance〔J〕. Journal of Plant Research, 2006, 93（4）：291-305.

〔291〕SECOND G. Origin of the genic diversity of cultivated rice（Oryza spp）：study of the polymorphism scored at 40 isozyme loci〔J〕. The Japanese Journal of Genetic, 1982, 57：25-27.

〔292〕SECOND G. Evolutionary relationship in the Sativa group of Oryza based on isozyme data〔J〕. Genetics Selection Evolution, 1985, 17（1）：89-114.

〔293〕SHARMA S D, SHASTRY S V. Taxonomic studies in genus *Oryza sativa* L.*O.rufipogon* Griff.Sensa stricto and *O.nivara* Sharma at shastry〔J〕. Indian Journal of Geneties & Plant Breeding, 1965, 25（2）：157-167.

〔294〕SHARMA S D, SHASTRY S V. Taxonomic studies in genus *Oryza L.* Asiatic types sativa complex〔J〕. Indian Journal of Genetics and Plant Breeding, 1965, 25（3）：245-259.

〔295〕SATO Y I, TANG S X YANG L U, et al. Wild-rice seeds found in an oldest rice nemain〔J〕. Rice Genetics Newsletters, 1991, 8：76-78.